高等学校智能制造工程系列教材

智能制造导论

第2版

周　济　李培根　赵　继　主编

周　济　李培根　赵　继　李伯虎
谭建荣　卢秉恒　柴天佑　黄庆学　编著
余晓晖　周艳红

中国教育出版传媒集团
高等教育出版社·北京

内容提要

智能制造是数字、网络、人工智能技术与制造技术的深度融合，以人-信息-物理系统（HCPS）为核心要义，贯穿于产品、生产、服务等制造全生命周期的各个环节及其系统集成，其根本任务是实现制造业的数字化转型、智能化升级。

本书是“高等学校智能制造工程系列教材”的第一本，为导论，对智能制造的意义与内涵进行了系统的阐释。全书分为7章，包含绪论、智能制造的共性赋能技术、智能产品、离散型制造智能工厂、流程型制造智能工厂、智能服务与制造业新模式新业态、智能集成制造系统。

本书可作为高等学校相关专业的教材或教学参考书，也可供从事制造业的广大工程技术人员和企业管理人员学习参考。

图书在版编目（CIP）数据

智能制造导论／周济，李培根，赵继主编. --2版. --北京：高等教育出版社，2024.7（2025.9重印）

ISBN 978-7-04-062077-1

Ⅰ.①智… Ⅱ.①周… ②李… ③赵… Ⅲ.①智能制造系统 Ⅳ.①TH166

中国国家版本馆CIP数据核字（2024）第068254号

Zhineng Zhizao Daolun

策划编辑 宋 晓　　责任编辑 宋 晓　　封面设计 李树龙　　版式设计 杨 树

责任绘图 黄云燕　　责任校对 刘娟娟　　责任印制 张益豪

出版发行	高等教育出版社	网　　址	http://www.hep.edu.cn
社　　址	北京市西城区德外大街4号		http://www.hep.com.cn
邮政编码	100120	网上订购	http://www.hepmall.com.cn
印　　刷	北京中科印刷有限公司		http://www.hepmall.com
开　　本	787mm × 1092mm　1/16		http://www.hepmall.cn
印　　张	25.5	版　　次	2021年6月第1版
字　　数	570千字		2024年7月第2版
购书热线	010-58581118	印　　次	2025年9月第5次印刷
咨询电话	400-810-0598	定　　价	55.00元

物 料 号　62077-A0

新形态教材网使用说明

智能制造导论
第2版

周　济
李培根
赵　继

主编

计算机访问：

1　计算机访问https://abooks.hep.com.cn/12587510。

2　注册并登录，进入“个人中心”，点击“绑定防伪码”，输入图书封底防伪码（20位密码，刮开涂层可见），完成课程绑定。

3　在“个人中心”→“我的学习”中选择本书，开始学习。

手机访问：

1　手机微信扫描下方二维码。

2　注册并登录后，点击“扫码”按钮，使用“扫码绑图书”功能或者输入图书封底防伪码（20位密码，刮开涂层可见），完成课程绑定。

3　在“个人中心”→“我的图书”中选择本书，开始学习。

受硬件限制，部分内容无法在手机端显示，请按提示通过计算机访问学习。

如有使用问题，请直接在页面点击答疑图标进行问题咨询。

前　言

制造业是立国之本、强国之基。

新时代新征程，推进新型工业化、加快建设制造强国，成为我国的国家战略。

推进新型工业化、推进制造强国战略，要走一条什么样的技术路线呢？

智能制造——制造业数字化、网络化、智能化，是我国制造业创新发展的主要技术路线，是我国制造业转型升级的主要技术路径，是加快建设制造强国的主攻方向。

人工智能赋能新型工业化，数字化网络化智能化技术与先进制造技术深度融合形成的智能制造技术，成为新一轮工业革命的核心技术，是第四次工业革命的核心驱动力。智能制造，制造为主体、智能为主导、人为主宰，三者融合升华，引发制造业发展理念、制造模式发生重大而深刻的变革，重塑制造业的技术体系、生产模式、发展要素及价值链，推动全球制造业发展步入新阶段，实现社会生产力的整体跃升。

新一轮科技革命和产业变革与我国加快转变经济发展方式形成历史性交汇，智能制造是一个关键的交汇点。中国制造业要抓住这个历史机遇，创新引领制造业高质量发展，实现向世界产业链中高端的跨越发展。

智能制造是一个大系统，主要由智能产品、智能生产及智能服务三大功能系统以及工业互联网络和智能制造云平台两大支撑系统集合而成。其中，智能产品是智能制造价值创造的主要载体；智能生产是制造产品的物化活动，亦即狭义而言的智能制造；以智能服务为核心的产业模式和形态变革是智能制造创新发展的主要方向之一；工业互联网络和智能制造云平台是智能制造的支撑；系统集成将智能制造各功能系统和支撑系统集成为新一代智能制造系统。

智能制造是一个大概念，是先进制造技术与新一代信息技术的深度融合。从20世纪中叶到90年代中期，以数字计算、感知、通信和控制为主要特征的信息化催生了数字化制造；从20世纪90年代后期开始，以互联网的大规模普及应用为主要特征的信息化催生了数字化网络化制造；当前，工业互联网、大数据及人工智能实现了群体突破和融合应用，以新一代人工智能技术为主要特征的信息化催生了新一代智能制造。由此，形成了智能制造的三种基本范式，即数字化制造——第一代智能制造、数字化网络化制造——“互联网＋制造”或第二代智能制造、数字化网络化智能化制造——新一代智能制造。这三个基本范式次第展开又相互交织，相辅相成，融合发展。

未来一个时期，我国智能制造的发展总体将分成两个阶段。第一阶段，数字化转型，到2027年，规上工业企业基本实现数字化转型，数字化制造在全国工业企业基本普及；同时，新一代智能制造技术的科研和攻关取得突破性进展，试点和示范取得显著成效。第二阶段，智能化升级，到2035年，规上企业基本实现智能化升级，新一代智能制造在全国工业企业基本普及，我国智能制造技术和应用水平走在世界前列。

“世间一切事物中，人是第一个可宝贵的。”智能制造，人才为本。

动员千军万马，组织精兵强将，培养和造就一支高素质、高水平的浩浩荡荡的智能制造人才队伍，既是推进智能制造发展的当务之急，更是实现制造业智能化升级的最重要的保证。

要发展高质量的智能制造学校教育和继续教育，在两条教育战线上培养智能制造高素质人才。基于服务于教育和培养智能制造高素质人才的需要，面向学习智能制造的大学生和从事智能制造的工程技术人员，特组织编写“高等学校智能制造工程系列教材”。

本书是“高等学校智能制造工程系列教材”的第一本，为导论。本书分为7章，包含绪论、智能制造的共性赋能技术、智能产品、离散型制造智能工厂、流程型制造智能工厂、智能服务与制造业新模式新业态、智能集成制造系统。

本书由周济、李培根、赵继、李伯虎、谭建荣、卢秉恒、柴天佑、黄庆学、余晓晖、周艳红等53位老师共同编写，具体分工如下：第一章由周济、李培根、赵继、周艳红、古依莎娜、臧冀原、薛塬、刘宇飞编写，第二章由余晓晖、刘默、任禾、杨希、李亚宁、陈洁、马飞、邸绍岩、黄盼、闫树、秦国英、张钰雯、池程、孙晓荣、吕艾临、徐浩铭、王金生、吴迪编写，第三章由周艳红、周济编写，第四章由卢秉恒、张俊、王磊、郭文华编写，第五章由柴天佑、丁进良、刘强编写，第六章由黄庆学、周源、孔德婧、臧冀原、薛塬、苗仲桢、刘宇飞编写，第七章由李伯虎、柴旭东、侯宝存、李潭、林廷宇、谷牧、宿春慧、刘阳、郭丽琴、宋伟宁、张华、韦达茵、王艳广、潘亚楠、沈文发编写。

感谢国内外产学研各界的专家和学者给予本书编研工作的莫大关心和支持；感谢中国工程院教育委员会、国际智能制造联盟、中国科协智能制造学会联合体给予本书编研工作的莫大关心和支持。感谢高等教育出版社和教育部高等学校机械类专业教学指导委员会对本书出版工作的精心谋划和鼎力投入。本书的编研得到了中国工程院咨询研究项目2019-XY-041的资助，特此感谢。

本书第1版于2021年6月出版。经过两年半的科技创新和教学实践，听取读者对于本书的期望和建议，我们对于智能制造的意义及内涵有了进一步的感悟和体会。为此，我们对本书第1版进行了修订和完善，形成了《智能制造导论》(第2版)。

衷心希望广大读者喜爱这本书，支持这本书，帮助这本书在科技创新和教学实践中不断完善，更精更好，为智能制造人才培养做出贡献。

编　者

2023年12月

目　　录

第二章 智能制造的共性赋能技术 / 44

第三章 智能产品 / 111

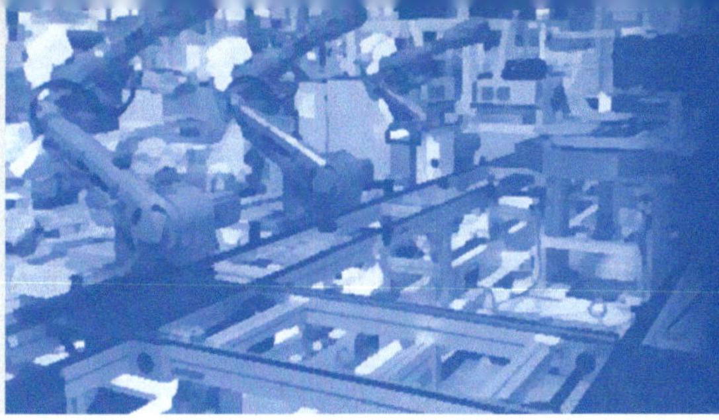

第一章

绪论

1.1 智能制造的意义

1.1.1 制造业是立国之本、强国之基

制造业是国民经济的主体，是立国之本、兴国之器、强国之基。

18 世纪中叶工业文明开启以来，世界强国的兴衰史和中华民族的奋斗史一再证明，没有强大的制造业，就没有国家和民族的强盛。打造具有国际竞争力的制造业，是我国提升综合国力、保障国家安全、建设世界强国的必由之路。

新时代新征程，国家确定并全力推进“制造强国战略”，推进新型工业化、加快建设制造强国，成为我国的国家战略。

1. 我国已经成为一个制造大国

从 2010 年开始，我国制造业增加值位居世界第一；2022 年，我国制造业增加值约为 4.98 万亿美元，在全球制造业占比超过 30%，是名副其实的世界制造大国（图 1–1）。

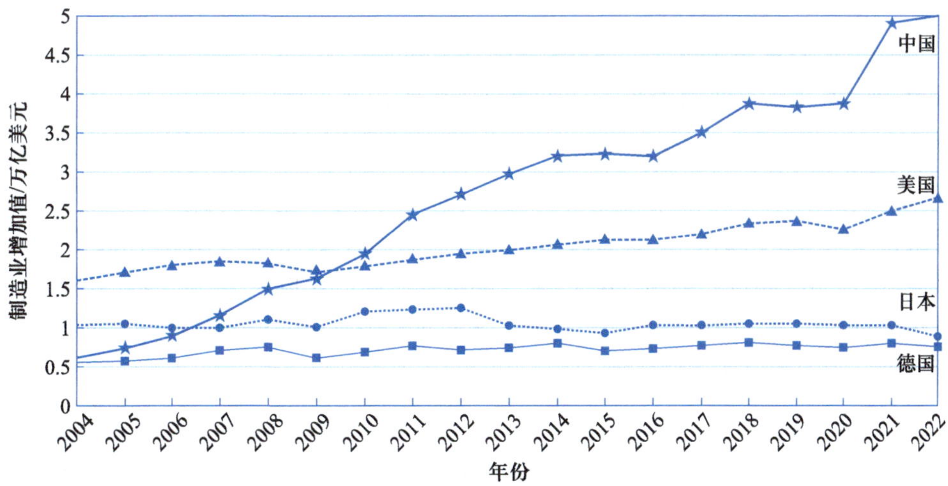

图 1–1 主要国家制造业增加值

中华人民共和国成立70多年来，特别是改革开放40多年来，中国制造业取得了伟大的历史性成就，走出了一条中国特色的工业化发展道路。

（1）我国制造业拥有超大规模的市场优势，需求是最强大的发展动力。

（2）我国制造业规模居全球首位，是世界上唯一拥有全部工业门类的国家；有着独立完整的工业体系，具备强大的产业基础。

（3）我国一直坚持信息化与工业化融合发展，在制造业数字化、网络化、智能化方面掌握了核心关键技术，具有强大的技术基础。

（4）我国在制造业人才队伍建设方面已经形成了独特的人力资源优势。

（5）我国制造业在自主创新方面取得了辉煌成就，上天、入地、下海、高铁、输电、发电、国防等，都显示出我国制造业的巨大创新力量。

2. 我国正在迈向制造强国的路上

我国制造业大而不够强，存在着突出的问题，面临着严峻的挑战。

（1）自主创新能力不强。部分核心关键技术还没有真正掌握在自己手中，科学技术还没有真正成为“第一生产力”；产业发展需要的高端设备、关键零部件和元器件、关键材料等对外依存度很高。

（2）产品质量问题突出。产品在中高端市场缺乏竞争力，市场占有率不高；产品可靠性不高、品牌不强是中国制造业的切肤之痛。

（3）劳动生产率不高。我国制造业的总体效率与西方工业发达国家相比，差距较大。

（4）资源和环境面临挑战。资源利用效率低，环境保护任务重。

（5）产业结构转型升级刻不容缓。中国制造业总体处于世界产业链的中低端，产业链“断链”“短链”“弱链”问题突出，产业体系现代化水平有待提高；企业整体实力还不强、产业集群度不高，尚缺乏具有世界先进水平的企业和产业集群。

整体而言，中国制造业整体竞争力还不够强，从“制造大国”迈向“制造强国”任重而道远。

3. 世界各国都高度重视并且全力振兴发展制造业

世界各国尤其是发达国家都在结合自身实际和优势，积极采取行动，抢占未来发展的战略制高点，确保本国在未来制造业竞争中的国际领先和主导地位。美国发布2022版“先进制造业国家战略”，德国提出“工业4.0战略计划”和“德国工业战略2030”，英国提出“英国工业2050战略”，法国提出“新工业法国计划”，日本提出“超智能社会5.0战略”，韩国提出“制造业创新3.0计划”，都将发展制造业放在了本国构建新形势下经济竞争优势的核心位置。同时，印度、越南、墨西哥等新兴工业国家也都将制造业作为立国之根本，推动本国制造业快速发展。

4. 制造强国综合指标分析

综合研究世界各国制造业规模发展、质量效益、结构优化、持续发展、创新发展等各方面要素，形成了由5项一级指标、18项二级指标构成的制造强国评价指标体系，见表1–1。

表 1-1 制造强国评价指标体系

一级指标		二级指标	
指标	权重	具体指标	权重
规模发展	0.195 1	制造业增加值	0.128 7
		制造业出口占全球出口总额比重	0.066 4
质量效益	0.293 1	质量指数	0.043 1
		一国制造业拥有世界知名品牌数	0.099 3
		制造业增加值率	0.035 6
		制造业全员劳动生产率	0.089 9
		销售利润率	0.025 2
结构优化	0.280 5	高技术产品贸易竞争优势指数	0.068 9
		基础产业增加值占全球比重	0.083 5
		全球 500 强中本国制造业企业营业收入占比	0.068 6
		装备制造业增加值占制造业增加值比重	0.051 0
		标志性产业的产业集中度	0.008 5
持续发展	0.096 3	单位制造业增加值能耗	0.074 8
		工业固体废物综合利用率	0.011 6
		信息化发展指数（IDI）	0.009 9
创新发展	0.135 0	单位制造业增加值的全球发明专利授权量	0.082 1
		制造业研发投入强度	0.039 7
		制造业研发人员占从业人员比重	0.013 2

以美国、德国、日本、英国、法国和韩国等主要工业化国家为参考，计算出其历年来的制造强国发展指数，以表征一个国家制造业综合竞争力在世界上的地位（图 1-2）。

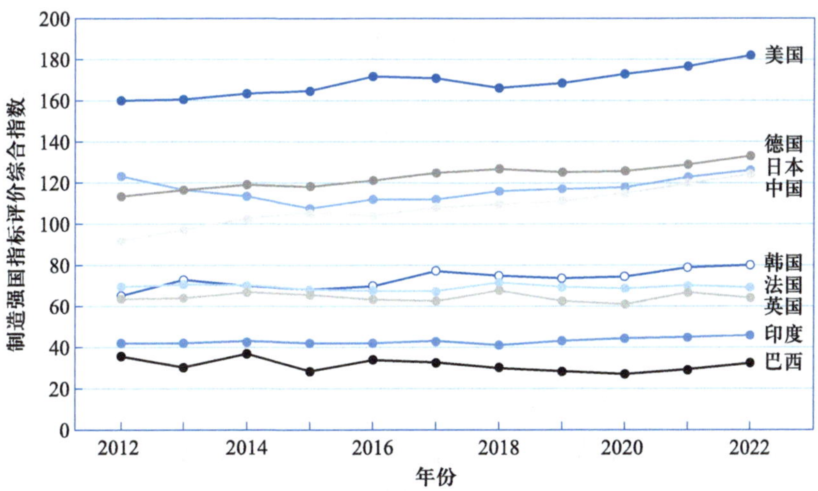

图 1-2 部分国家的制造强国发展指数

世界各国制造强国发展指数分布中，美国位于领先地位，处于第一方阵；德国、日本处于第二方阵；中国、英国、法国、韩国处于第三方阵。

中国制造业虽然在规模发展方面领先，但在质量效益、结构优化、持续发展、创新发展等方面还有差距。综合而言，中国制造业大而不够强，还处于世界制造业第三方阵，落后于处于世界第二方阵的制造强国——德国、日本，更落后于处于世界第一方阵的制造强国——美国。

未来 30 年，中国必须坚定不移建设制造强国，实现制造业由大到强，由世界产业链中低端走向中高端，由制造大国迈向制造强国。

5. 推进制造强国战略，从制造大国迈向制造强国

立足国情、立足现实，我国确定了“三步走”的制造强国战略部署（图 1-3）：

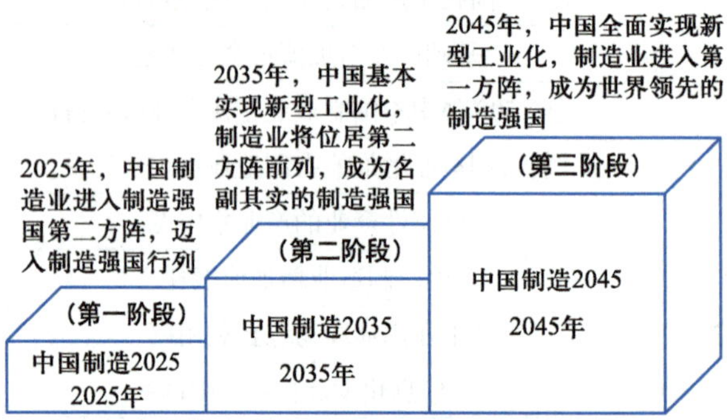

图 1-3　我国制造强国战略部署的三个阶段

第一步，到 2025 年，中国制造业进入制造强国第二方阵，迈入制造强国行列；

第二步，到 2035 年，中国基本实现新型工业化，制造业将位居第二方阵前列，成为名副其实的制造强国；

第三步，到 2045 年，中国全面实现新型工业化，制造业进入第一方阵，成为世界领先的制造强国。

这里，“制造强国”战略中的“强”，有两重重要意义：

其一，“强”是形容词，中国由制造大国成为制造强国；

其二，“强”是动词，制造业强则国家强，通过制造业的强大使中国更加繁荣富强。

坚定不移地推进制造强国战略，一是坚定不移地建设制造强国，二是坚定不移地以制造而强国。

1.1.2 智能制造的意义与内涵

1. 智能制造是制造业创新发展的主要技术路线

推进制造强国战略，要走一条什么样的技术路线呢？

制造强国战略明确提出：“要以加快新一代信息技术与制造业深度融合为主线，以推进智能制造为主攻方向，实现制造业由大变强的历史跨越。”

智能制造是我国制造业创新发展的主要技术路线，是我国制造业转型升级的主要技术路径，是加快建设制造强国的主攻方向。

2. 智能制造的核心要义

（1）智能制造的核心要义是人工智能赋能先进制造业。人工智能技术与先进制造技术深度融合，智能技术是赋能技术，为主导；制造技术是本体技术，为主体。其根本任务是实现制造业数字化转型、智能化升级。

（2）智能制造是一个大概念，包含了数字化制造、数字化网络化制造和新一代智能制造三种基本范式，新一代智能制造是其最高范式。

（3）智能制造是一个大系统，贯穿产品、生产、服务等制造全生命周期的各个基本环节，在工业互联网和云平台支持下，交融成为智能集成制造系统。

（4）智能制造是第四次工业革命的核心技术，是实现制造业创新发展的主要技术路线，是制造业高质量发展的核心驱动力。

1.1.3 智能制造是建设制造强国的主攻方向

1. 中国制造业高质量发展的强烈需求

中国特色社会主义进入了新时代，经济发展也进入了新时代。新时代经济发展的特征，就是我国经济发展已由高速增长阶段转向高质量发展阶段。

制造业是国民经济的主体，中国制造业也由高速增长阶段转向高质量发展阶段。如何实现制造业高质量发展？

“科学技术是第一生产力”“创新是引领发展的第一动力”。制造业发展依靠科技创新，科技创新驱动制造业发展，制造业发展和科技创新的最重要的交汇点是智能制造。智能制造将成为中国制造业创新发展的第一动力。

2. 中国制造业创新发展的历史性机遇

世界范围内的新一轮科技革命和第四次工业革命与我国制造业转型升级、高质量发展形成了历史性交汇。这是中国制造业创新发展的历史性机遇。

历史性交汇，交汇点在哪里？智能制造是最重要的交汇点。

我们必须深刻地认识到，第四次工业革命对于中国制造业创新发展是前所未有的严峻挑战，同时更是千载难逢的历史性机遇。

1）中国制造业面临着前所未有的严峻挑战

当前，世界主要发达国家都在强攻科技创新的突破口，抢占未来经济科技发展的先机。方兴未艾的第四次工业革命将重塑全球经济结构，引发世界制造业翻天覆地的变化。这是一个历史性的转折点。如果在这个关键转折点上落后，将来就会步步落后，越来越落后，这是严峻的挑战。

“以史为镜，可以知兴替。”回顾历史，我国在人类长期的农业经济时代一直位居世界经济强国之列，到 19 世纪初，我国当时在世界经济总量中占有的比重高达三分之一强，中国的农业经济在世界上遥遥领先。18 世纪，工业革命在欧洲发生，人类生产力出现革命性大发展。在这个历史的转折点上，清朝的封建统治阶级没有意识到世界正在发生的革命性变革，错失工业革命的机遇，中国大大落伍了，“康乾盛世”成了“落日的辉煌”。在短短一百年的时间里，国家经济一落千丈，1900 年中国的 GDP 下降到世界的 4%。西方列强用坚船利炮轰开了我们的国门，中国急剧坠落到落后挨打的境地，成了一个“三座大山”压迫之下的贫弱之国。历史教训，刻骨铭心。

中国的现代化路径同西方发达国家有很大不同。西方发达国家制造业强大，经历了数百年发展，经历了一个“串联式”的发展过程，已经基本实现了第三次工业革命，正开始在第四次工业革命的轨道上快速前行。作为新兴工业国家的中国，如果抓不住这次历史机遇，当别人在第四次工业革命的轨道上飞跑的时候，我们还停留在第二次和第三次工业革命的轨道上追赶，就要在科技创新的大赛场上落伍，就算实现了工业化，还是必然拉大与工业发达国家的差距，被远远甩在后头。我们必须深刻认识到，这种差距是“时代差距”；这种挑战是“时代挑战”。过去，中国错失了第一次、第二次工业革命的机遇；现在，中国又面临着第四次工业革命的挑战，挑战严峻，形势逼人。同时，我们必须深刻认识到，“危中有机，唯创新者胜”，我们要“在危机中育新机，于变局中开新局”，迎接挑战，把前所未有的严峻挑战转化为千载难逢的历史机遇，抢抓第四次工业革命的机遇，乘势前进，创新发展。

2）中国面临着千载难逢的历史性机遇

总体而言，我国发展仍处于大有作为的重要战略机遇期，我国制造业有着独特而巨大的发展优势，有着光明而美好的发展未来。我们要后来居上，这决定了我国制造业发展必然是一个“并联式”的发展过程，也就是将第二次、第三次和第四次工业革命同步推进、融合发展。更为宽广的技术选择，日新月异的科学技术，将使得我国建设制造强国的进程大大加快。

当前，中国和发达国家掌握新一轮工业革命的核心技术的机会是均等的，这为我国发挥后发优势，实现跨越发展提供了可能。“变”，就是机遇，我们可以通过掌握新工业革命的核心技术，成为新的竞赛规则的重要制定者、新的竞赛场地的重要主导者，可以不再跟在西方发达国家后面一步一步地顺序发展，而是依靠工程科技创新和“并联式”发展，在比较短的时间内追赶发达国家的先进水平，大大加快中国工业现代化的进程。

目前到 2035 年的这段时期，正是“智能制造”这个新一轮工业革命核心技术发展的关键时期，中国制造工业完全可以抓住这一千载难逢的历史机遇，以智能制造为主攻方向，集中优势力量打一场战略决战，实现战略性的重点突破、重点跨越，实现中国制造工业的开道超车、跨越发展。

1.2 面向智能制造的人-信息-物理系统（HCPS）

1.2.1 智能制造的三个基本范式

智能制造是一个不断演进的大概念，在长期实践演化中形成了许多不同的范式，包括精益生产、柔性制造、并行工程、敏捷制造、数字化制造、计算机集成制造、网络化制造、云制造、智能化制造等，这些范式在不同程度、不同视角上反映制造业的数字化、网络化、智能化，在指导制造业智能转型中发挥了积极作用。但是，众多的智能制造范式不利于形成统一的智能制造技术路线，给企业在推进智能升级的实践中造成了许多困扰。面对智能制造不断涌现出的新技术、新理念、新模式，迫切需要归纳总结出基本范式，进而探讨基本范式的背景起源、概念内涵及总体架构等，以凝聚共识，更好地服务于中国制造业的智能转型、优化升级。

智能制造作为制造业和信息技术深度融合的产物，其诞生和演变是和信息化发展相伴的。从 20 世纪中叶到 90 年代中期，以数字计算、感知、通信和控制为主要特征的信息化催生了数字化制造；从 20 世纪 90 年代中期开始，以互联网大规模普及应用为主要特征的信息化催生了数字化网络化制造；当前，工业互联网、大数据及人工智能实现群体突破和融合应用，以新一代人工智能技术为主要特征的信息化开创了制造业数字化网络化智能化的新阶段。

这样，形成了智能制造的三种基本范式，即数字化制造——第一代智能制造，数字化网络化制造——“互联网 + 制造”或第二代智能制造，数字化网络化智能化制造——新一代智能制造（图 1-4）。新一代智能制造是智能制造的最高范式。

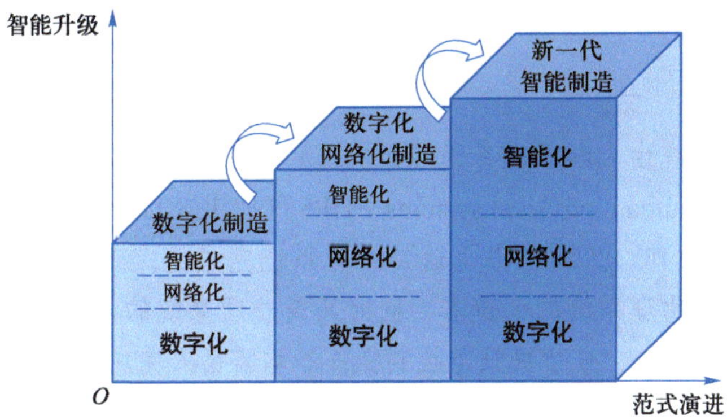

图 1-4 智能制造的三个基本范式

1.2.2 面向智能制造的人 - 信息 - 物理系统（HCPS）的进化历程

1. 制造系统发展的第一阶段：传统制造与人 - 物理系统（HPS）

200 多万年前，人类就会制造和使用工具。从石器时代到青铜器时代，再到铁器时代，这种主要依靠人力和畜力为主要动力并使用简易工具的生产系统一直持续了百万多年。以蒸汽机的发明和广泛应用为标志的动力革命引发了第一次工业革命，以电机的发明为标志的动力革命引发了第二次工业革命，人类不断发明、创造与改进各种动力机器并使用它们来制造各种工业品，这种由人和机器所组成的制造系统大量替代了人的体力劳动，大大提高了制造的质量和效率，社会生产力得以极大提高。

案例 1-1

传统手动机床

在传统手动机床（图 1-5）上加工零件时，需由操作者根据加工要求，通过手眼感知、分析决策并操作手柄控制刀具相对工件按希望的轨迹运动而完成加工任务（图 1-6）。

图 1-5 传统手动机床示意图

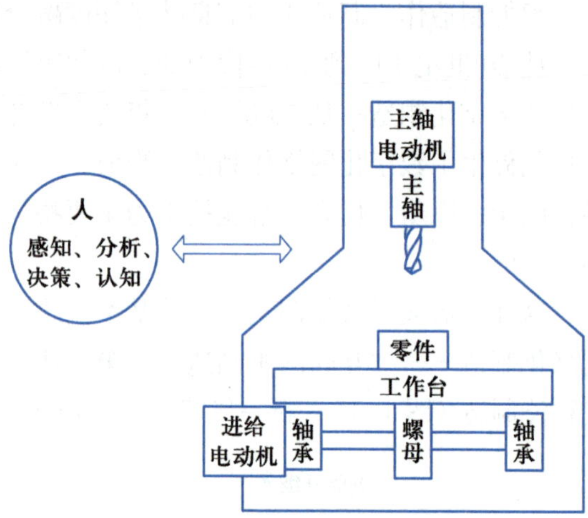

图 1-6 传统手动机床工作简图

这些制造系统由人和物理系统（如机器）两大部分所组成（图 1-7），因此称为人 - 物理系统（human-physical systems，HPS）（图 1-8）。其中，物理系统（physical systems，P）是主体，工作任务是通过物理系统完成的；而人（human，H）则是主宰和主导，人是物理系统的创造者，同时又是物理系统的使用者，完成工作任务所需的感知、学习认知、分析决策与控制操作等均需由人完成。

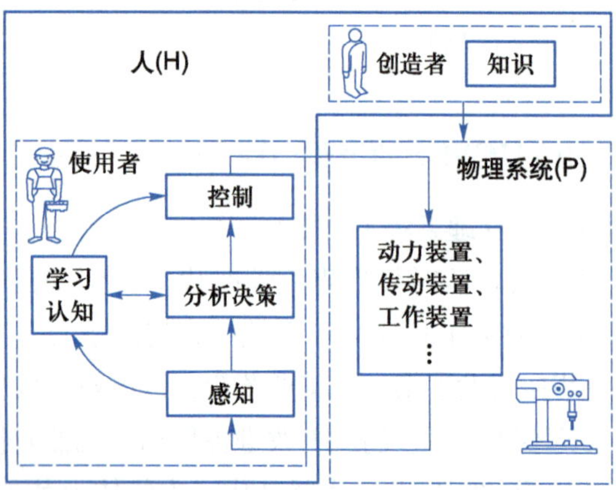

图 1-7 基于人 - 物理系统（HPS）的传统制造

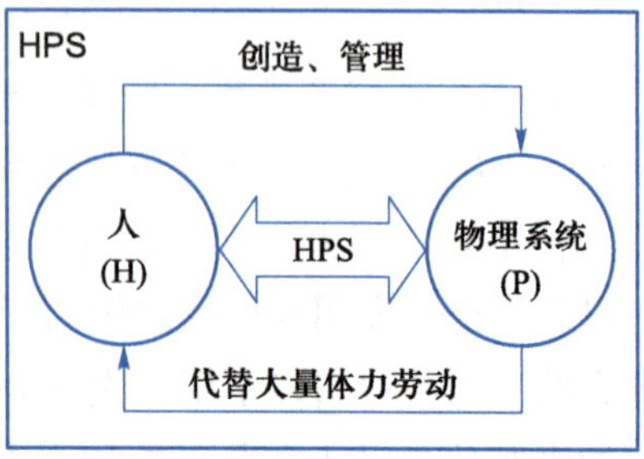

图 1-8 人 - 物理系统（HPS）的原理简图

2. 制造系统发展的第二阶段：数字化制造与人-信息-物理系统（HCPS1.0）

1）数字化制造——智能制造的第一种基本范式

20世纪中叶以后，随着制造业对技术进步的强烈需求，以及计算机、通信和数字控制等信息化技术的发明和广泛应用，制造系统进入了数字化制造（digital manufacturing）时代，以数字化为标志的信息革命引领和推动了第三次工业革命。

数字化制造是智能制造的第一种基本范式，也可称为第一代智能制造。

案例 1-2

数控机床

第三次工业革命最典型的产品是数控机床（图1-9），与普通机床相比，数控机床发生的本质变化是在人和机床实体之间增加了数控系统。操作者只需根据加工要求，将加工过程中的刀具与工件的相对运动轨迹、主轴速度、进给速度等按规定的格式编成加工程序，计算机数控系统即可根据该程序控制机床自动完成加工任务（图1-10）。

图1-9 数控机床实例

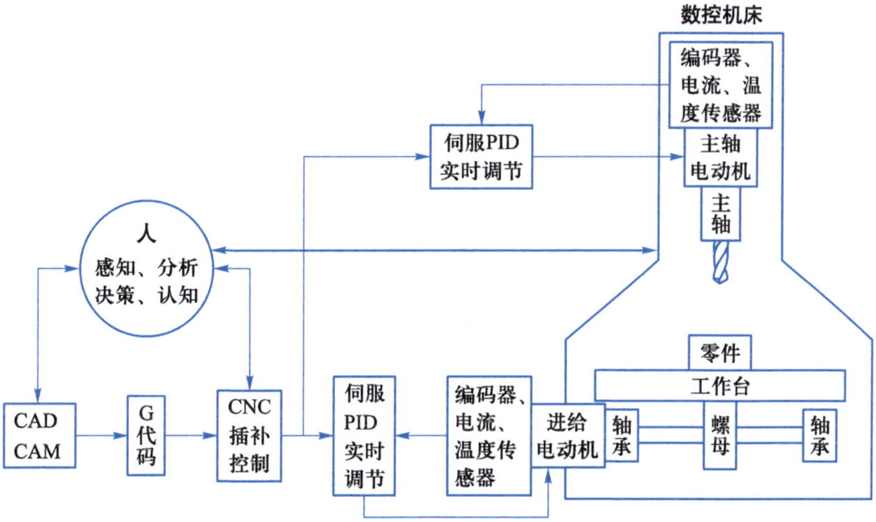

图1-10 数控机床原理简图

2）人－信息－物理系统（HCPS1.0）

与传统制造系统相比，数字化制造系统最本质的变化是在人和物理系统之间增加了一个信息系统（cyber systems，C），从原来的“人－物理”二元系统发展成为“人－信息－物理”（human-cyber-physical systems，HCPS）三元系统，HPS进化成了HCPS（图1-11）。人的相当部分的感知、分析、决策和控制功能迁移给信息系统，信息系统可以代替人类完成部分脑力劳动。信息系统是由软件和硬件组成的系统，其主要作用是对输入的信息进行各种计算分析，并代替操作者控制物理系统完成工作任务。

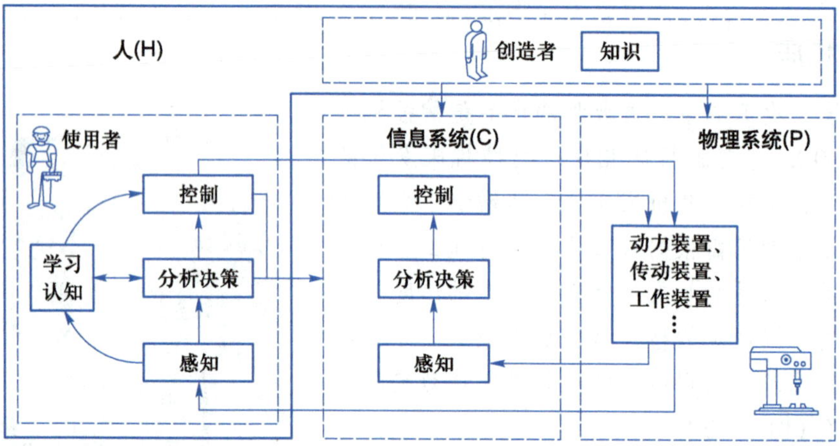

图1-11 基于人－信息－物理系统（HCPS1.0）的数字化制造

面向数字化制造的HCPS可定义为HCPS1.0。与HPS相比，HCPS1.0通过集成人、信息系统和物理系统的各自优势，其能力尤其是计算分析、精确控制以及感知能力等都得以极大提高，其结果是：一方面，制造系统的自动化程度、工作效率、质量与稳定性以及解决复杂问题的能力等各方面均得以显著提升；另一方面，不仅操作人员的体力劳动强度进一步降低，更重要的是，人类的部分脑力劳动也可由信息系统完成，知识的传播利用以及传承效率都得以有效提高。图1-12所示为人－信息－物理系统（HCPS1.0）的原理简图。

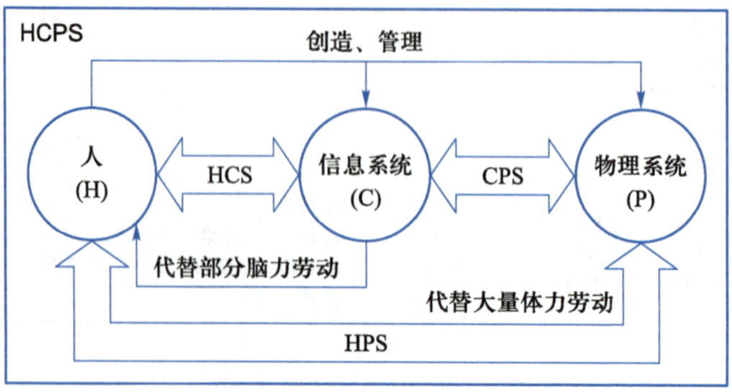

图1-12 人－信息－物理系统（HCPS1.0）的原理简图

从二元系统HPS到三元系统HCPS，由于信息系统的引入，使得制造系统同时增加了人-信息系统（human-cyber systems，HCS）和信息-物理系统（cyber-physical systems，CPS）。

CPS是HCPS非常重要的组成部分。美国学术界在21世纪初提出了CPS的理论，德国工业界将其作为"工业4.0"的核心技术。CPS在制造中的应用是信息系统和物理系统的完美映射和深度融合，"数字孪生"（digital twin）即其最为基本且关键的技术，由此制造系统的性能和效率可大大提高。

此外，从"机器"的角度看，信息系统的引入也使机器的内涵发生了本质变化，机器不再是传统的一元系统，而变成了由信息系统与物理系统构成的二元系统，即信息-物理系统，因此第三次工业革命可以看作第二次机器革命的开始。

在HCPS1.0中，物理系统仍然是主体。信息系统成为主导，在很大程度上取代了人的分析计算与控制工作。而人依然起着主宰的作用：首先，物理系统和信息系统都是由人设计制造出来的，其分析计算与控制的模型、方法和准则等都是在系统研发过程中由研发人员通过综合利用相关理论知识、经验、实验数据等来确定并通过编程等方式固化到信息系统中的；其次，这种HCPS1.0的使用效果在很大程度上依然取决于使用者的知识与经验。例如，对于上述数控机床加工系统，操作者不仅需要预先将加工工艺知识与经验编入加工程序中，同时还需要对加工过程进行监控和必要的调整优化。

3）数字化制造的内涵和主要特征

数字化制造在制造技术和数字化技术融合的背景下，通过对产品信息、工艺信息和资源信息进行数字化描述、集成、分析、决策和执行，进而快速生产出满足用户要求的产品。数字化制造主要聚焦于提升企业内部的竞争力，提高产品设计和制造质量、提高劳动生产率、缩短新产品研发周期、降低成本和提高能效。

数字化制造的主要特征表现为：第一，数字技术在产品中得到普遍应用，形成"数字一代"创新产品。第二，大量采用CAD/CAE/CAPP/CAM等数字化设计、建模和仿真方法；大量采用数控机床等数字化装备；建立了信息化管理系统，采用MRP Ⅱ /ERP/PDM等，对制造过程各种信息与生产现场实时信息进行管理，提升各生产环节的效率和制造质量。第三，实现制造全部过程各环节的集成和优化运行，产生了以计算机集成制造系统（computer integrated manufacture system，CIMS）为标志的解决方案。在这个阶段，以现场总线为代表的早期网络技术和以专家系统为代表的早期人工智能技术在制造业得到应用。

3. 制造系统发展的第三阶段：数字化网络化制造与人-信息-物理系统（HCPS1.5）

1）数字化网络化制造——智能制造的第二种基本范式

20世纪末、21世纪初，互联网技术快速发展并得到普及和广泛应用，"互联网+"不断推进制造业和互联网融合发展，制造技术与数字技术、网络技术的密切结合重塑制造业的价值链，推动制造业从数字化制造向数字化网络化制造的范式转变。

数字化网络化制造是智能制造的第二种基本范式，也可称为"互联网+制造"，或第二代智能制造。"互联网+制造"实质上是"互联网+数字化制造"。

案例 1-3

互联网 + 数控机床

与数控机床相比，互联网 + 数控机床增加了传感器，增强了对加工状态的感知能力；更重要的是，它实现了设备的互联互通，实现了机床状态数据的采集和汇聚（图 1–13）。

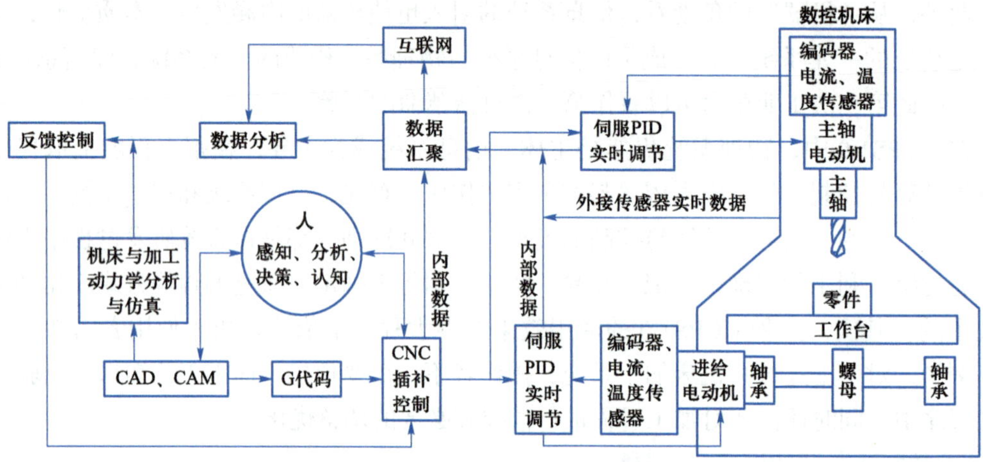

图 1–13　互联网 + 数控机床原理简图

2）HCPS1.5

数字化网络化制造系统仍然是基于人、信息系统、物理系统三部分组成的 HCPS（图 1–14），但这三部分相对于面向数字化制造的 HCPS1.0 均发生了根本性的变化，因此

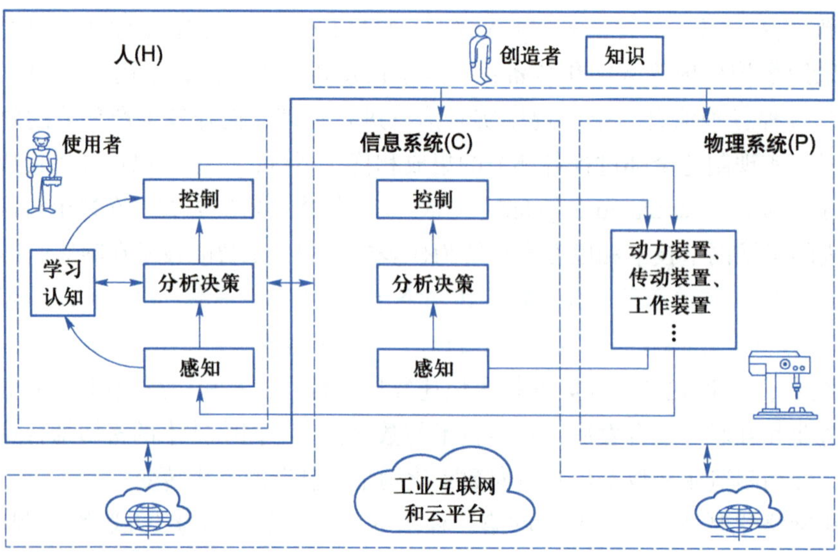

图 1–14　基于人 – 信息 – 物理系统（HCPS1.5）的数字化网络化制造

面向数字化网络化制造的 HCPS 可定义为 HCPS1.5。其最大的变化在于信息系统：互联网和云平台成为信息系统的重要组成部分，既连接信息系统各部分，又连接物理系统各部分，还连接人，是系统集成的工具；信息互通与协同集成优化成为信息系统的重要内容。同时，HCPS1.5 中的人已经延伸成为由网络连接起来的共同进行价值创造的群体，涉及企业内部、供应链、销售服务链和客户，使制造业的产业模式从以产品为中心向以客户为中心转变。

3）数字化网络化制造的内涵和特征

“互联网 + 制造”的实质是有效解决了“连接”这个重大问题：在数字化制造的基础上，深入应用先进的通信技术和网络技术，用网络将人、流程、数据和事物连接起来，联通企业内部和企业间的“信息孤岛”，通过企业内、企业间的协同和各种社会资源的共享与集成，实现产业链的优化，快速、高质量、低成本地为市场提供所需的产品和服务。先进制造技术和数字化网络化技术的融合，使得企业更快地适应市场变化，能够更好地收集用户对产品的使用信息和对产品质量的评价信息，在制造柔性化、管理信息化方面达到了更高的水平。

“互联网 + 制造”主要特征表现为：第一，在产品方面，数字化、网络化技术得到普遍应用，产品实现网络连接，形成“网联一代”创新产品。第二，在制造方面，实现纵向集成、横向集成和端到端集成，打通整个制造系统的数据流、信息流。企业能够通过设计和制造平台实现制造资源的全社会优化配置，开展与其他企业之间的业务流程协同、数据协同、模型协同，实现协同设计和协同制造。第三，在服务方面，企业与用户通过网络平台实现连接和交互，掌握用户的个性化需求，将产业链延伸到为用户提供产品健康保障等服务，企业生产开始从以产品为中心向以用户为中心转型，企业形态也逐步从生产型企业向生产服务型企业转型。

4. 制造系统发展的第四阶段：数字化网络化智能化制造与人-信息-物理系统（HCPS2.0）

新一代智能制造——数字化网络化智能化制造是智能制造的第三种基本范式，其本质上是“人工智能 + 互联网 + 数字化制造”。

1）制造业急需一场革命性变革

当今世界，全球制造企业普遍面临着提高质量和效率、降低成本、快速响应的强烈需求。然而，现有制造体系和制造水平已经难以满足高端化、个性化、智能化产品和服务增值升级的需求，制造业的进一步发展面临巨大瓶颈和困难。解决问题，迎接挑战，迫切需要制造业的技术创新、智能升级。

2）新一代人工智能为制造业变革带来历史性机遇

（1）新一轮工业革命的三大驱动力。20 世纪后期以来，信息技术呈指数级增长，数字化、网络化、智能化加快普及应用，制造系统技术融合和系统集成式创新不断发展，形成了新一轮工业革命的三大驱动力。

① 信息技术指数级增长。近 60 年来，半导体行业的传奇定律——摩尔定律标志着整个信息行业的飞跃，这些年来集成电路上可容纳晶体管的数量始终按照摩尔定律每

18～24个月密度加倍。不仅仅是芯片，还有计算机、网络、通信等信息技术，都长期以指数级增长（图1-15）。

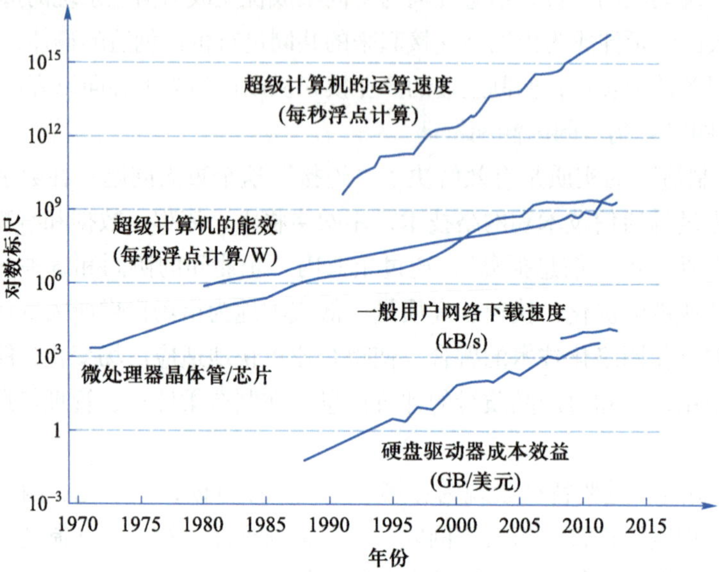

图1-15 信息技术指数级增长

特别是过去20多年，移动互联、超级计算、大数据、云计算、物联网、人工智能等新一代信息技术全都呈现出指数级增长的态势，日新月异、飞速发展，并极其迅速地普及应用，形成了群体性跨越。这是新一轮工业革命的第一大驱动力。

② 数字化、网络化、智能化技术普及应用。数字化、网络化和智能化使得信息的获取、使用、控制以及共享变得极其快速和廉价，产生了真正的大数据，创新的速度大大加快，应用的范围无所不及。新一代信息技术极速普及应用，世上任何物体都可互联起来，可感知、可度量、可通信、可操控，使人和物更聪明，操控更准确。人类社会－信息世界－物理世界三元融合，使信息服务进入了普惠计算和网络时代，且正在进入智能时代，真正引发了一场革命。这是新一轮工业革命的第二大驱动力。

③ 技术融合和系统集成式创新。当今，一种全新的创新方法——技术融合和系统集成式创新应运而生。可能使用的各种技术并不是最新的创造，但这些技术的组合就是革命性的创新。例如，苹果系列产品、特斯拉电动汽车就是技术融合和系统集成式创新的成功典范，通过采用各种最新信息技术、管理技术与工具，对各个创新要素和创新内容进行选择、集成和优化，形成了优势互补的动态创新过程，引领制造业“创新驱动，转型升级”的历史潮流。未来最大的机会来自新兴技术和现有技术之间的相互作用和融合，这将颠覆未来的技术和产业。系统决定成败，集成者最强大。这是成就新一轮工业革命的第三大驱动力。

（2）新一代人工智能——人工智能2.0。上述历史性的技术进步，新一轮工业革命的三大主要驱动力，集中汇聚为新一代人工智能技术的战略性突破，快速转化为现实生产力。

标志性事件是 2016 年 Google AlphaGo 以 4：1 战胜围棋世界冠军李世石。这个重大历史性事件，标志着“新一代人工智能”时代的到来。

“新一代人工智能”亦称为人工智能 2.0（AI2.0）。1956 年，一批顶级专家在美国达特茅斯（Dartmouth）聚会，首次确定了“人工智能”的概念：让机器像人那样认知、思考和学习，即用计算机模拟人的智能。60 多年来，人工智能技术几经起伏，顽强地奋斗，不断地前进，但总体而言，还是属于第一代技术，属于“人工智能 1.0”时代。六十年一甲子，人工智能的发展从量变到质变。近年来，随着人工智能算法的重大突破、计算能力的极大提高，互联网引发了真正的大数据革命，在算法、算力、数据三大核心技术与其他各种先进技术互融互通的基础上，人工智能技术已经实现战略突破，进入了“新一代人工智能”（AI2.0）时代。

新一代人工智能呈现出深度学习、跨界融合、人机协同、群体智能等新特征，大数据智能、跨媒体智能、人机混合增强智能、群体集成智能和自主智能装备正在成为发展重点。最关键的是，新一代人工智能解决复杂问题的能力突飞猛进。最本质的是，新一代人工智能具备了学习的能力，具备了生成知识和更好地运用知识的能力，实现了质的飞跃。新一代人工智能为人类提供了认识复杂系统的新思维，提供了改造自然和社会的新技术。

2022 年底，ChatGPT 横空出世。生成式大模型 GPT 开始具备了理解和学习的功能，具有强大的解决实际问题的能力。量变到质变，GPT 是人工智能发展史上一次革命性、里程碑意义的重大突破、重大跨越，跨越了弱人工智能到强人工智能的拐点，宣示着强人工智能时代的到来。极短时间内，大模型 + 大数据 + 大算力的新一代人工智能飞速发展，迎来了通用人工智能时代。人工智能的应用性发生了质的改变，将使能百模千态、赋能千行万业，实现各行各业的智能转型，人类社会正在加速迈向智能世界。

充分认识到新一代人工智能技术的发展将深刻改变人类社会生活、改变世界，我国发布了“新一代人工智能发展规划”，以抓住机遇、抢占先机。世界各国也都把新一代人工智能的发展摆在了最重要的位置。

总之，新一代人工智能已经成为新一轮科技革命的核心技术，正在形成推动经济社会发展的巨大引擎。

3）新一代智能制造是新一轮工业革命的核心驱动力

新一代人工智能技术与先进制造技术的深度融合，形成了新一代智能制造技术，成为新一轮工业革命的核心驱动力。新一代智能制造的突破和广泛应用将重塑制造业的技术体系、生产模式、产业形态，推动全球制造业发展步入新阶段，实现社会生产力的整体跃升。

4）HCPS2.0

图 1-16 描述了面向新一代智能制造的 HCPS，其相对于面向数字化网络化制造的 HCPS1.5 又发生了本质性变化，因此面向新一代智能制造的 HCPS 可定义为 HCPS2.0。最重要的变化发生在起主导作用的信息系统，由于将部分认知和学习的脑力劳动转移给了信息系统，HCPS2.0 中的信息系统增加了基于新一代人工智能技术的学习认知部分，不仅具

有了更加强大的感知、决策与控制的能力，更具有了学习认知、产生知识的能力，即拥有了真正意义上的“人工智能”。信息系统中的“知识库”由人和信息系统自身的学习认知系统共同建立，它不仅包含人输入的各种知识，更重要的是包含信息系统自身学习得到的知识，尤其是那些人类难以描述与处理的知识，知识库可以在使用过程中通过不断学习而不断积累、不断完善、不断优化。

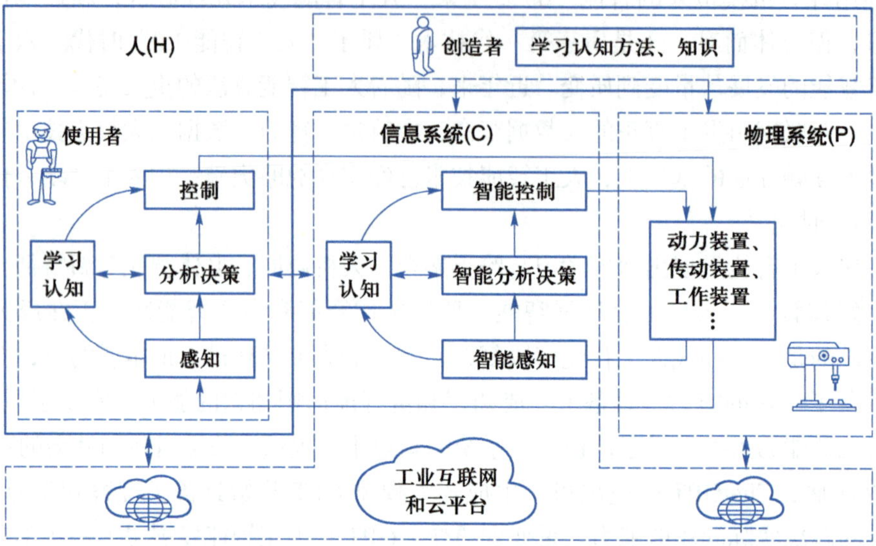

图 1-16 基于人 – 信息 – 物理系统（HCPS2.0）的新一代智能制造

这种面向新一代智能制造的 HCPS2.0 通过新一代人工智能技术赋予信息系统强大的“智能”，从而带来三个重大技术进步：① 从根本上提高制造系统建模的能力，极大提高处理制造系统复杂性、不确定性问题的能力，有效实现制造系统的优化；② 使信息系统拥有了学习认知能力，使制造知识的产生、利用、传承和积累效率均发生革命性变化，显著提升知识作为核心要素的边际生产力；③ 形成人机混合增强智能，使人的智慧与机器智能的各自优势得以充分发挥并相互启发式增长，极大释放人类智慧的创新潜能，极大提升制造业的创新能力。人和信息系统的关系发生了根本性的变化，即从“授之以鱼”变成了“授之以渔”，如图 1-17 所示。

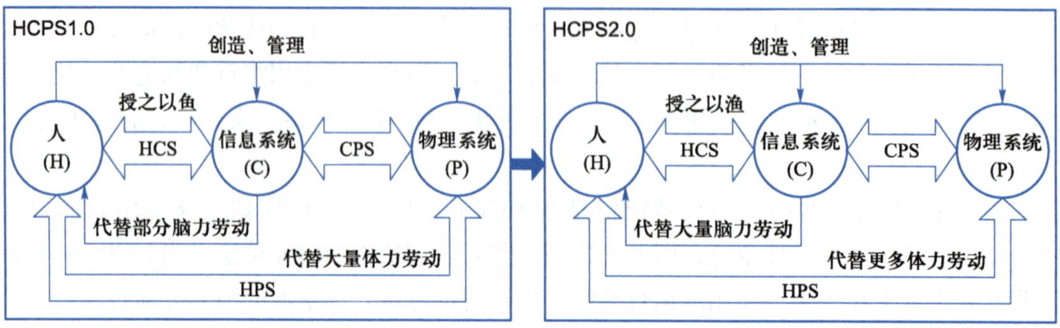

图 1-17 新一代人 – 信息 – 物理系统（HCPS2.0）的原理简图

案例 1-4

新一代智能机床

新一代智能机床是在工业互联网、大数据、云计算的基础上，将新一代人工智能技术和先进制造技术深度融合的机床。新一代智能机床能够实现自主感知、自主学习、自主优化与决策、自主控制与执行，极大提高机床加工质量、使用效率，降低成本，是第四次工业革命的典型产品，如图 1-18 和图 1-19 所示。

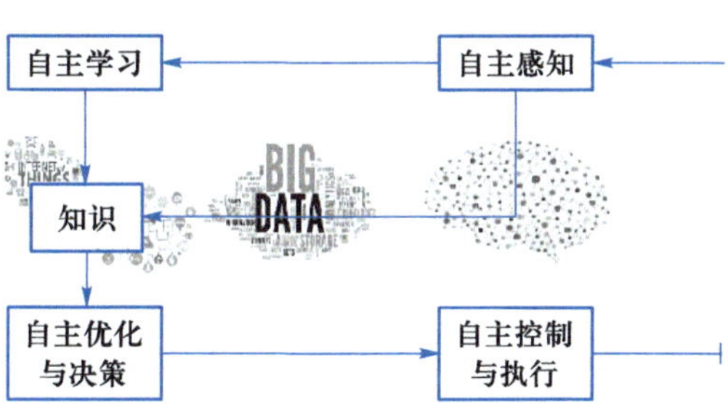

图 1-18　智能机床系统

智能机床

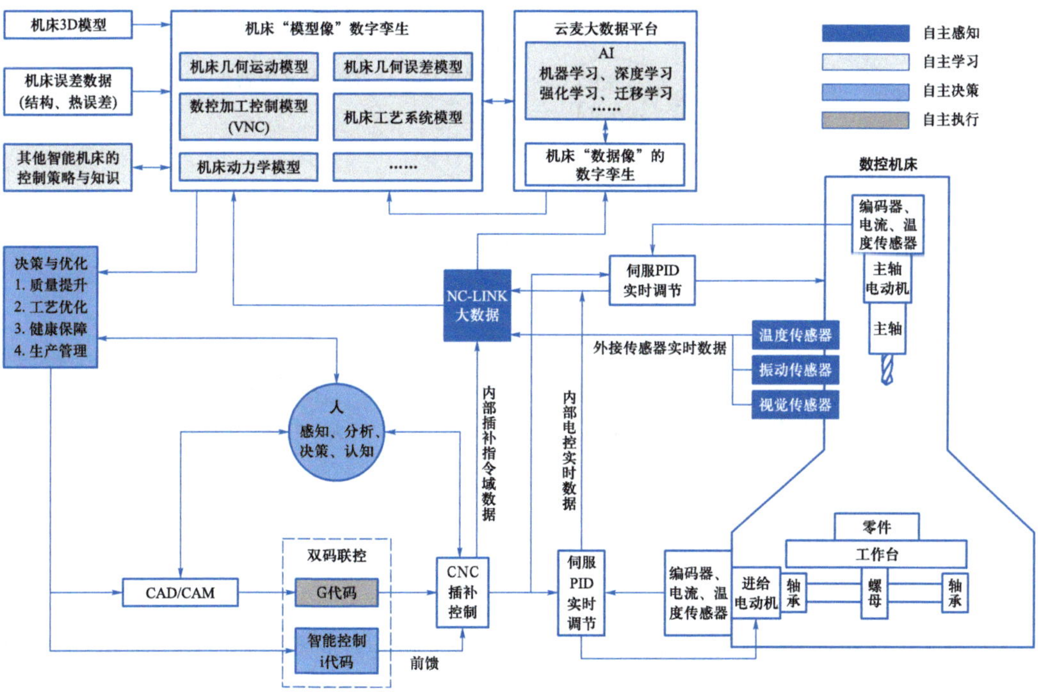

图 1-19　智能机床系统原理图

新一代智能制造进一步突出了人的中心地位，在 HCPS2.0 中，制造是主体、智能是主导、人是主宰。一方面，产品高度呈现智能化、宜人化，生产制造过程呈现高质、柔性、高效、绿色等特征，产业模式将发生革命性的变化，服务型制造业与生产性服务业大发展，智能制造将更好地为人类服务；另一方面，制造系统与工具将具备越来越强大的学习能力，人作为制造系统创造者和操作者的能力和水平将极大提高，人类智慧的潜能将得以极大释放，社会生产力将得以极大解放。知识型工作自动化将使人类从大量脑力劳动和更多体力劳动中解放出来，人类可以从事更有价值的创造性工作。人类的思维进一步向“互联网思维”“大数据思维”和“人工智能思维”转变，人类社会开始进入“智能时代”。

5. 一代技术——一代工业

智能制造是随着信息技术的不断进步而不断发展的，并呈现出发展的层次性或阶段性（图 1-20），从最早形态的 HPS 到 HCPS1.0，再到 HCPS1.5 和 HCPS2.0，这种从低级到高级、从局部到整体的发展趋势将永无止境。

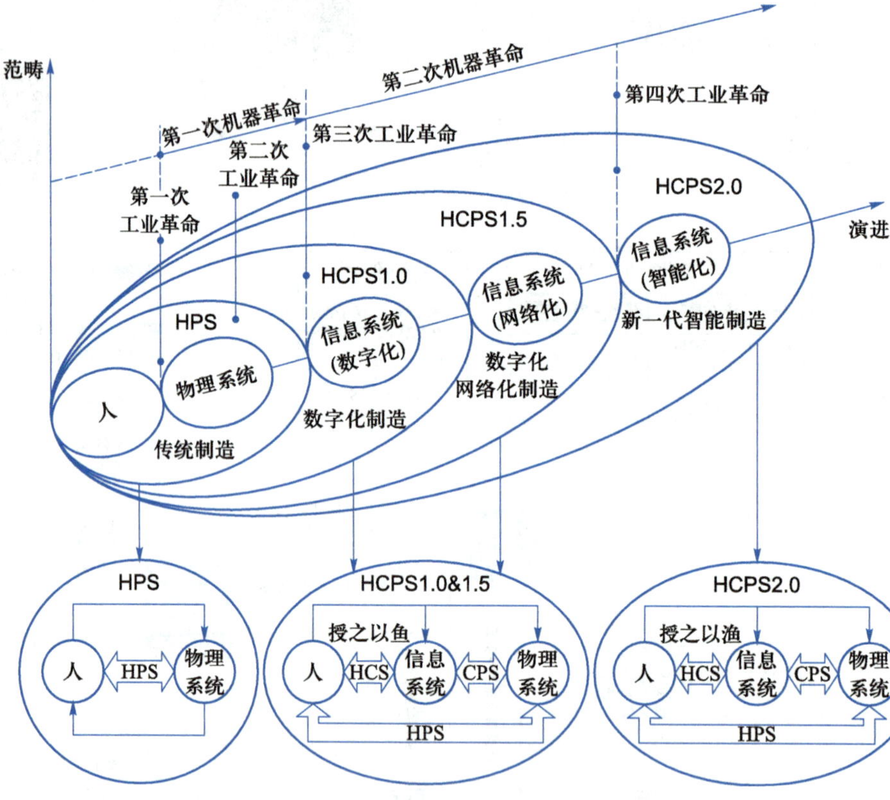

图 1-20 智能制造的演进

第一次工业革命和第二次工业革命分别以蒸汽机和电力的发明和应用为根本动力，极大地提高了生产力，人类社会进入了现代工业社会。第三次工业革命，以计算、通信、控制等数字化技术的创新与应用为标志，持续将工业发展推向新高度。

如果说数字化网络化制造是新一轮工业革命的开始，那么新一代智能制造的突破和广泛应用将推动形成这次工业革命的高潮，重塑制造业的技术体系、生产模式、产业形态，并将引领真正意义上的“工业 4.0”，实现第四次工业革命（图 1-21）。

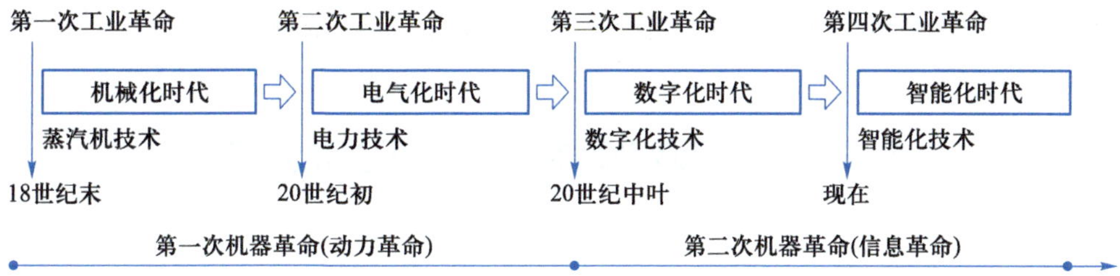

图 1-21 四次工业革命的演进

1.2.3 我国智能制造“并行推进、融合发展”的技术方针

智能制造的三个基本范式体现了智能制造发展的内在规律：一方面，三个基本范式次第展开，各有自身阶段的特点和需要重点解决的问题，体现着先进信息技术与制造技术融合发展的阶段性特征；另一方面，三个基本范式在技术上并不是绝然分离的，而是相互交织、迭代升级，体现着智能制造发展的融合性特征。

智能制造在西方发达国家是一个“串联式”的发展过程，数字化、网络化、智能化是西方顺序发展智能制造的三个阶段。我国不能走西方顺序发展的老路：用几十年时间充分发展数字化制造之后，再发展数字化网络化制造，进而发展新一代智能制造，这样就无法完成我国制造业转型升级的历史任务。

德国“工业 4.0”是在成功完成“工业 1.0”“工业 2.0”，并基本完成“工业 3.0”之后所提出的制造业发展战略，是自然的“串联式”发展。中国制造业尚处于“工业 2.0”后期与“工业 3.0”前期的发展阶段，今后一个时期，中国制造业必须走“工业 2.0”补课、“工业 3.0”普及、“工业 4.0”示范的“并联式”发展道路，任务要比德国实现“工业 4.0”更加复杂、更加艰巨。

我国必须充分发挥后发优势，采取“并联式”的发展方式，也就是要采取数字化、网络化、智能化“并行推进、融合发展”的技术方针。

企业是推进智能制造的主体，每个企业都要“因企制宜”，要根据自身实际，总体规划、分步实施、重点突破、全面推进，产学研协同创新，实现企业的技术改造、智能升级。

1.2.4 我国发展智能制造的战略部署

从现在到 2035 年是中国制造业实现由大到强的关键时期，也是制造业发展质量变革、效率变革、动力变革的关键时期。

从现在到 2035 年，我国的智能制造发展总体将分成如下两个阶段。

第一阶段：数字化转型，深入推进“制造业数字化转型重大行动”。到 2027 年，规上企业基本实现数字化转型，数字化制造在全国工业企业基本普及。同时，新一代人工智能技术的科研和攻关取得突破性进展，试点和示范取得显著成效。

第二阶段：智能化升级，深入推进“制造业智能化升级重大行动”。到 2035 年，规上企业基本实现智能化升级，数字化网络化智能化制造在全国工业企业基本普及，我国智能制造技术和应用水平走在世界前列，制造业智能升级走在世界前列。

1.3 智能制造推动制造业全面创新升级

1.3.1 智能制造是覆盖产品全生命周期的创新系统

智能制造是一个大系统，主要由智能产品、智能生产及智能服务三大功能系统以及工业互联网络和智能制造云平台两大支撑系统集合而成（图 1-22）。其中，智能产品是智能制造的主要载体和价值创造的核心；智能生产是制造产品的物化活动，亦即狭义而言的智能制造；以智能服务为核心的产业模式和产业形态变革是智能制造的创新发展的主要方向之一；工业互联网络和智能制造云平台是智能制造的支撑和基础。

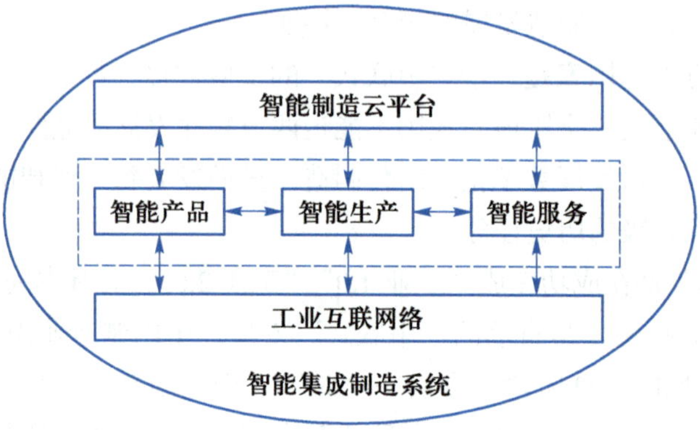

图 1-22 智能集成制造系统

制造业创新的内涵包括四个方面：产品创新、生产技术创新、产业模式创新、制造系统集成创新。

在这四个方面，数字化网络化智能化都是制造业创新的主要途径。因此，制造创新发展的主要路径主要包括四个方面：产品创新——智能产品，生产技术创新——智能生产，产业模式创新——以智能服务为核心的制造业新模式新业态，制造系统集成创新——智能集成制造系统。

1. 产品创新——智能产品

数字化、网络化、智能化技术是实现产品创新的共性赋能技术，与产品技术深度融合，形成智能产品技术，使产品向“数字一代”—“网联一代”—“智能一代”发展，从根本上提高和优化产品功能、性能和市场竞争力。

2. 生产技术创新——智能生产

数字化、网络化、智能化技术是生产技术创新的共性赋能技术，与生产技术深度融合，使得生产技术向“数字一代”—“网联一代”—“智能一代”发展，全面提升和优化生产的质量、效率和效益。

3. 产业模式创新——以智能服务为核心的制造业新模式新业态

数字化、网络化、智能化技术还是服务创新以及产业模式和产业形态创新的共性赋能技术，将大大促进制造业从“以产品为中心”变革到“以用户为中心”，深刻地改革和优化制造业的生产模式、组织模式和产业模式。

4. 制造系统集成创新——智能集成制造系统

数字化、网络化、智能化技术是实现制造系统集成的共性赋能技术，大大促进制造系统“内部”和“外部”创新的系统大集成，实现制造业的创新、协调、绿色、开放、共享。

1.3.2　智能产品

1. “数字一代”产品—“网联一代”产品—“智能一代”产品

产品（主要指装备类产品）是制造的主要载体和价值创造的核心。数字化、网络化、智能化技术的广泛应用将给产品带来无限的创新空间，使产品产生革命性变化，从“数字一代”整体跃升至“网联一代”，进而整体跃升至“智能一代”。

从技术机理看，“智能一代”产品是具有HCPS2.0特征的高度智能化、高质量、高性价比的产品。智能手机和智能汽车就是两种典型的智能产品。

案例1-5

智能手机

过去20多年，智能手机极速发展、极速普及，创造了产品创新的奇迹。

我们现在使用的智能手机，操作系统有1亿行代码，计算能力远远超过当年的超级计算机Cray-2。

最新上市的华为Mate 60 Pro（图1-23）展示了新一代智能手机的强大智能。其已经搭载了人工智能芯片，即麒麟9000S芯片，开始具有了学习功能。

不久的将来，新一代人工智能全面应用到手机上，智能手机将发生什么样的变化呢？我们充满了热切的期待。

图1-23　华为Mate 60 Pro

案例1-6

智能汽车

近期智能汽车的快速发展远远超出了人们的预想。汽车正经历燃油汽车→电动汽车（数字化）→网联汽车（网络化）的发展历程，并朝着无人驾驶汽车（智能化）的方向极速前进（图1-24）。随着新一代人工智能技术的深入应用，未来汽车将会进入无人驾驶时代，将成为一个智能移动终端，成为人们工作和生活的更加美好的移动空间。

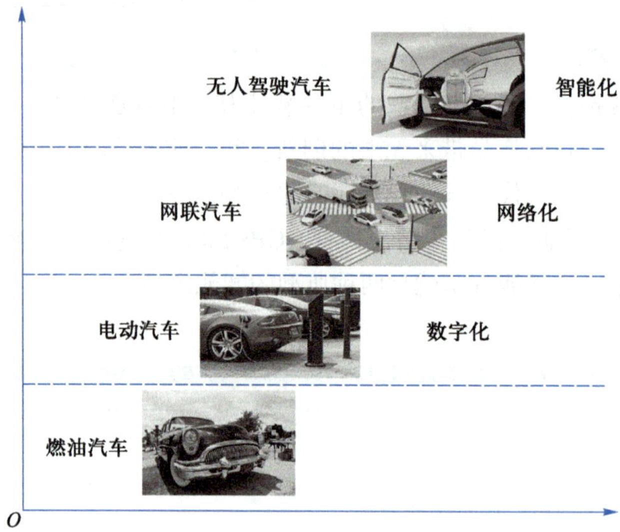

图1-24 汽车进化简图

2. 一代技术——一代产品——一代工业

纵观产品创新升级的历程，蒸汽机技术这一共性赋能技术所带来的动力革命曾催生出了“蒸汽一代”产品，推动了第一次工业革命；电机技术这一共性赋能技术所带来的另一场动力革命则曾导致了“电气一代”产品的产生，推动了第二次工业革命；数字化、网络化这些共性赋能技术所带来的信息革命则导致了“数字一代”产品的产生，推动了第三次工业革命；新一代人工智能技术这一共性赋能技术所带来的另一场信息革命正导致产品从“数字一代”逐步向“网联一代”进而向“智能一代”产品进化，推动第四次工业革命（图1-25）。

一代技术、一代产品、一代工业，“数字一代”“网联一代”和“智能一代”产品是信息化与工业化深度融合的产物，其实质是信息化技术引起的革命化变革。可以看到，数字化、网络化、智能化技术是典型的共性赋能技术，具有鲜明的特征，具有本质的规律，可以普遍运用于各种产品创新，可以推进产品的升级换代，引起制造工业的革命化变革。这也是我们提出“数字一代”“网联一代”和“智能一代”这样一个概念的缘由和根据。

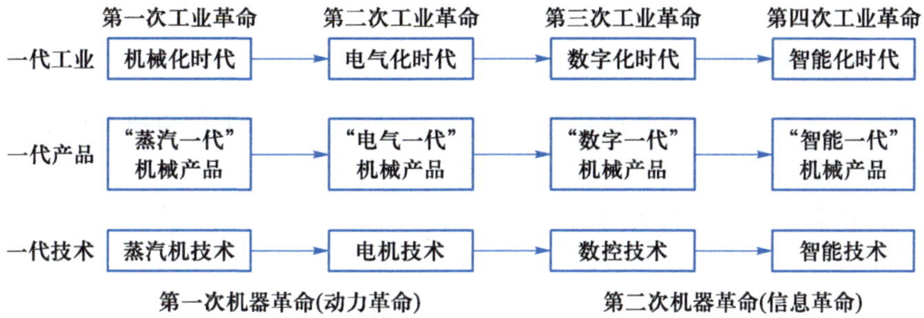

图 1–25 一代技术、一代产品、一代工业

案例 1–7

动力机车的数字化网络化智能化

我国已成为世界上高速机车技术最发达的国家之一，在机车数字化网络化智能化方面走在了世界的前列。轨道交通机车历经蒸汽机车、内燃机车、电力机车到数字化电力机车的进化，目前正向智能化电力机车方向发展（图 1–26）。

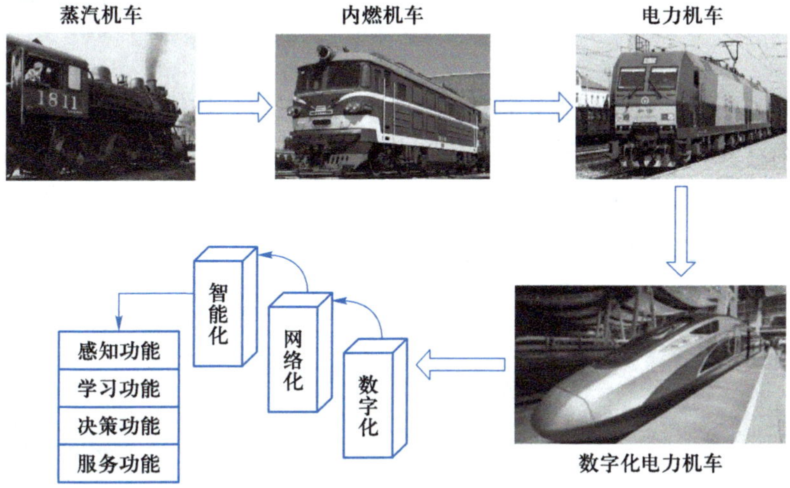

图 1–26 机车的数字化网络化智能化进程

3. 数字化网络化智能化赋能各种产品升级换代

作为一种共性赋能技术，智能制造技术可广泛应用于国民经济各行业和国防军工中各种产品的升级换代。智能制造技术可应用于以下设备：各种金属加工设备，特别是金属切削机床；各种非金属加工专用设备，如塑料加工机械；生产能源、动力、化工产品、食品、药品、农副产品、日用产品等的专用设备；汽车、火车、飞机、轮船等交通运输设备；火炮、雷达、坦克等武器装备；工程、建筑、港口、印刷、医疗器械等设备。产品的创新与升级换代将极大提升各种产品的性能与市场竞争力，提高整个制造业的生产效率和

质量水平。

4. 未来15年的智能产品

可以预见，数字化网络化智能化技术将为产品和制造装备的创新插上腾飞的翅膀，开辟极为广阔的天地。

一方面，将涌现出一大批先进的智能生活产品，如智能终端、智能家电、智能服务机器人、智能玩具等，为人民更美好的生活服务（图1-27）。

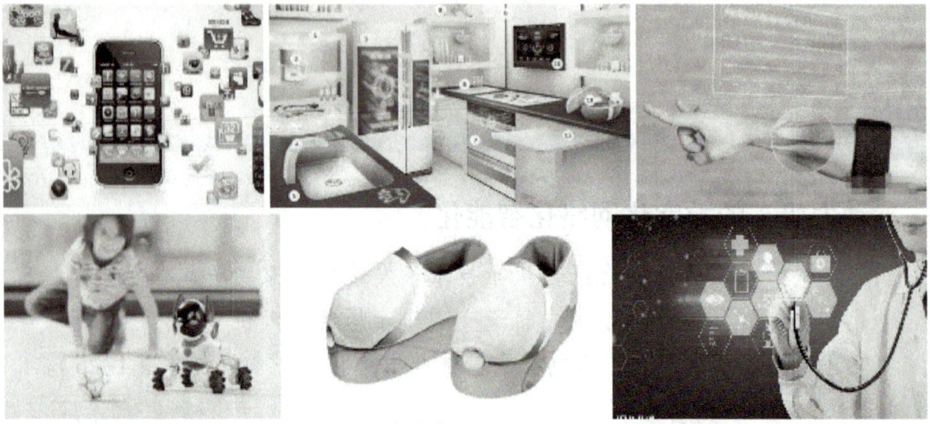

图1-27 智能生活产品

另一方面，制造、运载和服务装备必将全面智能升级，如信息制造装备、航天航空装备、船舶和海洋装备、交通运输装备、能源装备、农业装备、医疗装备等，特别是智能制造装备，如智能机床、智能机器人等，我们的“大国重器”将装备“工业大脑”，将更加先进、更加强大（图1-28）。

图1-28 智能装备产品

1.3.3 智能生产

1. 智能工厂是智能生产的主要载体

智能生产是制造智能产品的物化过程，亦即狭义而言的智能制造。

智能工厂是智能生产的主要载体。广义而言，智能工厂包括了产品设计、产品生产、销售服务等各方面的业务。这里，主要讨论智能工厂的主体功能——智能生产。

智能工厂根据行业的不同可分为离散型智能工厂和流程型智能工厂，追求的目标都是生产过程的优化，大幅度提升生产系统的性能、功能、质量和效益，重点发展方向都是智能生产线、智能车间、智能工厂。

一般而言，智能工厂的信息 - 物理系统包含四个层级——智能装备、智能产线、智能车间和智能工厂。每个层级都是一个 CPS，由物理系统和信息系统两个方面组成（图 1-29）。各个层级的物理系统由运输系统连接起来，组成智能工厂的物理系统；各个层级的信息系统由网络系统连接起来，组成智能工厂的信息系统。智能工厂层级的物理系统和信息系统集成融合，并且与其运作者和控制者——人集成融合，形成智能工厂的人 - 信息 - 物理系统——HCPS。

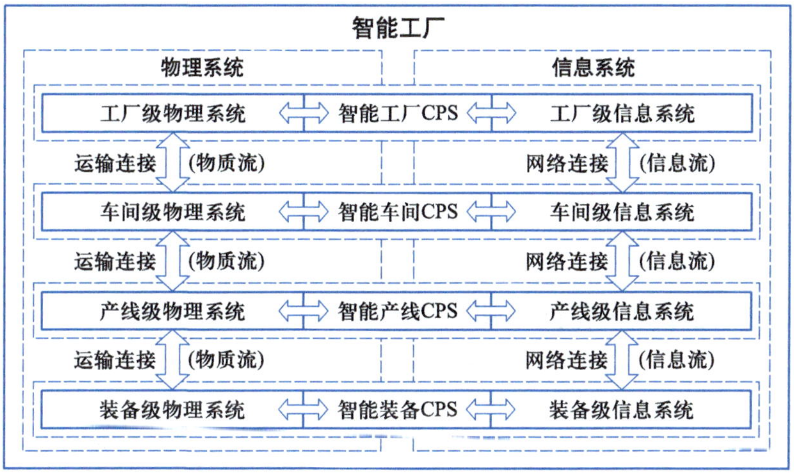

图 1-29 智能工厂的四个层级的信息 - 物理系统

数字化网络化智能化技术与制造技术的融合，主要从两条主线实现智能工厂的转型升级：一方面，实现生产过程自动化；另一方面，实现生产管理信息化。在网络连接和数据集成的支持下，两条主线深度集成，推动装备、产线、车间、工厂发生革命性的大变革（图 1-30）。

“机器换人”——企业生产能力的技术改造、智能升级，不仅能解决一线劳动力短缺和人力成本高升的问题，更能从根本上提高制造业的质量、效率和企业竞争力。在今后相当长一段时期内，智能生产——企业生产能力的技术改造、智能升级是推进智能制造的主战场。

多年来，在推进制造强国战略的过程中，涌现出一大批数字化网络化工厂建设的“示范工厂”“标杆工厂”“灯塔工厂”，这些企业都已经成为本行业世界级先进制造企业，同时在数字化网络化转型升级方面，也为中国制造业树立了典范。

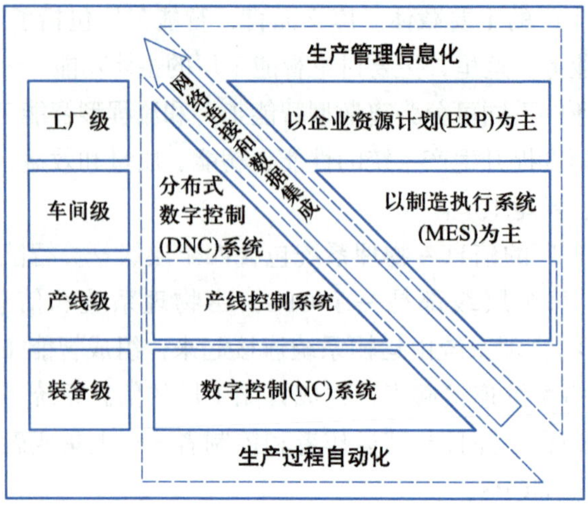

图 1-30 智能工厂信息系统架构

2. 离散型制造业智能工厂

近年来，离散型制造业的数字化网络化装备、产线、车间、工厂发展很快，促进了制造企业的智能升级、创新发展。

案例 1-8

三一重工的企业数字化网络化转型

三一重工

三一重工股份有限公司（简称三一重工）[①] 是我国工程机械领域最早进行数字化转型的企业，2008 年筹建的三一重工 18 号厂房是亚洲最大的数字化制造车间。之后，三一重工推进网络化进程，自主部署基于设备全球互联的物联网、大数据平台，为用户提供包括预测性维护、物联网金融等新业务，显著提高了产品的质量、水平和效益（图 1-31）。目前，三一重工已发展成位居世界前列的工程机械制造企业。

图 1-31 三一重工的企业数字化网络化转型

① 文中涉及大量企业名称，有些企业被大众所熟知，文中不再用企业全称。

案例 1-9

汽车领域数字化网络化制造示范工厂——广汽埃安

作为全球领先的智能生态标杆，广汽埃安智能生态工厂（图 1-32）具备钢铝车身柔性生产、数字化自主决策、互动式定制、能源综合利用四大全球领先优势，其中互动式定制可以有超 6 万种组合。

广汽埃安

图 1-32 广汽埃安智能生态工厂

案例 1-10

家电领域数字化网络化制造示范工厂——格力集团智能工厂

格力集团是世界先进的家电制造企业。格力始终把智能制造作为企业转型升级的主要抓手，建设了具有国际先进水平的数字化网络化制造示范工厂（图 1-33）。格力实现了装备、产线、车间、工厂、公司各个层面的数字化网络化转型升级，一方面全面实现生产过程自动化，另一方面全面实现生产管理信息化；物流作业全部是自动导向车（automated guided vehicle，AGV）机器人作业；工厂实现可视化呈现，整个企业一体化运营。

格力集团

图 1-33 格力集团智能工厂

3. 流程型制造业智能工厂

冶金、化工、电力、建材、纺织、食品等流程型制造业，在国民经济中占有基础性的战略地位，产能高度集中，且数字化网络化基础较好，最有可能率先突破新一代智能制造。

案例 1-11

冶金领域数字化网络化制造示范工厂——宝武集团智能工厂

中国宝武钢铁集团有限公司（简称宝武集团）多年来始终坚持以智能制造作为企业转型升级的主要技术路线，在智能制造方面走在了世界钢铁业界的前列。宝武集团将数字化网络化技术与钢铁制造技术深度融合，在炼铁、炼钢、连铸和轧钢等钢铁生产各主要工厂都实现了数字化网络化转型升级（图 1-34）。其中，宝武炼钢工厂建成了数字化冶炼中心、连铸中心，首次形成数字冶炼、数字连铸的技术能力，实现了冶炼、连铸过程的智能监控、质量保障和工艺优化，大幅提升了炼钢生产过程的管控水平和生产质量。

宝武集团

图 1-34 宝武集团智能工厂

案例 1-12

轻工领域数字化网络化制造示范工厂——海天味业

佛山市海天调味食品股份有限公司（简称海天味业）是数字化网络化生产水平居行业前列的世界级食品加工企业，利用数字化网络化技术，进行业务、产品、客户体验等多方面创新发展，协助企业在核心技术、运营、大数据分析等方面全方位发力。在海天味业的制造车间（图 1-35），在智能化建设的统一部署下，各项设备都已经实现了智能化转型，将人力成本降至最低，在减轻工人工作压力的同时，还可以实现全自动、连续化生产，让生产效率和土地利用率倍增。

海天味业

图 1-35 海天味业数字化制造车间

要强调的是，大量原来还没有实现数字化制造的企业，则采用并行推进数字化制造和“互联网 + 制造”的技术路线，通过“以高打低、融合发展”完成数字化制造的“补课”，同时跨越到“互联网 + 制造”的先进水平，实现了企业的数字化转型。春风动力的数字化转型是一个典型范例。

案例 1-13

春风动力的企业数字化网络化转型

浙江春风动力股份有限公司（简称春风动力）原来是一家摩托车配件厂，数字化水平不高；通过“互联网 + 创新 + 制造”，很好地完成了数字化“补课”，全面打造了“制造云、电商云、物流云、设计云、流程云”，产品质量达到国际一流水平（图 1-36）。目前，春风动力已经发展成为特种摩托车行业的世界级“隐形冠军”企业。

春风动力

图 1-36 春风动力的企业数字化网络化转型

但是，我们必须保持清醒的认识，以上这些都还只是数字化网络化阶段的智能工厂，也就是第二代智能制造的智能工厂，更先进的技术升级还在后面。

故新一代智能工厂将应用新一代人工智能技术实现加工质量的升级、加工工艺的优化、加工装备的健康保障、生产的智能调度和管理，建成真正意义上的智能工厂。

1.3.4 智能服务

以智能服务为核心的产业模式和企业形态变革是深刻的供给侧结构性改革，是智能制造的创新发展的主要方向之一。

1. 智能服务——服务的数字化、网络化、智能化

数字化、网络化、智能化技术引发了产品和生产的翻天覆地的变化，同样，数字化、网络化、智能化技术也引发了制造服务的翻天覆地的变化。数字化、网络化、智能化技术正在深刻地改变着产品服务的方方面面。

1）市场营销服务的数字化、网络化、智能化

电子商务、“线上销售＋线下体验”、定制化服务、构建市场营销生态圈等新的市场营销服务，改变了供给侧——制造企业和需求侧——用户市场之间信息不对称的局面，促进了两者之间的沟通和交流，从根本上提高了服务的质量和效率。

2）售后服务的数字化、网络化、智能化

远程运维服务、工艺优化服务、回收再制造服务等新的售后服务，使制造企业对客户的服务延伸到了产品全生命周期，体现了以客户为中心的制造新理念。

3）数字化、网络化、智能化驱动的效能增值服务

产品升级服务、内容增值服务、系统运营服务等效能增值服务，使制造企业不仅仅为客户供给产品，还进一步为客户供给了“产品即服务”的内容丰富、效能优良的系统、平台和生态圈。

2. 制造业产业模式和产业形态的根本性变革

以智能服务为核心，推进先进制造业与现代服务业深度融合，促进制造业产业模式和产业形态的革命性转变，实现从“以产品为中心”向“以用户为中心”的根本性转变，完成深刻的供给侧结构性改革。

产业模式和产业形态的革命性转变，主要体现在三个方面——两个新模式和一个新业态（表 1-2）：

第一，制造业生产模式从大规模流水线生产转向定制化规模生产；

第二，制造业组织模式从竞争与垄断走向竞争与协同共享；

第三，制造业产业形态从生产型制造向服务型制造转变。

表 1-2 以数字化网络化智能化服务为核心的制造业新模式新业态

工业时代	制造业模式与业态创新		
	生产模式	组织模式	产业业态
第一次工业革命	手工生产向机器生产	分散型	生产型制造

续表

工业时代	制造业模式与业态创新		
	生产模式	组织模式	产业业态
第二次工业革命	机器生产向大规模流水线生产	分散向竞争与垄断	生产型制造
第三次工业革命	大规模流水线生产向精益生产与敏捷制造	竞争与垄断	生产型制造和生产服务型制造
第四次工业革命	精益生产与敏捷制造向定制化规模生产	竞争与垄断向竞争与协同共享	生产服务型制造和服务型制造

1.3.5 智能集成制造系统

1. 智能制造系统的总体架构

智能制造系统的总体架构可以从智能制造的价值维、组织维和技术维三个维度进行描述（图 1-37）。

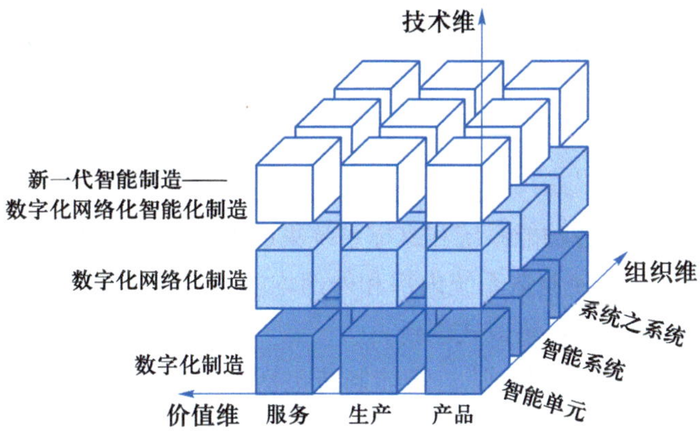

图 1-37 智能制造系统的总体架构

1）智能制造系统的价值维

智能制造的根本目标是实现价值创造、价值优化。智能制造的价值实现主要体现在产品创新、生产智能化、服务智能化三个方面及其系统集成。

产品创新可根据需要进一步细分为产品设计、评估验证等环节及其集成。

生产智能化一般可细分为工艺设计、工艺过程、质量控制、生产管理等环节及其集成。

服务智能化包括以用户为中心的产品全生命周期的各种服务，如定制服务、远程运维等，延伸发展服务型制造业和生产性服务业，深刻地改革制造业的生产模式和产业形态。

2）智能制造系统的组织维

实施智能制造的组织包含智能单元、智能系统和系统之系统三个层次，如图 1-38 所示。智能单元是实现智能制造功能的最小单元，可以是一个部件、产品或装备。智能系统通过工业网络集成多个智能单元，包括智能产线、智能车间、智能企业等多种形式。系统之系统是多个智能系统的有机结合，实现跨系统、跨平台的系统集成。

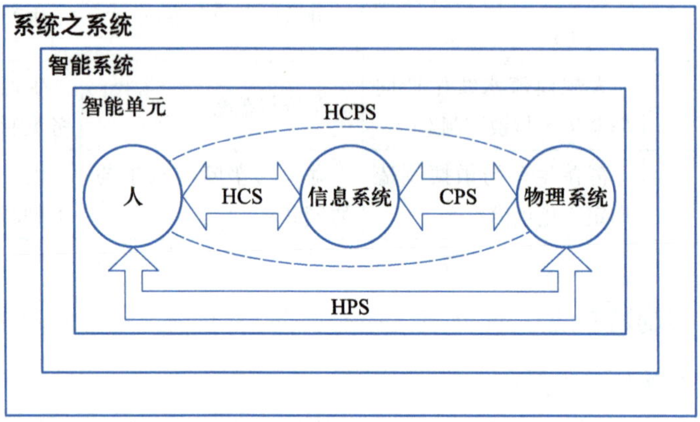

图 1-38　智能制造系统的三层结构模型

3）智能制造系统的技术维

如前所述，智能制造从技术演变的角度体现为数字化制造、数字化网络化制造、新一代智能制造三个基本范式。

2. 智能制造系统集成

1）智能制造系统“大集成”

系统集成将智能制造各功能系统和支撑系统集成为智能制造系统。系统集成是智能制造最基本的特征和优势，使制造系统内部和外部均能实现前所未有的系统“大集成”，实现前所未有的技术融合和系统集成式创新。

（1）制造系统内部的“大集成”。智能制造包括三个方面的集成：纵向集成、横向集成、端到端集成，体现出智能制造的三个核心特征。

一是智能制造的纵向集成（图 1-39）。这是企业内部的组织系统集成，主要是实现系统不同层级各子系统组织之间的集成。纵向集成通过集成技术将制造装备、生产单元和产线、车间、工厂、企业、企业集团等各层级系统间的人、机、物、信息等有机地整合在一起，既包含企业不同层级信息化系统的集成，又包含企业内部不同层级的信息系统和物理系统之间的集成。实现模型、数据、信息、算法等信息在企业决策层、管理层、计划层、执行层、设备层等各层级之间的下达、执行、反馈等，实现生产计划—制造执行—结果反馈的纵向集成和闭环运行，提高企业生产的柔性和生产效益。

二是智能制造的横向集成（图 1-40）。这是企业内部的过程系统集成，主要是实现产品制造过程中的设计、生产、营销、运行、使用、维修保养、回收再利用的全生命周期的集成。横向集成以价值链为主线，强调产品制造过程不同价值流集成，旨在解决企业不同制造环节中的信息共享、资源整合、流程协同和社会化协作等问题。

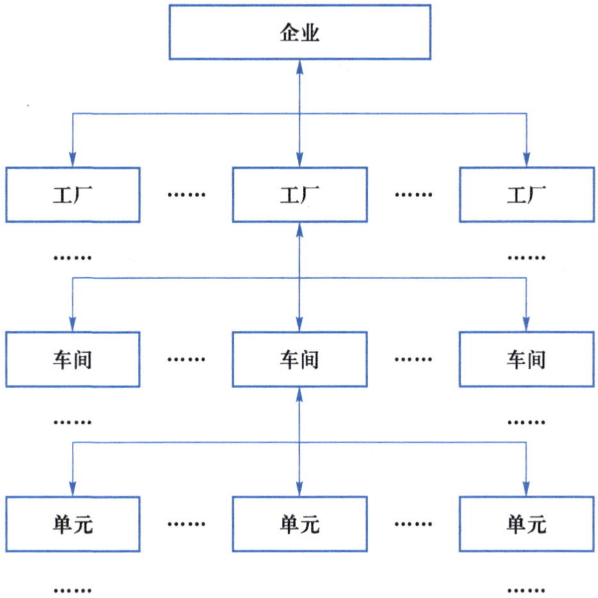

图 1-39　智能集成制造系统纵向集成示意图

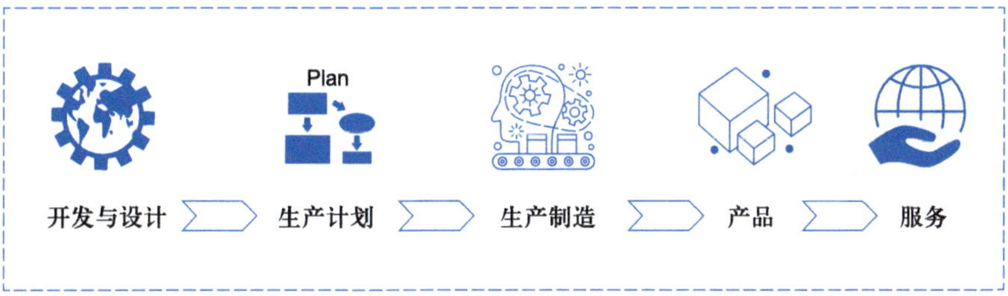

图 1-40　智能集成制造系统横向集成示意图

三是智能制造的端到端集成（图 1-41）。这是围绕特定产品的一个动态的系统集成。为实现特定产品的客户需求，按照特定产品制造全生命周期组成主干企业内部和相关协同合作企业、市场以及客户之间的系统集成，实现特定产品制造整个价值链的工程化信息集成。“端到端集成”是特定产品制造价值链的集成，是以用户要求为中心，以主干企业为核心，集成各方面的力量，形成特定产品从供给端到用户端的完成制造全生命周期所有任务的所有终端的系统集成。

在智能制造纵向集成、横向集成和端到端集成的基础上，智能制造将推动企业内部、企业与相关合作企业之间、企业与用户之间以及价值网络中社会各方（政、金、学、研等）之间的合作、协同与共享。

（2）制造系统外部的“大集成”。先进制造业与现代服务业的深度融合，形成了服务型制造业和生产性服务业共同发展的新业态。智能制造与智能交通、智能城市、智能农业、智能医疗等交融集成，共同形成智能生态大系统——智能社会。

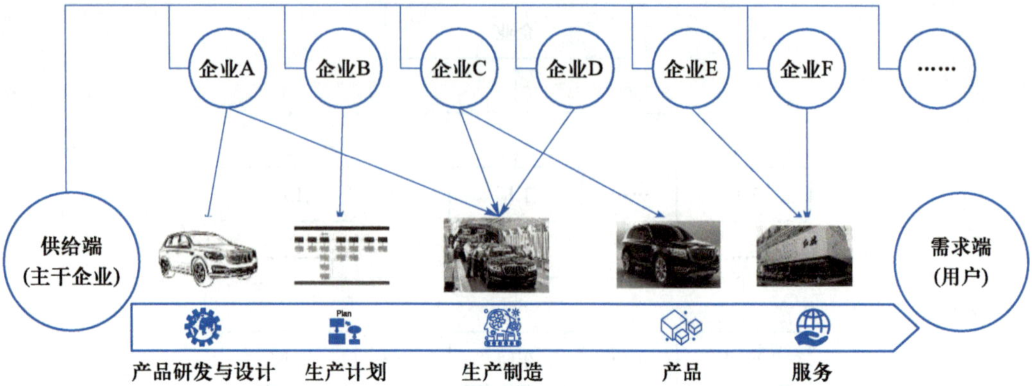

图 1-41 围绕特定产品任务的贯穿全价值链的端到端集成

2）智能制造系统“大开放”

智能制造系统大集成具有大开放的显著特征，具有集中与分布、统筹与精准、包容与共享的特性，未来的制造将成为“大众创业、万众创新”的开放型大制造，具有广阔的发展前景。

案例 1-14

华为智能集成制造系统

华为是世界领先的信息装备制造企业，在智能集成制造系统方面也走在了世界前列。经过 30 余年的奋斗，华为建设和发展了具有世界先进水平的数字化网络化集成制造系统，正在向新一代智能集成制造系统进军。

多年来，华为始终把智能制造作为推动企业创新发展的主要技术路线，在五个方面推进系统集成的工作：① 业务工作数字化：在企业数字化转型过程中，华为首先实现了公司关键业务流程的数字化，从产品设计、生产制造、市场销售、物流到管理各个环节构建了 600 多个信息系统，不断提高和完善公司数字化制造系统水平。② 纵向集成（组织集成）：华为建立了统一的大数据云平台，实现了企业内部装备、产线、车间、工厂、公司、集团各个层级的组织集成，实现了模型、数据、信息等在企业决策层、管理层、执行层、设备层等各层级之间的畅通和闭环运行，全面形成企业内部智能制造“纵向集成体系”。③ 横向集成（过程集成）：华为构建了研发（设计）云、制造（生产）云、终端（服务）云、物流云和协同云五大平台，实现了面向产品全生命周期的设计、生产、服务等各个环节的过程集成，全面形成企业内部智能制造“横向集成体系”。④“纵向集成体系”和“横向集成体系”纵横交叉、深度融合，形成华为智能集成制造系统。⑤ 端到端集成（专网集成）：为了实现特定产品的制造需求，可立即组建围绕特定产品的动态的系统集成，集成特定产品全生命周期的各项工程活动、特定产品价值链上与华为合作各相关企业的所有终端以及用户端，实现特定产品智能制造的“端到端”集成，形成协同共享的强大创新力量。

华为依托智能集成制造系统技术创新，实现了自身的高质量发展，也为广大制造企业的智能升级、创新发展树立了卓越榜样。

华为智能集成制造系统

3. 工业互联网络与智能制造云平台

智能制造价值创造的另一个重要方面是通过工业互联网络和智能制造云平台两大支撑系统将智能产品、智能生产和智能服务三大功能系统集成，通过系统的集成优化实现新的价值创造。

工业互联网络是一个大概念，主要包含“网络”“平台”和“安全”三个重要方面。本书所定义的工业互联网络对应于工业互联网概念中的“网络”，智能制造云平台对应于工业互联网概念中的“平台”，当然，“安全”是两者的前提和关键。

1）工业互联网络

工业互联网络是具有低时延、高可靠、广覆盖特点的关键网络基础设施，是制造业从数字化向网络化、智能化发展的重要基石。通过互联网、移动互联网、物联网等技术实现工业全系统的互联互通，促进工业数据的充分流动和无缝集成，为智能制造提供全面的系统的支撑。

新一代智能制造中，智能化的工业互联网络能够实现高覆盖、高柔性、高自治，全面支撑智能制造的发展。工业互联网络安全保障体系成熟完善，具有动态、主动、智能的安全防御能力，形成国家、行业、企业协调联动的工业互联网络安全工作格局。

2）智能制造云平台

智能制造云平台是基于泛在网络，以用户为中心，人、机、物深度融合的智能制造支撑系统。在新一代智能制造中，智能制造云平台将成为工业资源泛在连接的核心枢纽、工业知识复用传承的重要载体、制造能力优化重构的关键支撑。

1.4 技术融合与系统集成式创新

智能制造的核心要义是人工智能赋能先进制造业，其主要创新方向是技术融合与系统集成式创新，主要体现在智能技术与制造技术的融合创新、数理模型与智能数据模型的融合建模、基于模型的系统工程与数字孪生等。

1.4.1 智能技术与制造技术的融合创新

1. 赋能技术 + 本体技术 = 革命性技术创新

数字、网络、人工智能等先进信息技术对制造系统“赋能”，并与制造技术融合升华，形成智能制造技术，成为第四次工业革命的核心技术。

纵观历史，制造工程创新发展主要有两种途径：一是制造技术原始性创新，这种创新是渐进式的，是根本性的，极为重要；二是共性赋能技术与制造技术融合创新，应用共性赋能技术对制造技术“赋能”，两者深度融合形成创新的制造技术，将各行各业、各种各类制造系统升级换代，是一种革命性的技术融合和系统集成式创新，具有通用性、普适性。

前三次工业革命的共性赋能技术分别是蒸汽机技术、电机技术和数字化技术，第四次工业革命的共性赋能技术是数字化网络化智能化技术，这些共性赋能技术与制造技术的深度融合，可以推动各行各业、各种各类制造技术创新升级，引领和推动制造业革命性的转型升级。

正因为如此，智能制造是制造业创新发展的主攻方向，是制造业转型升级的主要路径，成为新的工业革命的核心驱动力。

2. 智能是赋能技术，为主导；制造是本体技术，为主体

数字化网络化智能化技术与制造领域技术深度融合，汇聚与升华制造领域知识，成为智能制造技术（图 1-42）。因为制造是主体，赋能技术是为制造升级服务的，因而赋能技术只有与制造领域技术深度融合，才能真正发挥作用；同时，各行各业、各种各类制造企业都要紧紧抓住这个历史机遇，紧紧抓住数字化网络化智能化这个革命性的共性赋能技术，努力使其与本领域的制造技术深度融合，实现制造企业创新发展。

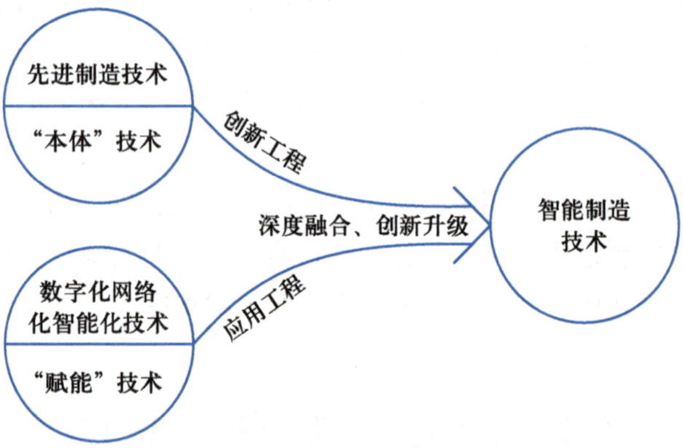

图 1-42　智能制造是制造技术的智能升级

制造技术是本体技术，为主体；智能技术是赋能技术，为主导。两者辩证统一、融合创新。

新一代智能制造工程，对于数字化网络化智能化技术而言，是先进信息技术的推广应用工程；对于各行各业、各种各类制造系统而言，是应用共性赋能技术对制造系统进行革命性的技术融合和系统集成式创新工程。

3. 推进数字经济和实体经济深度融合

推进建设制造强国同发展数字经济有机结合，推进数字经济和实体经济深度融合，是

实现新型工业化的必由之路，也是中国制造业创新发展的主要特色和优势。

结合点在哪里？融合部在哪里？智能制造——数字化网络化智能化制造是建设制造强国同发展数字经济的有机结合点，是数字经济与实体经济的深度融合体。

一方面，智能制造是建设制造强国的主攻方向、主要技术路径；另一方面，智能制造是数字经济的主要组成部分之一。数字经济主要包括两大部分：数字产业化和产业数字化。智能制造是第二产业数字化的主要组成部分，同时也是数字产业化的重要组成部分。

1.4.2 数理模型与智能数据模型的融合建模

1. 建模与优化

制造系统数字化网络化智能化的根本目标是推进制造系统优化，智能产品、智能生产、智能服务、智能系统集成的目标都是系统优化。

为了实现优化制造系统的目标，首先要建立制造系统的模型，在此基础上，对制造系统进行控制和管理，进而完成制造系统的优化。因而，智能制造的技术关键点在于系统建模、控制与优化，这既是重点，也是关键难点。

智能制造的建模可以在如下不同的层面上进行。

（1）几何级建模。建立与物理系统几何形状相一致的数字系统模型，可应用于装备的形体优化设计以及产线、车间和工厂的布局优化设计。

（2）静力学建模。建立与物理系统静力学规律和状态相一致的数字系统模型，可应用于装备和产线的结构静力学优化设计与仿真检测。

（3）运动学建模。建立与物理系统运动学规律和状态相一致的数字系统模型，可应用于装备和产线的干涉与碰撞检查以及产线、车间和工厂的运行调度仿真、控制和优化。

（4）动力学建模。建立与物理系统动力学规律和状态相一致的数字系统模型，可应用于物理系统非线性状态的仿真、控制和优化。

（5）大系统级建模。建立与集成式物理系统的大系统集成规律和状态相一致的数学模型，这里的集成式物理系统，特别是覆盖多领域、多尺度、全生命周期等各种各类集成式物理系统，属于复杂大系统乃至于复杂巨系统。大系统级建模主要用于集成制造系统的仿真、控制和优化。

就目前的技术水平，物理系统的几何建模、静力学建模和运动学建模已经达到了“精确”的程度。困难在于动力学和大系统级的建模和优化。现实世界的物理系统都是高度复杂的非线性系统，影响因素极其纷繁，动力学和大系统级建模最为重要但又极其困难。

2. 新的工程领域建模范式

工程建模包括了几何建模和功能建模两大类，前者处于几何空间，后者处于状态空间。功能模型是基于物理系统的本构，建立物理系统功能和性能的模型，使之成为映射物理系统的数字系统模型。

目前，工程功能建模的方式通常有数理建模和数据建模两类。

数理模型以物理定律与数学方程为基础建立，优点是表征了工程系统的本质规律，属于基于因果关系的推理演绎的方法。长期以来，人们对于物理系统进行了深入的研究，探索了物理系统内在规律性原理，建立了基于数理方程的数理模型。至今，数理模型仍然是工程建模的主要方法。但是，由于物理系统的高度非线性和影响因素的复杂性，数理模型只能在不同程度上近似地表达物理系统动力学和大系统级的真实模型，充满了不确定性。数理模型的近似性体现在两个方面：一个方面是模型结构的近似，即模型的表达式近似；另一个是模型参数的近似，即表达式的参数近似。这种模型结构和模型参数的偏差反映了数理模型与实际工程系统之间的误差，是一类不确定问题，成为系统建模中难以解决的问题。

数据模型则通过统计归纳的方式来描述工程过程。近期人工智能取得重大突破，智能数据模型（大数据智能、大模型智能等）开始应用于工程建模。智能数据模型具有两个重要的优点：一是智能数据模型在一定范围内，通过关联关系的描述，把复杂的高维非线性问题进行了降维处理，把不确定性问题转化为确定性问题；二是智能数据模型可以进行学习，学习模型参数和模型结构，故而能较好地解决数理建模存在的问题。然而，智能数据模型也存在着不足，为了达到高预测精度，需要大量的数据样本，而且当切换工况后，又同样需要大量的数据样本，导致其在复杂的工程背景下难以较好地应用。

因此，将数理模型与智能数据模型深度融合，发挥两者的优势，克服各自的不足，实现优势互补，形成一种新的工程领域建模范式：数理模型与智能数据模型融合建模。

经过长期探索和实践，科学技术研究开发形成了四大范式：科技实验、科技理论、计算仿真、智能数据。在第四次工业革命中，数理模型（第二范式）和人工智能数据模型（第四范式）深度融合的系统建模将成为智能制造的主要建模范式，工程实验（第一范式）仍然是建模的基础，计算仿真（第三范式）将成为系统建模和寻求最优解决方案的基本范式。

1.4.3 基于模型的系统工程与数字孪生

1. 基于模型的系统工程

早在20世纪中叶，钱学森先生对系统工程做如下定义：系统工程是组织管理系统的规划、研究、设计、制造、试验和使用的科学方法，是一种对所有系统都具有普遍意义的科学方法。1990年，钱学森先生进一步指出：当前人工智能领域中综合集成的思想得到重视，计算机集成制造系统（CIMS）的提出与问世就是一个例子。在工业生产中，产品设计与产品制造是两个重要方面，都包括若干个环节，这些环节以现代化技术通过人、机交互进行工作。以往设计与制造是分开各自进行的；现在考虑把两者用人工智能技术有机地联系起来，及时地把制造过程中有关产品质量的信息向设计过程反馈，使整个生产灵活有效，又能保证产品的高质量。这种把设计、制造甚至管理、销售统一筹划设计的思想，恰恰是开放的复杂巨系统的综合集成思想的体现。

从系统工程到复杂系统工程，系统复杂度不断增加，传统的系统工程方法已经无能为力。面对新的机遇和挑战，基于模型的系统工程（model-based system engineering，MBSE）应运而生。国际系统工程协会（the international council on system engineering，INCOSE）提出

MBSE 的定义：形式化、标准化地建立数字系统模型，以模型为中心，开展广泛的系统工程活动，包括需求、设计、生产、分析、验证和确认。这些活动从概念设计阶段开始，延续到整个开发、生产和后续的全生命周期阶段。

支撑 MBSE 的三项核心技术包括数字系统模型（digital system model）、数字主线（digital thread）和数字孪生。

2. 数字孪生技术赋能智能制造

如前所述，CPS 是 HCPS 的主要组成部分，数字孪生技术则是 CPS 最为基础和关键的技术。顾名思义，智能制造数字孪生技术是智能制造数字系统和实体系统的相互映射和深度融合，数字孪生技术将数字系统和实体系统深度融合为孪生系统。在数字空间中建立实体系统的数学模型，形成实体系统的精确映射，这样数字系统和实体系统就形成了数字孪生。然而，数字孪生体和物理孪生体毕竟是两个不同的“体”，相似但不相同，数字孪生体可在不同的层面与物理孪生体相互映射，两者之间的精细度和真实度都是相似而不完全相同的。数字孪生体和物理孪生体相似的程度即为系统建模的精度，决定着之后系统控制和优化的精度和水平。

数字孪生技术可以建立智能制造各个方面、各个层级的模型，进而进行控制，实现智能制造系统的优化。总体而言，数字孪生技术可以在以下三个方面推进智能制造系统的建模、仿真和优化。

1）智能集成制造系统的全局优化、系统优化

基于统一的数字系统模型与贯穿产品全生命周期的数字主线，MBSE 将基于模型的产品设计开发、生产制造、智能服务集成起来，形成真正意义上的智能集成制造系统。在系统物理孪生体和数字孪生体的相互作用和智能控制的推动下，智能制造系统可以不断优化，实现更高水平的全局优化和系统优化。图 1–43 展示了智能集成制造系统的系统优化形态。

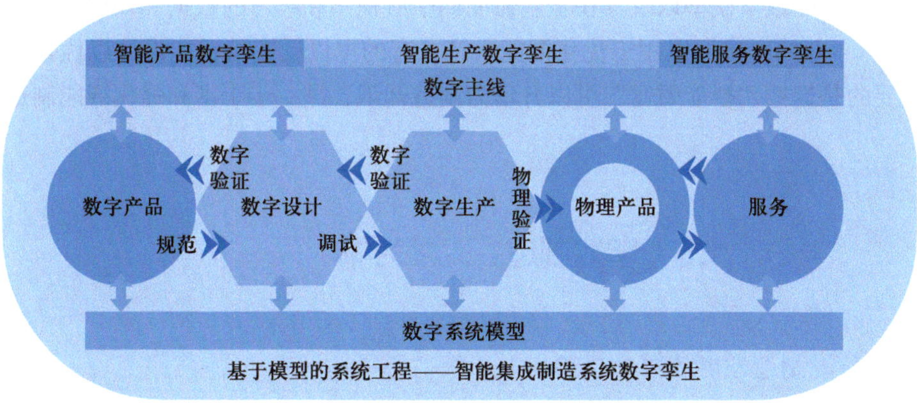

图 1–43 智能集成制造系统的系统优化形态

2）产品、装备或系统的优化设计与工程开发

从本质上说，数字系统模型就是物理系统的数字孪生体，基于这个数字孪生体，人们不依靠物理孪生体的实现，就可以在数字空间进行产品、装备或系统的设计、生产、测试及运

行维护等计算仿真，对于数字孪生体进行产品性能仿真优化、加工过程仿真优化和测试仿真优化。经过反复迭代，创造出优化的数字系统模型，通过在数字空间内的迭代优化和在数字、物理两个空间的迭代优化，开发出高水平、高质量的智能产品、装备或系统（图 1–44）。

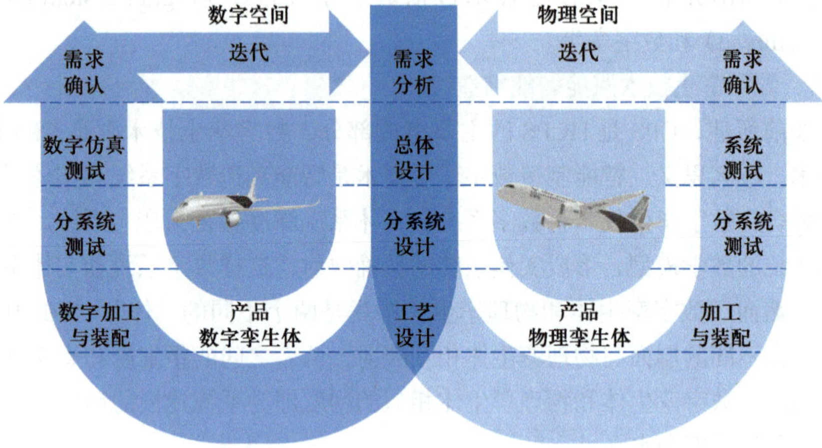

图 1–44 智能产品、装备或系统的优化设计与工程开发

3）模型 – 数据 – 知识

未来，每一个产品、装备或系统都会有自己伴随终生的数字孪生体。

数字孪生体与物理孪生体之间可以连接数据通道，相互传递数据和指令，从而实现两个孪生体同步运行演进，同步“成长”，并在物理孪生体全生命周期内始终保持“一致”。

数字孪生体可以“相伴”物理孪生体度过全生命周期，乃至于超越物理孪生体的生命周期而长期存在。每一个物理系统终归有一定寿命，而其数字孪生体作为物理孪生体的映射和影像，则可以在数字空间持久存续。

每一个物理系统的数学模型以及其在全生命周期中所积累和学习的数据和知识都是宝贵的“智能财富”，有的直接可以用于优化智能生产，有的可以反馈给智能设计以优化智能产品；更重要的是这些“智能财富”可以升华为制造知识，进一步丰富和强化智能制造 HCPS。

1.5 智能制造，人才为本

1.5.1 人才是智能制造发展的第一资源

“世间一切事物中，人是第一个可宝贵的。”“人力资源是引领发展的第一资源”。

国家制造强国战略提出了 20 字方针——“创新驱动、质量为先、绿色发展、结构优化、人才为本”。把人才放到了推进制造强国战略最基础、最根本的位置上。

如前所述，HCPS2.0 中，制造是主体，智能是主导，人是主宰。新一代智能制造更加突出了人的中心地位。设计智能制造要靠人，建设智能制造要靠人，运行智能制造要靠人，管理智能制造要靠人；推进发展智能制造，最根本的要靠“人”。智能制造，人才为本。

我国在造就智能制造人才队伍方面，具有巨大的人力资源规模优势。从人力资源数量而言，我们在世界上遥遥领先，这是我们的根本性优势。

然而，人力资源规模优势并不等于人才优势，我们在人才的质量方面，特别是创新型人才质量方面，面临着严峻挑战。人力资源规模宏大，而人才质量却存在相当大的差距；大而不强，同样表现在智能制造人才队伍建设上，特别表现在富有创新精神和创新能力的智能制造人才队伍建设上，这是我们的“短板”和“劣势”。

推进智能制造人才队伍建设，要把着力点放在提高质量上。动员千军万马，组织精兵强将，重点要放在“精”和“强”上，放在高质量人才培养上。培养和造就一支高质量、高水平的智能制造人才队伍，既是推进智能制造发展的当务之急，更是实现制造业智能升级的最重要的保证。

1.5.2 培养和造就高质量、高水平的智能制造人才

1. 培养和造就智能制造高质量人才和智能制造工程技术队伍

1）培养和造就三方面智能制造高质量人才

（1）培养和造就智能制造高技术人才。培养数以千万计的掌握制造技术、熟悉数字化网络化智能化技术、精通智能制造技术、具备实战能力、善于解决工程问题的智能制造高技术人才。

（2）培养和造就智能制造高技能人才。培养亿万热爱制造、知识先进、技术精湛的能工巧匠型智能制造高技能人才。

（3）培养和造就大批高质量、高水平的智能制造管理人才，尤其是企业家。

2）培养和造就三支智能制造工程技术队伍

（1）主力军——制造工程技术人员队伍。如前所述，智能制造是实现各行各业、各种各类制造系统创新升级的主要路径；而在推进智能制造的进程中，制造是主体、智能是主导，智能技术和制造技术深度融合形成革命性的创新技术——智能制造。智能技术和制造技术深度融合而升华为特定领域的智能制造技术工作，这样一个工作将主要由以制造为主业的制造工程技术人员担当，因此数以千万计的制造工程技术人员是推进智能制造的主力军。推进智能制造，不是“别人家的事情”，是我们自己的事业。制造工程技术人员，无论是从事设计、工艺、生产、服务等哪一个方面的工作，都应该而且可以在精通本领域技术的基础之上，融合数字化网络化智能化技术，进行技术融合和系统集成式创新，将自己从事的本职工作上升到智能制造的高度。或者是应用智能制造技术改进和提高自己的工作，或者是结合自己的工作进行技术融合型创新，进而把基于本职工作的融合技术上升为知识，广阔天地，大有作为。总之，要动员和组织数以千万计的制造工程技术人员，投入智能制造洪流之中，形成浩浩荡荡的推进智能制造的主力军。

（2）骨干力量——企业智能制造专业队伍。或大或小，每个制造企业都应该拥有一支从事智能制造技术升级的专职工程技术队伍。这支专业队伍主要负责在企业内推进智能制造的设计、策划、执行，对外对接开展智能制造项目。同时特别要组织开发企业内数字化转型、智能化升级的平台，支持和帮助企业内各部门的工程技术人员推进各自领域的数字化转型、智能化升级。这支队伍非常重要，是企业推进智能制造的骨干队伍。

（3）生力军——智能制造系统建设专业队伍。中国制造业智能升级、创新发展是一个宏大的工程，需要一支规模宏大、质量优秀的系统建设专业队伍。一方面是供给支撑智能制造升级工业软件、硬件和系统的专业队伍，另一方面是执行智能集成制造工程项目、为企业提供智能制造整体解决方案的专业队伍。目前，这支队伍还很弱小，不足以担当起制造业智能升级的重大责任。要培育和发展智能制造系统建设这个新兴产业，就要培育和造就智能制造系统建设专业队伍。

2. 努力在两条战线上，教育培养智能制造高质量人才

顺应数字经济和智能社会的时代大潮，面对智能制造这一制造业创新发展的主要技术方向，从事制造业的工程技术人员和准备进入制造业的青年学生，都应该学习智能制造的知识，培养开展智能制造工作的能力和素质，投入我国制造业智能升级、创新发展的伟大事业中。

要发展高质量的智能制造学校教育和智能制造继续教育，在两条战线上教育培养智能制造高质量人才。

1）学校教育

我国每年有近百万与制造专业相关的学生从高等学校和职业院校毕业加入制造大军，成为国家制造业智能升级的生力军。我们要倾力提高高等教育和职业教育的质量，深入改革课程体系、教学内容和教学方法，为学生们提供高质量的课程教学和工程实践训练，着力提高他们与智能制造相关的能力和素养，为我国制造业输送高质量、高水平的智能制造新生力量。

2）继续教育

中国拥有数以千万计的工程技术人员和数以亿计的产业工人，这支队伍是我国建设制造强国的最宝贵的人力资源和最重要的发展优势。这支队伍，需要高质量的继续教育。要努力使中国制造业的从业人员都能接受高质量的智能制造继续教育，能够持续学习、终身学习，实现知识更新、技术进步，形成浩浩荡荡的高质量、高水平的智能制造人才队伍。

3. 在建设制造强国的伟大实践中成长成才

人的真知是从哪里来的？是从实践中来的，人的各种能力都是在实践中形成、发展起来的。古人云：“纸上得来终觉浅，绝知此事要躬行。”认识论告诉我们，认识来源于实践，也只有在实践进程中才能不断深化认识，实践出真知。智能制造高质量人才必然要在实践中锻炼，在推进智能制造的进程中成长成才。

建设制造强国，是中国制造业的历史使命，也是中国制造业的发展机遇。实现中国制造强国梦，必须要有一支高质量高水平的人才队伍，也必然会造就一支高质量高水平的人

才队伍。建设制造强国，是中国制造业青年一代的历史责任，更是中国制造业青年一代的发展机遇。“时势造英雄”，中国制造业的青年一代全心全意投身于建设制造强国的伟大事业，必然在实践中成长成才。

1.5.3 关于本书和高等学校智能制造工程系列教材

为满足服务于教育和培养智能制造高质量人才的需要，面向学习智能制造的大学生和从事智能制造的工程技术人员，特组织编写“高等学校智能制造工程系列教材”。

本书是系列教材的第一本，为导论。本书分为 7 章。本章是绪论。第二章概述智能制造的共性赋能技术——数字化网络化智能化技术。第三～六章概述智能制造的三个功能系统：第三章概述智能产品，即产品的数字化网络化智能化；第四章和第五章分别概述离散型制造智能工厂和流程型制造智能工厂，即生产的数字化网络化智能化；第六章概述以智能服务为核心的制造业新模式新业态。第七章概述智能集成制造系统。

高等学校智能制造工程系列教材包含 8 本书，分别对应于本书的 7 章内容以及智能制造工程实践训练，全面深入地论述智能制造的理论、技术和工程实践等内容。

第二章

智能制造的共性赋能技术

在智能制造的演进和发展中，制造是主体、智能是主导。数字化、网络化、智能化技术是实现智能的共性赋能技术。数字化、网络化、智能化技术与先进制造技术的深度融合，既带来了更加高效、敏捷、精准、绿色的生产方式，也推动了产品及其形态的网联化智能化发展，并进一步衍生和创造了新的智能服务与制造业各类新模式、新业态。数字化、网络化、智能化技术的持续创新和突破，为智能制造的发展注入了更加强劲的动力。

2.1 概　　述

数字化、网络化、智能化技术可以为制造业各细分行业和领域赋能，进而与各类制造技术深度融合，形成智能制造技术。智能制造技术是第四次工业革命的核心技术，是推进制造企业转型升级的核心驱动力。对于智能制造而言，数字化、网络化、智能化技术是革命性的共性赋能技术（enabling technology）。

智能制造作为信息技术和制造业深度融合的产物，主要包括两个方面：① 数字化、网络化、智能化等信息技术作为智能制造革命性的共性赋能技术，与制造技术深度融合，引领和推动制造业革命性的转型升级。② 智能制造的核心要义是人工智能赋能先进制造业，智能技术是赋能技术为主导，制造技术是本体技术为主体。以智能技术为代表的赋能技术需要与制造技术进行深度融合，才能真正发挥作用，成为新一代智能制造技术。如同第一次工业革命中的蒸汽机技术、第二次工业革命中的电机和内燃机技术，数字化网络化智能化技术在智能制造的发展中发挥了赋能主导作用，特别是人工智能正成为引领新一轮科技革命和产业变革的战略性技术，生成式人工智能蓬勃发展、加速迭代，已在研发设计、生产制造等领域崭露头角，成为赋能新型工业化的重要推动力。

总体来看，数字化、网络化、智能化技术的发展呈现出后者以前者为基础，不断递进和深化的特点。其中，数字化技术重点实现了物理信息的数字化描述，以感知、通信、计算和控制全过程的数字化为核心特征。网络化技术在数字化的基础上实现连接范围的极大拓展和信息的深度集成，以互联网大规模普及应用为主要特征。智能化技术则在数字化描述和万物互联的基础上形成数据驱动的精准建模、自主学习和人机混合智能，以新一代人工智能技术为主要特征，使传统方法难以实现的系统建模和优化成为可能，其赋能作用具有重要的变革意义。需要说明的是，数字化技术是赋能技术的基础，其内涵不断发展和演进，贯穿于智能制造的全部发展阶段，这里所说的数字化技术是一种相对狭义的定位，三者的关系如图 2–1 所示。

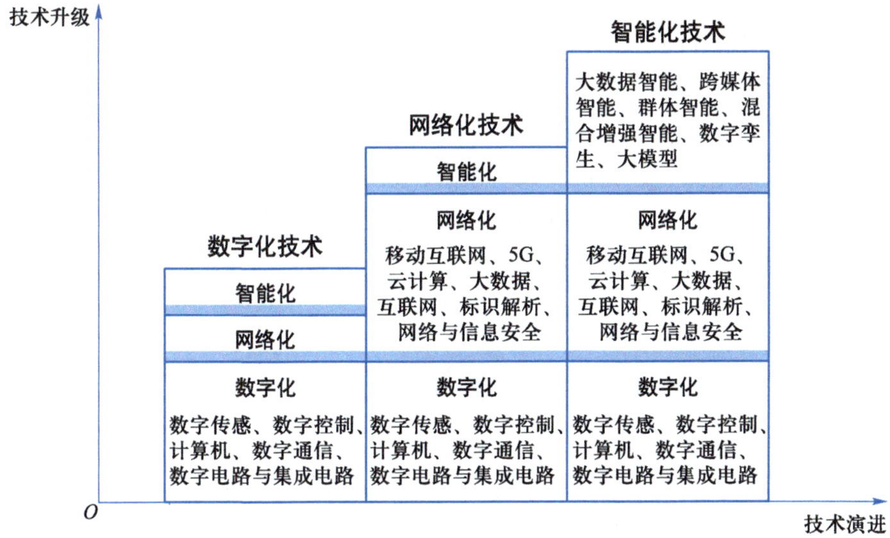

图 2–1 智能制造赋能技术发展脉络

数字化、网络化、智能化技术的发展是一个相辅相成的有机整体和过程。网络化技术的发展要以数字化技术为前提，智能化技术的发展也要以数字化技术和网络化技术为前提。反过来，尽管数字化技术和网络化技术都还在不断创新演进，但只有进化到智能化阶段，才能实质性地解决智能决策的问题。因此，从这个意义上看，网络化技术和智能化技术可被视为数字化技术发展的高级阶段，三者共同构成广义上的数字化技术。同时，数字化技术和网络化技术可被视为智能化技术发展的基础和重要组成部分，三者共同构成广义上的智能化技术。

数字化、网络化、智能化技术的发展也为经济社会发展带来重大创新变革。数字化技术的发展将催生以数据为关键要素的新型经济形态，形成以数字产业化和产业数字化为主要特征的数字经济。网络化技术将社会经济串联成高效协同的统一的有机整体，将互联网的创新成果与经济社会各领域深度融合，带来“互联网 +”的蓬勃兴起。而以新一代人工智能技术为代表的智能化技术，则将进一步引发社会经济各领域的深层次智能化变革，带来生产、生活与社会治理模式的全面跃迁，构建出面向未来的智能社会。在这一背景下，考虑到我国拥有海量的数据、丰富的场景和庞大的内需市场，人工智能发展迅速，制造业智能化转型需求大，数字基础设施建设全面加强，通过以人工智能和制造业深度融合为主线、以智能制造为主攻方向、以场景应用为牵引，从供需两端发力，营造技术创新和融合发展良性生态，必将实现新一代人工智能技术高水平赋能新型工业化的目标。

就智能制造而言，在不同的发展阶段，数字化、网络化、智能化技术发挥着不同的赋能作用。在数字化制造阶段，数字化技术起着主导赋能作用；在数字化网络化制造阶段，数字化技术和网络化技术共同发挥赋能作用；在数字化网络化智能化制造阶段，则需要数字化、网络化、智能化技术三者共同发挥作用。这一阶段以新一代人工智能技术的战略性突破和快速转化为现实生产力为核心特征。新一代人工智能技术与先进制造技术深度融合形成的智能制造技术，将彻底改变科技创新方式与产业发展模式，重塑经济与社会形态，进一步解放生产力，引领真正意义上的第四次工业革命。

本章主要定位于以数字化、网络化、智能化技术为代表的智能制造赋能技术。其中，数字化技术包括集成电路、计算机、数字通信、数字传感以及数字控制等技术；网络化技术包括互联网、云计算、大数据、移动互联网、标识解析、网络与信息安全等技术；智能化技术则以新一代人工智能技术为核心。

2.2 数字化技术

数字技术的出现，从根本上改变了人们利用信息的方式和能力。通过二进制数字对现实世界进行描述后，各类现代数字化系统能够有效识别、处理、传输、分析和决策反馈来自现实世界的各种信息。由于现代数字化系统的发展以集成电路为基础，而后者在过去50余年的时间中一直遵循摩尔定律的发展，性能实现了指数级的飞跃，如第一代X86架构中央处理器（central processing unit，CPU）——英特尔8086仅有2.8万个晶体管，而最新的CPU已有超过100亿个晶体管，这使得处理信息的能力大幅提升，为各领域的技术创新和应用变革奠定了基础。数字化技术实现了感知、通信、决策、控制全流程闭环的数字化，使人们能够通过数据来客观和精准地描述物理世界，对数据进行更高效的传输和计算，并将计算形成的决策反馈于物理世界。这使原先完全依赖于人的感知、分析、决策和控制的活动能够部分由计算机或信息系统完成，无论是感知控制的精度、计算的速度还是通信的距离都大大超过了人类，性能实现指数级的提升。同时，数字技术的使用成本却呈指数级下降，这进一步推动数字技术向社会各领域渗透，深刻变革了人类与物理世界交互的方式，彻底改变了社会生产方式与个人生活模式，正在重塑人们的认知与思维模式，甚至人类文明。

2.2.1 数字化技术的重要意义

数字化技术诞生于20世纪30年代，其本质是将用于描述图、文、声、像等传统形式的信息转化为随时间连续变化的模拟量，再通过转换器把模拟量转变为机器可识别的二进制数字量后进行存储、传播、运算、还原的技术。例如，利用录音器记录人声时，首先将人声转换为随时间变化的振动频率，即模拟声音信号，经过模拟/数字转换器（ADC）转换为数字声音信号进行描述存储。相反，当录音器播放声音时，则需要将数字声音信号通过数字 / 模拟转换器（DAC）转换为模拟声音信号，从扬声器中播放出人类可以听懂的振动频率。

物理世界是人们生存和发展所必需的物质基础。长期以来，人们不断提升自身对物理世界的认知和改造能力，由此带来了人类社会的进步发展。为更好地认识和改造物理世界，人们开始尝试通过文字、数据、图片等多种不同方式对物理世界进行有效、准确的描述，并在描述的基础上逐步加深认知，不断分析改进，由此建立了一个与物理世界相对应的信息世界。

为准确描述物理世界，人们将物理世界的各种属性（如长度、面积、体积、温度等）量化，使物理世界有了数的表达，各种不同对象都可以用相应的数字和物理单位进行描述。由于大部分物理量是随着时间变化的，如正常人体的温度会随着时间与环境的不同在 36 ～ 37 ℃变化，所以这种在时间上或数值上都是连续的物理量表达方式构成了早期人们描述物理世界的主要方式，这种表达方式一般被称为模拟量。模拟量在过去一段时间里成为描述物理世界的重要方法，以模拟电路、模拟通信、模拟传感等为代表的信息技术，深刻地改变了传统信息交互通信的模式，使人们可以通过对模拟信息的描述、分析、决策和控制实现对物理世界的反馈。例如，通过将人声的振动频率转变为模拟信号，再通过电缆进行传输，使得千里之外的人们也能实现实时通话，为人们的生活生产提供了极大的便利条件。

伴随着科技发展进步，单纯依靠模拟量的信息表达方式已经无法满足日益增长的信息传输、计算分析和反馈控制需求，于是人们开始探索基于数字量的新型方式。数字量建立在二进制计数法上，二进制仅由 1 和 0 两种数字表示，每位数上在某一时刻只有唯一确定值，例如穿孔卡上有孔和无孔、磁极的正向和反向、电路的开和关都是常见的数字量。采用二进制可大大简化计算方式的设计，因此成为人们探索和发明新计算工具的重要手段，推动以数字量为信息载体的数字技术飞速发展，催生了数字电路、计算机、数字通信等革命性数字技术的诞生，开启人类进入数字世界的大门。世界万物的物理量（如图像、文字、声音等）皆可转化为数字量，人们基于数字量实现对物理世界的反馈，使信息的描述、分析、决策和控制得到了指数级的提升。例如，从模拟电路到数字电路，计算速率从 10^3 次 / 秒提升到最快 10^{18} 次 / 秒；数字通信与模拟通信相比，具有更高的抗干扰能力，通信质量不受距离影响，通信速率也得到了百万倍的提升；数字传感器通常具备比模拟传感器更高的精度、更强的抗干扰能力，部分数字传感器还具有自动补偿和自诊断功能；数字控制拥有比模拟控制更为灵活、智能的控制算法，程序化的控制方式也提高了系统的可靠性及可维护性。数字技术的不断发展引发了数字革命，带来的巨大应用潜力与发展空间，已然成为当今社会进步的主要驱动力之一，正渗透到人们生活的方方面面，使整个经济环境和经济活动发生了根本变化，由此创造了数字经济。数字经济以数字化的知识和信息为关键生产要素，以数字技术创新为核心驱动力，不断提高传统产业数字化、智能化水平，极大地降低社会交易成本，提高资源优化配置效率，加速重构经济发展与社会治理模式，推动社会生产力实现快速发展。

2.2.2 数字电路与集成电路技术

1. 定义与原理

数字电路与集成电路（integrated circuit，IC）是计算机系统的核心硬件，具备帮助人类处理复杂信息的能力。数字电路是指用数字信号完成算术运算和逻辑运算的电路，通过控制代表“1”或“0”的电平变化实现运算过程。数字电路具有稳定性好、可靠性高的特点，便于高度集成化，是现代集成电路发展的基础。集成电路是在一小块或几小块半导体晶片上将晶体管、电阻、电容和电感等元件及布线相互连接到一起的小型化、低功耗的电路结构，用管壳封装好的集成电路又称芯片。集成电路一般采用场效应管（field effect transistor，FET），可通过控制电压改变晶体管输出结果，以此来模拟简单的运算逻辑，多个 FET 组合形成复杂的集成电路就能实现复杂的运算和逻辑功能。

集成电路自身作为一种工业品，已成为信息通信、电气设备、机电产品、仪器仪表、现代汽车、消费电子等产业的核心元器件之一。另一方面，集成电路作为计算机系统的核心器件，也已经在制造业中无处不在，从产品设计研发过程中需要使用的个人计算机、服务器，产品生产过程中需要使用的工控机、机器人、数控机床，到信息通信过程中需要使用的手机、基站、交换机，集成电路已被应用于一个工业品从研发到生产再到销售的全生命周期中。例如，图形处理器（graphics processing unit，GPU）最初是专用于计算机图形处理运算的专用集成电路，但由于其具备较强的并行处理能力，适用于人工智能训练和推理任务，今天已经在人工智能和高性能计算领域作为加速器得到了广泛应用。

2. 关键技术

如图 2–2 所示，集成电路技术按照生产流程，可细分为集成电路设计技术、集成电路制造技术以及集成电路封装技术。集成电路采用结构单元的电路设计方式以及高效率的大规模生产，使得标准化集成电路迅速取代了过去运用分立元件的传统电路设计。

1）集成电路设计技术

集成电路设计处于集成电路产业链的上游，主要根据电子整机的需求设计开发各类芯片产品。在集成电路的设计过程中，要根据制造工艺的要求，遵循特定的设计规则。初期的集成电路设计是由工程师们手工绘制版图，电路设计都是从器件的物理版图设计入手，随着计算机软件技术的进步，电子设计自动化（electronics design automation，EDA）技术逐渐成熟，极大地提高了电路设计的效率和可操作性，工程师可以利用 EDA 软件设计出集成度更高的电路图。

2）集成电路制造技术

集成电路制造技术在整个集成电路产业中占据着重要的地位，摩尔定律表征的就是制造技术的进步对集成电路的巨大影响作用。集成电路制造工艺步骤繁多，且相互交错，极为复杂，先进的制造工艺包含了 300 多道制程步骤。

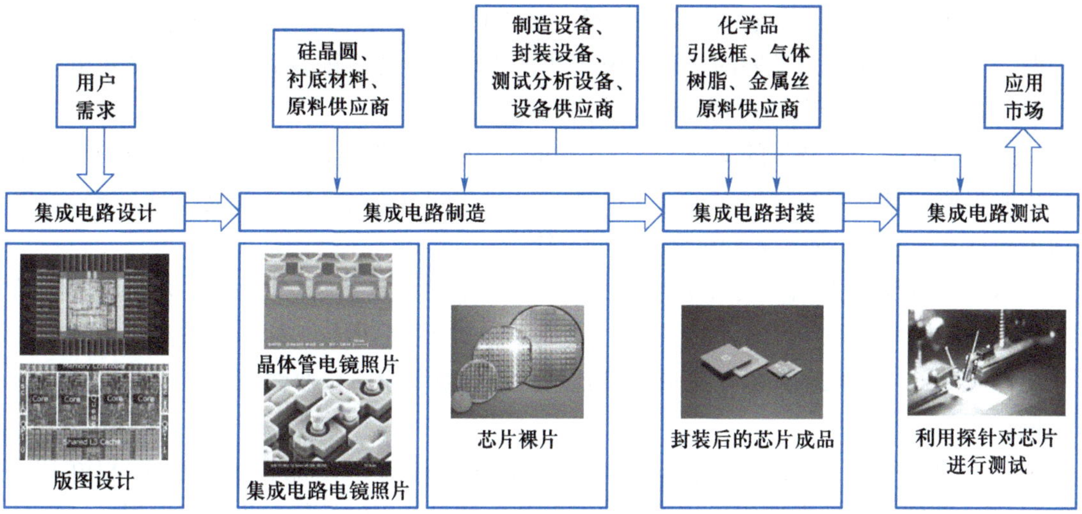

图 2-2 集成电路生产流程图

工艺微缩是集成电路制造技术发展的最重要的特征之一，随着工艺能力的提高，可以加工出更小尺度的晶体管，如 20 世纪末的 0.35 μm 集成电路制造工艺，21 世纪初的 90 nm 集成电路制造工艺，以及先进的 5 nm 和 3 nm 集成电路制造工艺等，整体的升级路径基本遵循摩尔定律所总结的发展规律。特征尺寸的缩小会带来集成度的提高，从而提高集成电路性能，降低单位制造成本，但工艺难度随着特征尺寸的缩小而逐级递增，其中光刻机技术的进步成为推动集成电路制造工艺不断发展的关键因素。光刻机已经发展到利用极紫外光线进行光刻的阶段，其波长仅为 13.5 nm，可直接应用于 7 nm 及以下集成电路制造工艺制程的光刻，相比于利用上一代 193 nm 浸没式光刻机，其工艺步骤大大缩减。

3）集成电路封装技术

集成电路封装是集成电路产品制造过程中的最后一个关键环节。制备完成的半导体集成电路会被置于一个由塑料、金属或陶瓷制成的保护壳内。集成电路的封装可以防止其受到物理损坏或化学腐蚀，使得集成电路在各种环境和条件下都能稳定可靠地工作。随着集成电路技术的进步，对封装密度提出了越来越高的要求，越来越多封装形式得以出现，如晶圆级封装（wafer level package，WLP）、三维封装（three dimension package，3DP）和系统级封装（system in package，SiP）等形式。未来，芯片直连、三维封装以及各种先进封装技术的组合应用将进一步提高异构系统的空间利用率。

3. 发展脉络和趋势

数字电路作为现代集成电路发展的基础，伴随工业文明的进步，已经走过百年历程。

（1）1904 年，真空电子二极管问世，并在此基础上衍生出了真空三极管，使电子器件拥有了控制信号开关的功能，为数字电路的实现奠定了电子器件硬件基础。1946 年诞生的第一台计算机 ENIAC 就是由 18 000 个电子管组成的。

（2）1947 年，贝尔实验室的肖克莱（W. B. Shockley）、巴丁（J. Bardeen）和布拉顿

（W. H. Brattain）发明了全球第一支晶体管，解决了电子真空管体积大、能耗高、寿命短的问题，奠定了集成电路发展的基础。1958 年，德州仪器公司将多个晶体管与导线组合到一颗半导体晶圆上，正式宣告集成电路的诞生。

（3）1965 年，英特尔的戈登·摩尔（Gordon Moore）做出预测，即集成电路上单位面积内所集成的晶体管数目每 18 个月翻一番，这一预测直到现在仍在一定程度上指导着集成电路技术的发展方向，人们称之为摩尔定律。

（4）1977 年，大规模集成电路面世，一个硅晶片中已经可以集成 15 万个以上的晶体管；1989 年问世的 80486 CPU 芯片，集成了 118 万个晶体管，标志着进入超大规模集成电路（VLSI）阶段。此后，集成电路技术一路高歌猛进，最小线宽尺度不断突破制造极限。

（5）2000 年左右，鳍式场效应晶体管（fin field-effect transistor，FinFET）结构问世，2011 年，英特尔创新性使用了该结构量产芯片，使晶体管的性能和集成度得到了进一步提升，处理器中集成的晶体管数量已经能够超过 10 亿个。

集成电路仍按照摩尔定律的预测发展，台湾积体电路制造股份有限公司（简称台积电）已经发布 5 nm 工艺制程，最新产品可集成数十亿个晶体管，但由于量子效应等因素的影响，工艺进步的速度明显放缓。摩尔定律示意图如图 2-3 所示，图中纵轴为单个芯片包含晶体管个数，横轴为年份，可以看出，随着时间的推移，芯片上晶体管集成度基本呈指数上升的规律。

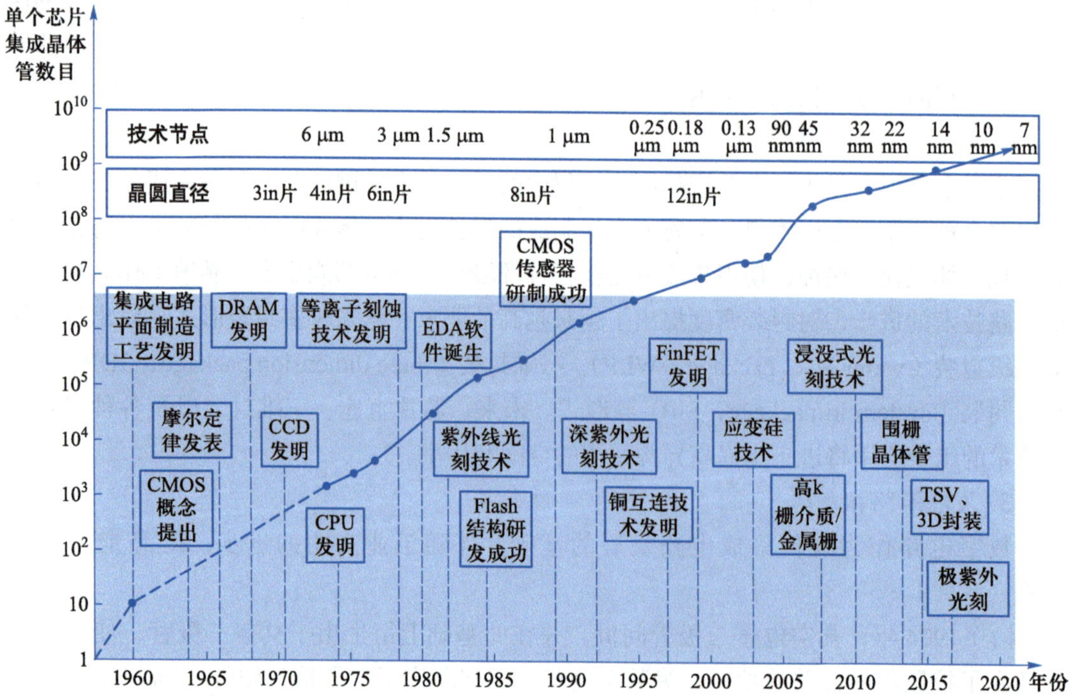

图 2-3 摩尔定律示意图

未来纳米片（NanoSheet）、围栅纳米线（GAANanowire）等结构有望代替 FinFET 结构成为主流，进一步推动摩尔定律向 1 nm 甚至更小尺寸迈进。同时，国际半导体技术路线图提出了未来集成电路技术发展的以下三个方向：

（1）More Moore，即深化摩尔定律，如图 2-4 所示。通过在器件结构、沟道材料、连接导线、高介质金属栅、架构系统、制造工艺等方面的创新研发，使得摩尔定律仍然按照每两到三年晶体管数据翻番的速度继续演进。

（2）More than Moore，即拓展摩尔定律，如图 2-4 所示。通过将信息处理集成电路（如处理器、存储器等）和信息交互集成电路（如射频集成电路、传感器等）等多种功能集成电路集成在一个系统中，实现整体集成电路系统的设计优化和功能创新。

（3）Beyond CMOS，即跳出传统硅互补金属氧化物半导体（complementary metal-oxide-semiconductor，CMOS）电路结构的框架，在新材料、新物理机制和新制造方法上进行突破。

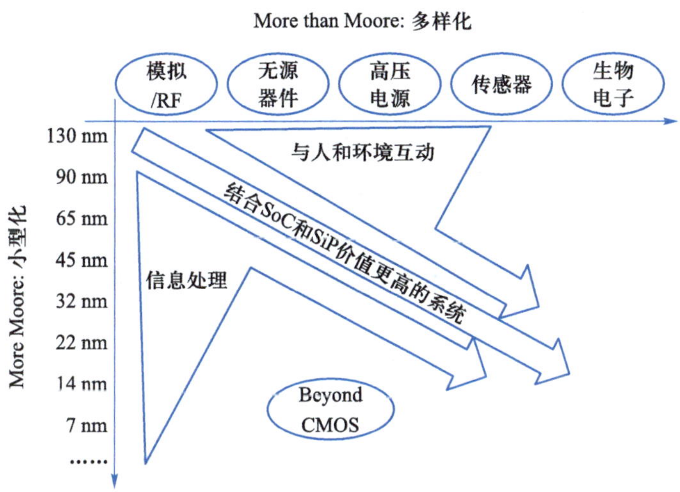

图 2-4 More Moore（深化摩尔定律）与 More than Moore（拓展摩尔定律）的发展方向

我国在集成电路领域发展迅速，技术进步成就斐然。在集成电路的设计方面，国内头部厂商已经具备 7 nm 及以下集成电路设计能力；在制造方面，中芯国际集成电路制造有限公司 14 nm 集成电路制造技术已经进入量产阶段；在集成电路封装领域，已经拥有江苏长电科技股份有限公司等一批优秀企业，掌握了先进封装技术，在全球市场占据了一席之地。此外，我国在半导体材料、设备等方面均有不同程度的突破，未来发展前景可期。但是，也应清醒地看到，我国在集成电路技术上与全球先进水平相比仍有一定的差距，需要不断夯实基础，持续推动创新。

集成电路从发明到今天的半个多世纪中，应用领域已经变得无处不在，计算机、手机、工业控制电器以及其他数字电器等由多块集成电路组合而成的现代产品已经成为现代社会不可缺少的一部分。计算、通信、制造、交通以及互联网等产业的发展，全都依赖于集成电路技术的不断进步。可以说，集成电路已经成为当今数字时代得以发展的重要基石与动力。

2.2.3 计算机技术

1. 定义与原理

计算机是一种能按照事先存储的程序，自动、高速地进行大量数值计算和各种信息处理的现代化智能电子装置。计算机技术覆盖硬件技术、软件技术及应用技术，具体包括计算机运算和控制技术、存储技术、输入输出技术等。

计算机主要由硬件和软件两大部分组成，其系统架构如图 2-5 所示。硬件是计算机赖以工作的设备实体，相当于人的躯体，包括中央处理器、存储器、输入/输出设备等。软件是计算机系统中的程序及文档，相当于人的思想和灵魂，依照其完成的功能，可分为操作系统、数据库等系统软件和上层应用软件两大类。

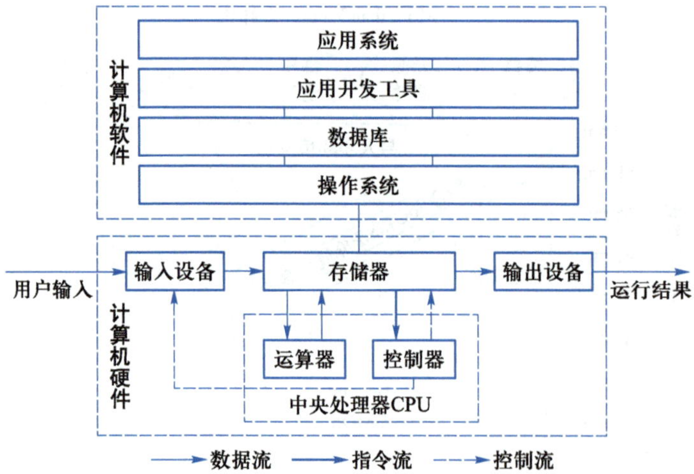

图 2-5 计算机系统架构

1）计算机硬件

（1）中央处理器。CPU 是计算机硬件系统的核心，被称为计算机系统的“大脑”，采用超大规模的集成电路技术制成，其性能对计算机系统的性能有着至关重要的影响。CPU 主要由运算器和控制器组成，分别负责数学和逻辑的运算以及计算机系统指令的执行。CPU 架构是处理器技术发展的重要特征之一，典型架构主要包括 ARM、X86 架构等。

（2）存储器。存储器是计算机具备存储数据和信息的能力、能够自动连续执行程序、进行广泛的信息处理的重要器件。衡量存储器的性能有三个主要的技术标准：容量、速度和价位比（即单位容量的价格），但实际上这三个指标之间存在矛盾，如容量大的存储器速度慢，速度快的存储器往往成本高。

（3）输入/输出设备。输入/输出设备是用户与计算机之间进行信息交互的主要装置。人们通过输入设备给计算机系统发出指令，通过输出设备得到计算机处理的结果，极大地提高了人们的工作效率和生活质量。常用的输入设备包括键盘、鼠标、扫描仪、触摸屏等，随着多媒体技术的发展，一些新的输入设备，比如语音输入设备、手写输入设备等逐渐问世。输出设备是用于输出数据的设备，将计算机的处理结果或存储的信息以文字、图像、图形、声音等形式表示出来，使得人们能够更加直观、明白地接受这些信息。常用的输出设备有显示器、绘图仪、打印机、语音输出系统等。

2）计算机软件

（1）操作系统。操作系统是计算机软件系统的核心，负责管理、调度和控制计算机硬件及软件资源，合理地组织计算机的工作流程，使计算机发挥更大的效能，是计算机硬件和软件的接口。操作系统也是用户与计算机之间的纽带，负责解释用户对计算机的管理命令，使它转化为计算机实际的操作，为用户提供使用方便和可扩展的操作计算机环境及界面。

（2）数据库。数据库技术是一种利用计算机组织、存储和管理数据的软件技术。它的出现改变了传统的数据管理模式，扩大了数据处理的规模和范围，提高了数据的利用能力。数据库包括关系型数据库和非关系型数据库。一种新型的关系型数据库 NewSQL 正在冉冉升起，这类数据库不仅支持非结构化数据管理的大数据应用，也支持结构化数据管理的关系型数据库应用，它将成为未来主流的数据库技术。数据库已成为当今时代数据管理的重要基础和核心技术，广泛应用于企业生产、金融运行、商业活动、社会治理、民生服务、大数据处理等各个领域。

（3）软件工程技术。软件工程技术是研究软件开发和管理的技术，最早提出于 20 世纪 60 年代末，主要用于解决计算机软件数量不足、开发周期长、成本高、质量不稳定等一系列软件开发失控的所谓“软件危机”。软件工程技术的主要研究内容包括软件开发过程、软件开发方法、软件工程管理与支持、软件质量特征、软件过程度量以及计算机辅助软件工程工具、环境等。

2. 发展脉络和趋势

从计算机问世至今几十年的时间里，计算机在性能和软硬件技术方面突飞猛进，每一次的更新换代，都使计算机的体积和耗电量大大减少，功能大大增强，应用范围也不断渗透到生产、生活的各个领域。人们一般根据计算机构成的电子器件时代将计算机的发展分为四个阶段。

（1）第一代计算机（1946—1957），如图 2-6 所示，采用真空电子管作为主要的电子器件。其体积庞大、耗电量高、内存容量小、价格昂贵、维修复杂，运算速度慢，仅为 10^3 次 / 秒，应用也仅限于科学计算和军事领域。早期的真空电子管计算机没有操作系统，数据及程序的输入和存储由穿孔纸带或卡片来完成。

（2）第二代计算机（1958—1964），如图 2-7 所示，采用晶体管作为主要的电子器件。与第一代计算机相比，晶体管计算机体积小、功能强、可靠性高、成本低，运算速度更快，可达到 10^5 次 / 秒，计算机的应用领域也从科学计算扩展到了数据处理和事务处理领域。这个时期软件有了很大发展，出现了汇编语言和编译技术，提出了操作系统的概念。

图 2-6 电子管计算机

图 2-7 晶体管计算机

（3）第三代计算机（1965—1970），如图 2-8 所示，采用中、小规模集成电路作为主要器件。其体积更小、可靠性更高、寿命更长、价格低，运算速度可达到 10^6 次 / 秒，计算机开始广泛应用于各个领域。这一阶段软件逐渐完善，出现了分时操作系统，同时提出了数据库管理系统的概念。

（4）第四代计算机（1971 年至今），如图 2-9 所示，开始全面采用大规模集成电路和超大规模集成电路。这时的计算机发展到了可靠性很高、耗电量极少、寿命更长、价格更低的阶段，运算速度可达到 E 级（10^{18} 次 / 秒），掀起了计算机大发展大普及的浪潮，个人计算机时代来临。这一时期硬件和应用驱动软件配置更加丰富，操作系统、数据库管理系统等不断完善，出现了如个人计算机操作系统、网络操作系统、分布式操作系统等新型系统软件。

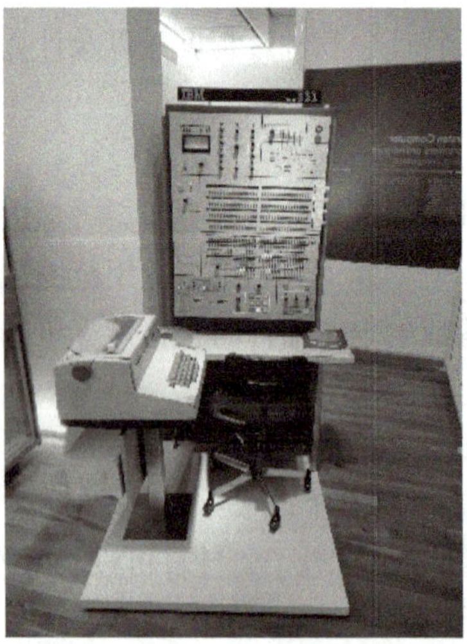

图 2-8 中、小规模集成电路计算机

图 2-9 大规模集成电路计算机

计算机技术的飞速发展和应用有力地推动了国民经济的发展和科学技术的进步，深刻改变了人们传统的工作、学习和生活方式。随着应用领域的不断扩大和深入，需求和市场也对计算机技术提出了更高的要求，促进了计算机的进一步发展，主要包含以下两大方向。

（1）未来的计算机将呈现出巨型化、微型化、网络化、智能化的发展趋势。其中，巨型化是为了适应尖端科学技术的需要，发展高速度、大存储容量和功能强大的超级计算机。微型化是使计算机体积不断缩小，从台式计算机、便携式计算机、掌上计算机到平板计算机逐步缩小体积，为人们提供便捷的服务。网络化是通过网络把分布的计算机和终端设备连接在一起，以达到对计算、存储、数据等资源的共享。智能化是让计算机能够具有像人一样的思维和逻辑推理能力，人工智能技术的发展将从本质上扩展计算机的能力。

（2）新概念计算技术研究正在兴起。新一代计算机将基于更新的光电子元件、生物电子元件等作为核心元器件，诸如光子计算机、生物计算机、量子计算机等。上述新型计算机将会突破传统计算机模式，给计算机技术发展带来质的飞跃和新的希望，世界各国都在加紧研制计算机新技术，一旦突破并广泛应用，势必会给社会各行各业带来新的发展空间。

量子计算机

我国计算机事业在 20 世纪 50 年代中期才起步。经过几十年的不懈努力，逐步缩小了与国外计算机研制水平的差距，并在部分领域取得了世界领先的成就。例如，在个人计算机领域，中国基本上与国际发展同步，已成为全球最大的计算机生产基地和主要市场。在高性能计算机领域，诞生了曙光、天河、神威（太湖之光）三大系列高性能超级计算机巨头，运算速度可达到 E 级（10^{18} 次 / 秒），综合技术处于国际领先水平。但在核心基础软件领域，我国整体水平还与发达国家有较大差距，面临着“卡脖子”问题。

自第一台计算机 ENIAC 问世至今，计算机技术发展迅猛，已几乎应用到人类生产和生活的各个领域。计算机应用范围从传统的科学计算、数据处理等领域扩展到了电子商务、多媒体、人工智能等领域，遍及军事、政治、经济、科技以及个人和家庭的各个方面，可以说计算机已成为各行业都离不开的重要基础设施。

2.2.4 数字通信技术

1. 定义与原理

通信就是把信息由一个地方向另一个地方传输和交换的过程。按照不同分类方法，通信可以分为有线通信和无线通信、固定通信和移动通信、模拟通信和数字通信等。数字通信是以离散的数字信号作为载体来传递信息的通信方式。数字通信不仅可以传输电报、数据等数字信号，也可以传输经过数字化处理的语音、图像等模拟信号。

图 2-10 给出了一个典型的数字通信系统模型。信源把待传输的信息转为基带信号，经信源编码后提高信息传输的有效性，若基带信号为模拟量，还需在信源编码器中将模数转换变成数字信号。信道编码对这些数字信号按一定规则再次编码，使之具有自动检错或纠错能力，适合于信道传输。然后由调制解调器把数字信号调制到信道上，传输到接收端后经过相反的转换过程最终送到信宿。

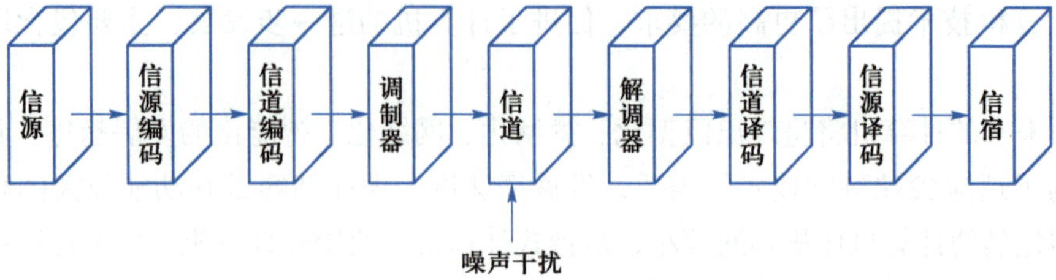

图 2-10 数字通信系统模型

数字通信的出现是通信学科发展的一个重要里程碑。与通信早期技术模拟通信相比，数字通信技术的创新主要体现在其抗干扰能力强、通信质量与距离无关等特征方面。由于采用了时分复用（time division multiplexing，TDM）技术，可在同一物理线路上传送多路信号，提高了资源的利用率。另外，数字信号易于调制、保密性高、差错可控，能够支持多种通信业务。因此，数字通信已经成为现代通信网络中最主要的通信技术基础。

2. 关键技术

数字通信体系庞大，技术繁复，表 2-1 按照不同划分维度给出了数字通信技术的整体覆盖范畴。其中，数据通信技术促进了计算机网络的大规模应用与普及，光纤通信技术是推动通信向宽带化方向快速发展的驱动技术。移动通信技术是推动通信向移动化和泛在化方向快速发展的重要基础。这些关键技术的发展与普及代表了整个数字通信从模拟到数字、从低速到高速、从固定到移动、从铜线到光纤、从有线到无线的发展历程。

表 2-1 数字通信技术的整体覆盖范畴

分类维度	覆盖范畴
传输信息类型	语音通信、文字通信、图像通信、数据通信
传输介质类型	有线：双绞线通信、同轴电缆通信、光纤通信
	无线：移动通信、Wi-Fi

1）数据通信技术

数据通信是计算机和通信技术结合的产物。随着计算机的应用和普及，单个计算机在使用中不能充分发挥其潜力，人们便开始试图利用通信线路把计算机连接起来进行远程通信，实现资源共享，于是出现了数据通信。数据通信就是依照一定的通信协议，利用数据传输技术在两个终端间传递和交换文本、数字、图像、声音等数据信息，实现软硬件资源、信息资源及数据处理的共享，其发展历程如图 2-11 所示。

数据通信技术始于 20 世纪 60 年代。当时人们利用调制解调器（modem）将数字信息变换为模拟信号后在公用电话网的线路上传送。

20 世纪 70 年代出现了分组交换技术 X.25，由于采用统计复用、流控和纠错技术，有效地提高了传输资源的利用率和数据通信的吞吐量，在相当一段时间内，X.25 成为数据通信的主流。进入 20 世纪 90 年代，ATM 骨干网络替代了 X.25 网络成为数据网的骨干网络。

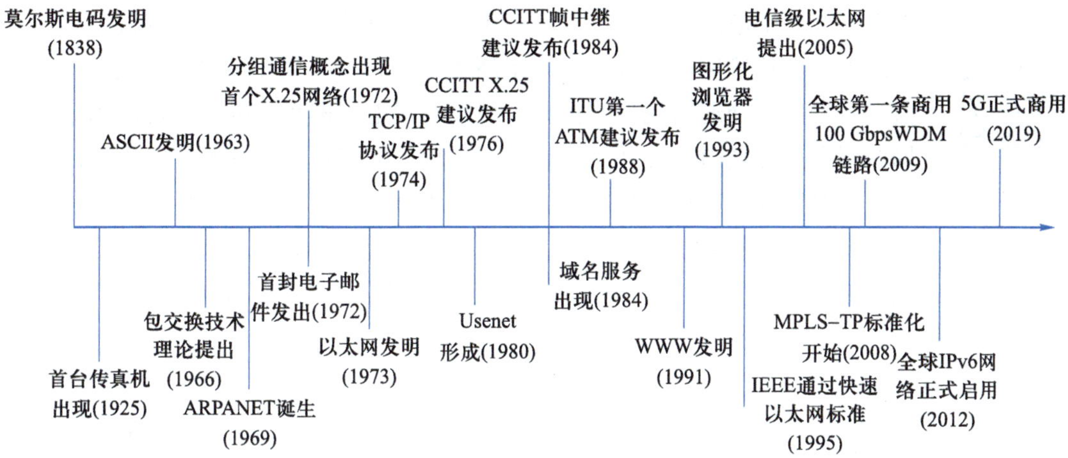

图 2-11 数据通信发展历程

20 世纪 90 年代中期后，随着路由器、交换机设备和光传输技术的进步，使得从广域网到城域网都采用与 IP 数据包一致的帧格式，中间不需要任何格式转换。由于设备简单、效率高，IP 网络很快在市场上替代了 ATM 网络。数据通信进入全 IP 时代。

数据通信技术主要解决的是数据终端间的高效通信传输问题，提高传输资源的利用率和数据通信的吞吐量。随着数据传输、数据交换技术及通信协议的发展，数据通信从面向终端发展到今天的面向网络，从最初依附于电话网络，提供低速、单一数据传输业务，发展到现在全球互联，可提供数据、语音、视频在内的多种业务的高速宽带网络，实现全球计算机网络的互联互通。

2）光纤通信技术

光纤通信是以光波作为信息载体，以光纤为传输媒质，通过光电变换，实现用光来传输信息的一种通信方式。

光纤通信系统的主要组成如图 2-12 所示，主要由光发送机、检测器、光接收机、光缆传输线路、光中继器和各种无源光器件构成。光发送机负责将要传输的电信号转为光信号，并将其注入光纤线路中。光中继器的作用是补偿光信号在光纤中传输时受到的衰减，对波形失真的脉冲进行整形。在接收端，光接收机的主要功能是检测经过传输的光信号，并放大、整形，再恢复成原始电信号输出。

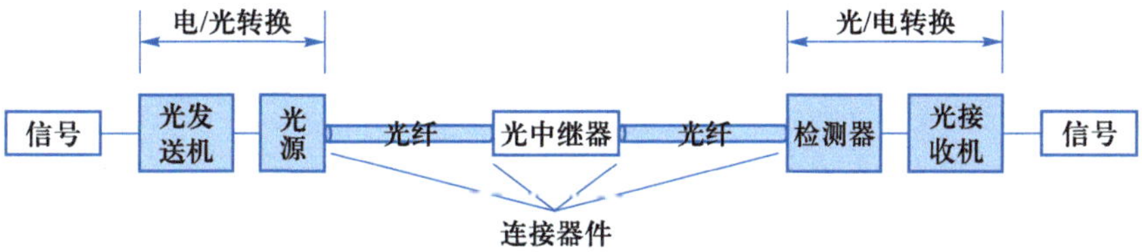

图 2-12 光纤通信系统的主要组成

光纤通信技术以其通信容量大、中继距离长、抗电磁干扰能力强等优势，在全球范围

全光
工业网

内得到了广泛应用。不仅可以应用于市话中继和长途干线，形成覆盖全球范围的大容量传输网，而且可以用于高清晰度彩色的视频传输、工业生产现场监视和调度、交通监视控制指挥、城镇有线电视网系统等，还可以用于光纤局域网和其他场合，如在飞机内、飞船内、舰艇内、矿井下、电力部门、军事及有腐蚀和有辐射等环境。光纤已成为全球宽带信息的主要传输媒质，特别是5G基础设施的建设，促进了光纤光缆需求持续增长。光纤通信技术的发展趋势正在日益向超大容量、超长距离、超高速率，分组化、智能化方向发展，光信息处理、光子计算机、光孤子通信乃至全光网络将成为现实。

3）移动通信技术

移动通信是指处于移动状态的通信对象之间的通信，包括移动用户之间的通信、移动用户与固定用户之间的通信。移动通信使得通信突破了时间和空间的限制，显现出机动灵活、迅速可靠的优势。移动通信不仅能传送语音，还能传送文本、图像和多媒体信息等。移动通信系统包括蜂窝、卫星、寻呼和集群等通信系统，其中蜂窝系统作为公众移动通信系统，得到最为广泛的应用。今天的移动通信技术，已经经历了从第一代到第五代的演进，体现了通信从模拟向数字化发展的大趋势，每次迭代都标志着移动通信技术的一次革新（表2-2）。第一代移动通信技术（1st generation，1G）是以模拟技术为基础的蜂窝无线电话系统，只能承载语音业务，并且存在频谱利用率低、移动设备体积庞大、通信费用高、保密性差等不足。第二代移动通信技术（2G）主要采用时分多址技术（time division multiple access，TDMA），可提供数字语言和低速数据业务。第三代移动通信技术（3G）支持高速数据传输，速率一般在每秒几万字节以上，能够同时传送声音和数据信息，可提供丰富多彩的移动多媒体业务。TD-SCDMA是第一个由中国提出的国际无线通信标准，并与WCDMA、CDMA2000共同构成3G三大主流标准。第四代移动通信技术（4G）是以正交频分复用（orthogonal frequency division multiplexing，OFDM）和多入多出（multiple-input multiple-output，MIMO）为核心的宽带数据移动互联网通信，其下载速度可达100 Mbps，能够大大满足用户对无线服务的要求。第五代移动通信技术（5G）数据传输速率最高可达10 Gbps，可以满足高清视频、虚拟现实等大数据量传输。网络时延低于1 ms，可满足自动驾驶、工业控制等实时应用，具有超大网络容量，能提供千亿设备的连接能力。5G网络将不仅仅为手机、家庭网络提供服务，而且还与传统行业深度结合，赋能传统行业的转型升级和高质量发展。

表2-2 移动通信发展历程及特征

移动系统名称	商用年份（国际/国内）	系统功能	业务特征	关键技术
1G	1984年/1987年	频谱利用率低，设备复杂，通信费用高，系统容量低，业务范围受限，扩展困难	语音业务	FDMA

续表

移动系统名称	商用年份（国际 / 国内）	系统功能	业务特征	关键技术
2G	1989 年 /1994 年	各国标准不统一，无法全球漫游。低速数据业务，无法实现移动多媒体	语音及短消息	TDMA
3G	2002 年 /2009 年	通用性高，可全球漫游，成本低，优质的服务质量和良好的安全性能	移动多媒体业务	TDMA、CDMA
4G	2009 年 /2013 年	高速率，频谱宽，频谱效率高	移动互联网	OFDMA
5G	2018 年 /2019 年	高数据速率、低延迟、大系统容量和大规模设备连接	智能化应用	大规模天线阵列、网络切片、高频段传输

3. 发展脉络和趋势

数字通信发展主要经历了萌芽期、成长期和成熟期。

（1）萌芽期。这一时期的主要标志是构建了数字通信的理论基础。例如，奈奎斯特（Harry Nyquist）定律、香农（Claude Elwood Shannon）定理等。1937 年，脉冲编码调制（pulse code modulation，PCM）技术取得突破，成功地把一个时间连续、取值连续的模拟信号进行抽样、量化和编码，转变成时间离散、取值离散的数字信号，这标志着数字通信技术的诞生。

（2）发展期。随着晶体管应用的普及以及数字逻辑电路的发展，数字通信得以在电信网络中大显身手。20 世纪 60 年代，PCM-24 路和 PCM-30/32 路基群系统标准正式提出。20 世纪 80 年代，形成了准同步数字体系（plesioch ronous digital hierarchy，PDH）。20 世纪 90 年代初，同步数字体系（synchronous digital hierarchy，SDH）传输系统和数字移动通信系统开始规模商用，标志着全球通信全面进入数字通信时代。

（3）成熟期。随着光纤通信和移动通信技术的发展，加速了全球数字通信规模化发展，光纤媒质和光通信设备的商业化普及，促进了光纤通信在通信网、广播电视网、计算机网络以及在其他数据传输系统中的广泛应用，并成为这些领域数字化改造进程中的重要技术支撑。另一方面，移动通信的规模化普及也弥补了光纤通信在移动性方面的不足，促进数字通信向移动化和泛在化方向的不断发展、成熟和完善。

数字通信的出现是通信学科发展的一个里程碑，它为通信、电子和计算机的结合开创了条件。未来数字通信主要呈现出宽带化、无线化、智能化的发展趋势。

（1）宽带化。超大容量、超大带宽、超高速率将是下一代数字通信发展的重要趋势。数字通信把原本割裂的电话网、传真网、数据网等合并成统一的电信网，电话、电报、传真、数据、图像等经过数字化处理后，可以利用相同的信号形式、交换和传输技术在同一张网上进行通信。随着高清视频、虚拟现实、云游戏等新型数据业务的发展，对带宽的需求越发强烈，万兆、十万兆的带宽接入将越发普及。

（2）无线化。无线数字通信技术将由原来的辅助地位转变为主流通信方式。无线传输与有线传输相比，应用更为灵活，不需要架设传输线路，部署方便。随着无线技术在可靠性和带宽性能上的不断提升，在某些制造业生产场景下，将逐渐取代有线通信。

（3）智能化。通信网络将越来越多地承载实时性云业务，如视频电话、网络电视、远程医疗等。各类新兴的信息交互业务对数据通信网络的服务质量（quality of service，QoS）要求更加严格和细致，要求提供端到端的 QoS 保证和更好的用户体验。新业务的发展要求通信网络能具备高度智能化和业务感知能力，根据业务及用户需求实现通信资源的实时调配，高效地支持业务 / 应用的弹性扩展、就近服务及其质量保证。通过以软件定义网络（software defined networking，SDN）/ 网络功能虚拟化（software defined networking，NFV）、人工智能等技术为基础，实现云网协同的通信能力提升。

2.2.5 数字传感技术

1. 定义与原理

数字传感技术主要依赖传感器来实现。传感器是一种能感受被测量并按照一定的规律转换成可用输出信号的器件或装置，它能够探测、感受外界的信号、物理条件（如光、热、湿度）或化学成分（如烟雾），将感受到的信息按一定规律变换为电信号或其他所需形式的信息并传递输出。传感器通过敏感元件的物理效应将物理信号转换为电信号，进而通过传感系统进行信号的处理，使感知到的信号能有效传输并被后续测量、控制等系统所使用。数字传感技术工作原理如图 2-13 所示。

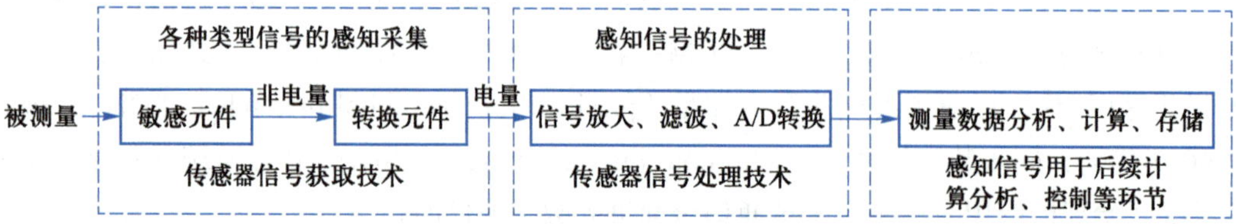

图 2-13 数字传感技术工作原理

常见传感器分类见表 2-3。

表 2-3 常见传感器分类

分类	形式	举例
按基本效应	物理型、化学型、生物型（分别以转换中的物理效应、化学效应等命名）	电涡流传感器、热电传感器、霍尔传感器、光电传感器、酶传感器等
按被测量	位移、压力、温度、流量、加速度等（以被测量命名）	压力传感器、速度传感器、流量传感器、位移传感器等
按工作原理	电阻式、电容式、电感式（以传感器对信号的转换原理命名）	电阻式传感器、电容式传感器、电感式传感器等

数字传感技术是智能制造数据闭环的起点，是 HCPS 系统中替代人类感觉功能的技术。工业现场的各类温度、压力、流量、速度等物理量需要被传感器感知并转化为数字信号，才能在信息系统中加以利用。从设备安全运行监测、工控系统控制，到工业产品视觉检测、智能产品数据采集等众多环节，数字传感技术已被广泛应用，替代了人为对物理世界的感知方式，在感知能力、感知精度、感知范围等方面均获得了质的提升，传感器检测和转化后的数字信号是智能制造系统中最主要的数据来源。

2. 关键技术

从传感器的定义可以看出，成功地感知和接收某种“激励”是传感器“能不能”用的首要条件，顺利地完成电信号的处理与传输则决定着传感器“好不好”用，因此信号获取技术与信号处理技术成为传感的两大关键技术。

1）传感器信号获取技术

敏感元件是传感器获取信号的核心器件，敏感元件准确的感知功能、快速的响应和恢复功能、良好的加工性能和经济性等，都是传感器获取有效信号的关键。

常见的敏感元件有热敏元件、光敏元件、气敏元件、力敏元件、磁敏元件、湿敏元件、声敏元件等类型。敏感元件材料和敏感元件制造工艺的进步是促进传感器更快发展的基础。随着传感器技术研究的不断深入，新技术、新材料层出不穷，出现了基于生物敏感膜的生物传感器、基于纳米薄膜的纳米传感器等新型敏感元件。与传统的传感器相比，纳米传感器尺寸减小，精度、灵敏度等性能大大改善，有利于传感器向微型化发展。制造工艺方面，一般采用各种半导体制造技术和微机电制造技术，如集成技术、薄膜技术、超微细加工技术、离子注入技术、静电封接技术等，能制作出质地均匀、性能稳定、可靠性高、体积小、质量轻、成本低、易集成化的敏感元件。

2）传感器信号处理技术

传感器获取的信号中常常夹杂着噪声及各种干扰信号，为了准确地获取被检测对象特征的定量信息，必须对传感器检测到的信号进行处理，信号滤波前后对比如图 2-14 所示。

（1）信号转换技术。在传感器实际应用中，有时需要将信号从一种类型转换为另一种类型，以便使传感信号在产生、传输和处理期间保持真实性，这就是信号转换技术。常见的信号转换包括调制解调、模 / 数转换等。

（2）信号调理技术。在传感器实际应用中，既需要保证适当的信号水平（如电信号的值），也要保证不失真、消除干扰和噪声。信号调理技术成为重要环节，包括信号放大、模拟滤波和数字滤波。

（3）误差和估计处理技术。传感与检测技术自诞生起就伴随着误差分析，因为在现实条件下，绝对的真实值几乎不可能被获得。误差即仪器读数与真实值的差值，取决于传感器精度、测量方法等因素。需要说明的是，这里的真实值是在非常高的准确度下产生的标准参量，一般由国家标准机构负责制定。

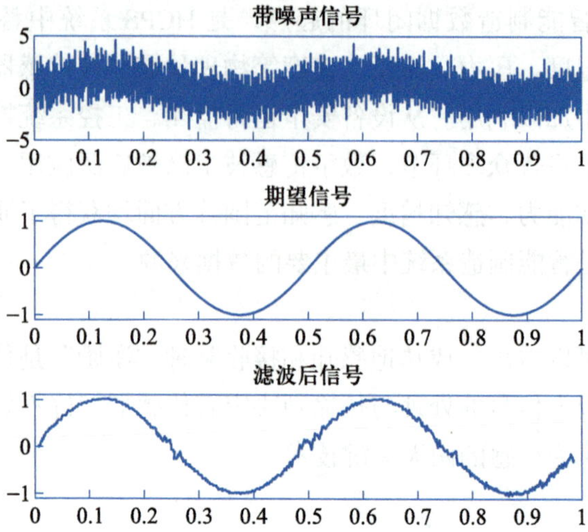

图 2-14 信号滤波前后对比图

3. 发展脉络和趋势

传感技术自身发展正在经历从机械传感到智能传感的过程，数字传感作为其中的一个重要阶段，是在传统模拟传感技术基础上，应用数字化技术实现被测信号（模拟信号）的获取和转换，并将输出信号转换为数字量（或数字编码）。

传感器技术的发展大致可分为以下三代：

（1）第一代是结构型传感器。它是利用结构参量变化来感受和转化信号，如电阻、电容、电感等电参量（图 2-15）。

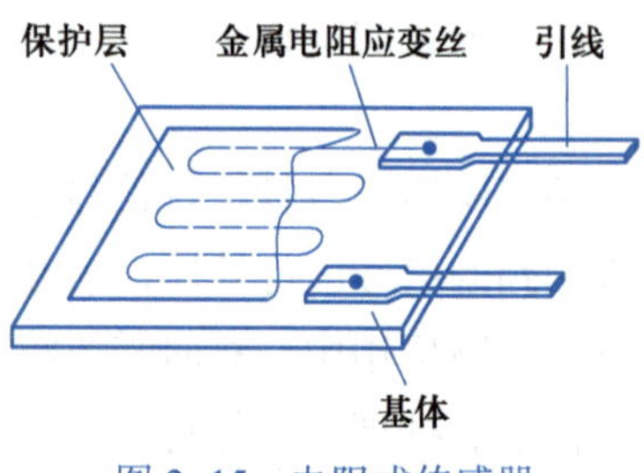

图 2-15 电阻式传感器

（2）第二代是固体传感器（热电偶传感器和光电式传感器）。这种传感器从 20 世纪 70 年代发展起来，它由半导体、电介质、磁性材料等固体元件构成，是利用材料的某些特性制成的，如利用热电效应、霍尔效应、光敏效应等，分别制成热电偶传感器、霍尔传感器、光敏传感器等（图 2-16）。

（3）第三代是智能传感器。它是近年发展起来的新一代传感器，是微型计算机技术与检测技术相结合的产物，使传感器具有一定的人工智能。一开始，把信号转换电路和微型计算机、存储器及接口集成在一个芯片上，并和传感器结合在一起，形成智能传感器，它具有检测、数据处理及自适应能力。后来，智能化测量技术促使传感器自身实现智能化，具有了自诊断功能、记忆功能、多参量测量功能以及物联网通信功能等，由此发展成为传感器领域的主流。

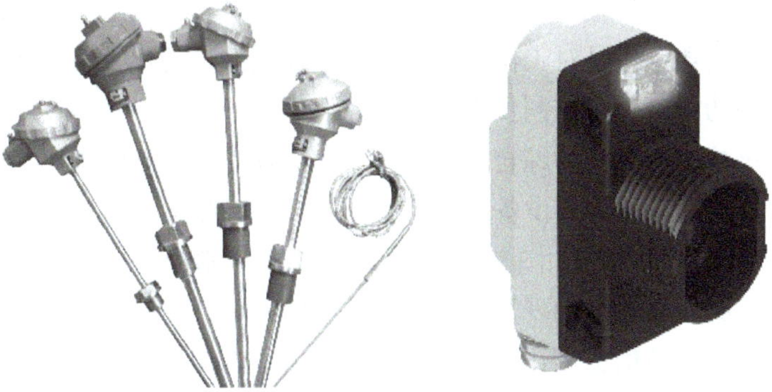

图 2-16 热电偶传感器和光电式传感器

为了适应各种应用场景，传感器技术的发展呈现出了如下趋势：

（1）传感器本身的研究开发。主要包括新的功能材料研发和应用、新的加工技术发展以及新的传感器原理发现和研究。硅材料及其派生物是最成熟和应用研究最广的传感器材料；陶瓷材料因为其良好的耐热性弥补了硅材料的不足，越来越受到青睐；纳米材料和纳米技术的发展，使得纳米传感器成为传感器技术发展的一个主要方向。微细加工技术的进步使得传感器制造技术有了长足的发展，如硅平面技术、定向蚀刻技术、机械切断技术以及薄膜、厚膜技术，使得多参数、多功能传感器实现微型化和集成化，从而提高了传感器的时空分辨率，促进传感器从单点向一维、二维乃至三维阵列的方向发展；并且，将传感器、放大器和执行器集成在一起，使同时具有敏感元件功能和控制执行功能的微系统成为可能。

（2）传感系统的研究与开发。传感器与微处理器的结合，使传感系统不仅具有检测功能，还具有信息处理、逻辑判断、自诊断以及“思维”等人工智能，形成了新一代智能传感器。智能传感器用微处理器作控制单元，利用计算机可编程的特点，让仪表内各个环节自动地协调工作，使传感器兼具检测、判断、数据处理和故障诊断功能，可有效提高测量精度，增加传感系统的功能（包括记忆功能、计算功能等），从而将检测技术提高到一个新的水平。

我国传感技术取得了实质性的进展，一大批高精尖的传感器技术广泛应用于航空航天、国防安全、生产制造、工程装备、自动化设施、交通车辆、市政工程等诸多领域，一些关键技术领域有望取得实质性突破。但是，我们也应看到，我国传感器技术与世界领先水平相比，仍存在不小差距，无论是在信息感知方面，还是在智能化方面，都需要做出更大的努力，才能实现赶超的目标。

智能制造中雷达传感器的数字化应用

2.2.6 数字控制技术

1. 定义与原理

数字控制是利用数字信号对工作对象进行编程控制的自动化方法，即使用计算机对其他设备实现控制的功能。数字控制技术是集计算机、电子技术、网络技术、计算数学、自动控制等多种先进技术于一体的综合应用技术，依靠预先编译好的程序，通过控制器等控制装置来控制机器或者其他物理设备，从而使机器设备按照预定的程序进行工作。

常见自动控制系统的组成如图 2-17 所示，主要由控制器、执行器、被控对象、测量装置等环节构成。测量装置运用现场传感器将被测信号转换为标准电信号，相当于人的感觉器官；控制器根据反馈信息进行分析和决策，相当于人的大脑；执行器的作用相当于人的四肢，它接收控制器输出的控制信号，并按照控制信号的大小来改变被控对象的操纵变量，使被控对象按照预定要求运行；被控对象是正在运行着的各种各样的被控制的生产工艺设备，例如各种加热炉、锅炉、发酵罐、热处理器、精馏塔等。

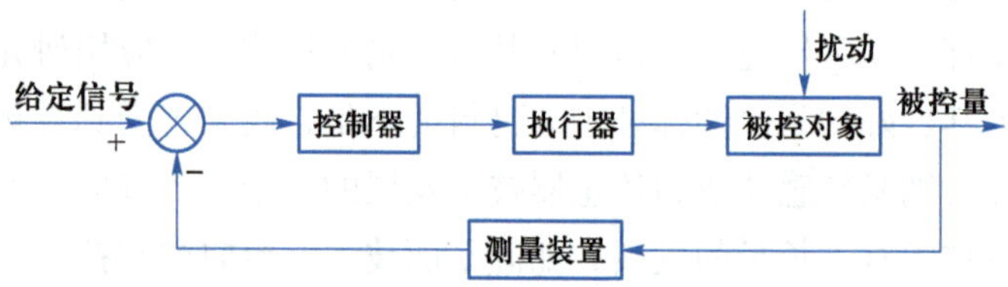

图 2-17 常见自动控制系统的组成

2. 关键技术

数字控制器是硬件和软件构成的专用计算机系统，涉及多方面技术，其关键是控制算法的设计。数字控制过程如图 2-18 所示，建立一个优化的控制系统需要先分析被控对象的特性并对其建立模型，根据被控对象的控制要求，选择并设计合适的控制方法，再在此基础上优化控制参数，达到整个控制系统的性能要求，最后选择合适的目标函数作为系统性能的评价指标。

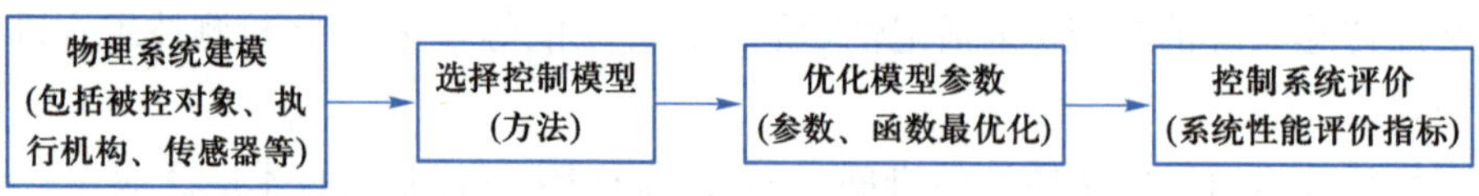

图 2-18 数字控制过程图

1）物理系统建模

把一个物理系统简化成可以建立数学表达式的模型称为物理系统建模，实际系统最后的简化形式称为数学模型。在控制系统的分析和设计中，首先要建立物理系统的模型，包括被控对象、执行机构、传感器等。系统模型建立得准确与否在整个自动控制系统的分析与综合实现中起着至关重要的作用。进行系统设计时，对一个物理系统的工程分析的目的在于预示它的特性，而由于系统本身具有一定的复杂性，因而对于大多数系统都必须做简化假定，使系统理想化。

物理系统建模主要有三个途径，即分析法、试验法、机理–数据混合建模法。分析法是根据系统本身的机理来确定模型的结构，利用有关平衡方程，如能量平衡方程、动量平衡方程、传热和化学反应等基本规律的运动方程、物性参数方程和某些设备的特性方程，从中获得所需的被控过程的数学模型，故又被称为解析建模法。试验法是通过观察、测量系统实体的有关可观测量，经过数据和数学处理，获得估计数学模型。这种建立系统数学模型的方法就是系统辨识，故又称为辨识建模法。机理–数据混合建模是将分析法和试验法相结合的一种建模方法，据系统的原理或物理规律，建立系统的数学模型，通过实验，测量系统的输入输出数据，对模型进行修正或优化，以提高模型的精度和鲁棒性，分析系统的特性，机理–数据混合建模法综合了分析法和试验法的优点，既保证了模型的精度，又具有一定的适应性和普适性。

2）控制方法

在控制系统中，相当于大脑的控制器是决定系统运行性能的最关键部分，控制器的任务是根据得到的误差信息计算出所需要的控制量，作用于执行机构，从而控制被控对象按照预定要求运行。

（1）双位控制方法。在所有控制规律中，双位控制规律最为简单，也最易实现。其动作规律是当测量值大于（或小于）给定值时，控制器的输出为最大（或最小）。控制器的输出不是最大就是最小，相应的执行机构就有两个极限位置，不是全开就是全关。双位控制系统结构简单、成本低、容易实现。因此，双位控制系统一般应用在生产过程允许被控量上下波动的场合，如箱式加热炉、恒温箱等。

（2）PID 控制算法。PID 控制表示的是比例（proportional）–积分（integral）–微分（derivative）控制，即控制器的输出与输入是比例–积分–微分的关系。比例环节 P 成比例地反映控制系统的偏差信号，偏差一旦产生，控制器立即产生控制作用以减小误差，因此比例控制是基于偏差进行调节的，即有差调节。比例控制的特点是及时、无滞后，因此在常规的各种控制规律中总把它作为最基本的控制。积分环节 I 能对误差进行记忆，主要用于消除静差，提高系统的无差度，也就是提高系统的稳态精度。但积分的过渡过程变化缓慢，系统的稳定性不好。微分环节 D 能反映偏差信号的变化趋势（变化速率），并能在偏差信号值变得太大之前，在系统中引入一个有效的早期修正信号，从而加快系统的动作速度，减少调节时间。

随着计算机技术的不断发展，用计算机取代模拟 PID 控制电路组成控制系统，不仅可以用软件实现 PID 控制算法，而且可以利用计算机的逻辑功能，使 PID 控制更加灵活好用。数字 PID 控制系统框图如图 2–19 所示。

（3）鲁棒控制。控制系统的鲁棒性是指系统的某种性能或某个指标在某种扰动下保持稳定的程度（或对扰动不敏感的程度）。鲁棒控制主要有代数方法和频域方法，前者的研究对象是系统的状态矩阵或特征多项式，讨论多项式族或矩阵族的鲁棒控制；后者是从系统的传递函数矩阵出发，通过使系统由扰动至偏差的传递函数矩阵 $\boldsymbol{H}_{\infty}$ 的范数取极小，来设计出相应的控制规律。

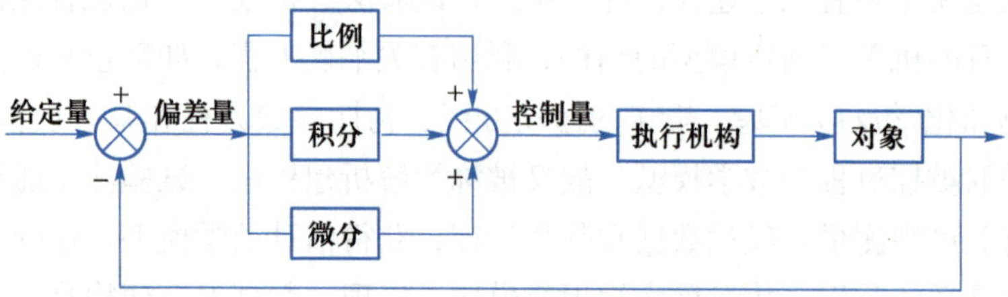

图 2-19 数字 PID 控制系统框图

（4）模型预测控制。模型预测控制的基本思想类似于人的思维与决策，即根据头脑中对外部世界的了解，通过快速思维不断比较各种方案可能造成的后果，从中择优予以实施。它的各种算法是建立在模型预测—滚动优化—反馈校正的三条基本原理上的，其核心是在线优化。这种滚动优化控制策略可以随时顾及模型失配、时变、非线性或其他干扰因素等不确定性，及时进行弥补，减少偏差，以获得较高的综合控制质量。

（5）模糊控制。模糊控制是一种应用模糊集合理论的控制方法。模糊控制是一种能够提高工业自动化能力的控制技术。模糊控制的特点是：一方面，模糊控制提供了一种实现基于自然语言描述规则的控制规律新机制；另一方面，模糊控制提供了一种改进非线性控制器的替代方法，这些非线性控制器一般用于控制含有不确定性和难以用传统非线性理论来处理的装置。

（6）神经网络控制。将神经网络引入控制领域就形成了神经网络控制。神经网络控制是从机理上对人脑生理系统进行简单结构模拟的一种新兴智能控制方法，具有并行机制、模式识别、记忆和自学能力的特点，它能够学习与适应不确定系统的动态特性，有很强的鲁棒性和容错性等。

（7）专家控制。专家控制系统是工程控制理论与专家系统技术的结合产物，主要分为两种形式：一种是采用黑板系统等复杂结构的专家控制系统，另一种是结构相对简单的专家式控制器。由于黑板系统等复杂结构的专家控制系统造价较高，其应用相对较少；而专家式控制器因其结构简单且能满足工业过程控制的需求，应用范围正在逐渐扩大。

3）模型最优化技术

在对一个控制系统进行设计的过程中，经常会遇到这样的问题：如何才能使设计出来的控制系统在满足一定的约束条件的前提下，使某个指标函数达到最小（或最大）？这就是控制系统的最优化问题。控制系统的最优化问题包括两类，一类是参数最优化问题，另一类是函数最优化问题，而函数最优化问题在仿真过程中一般也是转为参数最优化问题来加以处理的。解决控制系统的参数最优化问题的一般途径有两种，一种是间接寻优，即根据普通极值的充分必要条件来寻优；另一种是直接寻优，即直接在参数空间中按照一定规律进行搜索来寻优。

4）性能评价指标

性能评价主要是对数字控制系统动态和稳态两种状态进行评估。当干扰来临，使系统被控量发生变化时，自动化控制使系统重新建立平衡，在这段过程中各个环节和信号处于变化状态即动态阶段。当系统各参数相对平衡，不随时间变化时，系统处于稳态阶段。针对系统状态，两种评价指标如下。

（1）动态性能指标。描述稳定的系统在单位阶跃函数的作用下，动态过程随时间的变化状况的指标，称为动态性能指标。动态性能指标通常有延迟时间、上升时间、峰值时间、调节时间、超调量和稳态误差。在实际选取时，一般动态性能指标会有相互矛盾的地方，需要统筹具体工艺和系统全况，提出合理的控制要求，进行折中处理，在准确性、快速性和稳定性之间进行权衡以及合理的取舍。

（2）稳态性能指标。稳态性能指标主要反映系统进入稳态阶段后的性能，用于评估与控制目标是否存在固定的偏差及偏差程度。常用的稳态性能指标是稳态误差，主要分为原理性误差和实际性误差，用于度量系统的控制精度或抗扰动能力。稳态误差常作为衡量控制系统性能好坏的一项指标。控制系统设计的目标之一，就是要在兼顾其他性能指标的情况下，使稳态误差尽可能小或者小于某个容许的限制值。

3. 发展脉络和趋势

自动控制技术在 20 世纪 40 年代至 80 年代取得长足进展，并随着控制理论的不断发展而趋于成熟。

（1）1948 年，诺伯特·维纳（Norbert Wiener）发表了著名的《控制论》，综合研究各类系统的控制、信息交换、反馈调节等科学，高度概括了各类系统的共同特征。1954 年，钱学森发表了《工程控制论》，系统阐述了控制论在工程领域的应用，对控制技术的发展具有重大意义。经典控制理论的特点是以传递函数为数学工具，采用频域方法，主要研究“单输入－单输出”线性定常控制系统的分析与设计。

（2）20 世纪 60 年代开始出现了以状态空间分析为基础的现代控制理论，它主要适用于研究具有高性能、高精度的多输入－多输出、线性或非线性、定常或时变系统的分析和设计问题，如最优控制、最优滤波、自适应控制等，其本质是一种时域方法。现代控制理论已成功应用于过程控制和航空工业。

（3）20 世纪 70 年代开始，随着计算机应用于控制领域，控制系统进入计算机控制时代，也称数字控制。数字控制技术实现了机器设备按照预定的程序运行工作，是控制技术发展的关键期。数字控制不仅大幅提高控制性能，在它基础上还产生了一系列新的控制理论和方法，如智能控制理论和方法。

未来随着控制理论和人工智能技术的不断发展、完善和成熟，现代控制技术正在向智能化、开放化、网络化和高精化等方面发展。

（1）智能化。叠加了智能化能力的数字控制是具有智能信息处理、智能信息反馈和智能控制决策的控制方式，是控制技术发展的高级阶段，主要用来解决那些用传统方法难以解决的复杂系统的控制问题，智能仿人控制、生物控制论、神经学习控制、免疫控制系统、多尺度智能控制等是这些成就的突出代表。

（2）开放化。开放化是数控系统的开发可以在统一的运行平台上，面向设备厂家和最终用户，通过改变、增加或剪裁结构对象（数控功能），形成系列化，并可方便地将用户的特殊应用和技术诀窍集成到控制系统中，快速实现不同品种、不同档次的开放式数控系统，形成具有鲜明个性的名牌产品。

（3）网络化。网络化数字控制系统是在系统中引入计算机网络，从而使众多的传感器、执行器、控制器等主要功能部件能够通过网络连接，相关信号和数据通过网络进行传输和交换，可以实现资源共享，远程操作和控制，增加了系统的灵活性和可靠性。

（4）高精化。产品外观曲面的复杂化要求模具加工技术必须不断升级，对控制系统的精度、速度、稳定性提出了极高要求，系统控制技术（包括指令精度、对机械部分的静态误差补偿能力、复合型控制加工等）逐步高精化。

我国的智能控制研究在紧跟国际前沿发展步伐的同时，也创造了具有中国特色的智能控制研究成果。

2.3 网络化技术

网络化技术诞生于20世纪60年代后期，在数字化技术基础上，通过网络连接能力的全面提升，将一个个独立的数字化系统连接到一起，并进一步将连接拓展至人和物，极大地拓宽了网络的连接范围和信息的集成深度。网络化技术通过实现万物互联，使信息数据以前所未有的方式在不同企业、不同系统之间充分流动，各类要素资源能够通过网络化的方式进行高效组织，无论是企业还是个人，都可以更加快速、高质量、低成本地获取所需的资源并提供相应产品和服务。网络化技术深刻改变了资源组织和配置模式，带来生产业态、服务模式和商业模式的创新变革。

2.3.1 互联网

1. 定义与原理

互联网是由使用公共语言互相通信的计算机连接而成的网络，即广域网、局域网及单机按照一定的通信协议组成的国际计算机网络。如图2-20所示，按照国际标准化组织（international organization for standardization，ISO）的开放系统互连（open systems interconnection，OSI）参考模型，互联网可划分为以下七层，每一层按照约定的协议进行通信。

物理层位于OSI参考模型的最底层，为数据链路层提供建立、传输、释放所必需的物理连接，实现比特流在物理介质中的传输。由于实际通信过程中存在各种干扰，物理链路是不可靠的，数据链路层可以通过差错控制、流量控制方法，使有差错的物理链路变为无差错的数据链路，提供可靠的通过物理介质传输数据的方法。网络层通过路由选择算法为分组选择最佳路径，从而实现拥塞控制、网络互联等功能。传输层在网络层的基础上为高层提供可靠的端到端差错和流量控制，保证信息的正确传输。会话层负责维护两个节点之间的传输连接，确保点到点传输不中断，以及管理数据交换等功能。表示层为在应用过程之间传送的信息提供表示方法的服务。应用层位于 OSI 参考模型的最高层，它是计算机用户以及各种应用程序和网络间的接口，负责完成网络中应用程序与网络操作系统间的联系，协调、监督、管理各类应用程序。

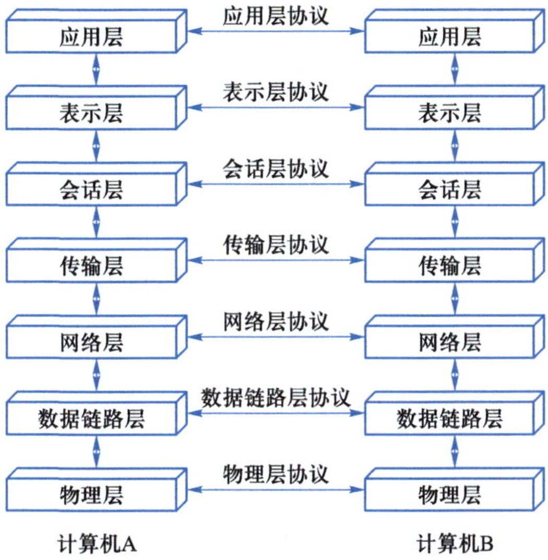

图 2-20 OSI 参考模型

互联网连接了世界上不同国家与地区使用不同硬件、操作系统和软件的计算机及其他终端设备，实现无国界的信息共享，拓宽了人类信息获取的渠道，对人类经济社会产生巨大、深远的影响力。例如，我们最熟悉和常用的因特网就是一种特定的互联网，是采用 TCP/IP 协议（传输控制协议 / 网际协议）构建而成的当今世界上最大的、开放的、由众多网络和路由器互连而成的特定计算机网络，拥有全球几十亿用户。

2. 关键技术

互联网技术体系自底向上可以分为基于 TCP/IP 协议的互联体系、实现地址与域名映射解析的 DNS 体系以及基于万维网 /Web 技术的应用服务体系，如图 2-21 所示。

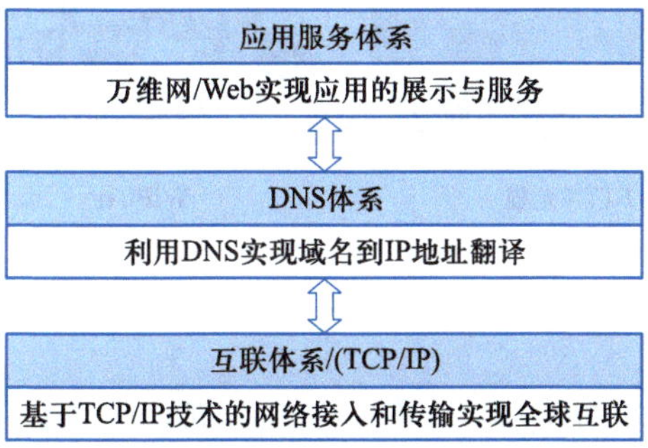

图 2-21 互联网技术体系框架

1）TCP/IP 技术

TCP/IP 协议是指电子设备接入互联网以及数据相互间传输的一系列协议的总称，关注的是网际互联，如图 2-22 所示。TCP/IP 协议具有 4 层结构，分别是应用层、传输层、网络层和网络接口层。

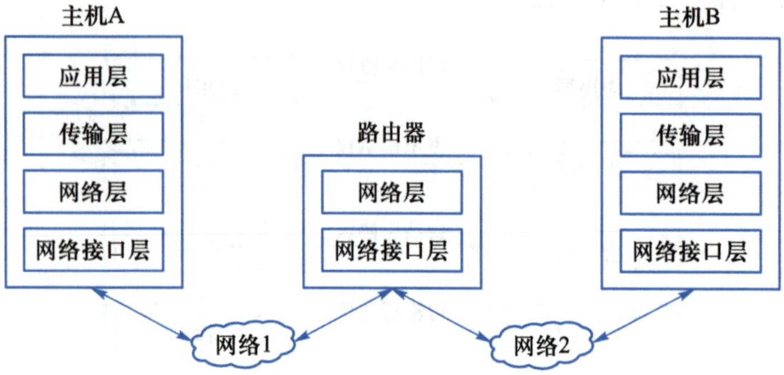

图 2-22 互联网数据传输示意

应用层对应于 OSI 参考模型的应用层、表示层和会话层。传输层为源主机和目的主机之间提供端到端的数据传输服务。网络层负责数据的转发和路由选择，保证数据包到达目的主机。网络接口层实现了网卡接口的网络驱动程序，以及处理数据在物理媒介（如以太网、令牌环等）上的传输，对应 OSI 参考模型的数据链路层和物理层。

通过 TCP/IP 技术体系实现全球互联的过程中，互联网接入技术至关重要。互联网接入技术是用户终端与互联网连接方式和结构的总称。任何需要使用互联网服务的用户终端必须使用某种互联网接入方式才能与互联网进行通信，如图 2-23 所示。接入技术主要解决如何在互联网与用户相连的“最后一公里”线路上提供高带宽连接的问题。接入方式由原来单一的电话线拨号接入发展为光纤接入、无线接入、移动接入等多种方式，接入带宽也从 56 kbps 发展到千兆带宽。互联网接入技术的不断发展，为用户提供了多元化的接入方式，为人们实时高速使用互联网各类资源提供了便利。

图 2-23 互联网接入技术

2）地址与域名技术

互联网上每台主机都会分配到一个唯一标识，即主机的 IP 地址（也称逻辑地址），例如 218.206.86.237。IP 地址不方便人类使用和记忆，为此互联网采用另一种字符型地址，即域名地址。通过域名系统 DNS 可以进行 IP 地址与域名地址间映射解析，如图 2-24 所示。

域名系统由域名空间与资源、域名解析系统构成，包括了根服务器、顶级服务器（通用顶级域名、国家顶级域名）、权威服务器、递归服务器等基础设施，能够开展正向解析（域名→ IP 地址）、反向解析（IP 地址→域名）和 WHOIS 查询（域名→注册信息）等服务。域名系统作为 IP 层与应用层之间的桥梁，已经是互联网应用开展的重要基础，成为访问互联网应用的“钥匙”。

图 2-24 IP 地址与域名系统关系示意图

但随着互联网的发展，越来越多的科研机构关注到了主机以外的对象互联互通的问题。19 世纪末到 20 世纪初，Handle、EPC 和 OID 三大面向对象的标识编码体系分别由 DONA 基金会、美国麻省理工学院 AUTO-ID 实验室以及 ISO/IEC 和 ITU-T 国际标准化组织提出。它们都通过设计一套统一的标识编码格式、数据交换协议以及标识解析系统，实现了标识对象间的互联互通和信息共享。此外，全球主要制造强国也将标识引入制造领域，其中，德国工业 4.0 提出的资产管理壳，以标识为索引进行资产识别，在系统间实现数据交换。

3）万维网 /Web 技术

万维网（world wide web，WWW）也称为 Web 技术（图 2-25），是基于客户机 / 服务器方式的信息发现技术和超文本技术的总称。通过 Web 技术可以实现计算机网络内容的互联和共享。超文本标记语言（hyper text markup language，HTML）、统一资源标识符（uniform resource identifier，URI）和超文本传输协议（hyper text transfer protocol，HTTP）是 Web 的核心体系结构。HTTP 规定浏览器和万维网服务器之间互相通信的规则。HTML 的作用是定义各类文件的结构和格式，包括文字、图片、动画、链接等，从而统一网络上的文档格式，实现将分布在不同地理位置的信息资源连接成一个逻辑整体。统一资源标识符是用于标识某一互联网资源名称的字符串，常见形式有统一资源定位符（uniform resource location，URL）和统一资源名称（uniform resource name，URN）。Web上主要通过URL（简称网页地址）实现HTML文档、图像、视频等资源的定位及访问。通过HTML描述信息资源，通过URI定位信息资源，通过HTTP协议请求信息资源，成为互联网能够有效处理和展示数据的核心。

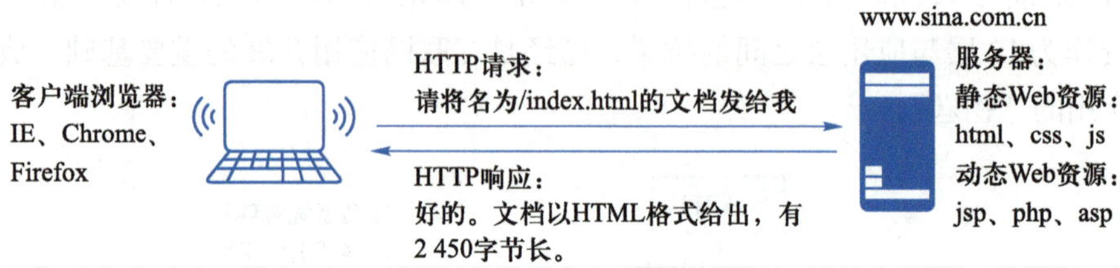

图 2-25 Web技术示意图

Web技术一般可以分为Web客户端技术和Web服务器端技术。Web客户端（一般指网页浏览器）的主要任务是展现信息内容，包括静态文本或图像信息以及根据用户的请求动态生成网页信息。相应的Web服务器端技术主要按照客户端请求将展示信息内容发送至客户端浏览器进行解析执行。

3. 发展脉络和趋势

互联网的发展经历了萌芽期互联网、桌面互联网和移动互联网三个大的发展阶段。

（1）萌芽期互联网。以大型机、小型机等传统计算机为载体，作为学术机构数据传输的工具。互联网在这个时期构建了自身的技术基础，如传输控制协议 / 网际协议（TCP/IP）、万维网协议、超文本传输协议、超文本标记语言，以及第一个网络浏览器、第一个网站陆续出现，推动了互联网实现商业化。

（2）桌面互联网。以个人计算机为核心载体，颠覆了传统通信网络，推动产生了社交媒体、电子商务等创新模式。在技术方面，TCP/IP协议逐步成为网络协议的主流。在应用方面，桌面互联网经历了两个阶段，一是Web1.0时代，网站的数量和种类出现爆发式增长。二是Web2.0时代，以博客、微博等为代表的具有自组织、个性化特性的新应用使普通用户可以成为互联网内容的提供者，激发了公众参与的热情，网络内容日益繁荣。

（3）移动互联网。以移动智能终端为核心载体连接形成的互联网络，在发展进程中，Android和iOS奠定了“移动智能终端＋移动操作系统”两大移动互联网生态关键要素，标志了移动互联网的正式兴起。在这个阶段，网络技术实现了从有线到无线的历史性跨越，进而带动了应用从桌面走向每个人的身边，催生带动了O2O、移动支付等新型业态。

互联网未来发展呈现出去中心化、算网融合和虚拟化等趋势。

（1）去中心化成为Web3.0发展目标。通过构建去中心化的可信网络，数据实现分布式存储，在推动数据平权，打破数据垄断的维度下，促进大数据分析、人工智能、搜索引擎对网络内容进行智能分析，为用户提供更为个性化的互联网信息资讯定制。

（2）算网融合成为互联网发展的一种新趋势。互联网业务基础逻辑将从“感知”跃进至“理解与决策”，逐步具备自主“认知”能力。互联网上数据的价值将被进一步开发。

对数据进行挖掘、分析、再造，建立起数据间的连接，实现基于语义的智能网络，从而为互联网用户提供全面、高效的个性化、精准化服务，提升业务体验。随着虚拟现实技术及产品的日趋成熟，网络、计算、显示的一体化将模糊虚拟与现实的边界，驱动互联网业务全面进化，进而重构互联网业务生态。

（3）虚拟化使定制化及细分服务成为现实。虚拟化技术将组成互联网的网络硬件与其上运行的逻辑网络解耦，通过引入抽象的虚拟化物理网络资源使得网络管理异常灵活，实现定制化及细分服务。互联网经历了几十年的成长，巨大的规模以及端到端的设计原则使得其结构的升级优化显得非常复杂，通过虚拟化的途径，能够在一个基础网络上支持多种样式的互联网形式，以最小的建设成本，适应未来潜在的发展需求。

2.3.2 云计算与边缘计算

1. 定义与原理

云计算是一种通过网络统一组织和灵活调用各种信息资源，实现大规模计算的信息处理方式。云计算利用分布式计算和虚拟资源管理等技术，通过网络将分散的信息技术资源（包括计算与存储、应用运行平台、软件等）集中起来形成共享的资源池，并以动态按需和可度量的方式向用户提供服务，就像用水、用电一样，用户可以使用各种形式的终端（如个人计算机、智能手机甚至智能电视等）通过网络获取信息技术资源服务。云计算演进过程如图 2-26 所示。

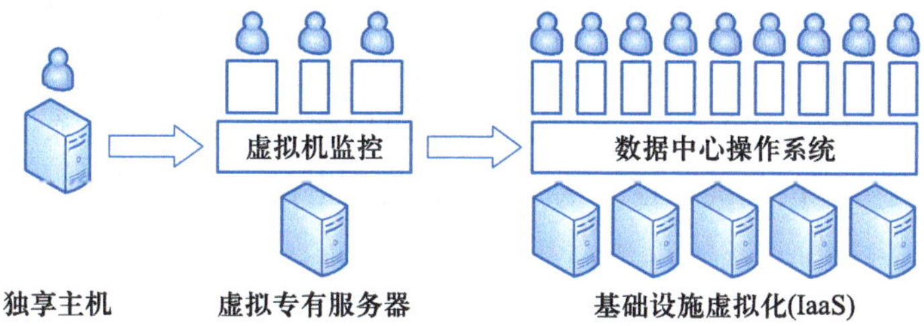

图 2-26 云计算演进示意图

边缘计算是随着云计算技术的不断发展衍生出的新型技术。边缘计算是一种使能技术，通过在靠近物或数据源头的网络边缘侧，为应用提供融合计算、存储和网络等资源，满足行业在敏捷连接、实时业务、数据优化、应用智能、安全与隐私保护等方面的关键需求。边缘计算可以有效解决传统云计算模式下存在的高延迟、网络不稳定和带宽占用等问题。通过数据的本地采集、分析和处理，能够有效减少数据暴露在公共网络的机会，从而有效保护数据隐私。

随着国家在 5G、工业互联网等领域支持力度的不断加大，边缘计算的市场需求也在快速增长。如图 2-27 所示，在边缘计算体系架构中，通过接入在现场层和边缘层的机器人、传感器、边缘网关等设备，进行实时控制和智能计算，将云服务扩展到网络边缘，在终端设备及云层之间对从终端上传的数据进行计算和存储。最后，云计算层负责执行复杂的计算任务，通过智能决策和全局调度来完成对整体计算任务的补充。随着应用场景多样的细分，边缘计算跟云计算紧密互相协同，两者能更好地赋能行业的数字化转型。

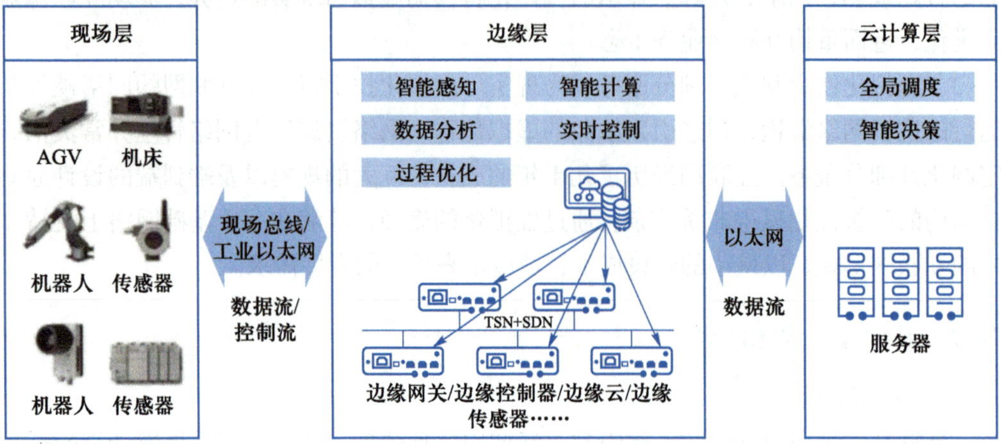

图 2-27 云计算与边缘计算关系示意图

2. 关键技术

云计算本质是计算、存储、服务器、应用软件等 IT 软硬件资源的虚拟化，其关键技术主要包括虚拟化技术、资源管理技术、分布式存储技术和云原生技术等。

1）虚拟化技术

云计算的核心技术之一就是虚拟化技术。虚拟化技术将一台计算机虚拟为多台逻辑计算机，每个逻辑计算机可运行不同的操作系统，并且应用程序都可以在相互独立的空间内运行而互不影响，如图 2-28 所示。虚拟化技术可以将隔离的物理资源打通，汇聚成资源池，实现了资源再分配的精准把控，从而大大提升资源的利用效率。

图 2-28 虚拟化示意图

2）资源管理技术

资源管理技术主要实现对物理资源、虚拟资源的统一管理，并根据用户需求实现虚拟资源的自动化生成、分配、回收、迁移，用以支持用户对资源的弹性需求。云计算资源管理技术实现了虚拟资源的“热迁移”，即在物理主机发生故障或需要进行维护操作时，可将运行在其上的虚拟机迁移至其他物理主机上，同时保证用户业务不被中断。

3）分布式存储技术

为了保证数据的高可靠性，云计算通常会采用分布式存储技术，将数据存储在不同的物理设备中。其基本原理是将数据分为同样大小的文件块，分散地存储在不同的服务器之中，由一个元数据服务器来进行统一管理，并为用户提供数据读写的块地址。分布式存储系统采用可扩展的系统结构，利用多台服务器分担存储负荷，利用位置服务器定位存储信息，不但提高了系统的可靠性、可用性和存取效率，还易于扩展。

4）云原生技术

云原生技术利用容器、微服务、中间件等来构建容错性好、易于管理和便于观察的松耦合系统，结合可靠的自动化手段可对系统做出频繁、可预测的重大变更，让应用随时处于待发布状态。云原生技术有利于各组织在公有云、私有云和混合云等环境中，构建和运行可弹性扩展的应用，借助平台的全面自动化能力，跨多云构建微服务，持续交付、部署业务生产系统。

3. 发展脉络和趋势

云计算主要经历如下的发展：

（1）形成阶段（2006—2010）。在这个阶段，云计算的商业模式得到业界和大众的广泛认可，各种云产品和服务不断涌出。2007 年，赛富时公司（Salesforce）发布了 Force.com，即平台即服务（platform as a service，PaaS）；2008 年，谷歌公司（Google）推出了 GoogleAppEngine。IT 企业、电信运营商、互联网企业等也都纷纷推出云服务。

（2）发展阶段（2010—2015）。这个阶段出现了大量围绕云进行的技术实践和验证，同时云计算功能日趋完善、种类日趋多样。传统企业开始通过自身能力扩展、收购等模式，纷纷投入云服务当中，云计算获得了飞速发展，并在全球范围内形成了千亿美元规模的市场。

（3）应用阶段（2015 年至今）。云计算的应用逐渐向医疗、金融、交通等传统行业拓展。同时，以容器、微服务、DevOps 为代表的云原生技术应运而生，其能够构建容错性好、易于管理和便于监测的松耦合系统，让用户应用随时处于待发布状态。

在万物互联的背景下，边缘数据迎来了爆发性增长，极具代表性的有移动边缘计算、雾计算和海云计算。在边缘计算的快速增长期，随着边缘计算和收集数据的需求不断增加，工业界也在努力推动边缘计算的发展和应用落地。

未来，云计算将呈现布局边缘化、技术精细化、应用产业化的特点，并成为新的基础设施，有如下具体表现：

（1）云服务向算力服务演进。算力服务是云服务的升级，云服务作为通用算力已成为赋能企业业务单元转型的关键，但随着企业数字化程度不断加深和数字应用日益多样，用户对算力种类数量、有效感知、高效利用等提出了更高的要求，云服务也逐渐向算力服务演进。

（2）云原生促进技术和基础设施向灵活弹性及自动化发展。云基础设施将底层硬件抽象出来，使业务应用能够快速地自助配置和扩展，这需要云基础设施能够使用相同的操作技能管理不同的语言和产品运行，促进操作自动化，并提供一个可观测性的框架。

（3）云计算核心技术从粗放向精细转型。随着云原生的容器、微服务、无服务器等技术越来越靠近应用层，资源调度的颗粒性、业务耦合性、管理效率和效能利用率都得到极大提高，推动云计算从技术设施服务向应用软件层服务上转移，促进数字化进程不断加快。

2.3.3 大数据

1. 定义与原理

大数据是指体量巨大、来源多样、类型复杂、生成迅速、信息多变且难以用传统数据体系结构有效处理的数据集。国际上，大数据的 4 个特征普遍用 volume（数据量大）、variety（类型复杂）、velocity（速度快）和 variability（多变性）予以表述，简称 4V。大数据技术是面向多源异构的海量数据进行采集、存储、计算与分析，并从中提取有价值信息和知识的一系列技术的总称。大数据技术的核心原理是采用分布式的存算架构提高数据采集、存储及计算的效率，并进一步采用基于传统统计分析、机器学习、深度学习在内的数据分析方法挖掘数据价值。大数据技术能够对海量数据进行高效存储、处理，并进一步对其进行加工分析，最终从中提炼出在现实场景中具有价值和意义的信息和知识，进一步指导实际生产活动中的各项决策，提升各项实际生产活动的效率和效果。

2. 关键技术

大数据与传统数据处理在流程上没有太大差异，按照数据的生命周期可以将大数据的技术体系分为数据采集、数据存储、数据计算、数据应用等环节，如图 2-29 所示。无论是互联网还是工业、商业、金融等，各个领域大数据应用的技术架构都立足于此，再从功能实现的视角引入满足各自领域数据特点的其他技术。

图 2-29 大数据的技术体系

1）数据采集技术

数据采集是从数据源收集、识别和选取数据的过程。数据采集是数据分析挖掘的根基，所采集数据的数量和质量决定了数据分析的质量。随着相关技术的发展，网络化和数字化进一步扩大了数据采集的覆盖范围，提高数据采集工作的全面性、及时性和准确性。数据采集主要分为系统日志采集和网络数据采集、设备数据采集三种。

2）数据存储技术

数据存储技术是指将计算机运算过程中产生或查找的数据以某种形式记录在计算机内部或外部存储介质上的一系列工具和方法。数据存储是现代信息产业架构中不可或缺的底层基座。经过百余年的发展，存储技术已经呈现出非常多的形态，且仍在不断完善和创新，以适应日益增长和不断变化的数据存储需求。数据存储系统主要为了解决存储海量异构多源的结构化、半结构化和非结构化等数据，并提供数据安全保护和容灾能力。

3）数据计算技术

数据计算是大数据生命周期的中间环节，是对数据采集得到的规模化数据按照一定的算法和模型进行分析处理，并在计算完成后反馈计算结果的过程。在充足计算能力的支持下，企业可以进一步完成数据价值的挖掘，并结合具体业务实现数据增值。按照时效性，数据计算可划分为离线计算与实时计算。批处理计算是实现离线计算的技术，流处理计算是实现实时计算的技术。此外，为解决计算、存储以及图数据等问题，图计算技术应运而生。大数据时代背景下，数据体量大、增速快，分布式技术与各类数据计算技术相融合，有效匹配了大规模数据的处理需求。

4）数据应用技术

数据应用技术的目标是发掘数据资源的内蕴价值。在拥有充足的存储计算能力以及高质量可用数据的情况下，将数据中蕴涵的价值充分挖掘并同相关的具体业务结合以实现数据的增值成了关键。用以发掘数据价值的数据分析应用技术，包括以商业智能（business intelligence，BI）工具为代表的简单统计分析与可视化展现技术及以传统机器学习、基于深度神经网络的深度学习为基础的挖掘分析建模技术纷纷涌现，帮助用户发掘数据价值，并进一步将分析结果和模型应用于实际业务场景中。大数据应用主要用到的技术有数据分析与挖掘、数据可视化和数据检索等。

3. 发展脉络和趋势

大数据技术主要经历如下的发展：

（1）萌芽阶段（20 世纪 90 年代末—21 世纪初）。1997 年，美国国家航空航天局在数据可视化的研究中首次使用了“大数据”的概念。当时，大数据只是作为一个设想或概念出现，并未在具体的数据处理技术上有进一步的探索。

（2）发展阶段（21 世纪初—2012）。2003—2006 年，Google 的“三驾马车”——分布式文件系统 GFS、分布式计算框架 MapReduce 和数据库 BigTable 提供了一种以分布式方式组织海量数据存储与计算的新思路。受此启发，专门开发维护大数据技术的独立项目 Hadoop 诞生了。Hadoop 是一个分布式系统的软件框架，在此之上，用户可以使用简单的编程模型，跨计算机集群对庞大的数据集进行处理。Hadoop 的两个组件——分布式文件系统 HDFS 和大数据计算引擎 MapReduce 分别负责数据的存储和处理。开源的 Hadoop 推动了大数据的蓬勃发展，一系列建立在 Hadoop 基础之上、用于大规模数据分析和挖掘的工具产品相继出现，大数据技术生态逐渐形成。

（3）应用阶段（2012 年至今）。基础技术的成熟推动研究深入实际应用。从 2012 年开始，商业、医疗、金融、工业、交通等诸多领域开始涌现大数据应用的成功案例。此时，业务和效率的需求催生技术不断突破。基于内存的计算框架 Spark，突破了运算成本和速度的限制，解决了 MapReduce 迭代计算产生大量无谓消耗的问题；Storm、Flink 等流式计算引擎提供实时计算的能力，为分析的时效性需求提供了有力支撑。大数据迎来了全面兴盛的时期，形成了以 Hadoop 与 Spark 为核心的成熟生态体系，底层技术基本成熟，在数据接入、存储、调度、计算、分析等方面涌现一大批专门企业，成为支撑型的信息技术基础设施，如图 2-30 所示。

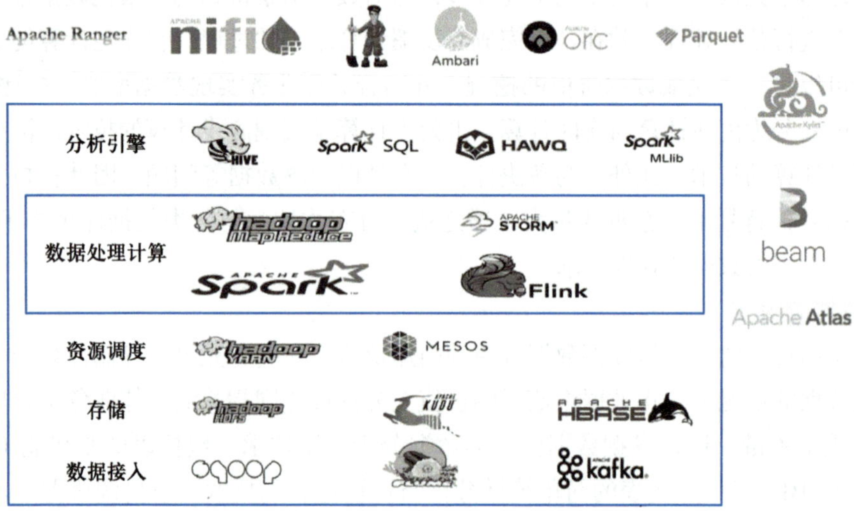

图 2-30 大数据软件生态图谱

随着大数据技术在各领域的持续应用，各方面的需求推动着大数据技术不断演进。在基础存算技术架构方面，对于更高的资源利用率的需求推动存算分离架构出现；在数据计算分析模型方面，越来越多的图结构数据处理分析需求推动着图分析技术产业进一步发展；在数据对外共享流通方面，数据对外流通的迫切需求和数据安全及隐私保护的底线催生隐私计算技术。大数据技术呈现出以下三个发展趋势。

（1）存算分离架构成为主流架构。大数据技术自诞生以来始终沿袭着基于 Hadoop 或者 MPP 的分布式框架，利用可扩展的特性通过资源的水平扩展来适应更大的数据量和更高的计算需求，并形成了具备存储计算处理分析等能力的完整平台。以往，为了应对网络速度不足、数据在各节点间交换时间较长的问题，大数据分布式框架设计采用存储与计算耦合，使数据在自身存储的节点上完成计算，以降低交互。存储与计算耦合无法独立扩展。存算分离的概念将存储和计算两个数据生命周期中的关键环节剥离开，形成两个独立的资源集合。当两类资源之一紧缺或富余时，只需对该类资源进行获取或回收，使用具备特定资源配比的专用节点进行弹性扩展或收缩，即可在资源需求差异化的场景中实现资源的合理配置。

（2）图分析成为数据分析新方向。以社交网络、用户行为、网页链接关系等为代表的数据，往往需要通过“图”的形态以最原始、最直观的方式展现其关联性。在图的形式下，自然而然地存在着连通性、中心度、社区关系等一系列内蕴的关联关系，这类依赖于对图结构本身进行挖掘分析的需求难以通过分类、聚类、回归和频繁模式挖掘等传统数据分析方法进行实现，需要能够对于图结构本身进行存储、计算、分析挖掘的技术合力完成。专注于图结构数据的图分析技术成为数据分析技术的新方向。通过组合使用图数据库、图计算引擎和知识图谱，使用者可以对图结构中实体点间存在的未知关系进行探索和发掘，充分获取其中蕴含的依赖图结构等的关联关系。

（3）隐私计算实现数据联合计算。在数据安全事件频发的形势下，如何在不同组织间进行安全可控的数据流通始终缺乏有效的技术保障。随着相关法律的逐步完善，数据的对外流通面临更加严格的规范限制，合规问题进一步对多个组织间的数据流通产生制约。基于隐私计算的数据流通技术成为实现数据联合计算的主要思路。作为旨在保护数据本身不对外泄露的前提下实现数据融合的一类信息技术，隐私计算为实现安全合规的数据流通带来了可能。

2.3.4 5G与移动互联网

1. 定义与原理

5G作为第五代移动通信系统，其性能目标是高数据速率、减少延迟、节省能源、降低成本、提高系统容量和大规模设备连接（图2-31）。5G网络大带宽的特性可以满足高清视频、虚拟现实等大数据量传输；高可靠、低时延的特性可满足自动驾驶、工业控制等对实时性要求高的应用场景；超大网络容量使得5G具备能提供千亿设备的连接能力。

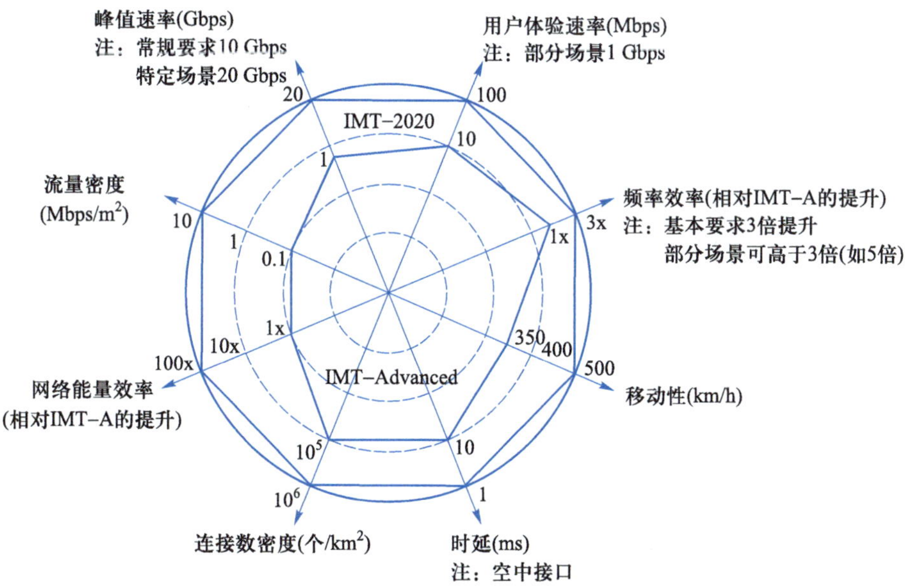

图2-31[①] 5G关键性能指标

① 图片来源：ITU。

移动互联网是用户使用手机、无线终端等设备通过移动通信网随时、随地访问互联网，以获取信息，使用商务、娱乐等各种网络服务。随着5G商用化的大规模部署，5G与移动互联网的结合，将赋予移动互联网更大的变革，推动移动互联网向万物互联的时代发展。

在3G、4G时代，移动互联网主要解决的是人与人之间的互联，是互联网在移动通信领域的延伸，而5G将实现人与物、物与物之间的全面互联，并将不断催生出应用以及模式的创新。可以预见，5G时代的开启必将为移动互联网的发展注入巨大能量（图2-32），移动互联网的应用领域将从消费领域向交通运输、工业制造、医疗健康等渗透，用丰富的服务内容与消费模式促进产业价值持续扩大。

图2-32 5G与移动互联网

2. 关键技术

移动互联网关键技术（图2-33）主要集中体现在网络通信技术、移动终端技术和应用服务技术这三方面。其中，5G作为最新一代移动通信技术，已经成为推动移动互联网新业态发展的关键技术之一。

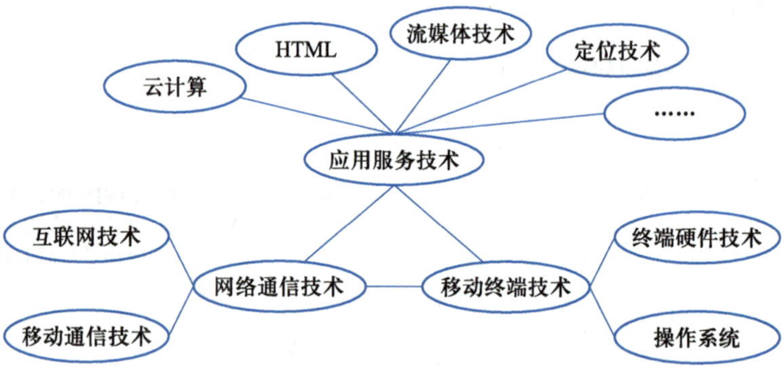

图2-33 移动互联网技术体系

1）5G技术

5G具有高速率、低时延、大容量等特征。3GPP为5G定义了增强移动带宽（eMBB）、海量机器类通信（mMTC）和高可靠低时延（URLLC）三个应用场景。

（1）eMBB主要面向3D、增强现实（augmented reality，AR）、虚拟现实（virtual reality，VR）、超高清视频等大流量移动带宽业务，为用户提供极高的数据传输速率。采用超密集组网、全频谱接入、大规模天线、新型多址等技术能够更有效地复用频率资源，极大提升单位面积内的频率复用效率，实现更高的传输速率。

（2）mMTC 主要面向大规模物联网业务，提供海量设备接入能力。采用新型多址技术可成倍提升系统的设备连接能力，还可通过免调度传输有效降低信令开销和终端功耗；新型多载波技术在灵活使用碎片频谱、支持窄带和小数据包、降低功耗与成本方面具有显著优势。

（3）URLLC 主要面向车联网、工业自动化等需要低时延、高可靠等业务。需采用更短的帧结构和更优化的信令流程，引入支持免调度和终端直通等技术以减少信令交互和数据中转，并运用更先进的调制编码和重传机制以提升传输可靠性。此外，在网络架构方面，控制云通过优化数据传输路径控制业务数据靠近转发云和接入云边缘，可有效降低网络传输时延。

2）移动终端技术

移动终端主要包括手机、平板计算机、可穿戴设备以及车载设备等新型终端形态。技术层面主要体现在硬件设备的基带芯片技术、处理器技术、传感器技术、人机交互技术等以及智能操作系统的开发技术。人工智能成为移动芯片性能升级的重要推动力。移动系统级芯片（system on chip，SoC）通过升级异构性能或集成专用计算加速单元，提升神经网络处理能力。操作系统仍然呈现出 Android 和 iOS 垄断的局面，操作系统的研发重点在系统性能优化和人工智能技术融合方面。微内核、快应用也为下一代移动操作系统发展提供新的路径。

3）应用服务技术

应用服务技术是指通过各种协议把应用提供给移动终端的技术统称，主要包括 HTML5、Widget、MASHUP、RSS、P2P 等。移动互联网的快速发展，改变了互联网以网页为核心的应用形态，催生出全新的应用服务体系。APP 成为移动互联网应用服务的主导形态，而基于超级应用平台的服务体系也在不断扩充，通过在应用内实现即时通信、邮件、支付、浏览功能的调用，进一步扩展其应用生态。同时，人工智能、虚拟现实、增强现实以及大数据分析等技术的发展，进一步促进了移动应用的创新。

3. 发展脉络和趋势

1996 年，国际电信联盟（international telecommunication union，ITU）启用了“国际移动通信系统（international mobile telecom munications，IMT）”的术语和概念，用以法定命名各代蜂窝移动通信技术。3G 系统被称为 IMT2000，4G 系统被称为 IMT-Advanced。2015 年 10 月，在瑞士日内瓦召开的 2015 年世界无线电通信大会上，国际电联无线电通信部门正式确定了 5G 的法定名称是“IMT-2020”。全球主要国家纷纷加快 5G 商用进程，并积极为无线宽带业务划分更多的频谱资源。我国移动通信技术起步虽然晚，但在 5G 的研发上已经处于世界领先地位，并在 5G 的国际标准化舞台上发挥重要作用。2019 年 11 月 1 日，三大运营商正式上线 5G 商用套餐，标志着我国已经进入 5G 时代。

移动互联网是伴随着移动网络通信基础设施的升级换代而发展的。2G 网络时代，受限于网速和手机智能化程度，移动互联网处在一个简单应用期。随着 3G 网络的大规模部署和智能手机的出现，初步解决了手机上网带宽的限制，移动智能终端丰富的应用软件也让移动上网的娱乐性得到提升。4G 网络的大规模部署将移动互联网发展推上了快车道，上网速度得到了大幅提高，移动应用场景也越发丰富，涵盖移动社交、移动购物、旅游出行、移动音乐、新闻资讯、金融理财、图像服务、手机游戏、移动视频和数字阅读等领域。移动互联网“精准、全量、个性、主动”的新型服务模式，改变了传统互联网思维，促进了移动互联网商业模式不断成熟与完善。全球移动通信系统协会（global system for mobile communications association，GSMA）发布的《移动互联网连接状况 2023》表明，2022 年底全球使用移动互联网的人口总数已有 46 亿，占总人口的 57%。

智能化是未来移动互联网的显著发展趋势，人工智能将从云、管、端三个方面变革移动互联网，带来技术架构、运营模式和服务效率的提升，加速移动应用创新变革。5G 与移动互联网的融合发展，将成为数字经济发展的核心驱动力。5G+4K、5G+VR/AR、5G+IoT 将全面促进移动互联网“内容 +”生态的成熟，带动移动互联网向更大规模的产业互联网发展。

2.3.5 网络与信息安全技术

1. 定义与原理

网络与信息安全技术是指保护网络系统中的硬件、软件及系统中的数据不因无意或者恶意的原因遭到破坏、更改或者泄露，使系统连续、可靠、正常运行，保障网络服务不中断的技术手段。通过采用网络与信息安全技术，可确保相关信息的保密性、完整性、可用性、可控性和可审查性。

网络与信息安全技术相关联的三大要素包括安全资产、安全威胁和安全措施，如图 2-34 所示。安全资产是安全技术保护的主体，包括基础信息通信技术资产以及云计算、工业互联网等新的信息通信技术形态。安全威胁是安全技术对抗的对象，包括恶意代码、拒绝服务攻击、病毒等由攻击行为诱发的外部威胁，以及由底层系统设计缺陷而引发的协议、软硬件的已知或未知漏洞等内生脆弱性。安全措施是安全技术应用的具象化形式，通过加强底层系统设计安全，并采用隔离、过滤、检测等附加的安全防御手段对抗攻击行为，提高信息系统安全水平。

2. 关键技术

1）身份鉴别技术

用户访问系统资源时应该具有合法性，而检测合法性的第一道关口即是验证用户身份是否真实有效，这就是身份鉴别。

身份鉴别的基本过程是用户首先声明自己的身份，并提供证明自己身份的依据，计算机系统对其进行鉴别。鉴别的依据通常分为三种类型：用户所知悉的某种信息（如密码、口令）、用户拥有的某种物品（如身份证、通行证、IC 卡）和用户所拥有的某种特征（如指纹、虹膜、人脸）等。在进行身份鉴别时，这些特征被计算机系统观察和记录，通过与系统中存储的特征相比较来进行鉴别。

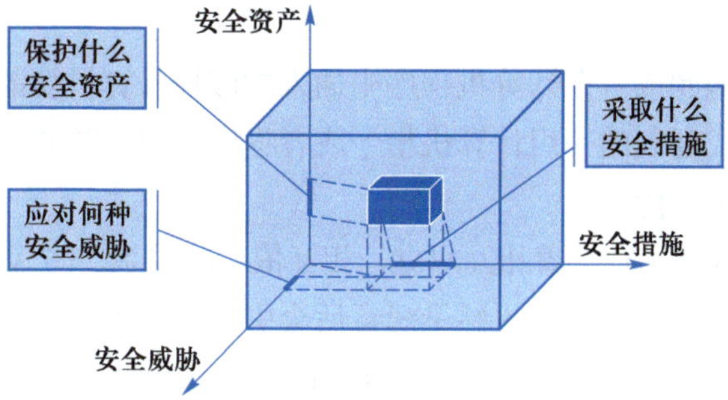

图 2–34 网络与信息安全技术关联要素

2）访问控制技术

访问控制技术是指保护系统资源不被非法访问的技术，如果说身份鉴别是网络安全的第一道防线，那么访问控制就是第二道防线。访问控制的过程分为两步：首先鉴别主体的合法身份，然后根据系统的访问控制规则授予用户相应的访问权限，如图 2–35 所示。

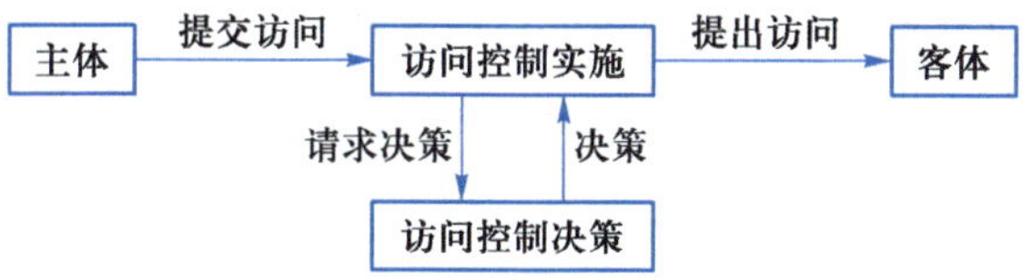

图 2–35 访问控制过程

3）密码技术

一般来说，密码技术是指通过对信息的变换或编码，将机密的敏感信息变换成难以读懂的乱码型信息，使信息截取者无法从截获的乱码中获得有意义的信息及伪造任何乱码型信息，加密通信基本模型如图 2–36 所示。使用密码技术可以保证信息的完整性，防止信息被篡改、伪造和假冒。

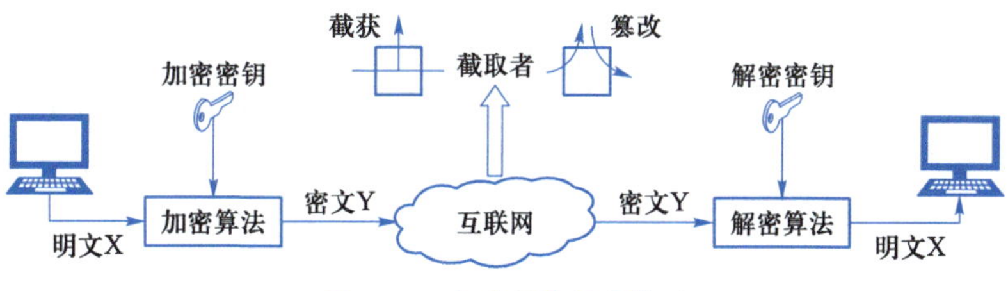

图 2–36 加密通信基本模型

根据密钥类型不同，现代密码技术一般分为对称加密技术和非对称加密技术两类。对称加密技术是指加密和解密使用同一个密钥的加密方式，即发送方使用密钥将明文加密成密文，然后发送出去，接收方收到密文后，使用同一个密钥将密文解密成明文读取，常见的对称加密算法有 DES、AES、3DES 等。非对称加密技术与对称加密技术不同，加密和解密分别使用不同的密钥：公开密钥和私有密钥，常见的非对称加密算法有 RSA、ECC、DSA 等。

4）防病毒技术

计算机病毒是指编制或者在计算机程序中插入的破坏计算机功能或者毁坏数据，影响计算机使用，并能自我复制的一组计算机指令或者程序代码，常通过邮件附件、Web 服务器、文件共享等方式进行传播。

病毒技术和防病毒技术存在着相互对立、相互依存的关系。防病毒技术可以分为检测、清除、预防和免疫四个方面。计算机感染病毒后会引起一系列变化，病毒检测技术以此为依据，用比较法、搜索法等方法发现异常。病毒的清除是指将染毒文件的病毒代码摘除，使之恢复为可正常运行的健全文件，可以手工消除，也可用专用软件杀毒。防病毒技术除了采取“事后补救”措施，还可以采取一些技术措施进行预防，如数据备份、权限控制、安装防病毒软件等措施。病毒免疫是根据病毒签名来实现的，有些病毒在感染其他程序时要先判断是否已被感染过，因此可人为地在健康程序中进行病毒签名，起到免疫效果。

5）数据包解析与过滤技术

深度数据包检测（deep packet inspection，DPI），又称完全数据包探测或信息萃取，是一种计算机网络数据包过滤技术。深度数据包检测技术可以通过对数据流量的识别来掌握网络中承载的数据内容，分析出用户的网络行为，同时根据链路状态及功能需求，对网络流量进行限速和控制等处理。

6）安全监测与态势感知技术

安全监测技术是将网络流量解析信息、系统日志、安全产品报警和日志等信息汇总并集中展示的技术，为安全运营团队提供整体网络安全状态的数据支撑。态势感知技术是在安全监测的基础上，结合威胁情报和自动化关联分析对当前和未来一段时间内的安全状态进行分析和预测的技术。安全运营团队根据安全监测和态势感知系统提供的信息持续进行安全管理和安全能力建设，发现漏洞并及时安装补丁程序以减少攻击面，及时发现网络安全事件并及时对其进行响应，从而降低安全事件对企业造成的影响。

3. 发展脉络和趋势

网络与信息安全技术主要经历了以下四个发展阶段：

（1）20 世纪中期前后的通信安全阶段。这一阶段的安全技术主要体现在通过密码技术解决电话、电报、传真等信息交换过程中存在的截获、监听和篡改等安全问题，技术难点主要聚焦在密码算法的强度。

（2）20 世纪 70 年代的计算机安全阶段。美国国家标准局公布《数据加密标准》，标志着信息安全由通信安全阶段进入计算机安全阶段。在这一时期的核心安全需求为确保信息系统的保密性、完整性和可用性，典型的技术措施为访问控制。

（3）20 世纪 90 年代的信息系统安全阶段。计算机和网络技术的应用进入了实用化和规模化阶段，拒绝服务、病毒破坏等网络安全攻击开始大规模涌现，人们开始使用防火墙、防病毒工具、公钥基础设施（public key infrastructure，PKI）、虚拟专用网络（virtual private network，VPN）等安全产品来抵御威胁。

（4）20 世纪 90 年代后期的信息安全保障阶段。这个阶段的安全威胁来源已从个人上升到犯罪组织甚至国家力量，人们开始意识到安全防御已不能仅仅依赖技术措施，需把信息安全从技术扩展到管理、从静态扩展到动态，多举措融合实现对信息、信息系统和业务使命的安全保障。

随着网络安全威胁的不断变化，传统的边界防护理念和技术手段已无法应对日益复杂和严峻的安全形势，网络与信息安全技术正逐步向智能化、集成化、主动化、按需化的方向发展。

（1）智能化。网络漏洞数量的快速递增与网络安全人员的短缺，激发了以机器代替人工开展自动化风险识别的需求。借助人工智能、大数据分析等新兴技术，将大大提高安全风险精确预警与准确处置水平。

（2）集成化。网络与信息安全技术逐步趋向集成化，涌现出杀毒软件与防火墙的集成、虚拟网与防火墙的集成、入侵检测系统与防火墙的集成，以及安全网关、主机安全防护系统、网络监控系统等技术的集成等一系列安全集成类技术产品。

（3）主动化。数字化发展为新型未知网络安全威胁的产生和蛰伏提供了新场景，网络与信息安全技术势必要通过不断地自我升级，才能有效应对复杂多变的网络安全威胁。

（4）按需化。按需化发展是网络与信息安全技术从全面到专精的必然产物。面向不同关键基础设施类型、不同业务应用性质、不同安全威胁表征等高度异构化的安全保障需求，亟需实现对不同安全等级、不同事件类别、不同应用场景安全事件的自动化防御和响应。

全球最大暗网是怎样被摧毁的

2.4 智能化技术

智能化技术即新一代人工智能技术。人工智能的概念提出于 20 世纪 50 年代，指的是让机器像人一样认知、思考和学习的一套理论、方法、技术及应用系统。由于基础技术和工程化技术发展相对缓慢，人工智能技术诞生后的 60 年里一直没有引发根本性的产业变革。直到由于基础算法的重大突破、计算能力的极大提高和互联网所引发的真正的大数据技术，人工智能技术开始实现战略性突破，进入了“新一代人工智能”时代。新一代人工智能技术是新一轮科技革命和产业变革的战略性技术，是新一轮科技革命和产业变革的重要驱动力量，具有溢出带动性很强的“头雁”效应和赋能作用，正在成为新型工业化的主要推动力。

2.4.1 从人工智能 1.0 到人工智能 2.0

1. 人工智能 1.0

1956 年，达特茅斯会议首次提出了人工智能（artificial intelligence，AI）概念，标志着人工智能作为一门正式学科的起点，人工智能开始进入了 1.0 时代，这一时期的人工智能是基于单个计算机的，用机器和算法对人的智能进行模拟，研究知识的获取、表示和使用。人工智能从1956年诞生至今，可大致分为五个阶段。一是人工智能概念的提出（1956—1974）。达特茅斯会议后，人工智能开启了第一个黄金时代，相继取得了一批令人瞩目的研究成果。研究学者甚至乐观地认为具有完全智能的机器将在20年内出现。二是计算能力受限导致的低潮期（1974—1980）。人们发现人工智能无法解决需要复杂计算的实际问题。三是专家系统的提出（1980—1987）。斯坦福大学的教授开发出世界上第一个专家系统程序，随后专家系统开始被全世界的公司所接纳，各国政府也纷纷加大人工智能领域的投入。同时神经网络沉寂多年之后，又有了新的进展，为人工智能2.0时代打下了第一块地基。四是专家系统后的低谷期（1987—1993）。专家系统应用领域狭窄、常识性知识缺乏、推理方法单一及成本高等不足逐渐显露，同时台式机性能不断提升，人们的关注点和投资开始转向个人计算机及互联网产业。五是算力和算法突破期（1993—2006）。在摩尔定律下，计算机运算处理能力不断突破，互联网技术尤其是神经网络技术的迅猛发展，促使人工智能技术进一步走向实用化，人工智能迎来第三次高潮。1997年，IMB的计算机DeepBlue战胜了国际象棋世界冠军卡斯帕罗夫。

人工智能1.0为2.0时代奠定了基础。总体来看，1.0时期的人工智能，主要是面向特定任务的专用人工智能系统，由需求明确、应用边界清晰、领域知识丰富、建模相对简单，形成了人工智能领域的单点突破。但由于这一时期计算机性能不足、数据缺失、算法不完善等限制，人工智能难以处理涉及推理、学习、思考、规划、设计等复杂问题的场景，与实际的生活、生产需求结合不紧密，导致很多人工智能产品无法成为直接使用的成熟应用，未能形成规模化商业浪潮。1.0时代是人工智能的探索期，虽然未得到规模化的普及应用，但这一时期奠定了基本的理论与算法基础，部分方法至今仍然具备较强的生命力，甚至成为核心技术之一，为人工智能2.0时代的到来奠定了基础。

2. 人工智能2.0

1）人工智能2.0的发展脉络

互联网、移动终端、传感器的普及使人类掌握的数据有了爆发式的增长。与此同时，随着信息技术的不断创新发展，计算能力也有了极大提高。二者与其他先进技术交织融合，推动人工智能1.0不断发展演变，向人工智能2.0迈进。人工智能2.0的发展分为三个阶段。

（1）理论创新期（2006—2008）。2006年，欣顿（G. Hinton）教授一年之内连续发表三篇关于深度学习的重磅论文，其中以在*Science*上刊发的论文“Reducing the Dimensionality of Data with Neural Networks”最具有代表性，文章提出了“深度学习”算法，证明了基于数据驱动建模分析的方法是完全可行的，也是因为这篇文章，大家的关注目光重新回到了神经网络这一技术路径，深度学习开始改变整个人工智能理论的格局，驱动人工智能向2.0阶段迈进。

（2）学术验证期（2008—2015）。谷歌研究院和微软研究院的研究者先后将深度学习应用到语音识别的研究，使错误率下降了20%～30%。比较著名的是在2012年的全球ImageNet大规模视觉识别挑战赛中，欣顿教授及其学生利用深度学习模型以碾压第二名的成绩一举夺得大赛冠军（第一名的错误率为15.3%，第二名的为26.2%），引起了视觉领域的巨大轰动。其后的 ImageNet 大赛中，深度学习成了绝大多数选手的“通用法宝”，模型结构与方法也在不断进步。一系列的验证型成果使部分人们意识到人工智能 2.0 时代的来临。

（3）渗透赋能期（2015—2022）。人工智能 2.0 以 2016 年 AlphaGO 战胜世界围棋冠军李世石为代表迎来高潮，真正使全世界的人意识到了变革时代的到来。在战胜李世石之后，AlphaGO 一路披荆斩棘、所向无敌：接连迎战中、日、韩数十位围棋高手，连续 60 局无一败绩。谷歌也不断推出语音助手 Assistant 等实用性成果，能凭借精准的语音识别能力辅助人们进行各种操作，还能通过学习不断提升聊天技巧。人工智能 2.0 真正由理论、实验初步走向实用，开始变革人们的生产、生活。

（4）通用智能突破期（2022 年至今）。2022 年 11 月 30 日，OpenAI 公司发布了名为 ChatGPT 的聊天机器人程序，它具备根据上下文进行互动的能力，引发了智能领域的广泛讨论。截至 2023 年 1 月末，ChatGPT 月活用户突破 1 亿，成为史上增长最快的消费者应用。2023 年 3 月 15 日，OpenAI 正式推出 GPT-4，赋予了 ChatGPT 更强的交互能力。一时间，大模型相关重大创新成果如雨后春笋般涌现：2023 年 7 月，Meta 公司推出大语言模型 LLaMA 2，被称为“GPT-4 最强平替”；谷歌 Deepmind 分别于 2023 年 3 月、7 月和 10 月推出 PaLM-E、RT-2、RT-X 等用于机器人的大模型，还尝试利用大模型解决了困扰人类 60 年的数学难题；2024 年 2 月，OpenAI 发布文生视频大模型 Sora，在视觉领域实现了与大语言模型类似的突破。大模型已成为迈向通用人工智能的里程碑技术，正式揭开通用智能时代序幕。

总体来看，人工智能 2.0 仅具有十余年的发展史，还处于相对早期的阶段，无论是基础理论、技术验证、应用探索都仍在不断发展和创新演进，并具有极大的发展空间。伴随着理论技术、应用技术、工程条件的逐步提升，未来人工智能 2.0 将推动实现整个智能化水平的跃升。

2）我国人工智能技术发展的现状

我国人工智能总体已步入全球第一梯队。我国人工智能技术产业发展迅速，在数据、芯片、算法技术（基础算法 + 应用技术）、软件框架等领域均取得了较大进步。

（1）在数据、应用技术领域具有极强的竞争优势。数据方面，我国网民规模居全球第一，拥有庞大的数据量以及丰富的使用环境。互联网数据中心（internet data center，IDC）最新发布的报告显示，我国数据规模将从 2022 年的 23.88 ZB 增长至 2027 年的 76.6 ZB，年均复合增长率将达 26.3%。计算机视觉、语音识别等应用技术研究国际领先，比如计算机视觉中的人脸识别领域，我国算法模型识别率接近 99%，受到了美国相关工业标准的研究技术学院的肯定。语音识别领域，科大讯飞、搜狗等企业识别准确率均在 97% 以上。

（2）基础算法研究质量稳中有升。我国人工智能专利论文产出总量不断增长，2018—2022 年全球人工智能领域专利申请量达 115 万件，其中我国专利申请量约为 64.85 万件，占比超过 56%，排名第一；在论文数量上，全球人工智能相关论文数量从 2012 年的约 2.5 万篇增加到 2022 年的约 5 万篇，其中中国论文数量占比近 32%，同样位居全球第一。但仍然需要意识到，在重大原创性和理论突破方面，我国与美国的差距仍然较大。

（3）芯片与软件框架领域虽相对薄弱，但已在部分环节具有领先成果。通用训练芯片方面，美国英伟达的 GPU 始终占据统治地位，尤其大模型技术迅速崛起对算力的需求呈指数级增长，以 ChatGPT 为例，微软投资近 10 亿美元建造一台配备了数万个英伟达 GPU 的大型超级计算机供其训练；推理芯片方面群雄并起，我国互联网及科技创新企业纷纷展开布局，在智能手机、无人驾驶、计算机视觉、VR 设备等垂直领域有了长足的发展，如寒武纪、地平线和深鉴科技等中国芯片厂商都在终端人工智能芯片的商用上取得一定成绩。AI 框架方面，谷歌的 TensorFlow 成为全球最受欢迎的 AI 框架。我国虽布局较晚，但百度、华为等一批互联网公司相继推出 PaddlePaddle、MindSpore 等产品，已经具备一定的竞争优势。同时，大模型技术使分布式学习框架需求急剧增长，英伟达的 Megatron-LM、微软的 DeepSpeed 是较主流的大模型学习框架，我国大模型厂商基本以自研学习框架的方式进行开发，已具备较高的国产化水平。

2.4.2 大数据智能

1. 发展概况

大数据智能是指通过人工智能手段对大数据进行深入分析，以探究其中隐含的模式和规律的智能形式，发掘从大数据提取知识，进而从大数据得到决策的理论方法和支撑技术。大数据智能是行业大数据和人工智能技术融合产物。

从数据量的维度来看，传统人工智能方法都是基于小数据的，即算法仅能针对一定量的数据进行建模与分析，过多的数据量反而会导致建模效果下降。随着互联网、传感网、大数据的交叉融合与快速发展，使前所未有的海量数据呈现在人们面前，而机器学习算法的演进使系统具备了从海量数据中进行学习的能力。人工智能 2.0 时代的突出特点就是能够从大数据出发，提供从文本、图像和视频等数据中学习规则、关系和知识的能力，洞悉海量数据中隐藏的规律和模式，助力决策者做出精准判断（图 2-37）。

大数据智能技术的研究与应用发展在我国受到了广泛关注，相关产品研发、行业应用不断取得新成就，大数据智能技术发展形势整体向好。大数据智能技术仍然处于快速发展的阶段，与美国为代表的技术强国相比，我国依靠巨大的数据红利与应用需求在多个行业领域深度渗透、广泛普及，但在关键基础技术的研究中，与美国仍有一定差距。相信随着我国的不断努力，这些差距必将逐步缩小。

2. 关键技术

以深度学习为代表的前沿机器学习算法是大数据智能的核心技术，并随着技术的不断发展，逐步形成了“一主两从”的技术脉络，分别是以深度学习为核心主线的算法技术（含大模型）、以迁移学习和强化学习为代表的新型学习方式和以生成式对抗网络为代表的新型功能技术。深度学习作为技术主轴，能与其他几类新老机器学习技术融合产生新的作用，发挥对海量数据的挖掘利用能力。

1）深度学习

深度学习（deep learning，DL）是机器学习的分支，是一种以人工神经网络为架构，对数据进行表征学习的算法。它通过人为构建一个复杂的多层计算网络，再结合尽可能多的训练数据和超强的计算能力，不断调节网络中成百上千个参数，来尽可能逼近问题目标（图 2-38）。已有数种深度学习算法框架，（如深度神经网络、卷积神经网络、深度置信网络和循环神经网络）已被应用在计算机视觉、语音识别、自然语言处理、音频识别与生物信息学等领域并获取了极好的效果。硬件的进步也是深度学习重新获得重大发展的基础，高性能图形处理器的出现使得机器学习算法的运行时间得到了显著的缩短。

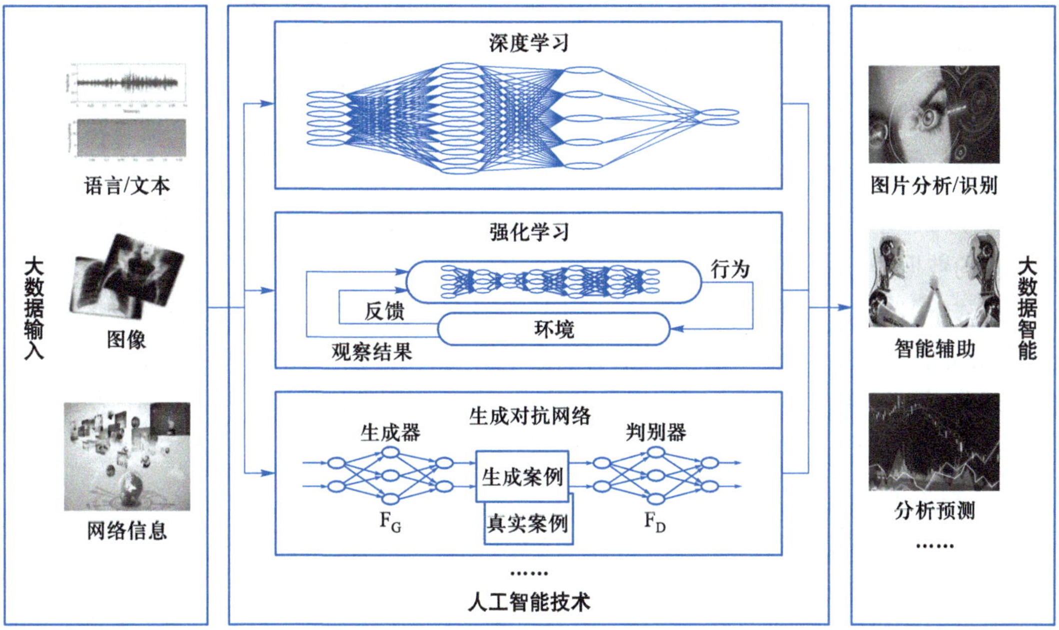

图 2-37　大数据智能

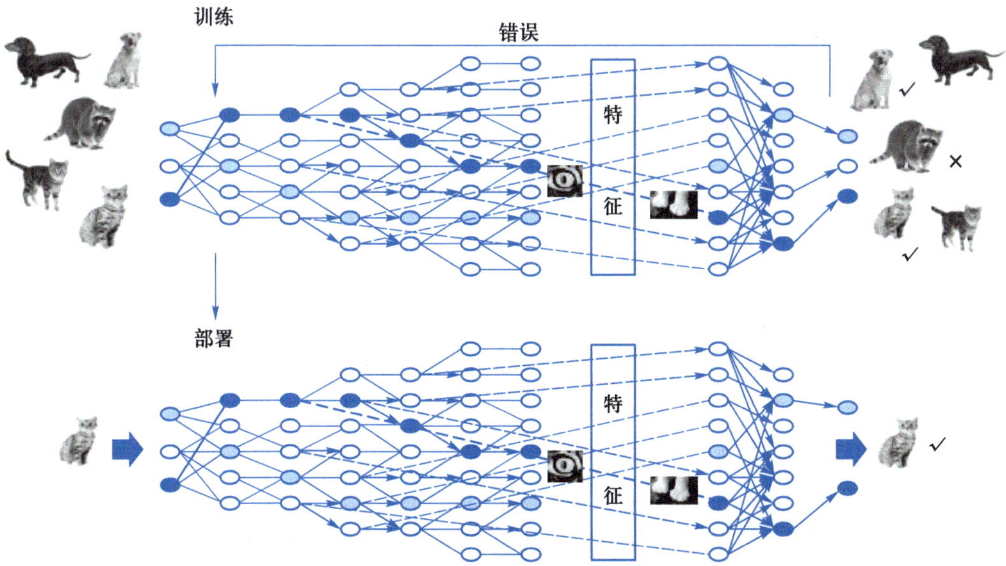

图 2-38　深度神经网络图像处理示意图

深度学习技术已经在数据预测、图像识别、文档处理等领域取得显著进展。如在交通领域，基于大量交通数据开发的大数据智能应用可以实现对整体交通网络进行智能控制；在新零售领域通过深度学习的大数据智能，提升人脸识别的准确率并实现了“刷脸支付”；在健康领域，通过大数据和深度学习结合，能够提供医疗影像分析、辅助诊疗、医疗机器人等更便捷、更智能的医疗服务。

2）迁移学习

迁移学习（transfer learning，TL）是机器学习中的重点研究领域，着重于将解决一个问题时获得的知识应用于另一个不同但相关的问题。例如，将识别轿车时获得的知识运用于识别卡车。具体而言，迁移学习通常先在一个基础数据集和基础任务上训练一个基础模型（轿车识别），然后将模型迁移到第二个目标任务（卡车）中并微调参数，降低模型开发的工作量。总体来看，迁移学习基本分为四类：基于实例的深度迁移学习、基于映射的深度迁移学习、基于网络的深度迁移学习和基于对抗的深度迁移学习。不同的方法适用于不同特点的数据类型和问题。

迁移学习已有一定的实践成果，如百度“凤巢”广告营销系统利用迁移学习将搜索算法应用到问答社区“百度知道”，使后者点击率提升了 40%；腾讯将大规模在线电商推荐任务迁移到新领域，大大减少了数据需求量；微软也利用迁移学习分析了电商产品的舆情取向。可以说，两个不同领域共享的因素越多，迁移学习就越容易。

3）强化学习

强化学习（reinforcement learning，RL）是机器学习中的一个领域，强调如何基于环境而行动，以取得最大化的预期利益。强化学习的基本思想是通过试错与环境交互获得策略的改进，从而实现预期目标。强化学习与深度学习最大的不同，就是前者不需要大量的“数据喂养”，而是通过自学习和在线学习获得智能，也正是这些特点使其成为大数据智能与机器学习研究的一个重要分支。

强化学习大多与深度学习结合共同发挥作用，在游戏领域、控制领域等已经有了许多骄人的成绩。比如 AlphaGo Zero 从空白状态学起，在无任何人类输入的条件下，仅花了 40 天就击败了自己的前辈 AlphaGo；同样基于深度强化学习，AlphaStar 在《星际争霸 2》中以 10∶1 击败了人类顶级职业玩家；日本发那科公司将强化学习应用到机械臂上，使其自主训练若干小时便能达到操作工人的抓取水平。

4）生成式对抗网络

生成式对抗网络（generative adversarial networks，GAN）是一种深度学习模型，通过让两个神经网络相互对抗与博弈的方式进行学习。生成式对抗网络由两个重要的构成，一是生成模型：通过机器生成数据，大部分情况下是图像，目的是欺骗判别器；二是判别模型：判断这张图像是真实的还是机器生成的，目的是找出生成器做的假数据。为了能在博弈中胜出，两个模型需不断提高自身的生成能力和判别能力。

生成式对抗网络常用于生成以假乱真的逼真图像、视频、数据、音乐等。此外，该方法还可用于提升图像分辨率、修复缺失图像、迁移图片风格等，例如生成式对抗网络普遍应用于黑白电影或照片上色、识别新的药物分子结构或筛选新合成材料的特性。

5）大模型技术

大模型也称基础模型，是指具有大规模参数和复杂计算结构的深度学习模型。大模型的“大”主要指模型结构容量大，结构中的参数多（数亿甚至数千亿以上参数），以及用于预训练大模型的数据量大。简言之，人工智能大模型是“大数据 + 大算力 + 强算法”的综合体。大模型主要通过不断学习和积累经验变得更加聪明，在训练过程中依靠各种文章、图片、视频等大量基础数据，随后通过不断地优化和调整参数，逐渐提高自己的功能。最后，训练好的大模型便可以用来完成各种任务。

2022 年底 ChatGPT 的发布，使大模型成为全球关注的焦点。当前，大语言模型、视觉大模型、多模态大模型等百花齐放，并展现出巨大的应用潜力：视觉领域，大模型具备更强大的面部识别、物体检测和图像生成等能力，在安防监控、自动驾驶汽车和增强现实等场景具有重要价值；医疗健康领域，可以用来分析医学影像来辅助诊断疾病，或通过分析大规模医疗数据来预测疾病的发展；金融领域，可用于信用评分、风险管理、欺诈检测和算法交易，大模型还能够基于大量数据预测市场趋势和识别潜在的金融风险；娱乐领域，可用于生成音乐、艺术作品和电影特效，也可以创建个性化的内容推荐系统，提高用户体验。

2.4.3 跨媒体智能

1. 发展概况

跨媒体智能是通过视听感知、机器学习和语言计算等理论和方法，构建出实体世界的统一语义表达，通过跨媒体分析和推理把数据转换为智能，从而成为各类信息系统实现智能化的使能器。

大脑通过视觉、听觉、语言等感知通道获得对世界的统一感知，这是人类智能的源头。随着多媒体和网络技术的迅猛发展，除结构化的数据以外，海量的非结构化数据如图像、视频、文本等快速增长，占到 90% 以上的比例。跨媒体智能就是要借鉴生物感知背后的信号及信息表达和处理机理，对外部世界蕴含的复杂结构进行高效表达和理解，从视、听、语言等感知通道把外部世界转换为内部模型的过程出发，实现智能感知、识别、分析、检索和推理等。同时，构造模拟和超越生物感知的智能芯片和系统，如图 2-39 所示。

我国在跨媒体智能领域拥有良好的发展基础，计算机视觉、语音识别、基于视觉和语音的生物特征识别等单一媒体的分类识别及部分多媒体类技术研究处于世界领先水平，在智能医疗、公共服务、网络安全、智能城市等领域，形成了智能诊断、身份识别、行人追踪、嫌犯排查等一系列基础应用场景。但在知识图谱与知识工程，尤其是类脑芯片和硬件支持等方面尚存短板，是下一阶段的发展重点。

2. 关键技术

人工智能 2.0 时代，跨媒体智能面临语义鸿沟和异构鸿沟的问题，需要结合感知计算与知识驱动，通过感知计算的方法，挖掘生物信号、感知信息潜在的模式与规律；通过知识驱动的跨媒体协同推理，降低跨媒体认知决策的不确定性。跨媒体智能主要包含两大技

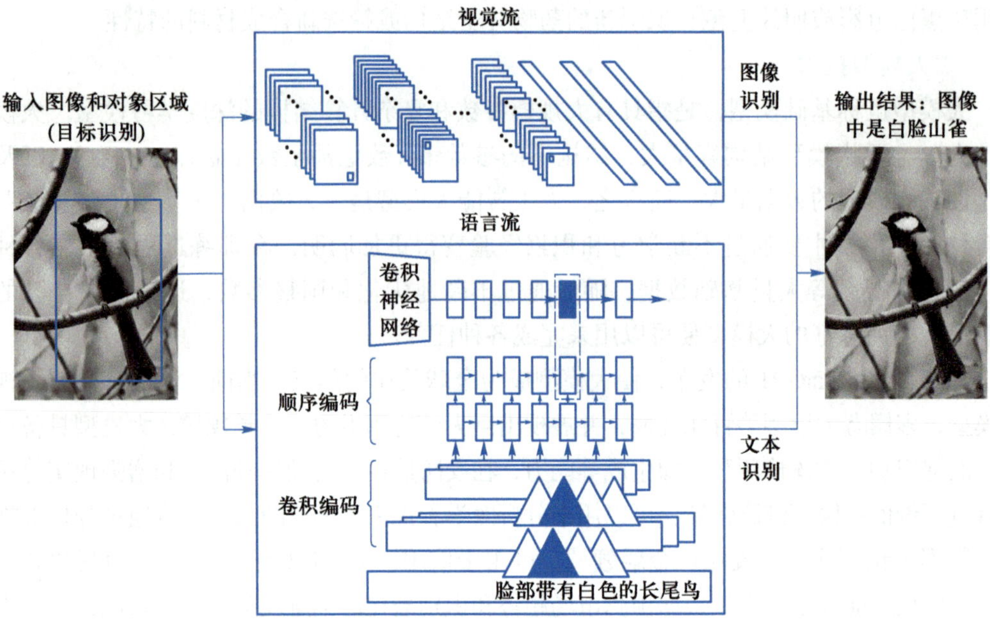

图 2-39 图像与文本的跨媒体识别

术方向：① 基于单一媒体与多媒体类别的分析、显示及应用，以计算机视觉、语音识别、AR/VR 为代表的感知与显示技术性能得到了极大的提升与应用，并能够实现文本图像、语言文字、语言图像等相互融合的分析、转化和检索；② 以知识图谱为代表的知识工程快速发展，正尝试建立完备的常识库与常识推理引擎，为建立物理实体世界的统一语义表达不断奠定基础。

1）计算机视觉

计算机视觉的目标是让计算机拥有类似人类提取、处理、理解和分析图像以及视频的能力，主要包括图像分类、目标检测、图像生成、视频分类、场景文字识别、图像语义分割等细分技术领域。得益于深度学习强大的建模分析能力，计算机视觉各细分技术领域的底层技术边界逐渐模糊，应用效果得到了极大提升。例如，人脸识别的准确率已超过 98%，早已超越人类能力，基本达到了机器的极限水平。

计算机视觉是人工智能体系中应用最为成熟、广泛的技术，已在人脸识别、智能安防、工业检测等场景广泛应用。例如，工业检测过程采用 2D/3D 双视觉定位技术，辅以智能纠偏算法，解决由于振动、光线等原因造成的视觉定位零点漂移问题。未来还将助力无人驾驶、智能医疗、VR/AR 等应用加速落地。

2）语音识别

语音识别的目的是将语音信号转变为文本字符或者命令，利用计算机理解讲话人的语义内容，使其“听懂”人类的语音，包括语音识别、语音合成、机器翻译、对话系统、唇语识别等细分技术领域。具体来说，语音识别、语音合成和机器翻译都取得了极大的进步，例如中文识别的准确率已达到 98%，超过了人类水平；而对话系统只能基于深度学习实现浅层的理解；对于唇语识别等需要与视觉结合的技术，与发言者的语速、是否标准等密切相关，准确率基本为 60%～80%，尚不能商业化使用。

随着算法技术的不断突破，语音识别已经应用于语音识别听写器、语音寻呼和答疑平台、自主广告平台、智能客服等领域。虽然短期内无法实现像人一样的语音识别系统，但是未来 5～10 年内必然会有更多功能更强大的语音识别产品出现，改变人们的生活。

3）AR/VR

AR/VR 是借助各种计算机技术为用户提供关于视觉等感官模拟的技术，可以满足用户在身临其境等方面的体验需求，进而促进信息消费与传统行业的创新融合。其中，AR 是增强现实技术，即将现实世界与虚拟世界相互结合的技术，呈现的场景有真有假，更强调虚拟信息与现实环境的“无缝”融合；VR 是虚拟现实技术，呈现完全虚拟的场景，它相比 AR 更注重封闭的沉浸感，画质要求更高。VR 与 AR 的关键技术大致相同，主要有近眼显示、感知交互、渲染处理、网络传输和内容制作等。与语音、视觉识别等技术结合，能够使 AR/VR 生成的虚拟对象更具真实性，有效提升应用性能与产品体验。

基于 AR/VR 的人工智能应用正在加速向生产与生活领域渗透。例如，在工业领域，通过引入 AR 技术，可实时指导操作工进行设备的维修、检查、校准测量、现场加工、调试等作业，提高效率降低成本；在医疗领域，一种名为“ AI+VR 精神疾病检测盒”的产品可以助诊抑郁症，普通人无需去医院即可就诊；在教育领域，国外有学校利用 AI+VR 技术打造沉浸式的立体化学习体验，帮助学生快速学习外语。

4）知识图谱

知识图谱以结构化的形式描述客观世界中概念、实体及其关系，本质上是一种语义网络。例如，在一个社交网络图谱中可以有不同的人与公司，人和人之间的关系可以是“朋友”也可以是“同事”，人和公司之间则可以是“现任职”或者“曾任职”的关系。实际应用过程中，通过将数据从数据库、网页等不同渠道抽取出来，确定不同对象间的关系，构建形成图谱，存储到计算机中，最后根据定义的问题对图谱进行检索或推理，如图 2-40 所示。

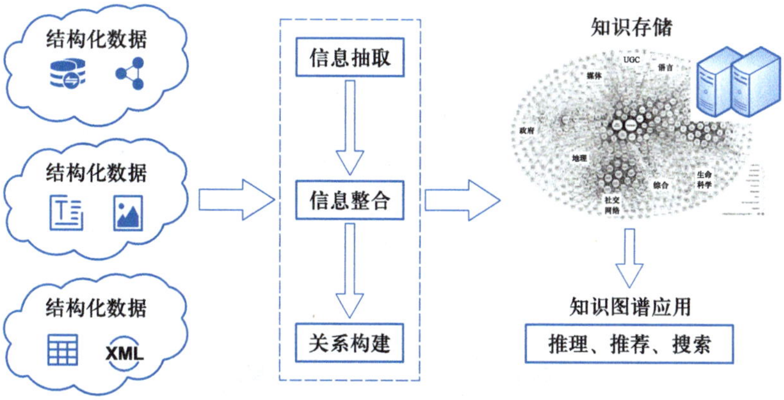

图 2-40　知识图谱的构建与使用

知识图谱分为两类。一类是通用的大规模知识图谱，注重广度，通常基于公开的数据汇集常识性知识。例如，谷歌知识图谱已经包含了千亿对象，能够提供非常便捷的搜索。另一类是面向具体行业或领域的知识图谱，需要依靠特定行业如工业、商业、金融、电信等行业的数据来构建，主要用于商业智能和智能服务等场景。例如，美团通过构建大规模的餐饮、娱乐、知识图谱——美团大脑，充分挖掘客户喜好，实现智能搜索推荐、智能商户运营等。

2.4.4 群体智能

1. 发展概况

群体智能是一种共享的或者群体的智能，它是由一组自由个体遵循简单行为规则、通过个体间的局部通信以及个体与环境间的交互作用而涌现出来的集体智能行为的自组织特性，是对现实世界中的群居性生物或人工群体所呈现出的有序群行为的抽象。面对开放环境下的复杂系统任务时，群体智能涌现出来的智能超越个体智能。

群体智能源于人们对自然界中存在的群集行为的研究，如大雁在飞行时自动排成人字形、蝙蝠在洞穴中快速飞行却可以互不碰撞等。群体中的每个个体都遵守一定的行为准则，当它们按照这些准则相互作用时就会表现出上述的复杂行为。基于这一思想，雷诺兹（Craig Reynolds）在 1986 年提出一个仿真生物群体行为的模型 BOID。1999 年，伯纳博（E. Bonabeau）和多里戈（M.Dorigo）等人编写的一本专著《群体智能：从自然到人工系统》正式提出群体智能概念。

早期学者专注于群体行为特征规律上的研究，并针对这些行为特征提出一系列具备群体智能特征的基础算法，如蚁群优化算法、粒子群优化算法。在物联网、移动互联网的快速发展、新型算法、大数据的深层驱动下，人工智能不再是机器单纯模仿一个人的智能，而是基于网络连接起许多机器和人，成为群体智能，并将针对群体生物行为模型的研究转为针对人群、机群等智能的探索。

群体智能已初步融入人们的生产生活中，如智能制造机器人协同、无人机群体控制、智能家居、可移动智能穿戴设备等。如图 2-41 所示，工厂中自动导向车（AGV）利用群体

AGV 双车联动

图 2-41 工业 AGV 群体协同作业

智能协同工作。但群体智能的理论、技术、平台等方面的研究仍处于极为初级的阶段，世界各国均在积极进行技术方向的探索与突破，相信未来随着技术的不断发展与成熟，将会在智能交通、智能制造、城市安防、突发灾害抢险救援等方面有着更加广泛的应用前景。

2. 关键技术

群体智能形成了三大技术路线：① 以群体智能感知计算为代表的新型数据信息收集方式，能够快速有效地扩展数据信息；② 以联邦学习为代表的安全数据共享方式，打破数据孤岛，保护用户数据的隐私；③ 以众包计算为代表的聚众智慧研发方式，极大地提高了项目研发的创新能力，保障了数据预测能力的可靠性。

1）群体智能感知计算

群体智能感知计算是利用物联网、移动互联网、移动设备和群体智能等技术实现的一种新型获取数据信息的方式，其具体是在基于移动互联网的组织结构和大量用户群体的驱动下，以每个用户的移动设备为感知单元实现对感知任务的分发和数据的收集。这种新型的数据感知获取方式相比传统方式更适宜应对数据需求灵活度高、规模大的场景，且随着移动设备的普及，感知网络的规模扩大到一个新的高度，不仅可在人群参与感知中获得数据信息，还可通过社交网络等应用程序获知用户的上下文感知数据，如位置信息、健康数据、天气状况等。

基于群体智能感知计算，在公共安全和军事方面，提出利用移动感知实现高效目标追踪定位的方法；在人群管理方面，对人群行为和情感进行监测研究，用于商业客户分析。群体智能感知计算的优点是数据来源及其分布具有覆盖面广、随机性强的特点，可应对大规模数据需求问题，但同时数据参差质量不齐和数据结构复杂多样给计算带来困难，用户的安全隐私问题也备受关注。

2）联邦学习

用户数据泄露事件的频发引起了公众的恐慌，随即数据隐私安全受到国内外的高度重视；同时由于商业机密性、竞争性导致无法进行数据共享，因此出现数据孤岛的问题。这两大问题对由大数据驱动的群体智能带来了极大挑战。为解决以上问题，2016 年谷歌提出联邦学习的概念，即对分布于多方设备的数据集，在确保数据隐私和安全的情况下进行联合建模。联邦学习在保证用户数据的安全和隐私性、提高用户参与积极性的同时，为打破数据壁垒、解决数据孤岛问题提供了新方法，为数据安全隐私提供了保障，在大数据驱动的时代具有重大的意义。

联邦学习对于群体智能的发展也有重要的影响，在医疗、金融、通信、人工智能、机器学习、边缘计算等方面都有相关应用。

3）众包计算

众包计算是群体智能的重要分支领域和支撑技术，包括两方面：① 通过将基于互联网的群体充当计算的组成部分，完成包括数据收集、语义注释，甚至分布式训练模型等在内的工作，帮助企业快速构建数据集与算法模型，具有速度更快、质量更高、保密性强等优势；② 基于互联网群体，通过人工智能技术对群体行为进行训练，以增强已有模型的性能。

众包计算已被应用于数据集构建、智能家居、自动驾驶等领域。例如，ImageNet 就是利用众包计算方式迅速完成了 1 400 多万幅图片的标注。在智能家居领域，通过对家居的指定唤醒词语音收集、数字串朗读等语音质量打分，系统根据反馈信息定时优化模型。在自动驾驶领域，通过对上千万车辆群体采集道路信息，反馈给数据平台实现地图的实时更新。

2.4.5 混合增强智能

1. 发展概况

混合增强智能是指将人的作用或人的认知模型引入人工智能系统，在智能系统的运行过程中，能通过人主动的介入，调整相应参数，或者直接具备像人脑一样的认知计算和推理能力，形成更强的智能形态。

人类是机器智能的最终使用者，任何机器智能都无法取代人类智能。人类智能与机器智能的协同是贯穿始终的，人类对机器的干预同样贯穿于人工智能发展始终。在大数据智能不断取得重大进展的今天，即使能为智能系统提供充足的数据资源，也必须由人类对智能系统进行干预。将人的作用或认知模型引入人工智能系统中形成混合智能形态，将极大地增强机器智能，是人工智能发展可行而且重要的成长模式，如图 2-42 所示。

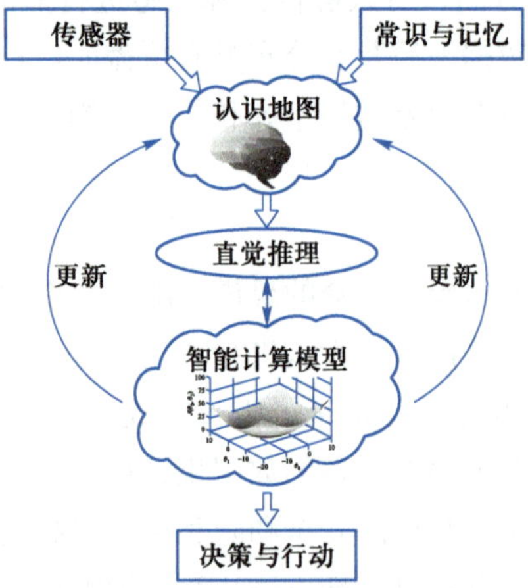

装配过程
人机协作
应用演示

图 2-42 混合增强智能

混合增强智能仍处于早期的研究阶段，但未来有望在智能学习、医疗与保健、企业生产、商业活动、人机共驾和云机器人等领域得到广泛应用，并将带来颠覆性变革。例如，在工业装配环节，通过力学和视觉技术让工人有身临其境的作业感觉，实现装配人机协同；在风险管理与决策中，基于混合增强智能形态，创造一个动态的人机交互环境，将极大地提高现代企业的风险管理能力、价值创造能力和竞争优势；在教育领域，学生通过与混合增强智能系统的交互，形成一种新的智能学习方式，系统可以根据学生的知识结构、智力水平、知识掌握程度，对学生进行个性化的教学和辅导。

2. 关键技术

混合增强智能存在三大技术路径：① 以人机接口为代表的人机交互，将人的作用引入智能系统中，形成人在回路的混合智能范式；② 在人工智能系统中引入受生物启发的智能计算模型，构建基于认知计算的混合增强智能；③ 通过建立与实际系统“等价”的人工系统来研究对复杂系统的控制与管理，即平行控制与管理技术。

1）人机交互

人机交互主要研究人和计算机之间的信息交换，是混合增强智能重要的支撑技术。传统人机之间的信息交换主要依靠交互设备（如键盘、鼠标、操纵杆等），以手工输入或语音交互的形式进行。新型人机交互技术以脑机接口最具代表性，即用意念控制机器。按电极所处的位置来划分，可以分为植入型脑机接口和非植入型脑机接口。植入型脑机接口需要通过手术将信号采集探针放入颅内，从而采集脑电信号。非植入型脑机接口是直接采集头皮脑电，其所带的信息比植入式所采集到的脑电信号所带的信息量要少，分辨率也更低，但因为是无创性的，便捷性和安全性高。

脑机接口是多学科融合的新型人机结合技术，在医疗、工业、教育、科技、生活和国防上都有重要的应用前景。例如，在医学领域，它能够帮助医生进行诊断，可以通过脑机接口系统实时监测病人状态，还可以帮助丧失行动能力的人进行正常的生活；在国防军事领域，“感知操控”“代理战士”等概念陆续提出，人机结合的武器无疑是重点研究方向；在娱乐领域，脑控游戏将会引发游戏界的下一次革命性变革。

2）认知计算

认知计算是一种全新的计算模式与架构，相较于传统计算技术，它具有更加自然的人机交互能力、不完全依赖于计算机指令的自主学习的能力、以数据为中心的新型计算模型等。认知计算强调能够与人类更加自然地展开互动，而不是按照程序运行，具有学习的能力并且能够越用越“聪明”。认知计算系统具备四个层次的能力：① 辅助能力，在认知计算系统的帮助下，人类的工作可以更加高效；② 理解能力，其非凡的观察和理解能力可以帮助人类在纷繁的信息中发现内在的关联和涌现的趋势；③ 决策能力，认知计算系统在有效数据分析的支持下帮助人类做出决策；④ 发现和洞察的能力，帮助人类发现当今计算技术无法发现的新洞察、新机遇及新价值。

IBM 的沃森系统被认为是初步具备一定认知计算能力的典型代表，已经应用于医疗、金融和客户服务等领域，以其更加智能、精准的大数据分析能力，减少误诊，提升客户体验。

3）平行控制与管理

平行控制与管理系统是指基于 ACP［人工系统（artificial systems）+ 计算实验（computational experiments）+ 平行执行（parallel execution）］方法，以社会物理信息系统等复杂系统为对象，在对已有事实认识的基础上，通过先进计算，借助人工系统对复杂系统进行“实验”，进而对其行为进行分析，实现虚实互动的、比现实系统更优的运行系统。即通过人为设计实验，建立一个与实际对象或系统“等价”的人工模型，并构建人工系统和实际系统组成的双闭环反馈，使两者协同发展，从而实现对已发生及可能发生的事件进行试验和计算，为真实复杂对象的管理与决策提供计算验证支持。

基于 ACP 方法、平行控制与管理的研究成果，已在智能交通、企业管理、石化生产和农业生产等领域开展了一系列应用实践，证明了平行控制与管理方法对兼有工程复杂性和社会复杂性的复杂系统行为分析和管控的有效性。

2.4.6 人工智能大模型

1. 发展概况

大模型并不是近两年才兴起的新概念，从其早期探索来看已有十年历程，共历经两个时期。

（1）探索积累时期（2013—2019）。2013 年，自然语言处理模型 Word2Vec 诞生，首次提出将单词转换为向量的“词向量模型”，以便计算机更好地理解和处理文本数据。2014 年，被誉为 21 世纪最强大算法模型之一的 GAN（对抗式生成网络）诞生，标志着深度学习进入了生成模型研究的新阶段。2017 年，Google 颠覆性地提出了基于自注意力机制的网络结构 Transformer，奠定了大模型预训练算法架构的基础。2018 年，OpenAI 和 Google 分别发布了 GPT-1 与 BERT 大模型，意味着预训练大模型成为自然语言处理领域的主流。以 Transformer 为代表的全新神经网络架构，奠定了大模型的算法架构基础，使大模型技术的性能得到了显著提升。

（2）迅猛发展期（2020 至今）。2020 年，OpenAI 公司推出了 GPT-3，模型参数规模达到了 1 750 亿个，成为当时最大的语言模型，并且在零样本学习任务上实现了巨大性能提升。2022 年 11 月，搭载了 GPT3.5 的 ChatGPT 横空出世，凭借逼真的自然语言交互与多场景内容生成能力，迅速引爆全球。2023 年 3 月，OpenAI 公司发布的 GPT-4 具备了多模态理解与多类型内容生成能力。此后，各类大模型以及相关重大创新成果如雨后春笋般涌现。

大模型大致可以分为大语言模型、视觉大模型以及多模态大模型三类（图 2-43）。大语言模型通过海量文本数据预训练，在各种自然语言处理任务上展现出强大的通用性和灵活性。其中，ChatGPT 是大语言模型的典型代表，从 GPT-1 到目前的 GPT-4，语料和模型参数不断增加，使其在处理复杂任务时的表现不断进化，如图 2-44 就是与 ChatGPT 进行聊天。大语言模型的应用领域非常广泛。例如，可以为学生提供写作、编程、数学等学科辅导；还可用于内容创作，生成文章、诗歌、故事等创意内容，为作家和创作者提供灵感。视觉大模型通过学习和分析大量图片和视频数据，掌握了识别和理解视觉信息的技能。这些模型能够将输入的视觉数据分解为基础的视觉元素，然后利用这些元素识别整个图像的内容。例如，加利福尼亚大学伯克利分校于 2023 年 12 月推出的纯视觉大模型，利用超过 4 200 亿的数据集进行学习训练，能够精准完成各类视觉任务，为工业视觉检测、自动驾驶、医疗影像分析等场景提供了极具广阔前景的落地潜力。多模态大模型能够处理文本、图像、音频等多种类型数据。这些模型内部有多个部分，每个部分负责处理某一种数据类型，经过大量训练后，能够更全面地理解和处理复杂的数据。例如，OpenAI 公司于 2024 年 2 月发布的文生视频大模型 Sora，能够根据用户的文本提示创建逼真的视频；而在 2024 年 3 月，美国机器人公司 Figure 与 OpenAI 公司联合发布的多模态机器人 Figure 01 具备了快速理解用户指令、深度感知环境信息以及灵敏、精准的动作执行能力。多模态大模型在复杂内容创作、工程应用、机器人技术、社会治理等领域具有广泛的发展潜力。

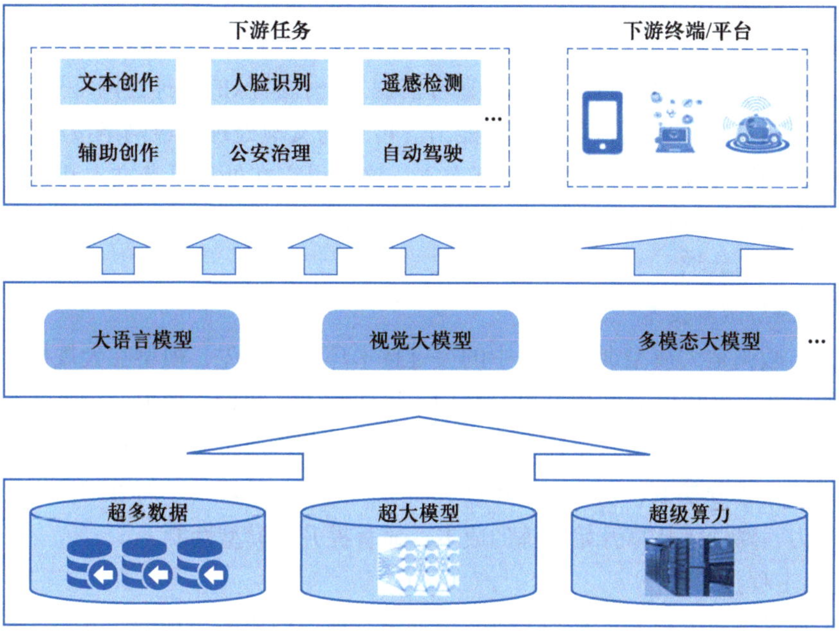

图 2-43　大模型的基本原理

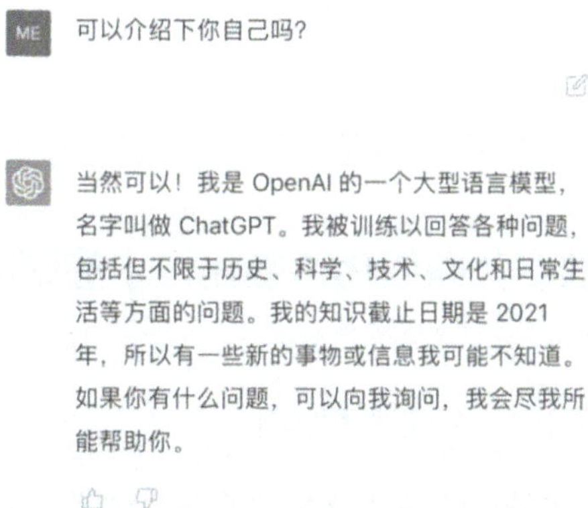

图 2-44　与 ChatGPT 进行聊天

近年来，我国人工智能大模型发展迅速，已成为全球人工智能领域的重要创新力量，涌现出一批典型国产大模型。百度的文心系列大模型涵盖基础大模型、任务大模型、行业大模型三级体系，实现了从单模态大模型到跨模态，从通用基础大模型到跨领域、跨行业的持续创新突破，尤其在语义理解与生成任务上，已经达到国际先进水平。华为的盘古系列大模型涵盖了自然语言处理、计算机视觉、多模态等多个任务，并已在金融、制造、矿山、气象等行业领域实现应用。商汤科技、旷视科技等创新企业推出了性能卓越的视觉大模型，并在人脸识别、物体检测等方面得到初步应用。未来，随着技术进步和应用场景的拓展，国产大模型必将在人工智能赋能新型工业化方面发挥更重要的作用。

2. 关键技术

1）Transformer 架构

Transformer 架构是几乎所有大模型的底层技术。该架构由学者在 2017 年首次提出，彻底改变了传统序列模型的计算方式。它可被视为一种特殊的“神经网络”，具备全局分析处理数据以及捕捉长距离依赖关系的能力。传统的文本处理神经网络按顺序逐词处理，而 Transformer 能够同时浏览和理解所有文本，这使得它在处理复杂文本和语言任务时更加高效。目前，Transformer 还被整合到多模态学习框架中，用于处理和分析图像、文本、音频等多种类型的数据。

2）预训练与微调技术

预训练与微调是大模型训练过程中的关键技术环节。首先，模型在大规模未标注数据集上进行预训练，可以学习通用的语言结构、语法和语义知识，形成一个具备初步理解能力的基础模型。随后，针对特定任务或应用场景，模型再通过微调过程，基于有标签的小规模数据集调整部分参数，以适应具体任务需求。这两个阶段的学习方式极大地提高了模型学习的能力，降低了从零开始训练的成本，显著提升了模型性能。

3）提示工程技术

提示工程是针对大模型尤其是大语言模型进行高效应用的一种创新方法。通过精心设计的任务提示（prompt），引导模型输出符合特定需求的结果，有效地激发模型内在的知识和能力。提示工程不仅涉及如何构造合适的问题形式，还包含了如何调整模型上下文、引入额外知识、控制输出风格等一系列策略，已经成为充分利用大模型潜能、提升模型实用价值的关键技术之一。

2.5 数字化网络化智能化技术的赋能作用

2.5.1 数字化网络化智能化技术的赋能原理

数字化网络化智能化技术是智能制造革命性的共性赋能技术，本质上是通过信息系统替代部分人的能力，构建起从数据感知、传输、计算、分析到反馈控制的优化闭环，实现对物理系统的提升与改造。如表 2-4 所示，数字化网络化智能化技术赋能是逐层递进的，即后者以前者为基础，对数据优化闭环的不断深化和增强的。

表 2-4 数字化网络化智能化技术赋能方式

环节 / 赋能技术	数字化技术	数字化网络化技术	数字化网络化智能化技术
感知	数字传感技术	数字传感技术	智能传感技术
传输	数字通信技术	互联网与新型网络技术	互联网与新型网络技术
计算	计算机技术	云计算与边缘计算技术	人工智能技术
分析		大数据技术	
控制	数字控制技术	数字控制技术	智能控制技术

数字化技术基于数字量对物理世界进行描述，使得原本完全依赖于人的活动可以部分被计算机或信息系统完成，推动制造系统的效率革命，感知控制的精度与范围、数据管理的量级、计算的速度、通信的距离等方方面面都超出了人力与传统模拟量的极限。数字化技术主要包括数字传感、数字通信、计算机、数字控制等技术，支撑了数据从感知到反馈的闭环。数字传感技术是数字化技术体系中的“感觉器官”，通过对物理信息的采集和检测，转化为可供信息系统处理的数字量；数字通信技术是赋能技术体系中的“回路”，既可以传输电报、数据等数字信号，也可以传输经过数字化处理的语音、图像等模拟信号；计算机技术为数字化技术体系提供了核心承载，取代过去依靠人为记录和计算的模式，提供对数字量进行存储、修改、计算、分析等能力；负责控制执行的数字控制技术，是数字化技术体系中的“运动器官”，将信息系统的数字决策转化为执行命令，反馈至物理世界。数字化技术不断发展引发了数字革命，驱动数据成了关键的资源和要素，推动数字产业的快速壮大，数字化技术融入各行各业，加速了产业数字化的创新进程，制造、金融、能源、医疗、教育等各行业充分吸收数字化技术的发展红利，加速自身系统变革，并影响改变着人们的生产、生活方式，数字经济时代逐步到来。

数字化网络化技术在数字化技术的基础上，推动企业内部生产、管理等各环节打通与优化和企业间协同，加快各类生产资源优化配置，创新形成基于泛在连接的产品和服务模式。在数据传输环节，引入互联网与新型网络技术，从高速率、低时延、大连接、灵活配置资源等多角度提升了系统间的传输连接能力，实现了企业和企业间、跨行业间更广范围内的连接，极大地拓宽了网络的连接范围和信息的集成深度；在计算环节，推动集中式计算向分布式计算演进，云计算通过网络统一组织和调用计算资源，推动高效配置算力资源、强化信息系统敏捷性与开放性，边缘计算技术通过将算力与算法下沉至边缘终端，解决了云计算存在的延迟、稳定性等问题；在分析环节，大数据技术重塑了数据的管理与分析方法，解决多元异构海量的工业大数据对于数据实时性、多类型、稳定性和关联性的要求。同时，由于网络化泛在连接改变了传统相对封闭保守的工业可信环境，网络与信息安全技术成为网络化制造范式中关键的赋能技术，为信息系统提供涵盖设备、工控、网络、平台、应用等全方位的安全保障能力。需要说明的是，网络化制造范式仍需数字传感和数字控制技术才能形成完整的数据闭环，数字通信技术形成的工业总线、工业以太网仍承担着工厂内数据通信的功能，并未完全颠覆数字化赋能技术体系。数字化网络化技术全面拓展制造业生产方式的范围和深度，带来了“互联网＋制造”的新方式，实现了企业内部业务流程、外部同上下游企业和用户间的广泛互联、全面集成与深度优化，使制造业具有了全局的洞察与协同能力，形成新的产品和服务模式。

数字化网络化智能化技术在数字化网络化技术基础上，通过新一代人工智能技术激发出前两个范式中积累海量数据的价值，使制造业能够突破人类认识局限，具备自主优化创新的能力，为制造业的技术创新路径、生产模式、产业形态等带来全方位的升级变革。大数据智能技术能够实现对此前积累的海量结构化数据自动建模与深度分析；跨媒体智能技术则加强了对多种媒体的海量非结构化数据的感知、学习和推理能力；群体智能技术弥补了只关注“个体智能”的不足，释放大规模个体智能潜力；混合增强智能技术则通过人类智能和机器智能的优势互补，弥补单纯机器智能的不足。同时，新一代人工智能技术对其他环节的赋能技术带来了巨大的提升变革，推动传统传感、控制等赋能技术向智能传感、智能控制等升级，6G 等新一代通信技术融合人工智能，能基于网络本身大量的终端、业务、用户、网络运维等数据进行自我学习与优化，提高网络规划、建设、维护等方面效率，降低网络建设成本。数字化网络化智能化技术使传统方法难以实现的系统建模和优化成为可能，不仅能够赋能数字化网络化技术，带来赋能技术性能升级和体系变革，更进一步推动社会经济各领域的深层次智能化变革，带来生产、生活与社会治理模式的全面跃迁，引领真正意义上的第四次工业革命，构建面向未来的智能社会。

2.5.2 数字化制造

1. 数字化制造的典型模式

信息技术与制造业深度融合，驱动二元系统 HPS 发生本质变化，产生了信息系统，形成了三元系统 HCPS。

数字化制造可定义为第一代智能制造，而面向数字化制造的 HCPS 可定义为 HCPS1.0。与 HPS 相比，HCPS1.0 最本质的变化是信息系统的加入，通过整合人、信息系统和物理系统的各自优势，制造系统计算分析、精确控制以及感知能力等都得到极大的提高。值得注意的是，在 HCPS1.0 中，物理系统仍然是主体，信息系统在很大程度上取代了人的分析计算与控制工作，而人依然起着核心作用，其制造能力在很大程度上依然取决于使用者的知识与经验。

随着信息技术赋能作用的不断深化与发展，HCPS 也在相应演进，从面向数字化制造 HCPS1.0 演进至面向数字化网络化制造的 HCPS1.5，进而进入面向新一代智能制造的 HCPS2.0，表现出不同的内涵和技术体系。

2. 数字化技术的赋能作用

数字化技术体系是支撑数字化制造范式的相关共性赋能技术合集。数字传感、数字通信、计算机、软件、数据管理与分析、数字控制等 6 类技术支撑了数据从感知到反馈的闭环。数字电路与集成电路技术是赋能技术体系的基础，基于此形成的工业芯片成为其他技术产品的关键组成（表 2–5）。在信息感知采集方面，数字传感技术应用产生了如压力传感器、温度传感器、力扭矩传感器等等工业传感系统，实现了对生产要素和过程的采集和感知。在控制方面，数字控制技术催生了可编程逻辑控制器（programmable logic controller，PLC）、分布式控制系统（distributed control system，DCS）等各类控制系统，控制机床、机器人等生产设备自动完成一系列复杂的生产作业过程，是实现生产自动化的基础。随着数字通信技术的应用，为满足工业现场通信需求的现场总线和工业以太网也随之产生，进而推动控制系统从单机控制逐渐走向多机、多工序协同控制，成为自动化产线和工厂实现的关键支撑。在管理方面，计算机技术和软件技术与生产管理和车间管理层融合，产生了如制造执行系统（manufacturing excution system，MES）、企业资源计划（enterprise resource planning，ERP）等一系列工业软件，实现计算机辅助生产制造和业务信息的分析、处理和管理，全面提高了业务效率。

表 2-5 制造业中数字化技术的应用

数字化技术	工业应用	具体应用
集成电路	工业芯片	工业主控 MCU、工业用模拟芯片、射频识别标签芯片等
计算机	工业软件	计算机辅助设计、制造执行系统、企业资源计划
数字通信	工业总线	CAN、Profibu 现场总线等
数字传感	工业传感	焊接缝追踪传感器、催化燃烧气体传感器、力扭矩传感器等
数字控制	工业控制	数控机床、可编程逻辑控制器、分布式控制系统等

数字技术的不断发展引发了数字革命，带来的巨大应用潜力与发展空间，已然成为当今社会进步的主要驱动力之一，正渗透到人们生活的方方面面，使整个经济环境和经济活动发生了根本变化。数字技术的不断发展使数据成了关键的资源和要素，奠定了后续网络化技术、智能化技术的基础。

3. 数字化制造的典型案例

在数字化制造阶段，数字化技术起着主导赋能作用，使原先完全依赖于人的感知、分析、决策和控制的活动能够部分由计算机或信息系统完成，使得人们能够利用数字化技术辅助状态感知、生产监控、车间管控以及企业运营，无论是感知控制的精度、运营管理的效率还是业务协同的范围都大大超过了传统方式。

以青岛海尔洗涤电器有限公司为例，企业从滚筒洗衣机生产过程中涉及的人、机、料、法、环多个维度进行切入，搭建滚筒洗衣机生产的数字化工厂（图 2-45）。企业采用智能排程管理系统，基于生产和库存情况进行生产计划的智能排产，减少生产计划编排时间；打造来料检验、过程控制和出货检验串联的质量管理机制，减少市场质量损失；建设智能设备管理系统对设备进行在线运行监测，提升设备运行效率。其中产品质量管理是企业数字化制造的典型应用，企业在生产线上布设 600 余个激光传感器实时采集洗衣机内筒跳动数据，以射频识别标签（radio frequency identification，RFID）为载体绑定产品与检测结果，进而串联起来料检验、生产过程和出货检验三大环节。质量数据经由工业总线上传至数据库，并与制造执行系统实时对接，实现质量信息全流程可视化和追溯跟踪，并根据质量数据反馈生产环节，基于生产质量数据进行精准控制，实现产品质量优化。

图 2-45 海尔工厂自动化生产线

2.5.3 数字化网络化制造

1. 数字化网络化制造的典型模式

数字化网络化制造仍然是基于人、信息系统、物理系统三部分组成的 HCPS，HCPS1.0 系统中的信息系统从原来的独立信息系统逐渐过渡为基于互联网和云平台的信息系统，实现了 HCPS 的升级更新，但系统组成并未发生根本性变化，升级后的新型系统可被定义为 HCPS1.5 系统。在数字化网络化制造范式下，制造系统的连接范围不断扩展，不仅实现了信息系统与物理系统的广泛连接，还将人作为价值创造的关键群体连入其中，延伸成为由网络连接的共同进行价值创造的群体，推动制造业的产业模式从以产品为中心向以客户为中心转变，产业形态从生产型制造向生产服务型制造转变。

数字化网络化制造是在数字化制造的基础上，解决了“连接”这个重大问题，用网络将人、流程、数据和事物连接起来，连通企业内部和企业间的“信息孤岛”，实现各种社会资源的共享与集成。

2. 数字化网络化技术的赋能作用

网络化技术在数字化技术基础上，全面拓展制造业生产方式的范围和深度。从泛在连接角度看，网络化技术不仅对之前数字化制造中相对孤立的信息系统进行了全面集成，而且连接了产品、服务、客户和生态合作伙伴，将改造提升由企业内部拓展至全产业，实现了资源配置与组织方式的质的变化；从优化深度角度看，网络化技术的进步使数据处理的方式发生重大变化，制造业获取、处理数据的能力大幅增强，信息系统步入大数据阶段，各类赋能技术在原有能力提升的基础上，具备了分布式、敏捷化的能力，并不断被简化以提升易用性与通用性。工业中网络化技术的应用见表 2-6。

在新型工业网络方面，时间敏感网络（time sensitive networking，TSN）、软件定义网络、5G 等新技术加速融合创新应用，正逐步构建起低延时、高可靠、广覆盖的新型工业网络设施。在软件应用领域，云计算与工业融合创新所形成的工业互联网平台正深刻改变

表 2-6 工业中网络化技术的应用

网络化技术	工业应用	具体内容
互联网	新型工业网络	5G、TSN、SDN 等新型网络
云计算	工业云平台	工业互联网平台
大数据	工业大数据	企业信息化数据、工业物联网数据、外部跨界数据
安全技术	工业网络与信息安全	应用安全、数据安全、控制安全、网络安全、设备安全

传统工业软件的架构，形成数据驱动、灵活敏捷、开放创新的新型体系；大数据技术与工业的结合，大幅提升了工业软件和应用的分析能力，实现了更加精准的决策。各种安全技术的应用，也正构建起涵盖应用安全、数据安全、控制安全、网络安全与设备安全的工业安全保障体系，有效识别和抵御各类安全威胁。

网络化技术在数字化技术基础上，为制造业带来了全新的业态，将单点的信息孤岛和独立的信息系统连通为统一的整体，实现了以数据要素的充分流转带动物质资源的高效组织、以海量数据分析进行供需高效精准匹配和服务模式的快速创新。在网络化技术赋能下，互联网的创新成果与经济社会各领域深度融合，改变了资源组织和配置模式，用户可以更加快速、低成本地获取产品和服务，企业可以实时、精准地掌握用户需求，高效地协同配置制造资源，产品、服务和商业模式的创新不断提速。

3. 数字化网络化制造的典型案例

数字化网络化制造通过实现万物互联，使信息数据以前所未有的方式在不同企业、不同系统之间充分流动，各类要素资源能够通过网络化的方式进行高效组织，网络化技术深刻改变了资源组织和配置模式，带来生产业态、服务模式和商业模式的创新变革。以中国商用飞机有限责任公司（简称中国商飞）5G+工业互联网应用为例介绍数字化网络化制造的实施步骤。中国商飞通过部署 5G 网络、搭建云原生数字平台等，聚焦产品研发、生产制造、质量检测、产业链、供应链等关键环节，推动资源高效协同与优化。在中国商飞 5G 全连接工厂内，数字传感器将生产车间内设备、产品、物料、人员、工具、工装等数据采集并通过 5G 网络直接上传到工业互联网平台，依托海量的数据建模分析，中国商飞定义了数千种数据类型和数百类工业机理模型，使传统的中央控制变为机器协作、传统的质检方式变为机器视觉实时在线监测，实现工艺实时反馈。网络化技术的应用不仅颠覆传统的工厂内工业总线的数据传输模式，同时极大地扩大了工厂外各主体、各环节的连接范围。中国商飞将 5G 网络与外网光纤相结合，实现设计、制造、试飞和客服等环节的异地贯通，打通主制造商、供应链、运营商、服务商，以及其自身的设计、试飞、运维等环节，打造全生命周期的数字飞机。

5G＋工业互联网典型应用行业和场景

2.5.4 数字化网络化智能化制造

1. 数字化网络化智能化制造的典型模式

数字化网络化智能化系统是智能制造系统与新一代人工智能技术融合的产物，实现了HCPS1.5 向 HCPS2.0 的跨越。HCPS2.0 最本质的特征是在信息系统中增加了认知和学习的功能，信息系统不仅具有强大的感知、计算分析与控制能力，更具有了学习提升、产生知识的能力。

在这一阶段，新一代人工智能技术使“人 – 信息 – 物理系统”发生质的变化，主要体现在两方面：① 人将部分认知与学习型的脑力劳动转移给信息系统，使信息系统具有“认知和学习”的能力，即从“授之以鱼”发展到“授之以渔”；② 通过“人在回路”的混合增强智能，人机深度融合将从本质上提高制造系统处理复杂性、不确定性问题的能力，极大优化制造系统的性能。在新一代智能制造系统中，进一步突出了人的中心地位，是统筹协调“人”、“信息系统”和“物理系统”的综合集成系统，能够使制造业的质量和效率跃升到新的水平，人类社会开始真正进入“智能时代”。

2. 数字化网络化智能化技术的赋能作用

人工智能 2.0 是人工智能技术的进一步发展和演进，更注重人和机器之间的深度融合，致力于提高机器的智能水平和人机交互的质量，以实现更加高效、智能和人性化的智能服务。人工智能 2.0 具备强大的技术渗透能力，全面融入制造系统，其赋能制造业应用的核心路径有两个。

（1）基于人工智能技术本身赋能，提升智能决策水平，主要包括大数据智能、跨媒体智能、群体智能和混合智能等主要技术方向。大数据智能与工业场景应用融合形成智能分析能力，变革以前基于工人经验的控制管理方式，推动现有生产流程、设备、质量、能耗处于最优状态。同时，通过打通企业供应链数据并进行全局分析，形成需求预测、营销匹配、物流路径优化等典型应用，使企业在更大范围实现资源协同与系统性提升。跨媒体智能与工业场景应用融合形成智能感知能力，一方面能将检测到的各种工业物理量储存并处理，自主决定应该传送的数据，舍弃异常数据，完成分析和统计计算等；另一方面扩展工业感知范围，除声、光、热、电等物理量外，完成对图、文、音等多模态数据处理，实现更智能的场景识别、设备 / 流程异常检测等。群体智能与工业场景应用融合形成分布式智能能力，更灵活地实现工业数据、信息甚至模型的协同处理，最主要的是推动工业设备实现复杂多任务的自主协同智能。混合增强智能与工业融合形成辅助决策能力，在工业生产装配、流程管理、风险管理决策等领域发挥系统的智能决策能力，甚至未来有望通过脑机接口实现人机交互模式深度变革。

（2）基于人工智能技术与集成电路、数字控制、网络通信等技术融合赋能，实现技术性能增强与体系化变革。例如，人工智能（AI）与集成电路融合，形成的 AI 芯片能够处理各类视频、图片等非结构化数据，高精度产品质量检测、工厂智能安全监控、自动驾驶汽车的路况识别等都离不开 AI 芯片的加入；AI 与传统控制结合形成智能控制技术，使机器人系统、生产制造系统、交通控制系统等能够适应复杂多变的环境，在无人干预的情况下完全自主驱动系统实现预计目标；AI 与网络通信技术融合，能够解决网络资源利用率低、业务匹配性差等问题，实现无线资源的智能调度，驱动资源与需求的实时匹配。工业中智能化技术的应用见表 2–7。

表 2–7　工业中智能化技术的应用

核心赋能路径	智能化技术	工业应用	具体内容
人工智能自身赋能	大数据智能	智能分析	工业数据智能分析，设备、模型智能优化等
	跨媒体智能	智能感知	工业环境、场景智能感知、识别，工业知识智能汇集、分类等
	群体智能	分布式智能	工业信息协同感知、设备智能协同、模型协同优化等
	混合增强智能	辅助决策	工业系统辅助管理与决策
人工智能融合赋能	AI+ 集成电路	训练推理	工业感知、决策等 AI 模型的训练与推理
	AI+ 数字控制	智能操控	工业装备的智能感知、智能决策、智能控制执行与智能交互协同等
	AI+ 网络通信	智能调度	工业无线资源的智能调度优化等

虽然人工智能技术还处在极速发展的初期，但已开始持续释放巨大能量，重构生产、分配、交换、消费等经济活动资源和方式，形成从宏观到微观各领域的智能化新需求，催生新技术、新产品、新产业、新业态和新模式，智能制造技术方兴未艾，将开启并引领真正意义上的“工业 4.0”，实现第四次工业革命。

3. 数字化网络化智能化的集大成者——数字孪生

数字孪生通过在数字空间对物理世界进行建模，构建出物理世界的映像，利用数字化、网络化和智能化技术对物理世界产生的海量数据进行分析，形成实时和智能化的洞察和决策，进一步反馈于物理世界，从而实现对物理世界的持续优化和科学决策。该技术作为数字化网络化智能化赋能的集大成者，涵盖数字传感、数字通信、云计算与边缘计算、大数据管理、机理建模、数据建模、机理与数据模型融合、数字控制等主要技术，如图 2–46 所示。数字传感、控制技术是数字孪生闭环优化的起始和终止环节，通过采集感知获取物理对象全方位数据，利用高质量反馈控制完成物理对象的最终执行，实现与数字空间的双向交互。通信、计算、大数据技术支撑数字孪生高质量传输、开发、利用全量数据。模型融合技术的核心是机理模型与数据模型融合，其中机理模型是基于对系统运行原理的理解而建立的模型，通过建立数学方程描述系统的行为和规律；数据模型是基于大量实测数据，通过统计分析、机器学习等技术手段分析数据的规律性和关联性而建立的模型。通过机理模型和数据模型的混合建模技术，在充分利用已知机理的情况下，利用数据模型对过程未知的机理知识进行弥补，实现对物理对象的精准描述，打造更加完整的数字孪生体，构建起综合决策能力，推动工业全业务流程闭环优化。

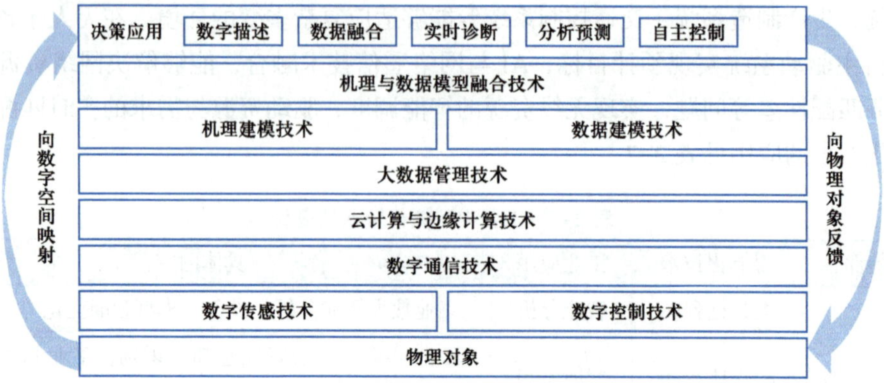

图 2-46　工业数字孪生体系架构

数字孪生应用的发展按照数字孪生成熟度可分为数字描述、数据融合、实时诊断、分析预测、自主控制五个阶段（图 2-47）。

（1）数字描述。通过感知设备采集到的数据对物理对象各要素进行可视化描述，如设备可视化管理、监控等。

（2）数据融合。建立物理对象统一信息模型，开展数据建模分析，如设备能耗管理、运行状态监测等。

（3）实时诊断。基于实时数据驱动开展面向孪生对象的仿真分析，实现孪生对象的实时诊断，如设备故障诊断。

（4）分析预测。仿真建模与数据科学融合后产生的综合决策应用，如设备预测性维护。

（5）自主控制。将智能决策结果形成控制指令，自主控制物理对象行为，形成闭环优化的应用。

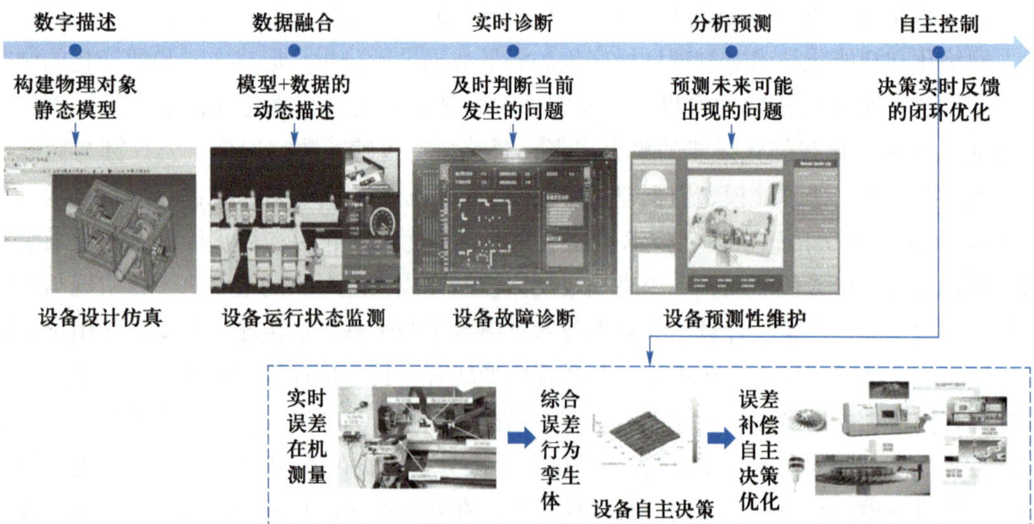

图 2-47　数字孪生应用分级

4. 数字化网络化智能化制造的典型案例

数字化网络化智能化制造可使制造数据知识的产生、利用、传承和积累效率都发生革命性变化，极大提高制造系统处理不确定性、复杂性问题的能力，改善制造系统的建模与决策效果，更好地应对不断变化的现场情况、客户需求和市场环境。

1）工业智能的典型案例

人工智能为工业提供了更具智慧的感官与大脑，通过持续丰富和迭代系统的分析与决策能力，适应多变的工业环境并完成多样化工业任务，提升生产效率、设备产品性能和企业洞察力。以基于大模型技术的装备智能操控为例，谷歌构建了机器人模型 RT-2（robotics transformer 2）。这是一个基于大模型技术的视觉－语言－动作模型，从海量的网络和机器人数据中学习，并将这些知识转化为机器人控制的通用指令，具备识别视觉或语言模式并跨不同语言进行任务执行的能力，其执行任务的核心能力包含三个方面：① 基于大模型的语义理解能力识别人类发出的命令，并转化为机器人控制的通用指令，即“听懂人话”；② 根据指令通过摄像头识别当前的物理环境，并通过视觉感知能力进行任务操作规划；③ 通过智能控制技术根据生成的操作规划执行任务，如物体抓取、分拣（图 2-48）等。RT-2 模型具备强大的人机交互能力、任务规划控制能力、多模态感知能力与场景泛化能力，未来有望变革工业机器人的交互模式，并实现任务执行性能的跃迁式变革。

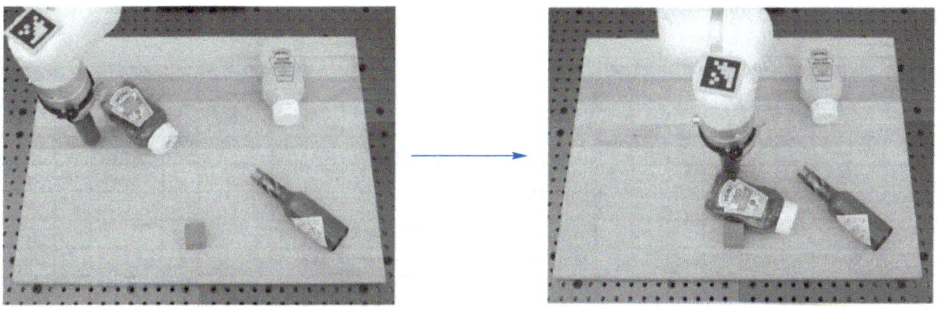

图 2-48　基于 RT-2 大模型实现物体分拣

2）数字孪生的典型案例

西门子建成全球首座基于数字孪生的原生数字化工厂，已在南京正式投运（图 2-49）。以往新建工厂建设周期长，往往分多期、多供应商共同打造，生产布局、仓储物流等难以有机协调，系统之间集成打通难，面临生产运营组织低效等挑战。西门子南京原生数字化工厂利用数字孪生技术覆盖规划设计、建设运营全生命周期，推动持续优化的闭环，实现生产效率提升 20%、柔性生产能力提升 30%、物流流转效率提升 50%。在工厂规划设计阶段，西门子借助 Tecnomatix Plant Simulation 工具构建工厂、产线、工艺模型，开展工厂布局设计、生产流程仿真、设备调试等模拟仿真，实现工厂在虚拟空间的建设。在实体建设及运营阶段，基于西门子工业物联网系统实现工厂生产实时数据采集，并传输至工业云平台，依托平台的云计算和大数据分析能力，叠加人工智能技术实现数据价值挖掘，融合工业机理模型和数据模型，开展设备状态监测、设备预测性维护、能耗优化等智能分析，并根据分析结果通过自动化系统对设备进行反馈控制，极大地提升了工厂建设运营效率。

数字孪生－智能工厂

图 2-49 基于数字孪生实现工厂、产线布局设计

再以视觉大模型驱动的工业图像检测为例。华为基于盘古大模型底座构建了 CV 大模型，专门针对图像和视频分析任务进行了优化，从而能够在不同的应用场景中实现高精度的视觉识别与分析。该模型具有以下优点：① 能够提升开发效率，实现一个大模型适配上百种缺陷；② 提升模型精度，解决了传统小模型的精度和性能等无法满足多变工况的局限；③ 实现冷启动，即面对新产品、新产线，快速启动缺陷检测。依托盘古 CV 大模型进行高精度电力巡检与缺陷识别，可做到一个模型识别上百种缺陷，替代原有 20 多个小模型，大幅提升了模型开发效率（图 2-50）。

图 2-50 华为盘古 CV 大模型做电力巡检

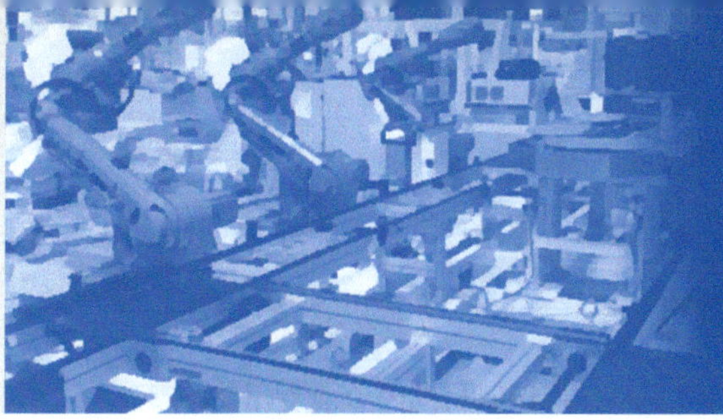

第三章

智能产品

产品是人类智慧和劳动创造的结晶，其发展水平在很大程度上代表着人类文明的水平。对制造业而言，产品不仅是实现价值创造的载体，同时制造装备类产品还是实现制造的工具。因此，产品创新是实现制造业高质量发展的关键。

智能产品是拥有智能并能更好地服务人类的产品，是深度融合产品领域知识、制造技术、信息技术、人工智能、控制技术、工程美学以及其他相关技术的集成创新，是产品升级和创造的重要方向。使产品拥有强大的智能，不仅是人类一直以来的梦想，而且正在逐步成为现实，形形色色的智能产品正在加快改变人类生产生活和社会发展的方方面面。本章主要结合机床和汽车等案例，介绍智能产品的内涵、发展过程、关键技术等内容。

3.1 概　　述

3.1.1 产品及其期望目标

人们向市场提供的能满足某种需求的任何有形物品和无形服务都可称为产品，因此产品是一个范围很广的概念。本章所讨论的产品主要是用于辅助人类完成各种任务的产品，也就是工具类产品。工具类产品也常常被称为装备或机器，其发展水平是人类社会经济发展的标志。

1. 产品的类型

从智能制造的角度，可以将产品划分为制造装备和其他用途产品两大类。

1）制造装备

制造装备是用于生产制造过程中的装备，是发展国民经济与国防建设的基础装备。表 3-1 列出了制造装备类部分行业及其典型产品。

表 3-1　制造装备类部分行业及其典型产品

行业	典型产品
金属加工机械制造	金属切削机床，金属成形机床，3D 打印机
化工、木材、非金属加工设备制造	炼油、化工生产设备，塑料加工设备，木材加工机械

续表

行业	典型产品
电子和电工机械设备制造	电工机械，电子工业专用设备
印刷、制药、日化及日用品生产设备制造	造纸、印刷、日用化工、制药设备，日用品生产设备
纺织、服装和皮革加工设备制造	纺织设备，缝制、洗涤机械，皮革、毛皮加工设备
食品、饮料、烟草及饲料生产设备制造	食品加工设备，酒、饮料、烟草、饲料等生产设备
采矿、冶金、建筑专用设备制造	矿山、海洋、建筑工程机械，冶金、石油钻采设备
农、林、牧、渔专用机械制造	机械化农业及园艺机具，林业、渔业、畜牧业机械

案例 3-1

机床

机床（machine tool）是制造装备中的典型代表，主要用途是加工制作各种机器零件，是制造机器的机器，是装备制造业的“工作母机”。高档机床不仅是工业现代化的基石，还是关系国家安全的战略性装备。

从机床完成工作任务的工艺方法来看，机床可分为减材制造类机床（一般称为金属切削机床，如车床、铣床、镗床、磨床、刨床、拉床、加工中心等）、等材制造类机床（一般称为金属成形机床，如锻造、冲压、铸造设备等）以及增材制造类机床（有时称 3D 打印机床）三大类。

以金属切削机床的代表性装备——铣床为例，在切削加工时机床需要提供由电动机驱动的主切削运动（产生切削作用的运动，如铣削时的刀具旋转）和进给运动（使切削能持续进行以形成所需工件表面的运动）。如果铣床只能提供三个进给运动（例如沿 X、Y、Z 三个坐标轴方向移动），则称之为三坐标铣床；如果铣床能提供五个进给运动（例如沿 X、Y、Z 移动和绕 X、Y 转动），这时就称之为五坐标铣床。图 3-1 所示是一种五坐标铣床。

加工埃菲尔铁塔模型

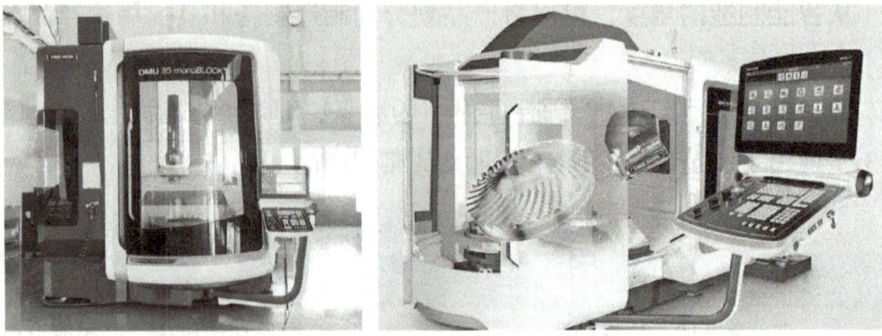

图 3-1 DMG 五坐标铣床

2）其他用途产品

其他用途产品涉及的行业众多，如交通运输、航空航天、航海船舶、仪器仪表、信息技术、医疗健康、文化用品、家用电器以及武器装备等（表 3-2），在国民经济中占有重要地位。

表 3-2 其他用途产品部分行业及其典型产品

行业	典型产品
汽车制造	乘用车，商用车
铁路、船舶、航空航天和其他运输设备制造	铁路机车，船舶，飞机，航天器，摩托车，自行车
医疗仪器设备制造	医疗诊断、监护、治疗设备
计算机、通信和其他电子设备制造	计算机，通信设备，广播电视设备，手机，电视机
仪器仪表制造	测量、分析、绘图、监测仪器，钟表
文化、办公用机械制造	电影机械，投影设备，照相机，复印和胶印设备
家用电力器具制造	空调，冰箱，洗衣机，电扇，厨房电器
武器装备制造	枪炮，导弹，坦克

案例 3-2

汽车

汽车是由动力驱动，具有 4 个或 4 个以上车轮的非轨道承载的车辆（图 3-2），主要用于载运人员和（或）货物，对于推进人类社会进步产生了巨大作用。

现代化汽车是由数万个零件构成的超集成化装备，是机械、电子、材料、制造、能源、信息等众多学科技术的大集成。同时，这样复杂的装备还需要在安全可靠性、可维护性、成本等多方面满足极为严苛的要求。从工作原理和结构方面看，汽车和机床存在一些相似之处。例如，机床是通过刀具相对工件的运动来完成切削加工任务，包括刀具自身的旋转以及刀具相对工件的移动和摆动；而汽车则是通过车轮的运动来实现移动，包括车轮的旋转和转向。

红旗汽车

图 3-2 红旗汽车

2. 对产品的期望目标

产品创新是人类的永恒追求，期望产品能尽可能有效地帮助或代替人类去完成各种任务。所谓“尽可能有效”，是指要综合考虑更多的功能、更高的性能以及更好的经济性等多个目标。

（1）更多的功能。即产品能完成更多类型的任务。

（2）更高的性能。性能是指完成任务的效果。例如，对于机床，更高的性能意味着更强的加工能力、更好的加工质量、更高的加工效率、更安全可靠、更易于使用维护等；对于汽车，更高的性能意味着更安全可靠、动力更强劲、更舒适、更节能环保、更易于使用维护等。

（3）更好的经济性。经济性涉及产品全生命周期的成本，更好的经济性可以有效提高产品竞争力。

3.1.2 智能产品的基本构成要素

人类自身可以看成大自然创造出来的拥有强大智能的“产品”。人类之所以能完成各种复杂的任务，是因为人体具有以下几方面组成要素：① 眼睛、耳朵等感觉器官能够有效获取各种信息；② 高度发达的大脑拥有必要的知识和思维能力，能够根据获取的信息进行各种分析，对完成任务需要采取的行动作出决策；③ 手、腿、嘴等执行系统能够有效执行大脑发出的行动指令去完成任务；④ 神经系统能将感觉器官获取的信息传输给大脑，并将大脑发出的行动指令传输给执行系统。

与此类似，人类创造的任何智能产品也都需要具有传感系统、信息处理系统（简称信息系统）、执行系统、通信系统等基本构成要素（图 3-3）。其中，信息系统是决定产品智能程度的关键，其他系统则是智能产品得以完成任务的必要基础和能力支撑。

图 3-3 智能产品的基本构成要素

此外，智能产品在完成任务时，不仅或多或少需要人的参与，通常还要与外部环境发生相互作用。如果把智能产品本身及其完成任务所涉及的相关外部因素（包括人）看成一个总系统，那么智能产品完成任务的过程也就是这个总系统的运动过程，本章将这样的总系统称为智能产品的世界（简称产品世界）。

1. 执行系统

无论什么任务，完成任务的过程本质上都是产品世界从某种初始状态向某种目标状态转变的过程。例如，对于机床加工任务，完成任务的过程是将被加工对象从初始尺寸形状向目标尺寸形状转变的过程；而对于汽车行驶任务，完成任务的过程则是从出发位置向目标位置转变的过程。

完成任务所需的任何状态转变都需要通过相应的动作去实现。例如，机床加工任务所需的状态转变需要通过刀具的运动去实现，汽车行驶任务所需的状态转变则需要通过车轮的运动去实现。而执行系统就是能产生动作去实现状态转变的系统，是任何智能产品的基础和不可或缺的组成部分。

一个产品往往需要具备多个功能。例如，汽车的基本功能是行驶，此外还需要具备很多辅助功能，如照明、温度调节、鸣喇叭、以声音和屏幕显示等方式向驾驶员反馈信息等；而对于铣床，除切削加工这一基本功能外，一般还需要具备更换刀具、冷却、防护、向操作者反馈信息等辅助功能。为了实现多个功能，一个产品自然需要具备多个执行系统，且这些执行系统的结构与工作原理可能存在很大的差异，例如实现汽车行驶功能和屏幕显示功能的执行系统是截然不同的。

现在来分析一下通过机械运动来完成任务的执行系统，汽车和机床的基本功能执行系统都属于此种类型。该类执行系统由工作装置、动力装置、传动装置三个主要部分组成（图 3-4）。如图 3-5 所示是一款三坐标铣床的基本功能执行系统，图 3-6 所示是一款纯电动汽车的基本功能执行系统。

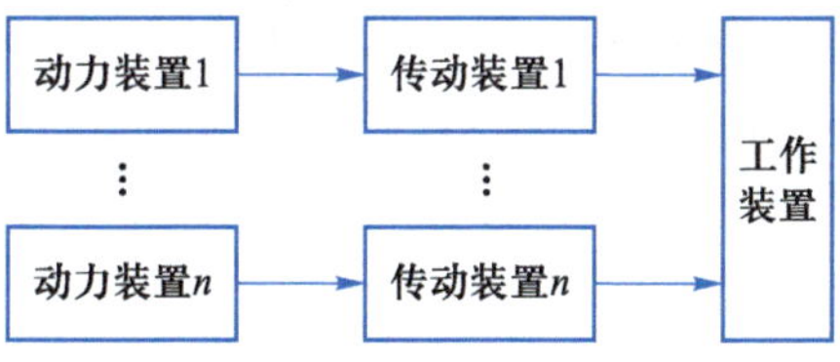

图 3-4　执行系统的组成

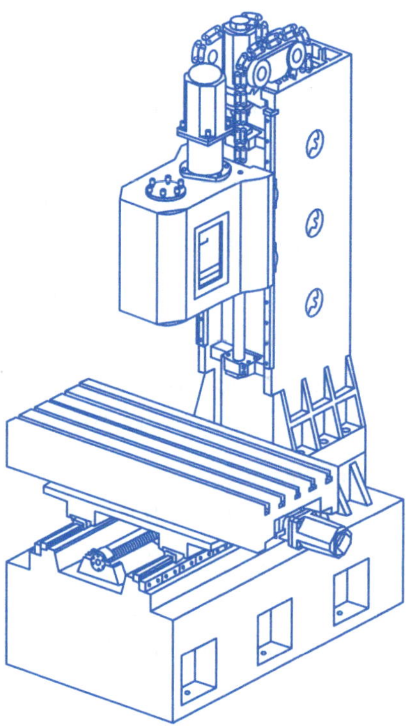
图 3-5　一款三坐标铣床的基本功能执行系统

一款三坐标铣床执行系统

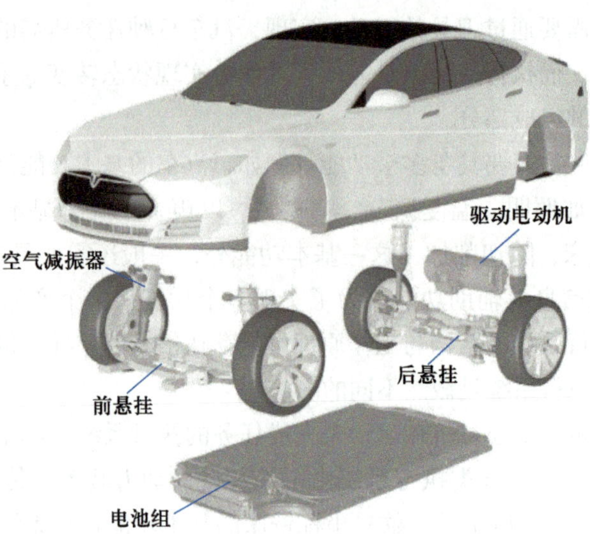

一款纯电动汽车执行系统

图 3-6 一款纯电动汽车的基本功能执行系统

1）工作装置

工作装置是用于改变产品世界状态以完成任务的部分，体现了执行系统完成任务的工作原理，其性能对完成任务的效果具有重要影响。例如，铣床是通过刀具相对工件的运动完成切削加工任务，其工作装置由刀具、安装刀具的主轴、安装工件的工作台以及床身等主要部分组成（图 3-5）；而汽车则是通过车轮的运动完成行驶任务，其工作装置由车轮、安装车轮的车桥（驱动桥、转向桥）、悬挂系统以及车架等主要部分组成（图 3-6）。

2）动力装置

工作装置的每一个运动都需要动力，动力装置是用来产生所需动力的装置，它将动力源的能量转换为工作装置运动所需的机械能。动力装置的类型多种多样，例如将燃油化学能转换为机械能的内燃机、将电能转换为机械能的电动机驱动系统、将液体压力能转换为机械能的液压驱动系统等。

电动机驱动系统是最常用的动力装置之一，它由电动机和驱动器两部分组成。其中，电动机的作用是将电能转换为机械能，其输入为电流，输出为转矩。而驱动器则为电动机提供所需的电流，其输入的是某种形式的控制信号，输出的则是该控制信号所期望的电流。因此，对于电动机驱动系统，只需要输入合适的控制信号，就可以产生期望的动力输出。

3）传动装置

通常，出于更有效地利用动力装置的特性、改变运动的类型（旋转、移动）与方向以及其他结构安装方面的考虑，动力装置输出的动力往往需要经过进一步的传递与变换才能更适合工作装置的运动需求，这就需要在系统中配置传动装置。传动装置是介于动力装置和工作装置之间，实现动力传递与变换的中间部分，一般由一种或多种传动元件组成。

传动元件的类型很多，如较常用的机械传动方式有各种齿轮（条）传动、蜗轮蜗杆传动、丝杠螺母传动、带传动、链传动、凸轮与连杆、空间机构等。图 3-5 中工作台的三个进给运动采用的都是丝杠螺母传动，它们将电动机输出的转矩和旋转运动变换为工作台的直线运动。

4）状态变化模型

执行系统从输入控制信号到产生动作改变任务产品世界的过程是一个涉及执行系统与外部环境相互作用的动态过程，尽管该过程可能非常复杂，但本质上都是从控制信号到状态变化的某种映射，理论上可以用一个数学模型来描述。一般情况下，执行系统要受多个输入信号的控制（取决于工作装置的运动自由度），可将控制信号记为向量 $\boldsymbol{u}$；执行系统的动作所引起的状态变化也往往是多维的（如位置、方向、速度、温度……），可记为向量 $\boldsymbol{x}$；那么，从控制信号 $\boldsymbol{u}$ 到任务 $\boldsymbol{x}$ 的映射关系可表示为

$$\boldsymbol{x}=f_{ux}(\boldsymbol{u}) \tag{3-1}$$

式（3-1）即为产品世界的状态随控制信号变化的模型，简称为状态变化模型。状态变化模型是关于产品世界运动规律的知识，智能产品需要拥有这方面知识才能做出有效的决策去完成任务。

2. 传感系统

传感系统由若干传感器组成，用于获取各种信息以便智能产品能了解产品世界的状态（包括产品自身的状态、外部环境状态以及来自产品使用者的任务指令）。为满足各种功能与性能要求，智能产品往往需要配备众多种类的传感器。例如，汽车上用于获取自身状态信息的传感器有压力、位置、温度、加速度、角速度、流量、气体浓度、液位等类型；用于获取外部环境信息的传感器有温度、湿度、气压、距离、位置、图像等类型；用于获取任务指令的传感器则有位置、压力、声音等类型。随着科学技术的发展，现代传感器的种类已多到难以想象，很多传感器的性能也已经达到了惊人的程度。

现代传感器的工作原理多种多样，但大致上可看成由两部分组成：一是敏感元件（或探测器），其状态随着产品世界状态的变化而变化（例如热胀冷缩）；二是变换电路，用于将敏感元件的状态信息变换成便于传输与处理的电信号（例如数字信号）。与上述执行系统类似，传感器获取信息的过程也是一个动态过程，本质上是从产品世界状态到传感器输出信号的某种映射。一般情况下，传感系统由多个传感器组成，若将它们的输出信号记为向量 $\boldsymbol{z}$，那么从产品世界状态 $\boldsymbol{x}$ 到传感系统输出 $\boldsymbol{z}$ 的映射关系可表示为

$$\boldsymbol{z}=g_{xz}(\boldsymbol{x}) \tag{3-2}$$

式（3-2）一般称为观测模型或传感器模型，它描述了传感系统输出与产品世界状态之间的关系，智能产品需要拥有这方面的知识才能根据传感系统的输出 $\boldsymbol{z}$ 去了解产品世界的状态 $\boldsymbol{x}$。

3. 决策系统

如上所述，任何任务的完成过程都是产品世界从初始状态向目标状态转变的过程，传感系统可提供产品世界的信息，而执行系统可根据输入的控制信号（动作指令）去改变产品世界的状态。那么，应该给执行系统输入什么样的控制信号，才能使产品世界最有效地

从初始状态转变为目标状态呢？这就是信息系统需要解决的问题。

与人类大脑类似，信息系统是一个具有决策能力的信息处理系统，其输入是传感系统获取的信息 $\boldsymbol{z}$，输出的是执行系统的控制信号 $\boldsymbol{u}$。从数学角度理解，信息系统也是一个从输入到输出的映射 h_{zu}，即

$$\boldsymbol{u}=h_{zu}(\boldsymbol{z}) \tag{3-3}$$

式（3-3）一般称为决策函数或决策模型（图 3-7）。

图 3-7 决策模型

信息系统需要解决的决策问题多种多样，有些相对比较简单（例如汽车温度调节），有些则可能非常复杂（例如汽车自动驾驶）。对于较复杂的决策问题，决策过程往往采取分层处理的方式，也就是将决策模型分解为若干子模型。最基本的做法是将整个决策过程分解为感知层、决策层和控制层（图 3-8）。当然，如果有必要，每一层还可进一步细分。

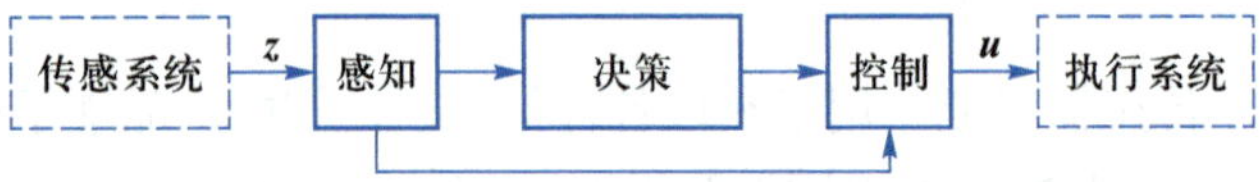

图 3-8 决策模型的分解

1）感知层

感知层的目标是尽可能了解产品世界在决策时刻的真实状态，有时还需要预测产品世界的未来状态，这是做出正确决策的基础。感知可以理解为由感到知，其输入是传感系统获取的信息 $\boldsymbol{z}$，输出则是与产品世界真实状态 $\boldsymbol{x}$ 相对应的推断（或估计）状态 $\hat{\boldsymbol{x}}$。以汽车自动驾驶任务为例，感知需要根据传感系统获取的信息对车速、位姿、能耗等车辆自身状态进行估计，也需要对路况、可行驶区域等各种环境状态进行识别，还需要对附近车辆和行人等的状态变化趋势进行预测。

感知不仅是信息系统不可缺少的组成部分，而且在很多情况下感知的作用是决定性的。例如，对于疾病诊断、缺陷检测以及各种智能仪器之类的产品，其信息系统的主要任务就是感知；而对于无人驾驶汽车，其信息系统必须具备极强的感知能力才可能保证驾驶安全性。

从原理上看，如果已知式（3-2）所示的传感器模型 $\boldsymbol{z}=g_{xz}(\boldsymbol{x})$，感知需要解决的就是确定 g_{xz} 的反函数 g_{xz}^{-1}，这样就可以根据传感系统获取的信息 $\boldsymbol{z}$ 获得任务环境的推断状态 $\hat{\boldsymbol{x}}$，即：

$$\hat{\boldsymbol{x}}=g_{xz}(\boldsymbol{z})=g_{xz}^{-1}(\boldsymbol{z}) \tag{3-4}$$

式（3-4）可称为感知模型，其期望目标是要使推断状态 $\hat{\boldsymbol{x}}$ 尽可能与任务环境的真实状态 $\boldsymbol{x}$ 一致。然而，由于多种原因，要实现这一期望目标往往并非易事，有时甚至非常困难。即使对于比较简单的情况，即想要推断的任务环境状态（例如图 3-9a 所示角速度）

可以通过传感器直接测量（例如采用陀螺仪直接测量角速度），由于传感器的输出往往会受到众多因素的影响而存在“噪声干扰”（图 3-9b），要根据传感器的输出信号（图 3-9b）准确推断产品世界的真实状态（图 3-9a）也并不容易。更复杂的情况是想要推断的产品世界状态不能通过传感器直接测量，语音识别、图像识别、故障诊断等众多任务都属于这类情况。

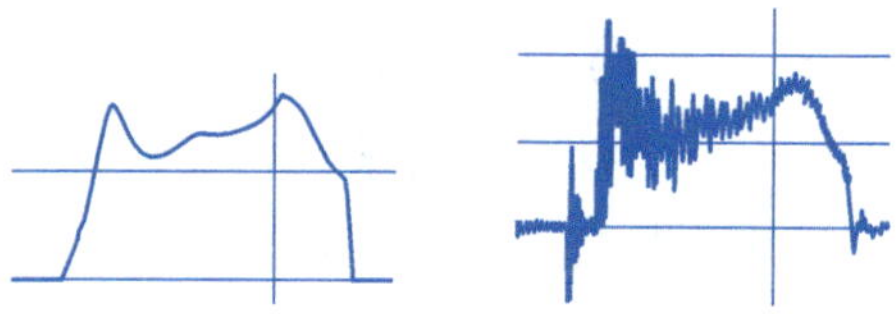

图 3-9 传感器输出

感知涉及的问题范围非常广泛，是人工智能、控制理论、最优估计理论等领域的重要研究内容。

2）规划决策层

规划决策层的任务是确定执行系统的动作目标（如位置、速度）。决策层的输入是感知层输出的产品世界推断状态 $\hat{\boldsymbol{x}}$，而不是传感系统获取的信息 $\boldsymbol{z}$；输出是执行系统的动作目标 $\tilde{\boldsymbol{x}}$，而不是执行系统的控制信号 $\boldsymbol{u}$。而且，对于包括汽车驾驶、复杂形状零件铣削在内的很多情况，决策层需要解决的问题依然很复杂，因此还可能需要进一步细分。此外，决策层需要解决的问题类型多种多样，有的可能属于确定一个规划，有的可能属于确定一个策略，有的可能属于调度。下面以汽车驾驶为例进行说明。

案例 3-3

汽车驾驶的决策

汽车驾驶任务中的决策层可以继续细分为三层：全局路径规划层、行为决策层和运动规划层（图 3-10）。

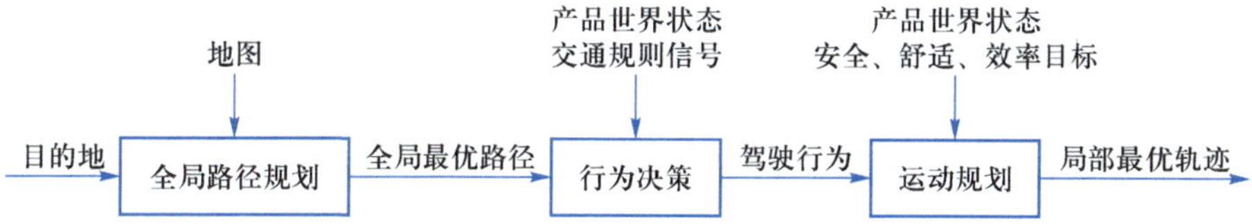

图 3-10 汽车驾驶的决策

（1）全局路径规划层

全局路径规划是顶层的路径规划，聚焦在分钟到小时级别的规划。该层根据目的地和地图等信息搜索出一条自起始点至目标点的最优路径。

（2）行为决策层

行为决策层根据全局路径、产品世界状态以及交通规则等信息，做出车道保持、车道变换、加速、制动等适合当前状态的驾驶决策。例如，在检测到前方存在低速行驶车辆，且左侧车道满足变道条件时，做出向左变道的决策。

（3）运动规划层

运动规划层聚焦在毫秒级到秒级的规划，根据驾驶行为决策、当前状态和全局路径等信息，综合考虑安全、舒适、效率等目标，规划出一条最优的局部轨迹。

决策是人工智能、运筹学、决策论、最优控制理论等领域的重要研究内容，其挑战性主要来自以下原因：① 优化目标的复杂性，例如涉及存在相互冲突的多个目标；② 产品世界的复杂性，例如产品世界是不确定性的、动态的、部分可知的；③ 实时性要求高。

3）控制层

规划决策层确定了执行系统的行动目标 $\tilde{\boldsymbol{x}}$，例如车辆的期望速度，而控制层需要解决的则是如何实现这个目标，也就是要确定合适的控制信号 $\boldsymbol{u}$，使得执行系统能精准实现动作目标 $\tilde{\boldsymbol{x}}$，这属于控制理论研究的范畴。

原理上看，如果能准确知道式（3-1）所示的状态变化模型 $\boldsymbol{x}=f_{ux}(\boldsymbol{u})$，并且能有效确定 f_{ux} 的反函数 f_{ux}^{-1}，就可以根据目标状态 $\tilde{\boldsymbol{x}}$ 来求解执行系统的控制信号 $\boldsymbol{u}$，即：

$$\boldsymbol{u}=f_{xu}(\tilde{\boldsymbol{x}})=f_{ux}^{-1}(\tilde{\boldsymbol{x}}) \tag{3-5}$$

式（3-5）可称为开环控制模型。然而，由于执行系统是由动力装置、传动装置和工作装置组成的动态系统，而且执行系统与外部环境之间还可能存在复杂的、不确定性的相互作用，例如车轮与路面之间的相互作用、刀具与工件之间的相互作用，因而控制信号与状态变化之间的关系不仅非常复杂而且具有不确定性，使得控制问题的有效解决充满挑战性。

4）信息系统的实现

解决上述感知、决策和控制等问题的信息系统一般是用计算机来实现，因而感知、决策和控制模型是以计算机程序的形式体现。因此，信息系统也就是运行某个感知、决策和控制程序的计算机信息处理系统。

一旦给定了传感系统和执行系统，智能产品完成任务的能力就取决于信息系统的能力。而信息系统的能力又取决于相辅相成的两个方面：① 决策模型或程序本身的有效性，这决定了能否采取最有效的行动（或称为理性的行动）去完成任务；② 计算资源能否胜任感知、决策和控制的实时求解。

4. 通信系统

通信系统的基本作用是将传感系统获取的信息传输给信息系统，并将信息系统产生的决策结果，即控制指令，传输给执行系统。显然，通信系统对智能产品是不可或缺的，且信息传输的有效性无疑还会影响智能产品完成任务的能力。需要指出的是，随着网络化技术的发展，通信系统对于智能产品的作用已变得越来越大（详见 3.2.3 节）。

总之，无论什么用途的智能产品，虽然信息系统是决定产品智能程度的关键，但传感系统、执行系统和通信系统等构成要素不仅是必要的而且是重要的，都对有效完成产品任务有着不同程度的影响。

3.2 从传统产品到智能产品

产品进化过程可大致划分为传统产品和智能产品两大阶段。其中，传统产品的发展主要解放了人类的四肢与体力劳动；而智能产品的发展则不仅进一步减轻了人类的体力劳动，更关键的是正在越来越多地减轻人类的脑力劳动，并放大和扩展人的体力与脑力之外的更多潜能。

3.2.1 传统产品

从古代社会开始，人类就已开始发明和使用简单工具来辅助完成任务，如人力脚踏车、畜力汲水车、水碾和风车等。当时这些工具的动力是来自人力、畜力、风力和水力等，受到各种各样的制约（例如人力有限）。在随后漫长的岁月中，各种工具不断创新演化，但从其动力来源看，则主要经历了机械化和电气化等重大变革。

1. 机械化

1782年，瓦特在前人研究的基础上，研制出复动式蒸汽机，并于1785年开始运用于纺织业，为传统产品的发展带来了一场动力革命。一方面，蒸汽机消耗煤和水而自行产生动力，可完全受人控制，摆脱了自然条件的制约；另一方面，蒸汽机的使用也使得工作机（工作装置）、传动机（传动装置）和原动机（动力装置）等三个主要的机器组成部分成为一个整体，机械结构及体系趋于完善。自此，传统产品的能源开始以煤炭为主，蒸汽机带来的强大动力导致了一系列需要大推动力的机器的诞生，催生了第一次工业革命。

2. 电气化

传统产品的第二次革命性变化，是以电动机和内燃机技术的发明与使用为标志。第一台实用化的电动机于1834年问世，1860年出现了用电火花点燃煤气的内燃机，传统产品逐步发展到用电动机和内燃机驱动的新阶段。与蒸汽机相比，电动机和内燃机拥有很多优点。例如，电动机能提供的功率范围更大，可从毫瓦级到万千瓦级；使用和控制更方便，具有自启动、加速、制动、反转、掣住等能力；工作效率更高，烟尘、气味、噪声都较小。因此，随着电力和燃油作为方便而价廉的新能源开始广泛应用，电动机和内燃机作为动力的优势得以更充分体现，从国民经济各行业到国防军工，从大型设备到微型机械，传统产品开始全面向电气化时代迈进，第二次工业革命得到了快速推进。

案例 3-4

传统机床

1）传统机床的发展历程

在1501年左右，意大利人列奥纳多·达·芬奇曾绘制过车床、镗床、螺纹加工机床和内圆磨床的草图，其中已有曲柄、飞轮、轴承等机构。中国明朝的《天工开物》也记载有磨床结构：用脚踏使铁盘旋转，加上沙子和水来剖切玉石（图 3–11）。

图 3–11 《天工开物》中的磨床结构

18 世纪，蒸汽机的应用使机床发展进入新阶段。

19 世纪，由于纺织、动力、交通运输机械和军工生产的推动，各种类型的机床相继出现，例如龙门刨床、卧式铣床、滚齿机、万能外圆磨床和插齿机。特别是随着电动机的应用，机床的发展速度进一步加快，到 19 世纪末各种主要机床均已基本定型。

在 20 世纪的前 20 年，机械制造技术开始进入精密化的新阶段。例如，出现了用金刚砂和刚玉石制成的砂轮进行磨削的精密磨床；铣床方面也发明了多螺旋线刀刃铣刀，基本解决了单刃铣刀所产生的振动和加工质量不高的问题。

在 1920 年以后的 30 年中，机械制造技术进一步进入了半自动化时期，液压和电气驱动控制技术在机床上逐渐得到应用，至此传统机床的发展也达到了顶峰。下面以立式升降台铣床 X52K（简称 X52K 型铣床）为例进行介绍。

2）X52K 型铣床的工作原理及特点

在执行系统方面（图 3–12a），X52K 型铣床的工作装置由一个能旋转的主轴和一个能沿三个相互垂直的方向移动的工作台组成，这已与现代同类铣床基本相同。主轴采用普通电动机驱动并配置多级齿轮传动系统来实现变速（图 3–12b）。工作台的三个进给运动有两种驱动方式：一是人工旋转手轮的手动方式；二是通过电动机驱动的“机动”方式，但三个机动进给是共用一台普通电动机，并采用多级齿轮传动实现变速（图 3–12b）。

X52K 型铣床

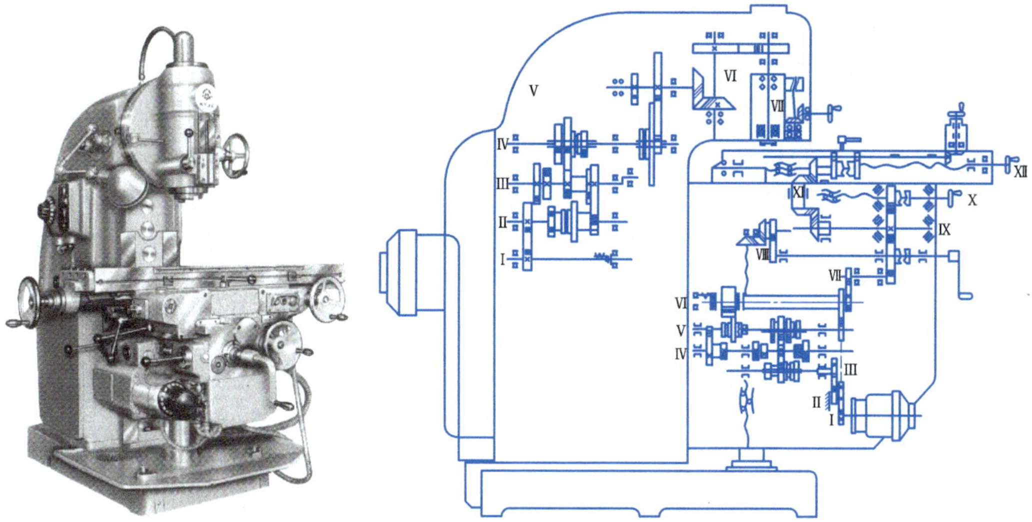

(a) 外形图　　(b) 传动系统

图 3-12　X52K 型铣床及其传动系统

在工艺能力方面，除非加装特殊附件，X52K 型铣床上一般只能采用棒铣刀、角度铣刀或端面铣刀来实现平面、斜面、沟槽等简单几何要素的加工。

在自动化程度方面，X52K 型铣床的三个进给轴可按设定的某些速度机动，但进给速度的调整和移动距离的控制均需由操作人员完成，因而自动化程度低，效率不高。

案例 3-5

传统汽车

1）燃油汽车

1803 年，法国工程师制造出采用高压蒸汽机驱动的汽车，可乘坐 8 人，平均行驶速度可达 13 km/h，从此用蒸汽机驱动的汽车开始在实际中应用。19 世纪 60 年代出现了用火花点燃煤气的内燃机，真正意义上的燃油汽车就是在这种内燃机的驱动下产生的。

1885 年，卡尔·奔驰研制出一辆装有汽油发动机的三轮机动车，它已具备燃油汽车的一些基本特点，包括内燃机提供动力、火花点火、水冷循环、钢管车架、钢板弹簧悬架、后轮驱动、前轮转向、制动手把等。1886 年，卡尔·奔驰的三轮机动车获得专利授权，同时戴姆勒研制出世界上第一辆由汽油发动机驱动的四轮汽车，这一年通常也被视为汽车元年。

经过进一步发展，传统燃油汽车的结构和功能越来越完善，主要部件有发动机、车身、底盘、电气设备等，其中底盘部件又包括传动系、转向系、行驶系和制动系等。

2）电动汽车

早在燃油汽车出现之前，纯电动汽车就已出现。世界上第一辆被实际制造出来的电动汽车在1832到1839年之间出现在美国，该车所用的蓄电池还比较简单，是不可再充的。1899年，德国人波尔舍发明了轮毂电动机，随后开发了Lohner-Porsche电动汽车，该车采用铅酸蓄电池作为动力源，由前轮内的轮毂电动机直接驱动。紧接着，波尔舍在Lohner-Porsche电动汽车的后轮上也装上两个轮毂电动机，由此诞生了世界上第一辆四轮驱动的电动汽车，但该车所采用的蓄电池体积和重量都很大，最高时速也只有60 km。为了解决这些问题，1902年，波尔舍在这辆电动汽车上又加装了一台内燃机来发电以驱动轮毂电动机，这也是世界上第一台混合动力汽车。

3. 传统产品的特点

1）组成特点

经过漫长的进化，传统产品已具备相对完善的执行系统，也拥有一定的传感和控制功能，但这些功能都是由机械、电气、流体等物质来实现的。瓦特于1769年发明的飞球调节器（图3-13）就是一个以纯机械的结构实现从传感到控制的例子。飞球调节器用于控制蒸汽机转速，其基本工作原理是：当蒸汽机的输出转速增大时，飞球将在离心力的作用下远离轴线而使重心上移，从而带动连杆关小阀门以减少进入蒸汽机的蒸汽流量，蒸汽机也就会减速。因此，传统产品是纯粹的物理系统，产品创造者的知识和智慧以物理系统的形式呈现。

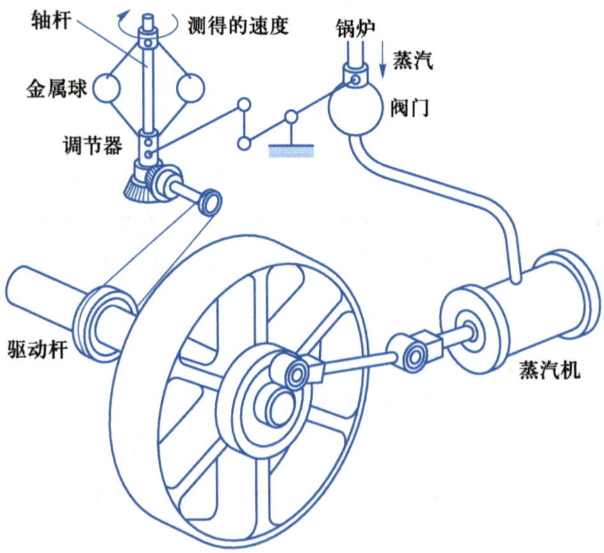

图3-13 瓦特的飞球调节器

2）功能与性能特点

传统产品的执行系统已比较完善，但信息处理的能力有限，完成任务所需的感知、决策、控制等脑力劳动主要由操作人员承担，传感和执行方面往往也需要操作人员的参与。例如，对于传统机床，操作者不仅需要承担完成加工任务所需的脑力劳动，还需仔细观察加工状态，并通过手柄和手轮等操控刀具相对工件的运动（图 3-14）；对于传统汽车，驾驶员不仅需要承担完成驾驶任务相关的脑力劳动，还需仔细观察内外环境，并用手和脚对方向盘、油门、刹车、挡位、离合器等进行操控。因此，传统产品完成任务的质量和效率与操作人员的水平和状态密切相关，操作人员劳动强度大。

图 3-14 传统机床的使用操作

传统机床的使用操作

总之，传统产品是纯粹的物理系统，主要是拓展了人类的执行能力，工作任务是由操作人员和产品共同组成的人 - 物理系统（HPS）完成的。

3.2.2 “数字一代”产品

1. 产品的数字化革命

20 世纪中叶以后，数字化技术的发展不仅使得创造各种用于信息处理的全新产品成为可能，也使得通过数字化技术赋能实现各种传统产品的创新升级成为可能，各行各业、各种各类产品开始进入一个新的发展阶段——“数字一代”产品阶段。

从传统产品的创新升级视角看，“数字一代”产品是通过引入基于数字计算机技术的信息处理系统（简称信息系统）来解决完成任务过程中的感知、决策和控制问题，这使得“数字一代”产品相对传统产品发生了革命性变化。

一方面，“数字一代”产品不再是纯粹的物理系统，而是由信息系统与物理系统共同组成的信息 - 物理系统（CPS，图 3-15），软件开始参与确定产品的功能与性能。

另一方面，“数字一代”产品拥有强大的信息处理能力，产品功能、性能、柔性自动化程度等均可显著提高，产品使用者的脑力劳动可在一定程度上得到解放。更重要的是，对于“数字一代”产品，研发人员的知识与智慧可以方便地以软件形式向产品中转移，产品创新效率、知识的传播利用与传承效率都得到极大提高。

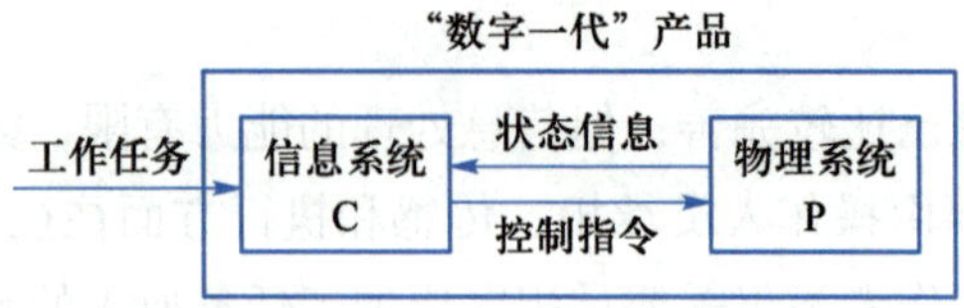

图 3-15 “数字一代”产品的 CPS 结构

案例 3-6

数控机床——数字化机床

1）机床的数字化升级

数控机床是“数字一代”产品的典范。1947 年，美国帕森斯公司为了制作直升机机翼、桨叶和飞机框架，提出了用数字信息控制机床自动加工复杂形状零件的设想。帕森斯公司与麻省理工学院合作，于 1952 年研制成功世界上第一台数控机床——三坐标数控铣床，为解决传统机床无法胜任的复杂形状零件的柔性自动化加工问题开辟了崭新的途径，拉开了传统机床全面向数控机床进化的序幕。

与传统机床相比，数控机床最根本的变化体现在数字化技术赋能带来的感知、决策和控制能力的提升。下面结合 X52K 型铣床的数字化创新升级予以说明。

2）从 X52K 型铣床升级为 XK714 型数控铣床

XK714 型数控铣床

应用数字化技术对 X52K 型铣床进行产品升级，得到 XK714 型数控铣床（图 3-16），它与 X52K 型铣床在结构与功能性能方面的主要差异见表 3-3。

从机床结构组成看，与 X52K 型铣床相比，XK714 型数控铣床的工作装置基本相同，最主要的变化体现在以下两个方面：

一是采用三套伺服驱动系统分别对三个进给轴进行驱动与控制（图 3-16b）。伺服驱动系统由伺服电动机、驱动器和控制器组成（详见 3.2.2 节中的 2.“数字一代”产品的物理系统和 3.“数字一代”产品的信息系统），可接受数字化的指令信号，自动控制进给轴精确地执行期望的运动，形成了数字化动力装置；同时，伺服电动机直接通过滚珠丝杠副驱动工作台移动，去掉了进给变速箱，传动链得到极大简化。

二是增加了一套数控系统。数控系统是一个信息处理系统，它通过输入装置接收用数控语言等方式指定的加工任务并进行相应的规划决策，输出动作指令对各进给轴和主轴等的运动进行协调管控，使机床能正确地自动完成加工任务（详见 3.2.2 节中 3.“数字一代”产品的信息系统）。

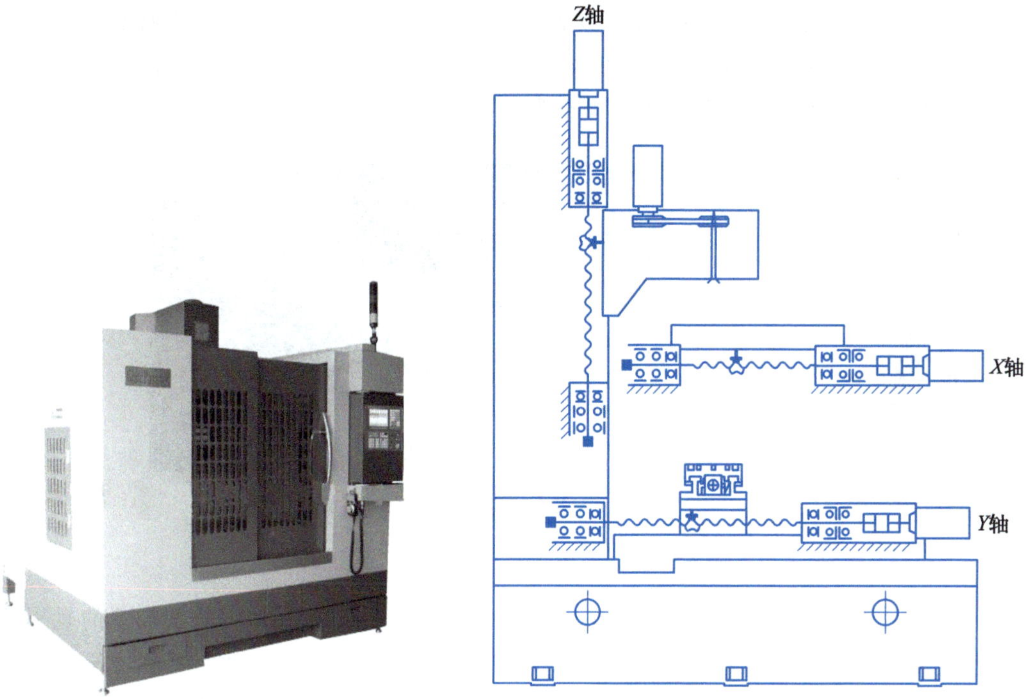

(a) 外形图　　(b) X、Y、Z三轴进给系统简图

图 3-16　XK714 型数控铣床

表 3-3　XK714 型数控铣床与 X52K 型铣床的结构与功能性能对比

			X52K 型铣床	XK714 型数控铣床
结构	进给系统	进给轴布局	X 轴、Y 轴、Z 轴（工作台上下移动）	X 轴、Y 轴、Z 轴（主轴箱上下移动）
		进给电动机	普通三相电动机	交流伺服电动机
		进给传动链	多挡、多级齿轮传动，T 形丝杠	滚珠丝杠副
	控制系统		操作手柄、按钮	数控系统
	主轴系统	主轴电动机	普通三相电动机	变频器＋三相变频电动机
		主轴传动链	多挡、多级齿轮传动	1∶1 同步带传动
功能与性能	进给轴速度范围 /(mm/min)		23.5～2 300（X，Y）、8～770（Z）	10～10 000
	主轴调速范围 /(r/min)		30～1 500，18 级速度	150～6 000，无级调速
	工艺范围		零件单一、形状简单	范围广，包括复杂形状零件
	精度		精度、可重复性差	重复性好，精度高
	自动化程度、效率、柔性		自动化程度低、效率低、柔性差	自动化程度高，效率高，柔性好

在功能性能方面，XK714 型数控铣床相对 X52K 型铣床的最显著特点之一是具有三轴联动加工复杂形状零件的能力（图 3–17），加工出的这类零件在飞机、汽车、船舶和动力设备等众多装备中极为重要。

三轴联动加工复杂轮廓

图 3–17 三轴联动加工复杂轮廓

3）三轴联动加工原理

联动是指机床各进给轴分别以给定的速度进给，以使机床刀具按期望的轨迹运动。XK714 型数控铣床之所以拥有三轴联动加工能力，是因为进行了两方面技术升级：一方面，机床的三个进给轴都由独立的伺服系统驱动，每个进给轴都可按照给定的动作指令（位置、速度等）精确地运动（图 3–18a）；另一方面，机床的数控系统可以根据期望的刀具轨迹要求，协调指挥三个进给轴分别按各自的速度运动，即 X、Y、Z 三轴联动。

（1）三轴联动实现直线刀具轨迹。在机床加工坐标系中，空间任意一个点向量 $\vec{P}_s(X_s,Y_s,Z_s)$ 都可以由三个坐标轴上的分向量 $\vec{X}_s$、$\vec{Y}_s$ 和 $\vec{Z}_s$ 组合而成，也就是说，如果从原点 P_0 出发，在一定时间 t 内，X、Y、Z 三轴分别匀速进给 X_s、Y_s 和 Z_s 的距离，就可以直线到达点 P_s（图 3–18b）。如果要使刀具按如图 3–18c 所示从 P_s 到 P_e 的空间直线轨迹 $\overline{P_sP_e}$ 运动，机床数控系统只需指挥 X、Y 和 Z 三个进给轴，在确定的时间 t 内，分别匀速进给 ΔX_{e-s}，ΔY_{e-s} 和 ΔZ_{e-s} 即可。

（2）三轴联动实现曲线刀具轨迹。如果要使刀具按如图 3–18d 所示从 P_s 到 P_e 的空间曲线轨迹 P_sP_e 运动，则只需要用一系列直线刀具轨迹去逼近所需的曲线刀具轨迹，也就是近似地以许多条很小的直线走刀，“以直代曲”，近似地实现空间曲线刀具轨迹。

复杂曲线曲面的多轴联动加工原理

（3）刀具轨迹插补。机床数控系统实时确定各进行轴动作指令以实现期望刀具运动轨迹的过程，即为插补。原理上，无论是直线刀具轨迹还是曲线刀具轨迹，插补都可看成对起点 P_s 和终点 P_e 之间的线段进行数据密化，也就是计算出线段上的一系列中间点，且相邻两个点的距离等于刀具运动速度和插补周期的乘积；在此基础上，数控系统在各个

“密化数据点”P_i（X_i，Y_i，Z_i）处发出动作指令，使各进给轴分别移动 $\Delta X_i=X_{i+1}-X_i$、$\Delta Y_i=Y_{i+1}-Y_i$、$\Delta Z_i=Z_{i+1}-Z_i$ 的距离，三轴联动，到达下一个“密化数据点”P_{i+1}（X_{i+1}，Y_{i+1}，Z_{i+1}）；这样一小步一小步走刀，集合起来，使刀具按直线轨迹 P_sP_e 或曲线轨迹 P_sP_e 运动。

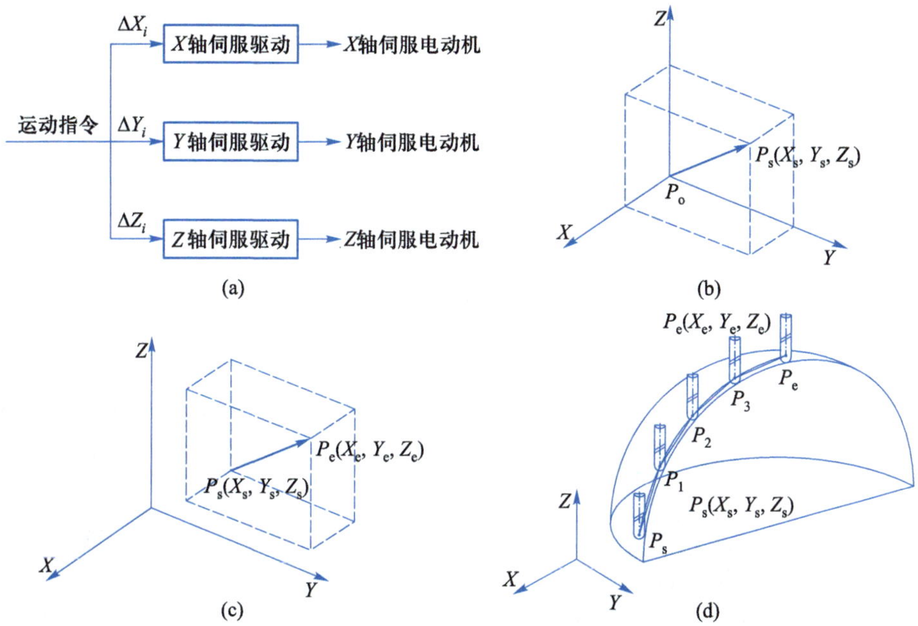

图 3-18 三轴联动加工原理

4）从三轴联动数控铣床升级为五轴联动数控铣床

在上述三轴联动数控铣床基础上再增加两个转动进给轴，并配置具有五轴联动功能的数控系统后，三轴联动数控铣床即可升级为五轴联动数控铣床（图 3-19）。图 3-19 所示的五轴联动数控铣床属于双转台方案，即增加了绕 X 轴旋转与绕 Z 轴旋转的两个转动轴（A 轴和 C 轴）。从理论上讲，（X，Y，Z，A，C）五轴联动加工，就能够实现刀具从空间中任意方向加工工件（图 3-20），因而可以加工非常复杂的零件。例如，对于图 3-20c 所示的零件，由于刀具干涉，三轴联动数控铣床无法实现“凹圆台”加工，而应用五轴联动数控铣床，A 轴和 C 轴旋转一定角度，刀具就能完成加工任务（图 3-20d）；同时，加工的质量和效率都提高到一个更高的境界，例如五轴联动数控铣床可以高质量高水平加工工业叶轮（图 3-21）。

五轴联动加工艺术品

五轴联动数控机床是一种科技含量高、精密度高、专门用于加工复杂精密工件的机床，代表着当前数字化机床的发展水平。

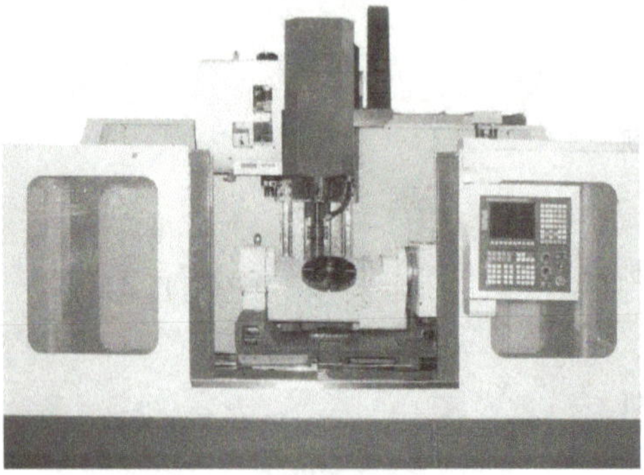

(a) 外形图

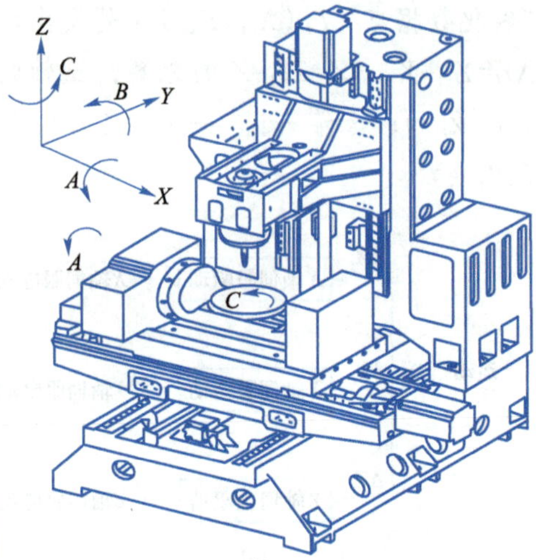

(b) 进给轴配置(*X*、*Y*、*Z*、*A*、*C*)

图 3-19 五轴联动数控铣床

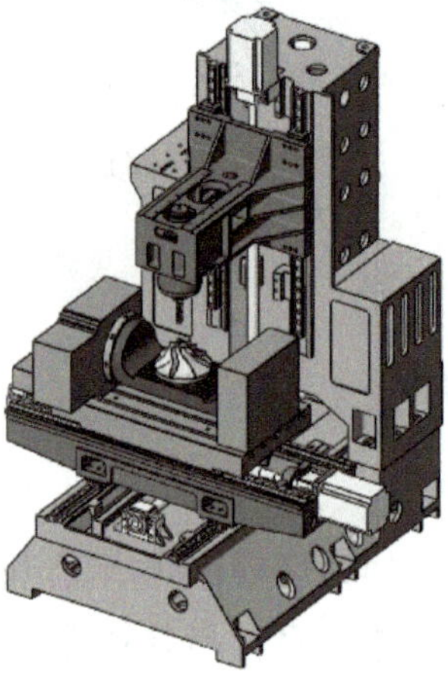

(a)

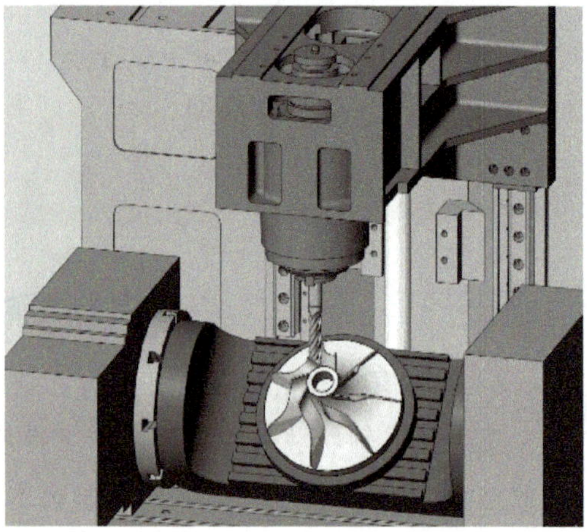

(b)

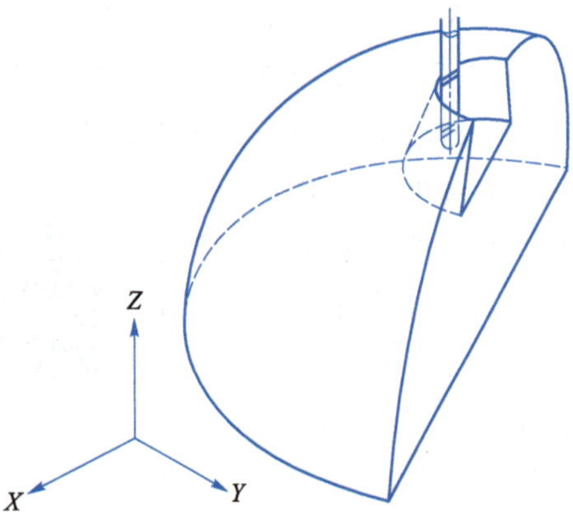

(c)

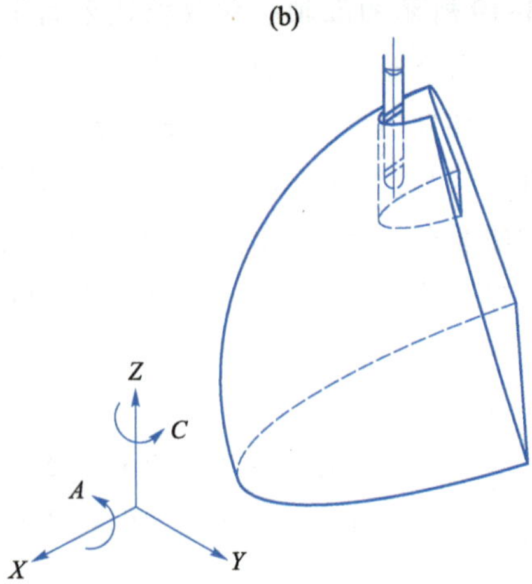

(d)

图 3-20 五轴联动加工原理

图 3-21 五轴联动加工叶轮

五轴联动加工叶轮

案例 3-7

汽车的数字化升级

现代汽车的工作装置与传统汽车并无明显差异，都是通过车轮的运动实现行驶功能，但数字化技术的应用已使现代汽车相对传统汽车发生巨大变化。无论是电动汽车还是燃油汽车，现代汽车普遍采用基于微处理器的电子控制单元（electroric control unit，ECU）对动力、转向、制动等各种功能系统进行管理控制。ECU 数量多达数十个甚至上百个，所嵌入的软件代码量多达数千万行甚至上亿行，以至于“软件定义汽车”的理念已然被汽车从业者广泛认可。汽车的数字化不仅极大提升了汽车的各方面性能，而且极大地改善了驾乘人员的多方面体验。

2. “数字一代”产品的物理系统

物理系统是除信息系统以外的产品组成部分的总称，主要包括执行系统、传感系统和通信系统。作为应用数字化技术进行创新升级的结果，“数字一代”产品相对传统产品不仅新增了信息系统，物理系统也有显著的进步和变化，而且这些进步和变化也与数字化技术的应用存在很大关系。

1）执行系统的进步和变化

执行系统涉及工作装置、动力装置和传动装置（图 3-4），执行系统的进步和变化通常出现在动力装置和 / 或传动装置，其中动力装置的进步和变化更为关键。

（1）电动机的进步和变化

电动机可以分为直流电动机和交流电动机两大类。在 20 世纪 80 年代之前，直流电动机由于具有驱动控制简单和调速性能好等优点而得到广泛应用，但直流电动机也存在机械结构较复杂、故障率较高、使用寿命较短、维护工作量大等问题。而交流电动机虽然不存在这些问题，但在不具备变频调速条件的时代，交流电动机由于调速特性差而大多应用于不变速的场合，或者仅用于输出动力，而调速则通过其他传动控制方案（如机械传动控制、流体传动控制等）去解决（见案例 3-4）。直到 20 世纪 70 年代末，由于交流电动机矢量控制技术的发明以及电力电子技术和微处理器技术等的发展，交流电动机在调速方面终于可以获得和直流电动机相仿的性能。与此同时，数字化设计与制造以及其他电动机相关技术的发展也进一步促进了交流电动机的不断进步，因而交流电动机的应用开始逐步占据主导地位。

例如，XK714 型数控铣床的各进给运动采用的都是永磁同步交流伺服电动机，其结构组成如图 3-22 所示，主要由定子 5、定子三相绕组 3、转子 6 和角位移传感器 11 等组成。其中，定子由硅钢片叠装构成，其上有齿槽，内有三相对称绕组（小功率电动机也可是单相），当输入三相交流电流（称为电枢电流）时，将产生绕电动机轴线旋转的定子磁动势。转子用高导磁率的永磁材料制成磁极，用于产生转子磁动势，它与定子磁动势发生相互作用而产生电磁转矩。转子中间穿有电动机轴，轴两端通过轴承支撑在机壳上，转子与电动机轴可在电磁转矩作用下转动。转子尾部装有光电编码器或旋转变压器等传感器，用于检测电动机轴的角位移和转速，以便对电动机的运动进行有效控制。

永磁同步交流伺服电动机结构与工作原理

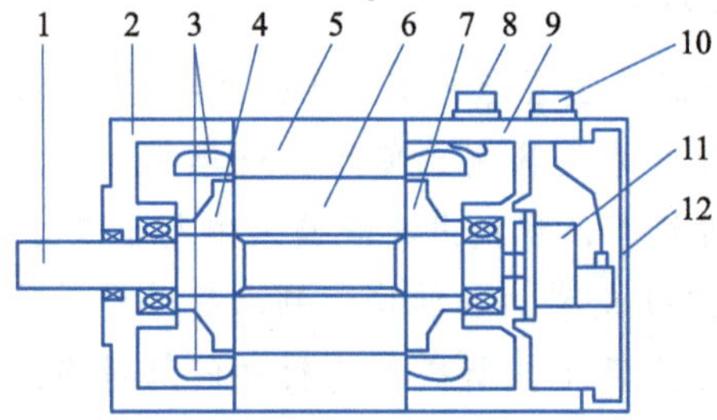

1—电动机轴；2—前端盖；3—定子三相绕组；4—前压板；5—定子；6—转子；7—后压板；8—动力线插头；9—后端盖；10—反馈插头；11—角位移传感器；12—电动机后盖

图 3-22 永磁同步交流伺服电动机结构图

（2）电动机驱动控制的进步和变化

对于数控机床等产品，要使工作装置按期望的规律运动，电动机转子就必须按相应的规律运动，因而需要对电磁转矩进行精确且快速响应的控制（简称高性能或高品质控制）。对于上述永磁同步交流伺服电动机，电磁转矩的高性能控制首先需要解决的问题是要能给定子三相绕组提供任意幅值、频率和相位的电流。随着电力电子技术的发展，基于功率半导体开关器件的电力变换装置为解决这一问题奠定了基础。

电力电子变换器（或称功率变换器）用于产生幅值和频率可控的交流电。按照电源的不同，电力电子变换器可分为从直流到交流的逆变器和从交流到交流的变换器两类。以逆变器为例，它主要由功率半导体器件组成，这类器件有一个控制输入门极，可根据输入的控制信号导通或者关断。逆变器又分为电压源逆变器和电流源逆变器，其中电压源逆变器较常用。如图 3-23 所示是常见的电压源逆变器主电路拓扑结构，包括有 6 个通断状态可控的器件，通过对这些器件的通断状态进行合适的控制，逆变器理论上可以输出任意幅值和频率的交流电。

对逆变器的器件通断状态进行合适的控制是伺服控制器的任务（详见本节 3. “数字—

代”产品的信息系统）。对于永磁同步交流伺服电动机，为了实现对电磁转矩的高性能控制，伺服控制器需要解决的一个关键问题是如何使定子磁动势的方向始终垂直于转子磁动势的方向。其解决方案之一是用传感器测量电动机转子位置（图 3-22）、用微处理器实现计算密集型的矢量控制（或称磁场定向控制）方法。

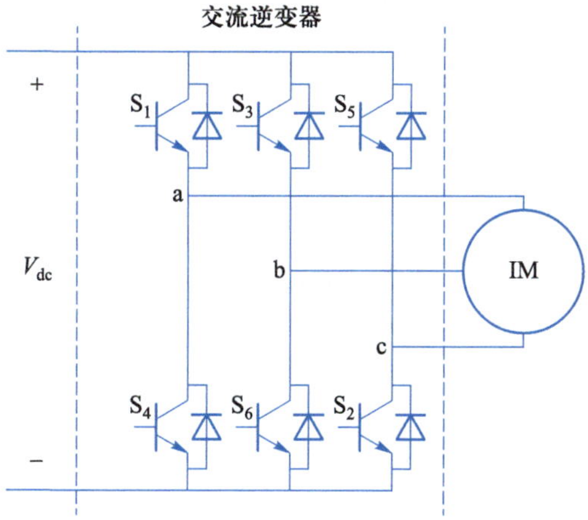

图 3-23 六开关电压源逆变器主电路拓扑结构

（3）传动装置的进步与变化

随着上述电动机调速技术的进步，类似图 3-12b 那样复杂的传动变速系统已没有存在的必要，传动装置可极大简化，不仅能降低成本，还能提高传动精度和效率。例如，XK714 型数控铣床的进给系统采用伺服电动机通过刚性无键联轴器与滚珠丝杠副直接连接的传动方案（图 3-16b），其中单个进给轴的传动结构如图 3-24 所示，传动链得到了极大简化。

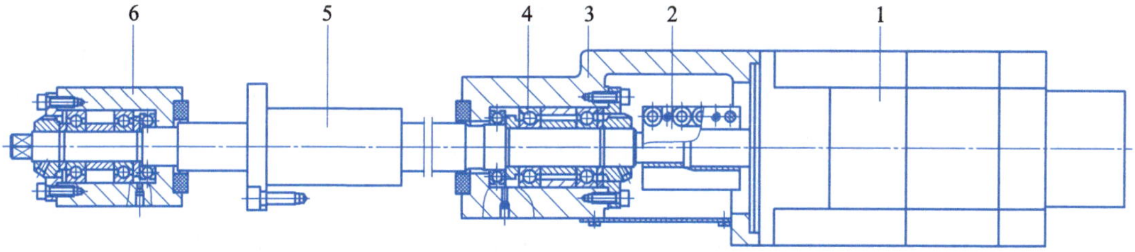

1—伺服电动机；2—联轴器；3—电动机座；4—球轴承；5—滚珠丝杠副；6—轴承座

图 3-24 XK714 型数控铣床的进给传动结构

此外，上述动力装置和传动装置的技术进步也为“数字一代”产品执行系统的创新带来了新的空间，例如将数控铣床的进给执行系统从三轴联动升级为五轴联动（图 3-19）。

2）传感系统的进步和变化

首先，随着产品信息处理能力的增强和对产品功能性能要求的提高，“数字一代”产品通常会配置数量更多的传感器。另外，随着相关技术的进步，“数字一代”产品中传感器的性能也不断提高，传感器的数字化就是其表现之一。数字式传感器通常集成有微计算机和数字通信接口，一方面利用微计算机的信息处理能力保证传感器输入输出间的线性关系、补偿修正随时间和温度等变化引起的误差、提高测量信息的信噪比等，以有效提高测量精度及可靠性；另一方面利用数字通信接口方便地实现与其他信息系统间的互联。例如图 3-25 是一款数字式惯性传感器的实物图及其组成结构框图。

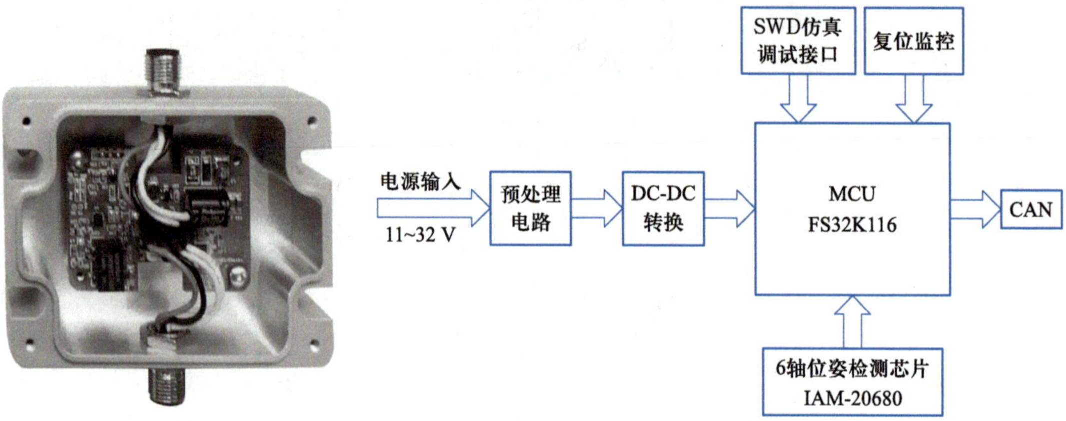

(a) 实物图　　(b) 组成结构框图

图 3-25　一款数字式惯性传感器

3）人机交互装置的进步和变化

产品在使用过程中，一方面需要接收使用者的指令，另一方面需要向使用者反馈必要的信息，这两方面的任务都需要由人机交互装置（human machine interface，HMI）来完成。需要指出的是，产品接收使用者指令的部分本质上是某种传感器，而向使用者反馈信息的部分本质上是某种执行系统。

人机交互装置的数字化和人机交互友好性的改善是"数字一代"产品相对于传统产品的重要进步和变化。例如，在 X52K 型铣床上加工零件时，操作者需要通过操作手柄等实现人机交互，劳动强度大（图 3-14）；而在 XK714 型数控铣床上进行加工时，操作者只需用图 3-26 所示 HMI 进行人机交互，工作环境和劳动强度均极大改善。

4）通信系统的进步和变化

"数字一代"产品采用各种通信网络来实现产品内部各组件之间以及与相关外部设备的通信。例如，对于数控机床，通信网络需要连接的组件包括数控系统、伺服驱动系统、人机交互装置、传感系统和其他设备。由于不同的通信任务对实时性的要求有区别，通常会采用多个不同工作周期的网络。例如，连接数控系统和伺服驱动系统的网络是实时性要求最高的一个网络，可采用实时工业以太网 EtherCAT 或 NCUC；连接人机交互装置的网络则只要接近人的反应速度即可，可采用普通的以太网。

3. "数字一代"产品的信息系统

信息系统是"数字一代"产品新增的决策系统，负责完成感知、决策、控制等任务。

但是，这些任务的实现不一定是集中在一起的，很多产品具有多个信息系统，它们以一定的通信方式分工协作来共同完成产品的感知、决策和控制任务；而且，对于不同的产品和不同的任务要求，可能的分工协作方式和问题解决方案也是多种多样的。

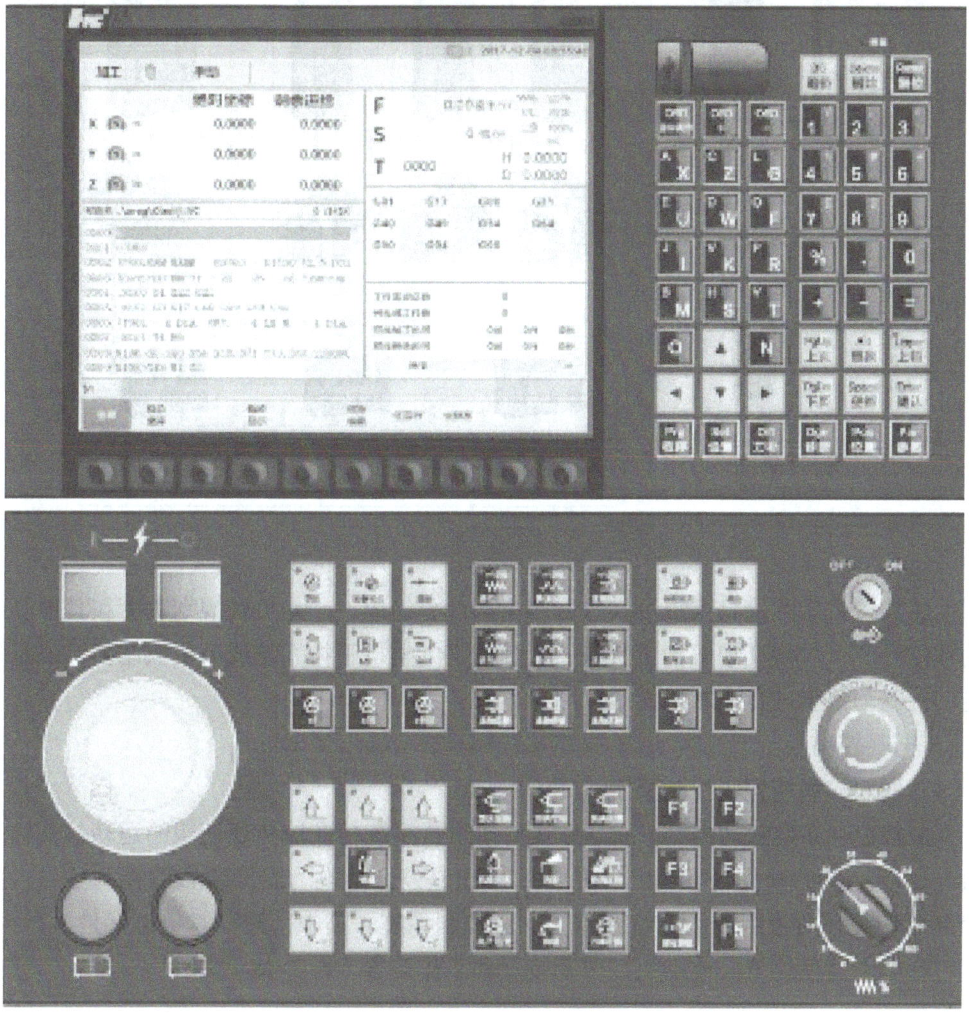

图 3-26 华中 8 型数控系统 HMI

案例 3-8

数控机床的信息系统

XK714 型数控铣床的信息系统及其与相关物理系统的连接关系如图 3-27 所示。其中，数控系统是主要的信息系统，负责感知、决策以及其他管理任务；此外，4 个伺服驱动器中也都有一个小的信息系统，负责伺服控制任务，一般称其为伺服控制器。

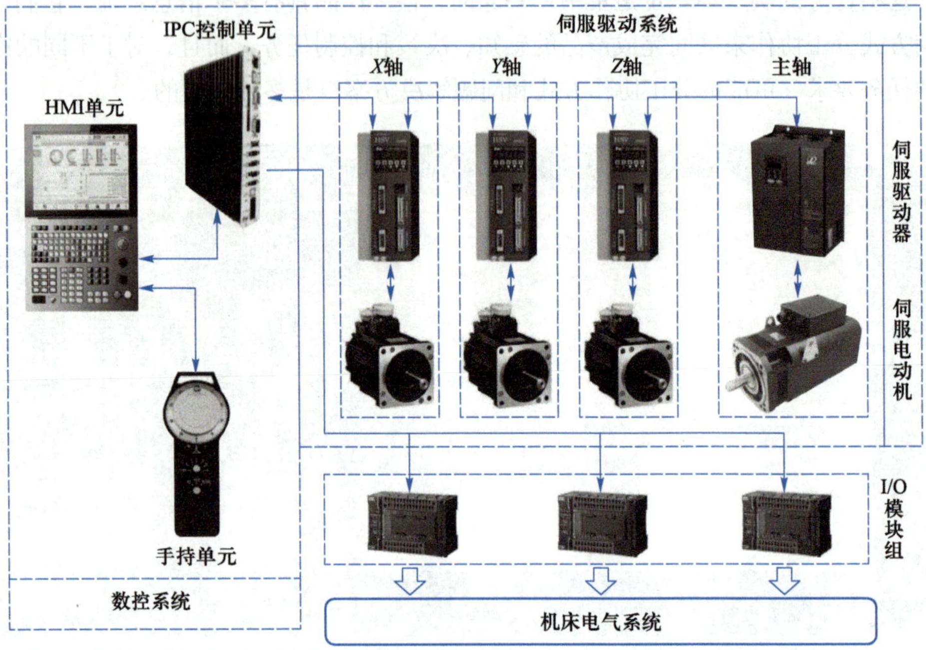

图 3-27 XK714 型数控铣床的信息系统及其与相关物理系统的连接关系

上述数控机床的信息系统可大致看成由两部分组成，一是负责规划决策和其他管理任务的数控系统，可将其理解为更具有一般性意义的整机管控系统或整机控制器；二是负责对电动机驱动系统进行控制的伺服控制器。

1）伺服控制器

（1）伺服控制与伺服控制系统

伺服控制（亦称随动控制）的目标是要使执行系统精准地实现期望的运动，其输入是整机控制器给出的动作目标（指令信号），输出是发送给电力变换装置的控制信号。由伺服控制器和被控对象组成的系统则称为伺服控制系统，其中，被控对象也就是执行系统，主要包括电力变换装置、电动机、传动装置和工作装置（图 3-28）。

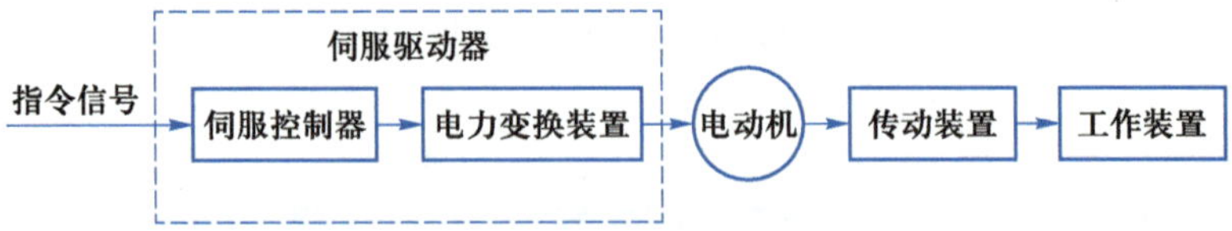

图 3-28 伺服控制系统

伺服控制系统需要满足的要求可归纳为：① 系统必须是稳定的，稳定性是最基本的要求；② 系统的输出必须能快速跟随指令信号的变化；③ 系统输出必须尽量避免来自各种扰动的影响；④ 即使被控对象的特性随时间和环境变化，上述要求也必须满足。

（2）开环控制系统与闭环控制系统

根据是否对系统的实际状态进行检测与反馈，伺服控制系统可分为开环控制系统和闭环控制系统两大类。

开环控制系统不对系统的实际状态进行检测，是没有反馈的系统（图 3-28）。开环控制时，伺服控制器直接根据式（3-5）所示的控制模型来求解与指令信号对应的控制信号。为了获得期望的结果，控制模型一方面必须足够准确，同时又不能过于复杂以便能满足实时求解的要求。但遗憾的是，被控对象的动态行为常常是非常复杂的、非线性的，而且在几乎所有的情况下，随着时间及环境的变化，被控对象的特性也会发生变化。也就是说，要准确地建立上述控制模型往往非常困难，而要建立可实时求解的准确控制模型则几乎不可能。因此，开环控制虽然具有成本低、调试维修方便等优点，但一般只能用于对控制性能要求不高的一些场合。

闭环控制系统增加了传感器来对系统的实际状态进行检测，伺服控制器根据传感器反馈的实际状态相对于期望状态（即指令信号）的偏差大小，采用一定的计算模型（一般称为控制律）来确定控制信号，以使系统的实际状态尽可能好地跟踪期望状态（图 3-29）。

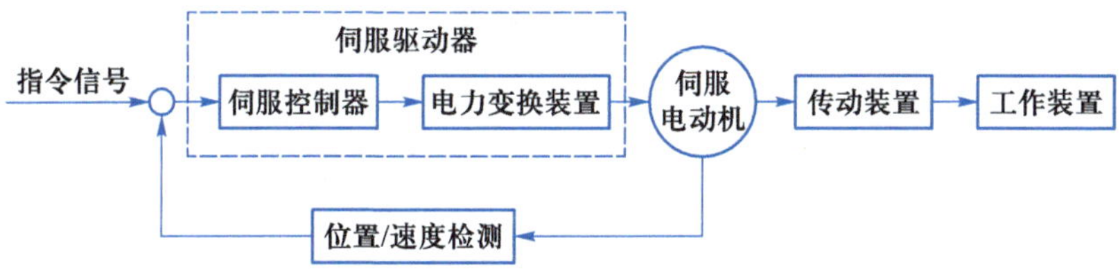

图 3-29 闭环控制系统

闭环控制原理

与开环控制相比，闭环控制拥有很多优点，通常能更好地满足对伺服控制系统的性能要求。因此，当对控制性能有较高要求时，一般都会采用闭环控制方式，或者采用开环和闭环相结合的控制方式。根据传感器所处位置的不同，闭环控制系统又可分为半闭环、全闭环和混合闭环等类型。其中，半闭环控制方式应用最为广泛（图 3-29），其传感器安装在伺服电动机轴上（图 3-22），XK714 型数控铣床的三个进给运动轴采用的都是这种半闭环控制方式。

（3）伺服控制要解决的主要问题

对于图 3-29 所示的闭环控制系统，当采用永磁同步交流伺服电动机时，高性能的伺服控制需要解决以下几方面问题：① 磁场定向控制。永磁同步交流电动机产生的电磁转矩与定子磁动势方向和转子磁动势方向的夹角相关，当两者处于正交状态时产生的电磁转矩最大。磁场定向控制也就是要控制定子磁动势的方向，以使定子磁动势与转子磁动势处于正交或其他必要的状态。② 逆变器控制。逆变器控制是对逆变器的功率半导体器件的通断状态进行控制，以产生永磁同步交流电动机所需的电枢电流。③ 速度与位置控制。图 3-29 中的指令信号大多是关于电动机转速与位置（电动机转子角位置）的指令，因此，伺服控制器需要对电动机转速与位置进行反馈控制，以保证电动机的实际转速与位置能有效跟踪输入的指令信号。

（4）伺服控制器结构原理

为解决上述控制问题，伺服控制器需要根据输入的指令信号和传感器反馈的信息进行一系列的计算处理。例如，对于永磁同步交流伺服电动机驱动系统，伺服控制器可采用如图 3-30 所示的三闭环控制结构，即设置三个调节器分别调节位置、速度和电流：位置调节器的输出作为速度调节器的输入，速度调节器的输出作为电流调节器的输入，电流调节器的输出经变换后得到电动机三相电压的期望值，然后通过 SPWM 逆变器控制实现对电动机三相绕组电流的控制。

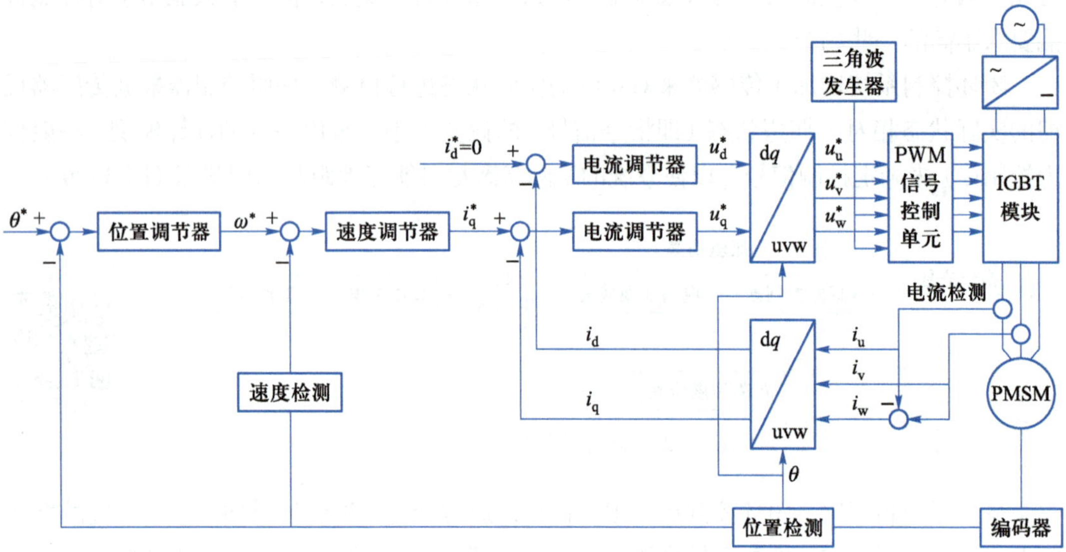

图 3-30 永磁同步交流伺服电动机伺服控制器结构原理图

（5）数字式交流伺服驱动器

数字式交流伺服驱动器以微处理器作为运算与控制器件，所有控制量均为数字量，可引入各种实时复杂控制算法（如磁场定向控制、直接转矩控制等）以提高控制性能，具有控制精度高、稳定性好、结构紧凑、调试和监控方便等优点。图 3-27 中给出的伺服驱动器就是数字式交流伺服驱动器，其内部组成结构框图如图 3-31 所示。

图 3-31 所示的伺服驱动器采用了数字信号处理器（digital signal processing，DSP）、现场可编程逻辑阵列（field-programmable gate array，FPGA）和智能化功率模块（intelligent power module，IPM），并配置了多种通信接口用于与上位机交换信息，可方便地选择工作方式和修改工作参数以适应不同应用场景，并反馈工作过程的状态信息和故障诊断信息等。

2）整机控制器

整机控制器根据接收到的任务指令以及从传感系统和其他途径获取的信息，进行必要的感知分析和规划决策，最终确定并输出各执行系统的动作目标（指令信号）。

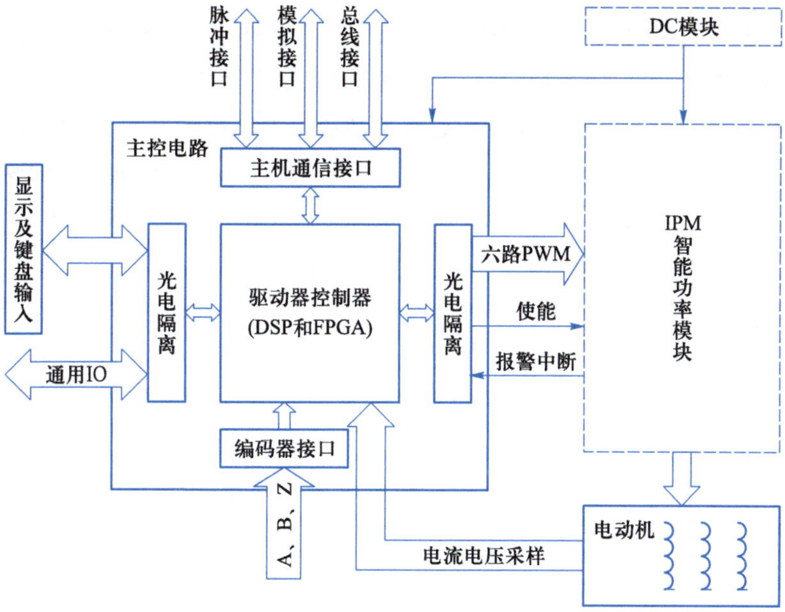

图 3-31 数字式交流伺服驱动器结构框图

（1）任务指令

整机控制器需要解决哪些问题取决于任务指令是什么。例如，对于机床来说，操作者给出的任务指令存在两种较极端的情况，第一种情况是操作者给出类似“将刀具从点 A 以速度 V_1 直线运动到点 B，再从点 B 以速度 V_2 直线运动到点 C……”这样的指令，另一种情况则是操作者给出类似“加工图 3-17 所示零件”这样的指令。显然，对于这两种情况，整机控制器需要解决的问题及其复杂程度会有很大差别。对于汽车也类似，第一种情况是驾驶员给出类似“加速（对应于踩加速踏板）、转向（对应于转动方向盘）、制动（对应于踩制动踏板）……”这样的指令，另一种情况则是驾驶员给出类似“到某个地方”这样的指令。

对于任务指令的上述两种极端情况，无论机床还是汽车，前一种指令给出的是具体明确的动作过程，可称为动作级指令；后一种指令给出的则是需要一系列复杂的动作过程才能完成的任务目标，不妨称为任务级指令。对于任务级指令，整机控制器往往需要处理很多复杂的、不确定性的感知和决策问题。对于铣床、汽车等通用性的“数字一代”产品，任务指令大多是动作级的；但对于应用场景比较确定的“数字一代”产品，任务指令也可能是任务级的。

案例 3-9

数控机床的任务指令

通用性的数控机床上广泛采用 G 代码指令来指定任务。此时，操作者需要将完成加工任务所需的刀具相对工件的运动轨迹、主轴速度、进给速度以及其他辅助动作按G代码规定的格式编制成数控加工程序（一般称为零件程序）输入数控系统。

标准G代码指令包括准备功能、进给功能、主轴功能、刀具功能及各种辅助功能。准备功能也称G功能，用来指令机床的动作方式，从G00至G99有100种，实现插补、刀具补偿、平面选择、坐标设定与固定循环等。其中，插补是用于指令机床按一定的轨迹（直线、圆弧、抛物线等）运动，如G01为直线（线性）插补，指令各进给轴从当前位置按线性规律联动到达目标位置。进给功能用F和其后的数字指定机床进给速度。主轴功能用S和其后的数字来指定机床主轴转速。M代码是辅助功能指令，用来指令机床辅助动作及状态，从M00至M99有100种，实现主轴正反转、冷却液开关、工件夹紧松开等。

零件程序由若干个程序段组成。一个程序段可由程序段序号（N x x）和G指令、轴指令及F、S、M等指令中的相容指令组成。例如，铣削图3-32所示半圆轮廓的零件程序如下：

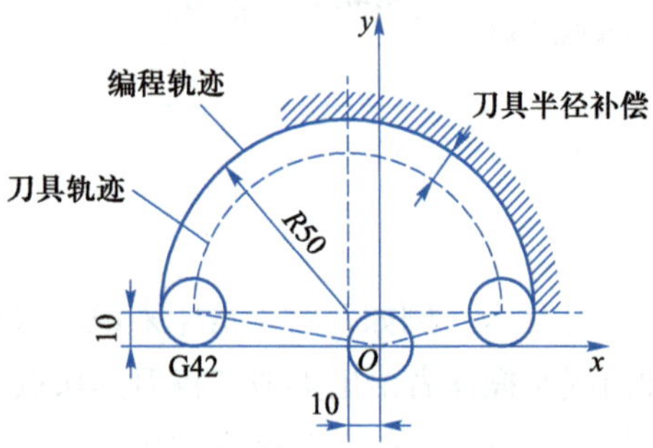

图3-32 铣削半圆轮廓

N1 G90 G92 X0 Y0 Z0：使用绝对值命令，设置工件坐标系到坐标位置X0 Y0 Z0；

N2 G42 G00 X-60.0 Y10.0 F200：刀具右补偿，进给到X-60 Y10，进给速度为200 mm/min；

N3 G02 X40.0 R50.0：顺时针切圆弧到极坐标位置X40 R50（绝对坐标为X40 Y10）；

N4 G01 G40 X0 Y0：直线运动到坐标位置X0 Y0，取消刀具补偿；

N5 M30：程序结束。

（2）主要功能

对于“数字一代”产品，即使是只用处理动作级指令给出的任务，要安全、高效、优质地完成任务，整机控制器需要解决的问题依然不少。

案例3-10

数控系统的主要功能

数控机床的期望目标包括高的精度、效率、柔性、可靠性等多方面，围绕这些目标，数控系统可提供的功能非常丰富，具体实现方式也多种多样，这里主要介绍其中最基本的功能。

（1）程序指令功能。数控机床是根据输入的零件程序进行加工的，因此数控系统提供的程序指令功能越强，操作者就越容易通过比较简单的编程来指定复杂的加工任务。比较基础的程序指令功能是上述 G 代码规定的功能，适应于任何机床。

（2）其他功能。数控机床是在数控系统的管理控制下自动工作的，为使机床高精高效和可靠地工作，数控系统还需提供如速度规划、误差补偿、加工过程监控、故障诊断等功能。

数控系统完成加工任务的规划决策过程如图 3–33 所示。

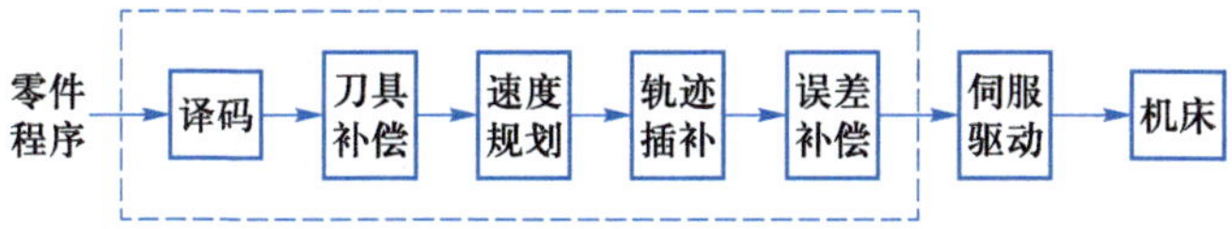

图 3–33　数控系统完成加工任务的规划决策过程

（1）译码。译码是按照 G 代码的语法规则对零件程序给出的加工任务进行解释，包括对零件程序的正确性检查。这可看成是一个感知过程。

（2）刀具补偿。为简化零件程序的编制，数控系统允许操作者直接以零件轮廓轨迹来描述刀具运动过程，但机床的运动必须按刀具中心轨迹进行控制（图 3–32），因此数控系统需要将零件轮廓轨迹转换为刀具中心轨迹，刀具补偿的任务也就是要正确地完成这个转换。理论上讲，刀具补偿就是要得到零件轮廓沿法线方向的等距点，这个计算并不复杂，比较麻烦的是这样得到的刀具中心轨迹在某些情况下可能会出现“过切”而使零件报废，因此需要进行干涉检查和处理：有时需要将刀具中心轨迹的某些部分裁剪掉，有时则需要在刀具中心轨迹的某些部分增加一段过渡轨迹。虽然看起来有点复杂，但刀具补偿所解决的都是确定性的几何层次问题。

（3）速度规划。速度规划的任务是要在当前插补周期实时确定下一插补周期的进给速度，这需要根据零件程序给出的轨迹情况与指令速度、机床当前速度、机床各进给轴的最大允许速度、加工系统动力学的影响等来综合确定。速度规划的关键在于加减速处理，加减速过快可能导致过大的加工误差，过慢又会降低加工效率；难点则在于加工系统动力学（包括机床动力学和切削过程动力学）的影响非常复杂且切削过程存在各种不确定性，实际数控系统通常会简化对该问题的考虑，例如只要求各进给轴的最大加减速度不超过给定的某个阈值。

（4）轨迹插补。零件程序给出的或经过刀具补偿后得到的刀具运动轨迹只给出了轨迹类型（如直线、圆弧）和目标位置，需要通过轨迹插补将其转化为适合伺服驱动系统的指令信号。具体来说，轨迹插补就是要在当前插补周期中，根据进给速度规划过程中确定的进给速度，实时计算出机床各进给轴在下一插补周期内的位移增量，使各进给轴的合成运动能满足给定的轨迹类型和规划的速度要求，其基本原理已在案例 3–6 中介绍。

（5）误差补偿。通常情况下，轨迹插补得到的只是理想状态下机床进给轴应实现的位移增量，但数控机床的制造误差（如进给传动丝杠的导程误差，X、Y 和 Z 轴导轨相互间的垂直度误差等）和使用过程中的众多因素（如床身热变形、刀具受力变形、刀具磨损等），都会导致刀具与工件的实际相对位置偏离期望值而造成加工误差。减小加工误差的途径有多种，例如提高机床制造精度和使用环境要求（如恒温工作环境）、采用全闭环控制、误差补偿等。

误差补偿是指数控系统通过计算分析，对轨迹插补确定的位移增量进行适当调整来实现减小加工误差，理论上是提高数控机床加工精度的最经济的途径。误差补偿的前提是数控系统需要拥有预测加工误差的能力，即误差模型，它主要用来预测刀具相对工件的实际位置与期望位置的偏差。举一个最简单的例子：假设轨迹插补的结果是进给轴 X 应在下一插补周期内达到 X=200 mm 的位置，对应于下一插补周期内电动机要带动丝杠转过 1° 的角度，但由于丝杠导程误差，下一周期结束后进给轴 X 的实际位置会偏离所期望的 X=200 mm，因而导致刀具相对工件的实际位置偏离期望位置；误差模型的作用就是要能预测出这个偏差 ΔX。一旦能预测出这个偏差，比如预测得到 $\Delta X = -0.005$ mm，就可以通过调整轨迹插补结果来避免（减小）刀具相对工件的实际位置与期望位置的偏差，例如调整为进给轴 X 应在下一插补周期内达到 $X = 200\ \text{mm} - \Delta X = 200.005$ mm 的位置。

误差补偿的关键在于要能建立有效的误差模型，但这是一个非常有挑战性的问题。因为，影响加工精度的因素众多，这些因素与所引起的加工误差之间的关系通常非常复杂且存在不确定性；而且，误差模型要能实时求解。因此，尽管较先进的数控机床已可对多种因素引起的加工误差进行一定程度的补偿，但如何实现更有效的误差补偿永远会是智能机床创新升级中的一个重要课题（详见案例 3-19 机床进给系统运动误差的智能补偿）。

（3）硬件体系结构

“数字一代”产品种类繁多，最简单的可能只需要实现逻辑控制功能，而复杂的可能涉及对众多传感器数据的分析处理和对大量运动轴与开关量的协调控制，因此相应的整机控制器的体系结构也需要多样化以适应不同的功能、性能和成本需求。比较典型的整机控制器体系结构包括基于通用工业计算机（industrial personal computer，IPC）的总线集总式结构和基于专用计算机的嵌入式结构两大类。

基于 IPC 的总线集总式结构中，系统管控的所有功能（应用软件）均在通用 IPC（硬件如图 3-34a 所示）的基础上实现，以充分利用其成熟可靠且不断升级的计算、存储和操作系统等资源，同时集成工业以太网总线技术对所挂载的伺服驱动器等各种子模块进行同步控制。这种结构的整机控制器具有通用性好、子模块可任意扩充和裁剪等特点，适合于规模大、系统复杂、速度与精度要求高的“数字一代”产品，但成本相对较高。例如，图 3-34b 所示的华中 8 型数控系统采用的就是基于 IPC 的结构。

嵌入式结构具有很强的应用针对性，通常是根据具体的应用需求来搭建软硬件平台。嵌入式结构一般由嵌入式处理器、外围硬件、嵌入式实时操作系统以及应用软件等部分组成，其中，嵌入式处理器大多是基于 ARM、DSP、FPGA 之间的组合。图 3-25 所示数字式惯性传感器和图 3-31 所示数字式交流伺服驱动器采用的都是嵌入式结构。

(a) IPC　　(b) 华中8型数控系统IPC

图 3-34　基于 IPC 的硬件体系结构

（4）软件体系结构

软件是信息系统的灵魂，是实现“数字一代”产品功能与性能的关键。整机控制器的软件体系结构取决于具体产品的需求，下面仍以数控系统为例介绍。

案例 3-11

数控系统的软件体系结构

机床数控系统的一种软件体系结构如图 3-35 所示，主要包括系统管理模块、应用控制模块、运动控制模块、总线适配模块、实时操作系统等几个部分。除实时操作系统外的其他模块统称为应用软件，实时操作系统则为这些应用软件提供与硬件无关的运行环境。

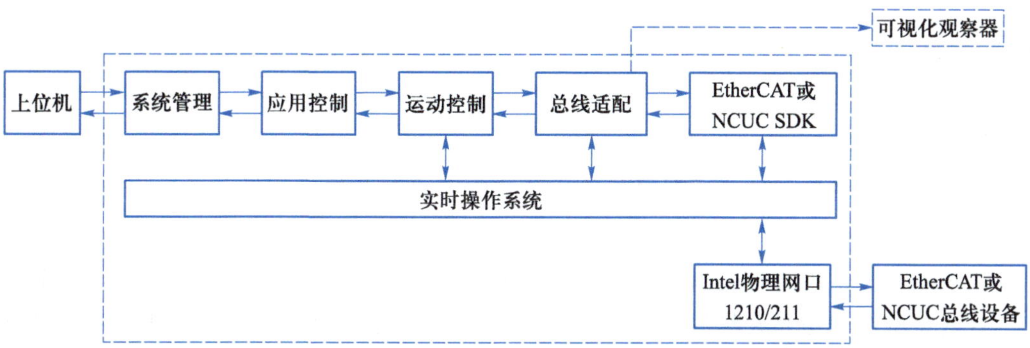

图 3-35　数控系统的一种软件体系结构

（1）系统管理模块。主要负责与上位机（人机交互装置）通信、接收与响应用户的各种操控指令、零件程序载入、下层功能管理及诊断等任务。

（2）应用控制模块。对于采用G代码编程的数控系统，应用控制模块主要负责对零件程序译码和处理刀具补偿。

（3）运动控制模块。主要负责速度规划、轨迹插补、误差补偿等，是数控系统软件的核心部分。

（4）总线适配模块。主要负责将运动控制模块发出的动作指令实时发送给挂载在总线上的外部设备（如伺服驱动器），并将外部设备的各种状态信息反馈给数控系统的相关模块。

4. “数字一代”产品的关键技术

“数字一代”产品涉及众多学科技术，从产品创新的角度看，这些技术可划分为物理系统（执行系统、传感系统、通信系统等）相关的技术、数字化技术和融合技术三个方面。其中，数字化技术是指产品信息系统中与领域无关的技术，是数字化技术的直接应用，如集成电路、计算机硬件与操作系统等；而融合技术则是指产品信息系统中与应用领域相关的技术，是数字化技术与解决应用领域问题的知识深度融合的产物。

融合技术是“数字一代”产品创新的关键，其实质是解决特定领域问题的知识的数字化。解决特定领域问题的知识也就是产品信息系统中的感知、决策、控制等模型；而这些模型又需建立在产品领域知识、人工智能、控制理论、数学、物理等知识以及相关数据的基础上。

总之，“数字一代”产品标志着智能产品时代的来临，可看成第一代智能产品（CPS1.0）。

3.2.3 “网联一代”产品

1. 从“数字一代”产品走向“网联一代”产品

20世纪末以来，随着网络化技术（互联网、物联网）的快速发展和普及应用，“网联一代”产品开始涌现，如智能手机、平板电脑、共享单车、网联汽车、网联机床等。

案例 3-12

网联机床

与数控机床相比，网联机床最本质的变化是其数控系统增加了网络通信功能，其通过与相关信息系统的互联互通来提升机床的综合功能与使用价值。网联机床是实现从单机柔性自动化到产线、车间柔性自动化的前提和基础；同时，通过工业互联网将机床连接起来能够产生机床群运行的大数据，可为进一步运用大数据智能对制造过程进行优化奠定基础。此外，机床设计制造企业也可通过网络远程监控机床使用状态，既可为用户企业提供运行优化和预测性维护等方面的知识共享和技术服务，也可为自身产品的迭代优化积累宝贵数据，并能通过网络对服役中的机床数控系统软件进行持续升级，为用户企业提供更优质的服务。

目前，国内外主流数控系统大多已具有一定的网络化功能。国外方面，发那科的数控系统可通过互联网对机床工作状态进行远程监控和故障诊断，根据需要对数控系统软件和参数进行更新升级；西门子的数控系统将 RFID 技术应用于刀具管理，实现对每一把刀具的识别、追踪，并采用视频显示技术和手机 SMS 技术来支持对数控机床的监控与维护；德玛吉通过 CELOS 数控系统将机床接入企业信息化网络，连接 CAD/CAM、MES、ERP 及 PDM 等信息系统，实现产品从设计、生产到售后服务的数字化与网络化。国内方面，华中数控的华中 8 型数控系统基于 NC-Link 协议，可实现与异构设备和系统的互联互通，建立了以数控系统为中心的云服务平台 iNC-Cloud（图 3-36），能为数控机床用户、数控机床和数控系统厂商提供生产过程监测、生产管理、预测性分析、设备远程运维等多方面的服务。

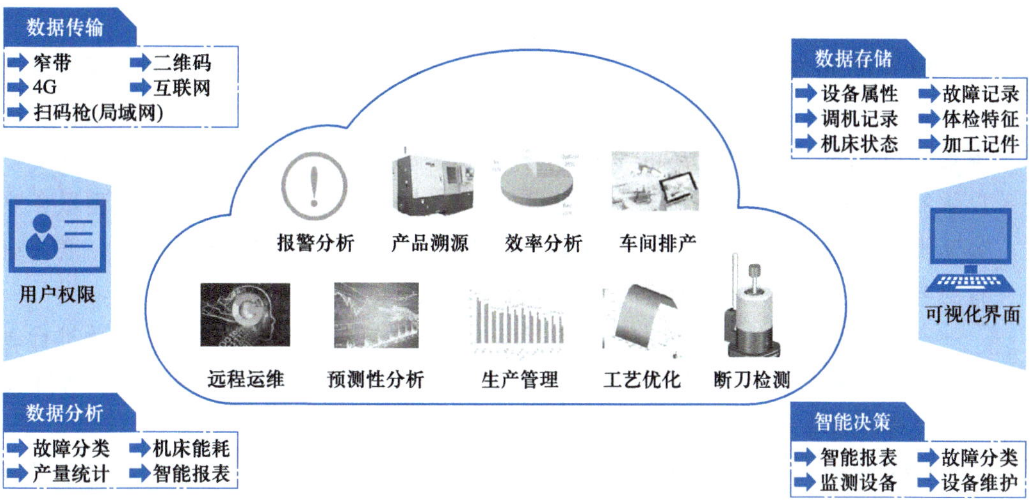

图 3-36 华中数控云服务平台 iNC-Cloud

案例 3-13

网联汽车

网联汽车是可实现车与人、车与车、车与路、车与后台等信息交换共享的汽车，网联汽车可以提供更安全、更舒适、更节能、更环保的驾驶方式和交通出行综合解决方案，是城市智能交通系统的重要环节。网联汽车的网联化程度一般分为三个等级，见表 3-4。

表 3-4 网联汽车的网联化等级

等级	名称	定义	控制	典型信息
1	网联辅助信息交互	基于车–路、车–后台通信，实现导航等辅助信息的获取以及车辆行驶与驾驶人操作等数据的上传	人	地图、交通流量、交通标志、油耗、里程等信息
2	网联协同感知	基于车–车、车–路、车–人、车–后台通信，实时获取车辆周边交通环境状态信息，与车载传感器的感知信息融合，作为车辆决策与控制系统的输入	人与系统	周边车辆、行人、非机动车位置、信号灯相位、道路预警等信息
3	网联协同决策与控制	基于车–车、车–路、车–人、车–后台通信，实时获取车辆周边交通环境信息及车辆决策信息，形成车–车、车–路等各交通参与者之间的信息交互融合和协同决策与控制	人与系统	车–车、车–路间的协同控制信息

20 世纪 90 年代，全球定位系统（global positioning system，GPS）的应用使得汽车导航成为可能。1996 年，美国通用汽车公司率先发布了全球首款民用车载信息服务系统 OnStar，配置了 OnStar 的车辆可与后台服务中心保持实时联网，服务中心可以掌握每辆车的动态并根据需要及时提供服务。OnStar 的使用标志着车联网服务业的诞生，竞争对手纷纷加大研发力度，使得网联汽车的发展速度越来越快，联网通信的范围也从最初的车 – 后台逐步向 V2X（vehicle to everything）方面发展。

严格来说，V2X 就是使车辆和周围环境中一切可能与其发生关联的事物进行通信的技术，包括与周围车辆通信的 V2V 技术、与信号灯等交通设施通信的 V2I 技术、与行人的智能手机间通信的 V2P 技术、与车联网平台通信的技术等。

V2X 技术可以有效增强汽车驾驶的感知和决策能力，使汽车出行更安全更高效。例如，美国高速公路安全管理局曾预测，搭载 V2V 技术的轻型车辆能够避免 80% 的交通事故，重型车能够避免 71% 的事故；在缓解交通拥堵方面，可使堵塞减少 60%，使短途运输效率提高 70%，使现有道路网的通行能力提高 2～3 倍；在降低能耗方面，可使停车次数减少 30%，行车时间降低 13%～45%，降低油耗 15%。

2. “网联一代”产品的组成与功能特点

与“数字一代”产品相比，“网联一代”产品仍然是由信息系统和物理系统两部分组成的信息 – 物理系统 CPS，其主要变化是增加了联网功能，可建立与外部世界的广泛连接，从而有效拓展产品的信息和知识来源与计算资源，提升产品的感知与决策能力。

网络化技术的发展使得“网联一代”产品的组成架构开始发生变化，基于云平台的产品架构变得越来越普及。云平台架构是指“网联一代”产品可与云平台进行通信，从而可利用云端的丰富资源，实质是将产品信息系统的部分功能（如大数据的管理分析等对计算资源要求高但对实时性要求不高的功能）部署到云端，形成一个由“云端信息系统+本地信息系统”组成的广义信息系统。因此，与纯本地架构的“数字一代”产品相比，“网联一代”产品信息系统的功能性能可实现巨大飞跃。例如，基于云平台的架构可以使构建孪生形态的智能产品成为可能。图 3-37 所示的是由真实产品及其数字孪生体组成的智能产品形式，其中数字孪生体与真实产品（CPS）具有相同的状态、行为、特性，是一种虚拟的 CPS（即数字化模型），并通过网络通信实现真实产品与数字孪生体之间的数据实时双向交互。

图 3-37 基于孪生形态的智能产品结构

对于这种孪生形态的智能产品，由于产品研发人员可以在云端利用数字孪生体来开展各种建模仿真与优化工作，并利用所得到的结果对真实产品进行指导或升级，因此真实产品的功能与性能具有极大的持续提升潜力。例如，在数控机床等设备的运行过程中，可根据数字孪生体分析真实产品的运行状态是否正常、诊断状态异常的原因、预测加工质量的变化趋势、确定需要优化调整的工艺参数，然后反馈给真实产品的控制系统予以执行，形成监控—分析—调整—优化的闭环，实现产品运行的持续优化。

案例 3-14

网联机床的组成结构

与数控机床相比，网联机床的变化主要体现在信息系统方面。基于云平台的网联机床的信息系统组成如图 3-38 所示，这种网联机床与一般数控机床的对比见表 3-5。

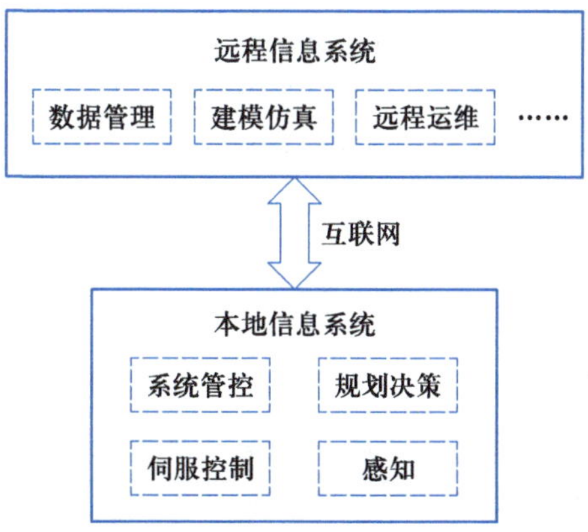

图 3-38 基于云平台的网联机床信息系统组成

表 3-5 网联机床与一般数控机床的对比

内容	数控机床	网联机床
物理系统	机床主机	机床主机
信息系统	数控系统	数控系统＋云 +APP 开发环境
开发平台	数控系统二次开发平台	数控系统二次开发平台＋数据汇聚平台
信息共享	机床信息孤岛	机床＋网络＋云＋移动端
数据接口	内部总线	内部总线＋外部互联协议＋移动互联网
机床功能	固化的功能	固化功能＋部分 APP
交互方式	机床 Local 端	Local、Cyber、Mobile 端
控制指令	G 代码，离线编程	G 代码，在线编程

3. “网联一代”产品相对“数字一代”产品的变革

“网联一代”产品可通过网络与外部世界互联互通，其功能、性能和价值创造能力均可借助外部资源得到显著提升。例如，“网联一代”产品具有可持续升级、定制服务、远程运维、协同工作等一系列特点，拥有更强的感知与决策能力，使产品功能极大拓展，用户体验极大改善。同时，还可通过互联网将各种各类“网联一代”产品连接成一个集成系统，为更深层次的智能优化奠定了基础。因此，“网联一代”产品可以看作第二代智能产品（CPS1.5）。

3.2.4 “智能一代”产品

1. “智能一代”产品时代拉开序幕

21 世纪以来，在互联网、大数据、云计算等信息技术快速发展的同时，人工智能领域也取得了以深度学习、大型预训练模型等为代表的一系列技术突破。这些群体性的技术进步汇聚成了新一代人工智能浪潮，拉开了“智能一代”产品时代的序幕，逼近甚至超越人类表现的智能产品（系统）开始在图像理解、语音识别、自然语言理解、自动驾驶、腿足机器人、推荐、博弈、生物医学、气候科学、内容生成等众多领域涌现。例如，2016 年 3 月，DeepMind 推出的围棋程序 AlphaGo 与世界顶尖围棋高手李世石对战，取得压倒性胜利；2022 年 11 月，OpenAI 发布的聊天机器人 ChatGPT，能够就几乎任何问题与人类进行对话。

案例 3-15

智能机床

美国国家标准与技术研究院下属的制造工程实验室认为，智能机床是具有如下功能的数控机床：能够感知其自身的状态和加工能力并能够进行标定、能够监视和优化自身的加工行为、能够对所加工工件的质量进行评估、具有自学习的能力。也就是说，智能机床能够了解自身的工作过程，监控、分析、诊断和修正工作过程中出现的各类偏差，并且自行采取应对措施，为工作过程的最优化提供方案。

早在20世纪80年代，美国就已提出研究具有智能特征的“适应控制”机床，但由于相关技术发展水平的制约，进展较慢。后来在电加工机床方面首先实现了一定程度的“适应控制”，通过对放电间隙、加工工艺参数进行自动选择和调节，提高了机床的加工精度、效率和自动化程度。

在2006年9月举行的IMTS展会上，不少国际知名企业展出了具有一定智能程度的机床或部件，其中最具代表性的是日本MAZAK公司首次以智能机床为名展出的具有若干智能特征的数控机床。该机床具有自动抑制振动，自动测量和自动补偿，减小主轴、立柱、床身热变形的影响，自动防止刀具和工件碰撞，自动补充润滑油和抑制噪声，人机对话，远距离诊断机床故障等功能，标志着向智能机床的发展方向前进了一大步。

2018年4月，在第十届中国数控机床展览会（CCMT2018）上，华中数控公司展出了iNC智能数控系统的概念机，同时亮相的还有配套iNC的宝鸡智能机床概念机iNC-MT。iNC和iNC-MT将大数据和人工智能技术融入其中，集成了18个智能化APP，实现了品质提升、工艺优化、健康保障、管理增效等多方面效果，代表了中国智能机床的新成就。

案例 3-16

智能汽车

智能汽车是能部分取代甚至完全取代人类驾驶员进行自动驾驶的汽车，可将人类从低级、烦琐、持久的驾驶活动中解放出来，同时提高驾驶安全性和能源利用率，减缓交通拥堵，降低环境污染等。智能汽车按照智能化程度一般划分为五个等级（表3-6）。

表 3-6 智能汽车的智能化等级

等级	名称	等级定义	控制	典型工况
1	驾驶辅助（DA）	系统根据环境信息执行转向和加、减速中的一项操作，其他驾驶操作都由驾驶人完成，并能提供基于网联的智能提醒信息	人与系统	车道内正常行驶，高速公路无车道干涉路段，泊车工况
2	部分自动驾驶（PA）	系统根据环境信息执行转向和加、减速操作，其他驾驶操作都由驾驶人完成，并能提供基于网联的智能提醒信息	人与系统	高速公路及市区无车道干涉路段，换道、环岛绕行、拥堵跟车等工况
3	条件自动驾驶（CA）	系统完成所有驾驶操作，根据系统请求，驾驶人需要提供适当的干预	系统	高速公路正常行驶工况，市区无车道干涉路段

续表

等级	名称	等级定义	控制	典型工况
4	高度自动驾驶（HA）	系统完成所有驾驶操作，特定环境下系统会向驾驶人提出响应请求，驾驶人可以对系统请求不进行响应	系统	高速公路全部工况及市区有车道干涉路段
5	完全自动驾驶（FA）	系统可以完成驾驶人能够完成的所有道路环境下的操作，不需要驾驶人介入	系统	所有行驶工况

从发展历程看，人类对汽车自动驾驶的研究可追溯到20世纪50年代。20世纪50年代后期，美国贝瑞特电子公司就研制出了全球第一辆自主导航车，在预埋线圈的道路设施基础上，该自主导航车辆能够自动控制转向盘、节气门和制动系统在设定的轨道中行驶。进入21世纪后，美国、日本、德国、中国等国家均已将发展智能汽车列为重要的战略目标，自动驾驶开始进入快速发展阶段。目前，智能汽车的前两个级别（L1和L2）已经普及，多个汽车厂家的无人驾驶车（L4级）也已陆续开始路试、无人驾驶出租车服务也开始了试运行。

2. "智能一代"产品的期望目标

对于形形色色用途各异的"智能一代"产品，期望目标尽管多种多样，但大致可归纳为任务级人机交互和自主优化运行两个方面。

1）任务级人机交互

对任务的理解、决策与执行能力，是体现产品智能程度高低的主要标志，也是"智能一代"产品摆脱对使用者知识和经验依赖的关键。"数字一代"和"网联一代"产品通常只能接受动作级指令，而"智能一代"产品则将可以直接接受任务级指令。例如，对于智能机床，最终目标是只需用数字化模型等方式告知加工任务；而对于智能汽车，最终目标则是只需用自然语言对话等方式告知目的地。

2）自主优化运行

自主优化运行能力是体现产品智能程度高低的另一重要标志，包括自主能力和优化能力两个方面。其中，自主能力是指"智能一代"产品可在没有任何人和其他外部系统干预的情况下，完全依靠自身的感知、决策和控制能力完成复杂任务；优化能力则是指"智能一代"产品在使用过程中，可随时确认并动态响应各种环境状态的变化，确保在使用过程中始终发挥最佳作用。

案例 3-17

智能机床的期望目标

在自主优化运行方面，可以对智能机床提出各种各样的期望，归纳起来，最主要的是三个方面：①具有自主提升加工质量的能力。例如能对机床制造误差、热变形、力变形、磨损等各种因素引起的加工误差进行预测和补偿。②具有自主提升加工效率的能力，例如能根据机床自身特性和加工对象特点等对工艺方法、工艺过程和工艺参数进行优化。③具有自主维护安全健康的能力，例如具备故障诊断和处理、健康状态监测、预测性维护等功能。

3. "智能一代"产品的技术原理

"智能一代"产品的技术机理如图3-39所示，它区别于"数字一代"和"网联一代"产品的关键，是信息系统中增加了新一代人工智能学习认知系统，或者是融入了利用新一代人工智能技术进行学习获得的知识。对于"智能一代"产品，其所拥有的知识是由相关研发人员和智能学习认知系统共同提供的，它不仅包含研发人员赋予的各种知识，还包含研发人员没有掌握或难以描述的知识，并且在使用过程中还可通过学习而持续不断地对其丰富与完善。

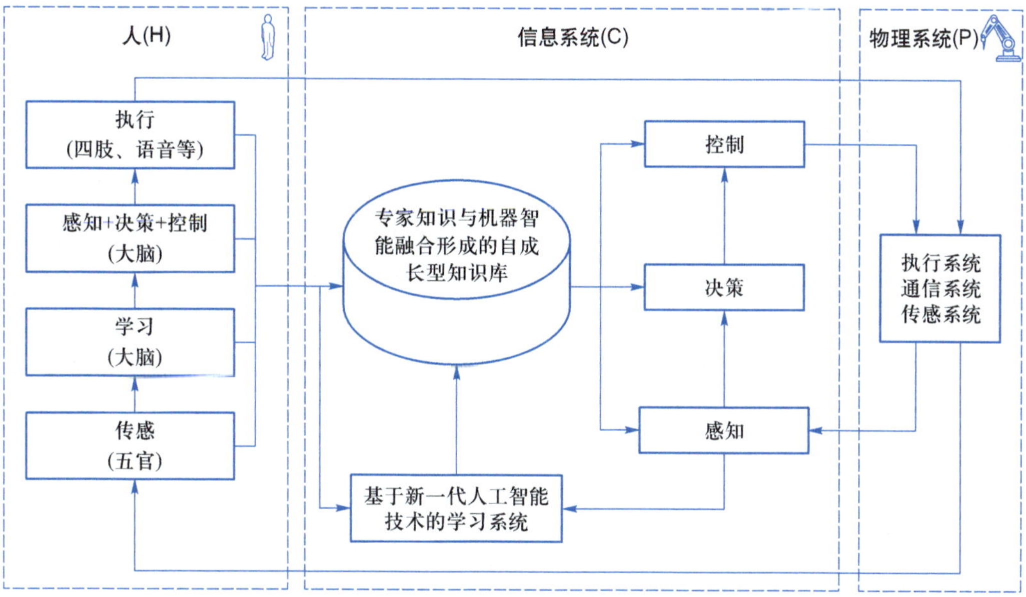

图3-39 "智能一代"产品的技术原理

从技术本质上看，"智能一代"产品主要是通过新一代人工智能技术赋予信息系统强大的"智能"，从而带来如下三个重大技术进步。

（1）信息系统的感知、决策与控制能力得到极大提升，可以更有效地解决不确定性、复杂性问题。解决复杂问题的方法从"强调因果关系"的传统模式，向"强调关联关系"的创新模式转变，进而向"关联关系"和"因果关系"深度融合的先进模式发展，从根本上提高建模的能力，有效实现产品的优化。

（2）信息系统直接或间接地拥有了学习认知能力，使知识的获取、利用、传承和积累的效率均发生革命性变化，显著提升知识作为核心要素的边际生产力。

（3）形成人机混合增强智能，使人类智慧与机器智能的各自优势得以充分发挥并相互启发地增长，极大释放人类智慧的创新潜能，显著提升产品创新能力。

案例 3-18

智能机床的技术思路

实现智能机床功能目标的技术方案可能多种多样，但基本思路都离不开通过应用人工智能（如机器学习）技术，提升机床的自主感知、决策和控制等能力。这里主要介绍华中数控公司在实现机床智能化方面的一些做法，基本思路如下。

（1）自动汇聚机床全生命周期大数据。自动汇聚数控加工过程数据和外部传感器采集的数据（温度、振动、视觉等），并进一步通过 NC-Link 实现机床的互联互通和大数据汇聚，形成机床全生命周期大数据。其中，数控加工过程数据包括从零件程序（G 代码）中提取的工艺数据（切宽、切深、材料去除率等）、数控系统的规划决策数据（位置指令、速度指令等）和伺服驱动系统反馈的数据（主轴功率、主轴电流、进给轴电流、位置跟随误差等）。

（2）人机混合增强学习认知。基于机床全生命周期大数据，运用集成于大数据平台中的新一代人工智能算法库，通过人机混合的学习认知有效生成领域知识。例如，建立机床空间结构模型、机床运动学模型、机床几何误差模型、热误差模型、数控加工控制模型、机床工艺系统模型、机床动力学模型等。学习认知的方法包括基于物理结构的机床输入 / 响应因果关系的机理建模、基于机床工作任务和运行状态关联关系的大数据建模、基于机床机理模型与大数据模型深度融合的融合建模。

（3）仿真迭代优化决策。基于领域知识模型预测机床响应，依据预测结果对质量提升、工艺优化、健康保障和生产管理等决策进行迭代优化，形成最优决策“I 代码”。

（4）双码联控智能加工。在执行“G 代码”零件程序完成加工任务的过程中，同时执行“I 代码”，实现优质、高效、可靠、安全和低耗的智能加工。

与数控机床和网联机床相比，由以上技术思路形成的智能机床在硬件、软件、交互方式、控制指令、知识获取等方面都有很大区别，见表 3-7。

表 3-7 数控机床、网联机床与智能机床的对比

内容	数控机床	网联机床	智能机床
物理系统	机床主机	机床主机	机床主机
信息系统	数控系统	数控系统＋云 +APP 开发环境	数控系统＋云+APP 开发环境＋新一代人工智能

续表

内容	数控机床	网联机床	智能机床
开发平台	数控系统二次开发平台	数控系统二次开发平台+数据汇聚平台	数控系统二次开发平台+大数据汇聚与分析平台+新一代人工智能算法平台
信息共享	机床信息孤岛	机床+网络+云+移动端	机床+网络+云+移动端
数据接口	内部总线	内部总线+外部互联协议+移动互联网	内部总线+外部互联协议+移动互联网+模型级的数字孪生
数据	数据	数据	大数据
机床功能	固化的功能	固化功能+部分 APP	固化功能+灵活扩展的智能 APP
交互方式	机床 Local 端	机床 Local、Cyher、Mobile 端	机床 Local、Cyber、Mobile 端
控制指令	G 代码，离线编程	G 代码，在线编程	G 代码+智能控制 I 代码，在线智能编程
知识	人赋知识	人赋知识	人赋知识+机器生成知识

案例 3-19

机床进给系统运动误差的智能补偿

本案例进一步介绍上述智能机床技术思路的一个具体应用：机床进给系统运动误差的智能补偿，其关键是要应用人工智能技术建立能有效预测机床进给系统运动误差的模型。

1）建立机床进给系统动力学机理模型——机理建模

以宝鸡数控机床 BM8-H 为对象，基于 MWorks 工具建立各进给轴的动力学机理模型（微分方程），进给轴 Y 的模型如图 3-40 所示（其他进给轴的模型与此基本相同）。

2）建立融合动力学机理模型与大数据智能模型的融合模型——融合建模

（1）基于强化学习辨识机理模型的参数。如图 3-41 所示，通过参数选择策略网络，为机理模型输出一组参数，根据机理模型仿真输出与真实系统输出的偏差进行奖赏，再根据奖赏大小优化参数选择策略网络，然后重复上述过程，直到获得一组奖赏最大的参数，即为机理模型的参数。用半径 35 mm、进给速度 3 000 mm/min 的圆形轨迹对机理模型的预测能力进行测试，结果如图 3-42 所示（误差放大 1 000 倍显示），机理模型的最大预测误差为 15.4 μm。

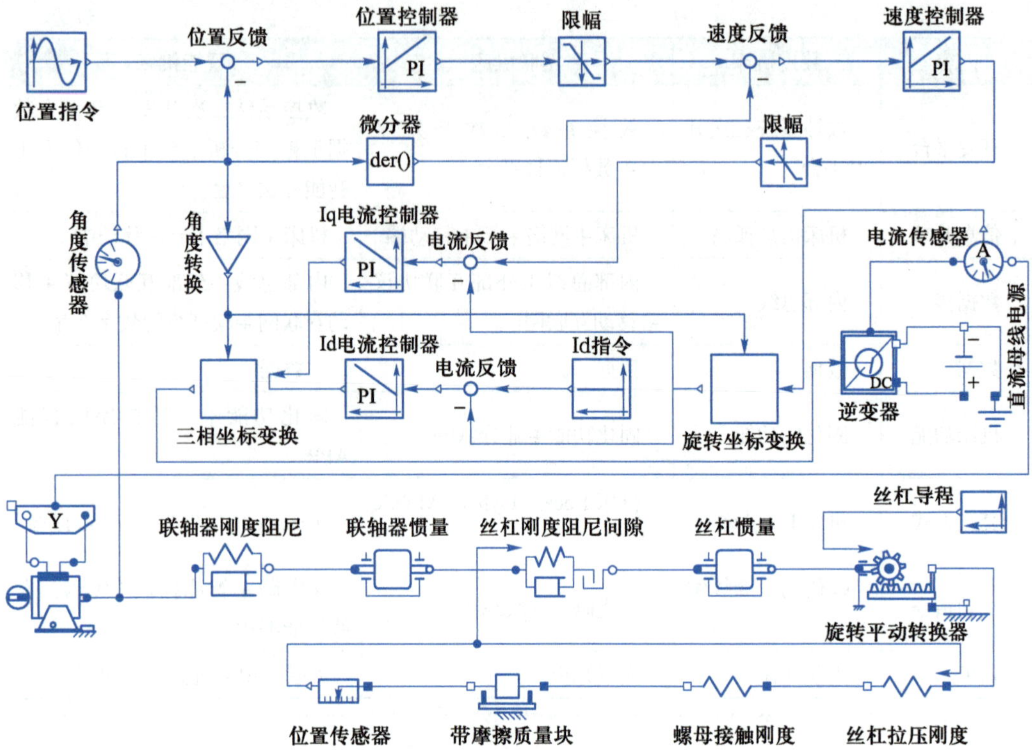

图 3-40 基于 MWorks 工具建立的进给系统动力学机理模型（进给轴 *Y*）

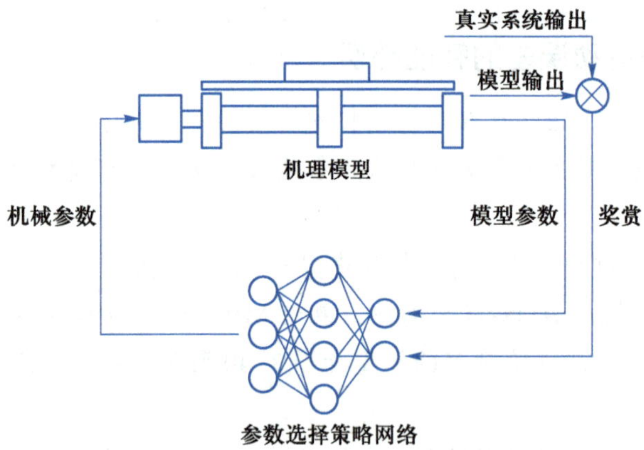

图 3-41 基于强化学习辨识机理模型参数示意图

（2）建立融合机理模型和数据模型的融合模型。进给系统融合模型如图 3-43 所示，由动力学机理模型和大数据偏差模型两部分组成。大数据偏差模型是一个 6 层神经网络，用于预测机理模型的预测结果出现的偏差，其输入为进给系统的动作指令和机理模型的预测结果，输出为对机理模型预测偏差的估计。用于训练偏差模型的训练样本的获取方式为：编制零件程序让机床按各种轨迹运动，实时采集各进给轴的动作指令数据和电动机轴上角位移传感器的测量数据，再结合机理模型的预测数据，可形成训练上述偏差模型的大数据样本。仍然用半径 35 mm、进给速度 3 000 mm/min 的圆形轨迹对融合模型的预测能力进行测试，结果如图 3-44 所示（误差放大 1 000 倍显示），融合模型的最大预测误差为 4.2 μm，预测精度相比机理模型提升了 73%，可以满足中等精度机床误差补偿所需的预测精度要求。

（3）基于迁移学习实现模型泛化。为提高建模效率，利用迁移学习实现上述模型在不同机床之间的迁移和复用：在相同类型的不同机床上，只需通过少量实验即可完成建模，大大减少数据采集和模型训练的时间；在不同类型的机床上，也可实现模型中子模块的复用，减少建模工作量。

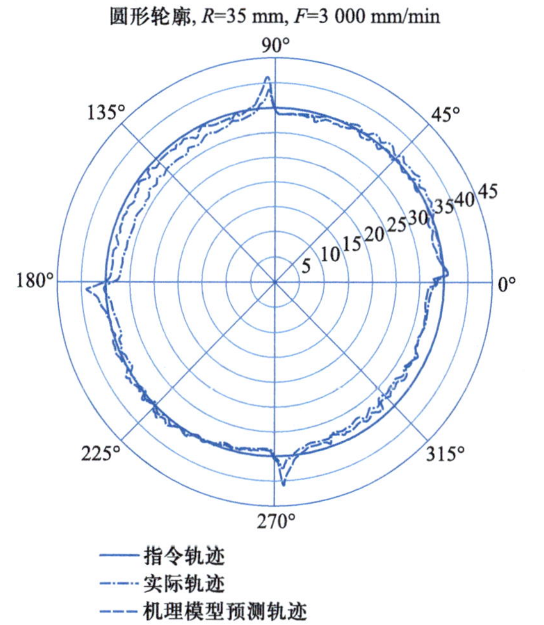

图 3-42 机理模型预测能力测试结果

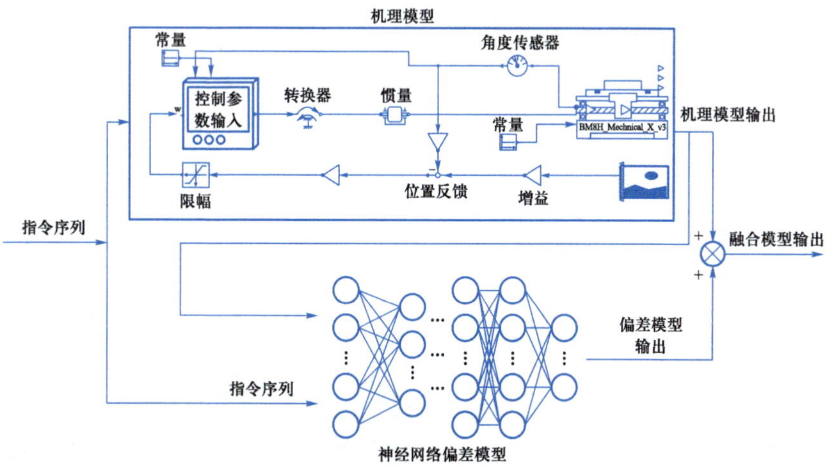

图 3-43 进给系统融合模型示意图

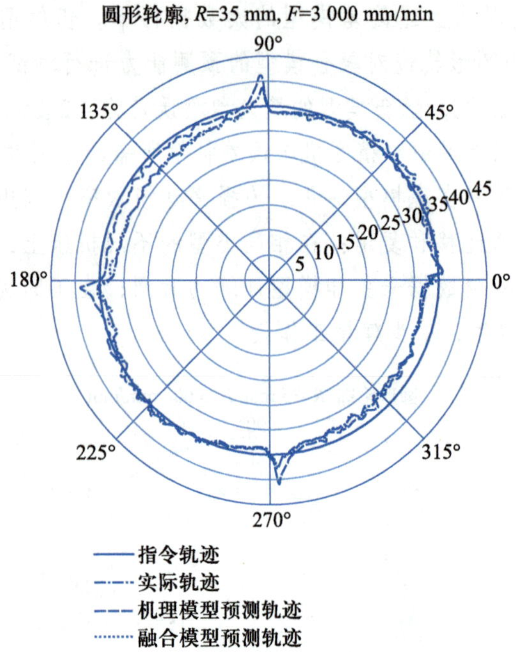

图 3-44 融合模型的预测能力测试结果

3）基于融合模型实现进给系统运动误差补偿

借助进给系统融合模型，利用华中 9 型数控系统对进给系统实际响应进行预测，估计加工误差，生成补偿代码，预测补偿效果。如果补偿效果不满足要求则重新生成补偿代码，直到找到最优补偿代码。数控系统在运行零件程序进行加工的过程中，同时执行补偿代码实现加工误差补偿，提升加工精度（图 3-45）。

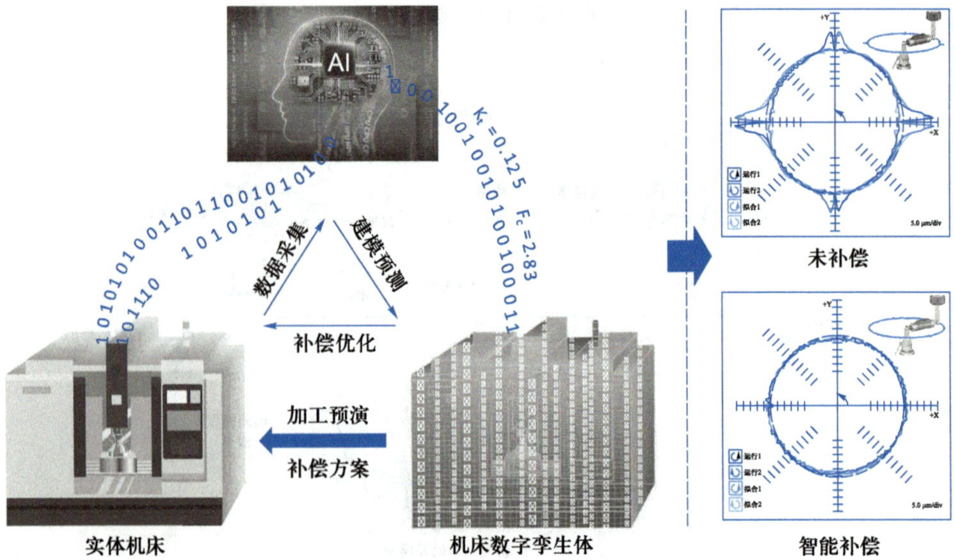

图 3-45 机床进给系统运动误差智能补偿

采用三坐标测量机进行测量，用半径为 35 mm、进给速度为 3 000 mm/min 的圆形轨迹对误差补偿结果进行测试，如图 3-46 所示（误差放大 1 000 倍显示），误差补偿前圆形轨迹的轮廓误差为约 15.2 μm，误差补偿后的轮廓误差减小到约 8.1 μm，轨迹精度提升了 46%。结果表明，上述深度融合动力学机理模型与大数据偏差模型的融合建模与误差补偿方法，可以有效提升机床进给系统的运动精度。

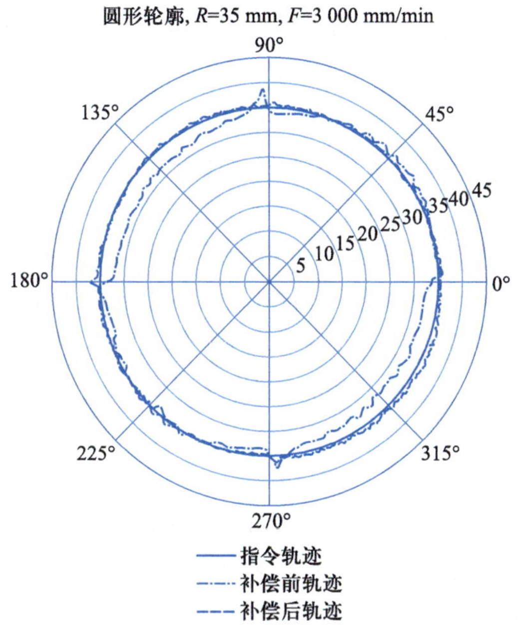

图 3-46 误差补偿前后的圆形轨迹轮廓误差测量结果

4. "智能一代"产品的革命性进步

"智能一代"产品中融入的知识，是由相关研发人员和采用新一代人工智能技术的学习认知系统共同建立的，产品的功能与性能不再纯粹由研发人员的知识所决定，机器智能开始参与确定产品的功能与性能，因而"智能一代"产品具有更加强大的感知、决策与控制能力，可更好地辅助甚至代替人类完成各种任务，尤其是知识密集型任务。

更重要的是，"智能一代"产品的不断发展将使知识产生、积累、利用和传承的方式与效率均发生革命性变化，人与机器的分工也将产生革命性变化，人类将可更多地从事创造性的和宜人环境下的工作，人类智慧与创新潜能将得以更大地释放。

因此，"智能一代"产品可看成新一代智能产品，可定义为 CPS2.0。

5. "智能一代"产品的发展挑战

"智能一代"产品是产品创新的未来方向，以深度学习为代表的新一代人工智能技术也已开始应用于众多行业并显示出巨大潜力，但总体而言，"智能一代"产品的发展目前还处于初期起步阶段，需要解决的难题很多，如系统建模、知识工程和人机共生等。

1）系统建模——机理建模与大数据智能建模的深度融合

系统建模是发展“智能一代”产品的关键：有效建立产品物理系统的数字孪生模型，不仅对于产品信息系统的优化至关重要，对于产品物理系统自身的优化也很重要。理论上，深度融合机理建模与大数据智能建模所形成的融合建模方法，可以从根本上提高“智能一代”产品的系统建模能力，但仍有很多问题需要解决。例如，在大数据智能建模方面，如何高质量获取大数据？如何实现大数据中知识的有效学习？在融合建模方面，如何充分发挥两种建模方法的优势并形成新的融合建模方法？如何有效建立复杂产品的动力学模型？

2）知识工程——领域技术和赋能技术的深度融合

“智能一代”产品创新本质上是知识工程：通过数字化网络化智能化技术的赋能，使各行各业、各种各类产品拥有自主优化地完成任务的知识和能力，进而升华成为先进的智能产品技术。这方面需要解决的问题包括制造业的各个行业、各个领域如何运用赋能技术来升华与发展产品相关知识？如何建立和优化求解各行各业、各种各类复杂产品的动力学级别的数字孪生模型？如何跨越领域技术与赋能技术相关学科之间、企业之间、专家之间的巨大鸿沟？制造业的企业家、技术专家、技能人才如何成为“智能一代”产品创新的主力军？

3）人机共生——人与智能机器的深度融合

人机共生形态是“智能一代”产品发展的必然趋势，也是产品创新和发展的高级阶段。如何更好地实现人与智能机器的任务分工合作以及创建人机协同的混合增强智能，都将成为未来研究和发展的重要方向，并将有力地推动“智能一代”产品的快速发展。

3.3 智能产品设计及其支持技术

随着数字化、网络化、智能化技术的发展，不仅产品本身经历了从“数字一代”到“网联一代”并正在向“智能一代”演化的过程，产品设计的方法与技术手段，也同样经历了从“数字一代”到“网联一代”，并正在向“智能一代”发展进化的历程。

3.3.1 智能产品设计概述

1. 产品设计

1）产品设计的任务

产品设计是构思与确定合理的结构组成方案和工程技术细节，以满足和优化产品所期望的功能及其性能指标要求的过程。

产品设计过程可大致划分为分析和综合两个阶段。分析阶段包括调研市场需求、收集产品设计相关信息、明确产品设计目标并提出产品的概念化设计方案，如产品工作原理、结构组成和基本配置等；综合阶段则是根据产品设计目标和概念化设计方案，完成产品的详细设计、性能评价和设计优化等。

2）产品设计的基本方法

对于装备类产品，由于产品本身的复杂性，设计过程不可能是一个线性过程，而是一个循环往复、非线性地逐步逼近最优结果的过程。也就是说，产品的设计总体上一般要采取迭代优化的方法，即首先基于假设和经验等构思设计方案并建立模型，然后验证所设计模型的有效性；如果模型不能满足要求，再返回对设计方案和模型进行修正；如此循环往复，直到得到满足要求的结果（图 3-47）。这种尝试性循环的设计方法适用于所有的设计阶段，而一个有效的设计过程则是要使这种尝试循环的次数尽可能少。

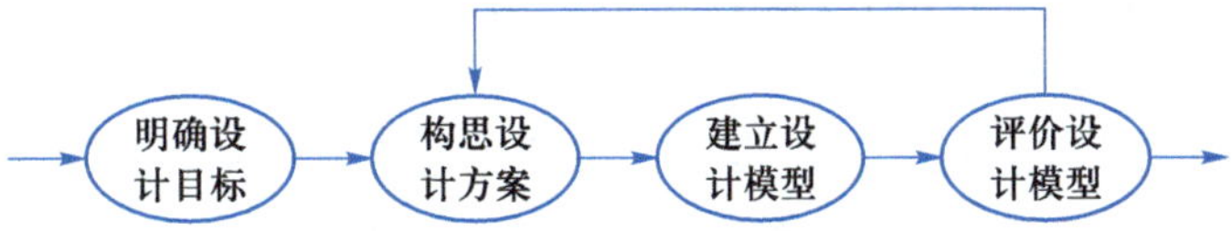

图 3-47　产品设计的基本方法

3）产品设计面临的挑战

产品设计是一种创造性过程，尤其是对于智能产品等复杂系统的设计，需要面对如下多方面的挑战。

（1）设计准则的复杂性。设计准则是指产品设计的综合评价指标，是指导、评价与优化产品设计的标准，产品设计所追求的就是要尽可能使设计准则达到最优。然而，由于产品的目标与要求往往是多方面的且可能彼此冲突（如性能、品质与成本），往往使得产品设计准则的确定非常困难。

（2）设计选择的多样性。在设计过程中，有众多的思路、方案与方法可供选用，需要做出尽可能少且有效的选择（组合）以提高设计效率并保证设计质量。

（3）设计结果的不确定性。设计过程中设计者难以准确预测和把握所设计结果的技术性能，这可能导致制造出来的产品无法达到预期目标。

（4）设计追求的高效性。产品设计不仅需要保证设计质量，还需要尽可能减少设计时间和降低设计成本，因此设计效率也是决定设计优劣的重要因素。

2. 产品设计支持技术

不难想象，以直觉、经验、手工计算、手工绘图等为特征的传统设计技术很难有效应对上述挑战。伴随着信息技术的发展，支持产品设计的方法与技术手段不断创新，已经从数字化设计发展到数字化网络化设计，并正在向数字化网络化智能化设计阶段迈进。数字化、网络化、智能化设计可以充分发挥设计人员与数字化、网络化、智能化设计工具的各自优势，将定性设计与定量分析有机结合，极大提高设计的效率与质量并减少设计人员的劳动量，有效释放人类智慧的创新潜能。

创造，是设计最根本的属性，因此人在设计中始终起着决定性的作用。产品设计支持技术是辅助人们优化设计产品的支持技术，本质上是决策支持系统（decision-making support system, DSS）技术。

1）计算机辅助设计（computer aided design，CAD）——数字化设计支持技术

数字化设计就是以新产品设计为目标，以计算机软硬件技术为基础，以产品数字化信息为载体，支持产品建模、分析、预测、优化以及设计文档生成等的相关技术。也就是说，各种支持产品设计的计算机软硬件系统都可归结为数字化设计技术的范畴。

数字化设计技术可以辅助支持的任务包括：① 产品的概念化设计、几何造型、数字化装配、工程图及相关设计文档生成；② 拓扑结构、形状尺寸、材料材质、颜色配置等的分析优化；③ 产品静力学、运动学、动力学、热力学、流体力学、电磁学等方面性能的分析与优化。此外，产品数据管理（product data management，PDM）、产品生命周期管理（product lifecycle management，PLM）等数字化管理技术，对于提高产品数字化设计的效率和质量也具有重要作用。

数字化设计技术不仅可极大解放设计人员的体力劳动和有效减轻设计人员的脑力劳动，而且可有效提高产品设计质量、缩短设计周期、降低设计成本。如今，产品数字化设计技术已日益成熟，已经成为产品开发不可或缺的手段，是制造企业提升竞争力的有效工具。

2）协同设计——数字化网络化设计支持技术

产品设计活动是典型的群体性活动，要求设计团队成员既有分工又有合作。随着数字化网络化技术的发展，以支持协同设计为主要特点的数字化网络化设计技术成为了产品开发的重要支持技术，数字化设计工具中支持产品协同设计的功能模块不断增加和完善。

协同设计是指以分布式资源（如设计者、数据库等）为基础，利用数字化网络化技术支持设计团队成员交流设计思想，讨论设计结果，发现设计细节之间的矛盾和冲突并及时加以协调和解决。协同设计改变了传统的单机作业的产品设计模式，可实现企业内部乃至全球范围内的产品协同开发，有利于避免或减少设计反复，有效提高设计的效率和质量，降低设计成本。协同设计也是并行工程的基础，可为产品数字化集成开发提供技术支持。

3）数字孪生——数字化网络化智能化设计支持技术

随着社会的不断发展，对产品功能、性能、设计质量、设计效率等方面的要求越来越高，数字化网络化智能化设计成为产品设计的必然发展趋势。

数字化网络化智能化设计是指在数字化设计和数字化网络化设计的基础上，进一步应用人工智能技术对设计系统赋能。其最重要的标志是设计系统学习认知能力的极大提升，尤其是可以从根本上提高复杂产品建模的能力，能够更多、更好地辅助完成各种复杂的充满挑战性的产品设计任务。

数字化网络化智能化设计技术的重要应用目标，是要高效率、高质量地创建产品的数字孪生。数字孪生形态的智能产品能在使用过程中持续优化，它既是数字化网络化智能化设计技术的应用结果，同时又是数字化网络化智能化设计技术在产品全生命周期中的延续，是数字化网络化智能化设计技术的集大成。

案例 3-20

飞机的数字化网络化智能化设计

20 世纪 90 年代中期，波音 777 客机问世（图 3-48a），成为世界智能设计发展史上的里程碑。波音 777 飞机在开发过程中全面采用数字化设计技术和并行工程方法，历史上第一次实现了无图纸设计。波音 777 的开发非常顺利，从设计到试飞一次性成功，使飞机研发周期从 9 ～ 10 年缩短到 4 ～ 5 年，且设计质量大大提高。之后，世界各国航空工业公司全都大力推进数字化网络化设计，全力提高产品设计能力和水平。

20 世纪末，我国“新飞豹”飞机研制任务立项，研究团队上千名工程师采用先进的全机数字化设计技术：基于三维模型的产品设计、工艺设计、数字装配、试验仿真等技术，成功设计出“新飞豹”数字样机。2002 年，“新飞豹”飞机成功首飞（图 3-48b），标志着我国飞机设计提高到了新的水平。目前，我国航空工业（民机和军机）普遍采用国际先进的数字化网络化设计技术，并正在向世界先进的数字化网络化智能化设计进军。

飞机的数字化网络化智能化设计

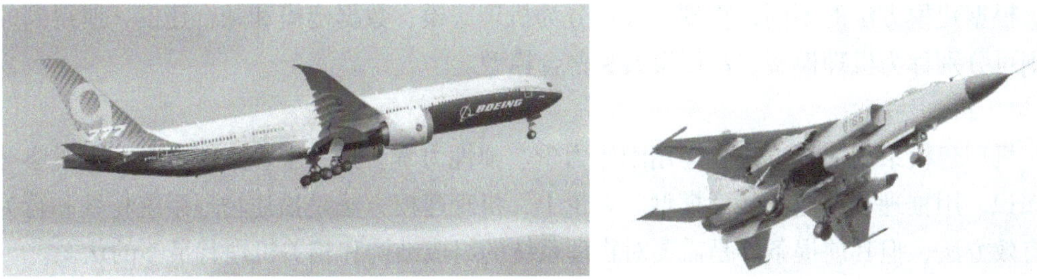

(a) 波音777飞机　　(b) “新飞豹”飞机

图 3-48　飞机的数字化网络化智能化设计

3.3.2 建模与仿真

1. 建模与仿真是智能产品设计的核心

产品设计过程是在明确设计目标的基础上，反复构思设计方案、建立设计模型和评价设计模型直到满足设计目标的迭代优化过程（图 3-47）。

（1）构思设计方案。设计方案的构思是指确定与产品设计目标相关的产品主要组成和结构，是决定产品的创新性和市场竞争力的关键。设计方案的构思是一个创造性过程，不仅需要丰富的相关知识作为基础，而且需要具备很强的推理能力甚至想象力。

（2）建立设计模型。建立设计模型是指将设计方案用某种形式的模型描述出来，既是设计方案的具体化，也是对设计方案进行评价和优化的基础。建模是一个内容非常丰富的概念，同一个设计方案也可以建立各种各样不同用途的模型。对于智能产品设计，常见的建模问题可大致划分为几何建模、物理建模和决策建模等类型；同时，建模通常也是一项充满挑战性的任务。

（3）评价设计模型。设计模型的评价是指对设计模型进行测试以评估设计方案能否满足设计目标要求，仿真分析是评价设计模型的主要手段。

虽然设计方案的构思决定了产品的创新性，但建模和仿真不仅对于设计的效率和成本有着决定性影响，同时对于设计方案的优选和优化具有重要的作用。

2. 几何建模

几何建模是指在计算机中建立产品的几何模型，包括零件、部件、装配体的二维和三维模型，涉及形状、尺寸、色泽、体积、重心、表面信息、材料信息等的准确表达。例如，图 3-20a 所示即为五轴联动数控铣床的三维几何模型。几何建模是计算机认知设计对象的基础，也是进一步对设计方案进行分析、评价和优化的基础。

3. 物理建模

物理建模通常是指建立描述产品物理系统的各方面特性和行为的数学模型。根据用途的不同，可以对同一物理系统建立各种各样的模型，如静力学模型、运动学模型、动力学模型（刚体动力学模型、柔体动力学模型、流体动力学模型、热动力学模型等）、可靠性模型等。

根据建模方法的不同，物理建模可分为机理建模、数据建模和融合建模，所得到的模型则可分别称为机理模型、数据模型和融合模型。

1）机理建模

机理建模采用演绎方法，运用刚体力学、弹性力学、热力学、流体力学、电磁学等各种知识，用推理方法建立数学模型。理论上，机理建模方法是描述物理系统特性和行为的最有效方法，但其前提条件是需要对物理系统的组成结构和相关机理有足够的认识。

智能产品的物理系统往往涉及机、电、液、气、磁等多领域成分，它们通过耦合构成复杂的有机整体，通过集成、激活相互间的作用而实现整体功能。例如，数控铣床进给系统就包括机（工作装置、传动装置等）、电与磁（电动机与驱动）、液（润滑冷却）等组成部分，其精确动力学机理模型的建立需要涉及刚体 / 柔体力学、电磁学、流体力学乃至热力学等多个方面。对于这种涉及多领域的复杂系统，以前的做法是对不同领域分别进行建模分析，因而难以从系统的角度去研究整体的行为特性和对整体性能进行优化，但目前已可在多领域统一建模技术的支持下解决这方面问题。例如，基于 Modelica 建模方法可以将上述不同领域模型整合在一起，得到描述整个系统行为特性的模型；图 3-40 所示即是用 Modelica 方法建立的数控机床进给系统的动力学机理模型。

2）数据建模

对于物理系统的建模而言，数据建模也称为系统辨识，是根据测量得到的物理系统实际输入与输出数据来建立模型，即数据模型。随着数字化、网络化、智能化以及传感器技术的不断发展，数据建模变得越来越重要，主要原因包括两方面：① 机理建模存在一些不足。例如，机理建模往往十分复杂，在很多情况下，系统内部发生的所有行为特性难以全部已知或者不能以所需准确度进行数学描述，从机理角度也难以得到精确的模型参数。② 数据建模具有不少优点。例如，对于任意结构的系统，根据系统的输入和输出测量数据，经过数据分析都能建立起系统的数学模型，且同一数据建模方法可以应用于不同且任意复杂的系统。

数据建模方法可分为非参数模型方法和参数模型方法两大类。

非参数模型的典型方法包括傅里叶分析、频率响应测量、相关分析等方法。非参数模型方法不需要假设模型结构，对任意复杂的集中参数系统和分布参数系统都适合，因而有些特定应用领域更倾向于采用这类方法。

参数模型方法必须假定模型结构，如果假定的模型结构合适，有望获得比较精确的结果。典型的参数模型方法包括参数估计方法、迭代优化方法、扩展 Kalman 滤波器、神经网络方法等。其中，扩展 Kalman 滤波器可以对线性和非线性系统同时进行状态和参数估计；神经网络作为一种通用的复杂函数逼近器，理论上可用于对没有任何认知的物理系统进行建模，而深度神经网络方法的突破则更是带来了数据建模技术的巨大进步。例如，图 3-43 中的神经网络偏差模型即是用数据建模方法建立的数据模型案例。

3）融合建模

融合建模是指综合使用机理建模和数据建模方法，以取得优势互补、扬长避短的效果，适合于研究对象的机理只是部分清楚或存在不确定性情况的建模，是智能产品物理系统建模的主要技术路径。

一方面，机理模型虽包含系统物理性质与其参数之间的功能依赖性，但往往存在建模困难、模型准确性难以保证等问题，因此即使建立起了机理模型，但为了验证模型的逼真度或者为了确定模型参数，也还是需要数据建模的支持。

另一方面，数据模型虽然比较容易获得，但它们相对于系统特性的函数关系是未知的，而且数据建模也需要尽可能多地使用经机理分析得到的先验知识，因为所用的先验知识越多，通常数据模型的逼真度就会越高。因此，为了发挥两种建模方法的优势，很少单独采用机理建模（得到所谓的白箱模型）或者数据建模（得到所谓的黑箱模型），而是将两种方法结合起来使用，得到所谓的灰箱模型，即融合模型。例如，图 3-43 所示即为融合机理建模和数据建模方法建立机床进给系统融合模型的案例。

4. 决策建模

智能产品的感知、决策、控制的有效性，取决于相应的计算推理方法与流程，可将其统称为决策模型。决策建模的目的也就是要建立有效的决策模型。

与上述物理建模类似，建立决策模型的方法大致上也可分为三类：基于知识的建模、基于数据的建模和融合建模。决策建模与物理建模既有相同之处，也有不同之处。主要的相同之处是两者都是基于知识和数据来建立模型，解决问题的思路存在相同之处，而且不少方法也是共同的（例如卡尔曼滤波和神经网络等）。主要不同之处是物理建模需要解决的问题只是认识与描述客观的物理对象或过程，而决策建模则要涉及解决各行各业、各种各类智能产品在各种任务环境下的感知问题、决策问题和控制问题，也就是说，决策模型需要建立在产品领域知识（包括物理建模得到的模型、专家知识等）以及人工智能、控制理论、运筹学、决策论、数学等众多学科知识和相关数据的基础上，所涉及的知识相当广泛。例如，图 3–10 所示汽车驾驶需要解决的全局路径规划、驾驶行为决策和运动规划都是决策建模问题。

5. 系统仿真与迭代优化

系统仿真与迭代优化是指利用计算机和数学模型对产品的特性与行为等进行模拟、评估、预测与优化。例如，采用有限元方法进行计算机仿真，可以对应力应变、强度、寿命、可靠性、电磁场、流体、噪声、振动等进行分析与优化。

计算机仿真作为一种虚拟实验技术，不仅具有修改和变换模型相对经济方便的优势，而且可观察模型各变量变化的全过程，便于帮助寻找模型最优结构和参数，为设计方案的优化提供有力支持，目前已成为各种复杂产品研制的必不可少的手段。案例 3–19 的机床进给系统运动误差的智能补偿就是采用计算机仿真技术对误差补偿方案的有效性进行评估，通过快速进行大量尝试获得最优补偿方案。

建模、仿真与优化是数字化网络化智能化设计发展的时代产物和必然结果，不仅适用于智能产品的零部件设计，同样适用于智能产品整机等复杂大系统的设计，例如智能产品整机大致可采用如图 3–49 所示的流程进行设计。

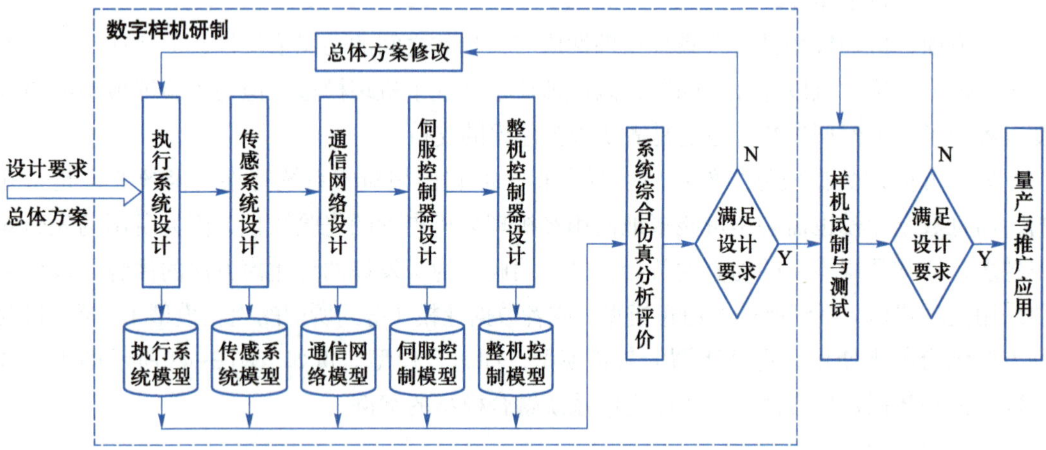

图 3–49 智能产品整机的设计流程

3.3.3 CAD 技术与工业软件

智能产品设计是一个复杂的创造性过程，设计人员通常需要利用各种设计工具来帮助进行建模、分析、仿真与优化等工作，有效的设计工具支持在整个设计过程中都是至关重要的。

1. CAD 的基本概念

CAD 技术是现代工程领域应用最广泛的一门多学科综合应用技术，其内涵伴随着相关技术的发展而不断发展。国际信息处理联合会（IFIP）给出的定义是：CAD 是一种技术，其中人与计算机结合为一个问题求解组，紧密配合，发挥各自所长，从而使其工作优于每一方，并为应用多学科方法的综合性协作提供了可能。

2. CAD 的基本功能

1）概念设计

概念设计也就是图 3-47 中的构思设计方案环节，是新产品设计过程中非常重要的阶段。概念设计阶段最富创造性，设计需求和约束条件往往不精确或未知，因此目前的数字化设计技术对概念设计的支持仍比较有限，需要进一步发展智能化设计技术。

2）几何建模

几何建模包括建立零件、部件、装配体的二维、三维模型，是产品数字化设计的核心内容。随着设计软件功能的不断完善，几何建模的效率和模型质量越来越高。设计软件通常会提供颜色、网格、目标捕捉等造型辅助工具，提供各种图形变换和视图观察功能，具备渲染、质感、动画、曲面质量分析与检测等功能。

3）工程分析

工程分析是指以产品数字化模型为基础，采用计算机仿真技术，对产品形状、结构和性能等进行仿真分析，根据分析结果进一步优化产品的数字化设计模型。仿真分析和优化的主要内容如下：

（1）应力、强度及刚度分析。确定零件强度和刚度是否满足使用要求，产品是否具有足够的安全性和可靠性。

（2）拓扑结构和尺寸优化。确定产品最佳的截面形状及尺寸，以达到体积小、重量轻、制造和使用成本低等目的。

（3）装配体设计分析。检查各零件之间是否存在干涉现象，能否顺利装配，是否方便拆卸和便于维护等。

（4）运动学和动力学分析。检查产品运动学和动力学性能是否满足要求。

利用仿真分析还可以完成流体力学分析、振动和噪声分析、电磁兼容性分析、多物理场条件下产品性能分析等，为此需要根据不同的分析目的建立各种模型并进行相应的仿真。

基于上述建模和工程分析功能，可以在计算机中构建产品的数字化样机，利用数字化样机评价和优化产品结构、尺寸及其性能，逐步取代传统的实物样机试验，这不仅可以有效地缩短产品开发周期，还有利于提高产品质量、降低开发成本。

4）自动绘图与技术文档整理

这方面功能包括自动绘制和形成零件图、装配图以及设计的各种信息文件，整理包括电子档的设计说明书、设计图纸、分析结果、设计结果等相关资料。

3. CAD 软件系统

1）CAD 系统软件、支撑软件和应用软件

产品设计系统是由设计人员和 CAD 系统共同构成的人 - 信息系统。CAD 系统由软件和硬件设备组成，其中软件部分是 CAD 系统的核心，分为系统软件、支撑软件和应用软件三个层次。

（1）系统软件。系统软件主要包括操作系统、编译系统、图形接口及接口标准等。

（2）支撑软件。支撑软件是满足 CAD 用户一些共同需要的通用软件或工具软件。

（3）应用软件。应用软件是在系统软件和支撑软件的基础上，针对专门应用领域研发的软件，如模具设计软件、电器设计软件、机械零件设计软件等。应用软件是领域设计知识的软件化，是提高产品设计水平的关键。

2）CAD 支撑软件系统

世界知名的 CAD 支撑软件系统有西门子公司的 NX 和 Solid Edge、达索公司的 CATIA 和 SOLIDWORKS、参数技术公司的 Pro/Engineer、欧特克公司的 Autodesk/Inventor 等。国内 CAD 支撑软件系统也在快速成长发展之中，例如中望 CAD、华天 CAD、浩辰 CAD、CAXA 等。

案例 3-21

NX——CAD 支撑软件系统

NX 是世界领先的 CAD 支撑软件系统。NX 具有强大的几何建模和工程设计能力，具有产品方案设计、几何造型、工程设计、工程分析、数控加工工艺设计与仿真、装配工艺设计与仿真、产品性能仿真等功能，支持产品设计、工程分析和生产制造等产品全生命周期设计、开发和数据管理。NX 可以有效地提高设计质量、设计效率，缩短研发周期，降低开发成本，已成功应用于汽车、航空、能源等领域，其典型用户包括通用汽车、福特、日产、通用电气、罗·罗、波音、洛克希德、惠普等公司。

NX 概述

NX CAD 建模环境

NX 创成式工程设计

NX 集成化仿真

案例 3-22

华天 CAD 支撑数字样机开发

华天 CAD 是世界先进的国产自主机械设计 CAD 软件系统，提供灵活易用的功能，支持用户设计数字样机。华天 CAD 为产品样机的概念设计、造型设计、工程设计、工程分析、加工仿真、性能仿真等各个环节及产品系统集成，从详细设计到结构查看到工艺提供了强大而有效的设计与创新支持，在机械行业各领域得到了广泛应用，大幅提升设计效率和质量。

华天 CAD 支撑数字样机开发

3）物理建模与设计支撑软件系统

世界知名的物理建模与设计支撑软件系统有 Math Works 公司的 MATLAB、西门子公司的 AMESim、ESI 公司的 SimulationX、达索公司的 Dymola、Maple 公司的 MapleSim、同元软控公司的 MWorks 等。

案例 3-23

系统智能建模与设计平台 MWorks

基于模型的系统工程（MBSE）方法是数字化设计技术的最新发展，为产品设计物理建模提供了有力支持，为大型复杂系统研制提供了有效解决方案。MWorks 是基于多领域统一建模规范与互联标准（Modelica）打造的系统智能建模与设计平台，是 MBSE 为法落地的使能工具，是整体水平位居国际前列的物理建模 CAD 支撑软件系统。

MWorks 系统建模

MWorks 由系统架构设计、系统仿真验证、协同设计仿真三大核心工具以及一系列扩展工具箱组成，支持基于模型的系统设计、仿真验证、模型集成、虚拟试验、智能分析以及协同开发，已经广泛应用于航天、航空、核能、车辆、船舶等行业，为空间站、探月工程、火星探测等重大工程提供了建模与设计的技术支撑。

3.3.4 协同设计技术与工业软件

随着数字化网络化技术的快速发展，以协同设计技术为主要特征的数字化网络化设计支持技术，成为产品开发的重要工具和先进制造技术领域的热点。人们从协同设计的体系结构、知识模型的表达与显示、协同设计中的冲突检测与消解策略、支持协同设计的产品数据管理技术、多媒体数据通信等方面开展研究，为工程化的协同设计奠定了坚实基础。目前，支持协同设计的技术与系统已经成熟和完善，为产品协同开发提供了保证。

协同设计的实质就是数字化网络化设计，是“互联网＋数字化设计”，或者说是网络环境下的 CAD 系统。与安装在一台计算机中进行独立工作的 CAD 系统相比，网络化 CAD 系统可以在网络环境中由多人、异地进行产品的定义与建模、产品的分析与设计、产品的数据管理和数据交换等工作。总体上说，协同设计的内涵包括三个方面的协同：① 把分布在各地方、各单位、各方面的设计专家、制造专家和管理专家集成为一个整体，共同进行协同设计；② 实现机械、材料、电子、控制、软件、加工生产等多学科领域的知识集成与协同；③ 把贯穿产品全生命周期的设计、制造、销售、售后服务、市场预测等环节集成与协同起来。协同设计可极大提高设计的效率和质量，实现企业内部乃至全球范围内的产品协同设计与开发。世界知名的波音 777 客机和空中客车 A350 客机是协同设计的成功典型范例。

案例 3-24

NX 强力支撑产品协同设计

NX 机电一体化设计

NX 协同设计和管理

NX 为产品协同设计提供了强大而高效的支撑平台。NX 为产品协同设计构建了一个统一的、优秀而稳健的数字化模型和设计平台。这样，可以将参与协同设计的各专家团队集成在一起；可以将参与协同设计的各学科知识和技术（如机电一体化）集成在一起；可以将产品全生命周期的设计、加工、装配、试验等各部门集成在一起，共同创造一个高质量高水平的产品设计。

3.3.5 产品的数字孪生

数字孪生是一个比较新的概念，内涵丰富，被视为有可能“改变未来游戏规则”的颠覆性技术之一。从用途视角，产品的数字孪生可以看作产品专用的数字化网络化智能化设计支持工具，可在产品全生命周期中对产品进行持续优化。

1. 产品数字孪生的创建

产品数字孪生的创建包括两条途径：① 从设计数字样机开始，到制造出实物产品再到数字孪生的正向过程，适用于新产品的开发；② 从现有的实物产品开始，到建立其数字孪生模型再到数字孪生的反向过程，适用于现有装备的智能化升级改造。

1）正向过程：从数字样机到数字孪生

新产品开发的理想做法是先设计好数字样机，然后再制造实物产品（图 3-49）。根据用途的不同，数字样机可大致分为几何样机、功能样机和性能样机三类，分别用于分析和展示产品的组成结构、基本功能和各方面性能。例如，几何样机是在 CAD 系统中，通过三维实体造型和数字化预装配后所得到的产品数字化模型；性能样机则要根据具体需要，建立相应的数字化模型，如用于分析动态响应性能的动力学模型、用于分析运动精度的误差模型等。

一旦有了数字样机，就可以用来进行各种仿真测试分析，发现需要改进的地方并进行调整，直到最终创建出满足预期功能与性能要求的产品数字样机，然后再制造实物样机。

实物样机制造出来以后，还要进一步对实物样机的功能与性能进行测试，将实物样机与数字样机用通信网络连接起来，对比分析相同状态下数字样机的仿真结果与实物样机实测结果的吻合程度。若实物样机的功能与性能满足预期要求，而与数字样机的仿真结果差异较大，则还需要进一步对数字样机进行调整。至此，所得到的数字样机可称为该实物产品的数字孪生体，两者共同构成基于数字孪生的智能产品。

2）反向过程：从实物产品到数字孪生

对于目前仍在使用过程中和正在被生产制造出来的装备类产品，绝大部分都不是基于数字孪生的智能产品（如一般的数控机床），构建数字孪生就是对这些产品进行智能化升级改造，充分发挥和提升其作用。

与上述正向过程相比，根据已有实物产品建立数字孪生的反向过程不需要考虑实物产品的设计问题，但从如何建立孪生关系的角度看，两种情况下需要解决的关键问题都是相同的，无论是正向过程还是反向过程，关键都是要建立与实物产品特性尽可能吻合的数字化模型。例如，对于前述机床进给系统运动误差的智能补偿（案例 3-19），其关键问题是数字化模型的设计问题，即需要建立与进给系统实际运动误差尽可能吻合的数字化模型，这需要大数据智能技术的支持。

2. 基于数字孪生的持续优化

1）智能运维：产品使用过程的持续优化

数字孪生的重要价值之一在于可对产品使用过程进行持续优化。传统的产品全生命周期被划分为研制、生产、使用等几个阶段，产品设计活动仅局限于产品研制阶段。数字孪生由于创新地建立了产品与其数字孪生体之间双向信息反馈，数字孪生体可以时刻跟踪产品的使用情况及产品状态等各方面信息，不仅可在创建阶段做到尽可能与产品特性一致，而且可在产品使用过程中，通过不断的学习建模过程，持续保持与产品实际运行情况的一致性，从而始终保持对于产品运行指导的有效性。例如，在一个设备的运行过程中，通过对加工状态，如工艺参数、生产环境数据的监控，建立状态改变对于加工质量影响的数学分析模型，通过趋势分析预测加工质量的异常，并能够迅速采取措施，调整设备工艺参数，形成监控—分析—调整—优化的闭环，防止废品、残次品产生。从产品全生命周期的历程上来看，这种持续建模优化过程也就是持续的设计过程，这也正是基于数字孪生的智能产品拥有应对不确定性、时变性复杂问题潜力的根本原因。

2）智能迭代：产品更新换代的持续优化

从产品更新换代的角度，数字孪生可为新一代产品的研发提供优化保障。要有效地开发新一代产品，需要收集与上一代产品运行和服务相关的历史数据，并在此基础上分析判断需要进一步改进或提升的地方。通过数字孪生体可全面获得产品在实际工况下的各方面数据，通过仿真分析寻找改进优化方案。

3. 产品数字孪生：人与人工智能融合的设计技术大集成

产品数字孪生作为目前有望实现“智能一代”产品期望目标的典型方式，其设计不仅需要数字化网络化智能化设计工具的支持，同时还将局限于产品设计阶段的传统设计拓展至全面支持产品全生命周期的持续优化和产品更新换代的持续迭代。可以说，数字孪生是数字化网络化智能化设计技术的大集成。

数字孪生的持续优化是一个不断学习的过程，也是一个不断设计的过程，既需要拥有人工智能的设计工具支持，更离不开设计人员的智慧，是人与人工智能融合的设计技术大集成。

3.4 智能产品创新的意义

3.4.1 产品创新是制造业高质量发展的核心

产品创新是产业创新链的起点和价值链的源头，是实现制造业跨越式发展的突破口。一方面，产品创新能加快企业转型升级，重塑我国制造业在全球产业链的地位；另一方面，产品创新能在不断降低成本的同时，持续保证高品质状态，有效提高产品竞争力。

例如，国外的微软、英特尔、IBM、苹果、特斯拉等企业均依靠不同阶段的产品创新，占据了全球价值链高端，引领全球产业创新发展潮流；国内的华为、中车集团、比亚迪等公司长期坚持产品创新，形成了自主品牌和自主知识产权，产品竞争力已进入世界领先行列。

3.4.2 一代技术、一代产品

综观历史，产品的进化已历经机械化时代、电气化时代和数字化时代，并正在向智能化时代迈进（图 3-50）。“蒸汽一代”产品的核心驱动力是蒸汽机技术，这一共性赋能技术带来了一场动力革命，推动了第一次工业革命；“电气一代”产品的核心驱动力是电动机技术，这一共性赋能技术带来了另一场动力革命，推动了第二次工业革命；“数字一代”和“网联一代”产品的核心驱动力是数字化网络化技术，这个共性赋能技术给产品带来了极其深刻的变革，是一场信息革命，推进了第三次工业革命；未来，“智能一代”产品的核心驱动力是新一代人工智能技术，这一共性赋能技术将带来另一场更深刻的革命，加速推动第四次工业革命的到来。由赋能技术的性质可以看出，第一次和第二次工业革命都是由于动力革命引发的，可以统称为第一次机器革命；而第三次和第四次工业革命则是由于数字化、网络化、智能化等信息技术革命所引起的，可以统称为第二次机器革命。

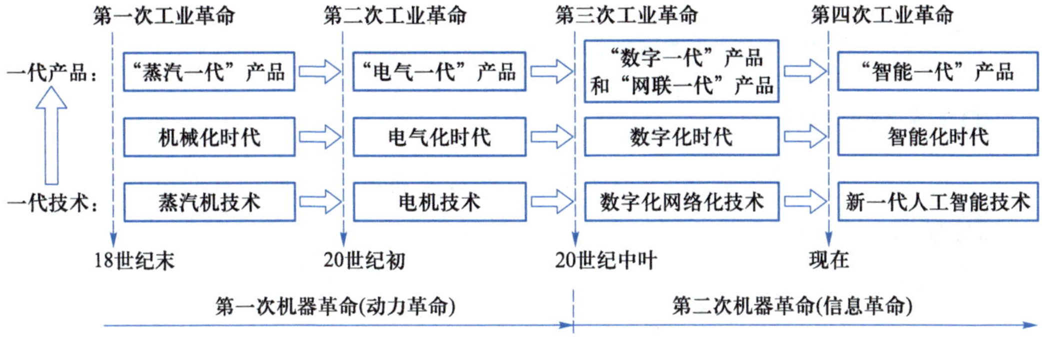

图 3-50 一代技术、一代产品

一代技术导致一代产品，"数字一代""网联一代"和"智能一代"产品的概念应运而生。这些产品都是信息化与工业化深度融合的产物，是信息技术赋能引起的产品创新乃至革命性变革。这其中既有鲜明的技术特征，又具有普遍性的规律，可以广泛应用于各种产品创新和升级，从而引起各行各业、各种各类产品的诞生和换代。

3.4.3 智能产品创新的技术路线具有普适性

1. "数字一代"和"智能一代"产品的技术变革

传统产品的构成主要包括动力装置、传动装置和工作装置三大部分（图 3-51a）。

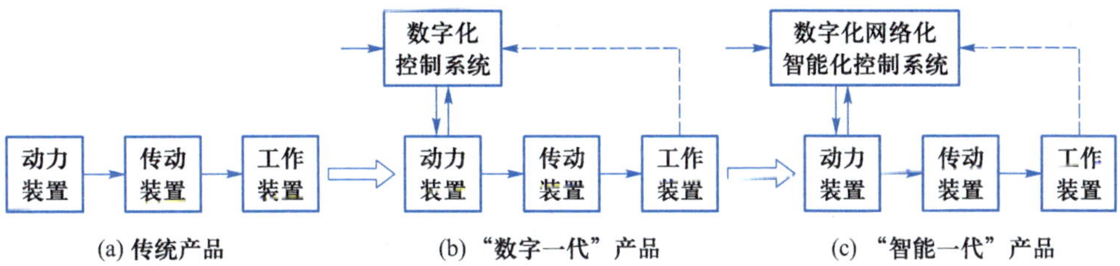

图 3-51 产品的数字化、网络化、智能化创新的技术路线

从传统产品的创新升级视角看，"数字一代"和"智能一代"产品的变化主要在于两点：动力装置变成了数字化的伺服驱动系统；增加了数字化控制系统或智能化控制系统（即信息系统），实现了产品运行管控的数字化与智能化（图 3-51b、图 3-51c）。

2. 具有通用性、普适性的技术融合和系统集成式创新

从产品的历史进化过程可以看到，产品创新有多种途径，主要的有两种方法：创新产品的工作原理或者说工作装置；应用共性赋能技术对产品进行赋能，创新产品的动力装置和（或）控制系统。

第一种创新，工作装置的创新，或者说工作原理的创新，是根本性的。千百年来，人们一直在持续革新产品工作原理并不断创造各种新产品，形成了适用于完成各种不同工作任务的成千上万种产品。

案例 3-25

3D（三维）打印

3D 打印

增材制造（或 3D 打印）技术即属于上述第一种创新，通过逐层增加材料来得到三维物体，就好像是将真实的物体分层“打印”出来一样。相对于传统的减材制造和等材制造，增材制造即材料的 3D 堆积方法是一种重大的工作原理创新，无需机械加工或模具，可极大缩短产品研制周期，随时随地制造出所需物品。增材制造是一种全新的制造技术，是制造工艺和装备的原理创新；同时，也是应用数字化技术的产品创新。

第二种创新，应用共性赋能技术对产品赋能，创新产品的动力装置和（或）控制系统，这是一种革命性的技术融合和系统集成式创新，具有通用性和普适性。

在传统产品的进化过程中，“蒸汽一代”和“电气一代”产品的升级换代主要是应用蒸汽机技术和电动机技术等共性赋能技术对产品动力装置的创新。

“数字一代”产品主要是应用数字化技术对产品控制系统进行创新，亦即增加一个“大脑”（图 3-51b）；“智能一代”产品则是应用新一代人工智能技术对产品控制系统进行进一步的创新，亦即换上更加聪明的“大脑”（图 3-51c）；这些创新的技术路线都具有通用性和普适性，可应用于对各行各业、各种各类产品进行升级换代。

3.4.4 智能产品创新拥有巨大的发展空间

1. 制造装备全面创新升级

“数字一代”与“智能一代”产品创新的技术路线适用于各行各业、各种各类制造装备（包括表 3-1 所列典型产品）的全面创新升级。

案例 3-26

注塑机

注塑成形过程

注塑成形是最有效的塑料成形方法。注塑机要完成模具开合、注射、塑化、脱模、调模、注射台移动 6 个动作，其发展历经传统液压式到全电动数控型的演变，目前正向智能数控型方向发展。

（1）传统液压式注塑机。传统液压式注塑机由普通电动机提供动力，经液压传动系统驱动 6 个液压油缸以产生上述动作。

（2）全电动数控注塑机。全电动数控注塑机的各个动作均由伺服电动机直接驱动，液压传动系统被全面代替，注塑机由计算机数控系统进行精确控制。

其加工精度与稳定性高、质量好；可实现复杂的同步重叠动作，生产效率高；节省能源，噪声低，无油污染。

（3）智能型注塑机。在数字化的基础上，通过进一步引入智能化技术，智能型注塑机实现工艺自动优化、参数自动补偿、产品自动分拣、过程自动监控和故障自动诊断等功能，从而实现更高的效率、精度和节能效果（图 3-52）。

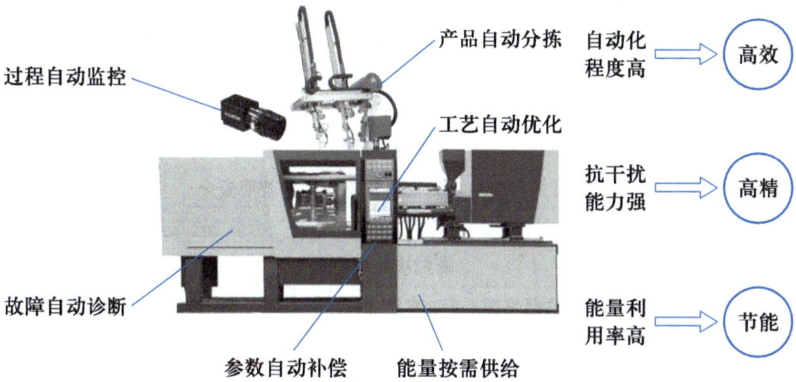

图 3-52 智能型注塑机

注塑机的数字化智能化创新升级

2. 其他用途产品全面创新升级

“数字一代”与“智能一代”产品创新的技术路线适用于其他用途产品（包括表 3-2 所列典型产品）的全面创新升级。

案例 3-27

动力机车

轨道交通机车历经蒸汽机车、内燃机车、电力机车到动车组的进化，目前正向智能机车方向发展。

（1）蒸汽机车。第一代轨道交通动力机车。以煤为能源，蒸汽机提供动力，经连杆、摇杆传动驱动车轮；采用离心式调速器和节气阀控制运行速度。

（2）内燃机车。第二代轨道交通动力机车。以油为能源、柴油机提供动力。由柴油机驱动发电机发电，经处理后由电动机驱动车轮。

（3）电力机车。第三代轨道交通动力机车。直接从电网接受电能，经处理后供电动机驱动车轮；相比内燃机车，具有功率大、电能利用率高、无污染、工作环境好等优点。

（4）动车组。现代轨道交通动力机车，数字化的电力机车。电动机分布在多个动力车上，驱动数字化，结构小型化，实现了数字化控制（图 3-53）。

（5）智能机车。下一代轨道交通动力机车，智能化的电力机车。基于数据采集、网络通信、智能决策与评判、面向服务的架构等技术，实现动力机车的智能化，提供更安全、更舒适的服务（图 3-54）。

图 3-53 动车组示意图

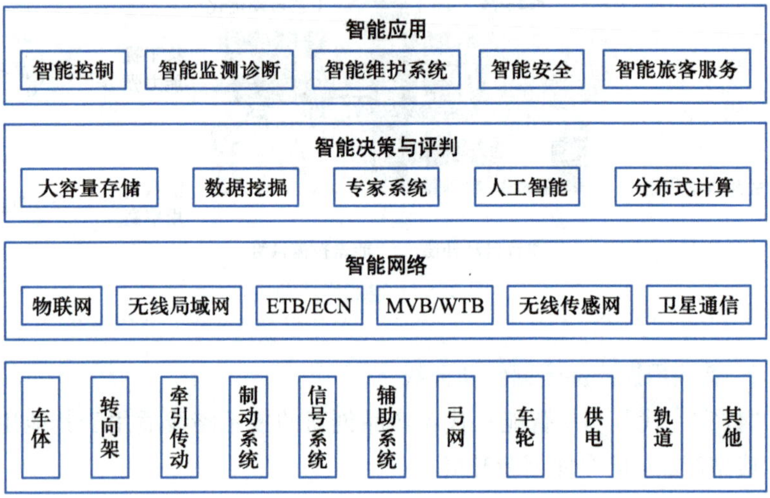

图 3-54 电力机车的智能化框图

动力机车的数字化智能化创新升级

3.4.5 智能产品创新是把握新产业革命机遇的关键

以互联网、大数据、人工智能为标志的新一代信息技术的迅猛发展，为智能产品创新提供了千载难逢的历史机遇，形成了前所未有的广阔空间。

（1）从正面的经验上看，苹果、华为、特斯拉、比亚迪、中车集团、大疆、GE 航空、罗·罗等企业抓住了这个千载难逢的历史机遇，用数字化、网络化、智能化技术推动产品创新，赢得了市场，走在了世界前列。

案例 3-28

苹果智能手机

苹果公司是世界上紧抓数字化、网络化、智能化发展机遇进行产品创新最成功的公司之一，2007 年推出的苹果智能手机因拥有极好的用户体验和颠覆性的操作设计而成为智能手机的行业标准。同时，丰富的软件功能把手机的性能发挥到极致，真正让互联网彻底成为生活的一部分。可以这么说，苹果公司的移动智能终端产品的创新引领了移动互联网产业的新潮流，深刻改变了人们的生活方式。

案例 3-29

大疆无人机

深圳市大疆创新科技有限公司（简称大疆）凭借在无人飞行控制系统行业的领先优势，将顶尖飞行控制技术与专业级航拍相机技术结合，创新智能飞行控制系统、陀螺式动态自增稳云台、专业影视航拍飞行平台，实现多种功能高度集成的高性价比飞行器，其产品已占据全球小型无人机市场的半壁江山。

（2）从反面的教训上看，柯达、诺基亚等世界知名企业则由于错失产品数字化、网络化、智能化的发展契机，与历史机遇擦肩而过，由盛入衰，被创新的大潮所淘汰。

案例 3-30

柯达数码相机

曾经位居相机胶片行业全球垄断地位的柯达公司，早在 1975 年就研发出世界上第一台数码相机，但由于战略性决策失误，没能将这一颠覆性产品创新成果市场化，错失了发展数码相机的机遇。随着传统胶片相机最终被数码相机颠覆，柯达公司也迅速衰落乃至宣布破产。

案例 3-31

诺基亚智能手机

诺基亚公司是曾经的世界手机界霸主，曾经占有世界手机市场的半壁江山。早在智能手机发展初期，诺基亚就率先拥有了智能手机操作系统“塞班”，但由于没有及早认清移动终端的发展趋势，做出了错误的战略决策，错失了发展智能手机的机遇，加速了自身的衰落并最终导致诺基亚王朝在短短几年时间内崩塌。

总之，智能产品是深度融合数字化网络化智能化技术的产品创新，能够推进各行各业、各种各类产品实现智能升级和创新发展。我国应抓住即将到来的第四次工业革命的历史机遇，大力发展“数字一代”“网联一代”和“智能一代”产品，实现从“跟踪模仿”到“引领跨越”的根本性转变。

第四章

离散型制造智能工厂

智能生产的主要载体是智能工厂，数字化、网络化、智能化技术和先进制造技术的深度融合使得生产线、车间、工厂发生革命性变革，使生产能力提升到历史性的新高度，从根本上提升制造业的质量、效率和企业竞争力。从产品类型和生产工艺组织方式的角度，制造业可划分为离散型制造业和流程型制造业两大类，本章重点介绍离散型制造智能工厂的内涵、关键技术以及未来发展趋势。

4.1 概　述

4.1.1 离散型制造业

离散型制造业一般将产品分解成若干个零件，每个零件经过一系列不连续工序的加工，最后将每个零件按一定顺序装配而形成产品。在离散型制造业的生产过程中，基本没有发生物质改变，只是物料的形状和组合发生变化，产品与所需物料之间有确定的数量比例。在《国民经济行业分类》(GB/T 4754—2017）中，制造业共有 31 个大类，其中属于离散型制造的有 13 个大类，其他 18 个大类属于流程型制造或流程－离散型混合型制造。

离散型制造在国民经济中占有非常重要的地位，其典型行业及其典型产品见表 4-1。飞机、汽车、船舶、机床、能源装备、电子设备、家电产品等制造都属于离散型制造业，特别是以航空航天、芯片制造设备、高端数控机床等为代表的高端装备制造业，更是国家制造业的基础和核心竞争力所在。离散型制造业是为国家经济发展和国防建设提供技术装备的基础性产业，对促进经济结构调整、推动产业升级、扩大生产和生活需求、实现经济可持续发展至关重要。大力培育和发展离散制造业，对于加快转变经济发展方式、实现由制造业大国向强国转变具有重大意义。

表 4-1　离散型制造典型行业及其生产的典型产品

序号	行业	产品
1	木材加工和木、竹、藤、棕、草制品业	木桌、木椅、竹篓

续表

序号	行业	产品
2	家具制造业	衣柜、床、餐桌
3	文教、工美、体育和娱乐用品制造业	笔、球拍、玩具
4	金属制品业	集装箱、铁锅、压力容器
5	通用设备制造业	锅炉、机床、起重机
6	专用设备制造业	挖掘机、盾构机、搅拌机
7	汽车制造业	发动机、摩托车、自行车
8	铁路、船舶、航空航天等制造业	飞机、高铁、航空母舰
9	电气机械和器材制造业	电动机、开关、电缆
10	计算机、通信和其他电子设备制造业	计算机、手机、电视机
11	仪器仪表制造业	电表、绘图仪、相机
12	其他制造业	毛刷、伞、扫把
13	机械和设备修理业	铁路、船舶、航空航天等设备修理

离散型制造业产品种类繁多，非标程度高，工艺路线和设备使用灵活，车间形态多样，运营维护复杂，具有以下三个特点。

（1）产品结构层次明晰。离散型制造业的产品结构可以用树状结构进行描述，最终产品一般由固定数量的零件或部件组成，相互间的关系是固定和明确的。如图 4-1 所示的商用汽车可分为发动机、车身、底盘以及电子电气设备等部件。其中，底盘部件由传动系、转向系、行驶系和制动系等部件装配而成，而传动系又包括离合器、变速器和联轴器等。每个部件还可以再细分为若干个零件，零、部件之间可通过如图 4-2 所示的树状关系来表示。

（2）产品工艺流程复杂。离散型制造业的产品生产过程是断续的、离散的，不同零件的生产工艺过程有所不同，同一零件当产量不同时，其工艺过程也会有较大区别。图 4-3 是一种商用汽车变速器装配图和内部结构图，可将其按照树状分解包括壳体、盘齿、轴齿和齿圈等零件。这些零件的加工工艺过程、所使用的设备均不相同（图 4-4），因此对于离散制造而言，产品的生产制造工艺流程区分度大。

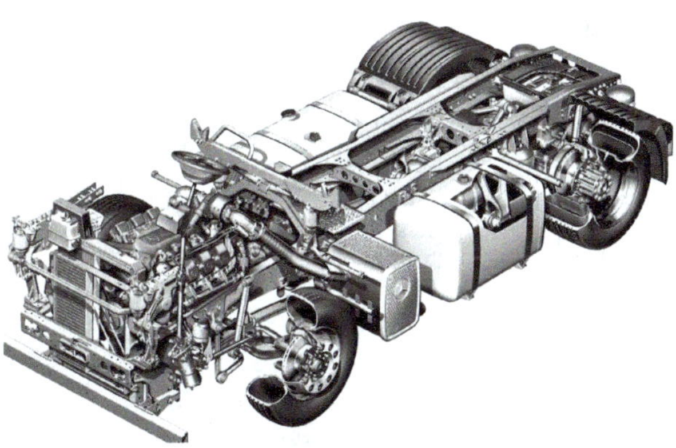

图 4-1 商用汽车结构图

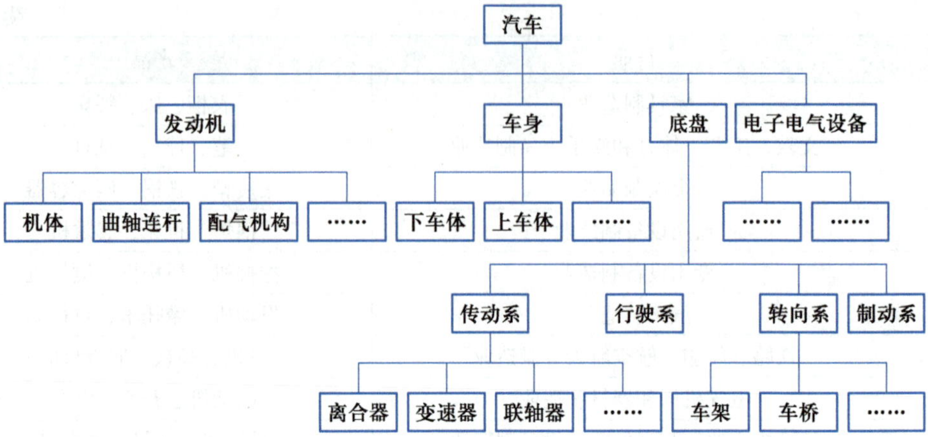

图 4-2 汽车组成结构关系树图

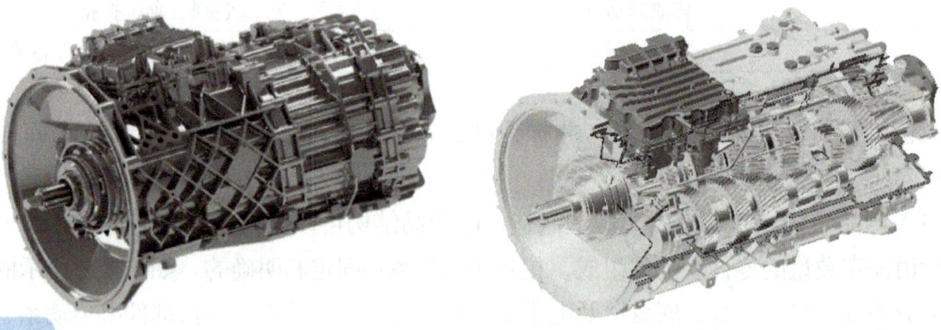

(a) 总成装配结构 (b) 内部结构

图 4-3 商用汽车变速器

商用汽车变速器爆炸图

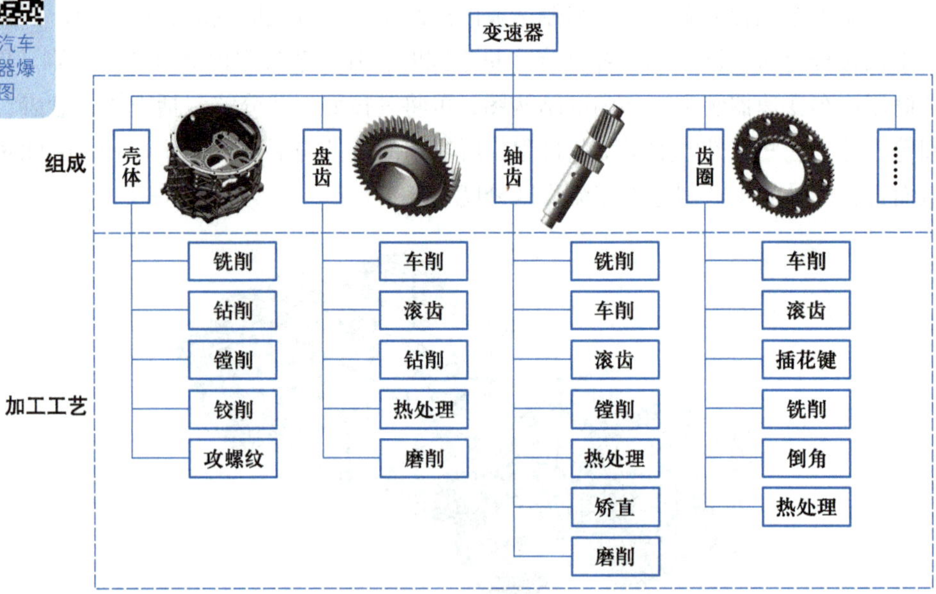

图 4-4 变速器零件关系树图及主要加工工艺

（3）生产计划管理要求高。典型的离散型制造企业按订单组织生产，相较流程型产品而言，其产品品种多、批量小，产品的工艺环节较多，生产组织难度大，对采购和生产的快速响应提出了较高要求，常需要应用计算机及信息系统进行生产计划排产及管理工作，以达到对生产任务快速响应的目的。

4.1.2 离散型制造工厂

1. 工厂任务

离散型制造业的基本生产组织单位是离散型制造工厂。工厂广义上包括产品的设计、生产、采购、管理、销售、服务等环节，如图 4-5 所示。其中，工厂生产是工厂任务的主体，从产品零件的工艺设计到零件的制造和装配，再到产品的检测，共同组成了整个生产过程。本章着重介绍工厂生产环节的相关内容。

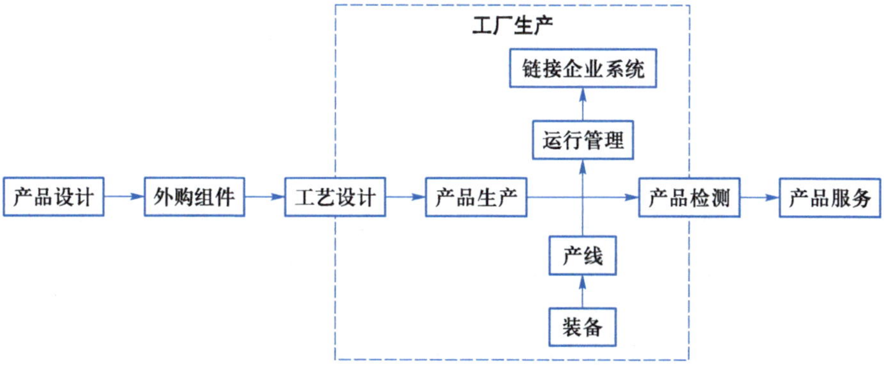

图 4-5 工厂生产是工厂任务的主体

工厂通常根据制造工艺特性，将产品的生产过程分解为多项生产任务，每项任务仅需要工厂的部分能力和资源。因此，通常将工艺方法类似的设备按照空间和行政管理建成不同的生产组织（小组、工段或部门）。通过各生产组织进行任务作业，过程管理（成本管理、物流管理、质量管理、其他辅助管理），完成零件加工、部件装配、成品检验等流程，实现由毛坯到零件，零件到部件，部件到产品的整个生产过程。本章选取陕西法士特汽车传动集团有限责任公司（简称法士特，是世界名列前茅的商用汽车变速器生产企业）变速器生产制造作为案例，对智能工厂建设的相关内容进行介绍。

法士特介绍

案例 4-1

法士特的制造任务

工厂接到变速器销售订单后，会根据客户需求制定生产计划和采购计划，生成自制件（壳体、盘齿、轴齿等）生产工单和标准件（轴承、密封圈、螺栓等）采购订单，车间进行零件生产及过程管理，最后将自制件与标准件装配成变速器产品，如图 4–6 所示。

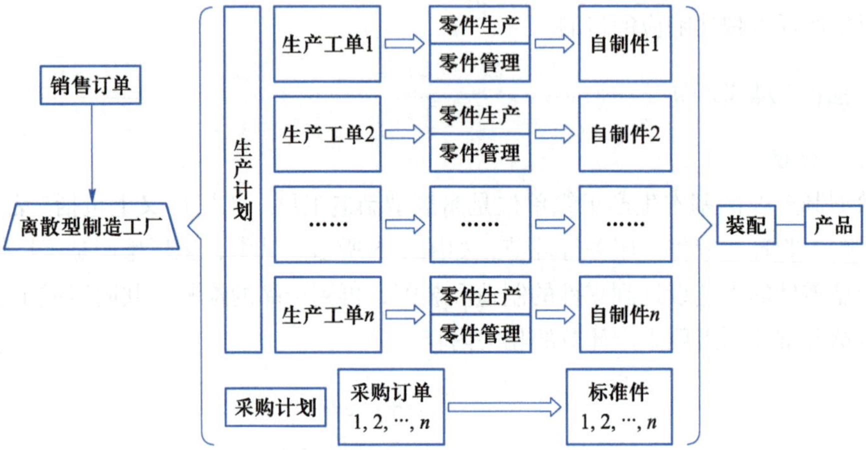

图 4–6 离散型制造工厂任务

2. 工厂的组成和目标

如前所述，离散型制造工厂的生产过程一般都包含产品的零件加工、零部件装配、测试与检验等过程，各生产过程的实施主体有生产装备 / 单元、生产线、生产车间和工厂。如图 4–7 所示，每个主体均有自己的任务，生产装备 / 单元主要是完成零件单工序或多工序加工；生产线主要进行同系列零部件集中加工或装配；生产车间主要进行同类产品加工及装配；工厂主要完成生产组织及生产。

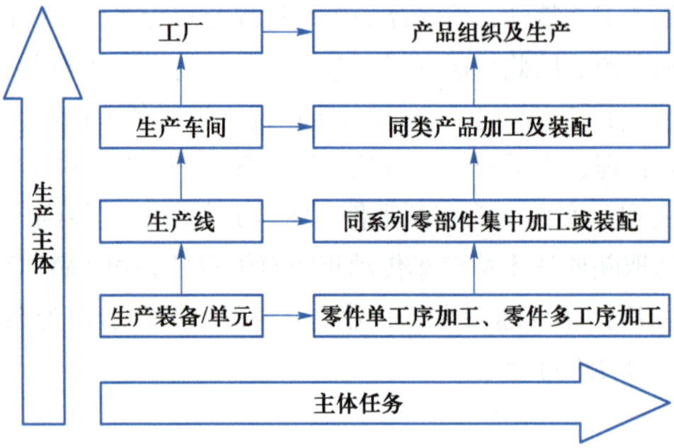

图 4–7 离散制造工厂的生产主体和任务

4.1.3 离散型制造工厂的发展历程

1. 传统工厂（HPS）

从 17 世纪初至 19 世纪 30 年代，在专业化协作分工、蒸汽动力机和工具机的基础上，出现了制造企业的雏形——工场式的制造厂，人类社会的生产率开始出现大幅度的飞跃。到了 1900 年前后，制造业已经成为一个重要的产业，其中的制造工厂基本由人和物理系统（如机器）两大部分所组成（图 4-8），也就是本书绪论中提到的人 - 物理系统（HPS）。这种由人和机器所组成的制造系统，一方面机器替代了人的体力劳动，大大提高了制造的质量和效率；另一方面，HPS 中人起主导作用，由人操控机器进行制造。因此在制造过程中每个零件或产品都会因人技能的不同而呈现出不同的质量。

20 世纪 20 年代，传送带被引入了制造系统，美国亨利 · 福特开创了机械自动流水线生产（图 4-9）。这种生产方式使产品的生产工序被分割成一个个环节，工人分工明确，大大提高了生产效率，降低了产品成本。汽车流水线制造初期主要是将同工序加工设备集中放置，形成同序加工单元，每一个单元加工零件的同一工序，物料在单元之间的转运即为工序转运，也被称为集群制造，其特点是生产单元的布局面积大、同类型设备的数量多且便于互换和维保、单元内操作工多为同工种工人，适应于大批量生产。

图 4-8 人 - 物理系统

图 4-9 福特汽车的第一条汽车装配生产线

2. 数字化工厂（HCPS1.0——第一代智能工厂）

20 世纪 50 年代之后，随着计算机和数字控制等技术陆续融入制造业中，离散型制造工厂进入了数字化制造时代（HCPS1.0），也称为第一代智能工厂。

20 世纪 50 年代，世界上第一台数控机床研制成功，在随后的几十年中，大量的数控机床等数字化制造装备进入了离散型制造工厂。原先的机械加工都是用手工操作普通机床作业的，精度和效率取决于工人的经验和技术水平，而数控机床能够按照工艺人员事先编好的程序自动加工，精度和效率都得到大大改进，同时产品的一致性也大幅提升。

20 世纪 70 年代初，柔性制造系统（flexible manufacturing system，FMS）进入了实际生产过程，它由数控加工装备、物流输送系统、电气控制系统及信息软件系统等组成，如图 4-10 所示。其中，物流输送系统由多种运输装置构成，如传送带、轨道、转盘以及机械手等，完成工件、刀具等的供给与传送；电气控制系统是对加工和运输过程中所需各种信息收集、处理、反馈，并通过计算机或其他控制装置（液压、气压装置等），对机床或运输设备实行分级控制的系统；信息软件系统工具包括设计、规划、生产控制和系统监督

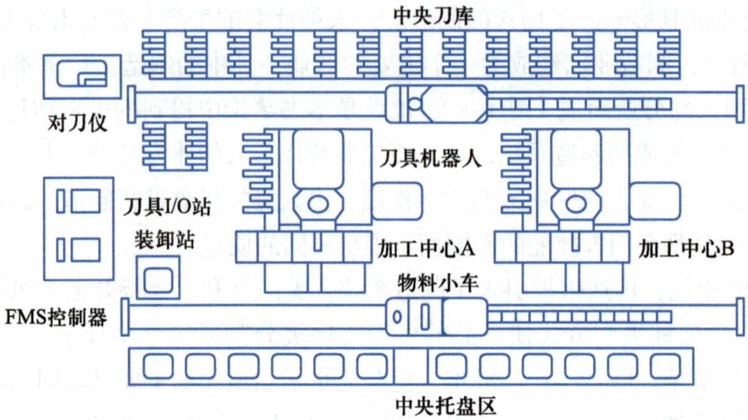

图 4-10 柔性制造系统

等软件，对柔性生产线进行有效管理和生产控制。几十年来，从单台数控机床的应用逐渐发展到加工中心、柔性制造单元、柔性生产线和计算机集成制造系统，工厂的柔性化得到了迅速提升。

另外，在 20 世纪 60 年代，计算机被逐渐用来辅助生产管理，物料需求计划（material requirement planning，MRP）被提出用来解决采购、库存、生产、销售的管理，建立了信息化管理系统。到了 20 世纪 80 年代，针对设计、加工和管理中存在的信息孤岛问题，采用计算机采集、传递、加工处理信息，形成了一系列的信息集成系统，如 CAD/CAPP（computer aided process planning）/MRP、CAPP/MRP Ⅱ（manufacture resource planing），相继在离散型制造企业中使用，对制造过程中的各种信息与生产现场实时信息进行管理，提升生产各环节的效率和质量。

数字化的制造装备、产线和管理系统相继应用于离散型制造企业，产品加工质量和效率都得到了显著提升，使得人、信息系统、物理系统构成的数字化制造工厂实现了制造业质的飞跃。

案例 4-2

法士特数字化工厂

法士特成立于 1968 年，建厂初期，变速器零部件的生产设备全部为手动操作设备，生产布局主要依据工序的不同实行集群化生产，生产方式主要以手工作业和手动操作普通机床为主。从 1984 年开始，通过一系列的技改扩建工程，通过增加锻压机、数控车床、数控滚齿机、挤齿机等工艺设备，生产方式逐步过渡为数控加工方式，零件加工由精确编程的数控系统控制，提升了零件加工精度和质量的稳定性，并获得了较高的加工效率。2000 年后，法士特逐渐应用流水作业生产线方式，包括消失模铸造生产线、热模锻、热处理、齿轮及轴加工和总成装配等生产线，如图 4-11 和图 4-12 所示。2009 年，逐步引进精益生产的概念，通过现场标准化管

图 4-11 法士特自动化加工生产线

图 4-12 法士特自动化装配生产线

理，研究标准化作业节拍，制定生产线工序定岗、定机、定员、定标准班产量等精细化作业管理，实现质量、成本、交期（quality，cost and delivery，QCD）的最大化，大幅提升了公司产能。

3. 数字化网络化工厂（HCPS1.5——第二代智能工厂）

20 世纪末，随着互联网技术快速发展并得到广泛应用，“互联网 +”不断推进制造业与互联网融合发展，制造技术与数字化网络化技术的密切结合重塑制造业的价值链，促进了离散型制造企业从数字化工厂向数字化网络化工厂的转变。互联网和云平台成为信息系统的重要组成部分，一端接入信息系统各部分，另一端连接物理系统各部分，同时还与人进行交互。虽然工厂的组成仍然是人、物理系统和信息系统，但此时的信息系统已经比数字化阶段的信息系统内容丰富了很多，因此可以称为数字化网络化工厂（HCPS1.5 工厂），也称为第二代智能工厂。

数字化网络化工厂将信息、网络、自动化、现代管理与制造技术相结合，在工厂形成数字化网络化制造平台，改善工厂的管理和生产等各环节，从而实现了敏捷制造。管控系统是生产线层级的核心，而制造执行系统（MES）是车间层级的核心，企业资源计划（ERP）则是工厂层级的核心。MES 通过数字化生产过程控制，借助自动化和智能化技术手段，实现车间制造控制智能化、生产过程透明化、制造装备数控化和生产信息集成化。ERP 系统利用从产品数据管理（PDM）/ 计算机辅助工艺规划（CAPP）系统中获取的信息制订主生产计划。生产计划传递给 MES，用于车间级排产和车间生产准备。与物料相关的信息需传递给数字化立体仓库，用于指导仓库管理。数字化立体仓库中物料的存储信息以及财务信息反馈给 ERP 系统，用于指导采购与财务管理。通过 MES、ERP、PDM/CAPP、分布式数字控制（distributed numerical control，DNC）/ 制造数据采集（manufacturing data collection，MDC）系统的集成，实现从设计、工艺、管理和制造等多层次数据的充分共享和有效利用。

2013 年，德国推出了“工业 4.0”计划，利用信息 - 物理系统将生产中的供应、制造、销售信息数据化，达到快速、有效、个性化的产品供应，如图 4-13 所示。“工业 4.0”的核心是把设备、生产线、工厂、供应商、产品、客户紧密地连接在一起。“工业 4.0”适

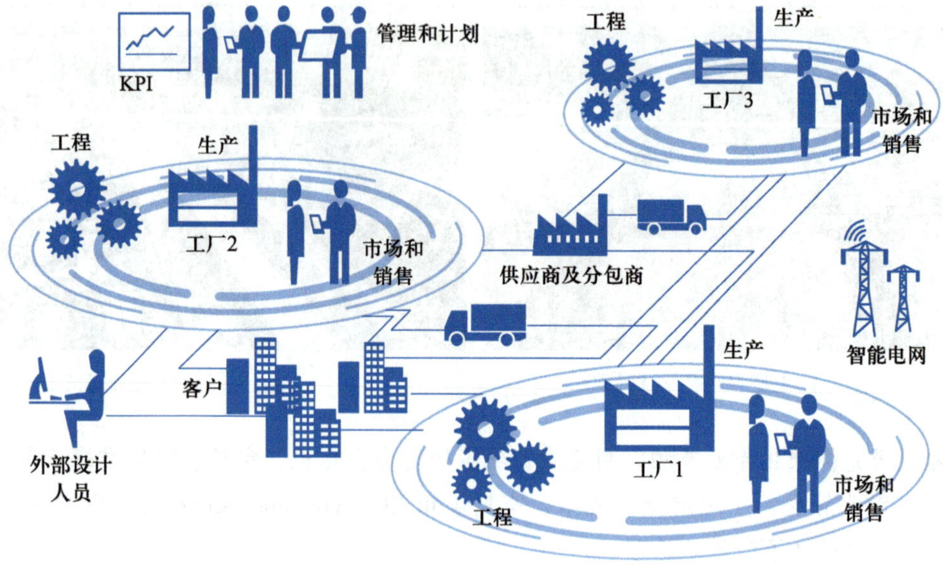

图 4-13 工业 4.0 模式

应了万物互联的发展趋势，将无处不在的传感器、嵌入式终端系统、智能控制系统、通信设施通过信息 - 物理系统形成一个网络，使产品与生产设备之间、不同的生产设备之间以及数字世界和物理世界之间能够互联，使得机器、部件、系统以及人类通过网络持续地保持数字信息的交流。在连接过程中单机设备的互联是核心，不同类型和功能的单机设备的互联组成生产线，不同生产线间的互联组成车间，车间的互联组成工厂，不同地域、行业、企业的智能工厂的互联组成一个制造能力无所不在的大型制造系统，以满足离散型制造工厂不断变化的制造需求。

案例 4-3

法士特数字化网络化工厂

法士特
智能制造

法士特在装备数控化和自动化升级的基础上，依据工厂实际运行和生产管理方式，全局规划并稳步推进数字化网络化建设。2004—2012 年，公司推广 ERP 系统，该系统可实时、准确地掌控采购、物流、制造、销售、财务等状况，进行统一管控。同时，上线了产品生命周期管理（PLM）系统，建立了以产品结构为核心的产品数据存储和管理体系，实现了设计更改的有效控制和企业内部的业务协同，加快了产品投放市场速度。2013—2018 年，公司各厂区 ERP 系统、仓库管理系统（warehouse management system，WMS）、供应商关系管理（supplier relationship management，SRM）系统等全面上线，实现了物流业务的统一过程管控，为提高库存周转率和公司精益生产提供坚实支撑。

生产管理系统的全面实施，体现了公司对生产过程的精细化管理，实现了产品生产过程可追溯性及生产过程透明化，提高了对生产的管控能力。所建立的大数据平台（图 4–14），将产品研发、制造生产与办公进行无缝集成，可对产品进行全生命周期的管控，提高数据共享与高效协同。厂区 5G 网络试点示范的应用，可实时采集并监控工厂车间环境温度、湿度、生产过程数据、质量测量数据等参数，有效提升制造合格率、促进节能降耗，保障产品加工质量。

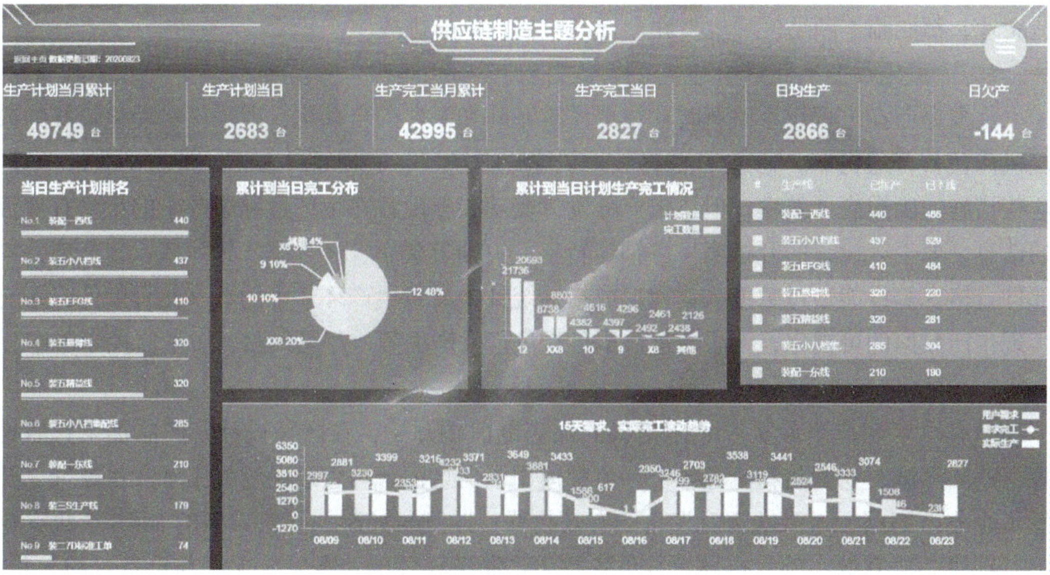

图 4–14 法士特大数据平台的供应链制造分析

4. 数字化网络化智能化工厂（HCPS2.0——新一代智能工厂）

进入 21 世纪以来，以人工智能技术、5G、大数据、云计算、区块链、数字孪生等为代表的信息技术，特别是以深度强化学习、人机混合智能等为代表的新一代人工智能技术加快与制造技术深度融合，逐渐形成“人工智能 + 互联网 + 数字化制造”的新一代智能工厂（HCPS2.0）。人工智能技术赋予了 HCPS2.0 中信息系统更强的学习认知功能，从而使信息系统中的“知识库”从以前的仅靠人来充实增加转变为人和系统自学习来共同完善，一方面提升了制造系统的建模能力，可真正实现数字孪生；另一方面深度融合了人的智慧与信息系统的自学习，促进了人 – 信息系统 – 物理系统的三元融合。

4.1.4 智能工厂是离散型制造业转型升级的发展方向

1. 我国离散型制造工厂发展面临的挑战

20 世纪 50 年代以来，我国离散型制造工厂的发展过程大体经历了以人和物理（机器）系统为主的传统工厂（HPS）阶段；80 年代后，部分企业陆续经历了融入计算机、通信和数字控制等信息化技术的数字化工厂（HCPS1.0）阶段；到了 2010 年前后，部分企业又逐渐形成了以“互联网 +”技术渗透的数字化网络化工厂（HCPS1.5）。由于离散型制造涉及的领域非常广泛，航空、汽车、家电、机床、电子等各行业的发展需求、速度和规模也不尽相同，一些企业已进入 HCPS1.5 阶段数年，也有一些企业刚完成 HCPS1.0 阶段而正准备跨入 HCPS1.5 阶段，还有部分企业仍停留在 HPS 阶段，发展程度不尽相同。

企业的数字化、网络化、智能化发展水平，直接影响到企业生产过程优化的四大目标：质量、价格、时间和服务（quality，cost，time and service，QCTS）。随着科技发展速度加快，新理念、新技术、新设备、新工艺更新换代速度日趋加快，无论是哪类离散型制造企业，都面临不断适应环境变化和提高市场竞争的挑战。

1）数字化程度不高影响生产过程监控能力的提升

很多企业在进行技术改革时往往更注重车间和工厂的自动化，即采用自动化较好的数控机床代替普通机床，通过 PLC 将数控机床连成产线，实现零件多工序的自动化加工等。这些措施的确提高了效率，但还未充分发挥其功能，设备在生产过程中产生的很多有价值的信息，如生产设备的开机率、主轴运转率、主轴负载率、运行率、故障率、生产率、零部件合格率等没能通过数据采集而形成指标统计，导致生产环节中的数字化程度低，不能实现生产数据的可视化，无法通过数据分析进行生产决策、产量预测、质量监控等操作。

2）网络化程度偏弱容易导致信息孤岛现象的出现

已有很多制造企业从产品原材料的供应链前端开始，在产品设计、产品加工、后处理、产品测试、仓储与物流等各个环节都使用了信息记录与管理系统收集了大量数据，开发了企业内部网。因为缺乏对设备的有效物联、监测与控制，导致大型的 MES 或数字化工厂项目无法有效实施，也导致其他各类生产制造相关的业务系统无法与设备自动关联；企业多年来分散开发或引进的信息系统，互相之间不能信息共享，业务不能通畅执行和有效控制，形成了许多“信息孤岛”。信息孤岛导致设备离散、设备或仪器各自孤立封闭，企业无法获取到正在使用中生产设备的实时或历史运行状态和生产信息，从而无法做出及时的生产决策和计划。

3）智能化程度偏低难以实现生产过程的优化

尽管有些企业的数字化和网络化已开展多年，但在很大程度上依赖于人的经验参与决策和判断，如零件的加工工艺，仍然需要工艺员根据现场采集到的信息来优化，产线中数控机床的刀具是否磨损，仍然要靠人工来判断更换，设备的健康保障也只能在出了问题后才能由人去鉴别原因等，工厂设备数字化和网络化在生产过程中采集到的大数据未被有效利用。离散型制造企业的发展，越来越趋向于多品种、小批量的制造方式，使得生产、物流、质量管理的复杂性日益提高，但由于智能化程度低，导致生产过程无法进行优化，也就无法快速满足客户对产品个性化和高质量的需求。

2. 我国离散型制造工厂的数字化网络化智能化升级

随着用户需求多样化，离散制造业生产方式由传统批量规模生产转向个性化大规模定制。大规模定制能够以大规模生产的低成本和高效率生产出客户个性化定制的产品，在较短时间内满足客户的多样化需求。在这种形势的驱动下，我国离散型制造工厂的数字化网络化智能化升级需求迫切。通过互联网、大数据、云计算、物联网、人工智能等新一代信息技术不断融入离散型制造企业内部的生产单元、生产线、车间，甚至工厂层面，产品的制造过程愈加高精度、高效率、低成本，对实现企业的高质量发展具有重要意义。

目前，我国的工业基础还不够强，企业大多处于工业 2.0 阶段，通过数字化网络化智能化共性技术赋能，推动制造业转型升级的任务还很艰巨。但必须清醒地看到，数字化网络化智能化技术与制造业的深度融合，必将深刻改变制造业的生产模式和产业形态，使制造业的产业面貌发生根本性的变化。这是一场极其深刻的产业革命，是引领我国制造业发展模式变革的重要途径，也是离散型工厂转型升级的必由之路。

4.2 数字化网络化工厂

4.2.1 离散型制造数字化网络化工厂的层级

在离散型制造工厂，产品的生产组织具有明显的层级性，自底向上分为四个层级，分别是装备级、产线级、车间级以及工厂级。每一层级包含两个系统，分别是物理系统和信息系统。除此以外还包括各类操作和管理人员，共同构成每一层级的人 – 信息 – 物理系统（HCPS）。其基本架构如图 4–15 所示。

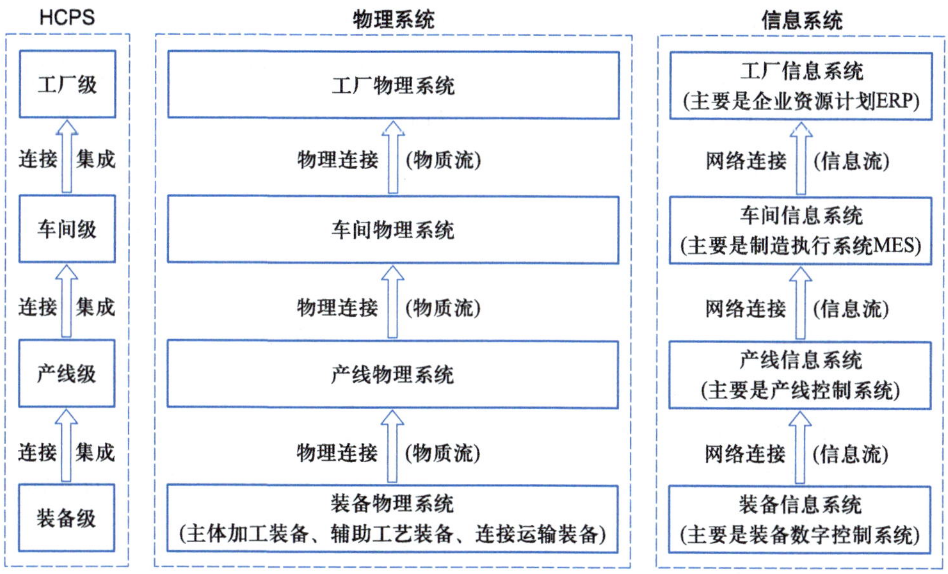

图 4–15 数字化网络化工厂架构图

离散型制造数字化网络化工厂四个层级的主要组成如下。

1）工厂级 HCPS

（1）工厂级物理系统的主体是不同功能的生产车间，用于解决产品整体的加工与装配问题；同时也包括连接运输系统，用于解决车间生产的部件之间和工厂的原料输入、产品输出与仓储的物理连接问题。

（2）工厂级信息系统的主体是企业资源计划，用于解决工厂资源协调优化问题；也包含网络连接与数据采集系统，用于解决车间之间的连接和信息集成问题。

（3）人在工厂级 HCPS 中的主要作用是通过工厂级的信息系统将相关经验与知识应用于企业的生产、组织、决策和管理。

2）车间级 HCPS

（1）车间级物理系统的主体是不同功能的产线，用于解决产品主要部件的加工与装配问题；同时包括车间内的连接运输系统，用于解决产线之间的物理连接，生产的工件、工具、材料的传输问题。

（2）车间级信息系统的主体是制造执行系统，用于解决整个车间内各条产线的调度管理问题；也包含网络连接与数据采集系统，用于解决产线之间的连接和信息集成问题。

（3）人在车间级 HCPS 的主要作用是通过车间级的信息系统将相关经验与知识应用于车间生产的调度管理中，分析生产过程中的数据，优化整个车间的制造过程。

3）产线级 HCPS

（1）产线级物理系统的主体是各制造单元和装备的集成，用于解决一类零件的加工或装配问题；同时包含产线连接运输系统，用于解决各装备之间的物理连接和工件、工具、材料的传输问题。

（2）产线级信息系统的主体是产线管控系统，用于解决生产调度的优化问题，该系统有时与车间管控系统集成在一起；同时还包括部分产线自动化控制系统，用于解决装备的控制问题；也包含网络连接与数据采集功能，用于解决装备之间的连接和信息集成问题。

（3）人在产线级 HCPS 中的主要作用是通过信息系统对物理系统的运行状况、零件加工和装配信息等进行监控和处理。

4）装备级 HCPS

（1）装备级物理系统的主体是各类加工装备、辅助工艺装备和连接运输装备，一起完成零件某个工序的加工。

（2）装备级信息系统的主体是生产自动化控制系统，主要包括各类装备的数控系统以及网络连接与信息集成系统。

（3）人的主要作用是通过信息系统为物理系统中的数控装备编写控制程序，监控装备运行状态和零件加工情况。

需要特别强调，数字化网络化工厂的信息系统由三个子系统构成，分别是生产自动化控制系统、生产管控优化系统以及网络连接和信息集成系统，如图 4-16 所示。

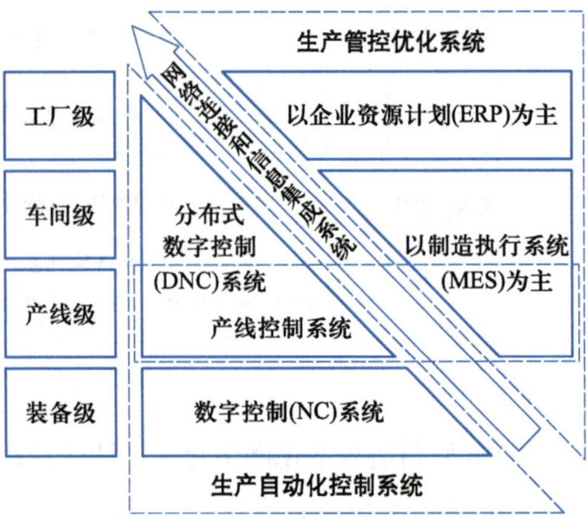

图 4-16 数字化网络化工厂信息系统架构图

1）生产自动化控制系统

生产自动化控制系统作为装备级最主要的信息系统，侧重于解决底层设备的运行控制问题。该系统主要包括位于装备级的数字控制（NC）系统和位于产线、车间、工厂级的分布式数字控制（DNC）系统，随着层级的提高，DNC 在信息系统中所占比例逐渐降低。

2）生产管控优化系统

生产管控优化系统主要作为工厂级的控制系统，偏重于解决整个工厂所有生产资源的管控与优化问题。该系统主要包括位于工厂级的企业资源计划（ERP）系统和跨越车间级和产线级的制造执行系统（MES），而在装备级中一般不包含生产管控优化系统。

3）网络连接和信息集成系统

存在于信息系统全部四个层级，用于解决工厂中所有物理装备的连接与信息交换问题。

案例 4-4

法士特数字化网络化工厂的基本架构

法士特结合企业自身情况，在数字化网络化工厂基本架构的基础上进行了部分调整，形成了具有自身特色的数字化网络化工厂（图 4-17），四层基本架构如下：

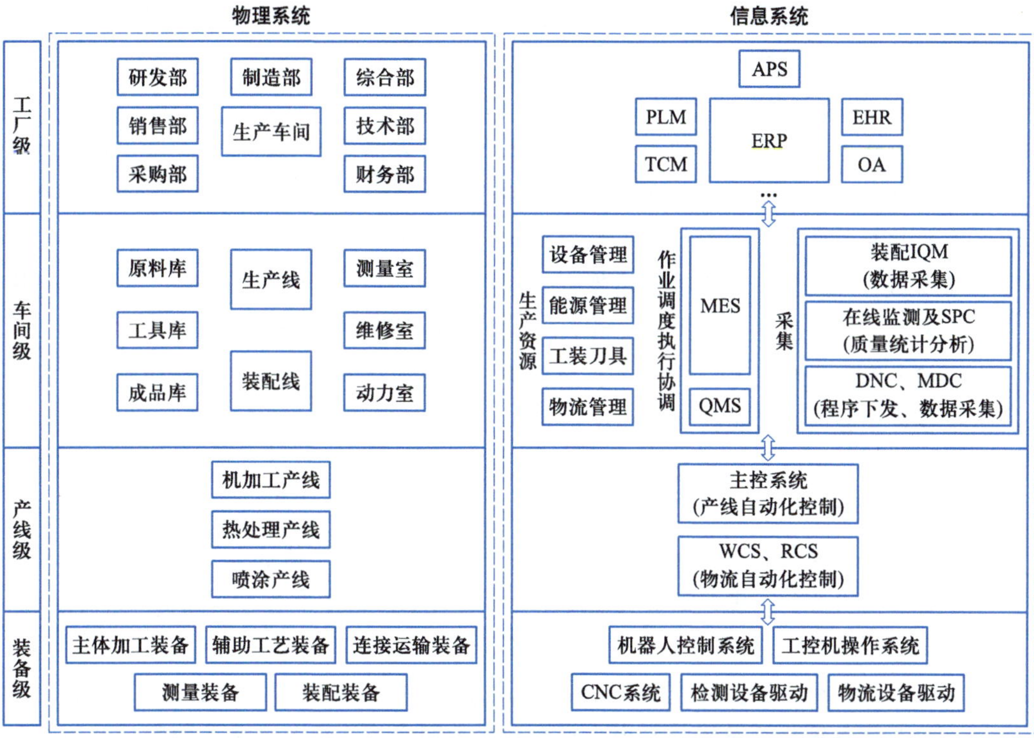

图 4-17 法士特工厂架构图

1）工厂级

（1）变速器制造工厂级物理系统主要由轴、壳体、齿轮等核心部件的生产车间以及对生产部件进行总装与测试的装配车间组成。在核心制造部门之外，还包含产品销售、设计、研发、人力资源、采购、财务等辅助部门。

（2）工厂级信息系统主要由工厂级生产管控优化系统构成，主体是企业资源计划（ERP），配合高级排产系统（advanced planning and scheduling，APS）、产品生命周期管理（PLM）、结构化工艺设计模块（TCM），实现企业中与生产制造和销售相关的供应链管理、订单管理、生产计划、库存管理等以及人力资源（EHR）和办公自动化（OA）管理。工厂级的网络连接与信息集成系统主要由企业云平台构成。

2）车间级

（1）变速器生产车间级物理系统主要由轴加工、壳体加工、齿轮加工以及装配生产线组成，用于完成变速器主要部件的生产和装配。原料库、工具库、成品库等物流设施实现了变速器主要部件以及刀具夹具等其他生产资源的运输和存储问题。

（2）车间级信息系统是车间级生产管控优化系统，主体是制造执行系统（MES）。由于零件品种繁多、尺寸大小不一、制造和装配工艺复杂，需要组织生产调度和对生产过程进行控制，实现车间生产过程管理、计划管理、设备管理、能源管理等功能。配合质量管理系统（QMS）实现了零件的质量管理。另外，车间级网络连接与信息集成系统实现了生产过程的数据采集，为 MES 实现加工过程的优化与调度提供了数据支持。

3）产线级

（1）变速器产线级物理系统主要由生产各类零部件的主体加工装备组成，主要包括机加工设备、热处理设备和喷涂设备构成的产线。根据零部件工艺流程安排生产单元和相关装备的安放位置，组织变速器同类零件的生产。生产线一般完成变速器某个零件（如轴、壳体、齿轮等）从毛坯到精加工在内的全部工序，零件的传输采用滚道小车和机械手方式，实现生产线的高柔性化和高自动化。

（2）产线级信息系统由生产自动化控制系统和生产管控优化系统构成，实现产线中各种设备的自动化控制、物流自动化控制，以及零部件加工过程的优化与调度。同时，也包含产线各类装备的网络与总线连接系统，实现生产过程数据采集与传输。

4）装备级

（1）变速器装备级物理系统包括三类装备，分别是主体加工装备、辅助工艺装备和连接运输装备。主体加工装备是完成零部件生产的主要装备，包括具有铸、锻、车、铣、镗、磨、珩等功能的冷、热加工设备；辅助工艺装备用于完成零件检测、清洗等工艺步骤；连接运输装备实现加工过程中的上、下料以及零件搬运功能。

（2）装备级信息系统仅包含生产自动化控制系统，由各类装备的数控系统，包括机器人控制系统、监测与物流设备驱动以及工控机操作系统等，利用数字指令实现单个生产设备 / 单元的动作控制，完成零件的加工、测量、清洗、装配等任务。

4.2.2 数字化网络化工厂的物理系统

1. 装备级物理系统

数字化生产装备一般分为主体加工装备、辅助工艺装备、连接运输装备三类，如图 4-18 所示。

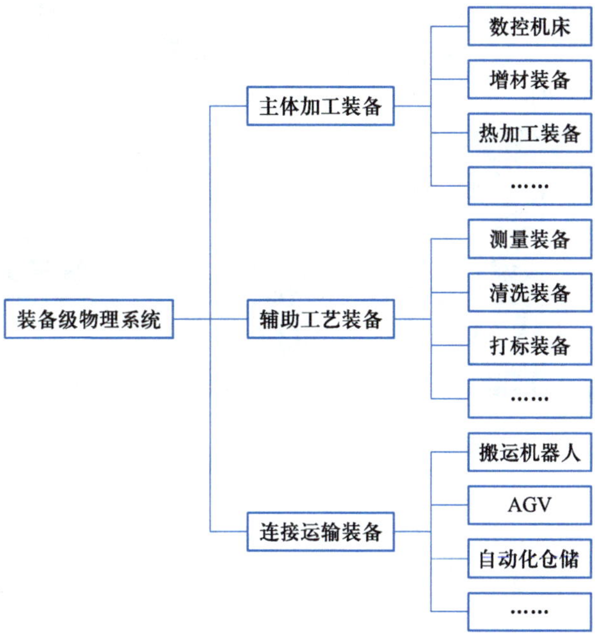

图 4-18 装备级物理系统主要构成

（1）主体加工装备主要有各类数控机床、数字化铸造、锻造、焊接等加工装备、数字化注塑机、增材制造（3D 打印）装备等。

（2）辅助工艺装备主要用于零件精度和性能检测、零件清洗、打标等辅助工序、分总成及总成装配，如测量装备、清洗装备、打标装备、拧紧机、压装机、选垫机等。

（3）连接运输装备用于物料的搬运、传送、换工位等工序流转操作，主要包括搬运机器人、AGV/RGV、动力输送辊道、自动化仓储等。

案例 4-5

法士特的装备级物理系统

法士特生产变速器各零件的过程中，装备级物理系统包括以下装备。

（1）主体加工装备。包括各类机加工数控机床、壳体类铸造装备、轴齿类锻造装备、渗碳和淬火等后处理装备，其中数控机床主要有卧式五轴联动加工中心、卧式四轴联动加工中心、倒立车床、高效蜗杆磨齿机、高效滚齿机、滚插机等，如图 4-19 所示。卧式五轴联动加工中心是变速器壳体的主要加工装备，完成加工定位

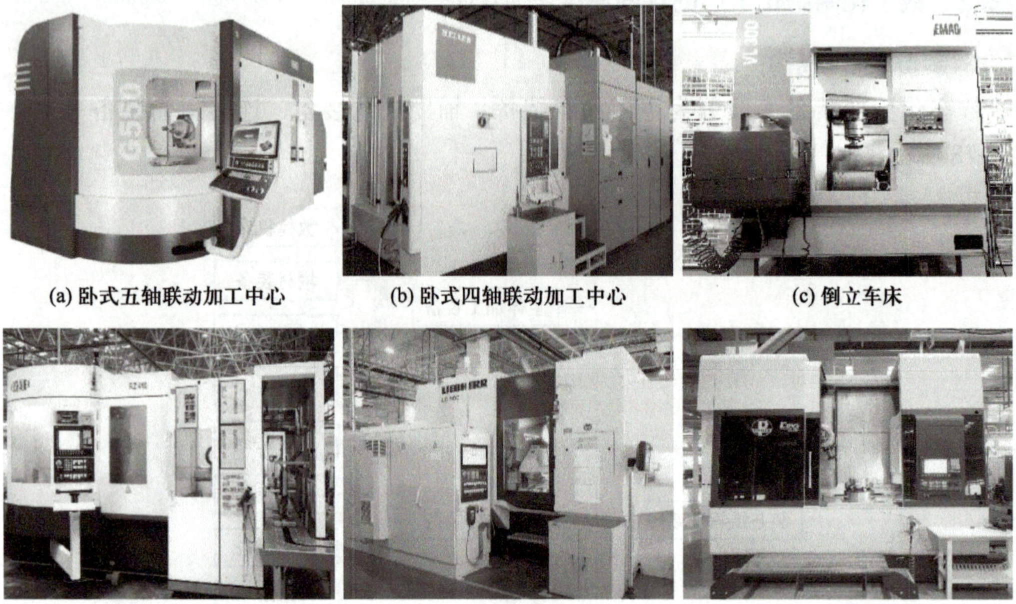

(a) 卧式五轴联动加工中心　(b) 卧式四轴联动加工中心　(c) 倒立车床

(d) 高效蜗杆磨齿机　(e) 高效滚齿机　(f) 滚插机

图 4-19　数字化加工装备

面孔、钻孔、攻螺纹、铣面、钻镗孔等工序。

（2）辅助工艺装备。包括各类数字化检测装备和其他辅助装备，其中数字化检测装备主要有在线测量机、齿测中心、光学检测机、圆柱度仪、三坐标测量机、机器视觉检测设备等（图 4-20），其中在线测量机主要用于完成壳体加工孔径关键尺寸的测量；其他辅助装备有激光打标机、在线清洗机、高压清洗机、去毛刺机、试漏机、集中过滤系统等（图 4-21），在线清洗机主要用于零件最终清洗和烘干，保证零件清洁度要求。

（3）连接运输装备。法士特变速器生产线的连接运输装备主要包括工业机器人、桁架机械手、AGV、空中输送连廊、自动拆垛机构、自动化立体仓库、动力轨道等（图 4-22）。其中，上料工业机器人通过自动供料料仓、地轨输送等方式，高效地完成毛坯零件在各个加工装备之间的上、下料功能，采用配置第七轴地轨的 6 轴关节机器人，自由度高、抓取灵活，同时采用零点快换手爪，提高生产效率。AGV 主要由 AGV 车体、定位装置等组成。在生产车间内，AGV 主要承担将半成品自动运输

法士特数字化加工装备　法士特数字化检测装备　法士特数字化辅助工艺装备　法士特数字化连接运输装备

到上料机，将成品运输到成品缓存区。在装配车间，AGV 主要承担从箱体上线到变速箱装配完成过程的输送、定位、辅助装配工作。AGV 调度灵活，采用惯性导航等技术可实现精确自主定位。应用激光及前置摄像头避障可实现安全可靠的运动控制，同时运维便捷。立体仓库的主体由高层货架、巷道堆垛起重机、有轨堆垛机、输送系统及周边设备组成，主要完成毛坯零件、加工品的仓储功能。

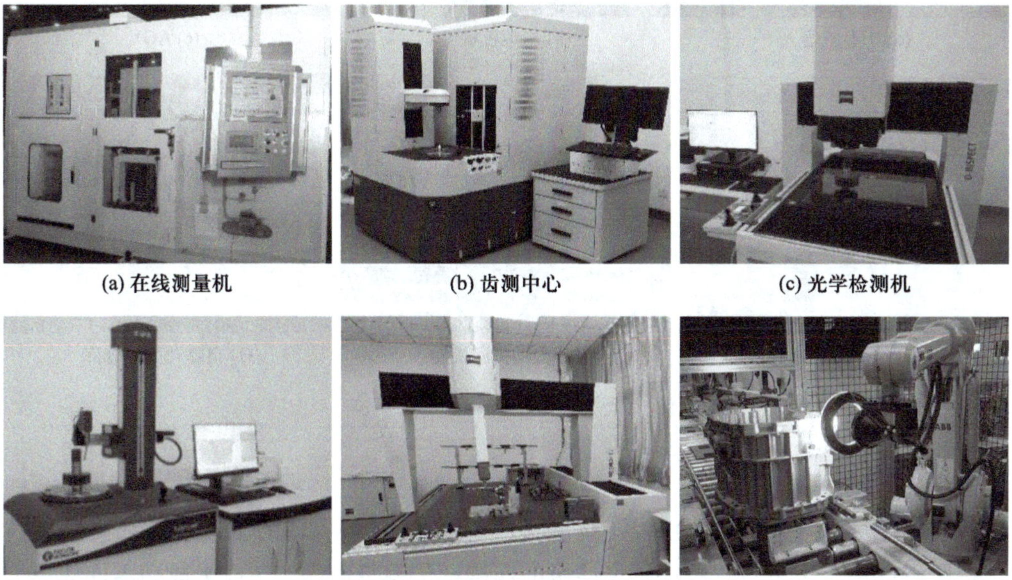

(a) 在线测量机　(b) 齿测中心　(c) 光学检测机

(d) 圆柱度仪　(e) 三坐标测量机　(f) 机器视觉检测设备

图 4-20　数字化检测装备

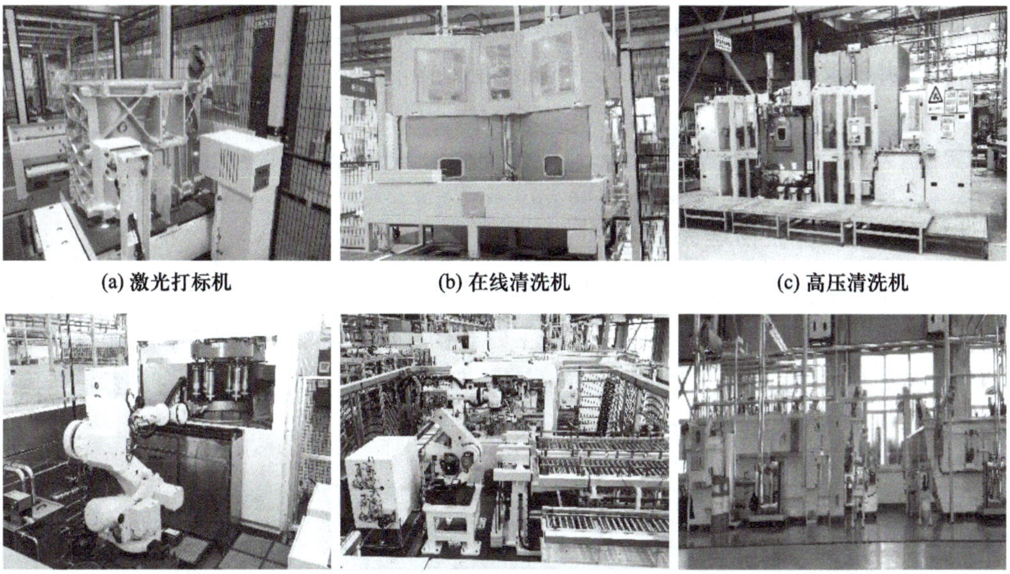

(a) 激光打标机　(b) 在线清洗机　(c) 高压清洗机

(d) 去毛刺机　(e) 试漏机　(f) 集中过滤系统

图 4-21　数字化辅助工艺装备

(a) 工业机器人 (b) 桁架机械手 (c) AGV

(d) 空中输送连廊 (e) 自动拆垛机构 (f) 自动化立体仓库

图 4-22 数字化连接运输装备

2. 产线级物理系统

数字化网络化生产线的物理系统包括数字化加工装备、辅助工艺装备和连接运输装备。按照零件加工工艺过程顺序，产线级的连接和传输装备将毛坯或半成品零件从一个工位传送到下一个工位，工位上的主体加工装备与辅助工艺装备完成每个工序的操作。构成产线的各类数字化装备具有网络数据通信接口，能够实现设备运行状态数据采集和参数远程诊断的能力。产线的总体布局和结构形式往往取决于工艺流程、产能规划以及车间总体物流规划，并能够满足精益生产要求。下面以变速器前壳体加工生产线为例进行介绍。

案例 4-6

法士特的产线级物理系统

法士特针对汽车市场需求多样化和产品更新换代快的特点，建设的变速器前壳体生产线以卧式五轴联动加工中心为主的柔性生产单元组成。变速器前壳体的毛坯与成品如图 4-23 所示，其主要生产工艺过程及生产装备见表 4-2，变速器前壳体生产线总体布局和实际现场如图 4-24a、b 所示。

表 4-2 法士特变速器前壳体的加工工艺过程及生产装备

工序号	工序内容	生产装备	装备类型
OP010	机器人上料	机器人上料单元	连接运输
OP020	打标台打标	激光打标机	辅助工艺

续表

工序号	工序内容	生产装备	装备类型
OP030	加工定位面孔，钻孔，攻螺纹	卧式五轴联动加工中心	主体加工
OP040	铣面，钻镗孔，攻螺纹	卧式五轴联动加工中心	主体加工
OP050	预清洗	在线清洗机	辅助工艺
OP060	关键特性检测	测量机及测量工作站	辅助工艺
OP070	气密性检测	试漏机	辅助工艺
OP080	钢丝螺套安装	钢丝螺套安装单元	辅助工艺
OP090	钢丝螺套防漏检测	视觉检测单元	辅助工艺
OP100	最终清洗	高压清洗机	辅助工艺
OP110	机械手下线	桁架机械手单元	连接运输

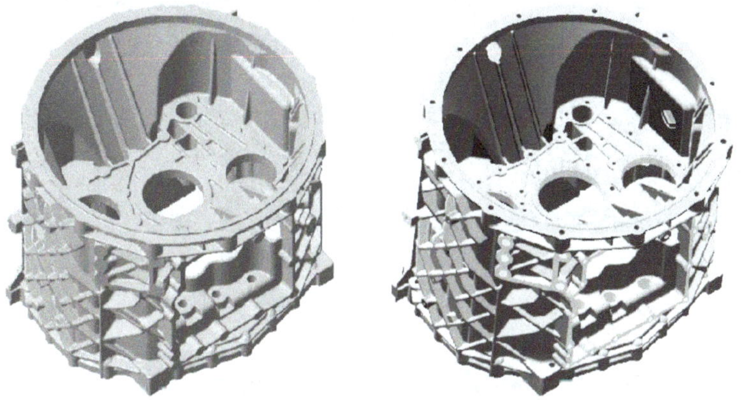

(a) 变速器前壳体毛坯　(b) 变速器前壳体成品

图 4-23　变速器前壳体示意图

（1）主体加工装备是 4 台卧式五轴联动加工中心，辅助工艺装备包括激光打标机、在线清洗机、测量机及测量工作站、试漏机、钢丝螺套安装单元、视觉检测单元、高压清洗机。连接运输装备主要包括上料机器人、桁架机械手单元等。

（2）变速器前壳体的生产线使用机器人、输送轨道将主体加工装备进行连接，机器人在轨道上运动将工件（如图 4-23a 所示的毛坯零件）在 4 台卧式五轴联动加工中心和辅助工艺装备以及其他运输装备之间进行传送，如图 4-24 所示。各类装备设置有强制互锁程序，以确保操作人员、机器人以及其他设备之间不发生碰撞。

（3）图 4-25 为变速器前壳体零件在生产线上被传送的几个典型状态。变速器前壳体毛坯零件由机器人上料（OP010），在激光打标台打标（OP020），通过机器人首先给 1 台卧式五轴联动加工中心上料，完成变速器前壳体定位面孔、钻孔、攻螺纹的加工（OP030），然后工件被传送到 3 台卧式五轴联动加工中心完成铣面、钻镗孔、攻螺纹的加工（OP040）。至此，壳体零件完成切削加工，通过产线运输装备传送到

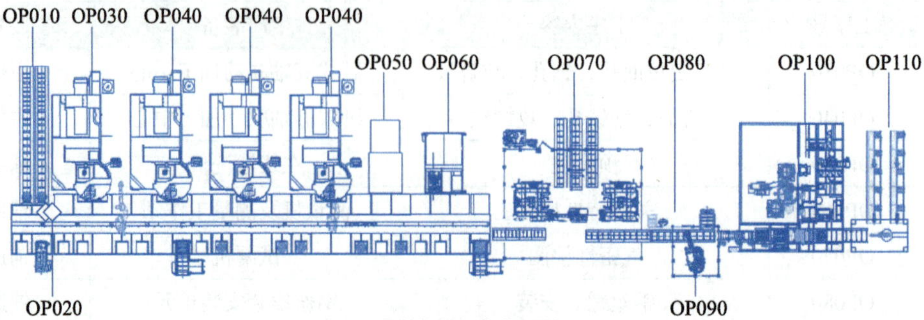

(a) 生产线二维布局图

(b) 生产线实际现场

图 4-24 法士特变速器前壳体生产线

变速器前壳体产线加工过程仿真

S 变速器壳体智能化生产线

(a) 机器人抓取工件

(b) 机器人传送壳体

(c) 传送到机床上加工

(d) 传送到清洗设备

图 4-25 变速器前壳体在生产线上的运输

下一个清洗工序。

此后，工件由机器人搬运至清洗机进行清洗，清除切屑和切削液残留（OP050）。经清洗烘干之后，机器人将零件传输至测量单元进行测量（OP060），若零件检测合格将进入下一加工环节，若零件检测不合格将被传输至NG料道，进行人工处理。检测合格的零件将被传送到试漏机进行气密性检测（OP070），检测合格后将进行钢丝螺套安装（OP080），此后零件通过视觉检测单元进行防漏检测（OP090），合格后经辊道送至高压清洗单元，零件将再次清洗和烘干（OP100），以满足零件清洁度要求。以上工序全部完成后，成品（图4-23b）由桁架机械手下线，并通过AGV直接传输至仓储或运送到装配生产线。

3. 车间级物理系统

数字化网络化车间级物理系统由多条不同零件的生产线、半成品仓储设施以及连接运输系统组成。数字化网络化车间连接运输系统主要包括产线连接系统、物料识别系统、货位管理系统、自动分拣系统以及物料传输系统。

在每个产线之间，使用刚性的物料传输设备如传送带、吊车、滑轮等，或者柔性的工业卡车、AGV将加工零件或中间产品在不同产线之间进行传输。数字化网络化车间的仓储设施主要采用立体仓库实现半成品、成品的出入库管理。仓储设施是车间的必要设施之一，然而，车间的最终建设目标是在智能化技术的支持下做到即时生产，实现毛坯与成品的零库存。

案例 4-7

法士特的车间级物理系统

法士特变速器的壳体加工需要由一个车间来完成。根据生产组织需要，在给定区域内规划多条相似的零件加工生产线，并辅助建设毛坯库以及工具库，上述单元构成了一个完整的主要部件加工车间。如图4-26所示，变速器壳体加工车间由毛坯库、工具库、变速器前壳生产线、变速器中壳生产线等组成。壳体加工所需的刀具、夹具等从工具库获得。毛坯出库后，AGV将毛坯运送至产线上料道，由上料机器人搬运至产线不同工位，按工艺流程进行打标、机加工、预清洗、测量、试漏、钢丝螺套安装、最终清洗等一系列工序后得到变速器壳体成品，桁架机械手将成品搬运至下线辊道，再由AGV运送至成品立体库进行暂存，等待运输至总装车间进行装配。

构成汽车变速器的主要零件除壳体以外，还包括盘形齿轮、齿轮轴、齿圈、轴体，这些主要零件的加工还需要盘形齿轮加工车间、齿轮轴加工车间、轴体加工车间来完成。如图4-27所示，每个车间在执行加工任务前需要从工具库中获得零件加工所需的刀具、夹具等，从毛坯库中获得零件加工原材料或半成品。图中左上部分

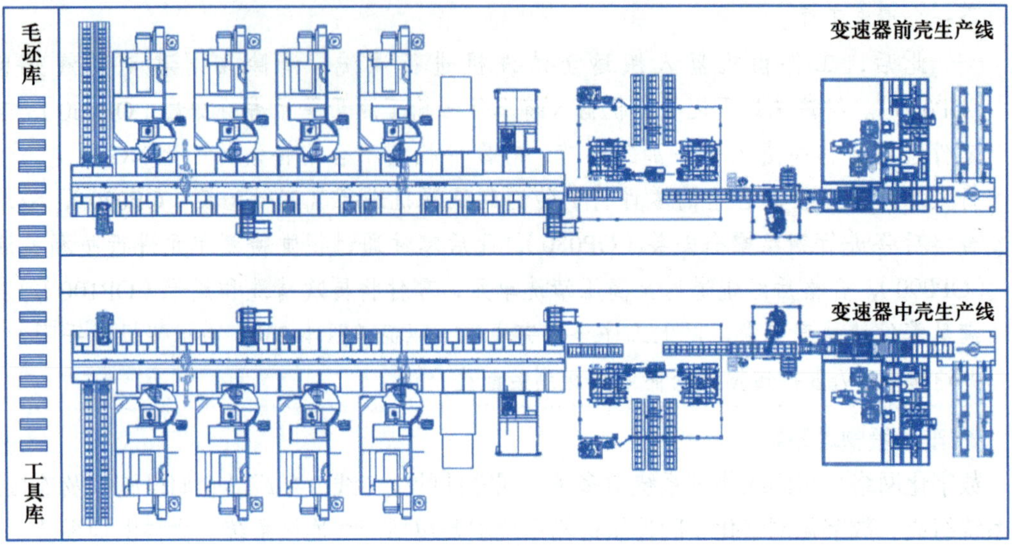

图 4-26 变速器壳体数字化网络化车间布局图

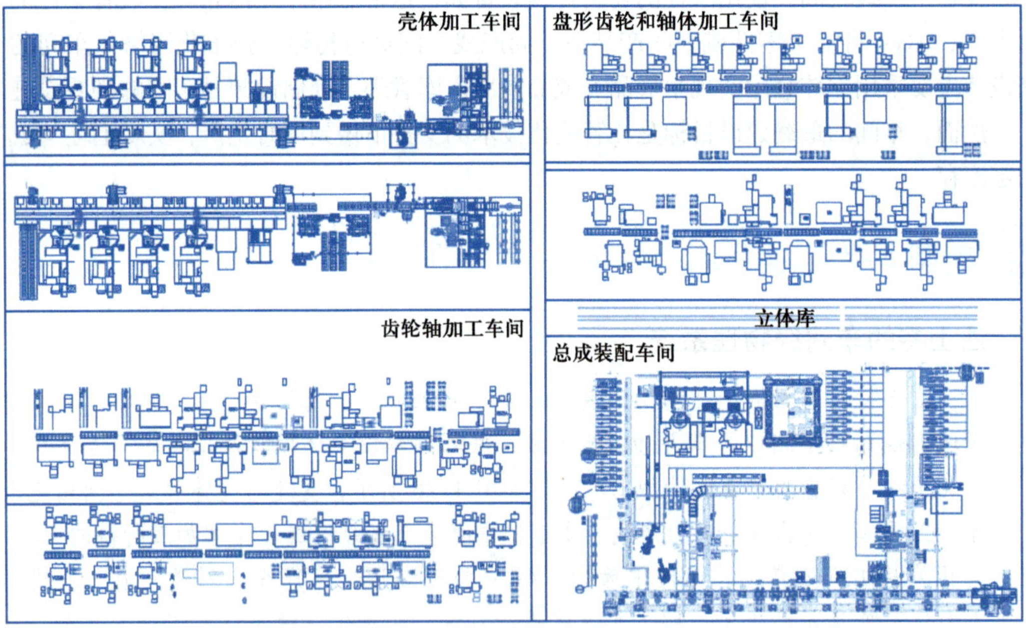

图 4-27 变速器主要加工车间示意图

为上一段详细描述的变速器前壳体和中壳体加工车间；图中右上角布置了变速器盘形齿轮和轴体加工车间；图中左下角为齿轮轴加工车间；加工完成的零部件需要送至检测室进行精度、气密性等一系列测试。

最终，变速器所有零部件运输至图中右下角所示的总成装配车间进行装配和测试，合格产品送至图中右侧中部的立体库进行存储。

4. 工厂级物理系统

数字化网络化工厂物理系统的构成重点主要考虑工厂布局与连接，通过将不同生产功能的生产车间以及其他辅助设施进行区域规划和布置而形成，布局是否合理、连接是否顺畅直接影响工厂的生产效率与生产成本。

案例 4-8

法士特的工厂级物理系统

如图 4-28 所示，法士特工厂规划布局了变速器主要零件的生产车间，包括轴体加工车间、齿轮加工车间、壳体加工车间和装配车间等，以及毛坯库、立体库（用于存放成品、外购、外协加工零件等）、检测室等。车间生产的零件进入立体库暂存，然后运送至装配车间。总装完成并经测试合格后下线打包，通过销售物流系统，以直运或中转的方式运输至用户手中，实现了变速器产品生产到销售的完整环节。

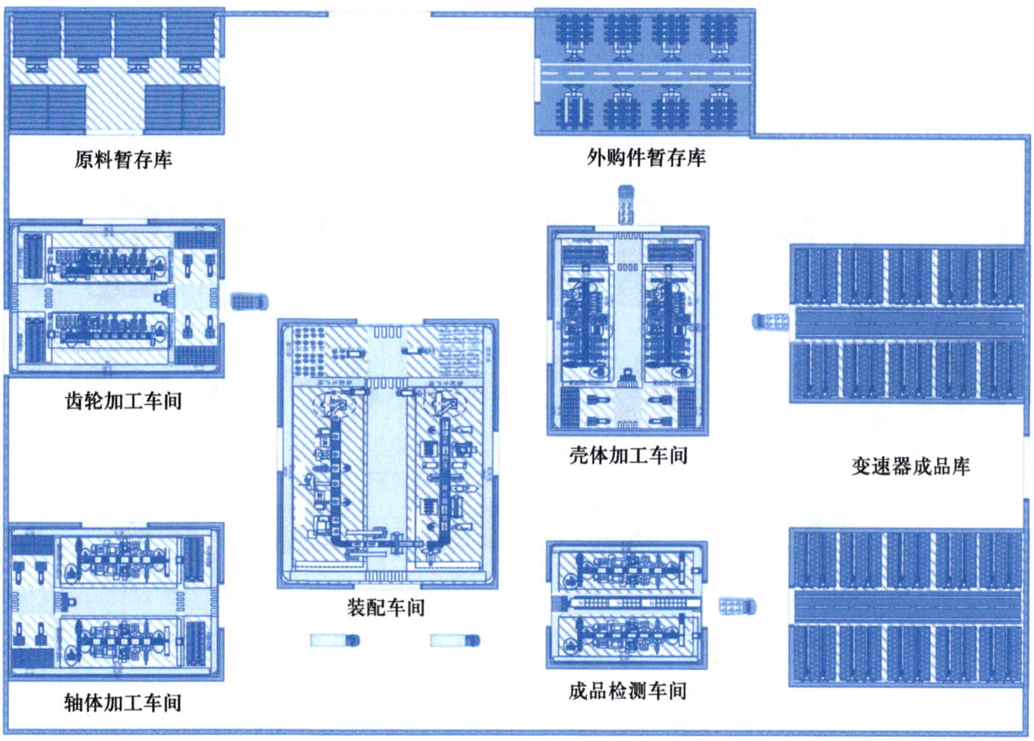

图 4-28 变速器加工工厂布局示意图

4.2.3 数字化网络化工厂的信息系统

1. 装备级信息系统

装备级信息系统主要包括装备级生产自动化控制系统和网络连接与信息集成系统。生产自动化控制系统，即是装备的数字控制系统，每个数字化装备都具有一个数字控制系统，在数控机床中一般称为数控系统，在工业机器人中则一般称为控制系统或控制器。数控系统读取外部传输的数控加工程序，将程序转化成机床或机器人可执行的指令，实现运动控制。网络连接与信息集成系统则是通过将各类装备进行网络化连接、装备运行状态与工艺数据的采集与分析，从而实现对加工过程的监控、决策与维护。

案例 4-9

华中数控 HNC818 型数控系统

图 4-29 所示为华中数控 HNC818 型数控系统。数控系统一般包括驱动控制装置、系统控制装置、传感检测装置、人机交互装置以及相关通信连接等几个组成部分。其中，最核心的是由系统控制装置和驱动控制装置所组成的产品控制系统。为使数控机床高精高效和可靠地工作，数控系统还需要提供如通信联网、零件程序管理、机床顺序控制、误差补偿、故障诊断、加工过程监控等方面的功能。

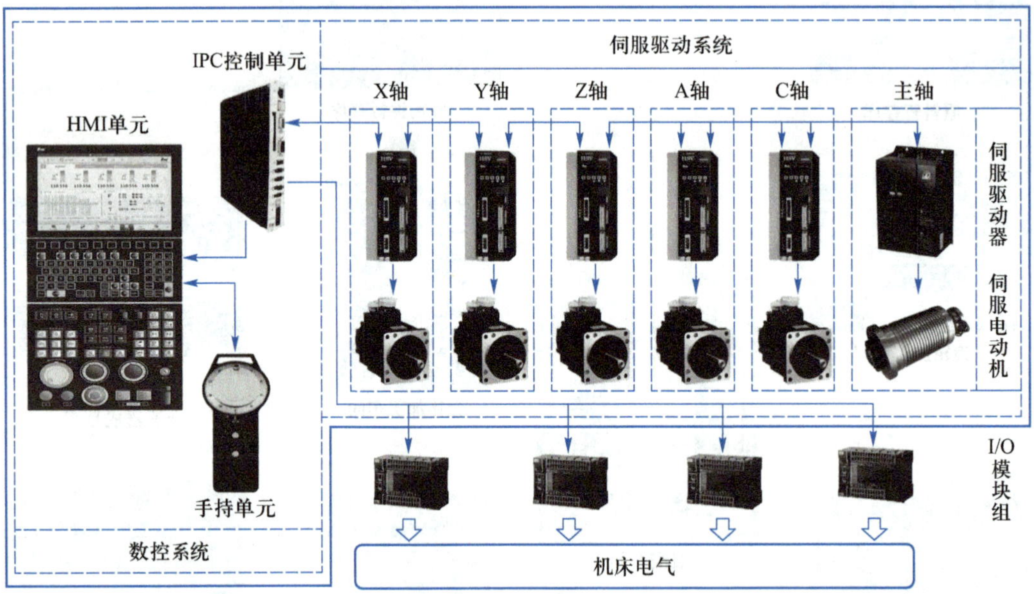

图 4-29　数控系统（华中 HNC-818）

在工业控制领域，存在大量开关量为主的开环顺序控制，它按照逻辑条件进行顺序动作和时序动作。另外还有与顺序、时序无关的按照逻辑关系进行连锁保护动作的控制，以及大量开关量、脉冲量、计时、计数器、模拟量的越限报警等状态量为主的离散量数据采集监视。由于这些控制和监视的要求，使可编程逻辑控制器（PLC）已成为工业界不可或缺的重要装置。PLC 是一种具有微处理器的数字电子设备，用于自动化控制的数字逻辑控制器，可以将控制指令随时加载存储器内存储与运行。可编程控制器由内部 CPU、指令及数据存储器、输入输出单元、电源模块、数字模拟等单元所模块化组合成。PLC 可接收（输入）及发送（输出）多种类型的电气或电子信号，输入设备有按钮、触点、行程开关等检测元件；输出设备有继电器、接触器、电磁阀、电动机、电动执行器等控制元件，如图 4-30 所示。现在 PLC 已经相当或接近于一台紧凑型计算机的主机，PLC 厂家在原来 CPU 模板上逐渐增加各种通信接口，现场总线技术及以太网技术也同步发展，使 PLC 的应用范围越来越广泛。

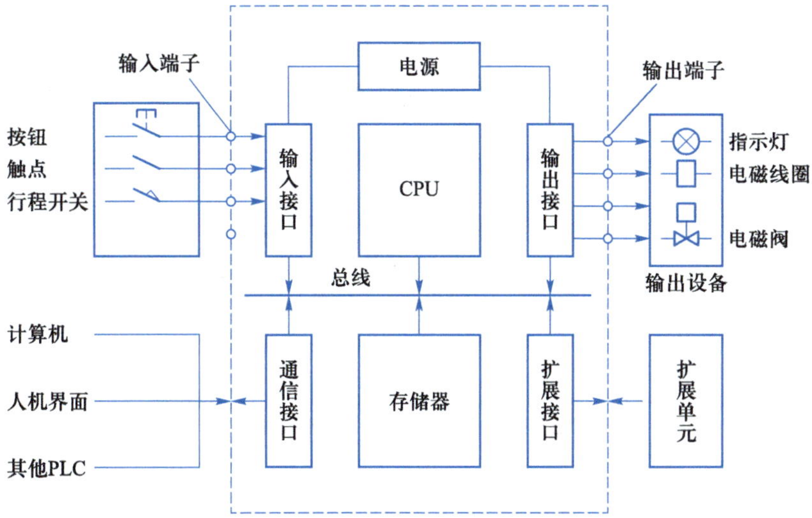

图 4-30 PLC 控制系统结构示意图

2. 产线级信息系统

产线级信息系统与其他层级的信息系统有所不同，除具有网络连接与信息集成系统以外，它既包括面向底层装备控制的生产自动化控制系统，又包括面向上层生产任务调度的生产管控优化系统，三者共同构成了一个混合型信息系统，称为产线控制系统。

系统中的自动控制软件接收来自生产管控优化系统发送的分布式控制指令，指导每个装备执行给定任务。生产管控优化系统作为生产线运行的指挥中枢，一般由生产线排产、生产任务管理、NC 程序管理、工艺管理、系统监控统计、生产现场管理、在制品管理、生产资源管理等模块组成。产线级的生产管控优化系统借助制造执行系统 MES、高级排产系统（APS）、产线的数字孪生仿真等技术，实现装备的分布式控制、状态数据的分析与处理、生产任务的优化与调度等。

在生产线上，通过各类设备的物联网连接，系统可实时获知工件所在位置、装备自身健康状况、加工参数、加工时间、已生产件数以及物料库存数量等。借助感知与数据采集模块，在工件的每一个生产环节，系统会自动采集机床工作状态等相关数据（图 4-31），并将数据发送给生产管控优化系统进行分析处理。这些信息可通过网络传输实现高效、实时的流动和可视化展示。

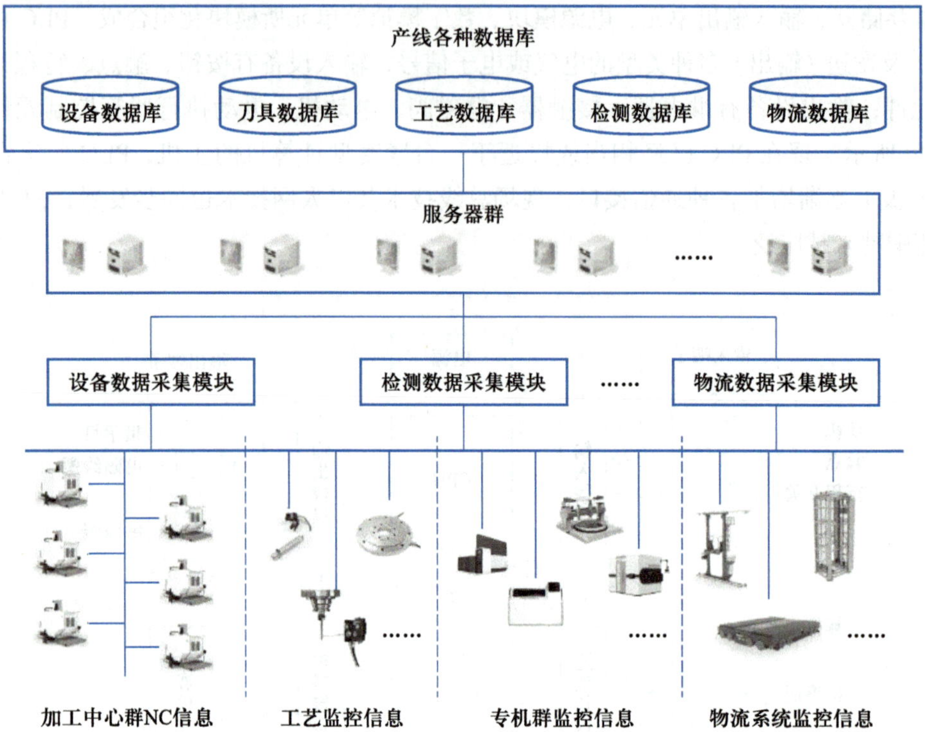

图 4-31 生产线数据采集框架

案例 4-10

法士特的产线级信息系统

法士特壳体产线控制系统的主要功能有人员管理、数据采集、数据分析、刀具管理、物流管理、生产管理六个部分，如图 4-32 所示。利用生产线管控系统，自动采集生产数据和设备信息，结合各产品的工艺特点、质量指标，进行重要生产环节状态信息的在线监测、分析与管理，帮助企业对生产过程中的毛坯、半成品、加工装备、刀具、夹具、参与人员等信息进行实时采集与跟踪。更进一步，通过车间和工厂的信息化集成，对采购和物流等供应链进行实时跟踪，销售及售后服务进行实时反馈，让企业实时掌握各种流程信息，对企业各项业务进行监管，优化企业资源。

法士特生产线智能管控的应用逻辑，是通过赋予工件身份编号实现全流程追溯。在毛坯上线时先打标，将追溯码写入二维码，通过扫码枪识别二维码，进而识别追溯码，调取机床辅机对应的加工程序，并将实施设备加工检测结果等写入追溯码中，实现整线的智能控制与反馈以及工件追溯表单的输出。

法士特 S 系列离合器壳体生产线信息化界面如图 4-33 所示。法士特壳体生产线管控系统采集了设备、质量、物流等多种数据信息，并通过信息化手段进行展示、监控、预警、决策，是数字化赋能的有力保障。

图 4-32　法士特壳体产线控制系统功能

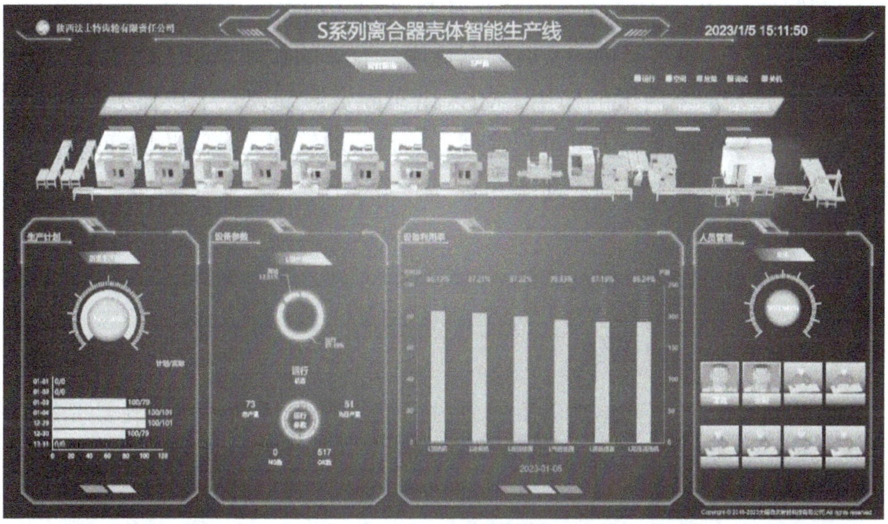

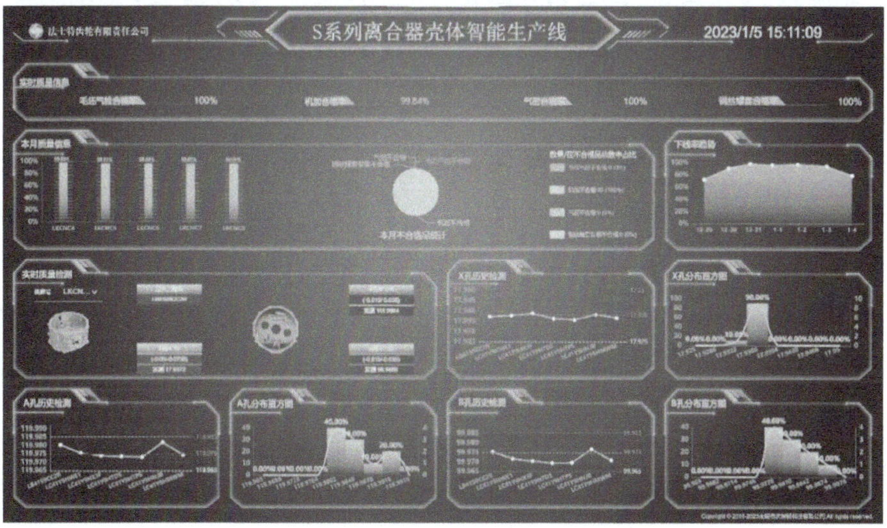

图 4-33　法士特 S 系列离合器壳体生产线信息化界面

3. 车间级信息系统

车间级信息系统是数字化网络化车间的实施核心，其中最主要的是制造执行系统，它的主要任务是解决制造计划如何执行的问题。根据上层下达的生产计划，对丰富的实时现场信息进行加工与处理，对生产资源进行优化配置以及对生产过程进行优化管理，最终实现快速、低成本制造高质量产品的目标。

在企业信息化规划中，MES 要求对外提供与 ERP、SCM、PLM、工艺平台等软件系统接口，实现数据的及时传递与信息集成。MES 实时接受来自 ERP 的主生产计划，包括工单、BOM、制程、供货方、库存、制造指令等信息，同时把主生产计划细分为生产方法、人员指令、制造指令、物料需求等下达给人员、装备等，再实时把生产结果、人员情况、设备操作状态与结果、原材料库存状况、产品质量状况等信息动态地反馈给上层系统，最终形成信息闭环。

在离散型制造业中，MES 作为生产活动与管理活动之间信息沟通的桥梁，负责车间生产管理和调度执行，通过现场的实时数据传递，有效的管理车间生产活动，在企业整个信息集成系统中起着承上启下的作用。MES 由车间资源管理、生产任务管理、车间计划与排产管理、生产过程管理、质量过程管理、物料跟踪管理、车间监控管理和统计分析等功能模块组成，涵盖了制造现场管理等方面。

案例 4-11

法士特的车间级信息系统

以法士特的变速器壳体加工车间为例，结合图 4-34 所示的变速器智能工厂管控系统架构图，说明 MES 在生产过程中的作用。

图 4-34 变速器智能工厂管控系统功能框架

1）生产管理

MES接收上层的生产计划并生成生产工单和产品序列号，将该序列号按次序与每台上线装配的变速器壳体进行绑定，用于后续变速器装配过程的数据采集。在装配过程中，通过采集人、机、料、法、环、测的信息，在MES中生成产量日报、月报、年报等统计数据，对变速器壳体生产过程中每个工位的工序完成质量以及变速器的返修率等数据进行监控与统计，为提升生产管理水平提供了必要的基础数据。

2）过程监控

对产品生产过程进行监控，收集当前加工过程中设备运行状态以及工件的工艺信息，及时发现加工装备与零件的异常，通知操作者进行处理。另外，记录与保存操作者、操作时间、进出站时间、零部件编号、零部件供应商、零部件批次、装配设备运行参数和变速器试验数据等数据，作为每台变速器的加工过程信息，将这些信息与上线时MES中生成的产品序列号进行绑定，即形成了每台变速器的生产过程档案，便于追溯生产过程。

3）物料管理

MES在生成生产任务后，可通过系统集成将具体物料配送明细生成后发送给物料配送人员，指导物料配送人员将正确数量的物料在正确的时间运送到正确的工位。从物料源头防止装配混装的发生，在保证生产线不断料、不缺料的前提下，尽可能减少线旁库存，降低在制成本，同时可降低对配送员工经验和技能的要求。使用电子化管理物料手段，及时发现未按计划配送完成的配送工单，督促配送员完成其配送任务。

4）质量控制

网络连接与信息集成系统可以获得车间中各条生产线上各类装备的操作数据，如压机压力位移数据、试验台试验数据、拧紧工具拧紧力矩、机器人运行参数等。MES通过与采集层系统进行信息集成，监控整个装配线的状态。若有任何一项运行参数出现异常，MES可立刻发出异常警报或停线提醒，并记录异常信息。

5）刀具管理

通过将所有刀具录入刀具管理系统的数据库，实现刀具新增、操作人员对刀具借还、刀具报废等信息的管理。通过实施对刀具在线状态信息的收集、分析与处理，实现对刀具剩余寿命的预测，提高刀具使用的可靠性。

总之，通过MES可以全面整合并有效利用各个管理系统和控制系统的数据，简化业务操作，提高管理效率。MES已是智能车间不可缺少的一部分，对车间精益化生产、产品防错漏装、产品可追溯档案的建立以及装配过程质量控制等方面都有举足轻重的作用。

4. 工厂级信息系统

工厂级信息系统主要包括企业资源计划，它是一种建立在信息技术基础上，以系统化的管理思想，全面地集成企业的所有资源信息，为企业提供决策、计划、控制与经营业绩评估的全方位和系统化的管理平台。通过融合数据库技术、图形用户界面、第四代查询语言、客户服务器结构、计算机辅助开发工具、可移植的开放系统等对企业资源进行了有效的集成。目前，在我国 ERP 所代表的含义已经被扩大，它跳出了传统的企业边界，从供应链范围去优化企业的资源，是基于网络经济时代的新一代信息系统。

离散型制造工厂管控系统以工厂级的 ERP 为主，将企业的物资资源（物流）、人力资源（人流）、财务资源（财流）、信息资源（信息流）集成为一体进行管理，以求最大限度地利用企业现有资源，实现企业经济效益的最大化，通过改善企业业务流程以提高企业核心竞争力。如图 4–35 所示，ERP 主要包括经营规划、生产规划、主生产计划、物料需求计划、车间生产计划五个计划层次。经营规划要确定企业的经营目标和策略，为企业长期规划；生产规划内容涉及产品系列；主生产计划的对象是最终产品；物料需求计划是组成产品的全部零件；车间生产计划是执行计划，用于确定工序优先级、派工、结算等。五个层次是从宏观到微观，从战略到战术，从粗到细划分的。第 1 层到第 3 层为决策层计划，第 4 层为管理层计划，第 5 层为操作层计划，需要完成的任务分别如下。

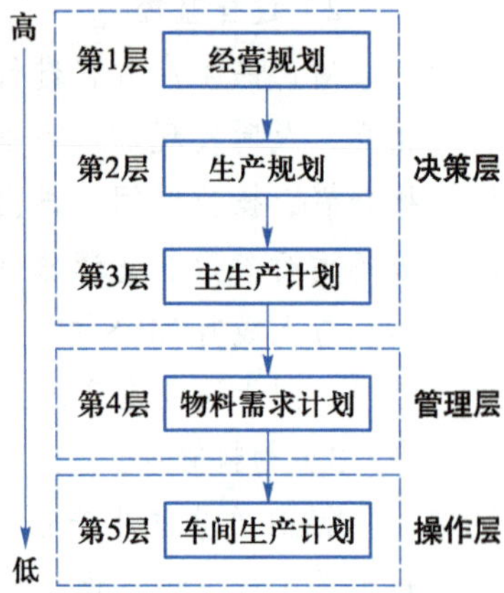

图 4–35 数字化网络化工厂 ERP 的五个计划层次

1）经营规划层

完成企业战略规划，根据市场、国家相关政策、企业能力等，制定企业的经营计划。

2）生产规划层

规划企业产品结构，根据经营规划的目标，确定企业的每种产品在未来一段时间内生产多少，需要消耗哪些资源。

3）主生产计划层

粗略制定企业生产计划，以生产大纲为依据，计划企业应生产的最终产品数量与交货期，并在生产需求与可用资源之间做出平衡。

4）物料需求计划层

制定物料需求，根据生产计划推导出构成产品的零部件及原材料的需求数量与需求日期。

5）车间生产计划层

详细制定车间生产计划，根据 MRP 生成的制造和采购订单定来编制生产工序，用以安排生产和进行原材料采购。

案例 4-12

法士特的工厂级信息系统

法士特工厂级别管控系统的五层架构如图 4-36 所示，其中 ERP 位于最上层，是工厂级中主要的管控系统。从企业销售人员收集市场信息以及与客户签订订单开始，ERP 根据系统中的历史数据并参照当前市场情况与企业能力，开始制定企业未来的经营计划，更进一步在生产规划层预估企业的生产经营状况，并且制定出生产计划。采购系统通过对市场的跟踪和管理收集用户对产品提出的通用需求和特定工艺要求，一方面将变速器订单发送给高级排产系统（APS）进行生产排程，生成生产任务。另一方面将其发送给工艺平台 TCM 进行产品的工艺设计，然后将变速器产品的制造物料清单（manufacturing bill of materials，MBOM）、工艺路线和控制计划发送给执行层系统。最后，将生产工单通过 MES 组织生产。在 MES 执行产品生产任务时，调用数据采集功能模块将生产实时信息，包括生产产品的装备状态信息，产品的质量信息以及人员和物料信息进行采集并反馈给上层系统，分别用于产品生命周期管理（PLM）系统以及用于产品制造过程优化与调度的高级排产系统，同时向客户反馈订单生产进度。以此为基础将生产任务向下进行逐层分配，最终实现对装备的控制。

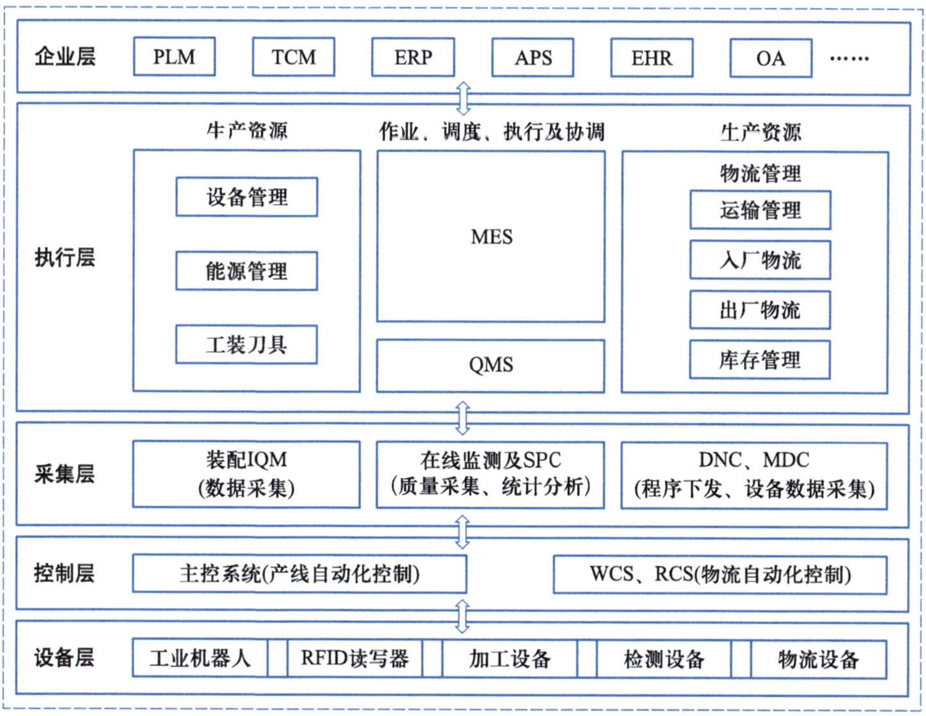

图 4-36 法士特工厂级别管控系统的五层架构模型

5. 数字化网络化工厂的工业互联网

1）工业网络

与传统工厂相比，数字化网络化工厂需要通过网络将加工主体装备、辅助工艺装备、连接运输装备等构成的物理系统互联互通。实现方式主要有工业现场总线和工业以太网两种。

（1）工业现场总线。工业现场的智能化仪器仪表、传感器、控制器、执行机构等通过工业现场总线实现了现场设备间的数字通信以及现场控制设备和高级控制系统之间的信息传递。常用的现场总线协议包括RS-232、RS-485、CAN、Modbus、OPC、Profibus等，利用一台接入网络的服务器与生产线数字化设备进行连接，进而实现设备的集群控制。

（2）工业以太网。随着制造过程数据量的不断增加以及工业现场对网络传输实时性、可靠性、安全性要求的不断提高，越来越多的数字化网络化工厂使用工业以太网将数控机床、机器人、检测设备以及其他辅助工艺设备等各类分散的数字化装备连接起来。常用的工业以太网协议包括HSE、Modbus TCP/IP、PROFINET、Ethernet/IP等。通过网络将收集到的各类生产数据传输至工业计算机，实现生产过程大数据的高速实时采集。

在数字化网络化工厂内，根据部署的位置和作用，工业网络又可以分为连接生产现场各类设备的产线级网络，连接监控系统和多个产线的车间级网络和连接工厂内多个车间、办公和信息管理系统的工厂级网络，如图4-37所示。

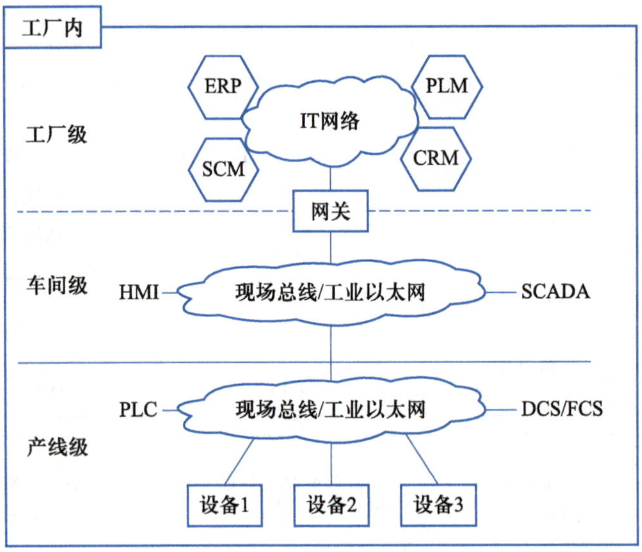

图4-37 工厂内网络架构

案例4-13

法士特的工业网络连接

如图4-38所示，变速器壳体生产线上主体加工装备如卧式五轴加工中心，辅助

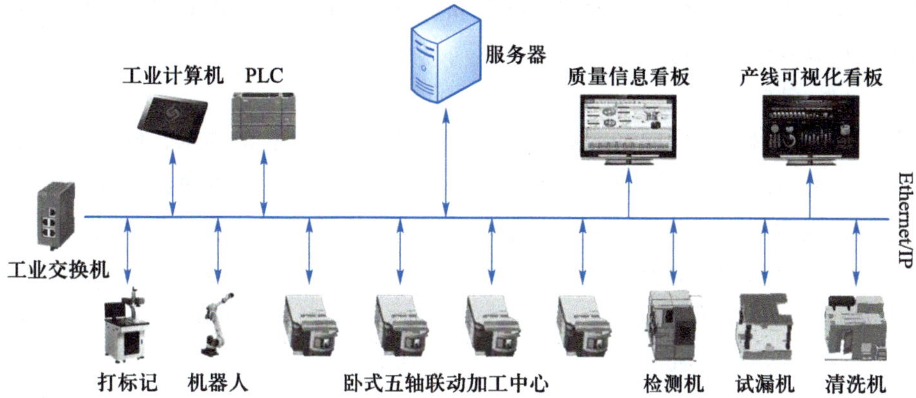

图 4-38 变速器壳体生产线的工业以太网连接图

工艺装备如激光打标机、清洗机、测量机、试漏机以及连接运输装备中的搬运机器人等，通过工业交换机接入工业以太网，将采集到的数据传输给工业计算机进行数据分析和处理，并将这些信息展示在生产看板上供操作人员查看。

为了实现不具备网络接入能力的装备、物料、工件、工装、刀具等生产要素的数据采集与互联，通常使用射频识别电子标签（RFID）自动识别技术。通过采用识别装置，自动获取被识别实体对象的相关信息，进行数据采集，然后将射频识别系统接入工业以太网，可实现物理实体与信息系统之间的动态联系。

随着法士特公司近几年的信息化建设和应用推广，工厂原有网络已难以满足公司智能工厂建设需求，开始对原有基础网络进行升级改造。将各厂区基础网络全面升级为工业无源光纤网络（passive optical network，PON），可以发挥 PON 网络的快速部署、易扩容、低成本的优势。

2）工业互联网

工业互联网是新一代信息技术与制造业深度融合的产物。工业互联网是把工业生产过程中的人、数据和机器连接起来，使工业生产流程数字化、网络化和智能化，实现数据的流通，提升生产效率、降低生产成本。其中，制造技术支撑构建了工业互联网的物理系统，由机械、材料、电子等工程学中凝练出的制造工艺等基础技术，深度融入机器视觉、测量传感等感知技术以及执行驱动、自动控制、监控采集等控制技术，构成了工业机器人、数控机床、3D 打印机等装备技术，进一步组成产线、车间、工厂等制造系统，实现运输、加工、检测、装配、物流等生产需求。信息技术则构建了工业互联网的数字空间，新一代信息通信技术一部分直接作用于工业领域，构成了工业互联网的通信、计算、安全基础设施；另一部分根据工业需求进行二次开发，成为融合性技术发展的基石。融合性技术驱动了工业互联网物理系统与数字空间全面互联与深度协同。其中工业数据处理分析技术在满足海量工业数据存储、管理、治理需求的同时，由人工智能技术等赋能后形成更深度的数据洞察，与工业知识整合共同构建数字孪生体系，应用于工厂 / 产线虚拟建模与仿真、流程优化、多品种变批量任务动态排产等领域，支撑分析预测和决策反馈，提升企业技术优化、发展效率和效益。

3）工业互联网平台

工业互联网平台是为面向制造业数字化、网络化、智能化的需求，构建基于海量数据采集、汇聚、分析的服务体系，用于支撑制造资源泛在连接、弹性供给、高效配置的工业云平台。在离散型制造企业的智能工厂建设过程中，企业通过建设工业互联网平台，实现了各种生产要素之间的互联互通。按照功能层级划分，工业互联网平台包括边缘层（数据采集）、基础设施层（infrastructure as a service，IaaS）、平台层（platform as a service，PaaS）和应用层（software as a service，SaaS）四个关键功能组成部分。

边缘层解决数据采集问题，通过大范围、深层次的数据采集，以及异构数据的协议转换与边缘处理，构建工业互联网平台的数据基础。

基础设施层 IaaS 主要部署云基础设施，是整个平台的支撑，构建企业的资源池，包括计算、存储网络等资源。

平台层 PaaS 构建了一个可扩展的操作系统，为工业用户提供海量工业数据的管理和分析服务，解决工业数据处理和知识积累沉淀问题，依赖大数据分析技术，提供最优策略，形成开发环境。

应用层 SaaS 解决工业实践和创新的问题，主要面向特定工业应用场景，激发全社会资源推动工业技术、经验、知识和最佳实践的模型化、软件化、再封装（即工业 APP），用户通过对工业 APP 的调用实现对特定制造资源的优化配置。

案例 4-14

法士特的工业云平台

法士特通过构建制造工厂云平台，实现了不同工厂的装备、物流与管理系统之间的互联互通，其云平台架构如图 4-39 所示，其体系构成主要包括边缘层、IaaS、PaaS 和 SaaS。

法士特公司在两个主要厂区建立两个主数据中心，以天翼云作为资源互补。在其他各厂区建立多个边缘数据中心，为公司信息化建设的计算资源、存储资源和网络资源提供有效空间和能源保障。使用面向服务架构技术将企业的身份管理、业务流程、门户等不同服务通过已定义的接口与协议联系起来。通过增设与升级 IT 服务、信息安全、邮件与即时通信、呼叫中心等其他系统，完善整个云平台。在各地数据中心物理设备的支持下，用户能够通过各种设备，包括 PC、移动设备、工业互联设备等统一接入云端进行资源的获取。

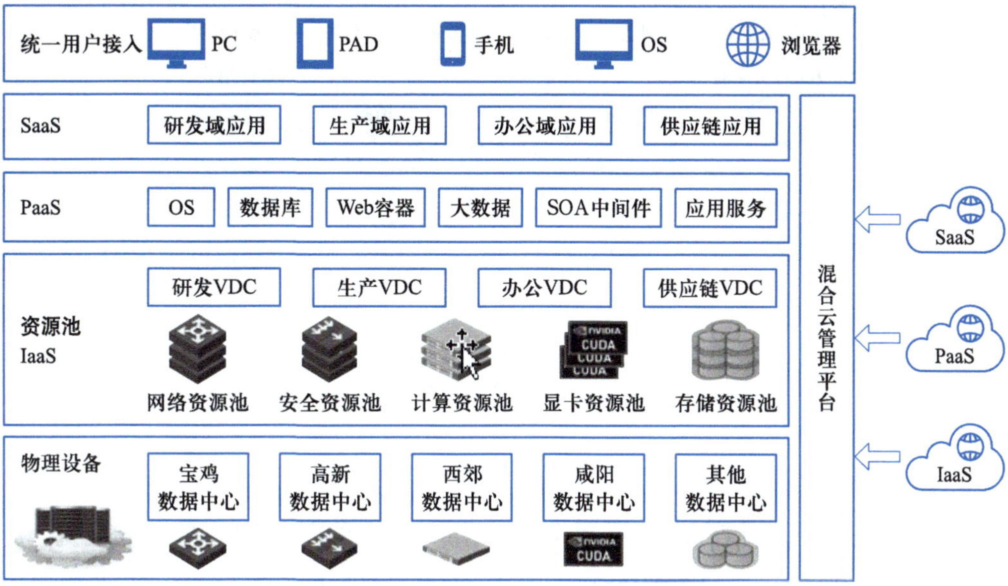

图 4-39 法士特智能工厂云平台架构图

4.2.4 数字化网络化工厂供应链管理

供应链（supply chain），也称为供需链。其概念最早来源于彼得·德鲁克提出的“经济链”，后经由迈克尔·波特发展成为“价值链”，最终演变为“供应链”。从社会供给视角，供应链是生产及流通过程中，涉及将产品或服务提供给最终用户的上游与下游企业所形成的网链结构。供应链由供应商、制造商、仓库、配送中心和渠道商等构成。从制造企业的视角，供应链是围绕核心企业，通过对信息流、物质流、资金流的控制，实现从原材料采购到中间产品及最终产品制造，到经由销售网络把产品送达消费者的功能网络，它是将供应商、制造商、分销商、零售商、最终用户连成一个整体的功能网链模式。所以，一条完整的供应链应包括供应商（原材料供应商或零配件供应商）、制造商（加工厂或装配厂）、分销商（代理商或批发商）、零售商（卖场、百货商店、超市、专卖店、便利店和杂货店）以及消费者等。供应链网络结构如图 4-40 所示。

供应链不仅是敏捷高效地响应客户需求的信息链、物流链、资金链，更是一条满足用户需求的增值链。供应链上的节点企业、环节只有为客户收益增值才是其存在的价值。

供应链管理（supply chain management，SCM）是使供应链运作达到最优化，以最小的成本把合适的产品以合理的价格及时准确地送达消费者手上的一种集成化的管理思想和方法。从单一的企业角度来看，SCM 是企业在战略和战术上对企业整个作业流程的优化。SCM 通过改善上、下游供应链关系，整合和优化供应链中的信息流、物质流、资金流，提升供应商、制造商、零售商的业务效率，使商品以正确的数量、正确的质量、在正确的时间、正确的地点、最佳的成本进行生产和销售，进而获得企业的竞争优势。供应链管理可以使企业的总成本下降、订货生产周期缩短、企业的按时交货率提高、生产率提高。

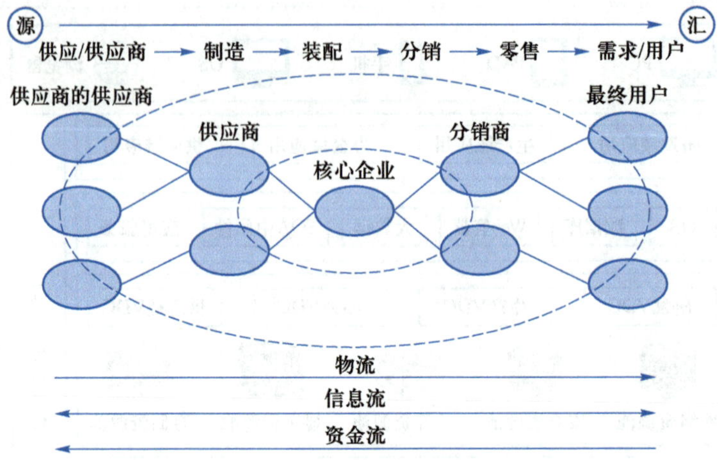

图 4-40 供应链网络结构图

供应链管理是利用计算机信息技术全面规划供应链中的商流、物质流、信息流、资金流等，并进行计划、组织、协调与控制。随着信息化和互联网技术得到快速发展，原来相对线性的供应链管理逐渐发展成为非线性的网链结构，企业与供应商、供应商与供应商、企业与用户、用户与用户的关系都成为需要思考和管理的重要内容供应链管理的重要内容。现代供应链管理的方法主要有以下五种。

（1）供应商管理库存（vender managed inventory，VMI）。通过信息共享，由供应链上的上游企业根据下游企业的销售信息和库存量，主动对下游企业库存进行管理和控制的管理模式。这是一种在用户和供应商之间的合作性策略，以对双方来说都是最低的成本优化产品的可获性。

（2）联合库存管理（joint managed inventory，JMI）。是一种在 VMI 的基础上发展起来的上游企业和下游企业权利、责任平衡和风险共担的库存管理模式，供应链成员企业共同制定库存计划，并实施库存控制的供应链库存管理方式。

（3）快速反应（quick response，QR）。是指物流企业面对多品种、小批量的买方市场，不是储备了“产品”，而是准备了各种“要素”，在用户提出要求时，能以最快速度抽取“要素”，及时“组装”，提供所需服务或产品。

（4）有效客户反应（efficient consumer response，ECR）。以满足顾客要求和最大限度降低物流过程费用为原则，能及时做出准确反应，使提供的物品供应或服务流程最佳化的一种供应链管理战略。

（5）协同规划、预测和连续补货（collaborative planning forecasting and replenishment，CFAR）。利用互联网，通过零售企业与生产企业的合作，共同做出商品预测，并在此基础上实行连续补货的系统。

4.2.5 数字化网络化工厂的数字孪生

数字孪生技术在数字化网络化工厂的应用，是利用物理模型、传感器、生产过程数据，集成多学科、多物理量、多尺度、多概率的仿真过程，在虚拟空间中完成映射，从而反映对应物理实体全生命周期过程的状态。数字孪生技术可以应用于生产制造全过程，从设备层、产线层到车间层、工厂层等不同的层级，贯穿于生产制造的设计、工艺管理和优化、资源配置、参数调整、质量管理和追溯、能效管理、生产排程等各个环节，对生产过程进行仿真、评估和优化，系统规划生产工艺、设备、资源，并能利用数字孪生的技术，实时监控生产工况，及时发现和应对生产过程中的各种异常和不稳定性，实现降本、增效、保质的目标和满足环保的要求。

1. 各层级数字孪生

1）装备层数字孪生

在装备层级，可以通过数字孪生技术建立数控机床、机器人等实体的虚拟模型，基于该模型、孪生数据和软件服务等，通过数模联动、虚实映射和一致性交互等机制，实现装备优化设计、智能制造、智能运维等目的。

在虚拟环境下，构建装备的数字孪生模型，一般可以借助装备厂商提供的数字化模型或通过自主开发建立各类装备的三维模型数据库，该数据库包括装备三维模型及基本工艺信息，如图 4-41 所示。通过装备数字孪生模型，企业可进行产品设计验证、虚拟样机调试、计算机辅助编程、机电一体设计制造维护等，节约设备设计开发或改造成本，缩短调试时间，快速抢占市场。用户在使用过程中进行虚拟加工，可以优化工艺，提升加工效率。

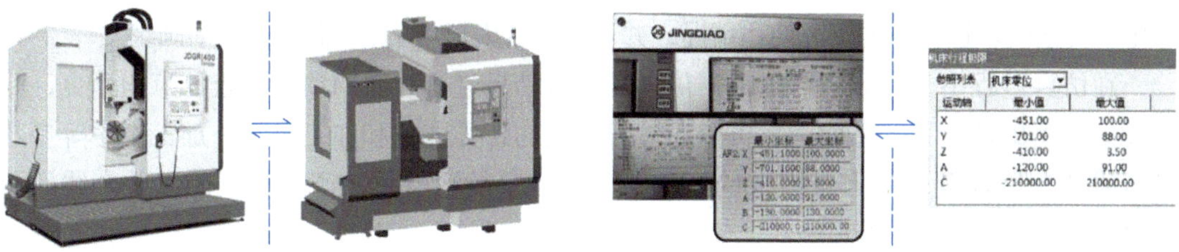

(a) 机床实体　(b) 机床数字孪生模型　(c) 机床数控系统参数设置

图 4-41　数字化模型与物理实体的映射关系示意图

2）产线层数字孪生

产线数字孪生体是针对物理世界的生产线，通过数字化的手段构建一个与之对应的数字世界的虚拟生产线。建立产线的数字孪生体模型，在物理与数字两个空间同时记录产线的运行轨迹，可以在虚拟空间中对物理空间中的生产过程进行仿真与优化。产线的物理实体与数字孪生体的映射关系如图 4-42 所示。

在产线数字孪生体的具体建模过程中，可以通过导入各类装备的数字化模型直接创建，并将各类装备的数字化模型与其物理实体之间建立映射关系。在产线建模时，可以共享“装备数据库”，将合适的机床、机器人、桁架机械手、工装、移动工作台、各辅助工艺单元和刀具等数字模型直接拖拽出来使用。生产线中用到的转台、工具架、仓储、运输轨道等通用设备，在各类仿真软件中已经成为标准元素，可以根据需要改变相关参数来快速建模。基于上述数字模型，工艺人员就可以根据产线布局图，建立相应的产线可视化虚拟模型，包括各类加工设备、工位、缓冲区、转运设备、操作人员等。

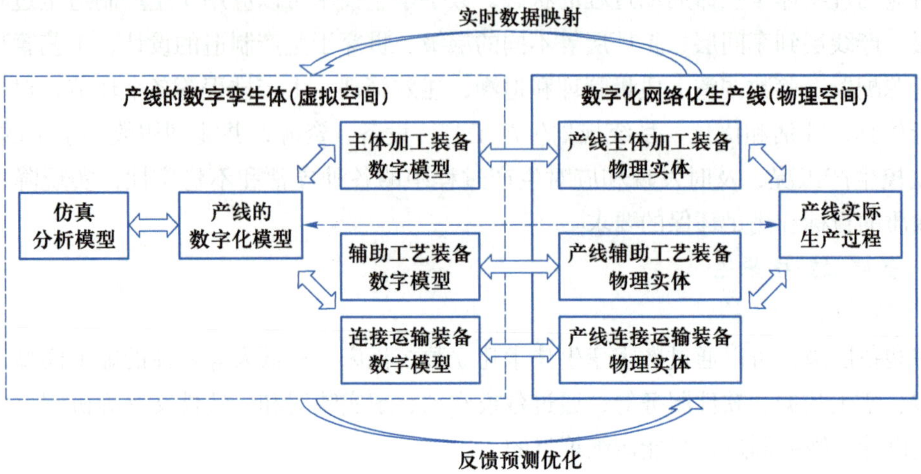

图 4-42 产线的物理实体与数字孪生体的映射关系

建立产线的数字孪生体模型后，可以根据产品的数字化工艺信息设置产线各类虚拟装备的仿真参数，模拟生产工序以及物料在各个装备之间的加工和流转情况，物料经过不同加工工序处理时的零部件形状变化和加工时间，以及模拟物料经过完整加工工序过程的物流转运方式状况等。一般通过产线平面及三维虚拟可视化仿真模型，可直接观察到产线的生产装备与生产要素流转过程中的资源使用情况，并可以进行虚拟现实、沉浸式 3D 动画录制。

在仿真过程中，一方面可以根据仿真的初步结果进行产线的动作检查和节拍计算，验证模型的正确性。另一方面，也可以通过对产线的各类装备和加工时间、加工工序等参数进行微调，以体现不同产量需求的变化，分析装备的运行率，产线的产能以及产线的瓶颈等。

案例 4-15

法士特变速器壳体生产线的数字孪生

法士特变速器壳体生产线数字孪生体如图 4-43 所示。通过建立变速器壳体生产线各类设备的数字孪生体模型，与实际物理生产线相互映射，可以开展离线仿真或在线工艺仿真。离线仿真主要通过模拟物理产线的制造工艺过程，通过工艺规划过程逻辑和工艺操作时间、物流频次规模、工位布局等，模拟验证工艺的可行性，分析工艺布局物流调度等科学性和可优化性。在线工艺仿真主要通过与物理车间实时交互开展，结合具体的工艺执行场景，通过低时延物理实体状态的实时感知，在数字空间中实现生产工艺状态的实时表达，并基于已有生产工艺逻辑模型和工艺知识规则进行校验，实现工艺问题的提前和实时发现，甚至可以进行预防性维护。

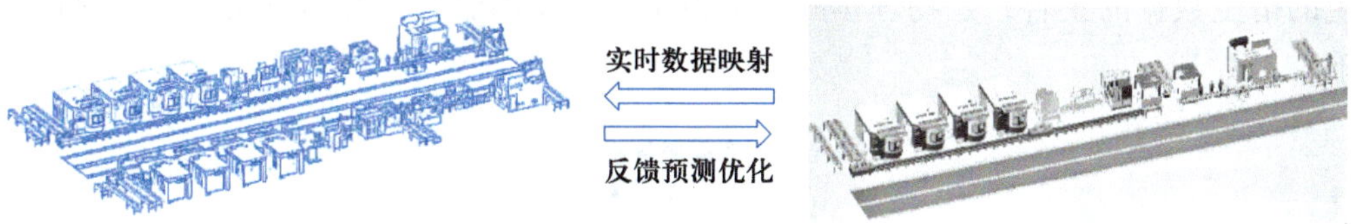

图 4-43 法士特变速器壳体生产线数字孪生体示意图

除了模拟零件加工生产过程，还可以建立产品虚拟装配生产线仿真模型，如图 4-44 所示。传统制造模式对于产品的装配性能分析主要采用实物开模试装和经验判断，只能在零部件生产完后进行试装，导致较长的生产周期和较高的产品成本。对装配生产线进行数字孪生建模与仿真，在生产线设计过程中仅通过软件运算、模拟，即可在生产线设计初期发现问题，如发现因环境因素和静力变形而引起的机械手定位不准的问题，生产线装备在产品动态装配过程中可能发生的干涉问题，便于尽早解决问题，避免后期高成本的工程更改。

图 4-44 法士特变速器装配生产线数字孪生体示意图

变速器装配过程仿真

3）车间层数字孪生

数字孪生车间（digital twin workshop，DTW）是在新一代制造技术和信息技术驱动下，通过物理车间与虚拟车间的双向真实映射与实时交互，实现物理车间、虚拟车间、车间服务系统的全要素、全流程、全业务数据的集成和融合。如图 4-45 所示，数字孪生车间主要由物理车间（physical workshop）、虚拟车间（cyber workshop）、车间服务系统（workshop service system，WSS）、车间孪生数据（workshop digital twin data）四部分组成。其中，物理车间是车间客观存在的物理实体集合，负责接收车间服务系统下达的生产任务，严格按照虚拟车间仿真优化后预定义的生产指令，执行生产活动完成生产任务；虚拟车间是物理车间理想化的数字镜像模型，主要功能是对生产计划 / 活动进行仿真、评估及优化，并对生产过程进行实时监测、预测与调控等；车间服务系统是数据驱动的各类服务系统功能的集合或总称，主要作用是在孪生数据驱动下对车间智能化管控提供系统支持和服务，如对生产要素、生产计划 / 活动、生产过程等的管控与优化服务等；车间孪生数据是物理车间、虚拟车间和车间服务系统相关的数据以及三者数据融合后产生的衍生数据的集合，是物理车间、虚拟车间和车间服务系统运行及交互的数据驱动基础。

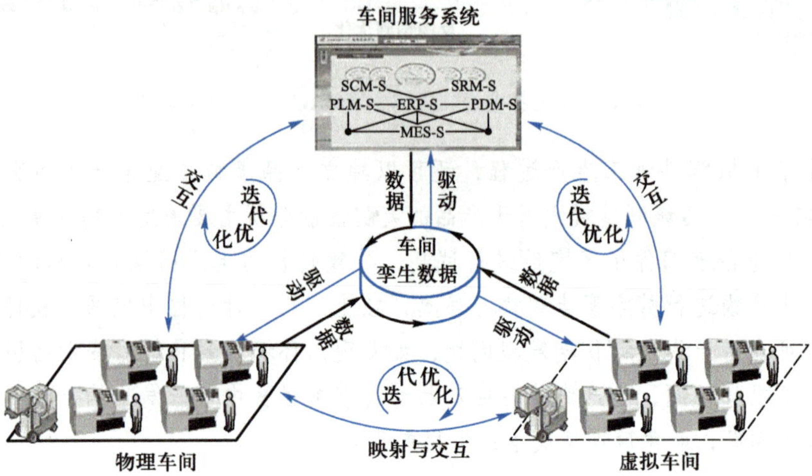

图 4-45 数字孪生车间组成示意图

数字孪生技术还可以应用于车间级的信息系统中，在车间层的生产优化管控系统里加入数字孪生和生产大数据。即以数字孪生为中枢，把以 ERP 为核心的工厂级信息系统、以 MES 为核心的车间级信息系统、以数字孪生技术中的仿真分析和生产大数据系统进行有效的衔接，形成以数字孪生为智能大脑的新型车间级生产管控优化系统架构。数字孪生车间接收到 ERP 下达的个性化生产计划（个性化订单）后，可以先进行虚拟制造，对设备的生产能力、物料配送、交付期、质量等进行评估。在不满足生产条件时，对物理系统提出调整方案；在满足生产条件时，将优化后的制造执行策略发送给 MES，接收 MES 反馈的生产实时数据，持续地完善数字孪生的仿真分析算法。经过长时间的数据积累和算法优化后，数字孪生车间将可能代替部分人工进行生产决策，如图 4-46 所示。

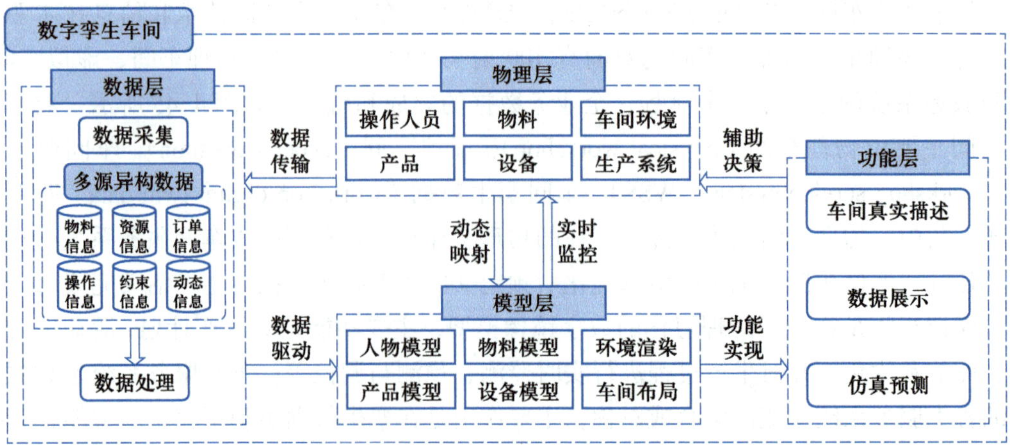

图 4-46 数字孪生车间的运行流程

案例 4-16

某精密加工车间的数字孪生体运行状态仿真

车间数字孪生体是一个囊括“人、机、料、法、环”的复杂生产系统，是车间全要素、全流程、全业务数据的集成与融合。建立车间物理对象的数字孪生模型，可进行分析、预测、诊断、训练等（即仿真），通过仿真评估、迭代优化实现物理车间与虚拟车间的交互融合，从而在满足特定目标和约束的前提下，达到车间生产和管控最优。基于数字孪生的某精密加工车间运行状态仿真如图 4-47a 所示。该模型以实时数据驱动模型，通过动态映射三维模型的运行状态来实时展示车间制造过程，同时利用二维看板展示车间生产数据，实现物理车间全流程、全要素的实时可视化监控。

仿真计算得到孪生车间中的关键设备利用率、各检验工位利用率、高峰期、瓶颈工位等仿真结果信息，将仿真结果输出到数字孪生车间仿真看板中，以对数据进行可视化展示，如图 4-47b 所示，可以实时掌握车间设备的动态，便于管理人员对现场的生产状态以及企业资产一目了然。

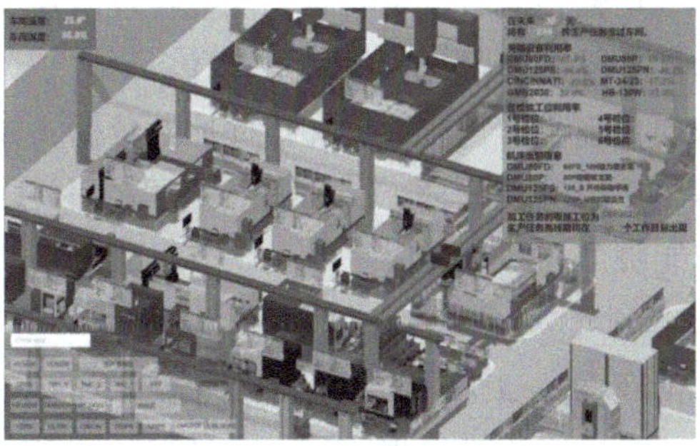

(a) 车间运行仿真状态

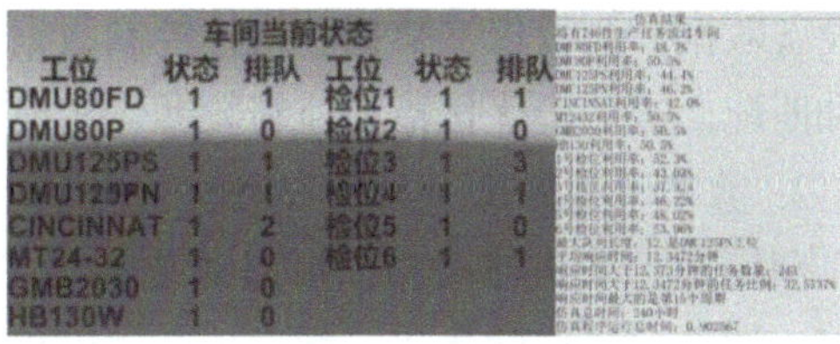

(b) 装备运行数据显示

图 4-47 某精密加工车间的数字孪生模型

4）工厂层数字孪生

数字孪生工厂（digital twin factory）是采用数字孪生技术对物理世界中的工厂建筑、设备、工艺、管网等所有要素进行数字化，在网络空间再造一个与之对应的“虚拟世界”。通俗地讲，就是应用数字技术为实物产品、制造流程乃至整个工厂进行模拟仿真，为其创造一个数字版的孪生体。数字孪生工厂的组成要素如图 4-48 所示。

数字孪生工厂通过对整个厂区以及车间内的各类设备、设施进行三维建模，根据侧重点，真实还原工厂各生产组织，包含车间级、产线级、设备级的孪生层级。通过搭建数字孪生场景，对生产过程进行仿真，特别是对重点生产线及工艺流程进行高精度模拟，以生产线流程或关键设备为单元，采用信息面板、数据标签及数据图表等方式对工厂内各车间的生产数据进行展示，实现生产线的设备状态、生产数据的可视化和实时监控。数字孪生

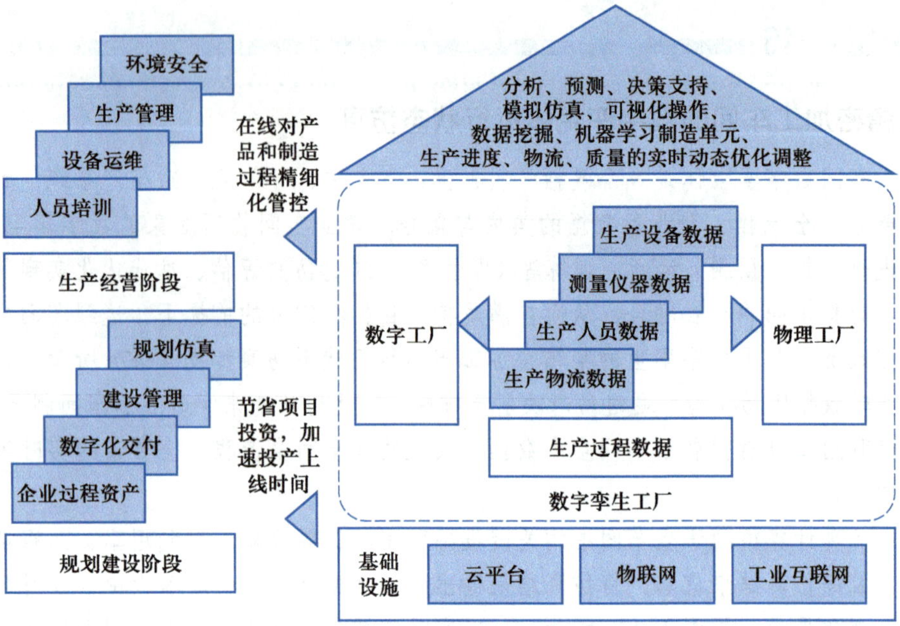

图 4-48 数字孪生工厂的组成要素

工厂可以实现生产计划分析和预测、库存管理、运输检测、设备状态、能耗管理以及反向控制等，帮助用户解决工厂规划阶段和生产运营阶段的问题，实现赋能增值。

利用数字孪生工厂和物理实体工厂之间双向传递生产过程数据和指挥控制数据，如生产设备数据、测量仪器数据、指挥控制数据等，可以实现物理工厂和数字工厂之间关联映射和匹配，进一步优化指挥控制数据，实现智能决策的系统反馈。

2. 数字孪生的仿真分析应用

利用数字孪生体模型，可以对装备、产线、车间、工厂等层级进行不同环节的模拟、分析、评估、验证和优化，指导生产建设规划，也可以用来复现实际生产过程，不仅方便灵活，而且能提前预判生产环节中的大量问题，辅助生产现场改善。一般来说，借助数字孪生技术，可以进行以下三个层面的仿真分析。

1）几何仿真

根据各类装备的几何尺寸与连接关系，按照产品的生产工艺流程进行产线、车间或工厂布局的建模、仿真和优化。首先，需要建立空间与各类装备的三维模型，包括主体加工装备、辅助工艺装备、连接运输装备以及加工的零件与半成品等。然后，使用数字化模型构建数字孪生体，通过对数字孪生体的几何仿真，可以观察到按照工序布置的各类装备之间是否会发生几何结构干涉等，这些工作是数字孪生技术所完成的最基础工作。

2）运动学仿真

运动学仿真是当前数字孪生技术的主要应用领域，是在数字孪生模型上进行加工过程的仿真。模拟实际运行过程中机床、刀具、工装和各类装备的动作，评估运动行为、优化设备布局、了解设备程序运行时间和生产线节拍。在模拟中可以提前发现动作错误以及机床与刀具或者机床与机械手等的碰撞，从而早在编程时就能降低碰撞风险。同时，有助于提高物理系统中各种主体加工装备和辅助工艺设备运动的精确度和可靠性，最大限度地缩短现场调整时间。

在计算机虚拟环境中，可以模拟各类装备、工具在满足一定工艺流程情况下，机械和电气系统的运行动作，验证加工路径规划、工艺规划、切削余量等，优化设备布局和设备程序运行时间和生产线节拍。工程师可以通过对比前后几台装备的利用率，分析发现系统的瓶颈，进一步采取更改加工工时、改善加工工艺、增加瓶颈装备投入或增加操作人员等措施进行生产线平衡。

3）动力学仿真

由于运动学仿真以各类装备的刚体运动学模型为基础，没有考虑装备加工过程中的加减速过程、摩擦阻尼影响、液压控制的非线性过程，以及加工过程中复杂的物理、化学等影响因素，因此采用运动学仿真模型建立的数字孪生体对生产能力的预测并不准确。这就需要针对加工过程中各种物理、化学现象，使用机电耦合动力学、机床动力学、机器人动力学、切削动力学、流固耦合、金属凝固动力学等进行动力学层面的描述，才能建立更真实的数字孪生模型。在此基础上，使用数字孪生技术不断优化零部件生产和制造工艺，实现高质量和稳定生产。

数字孪生动力学仿真常用于生产设备的故障预测与维护方面。数据孪生体系中的智能故障诊断技术主要包括实时预测、结果验证、数字孪生模型修正、深度学习模型重构四个部分。数字孪生提供物理实体的实时虚拟化映射，各类装备通过传感器将温度、振动、碰撞、载荷等数据实时输入数字孪生模型，并将工作环境数据输入模型，使数字孪生的环境模型与实际工作环境的变化保持一致，通过故障机理研究、历史数据趋势、动力学模型优化结果等提前对异常状况预测，以便在预定停机时间内更换磨损部件，避免意外停机。采用数字孪生仿真模拟或在线检测，可实现主要设备的故障诊断，并辅助进行维护保养。

由于实际物理系统的复杂性与环境的不确定性，采用传统确定性的力学和数学模型的方程难以建立实际物理系统精确的动力学模型。实际物理系统的动力学仿真，需要建立在利用新一代人工智能技术完成复杂大系统建模的基础之上，这将是未来智能制造发展的重要方向之一。

4.3 数字化网络化智能化工厂

4.3.1 智能化赋能工厂的内在动因

通常，数字化网络化工厂的运行维护主要依赖于人的判断与决策。例如，在制造工艺中，需要工艺员根据生产经验，提出合理的工艺方法；在生产调度中，需要调度员依据实际情况人工排产；在设备运行维护和健康保障中，需要操作人员定期检查完成故障排查等。这就导致工艺流程难以达到最优效果、生产调度难以实时快速调整、无法实现设备预测性健康保障等很多问题，需要通过智能化技术赋能加以解决。

数字化网络化智能化制造是制造业的第三种范式，属于新一代智能制造，它融合人工智能技术的学习认知能力，使制造系统不仅具有强大的感知、计算分析与控制能力，还具有自学习、自适应的能力，能够实现复杂系统的精确建模与优化，解决数字化网络化工厂存在的问题。新一代智能制造的目标包括以下四个方面。

1）智能化快速响应客户个性化需求，实现高效制造

针对家电、3C（计算机、通信和消费类电子产品）等行业，从多方面为个性化产品的快速推出提供支持。例如，通过智能设计手段缩短产品的研制周期，通过使用智能制造装备（如智能柔性生产线、机器人、3D 打印设备）提高生产的柔性，从而适应单件小批生产模式。

2）智能化优化生产过程，实现批量零件的高质量制造

在智能工厂中，生产过程全要素数据化，采用大数据分析为零件质量的可追溯和分析，减少人为因素，比以往任何生产方式都提供了更有效的质量保障手段和可能；利用基于人工智能的数据分析技术和现场实时调控技术，能够快速的迭代制造工艺，实现产品的快速制造。

3）智能化保证高效率的同时，实现产品的低成本制造

智能制造技术通过传感器等手段可以实时掌握能源利用情况；采用能耗和效率的综合智能优化，对制造过程实现精确建模，获得最佳的生产方案并进行能源的综合调度，提高能源的利用效率，从而有力地支持高效可持续制造。

4）智能化推动制造模式转变，实现从经验制造向可预测制造转变

针对产品设计、工艺设计、生产调度、物流配送、质量控制、设备维护等工厂运营的方方面面，深度应用人工智能技术和大数据技术，通过泛在感知技术全面获得制造数据，利用实时计算分析和数据挖掘等知识规则或优化结果，可预测变化趋势、辅助决策支持、实现制造资源的优化配置和制造过程的精准管控。

4.3.2 智能化关键核心技术

新一代智能制造工厂与数字化网络化工厂，实质上是从 HCPS1.5 向 HCPS2.0 的演变，二者之间比较，其物理组成基本相同，主要区别在于 HCPS2.0 新一代智能制造工厂利用传感、人工智能和大数据技术实现了对系统的精确建模，具有认知和学习的能力，即从“授之以鱼”变成了“授之以渔”，可以极大提高制造系统处理复杂性、不确定性问题的能力。建模与优化的核心内容是大数据，人工智能不仅采用因果关系分析法来解决问题，而且在分析因果联系的同时，通过深入分析大数据的关联关系，解决不确定性问题，实现对未知内容的探索和预测，实现产品设计、生产制造和全程服务的最优化。

1）传感技术

传感即状态感知，是实现智能制造的基石。装备、产线、车间、工厂的智能化首要离

不开对信息物理系统中“人、机、料、法、环”等要素的实时运行状态数据，有了状态感知（通过智能传感器准确感知设备或系统的实时运行状态），才能实时分析（对获取设备或系统的实时运行状态数据进行快速准确的加工和处理），然后自动决策（根据数据处理结果，按照设定的规则自动做出判断和决策），最后精准执行（执行机构实现自动决策的执行）。

在离散型制造智能工厂中，以力、热、声、光、电、磁六大类为代表的物理量传感器用量最多。如数控机床在检测位移、位置、速度、压力等方面均部署了高性能传感器，能够对加工状态、刀具状态、磨损情况以及能耗等过程进行实时监控，以实现灵活的误差补偿与自校正，实现数控机床智能化的发展趋势。在汽车制造行业，视觉测量技术通过测量产品关键尺寸、表面质量、装配效果等，可以确保出厂产品合格；视觉引导技术通过引导机器完成自动化搬运、最佳匹配装配、精确制孔等，可以显著地提升制造效率和车身装配质量；视觉检测技术可以监控车身制造工艺的稳定性，同时也可以用于保证产品的完整性和可追溯性，有利于降低制造成本。

2）工业大数据

在工业领域中，从客户需求到销售、订单、计划、研发、设计、工艺、制造、采购、供应、库存、发货和交付、售后服务、运维、报废或回收再制造等整个产品全生命周期各个环节所产生的各类数据及相关技术和应用，都属于工业大数据，主要包括设备数据（设备与产品的状态信息）、安环应急数据（各类环境、视频、安全应急等数据）、运营数据（存储于企业信息化软件系统内部的数据）、价值链数据（制造企业的客户、供应商、合作伙伴的相关数据）和外部数据（宏观经济数据、行业状态数据、竞争对手数据、政策法规数据）等。

工业大数据技术是使工业大数据中所蕴含的价值得以挖掘和展现的一系列技术与方法，主要包括数据采集技术、数据管理技术、数据分析技术。

数据采集技术是从各种工业过程中收集和分析大量信息的系统方法，需要考虑数据的体积、种类、采集速度、准确性和获取数据的价值。大数据采集需要结合由人、计算机和传感器等来源生成的结构化、半结构化和非结构化数据。结构化数据是高度组织化的以预定义的格式存在，非结构化数据则没有预定义格式，半结构化数据是以两者的混合形式存在。

数据管理技术包括数据提取、数据转换和数据加载。数据提取阶段将获取的源文件收集整理。在数据转换阶段，将收集整理的数据按照质量规则执行多个数据操作步骤；除此之外，还需要匹配实例并将其集成到数据暂存区；对从数据源中提取的数据应用一系列规则或函数。最后，将提取的数据加载到数据库。

在可靠的数据库基础上，对数据进行系统分析获取有用信息是建立数据库的最主要目标。与统计学中的数据分析类似，工业大数据分析可以分为预测、总结、估计和假设检验四类。目前，面向大数据的分析方法主要依赖于机器学习、深度学习等方法。机器学习、深度学习方法是从大量数据中找到有用信息的有效工具，大数据科学经常寻求开发高性能的模型用于知识提取、预测、决策与探索性分析。机器学习工具提供了有效地总结数据中各种非线性关系的方法。例如，机器学习、深度学习技术可以从大数据中识别模式、趋势和异常，常用的技术有支持向量机、决策树、神经网络，卷积神经网络和循环神经网络，用于处理图像、文本和序列数据等。

3）建模与优化

随着近年来大数据技术的蓬勃发展，把大数据和人工智能技术结合起来，完成大系统的建模与仿真，通过大数据智能技术来揭示工厂的内在运行规律，总结运行模式，形成新的知识，建立准确模型。在虚拟制造过程中，基于人工智能技术的现场分析决策与管理系统对制造过程进行迭代优化，建立制造过程的精确数学模型，使制造流程达到最优；在实际制造中，智能决策与管理系统则对制造过程进行实时监控与调整，使制造过程体现出自适应、自优化等智能化特征。

（1）数理建模。通常根据客观事务的内在联系和因果关系，运用适当的建模方法将离散型制造工厂抽象地表达出来，通过研究制造工厂工艺、质量、运维、管控的结构和特性，以便对制造工厂进行分析、综合和优化。数理建模的核心是通过对制造系统本身运行规律的分析，利用数学、物理等知识为制造过程和制造系统建模，进行系统分析和优化。

（2）数据驱动建模。利用数据挖掘描述对象的运行规律和相关知识，通过估计系统参数和结构等来实现对系统的辨识与优化，如图 4-49 所示。经典的系统辨识方法包括阶跃响应法、相关分析法、谱分析法、最小二乘法和极大似然法等。随着工业大数据的发展，通过人的感知和认知对多源异构的海量数据分析，实现系统建模是不可能完成的任务。近年来，基于数据驱动的建模方法在大数据和人工智能技术的驱动下得到了长足的进步，其主要思想是利用深度学习、迁移学习、强化学习等机器学习方法对海量数据分析，抽取其中关键特征，实现智能工厂的大数据建模。

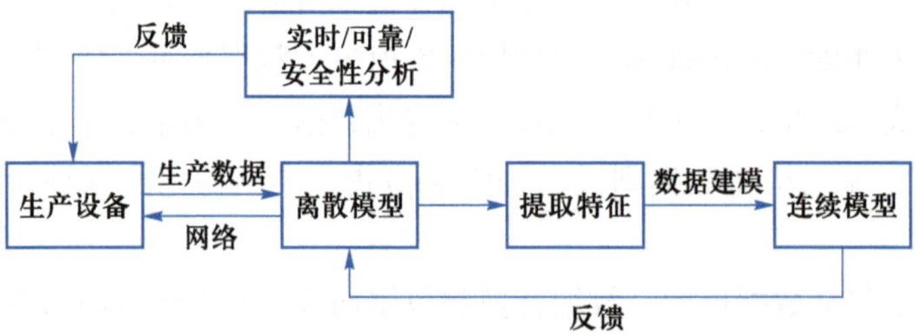

图 4-49 数据驱动建模方法

（3）数据与机理混合建模。为弥补基于数据建模解释性和泛化性方面的不足，将机理模型和数据模型相结合进行数据与机理混合建模，如图 4-50 所示。在充分利用过程已知机理的情况下，利用经验模型对过程未知的机理知识进行补偿，主要分为串联式和并联式两种结构分析方法：串联式分析方法是在建立机理模型的基础上，对过程数据采用系统辨识等方法来估计机理模型中未知模型参数，进一步通过实测值与估计值的偏差和过程输入

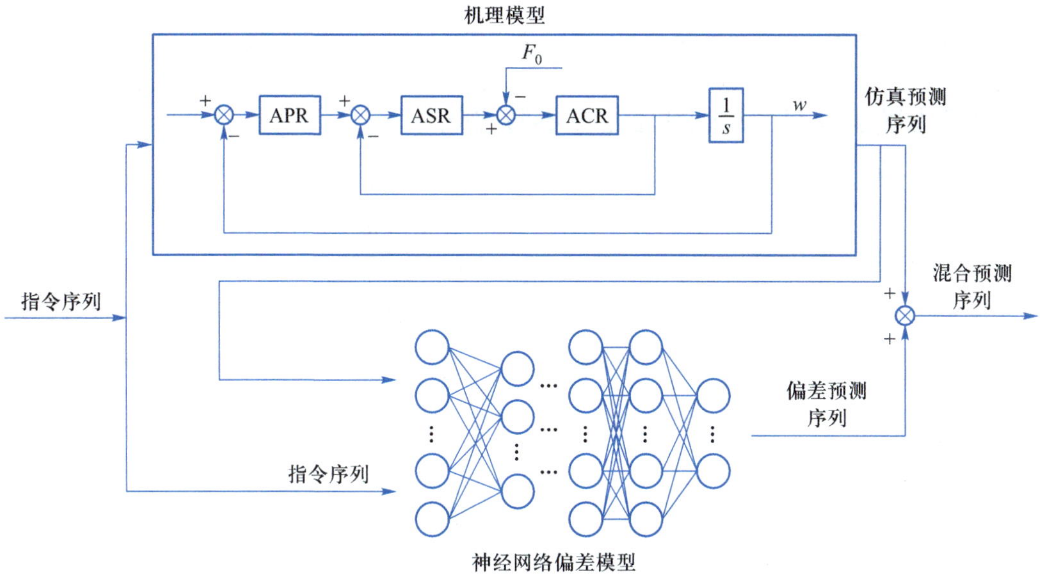

图 4-50 并联型数据与机理混合建模方法

与边界条件的历史数据等来估计上述模型参数；并联式分析方法是将机理模型和基于数据的误差补偿方法相结合来构造预测模型。该类方法适用于离散型制造过程相对明确的工厂，依靠数学、物理、加工过程知识建立机理模型，利用生产数据建立误差补偿模型，补偿主体模型输出与实际输出的差值，以提高模型精度。把人工智能技术和机理建模相结合，实现数据与机理的混合建模，是智能工厂未来建模技术的发展趋势。

4.3.3 智能化重点发展方向

总体上来说，离散型工厂的智能化仍处于探索阶段，重点的发展方向在于工艺仿真分析，物料 / 工具的主动识别和物流全程可视化跟踪、物料 / 工具自动配送与配套防错、生产物流与计划的精准同步的产品质量优化；实时监控，预测性维护，远程诊断，远程服务，工厂安全、环境、能源管控的装备健康保障；任务与物流实现生产资源最优化配置、任务和物流实时优化调度、过程精细化管理和智慧科学管理决策的生产管控决策优化等方向。通过工艺优化与质量预测、装备健康监测与保障、生产管控决策优化等手段，推动离散型智能工厂的进一步发展。

1. 产品质量优化

基于大数据的虚拟建模与仿真和数字孪生技术，将为离散型智能制造的工艺优化提供便捷的解决方案。利用工业大数据分析技术，通过对生产工艺的研究，实现以最低成本和最快交付为约束条件的数据驱动建模，在生产过程中不断迭代，分析工艺缺陷和产品质量等方面的数据，修正模型，实现工艺设计和工艺参数的最优化。智能工艺优化保证了产品质量的一致性，提高制造效率并降低制造成本。

案例 4-17

基于大数据学习的车削加工工艺参数优化

数控加工的工艺参数优化至关重要，它们影响着零件的加工质量、效率、机床和刀具等制造资源的寿命等。武汉华中数控股份有限公司利用数控加工过程数据，建立车床的工艺系统响应模型，实现了基于大数据的车削加工工艺参数优化。其具体过程为：以 BP 神经网络作为描述该车床工艺系统响应规律的模型，模型的输入端为切削深度、切削半径、材料去除量等 5 个工艺参数，输出端为主轴功率，如图 4-51 所示。

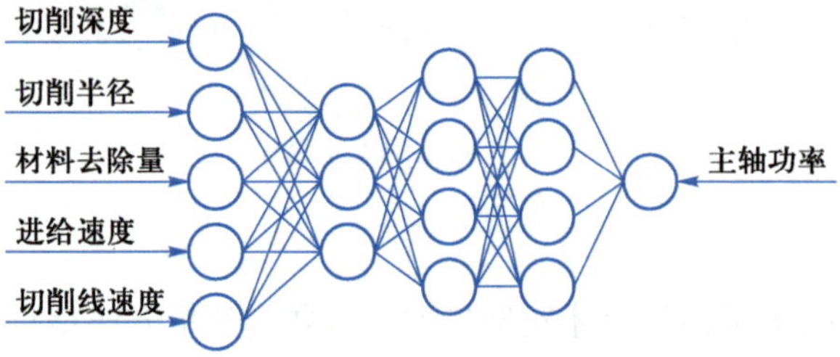

图 4-51 表征 BL5-C 车床工艺参数——主轴功率响应的 BP 神经网络模型

选择该型车床实际生产常见的零件进行加工，记录加工时的指令域大数据。从其中的主轴功率数据中分离出稳态数据作为神经网络的输出端训练样本。通过指令域分析方法，提取稳态样本对应的切削参数，包括切削深度、进给速度、材料去除量、主轴转速、回转半径等，作为神经网络输入端训练样本。不断提取稳态样本训练神经网络模型，随着加工的进行，该模型逐步具备了对加工主轴功率进行预测的能力，即生成一个仿真该机床车削主轴功率的模型。新的加工零件（形状和工艺参数都不同的零件）在实际加工前，先在该模型中进行仿真、迭代、优化。在满足约束条件的情况下，优化后的加工时间较优化前明显缩短。

2. 装备健康保障优化

离散型制造的无人化和智能化对装备健康保障提出了更高的要求，建立设备异常时的远程诊断体系，实现设备的预测诊断是建设和发展智能工厂的保障性基础。利用智能终端实现设备的实时工作状态监控，通过对生产过程设备日志和指令的实时分析，建立生产异常的即时应对体系，实现生产过程中的设备集群控制，达到设备异常启停、人员误操作、设备故障警报、制造材料信息等方面的快速异常处理。利用工业大数据智能感知、设备日常运行的可视化监控，分析设备日常运行情况，实现设备工况的智能分析，达到预测设备故障、常用耗材的损耗程度的目标。

案例 4-18

机床刀具磨破损状态监测系统

机械加工中刀具是机床的“牙齿”，它直接影响加工工件的质量。在加工过程中，刀具会逐渐磨损，造成加工效率和质量的下降，当磨损到一定程度后需要被更换，否则会导致生产事故。刀具管理具有很多不确定性，例如加工参数、工件材料等，这些都会对刀具磨损速度造成影响，单纯使用人工经验来判断刀具使用寿命是十分困难的。操作员仅凭经验规定一个统一的切削时间，或者观察切削振动和声音来判断刀具状态。刀具健康保障系统使刀具的状态能够被实时准确地评估。

传统数学分析模型在高频数据的来源与多种影响因素的状况下难以满足实际的需求。因此，需要利用人工智能技术对庞大的数据量进行分析建模，解决刀具寿命监控及预测的问题。为了有效地进行刀具寿命监控及预测，首先需要在数据技术方面利用传感器对机床进行数据采集，将采集的原始数据进行信号处理和特征提取后传送至拥有高运算能力的云计算平台。依托边缘计算技术，提取能够表征刀具衰退状态的关键特征，再评价上述数据的可用性，最终利用有效的信息建立数学模型和参数训练。通过采集传感器与控制器的高频数据以及 PLC 低频数据，包含振动信号、电流信号、加工单节、加工时间等数据，进行数据的前处理、分割、特征提取后，取出不同种类的时域和频率特征集，并使用不同的自动化特征筛选方法进行特征选择，建立刀具的磨损量评估模型，并基于刀具磨损量的评价结果建立刀具剩余寿命预测模型。最后将该模型部署于智能工厂平台，定制化开发，实现刀具剩余寿命监控及预测功能。

3. 生产管控决策优化

随着大型制造企业生产需求的不断扩张，在材料、产能的双重约束下，尤其是当小批量多批次订单成为主流，以及生产中的插单和变更需求越来越普遍等情况下，顺利完成生产计划和协同调度变得难上加难。智能排产与决策优化是智能制造的一个关键点，通过积累大量数据、了解规律、将决策问题建模和量化，并定义决策中的限制调节和规则，实现排产和决策的优化。

案例 4-19

生产执行智能化控制系统

三一重工股份有限公司与多家单位合作设计了工程机械零件加工数字化车间系统，其中一个关键环节就是生产执行智能化控制系统。该系统在考虑企业资源所提供的可行物料需求规划与生产排程计划，可以快速结合生产条件与相关信息（如订单、途程、存货、BOM 与产能限制等），以做出平衡企业利益与顾客权益的最佳规划与决策，满足顾客需求及面对竞争激烈的市场。

公司自主研发的制造执行系统 SanyMES，充分利用信息化技术，从生产计划下达、物料配送、生产节拍、完工确认、标准作业指导、质量管理、关重件条码采集等多个维度进行管控，并通过网络实时将现场信息及时准确地传达到生产管理者与决策者。该系统除了通过各种方式如短信、邮件向管理者传递生产信息，还在生产现场设置 MES 终端机，给一线工人生产制造带来了极大的便利。

通过 MES 终端机，生产线工人不仅可以及时报完工、方便快捷地查询物料设计图纸和库存情况，更重要的是 MES 终端机可以正确地指导工人每个工位如何进行安装、安装时候需要哪些零部件，同时给予安全提示。有了 MES 后，再也不用去借图纸，直接在 MES 终端就能查到最新的图纸信息，全触摸屏操作，简单方便，而且通过查看标准作业指导以规范工人的操作，避免了纸质作业指导书的损坏和更新不及时造成的附加作业，极大地提高了工作效率和作业质量。

4.4 离散型制造工厂走向智能工厂的典型案例

4.4.1 工控自动化行业示范工厂

1. 概况

工控自动化产品包括电力设备、电力系统及输配电产品、自动控制系统及产品、自动化仪表及传感器、安全与环保设备、照明及温度控制系统等应用在多个领域的系统设备和产品，是基础设施、轻工业、重工业、流程和离散等行业的基础元器件，具有量大面广、品种繁多的行业特点，市场上表现为硬需求，具有弱周期性的行业特征。经过多年发展，中国已成为电气、磁材等工业自动化产品应用的第一大国，将逐步成为全球最大和最先进的电气应用市场。

德国西门子公司作为全球最大的工业自动化产品与系统的供应商，在德国工业 4.0 标杆工厂近 20 年 30 亿欧元投入的基础上，于 2011 年在成都建立西门子工业自动化产品生产及研发基地（以下简称西门子成都数字化工厂），利用德国样板厂的基础和经验，实现了从工厂设计、产品设计到制造过程的数字化全过程，是西门子在德国以外建立的首家数字化工厂，也是西门子继德国、美国之后在全球的第三个工业自动化产品的研发中心。该工厂主要负责研发和生产 SIMATIC 工业自动化系统系列产品（包括可编程逻辑控制器、人机交互界面、接触器等）以及本地化的产品，以供应中国及全球工业市场，产品被广泛应用于汽车、机械制造、食品饮料、制药、玻璃、水泥、冶金、电力、石油化工、地铁轨道交通等领域。

西门子成都数字化工厂

2. 建设内容

数字化工厂的建设和转型，要通盘考虑企业的战略定位、市场需求、产品规划、生产效率及交付能力、营运利润率和投入产出比。生产过程的自动化、物料管理的自动化、信息流的透明化是实现数字化的前提。数字化工厂建设需要从规划、路径、实施方案和目标、人才建设、系统化的投入、标准和知识的管理等方面全面推进。

1）数字化目标

西门子成都数字化工厂的最终目标是“机器控制机器的生产”，也就是端到端的数字化，这也是未来智能制造工厂所要达到的目标。该工厂生产多达 1 000 种工业自动化相关产品，如此多的产品靠人工计划和排产是根本无法完成的。通过数字化的手段实现智能化的生产，每个产品其自身标识控制自身的制造过程，这些标识和生产控制系统有机结合，通过指令控制生产设备就能够让工厂完成复杂的工业制造过程。工厂每条生产线上都运行着约 1 000 台自动化控制器管理着制造设备与生产线，利用数字化技术，产品之间以及产品与机器设备之间的互通互联，通过数据的分析和反馈优化生产过程，提升生产效率（图 4-52）。西门子成都数字化工厂有以下四个关键目标。

图 4-52 西门子成都数字化工厂内部生产线

（1）实现数字化工厂的三个集成。价值链的横向集成、纵向集成和端到端的集成。

（2）完成生产与产品全生命周期的管理（PLM），建立数字孪生工厂。在工厂运营环节打通包括设计、规划、调试、测试等环节，在工艺、制造环节实现产品研发、订单处理到生产调度、数据采集，在物流环节无缝集成实现物料流和信息流闭环。

（3）利用数字化手段来提升和优化工人的工作，提高产品的质量。质量稳定并不意味着一定需要付出高成本，基于数据的管理与决策实际上比自动化硬件系统的投入更能够持续降低成本。

（4）从实用性和经济最优化的角度完成数字化建设。

2）建设路径和建设内容

将数字孪生技术贯穿整个工厂的各个领域及生产全过程，但这一过程是渐变式和不断迭代的。数字孪生包括设计数字孪生、工艺设计过程的数字孪生、生产过程的数字孪生，亦即系统级的虚拟实体系统（CPS）。此外，还有完善的数字化物流仓储和数字化运营管理。

设计数字孪生，实质上是优化产品设计与生产过程的闭环，可用不同边界的约束条件得出最佳的设计及工艺和生产过程方案，转化为实体的研发、生产方案可取得最好的技术经济效益；工艺设计过程的数字孪生，就是产品设计、工艺设计、生产过程的优化全部采用模型仿真，优化工艺过程，实现包括生产车间布局、工位建模仿真、工艺验证仿真等；生产过程的数字孪生，就是制造过程的仿真，包括仿真工人的工作时间、节拍甚至到必要的动作，仿真托盘运输中的托盘数量与生产数量的关系，验证不同订单组合的配置等。同时，数字孪生必须通过可视化实时展示生产过程的质量、进度、能耗、在制品、库存等全生产要素实时数据。

为了完成产品全生命周期的数字化内容，西门子成都数字化工厂的技术架构采用西门子自身的 Siemens PLM Software 软件系统，如图 4–53 所示。西门子建立了虚拟设计与组装软件（NX）和数据中心平台（team center）软件系统，可以保证在产品开发部门与制造中心之间直接交换数据，帮助开发人员设计和模拟新产品。该系统把所有产品信息从研发过程转发至生产执行系统（SIMATIC IT MES）实时控制整个生产过程。当设计的数据更新时，PLM 系统中的产品基础数据会自动映射到 ERP 系统当中，更新对应材料和采购价格，通过 MES 更新制造过程中的 BOM 信息。即使有些原材料对应的生产工艺有变化，也会通过系统实现无缝集成。西门子成都数字化工厂集成 ERP 系统和 MES，现场的任务看板由西门子的 MES 生成并实时更新电子任务单，生产订单由 MES 统一下达，完成生产计划的高效调度；通过与 ERP 系统的高度集成，实现生产计划、物料管理等数据的实时传送；通过对工厂内各个流程的管理，可保证工厂管理与生产的高度协同。

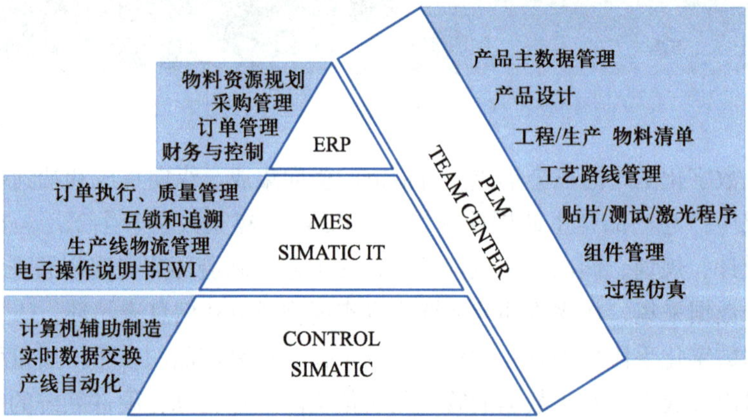

图 4–53 西门子成都数字化工厂的技术架构

3. 建设成效

西门子成都数字化工厂通过产品全生命周期数字化建设，产品数字化设计减少了 90% 的编程时间，每年发布 50 种新产品，2.5 秒生产一台产品，7 天 24 小时达到 99.5% 交货率；每天可完成 160 次转换，应对 800 种不同产品。每件产品质量情况完全透明化、可视化，质量达到 6dpm–A，即不合格测量点控制在百万分之六监测点范围内，即平均废品率做到每 100 万件不超过 11.5 件；在产量规模提升 4 倍的情况下，管理和技术人员零增长，工人每小时效率提高 20%。

凭借以数字孪生技术为核心的柔性生产技术平台，西门子成都数字化工厂能够确保快速分配资源、高效排产并遵循高质量标准。数字化仿真数据来源于生产实际，经过长期的积累和筛选，仿真的理论值与实际值的偏差一般在 20% 以内。

4.4.2 铸造行业示范工厂

1. 概况

铸造是装备制造业的基础产业，从汽车、机床、能源设备、轨道交通、海洋装备到航空航天、国防以及人们的日常生活等都离不开铸件。中国铸造产量已经连续 17 年稳居世界第一，是名副其实的“铸造大国”。但是，铸造产业总体存在生产环境差、劳动强度大、效率低、铸件质量不高、环境污染等问题，亟待转型升级，实现绿色智能发展。

共享集团有限责任公司（以下简称共享集团）从 2008 年开始启动转型工作，从“点、线、面、体”四个层次推动和践行铸造行业数字化网络化转型。

（1）“点”上突破。攻克铸造 3D 打印、铸造工业软件等关键软硬件技术。在国内率先实现铸造 3D 打印技术产业化应用，改变了铸造以手工劳动为主的传统生产模式。

（2）“线”上集成。实践智能生产单元应用。根据铸造工艺流程，建设成形智能单元、熔炼浇注智能单元、精整智能单元等，实现数据自动采集、分析决策、反馈执行的集成应用。

（3）“面”上示范。已主导设计和集成建设了三个数字化铸造示范工厂，未来计划再建两三个。

（4）“体”上带动。致力于构筑“互联网 + 双创 + 绿色智能铸造”的产业生态。共享集团于 2017 年成立了国家智能铸造产业创新中心，围绕行业绿色智能转型的关键共性问题，培育智能制造（铸造）软硬件研发孵化器，成为智能制造（铸造）系统解决方案供应商，建设面向铸造行业、区域制造业的工业互联网平台。

2. 建设内容

共享集团数字化铸造工厂应用大尺寸 3D 打印机、重载 RGV 等智能装备，集成三大智能生产单元和铸造工艺集成设计与仿真分析系统，通过共享工业云等平台建立了全面数字化管理系统，建成了一座年产轨道交通铸件 4.4 万吨、“智能、柔性、绿色、高效”的全新模式铸造工厂，首创铸造 3D 打印产业化应用，引领铸造行业转型升级。

共享集团

数字化铸造工厂规划突出“一三五”，即一朵专业云、三大智能单元（成形、熔炼浇注、精整）、“五化”（装备自动化、业务数字化、管理软件化、组织小微化、信息集成化），按照设备层、单元层、车间层、企业层和协同层的五层架构规划，如图 4-54 所示。

1）设备层

基于铸造 3D 打印、大型射芯工艺流程，包括铸造生产线的 9 台 3D 打印机及配套系统，大型射芯生产线的 2 套制芯系统，2 套造型、熔炼、精整系统，8 台机械手以及 RGV、立体仓库等关键智能装备；按照三大智能单元的架构搭建，将每个单元的关键设备

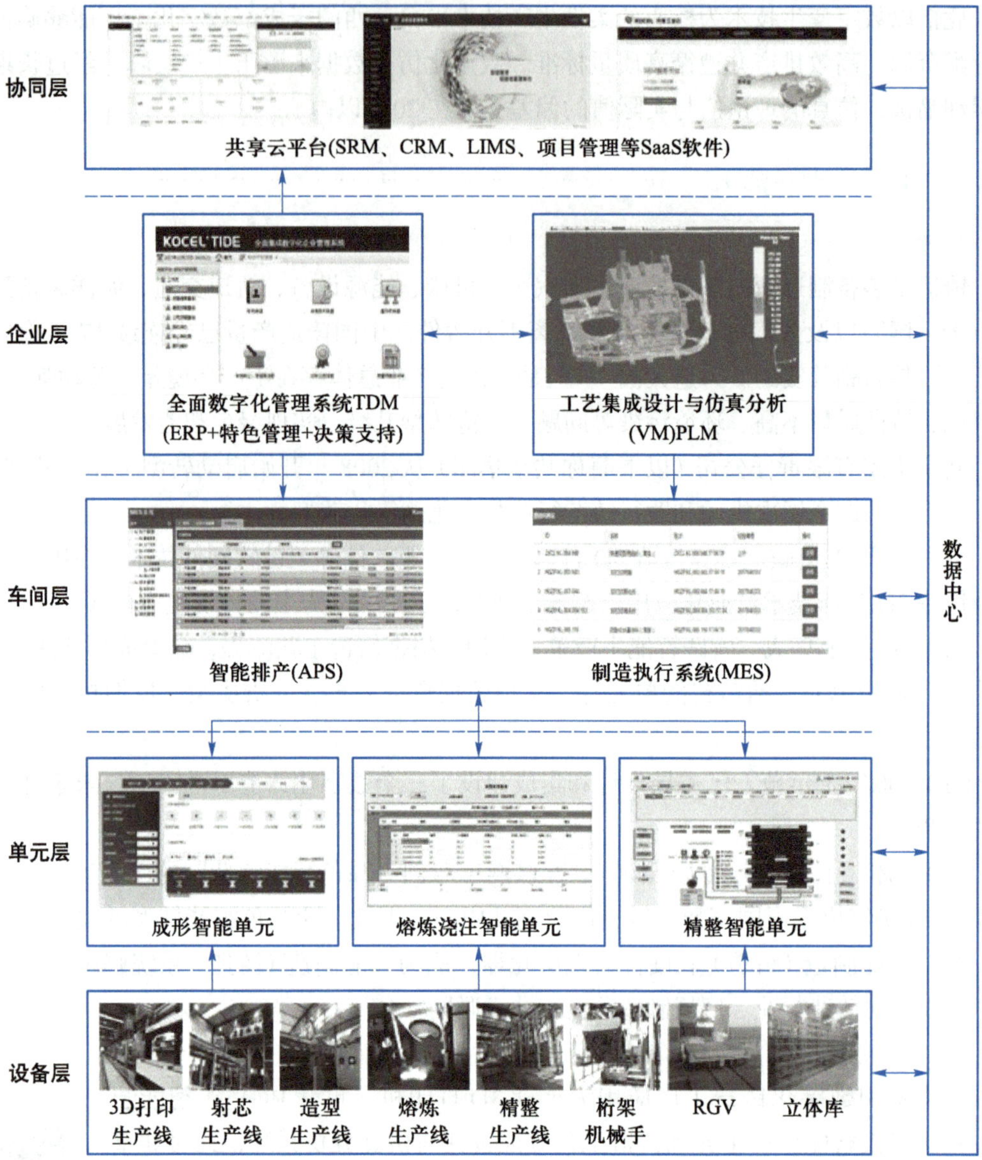

图 4-54 数字化铸造工厂系统架构图

通过 OPC 与数据接口技术搭建了数据采集平台，建立了物联网系统，为数字化工厂提供了底层数据支持。

2）单元层

数字化铸造工厂根据工艺路线集中度构建了成形、熔炼浇注和精整三大智能单元。各智能单元利用 OPC 接口，通过现场总线、以太网与 PLC 或控制器进行通信，向上与 ERP、MES、PLM、LIMS 等系统集成，接收生产计划、维保计划、质量标准、专家知识库等信息，并向 MES 反馈设备、生产、成本、质量信息，向下与底层设备及功能部件集成，依据工艺系统提供的参数执行现场作业，同时采集数据反馈，与专家知识库设定值比对，优化决策后形成闭环管控。

3）车间层

车间层是以 MES 为主，对本车间主要生产资源进行集中管理，主要有制造数据管理、计划排程、生产调度、库存管理、质量管理、成本管理、项目看板管理等模块。同时，向上通过以太网与 ERP、PLM 等系统集成，向下通过接口与各智能单元集成，形成了制造协同管理平台。

4）企业层

企业层主要包括企业资源计划（ERP）与铸造工艺集成设计系统集成。铸造工艺集成设计系统包括对标、方法策划、方案策划、工艺设计、仿真分析、虚拟制造等，能够形成最优的设计参数和制造参数，为 ERP、MES、智能单元提供生产、质量、成本等数据，并与实际结果联动，形成闭环管控。

5）协同层

协同层主要应用共享工业云平台的供应链管理、客户关系管理、经营体管理、项目管理、实验室管理等 SaaS 系统，实现了协同作业。

3. 建设成效

1）3D 打印等新技术助力改变传统铸造工艺流程

采用先进的 3D 打印技术，重新构建了铸造工艺流程，取代传统模样制造工序，流程“四合一”（传统的模具制造、制芯、造型、合箱四个工艺流程由 3D 打印一个流程进行代替），铸件生产由复杂变简单，生产周期缩短 50%，成品率提高 20% ～ 30%，尺寸精度能够达到毫米级。

2）铸造工艺设计实现“人脑经验型”向“电脑知识型”转变

对传统铸造工艺设计流程、组织和岗位进行再造，形成包含对标、方法策划、方案策划、工艺设计、仿真分析、制造方案设计和现场反馈优化 7 个步骤的标准化流程，1 400 多项关键控制参数，通过三维设计和仿真分析软件、PLM 系统等，形成最优化的工艺路线，并与智能单元集成。同时，构建了以产品为核心的知识库（标准库、典型工艺库、典型问题库等），建成了全流程虚拟铸造系统，使铸造工艺设计由“人脑经验型”向“电脑知识型”转变。通过集成平台的应用，新产品一次投产成功率达到 90% 以上。

3）现场操作实现从“人工控制”到“数字化控制”

将铸造生产过程划分为成形、熔炼浇注、精整三大智能单元，每个智能单元实现工步化控制，按照工步确定关键控制参数，用参数实现过程控制。比如熔炼浇注过程，从开炉前检查、加配料、熔化、检测、变质处理、出铁、浇注等全过程梳理形成了近百项关键参数，参数嵌入熔炼浇注智能生产单元系统及其专家库，熔炼浇注过程在该系统指挥下进行，实现精细化成本核算和数据分析。通过熔炼浇注智能单元的建设，生产效率能够提高 50% 左右，大幅降低人工干预，能够达到 100% 合格率。

4）新的设计理念引领开创绿色铸造新模式

在行业内首创单件 10 t 以上铸件采用无吊车、轻钢结构设计，有效降低安全事故，同时采用自动导引车（AGV），如图 4-55 所示，大幅提高物流转运效率。通过热法再生、余热综合利用等手段，有效节约能耗，减少排放，使能耗水平达到国际先进；通过采用 3D 打印、射芯技术，彻底改变了传统铸造环境，员工工作在空调环境下。整个工厂 86% 以上岗位为中等体力劳动，基本杜绝重体力劳动，形成了绿色铸造新模式，为行业转型升级提供绿色制造示范。

图 4-55　数字化铸造工厂现场实景图

4.4.3　新能源行业示范工厂

1. 概况

锂电池凭借输出电压高、比能量高、容量和能量转换效率高、自放电率低、循环寿命长、无记忆效应等优点，成为目前动力电池的主流产品。锂电池产业是中国“十二五”和“十三五”规划期间重点发展的新能源、新能源汽车和新材料三大产业中的交叉产业，国家出台了一系列支持锂电池产业的政策，直接带动锂电池市场保持高速增长。

宁德时代新能源科技股份有限公司（简称宁德时代）是全球领先的锂离子电池研发制造公司，公司专注于新能源汽车动力电池系统、储能系统的研发、生产和销售，致力于为全球新能源应用提供一流解决方案。宁德时代智能制造的总体技术路线分为三个部分：在研发设计方面，采用数字化三维设计、模拟仿真技术进行产品设计，并且导入 PLM 系统进行全生命周期的数据管理；在生产线智能化方面，针对设备开发和生产线建设，坚持关键技术国产化的路线，导入三维仿真、在线检测、智能化物流等技术，推动生产线的智能化水平；在信息化架构方面，通过制定标准化的设备导入规范，建立互联互通的工业网络，建立覆盖全生产要素的制造执行系统等。

2. 建设内容

2019 年以来，宁德时代在生产线上推广 5G 技术、AI 技术、自学习技术、图像识别、视频流智能监控技术等，探索通过产品、设备和信息化的高度结合，合理优化企业内部生产组织和管理流程，实现符合自身实际的企业可持续发展路径与方法。

1）系统化建设：高效的企业运作和全流程信息化管理

宁德时代

宁德时代在制造信息系统方面，重点打造了四个层面的集成和协同（图 4-56）。

（1）物联网终端采集控制层，实现基础数据采集准确、完整。针对锂电池行业制造系统复杂、设备数量大、数据通信缺少规范标准、多源异构数据

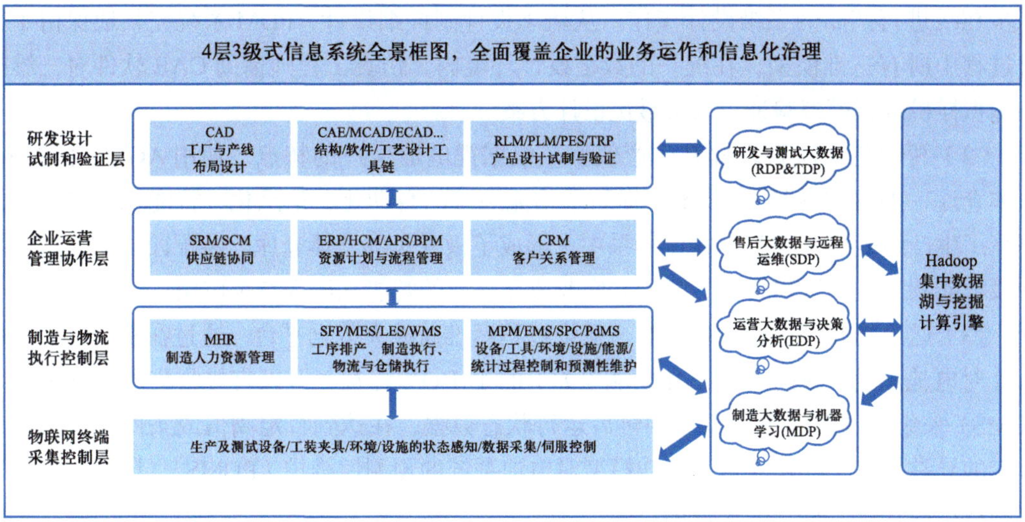

图 4-56 宁德时代制造信息系统

类型导致通信效率低、数据平台管理困难等问题，研究基于 OPCUA 的多源异构数据采集技术，开发了自主知识产权的统一数据采集平台，制订了电池制造生产线数据通信标准规范。

（2）制造与物流执行控制层，助力制造现场各要素数据互通。以制造现场管理为核心的“人、机、具、料、法、环、能”全生产要素的集成。该层面包括 MES、LES、WMS、MHR、FIS、EMS、PDMS，以及它们与制造大数据平台 MDP、E-Mail、移动 APP 的集成处理。其中隐含的基础是构建在整个物联网和互联网环境下，制造过程中人、设备、物联终端和信息系统的集成和交互关系。

（3）企业运营管理协作层，打通运营前后端整体价值链。以 ERP 为核心打造的，面向从需求、设计，一直到销售、服务的全价值链要素的集成。企业运营管理协作层是制造与物流执行控制层面向整个企业价值链的延展，在整个价值链上建立以质量、效率、成本为核心的卓越管理体系。

（4）研发设计试制和验证层，集成各系统实现信息互通和资源共享。采用 CAX 软件进行产品的虚拟设计、模拟仿真和工厂的布局设计，同步产生数字化模型和设计元数据，元数据进行纵向传输，实现“研发—工程—制造—售后”各环节的闭环。整体上通过各大信息系统的有机集成，打破了“信息孤岛”，形成了全面的信息连通，使资源达到充分共享，实现集中、高效、便利的管理和运营。

2）智能化建设：最大化技术价值

宁德时代的智能化建设立足现场实际需求，围绕智能物流、数字孪生、大数据、人工智能、高级排产、机器学习、5G 技术等的实际应用展开建设，并基于大量网络技术应用，对信息安全系统建设的关注度也同步提升至最高水平。

（1）数字孪生技术实现全局产品设计与仿真。基于三维模型的产品设计与仿真，建立产品数据管理（PDM）系统。PDM 系统集成 CAX 软件等设计工具，由各模块设计工程师同步在线进行产品的三维设计工作。从概念设计到详细设计，PDM系统完整地保留了开发过程中所有三维模型，在统一的数字设计环境内，仿真工程师借助CAE软件对三维模型虚拟样机进行模拟验证，求解最优设计方案。

（2）智能化物流管理提升生产效率。根据锂电池生产的特点，使用AGV、机器人、立体仓库、RFID等智能化技术，提高了物流系统的自动化、信息化、智能化水平，有效提高了生产线效率。在整个物流体系中，形成了极片车间立体仓库、装配段物流线、烘烤炉段智能物流线、原材料仓的智能立库及成品仓库的智能立库等特色应用。

（3）运用物联网进行远程监测。建设远程运维监控大数据平台，通过在制造过程中植入针对电池系统（新能源汽车和储能电站）的T-BOX终端，可以直接收集电池管理系统（BMS）采集到的关于电池系统的售后运行状态数据，在达到特定阈值或条件时直接触发对应的异常报警，并建立基于已知模型对电池系统的预测性维护（PDMS）。同时，也打通了制造过程和售后过程的大数据对接。

（4）借力大数据和人工智能技术实现创新。无论是产品维度的MES，还是设备设施和工装夹具、仪器仪表维度的TPM系统，都面临着大量数据的快速采集和存储。例如，MES存在大量的非结构化数据（如工件的照片），在线系统存在在线数据容量的限制。宁德时代以MES、TPM和MHR等系统为基础，引入LAMBDA大数据架构，打造出制造系统大数据平台（MDP）。将各个业务系统（MES、TPM、MHR）的数据通过ETL工具集成到制造系统大数据平台后，可根据集成的制造系统数据库进行集中式数据分析和通用数据挖掘功能的开发。

3. 建设成效

通过多年建设，宁德时代取得了智能制造关键技术的突破，自主开发了多项特色工艺及设备，实现了工艺设备的网络化自动检测、监控，达到生产过程的可视化，有效地驱动了研发制造一体化、制造供应链一体化、制造服务一体化，并在实践中得到了验证，取得了生产效率提升56%、产品研制周期缩短50%、运营成本下降21%、产品不良率下降75%、资源综合利用率提升24%等良好效果，解决了电动汽车发展中存在的动力电池瓶颈问题，进一步提升我国锂电池及相关产业的科技创新能力和产业竞争力。

4.4.4 轨道交通行业示范工厂

1. 概况

高速动车组的研制是一项庞大而复杂的系统工程，涉及信息通信、电力电子、材料化工、机械制造、自动控制等多个技术领域，具有技术含量高、知识技术密集、体现多学科和多领域高精尖技术等特点，具有高附加值，处于价值链顶端。高速动车组采用订单式、中小批量生产方式，其结构非常复杂，其中转向架是高速动车组的核心部件，转向架的制造能力是决定高速动车组研制水平的关键。

中车青岛四方机车车辆股份有限公司（以下简称青岛四方）以高速动车组核心部件——转向架车间为实施载体，以关键制造环节智能化为核心，以网络互联为支撑，研发适用于轨道交通装备行业的先进制造技术和装备，打造生产效率高、产品质量好、制造柔性高且满足多品种并行生产、个性化产品定制的转向架智能制造模式。

青岛四方

2. 建设内容

青岛四方为了解决劳动力密集、生产效率低、工作量大、产品质量保障成本高等问题，选取最具代表性的转向架制造开展智能制造试点、打造数字化车间，实现转向架产品的数字化设计、数字化制造、数字化运营、数字化服务的智能制造新模式。图 4–57 所示是转向架智能车间整体框架。

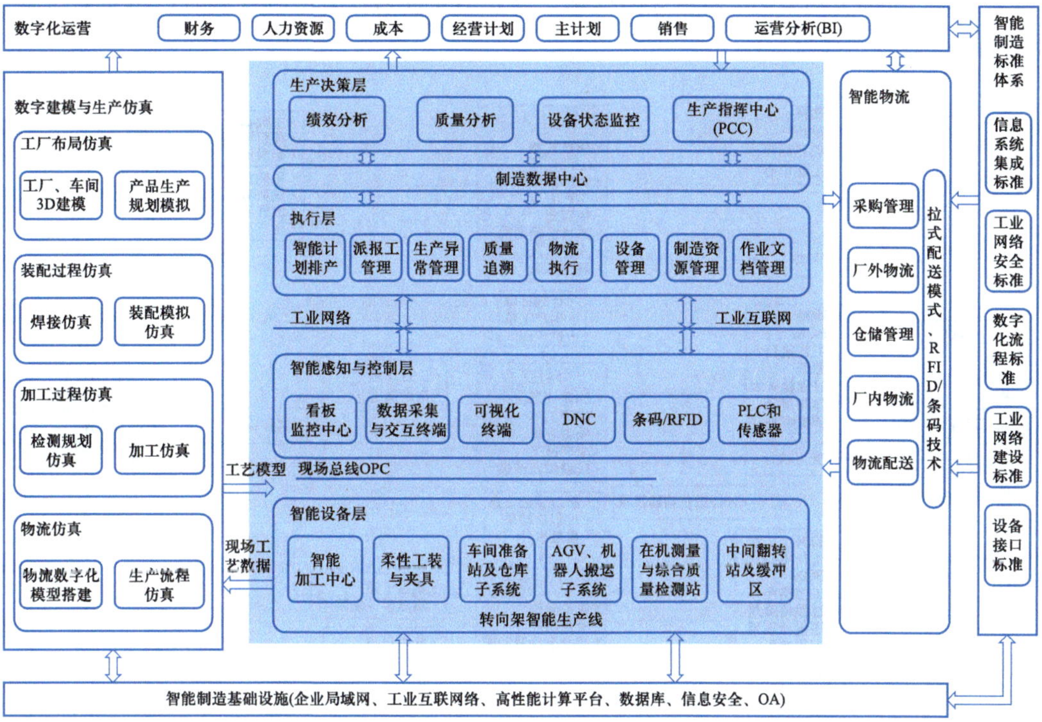

图 4–57　转向架智能车间整体框架

转向架智能车间的建设内容包括以下五个方面：

（1）应用虚实互映的数字化建模与生产仿真，缩短转向架研发周期。将数字化制造技术用于转向架的制造过程，通过对厂房等主要资源三维建模的搭建，建立公司的数字化车间虚拟环境，实现了生产系统的运行仿真，优化工艺布局，提高制造资源利用率。

（2）进行转向架关键工序智能化改造，实现并行和个性化生产。转向架制造工艺主要有加工、焊接、装配、试验。其智能化改造以构架焊接、轮对加工组装、转向架组装智能化、自动生产线为载体，应用智能物流、自动加工、自动组装、自动焊接、人机交互、条码技术、自动异常监控等技术，集成 MES、运维大数据平台（MRO）、企业资源计划（ERP）等上层系统，采用高级计划排产，结合实时生产过程监控，对生产要素进行管理和调度，构建生产效率高、自动化程度高、高度柔性化的转向架数字化车间。

（3）探索物联新技术，提高构架加工设备利用率。开展了基于物联技术的加工装备智能化提升研究工作，通过对智能感知、机床联网、集中控制、视觉识别等技术的研究应用，实现大型设备离散加工智能制造；掌握构架加工数字化集成技术，实现一人多机控制；研究了构架防错技术，达到自动防错的目的；实现了机床联网、RFID 在线自动识别、设备自动控制技术等研究的应用；实时统计分析 CPK 和质量趋势，利用采集数据改进工艺参数。

（4）实现五大信息系统的集成，打通全生命周期数据链和业务链。现已实现 PDM、ERP、MES、质量管理系统（QMS）、运维大数据平台（MRO）五大核心系统互联互通（图 4–58），实现了以 BOM 为核心的数据贯通和以业务为核心的流程贯通，建立全生命周期产品信息统一平台。

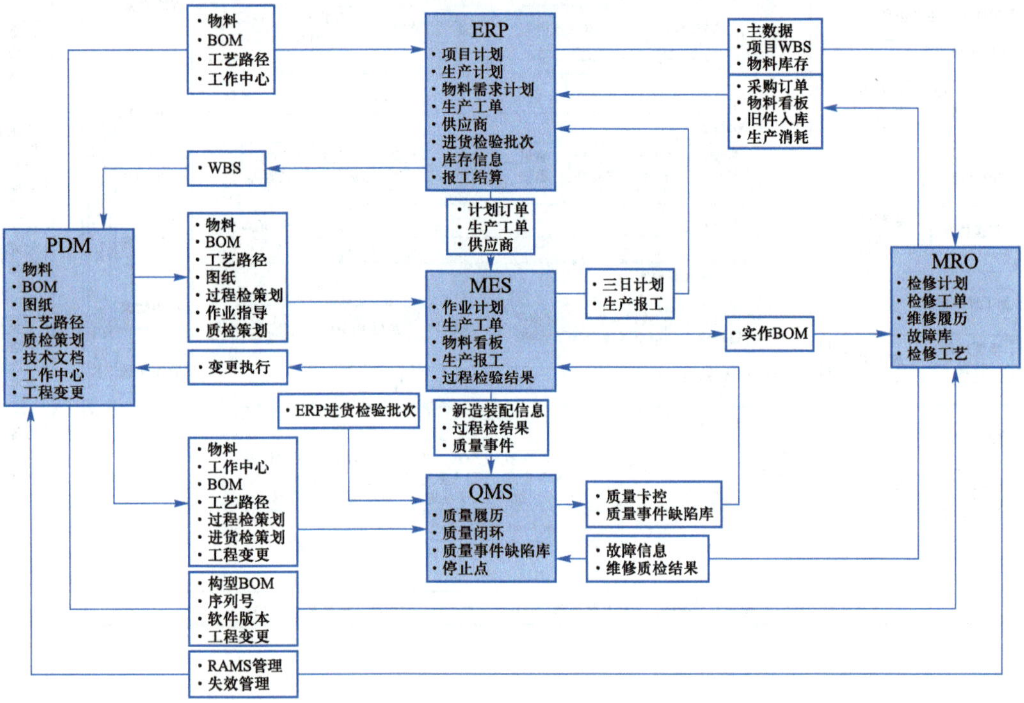

图 4–58 青岛四方五大信息系统集成关系

（5）建立运维大数据系统，提升高速动车组运维服务水平。针对运维数据建立了轨道交通装备行业首套运维大数据平台（MRO），采用大数据和数据挖掘技术，实现精细化管理，提升公司服务水平。高速动车组健康大数据平台采用“Hadoop+Spark+ 关系型数据库”的混搭技术架构，实现对列车健康状况的实时展现和分析挖掘。

3. 建设成效

在转向架生产过程中大量采用数控加工中心、机器人、物流输送设备等智能装备，通过 RFID、智能传感、物联网等技术，实现数据采集、物料追踪、质量控制等生产过程的信息系统融合和“企业层－管理层－网络层－感知层－设备层”的垂直集成，消除了

“信息孤岛”，可将订单数据、制造数据下发到现场，减少等待时间，并将生产现场数据采集到生产指挥中心，提高了生产过程的透明度。将产品研发、生产设计阶段的虚拟仿真及验证技术与企业现实生产和运维过程相融合，通过虚拟制造与物理生产的循环迭代，减少生产错误，使产品研制周期缩短 37.16%，生产效率提升 22.5%，产品不良率降低 33%，能源利用率提升 10%，运营成本降低 23.8%。

4.4.5 家用电器行业示范工厂

1. 概况

随着生活品质的提升，消费者对家电产品的功能要求逐步提高，中国洗衣机产业的市场和社会需求将以节能、健康舒适、衣物呵护为主，网络化、智能化将成为新型洗衣机及其关联领域的主要拓展方向。

无锡小天鹅电器有限公司（简称小天鹅公司）是世界上极少数同时制造全自动波轮、滚筒、搅拌式全种类洗衣机的企业，在产销量、质量、技术方面长期处于优势地位。公司拥有国际领先的变频技术和智能驱动控制核心技术，2019 年荣获吴文俊人工智能科技进步奖，2020 年被认定为国家智能制造标杆企业。

2. 建设内容

围绕基于工业装备互联的家用电器智能工厂建设，小天鹅公司将云计算、大数据、物联网、人工智能等新一代信息技术与先进的制造技术相结合，推动以供给为导向转为以客户需求为导向；围绕感知、控制、决策、执行四大关键环节，通过数据的纵向与横向拉通，实现消费端 – 供应端 – 制造端的端到端集成，促进业务流程与组织结构的重组，建立了面向生产过程透明化的数字孪生系统，实现了柔性制造环节精细化管理，以及从需求到服务、从线上到线下、从上游到下游的全价值链数字化驱动，成功打造了“T+3”的柔性敏捷交付模式，建成具有设备自动化、生产透明化、物流智能化、管理移动化、决策数据化、产品物联化的“六化”特征的智能制造新模式。智能工厂总体规划如图 4–59 所示。

小天鹅

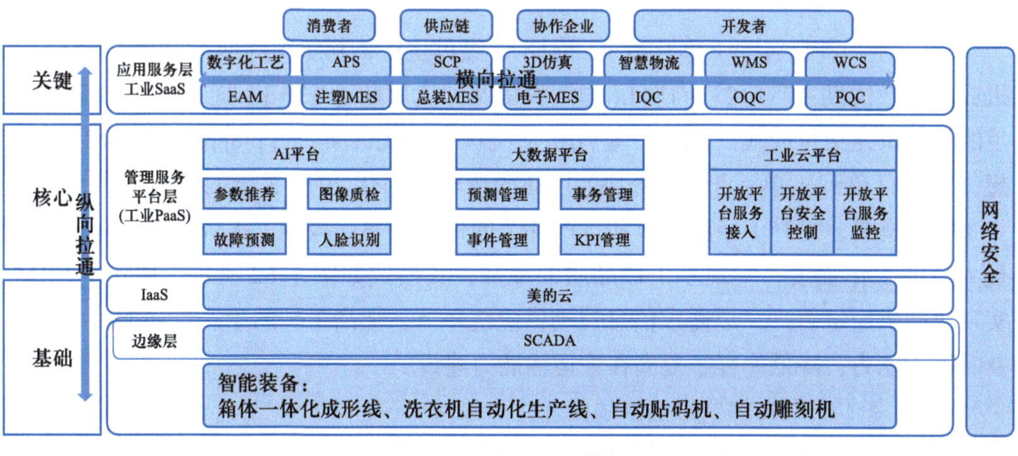

图 4–59 智能工厂整体规划

1）建设透明化的生产管理平台

建立了 SCADA 系统，采用“云－边－端”三级架构，通过“分布式部署＋云平台”的方式实现美的集团各地区工厂的设备数据采集及下行控制功能，针对不同工业通信协议进行设备驱动微服务开发、协议归一处理，对下游业务系统提供统一的设备数据交互接口，再结合 EAM、MES、QMS、工业人工智能、工业大数据等具体业务应用系统的联机应用场景，深度挖掘设备联机业务价值。

通过工厂数字孪生、生产线数字孪生、设备数字孪生（图 4-60）的建设，已实现仿真建模、生产状况的同步监测及生产节拍的控制优化；通过设备数字孪生，采集设备关键性能参数，实时监控设备运行，并基于运行数据进行预测性分析，降低设备非计划停机率。

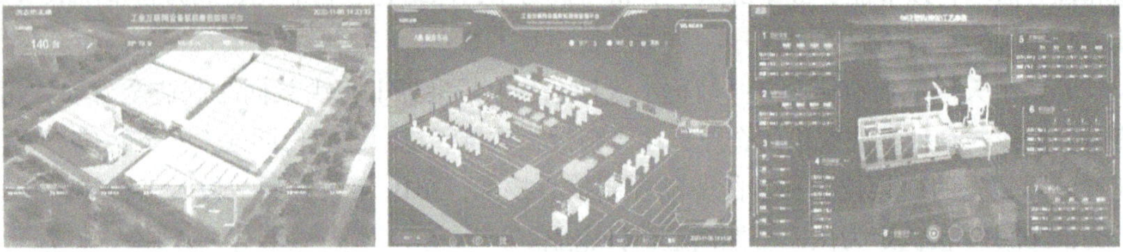

(a) 工厂数字孪生　(b) 产线数字孪生　(c) 设备数字孪生

图 4-60　小天鹅公司数字孪生建设

2）开展数据驱动的柔性制造信息系统集成

对主要业务系统进行重建或升级，大力推动智能制造和大数据分析平台建设，通过启动“632”项目（图 4-61），实现了流程统一、数据规范统一，达到了全流程拉通、全业务覆盖的目标。“632”项目集成了六大运营系统、三大管理平台及两大技术平台。六大运营系统拉通了智能洗衣机制造的市场、研发、计划、采购、制造、销售、服务和财务等业务流程，上下游企业（包括供应商、客户等）可以通过平台进行信息与资源的即时共享、传递与披露，支持小天鹅公司端到端的核心价值链高效运作，形成满足智能洗衣机高效率、高品质、高协同的柔性生产方式。

3）基于订单驱动的“T+3”产供销新模式

“T+3”是一种自客户下单开始（T 周期），经过生产物料组织周期（“T+1”周期），洗衣机成品生产周期（“T+2”周期），物流发货及到货周期（“T+3”周期），给予客户订单满足的订单快速交付模式。“T+3”应用价值流程图（value stream mapping，VSM）为指导思想，围绕订单到工单（自制、外协）拉通的逻辑，固化 20 个关键的交付业务节点。通过“T+3”模式，提升了接单环节和排产环节的作业效率，减少了无效重复，降低了业务处理人员的工作强度，实现了工作品质的提升，其模式如图 4-62 所示。构建了 SRM 系统实现协同供应链管理，以需求信息拉动供应链环节，提高工厂的生产预测能力、供应商的及时供货能力，降低库存，提高在途运输能力建设。

4）实现基于大数据的全价值链集成优化

采用数字主线技术，将各类信息化系统及来自产品的运行数据结合起来，形成全量数

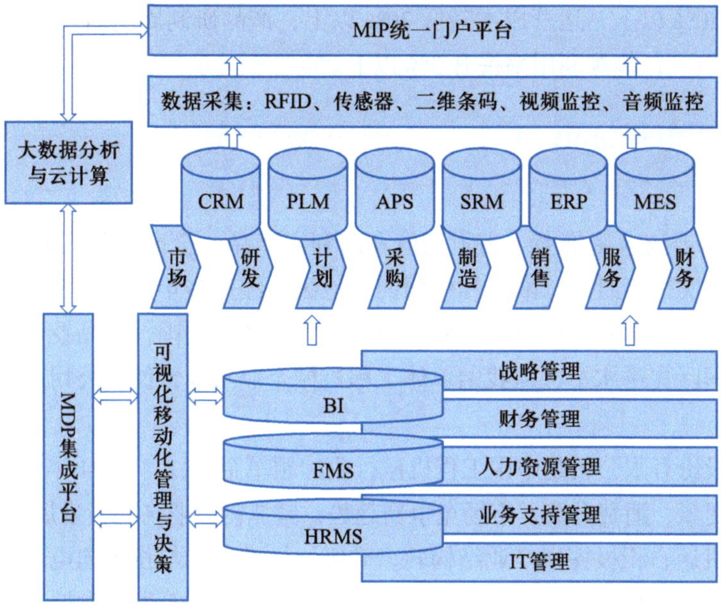

图 4-61 无锡小天鹅 632 项目

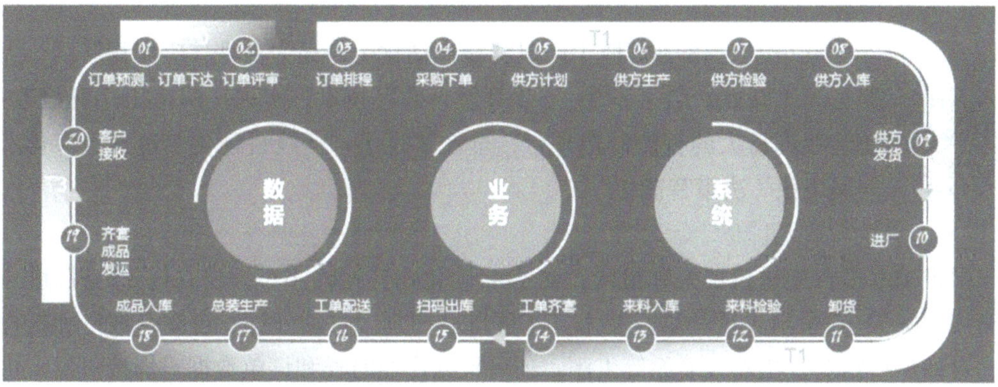

图 4-62 “T+3”订单快速交付模式

据模型，支持用户、供应商、研发、供应链、制造、服务等全生态的基于需求和角色的应用。同时，通过数据建模、算法深化应用，实现“数据－信息－知识”的数据正向、逆向追溯价值最大化应用。

3. 建设成效

小天鹅公司智能制造的成功经验已在美的集团的国内 30 多家工厂实施复制与推广，将供应链、工厂、客户和用户连接到一起，用数据驱动业务模式变革。其中最典型的变化是“T+3”以销定产，通过智能排产、供应商协同和下线直发快速应对市场变化，每个环节的实现周期不超过 3 天。目前，美的集团南沙工厂已经实现了这一目标，订单备料周期从最长 4 天缩短到 4 小时，空调内销的交付周期从过去的 20 多天缩短到最快 3 天，外销交付周期最快 24 天，60% 的产品实现了下线直发客户。公司通过智能制造工厂项目实施，生产效率提高 20% 以上，运营成本降低 20% 以上，产品研制周期缩短 25% 以上，产品不良率降低 20% 以上，能源利用率提升 3% 以上。

4.4.6 工程机械行业示范工厂

1. 概况

工程机械属于技术密集型、高附加值和高利润产品，全球工程机械制造业 80% 以上生产份额集中在美国、日本、欧洲和中国四个地区，经过多年竞争、兼并和重组，形成了十余家大型跨国公司。我国已成为世界工程机械第一产销大国，产品技术水平及可靠性已达到甚至超过国际先进水平，但我国单体工程机械企业与卡特彼勒公司这样的业内大鳄还有差距。

三一重工股份有限公司是中国工程机械行业的领军企业，自 1994 年创建以来，顺应科技革命、产业变革、消费升级、市场竞争新趋势，紧抓制造业高质量发展、新基建、“一带一路”等战略机遇，积极探索产业结构转型升级，推进产品与技术向电动化、数字化、智能化、多样化、精密化、轻量化、快速迭代化、制造服务化等方向发展，目前已发展为中国最大、全球第三的工程机械制造商，也是全球最大的混凝土机械制造商。

2. 建设内容

三一重工

三一重工 18 号灯塔工厂以智能自动化工作岛为支柱，应用物联网、大数据、人工智能、数字孪生、5G 等新兴数字技术，实现厂房全工序升级改造，搭建亚洲最大的智能制造平台，全面实现了“产线自动化、运营数字化、协同网络化、决策智能化”。

1）机器换人

引进 100 多台先进机器人和机床、46 台自动化物料运输小车，建立近 30 条高度自动化产线，突破 10 余项关键和难点技术，实现自动切割、自动分拣、自动开坡口和折弯成形、自动焊接组对、机器人喷涂等工序。还可根据作业时长和订单数据对焊接机器人进行健康诊断，产能提升到原来的 1.5 倍，人员压缩 60%，人均产值提升 150%。

2）柔性生产

根据不同型号产品自动调整生产流程，柔性化布局满足客户个性化需求。厂房实施自动化“工作岛”布局，根据订单要求的不同，可按需扩展工作岛数量，同时上线生产不同的产品，满足个性化生产需求，场地节约 35%。柔性化布局可以同时混装 30 多种不同型号的机械设备，全过程管控下料、成形、焊接、机加工、涂装、装配六个流程，完成一张钢板到一台泵车的变形记，使生产过程由厂家主导转型为消费者主导。

3）信息互通

建设一套控制系统，在线实时监控和跟踪管理采购、仓储、制造等各环节。比如，通过制造在线，可以实时监控主机订单完成率、库存对营销满足率，保障生产交付及时性；监控各产品初期故障率、保内故障率等，及时协调资源保障产品质量，确保交付客户满意的产品；实时跟踪生产缺件、资源调配等信息，保障生产顺利开展；完成成本费用透明化穿透，严控制造成本，提升企业竞争力。

4）设备互联

建设一套互联互通的工业互联网平台，将工厂的各类智能化设备和客户的智能化产品联网，提供在线信息和服务。比如，依靠平台的实时图像 AI 分析功能（图 4-63），实现 CPS 管理、6S 管理、现场考勤管理、制造运营画像管理，极大地提高了数据真实性、现场管理效率与实时性，明显降低了管理成本与难度。通过平台的数据驱动的三维全厂模型，实现直观地远程管理与设备状态、效率、节能在线分析，拉近高管与生产一线的距离，实现扁平化、低成本化管理。也可以通过平台把遍布全国的 53 万余台设备智能化联网，免费为客户提供设备开机率、在线率、油耗、位置等信息，以及服务网点、配件仓库等服务资源和服务进度，帮助客户提高运营效率、降低成本。同时，通过大数据分析，完成挖掘机指数、工程机械指数等实时跟踪计算，为政府相关部门决策提供数据支持服务。

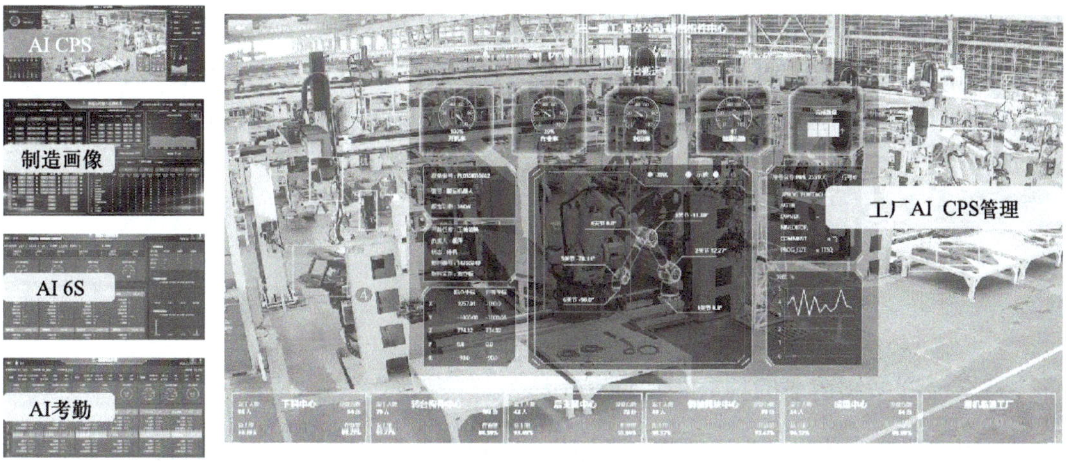

图 4-63 工厂的 AI 运营平台

5）绿色环保

建设一套绿色制造体系，在发展光伏发电的基础上（年发电量 400 万度，每年可减少 491 t 标煤排放），全厂使用电动 AGV 替换燃油式叉车，并建设了能源管理系统、三现管理系统及刀具管理系统，对生产用油、水、电、气、钢材、废钢、刀具等资源进行全方位采集检测，智能仪表覆盖率 100%，资源管控精确到机台。

3. 建设成效

通过产品智能化、制造过程柔性化、研发过程数字化、运营管理精益化、产品运维远程化，推动了企业的结构调整与产业升级，实现了从单纯提供产品设备向提供产品全生命周期管理及系统解决方案服务转变。工厂产品达到国际领先水平，市场前景和经济效益显著，关键装备数控化率达 90% 以上，生产数据自动采集率达 98% 以上，制造周期缩短 18.18%，日计划准时完成率提高 30%，一线人员压缩 60%，场地节约 35%，一次交检率达 95% 以上，人均产值提升 150%，获得了显著的经济效益和社会效益。

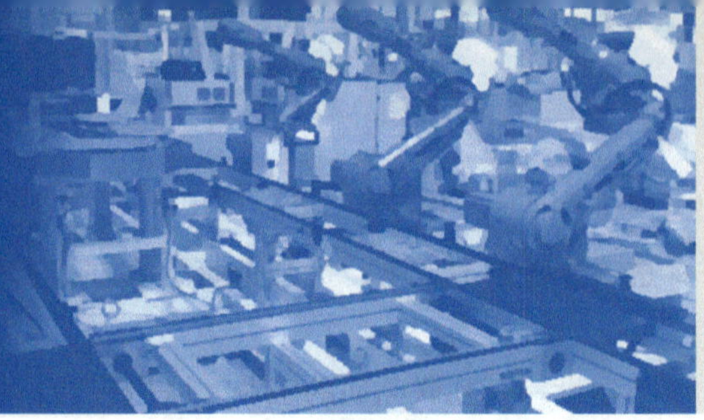

第五章

流程型制造智能工厂

流程型制造是将各类资源包括可回收资源等原材料通过不间断地连续化生产过程，使原材料发生物理化学变化，最终得到产品。流程型制造工厂本质是人参与的信息物理系统，伴随着信息技术的进步而不断发展，主要经历了传统工厂、工业过程自动化工厂、自动化与信息化工厂几个阶段，正向综合自动化与智能化工厂迈进。本章结合典型案例，介绍流程型制造工厂的基本概念和发展历程，详述自动化与信息化工厂，并展望智能化的重点方向。

5.1 概　　述

5.1.1 流程型制造业的种类和特点

流程型制造业是制造业的重要组成部分，是以各类自然资源等为原材料，通过包含物理化学反应的气、液、固多相共存的连续化生产过程，为下游制造业提供原材料和能源的基础工业。流程型制造业是国民经济和社会发展的重要支柱产业，主要包括化学工业、冶金工业、建材工业、电力工业等重工业以及造纸工业、印染工业等轻工业。

（1）化学工业包括石油化工（简称石化）、农业化工、化学医药、化工材料等。其中，石化工业是以石油和天然气为原料的化学工业，用于生产汽油、柴油、煤油等燃料油以及乙烯、丙烯、丁烯等基础原材料；农业化工包括氨和尿素等化肥的生产，氮、磷、钾复合肥料的开发，塑料薄膜的生产等；化学医药包括各类化学合成药、人工合成维生素以及各种临床化学试剂的生产；化工材料包括无机非金属材料和聚合物材料等的生产。

（2）冶金工业是指针对金属矿物的采矿、选矿和金属冶炼加工行业，分为黑色冶金工业和有色冶金工业。黑色冶金工业的主体是钢铁工业，是全球工业化的支柱产业之一，具有十分重要的基础性地位。典型的有色冶金工业有重金属（如铜、铅、锌）、轻金属（如铝、镁）、贵金属（如金、银、铂）以及稀有金属（如钨、钼、锗、锂、铀）等冶炼工业，为现代工业提供必不可少的战略物资。

（3）建材工业是包括建筑材料及制品、非金属矿及制品、无机非金属新材料三大门类产品的行业。建材产品主要有水泥、玻璃、陶瓷、石材和墙体材料等，广泛应用于建筑、军工、环保、生活等领域，是国民经济的基础原材料。

（4）电力工业是将煤炭、石油、天然气、核燃料、水能、海洋能、风能、太阳能、生物质能等一次能源经发电设施转换成电能，再通过输电、变电与配电系统供给用户作为能源的行业，包括火力发电、水力发电、核能发电、风力发电、太阳能发电等。

（5）轻工业是直接或间接以农产品或工业品为原料，以消费资料为产品的工业，造纸、印染、日化等工业是典型的流程型轻工业。

流程型制造业生产过程结构如图 5-1 所示，将原料加工成为成品材料的工业过程的本质是物质转化的过程，它是包含物理化学反应的气、液、固多相共存的连续过程。原料进入生产线的不同装备，在信息流与能源流作用下，经过物质流变化形成合格产品。本章将重点结合钢铁行业轧钢工厂案例，对流程型制造业生产过程结构进行介绍。

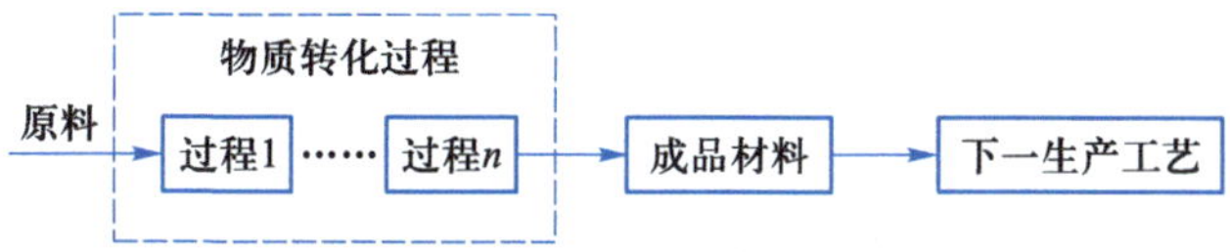

图 5-1 流程型制造业生产过程结构

案例 5-1

轧钢工厂（一）——钢铁生产过程

钢铁生产是典型的流程型制造过程，是由选矿、烧结、炼铁、炼钢、连铸和轧制等多个物质转化过程组成的多单元串并联工序，如图 5-2 所示。其间经历一系列炼铁、炼钢的高温物理化学反应，以及连铸、轧制等延压成形物理反应，得到最终产品。

钢铁生产流程

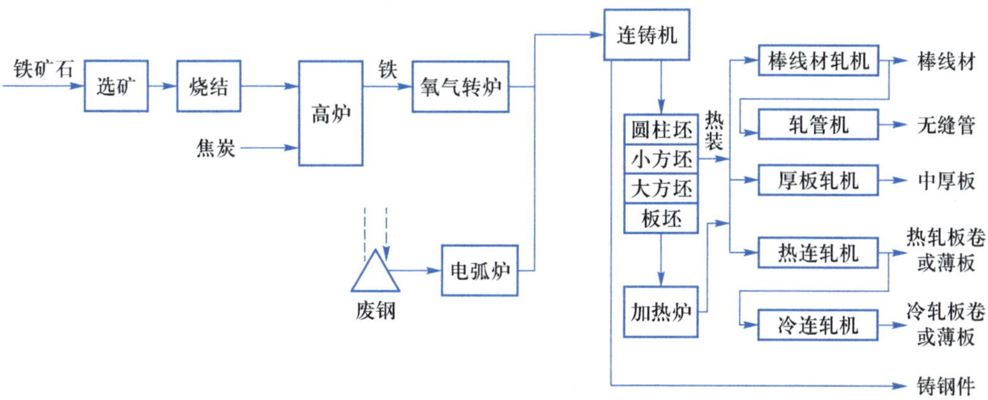

图 5-2 钢铁生产流程

厚板生产流程

上述钢铁生产的单个工序，如厚板生产线，同样为典型的流程型制造过程，如图 5–3 所示，由加热、轧制、冷却、热矫直等工序组成。钢板在连续生产过程中不间断地经历加热、除鳞、粗轧、精轧、冷却、矫直等处理，最终得到船用钢板等厚板产品。

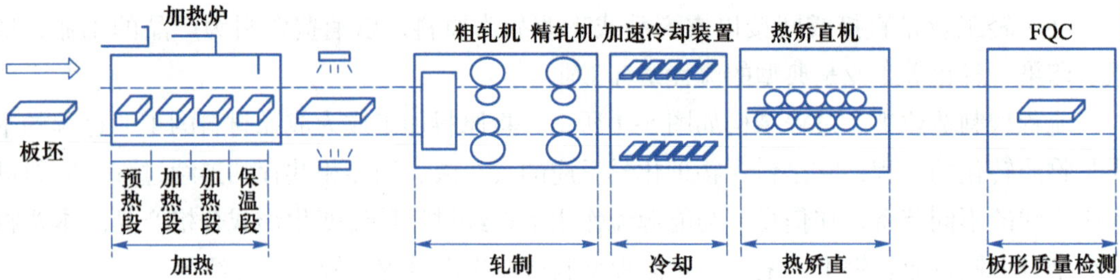

图 5–3 厚板生产流程型制造过程

流程型制造的主要特点如下：

（1）生产连续、产品不以件计。流程型制造生产过程又称为连续型制造生产过程，通常由若干单元或工序串、并联组成，工艺过程的顺序是固定不变的，生产过程连续不能分割，有时间约束或不能停顿。原料和产品多为均一相（固、液或气体）的物料，产品种类较固定，不以件计。原料经过固定的工艺流程连续加工成成品。任何工序出现问题都可能导致故障或事故，影响最终产品质量或导致不必要的能源浪费。

（2）物理化学反应机理复杂。流程型制造生产过程通过物理化学反应改变物质性状，生产过程需要满足物理化学反应所需的条件（比如温度、压力、催化剂等），生产原料大多直接来自开采的矿物、原油等资源性原料，其成分与性状波动大，难以连续检测，通常只能通过取样化验进行离线检测。产品质量多由纯度和各种物理、化学性质来表征，难以实时在线连续检测。上述复杂性导致生产过程难以用精确的数学模型描述，极大地增加了其控制与操作的难度。

（3）能耗高、污染排放大。流程型制造生产过程的物理化学反应不仅要求高温、高压、高湿等生产条件，而且会排放相当量的废气、废液、废渣。因此，不仅水、煤、电、气等消耗高，并且生产过程产生的各种污染物排放量大。例如，截止到 2022 年，我国工业总能耗占全国能耗的 65%，工业二氧化碳排放量占全国总排放量的 84% 以上，石油、化工、钢铁、有色、电力等流程型制造业的能源消耗以及二氧化硫排放量均占全国工业的 70% 以上。

（4）生产操作动态多变，全局优化与操作难。流程型制造生产过程工艺固定，原料成分、运行工况等频繁变化，为了实现保证产品质量合格、降低消耗和成本、减少排放等多个目标，需要不断调整生产过程的工艺参数以适应上述变化。由于生产过程的连续性，单个工序的优化难以保证最终产品质量、消耗和成本、排放等指标的优化。因此，生产过程工艺参数的调整、生产节奏的安排、生产调度与计划都要考虑多单元、多工序之间的协同。在动态多变的环境下实现整个流程的全局优化一直是流程型制造业追求的目标。

5.1.2 流程型制造工厂的组成及功能

1. 工厂总任务

流程型制造业的基本生产组织或企业可以称为流程型制造工厂。这类工厂通常位于产业链的上游，是将采掘工业产品或者农产品作为原料，经过连续的物理化学反应过程，生产工业所需的各类基础原材料产品。

流程型制造工厂的总任务如图 5-4 所示。通过人的决策和操作以及各类信息化系统的作用，将各类原材料，在水、电、气、煤等能源介质的作用下，利用能源、催化剂构成物理化学反应的条件，使原材料在形态和性质上发生改变，生产出目标产品以及各类副产品。多数流程型生产过程还会伴随着废气、废液、废渣（三废）的排放。减少三废排放，加强对三废的回收利用是流程工业绿色化的发展要求。

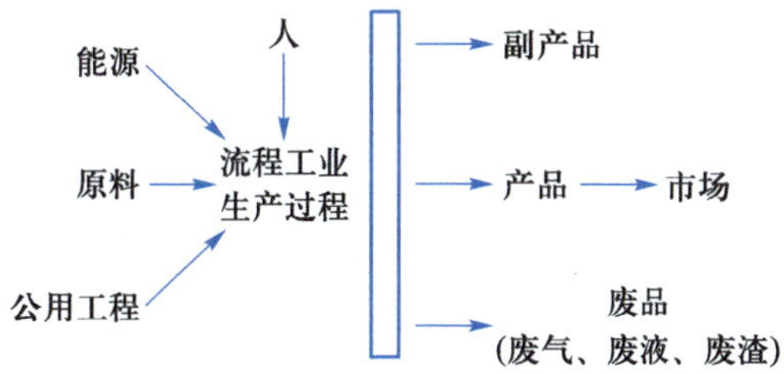

图 5-4 流程型制造工厂的总任务

上述任务，需要通过对生产过程和物流的控制与管理等来实现。生产过程控制是由人和（或）设备执行各类操作，实现物质转化过程，得到用于下游或供给市场的产品；物流控制是由各种传输设备执行运输，实现原料、中间产品和最终产品的输送；管理又分为运行管理和企业管理，主要包括生产计划下达和实施，生产安全管理，以及各类资产管理和人员管理。

2. 工厂组成与功能

由于流程型制造是通过连续不间断的物理化学反应进行处理加工，生产过程通常由从原料到产品的一整条生产线构成。流程型制造工厂的基本组成可分为生产单元、工序、生产线、工厂四个层面。流程型制造工厂的各个生产单元、工序并不直接生产得到中间产品，而是通过由多个工序密切合作组成的生产线得到目标产品。

案例 5-2

轧钢工厂（二）——中厚板轧制生产过程

中厚板是指厚度 4 mm 以上的钢板材，主要用于造船、建筑、机器制造、国防装备，以及制造大口径容器等。厚板厂通过计划调度系统组织生产订单中的板坯量和加工顺序，通过模型设定不同板坯的工艺参数，自动化系统控制过程变量跟踪目标工艺参数，保证生产过程的加热、轧制、冷却、热矫直和剪切等工序在工艺要求的状态下运行，完成由钢坯到钢板产品的生产。

厚板厂就是按照单元—工序—生产线—工厂的层次组成，如图 5-5 所示。具体

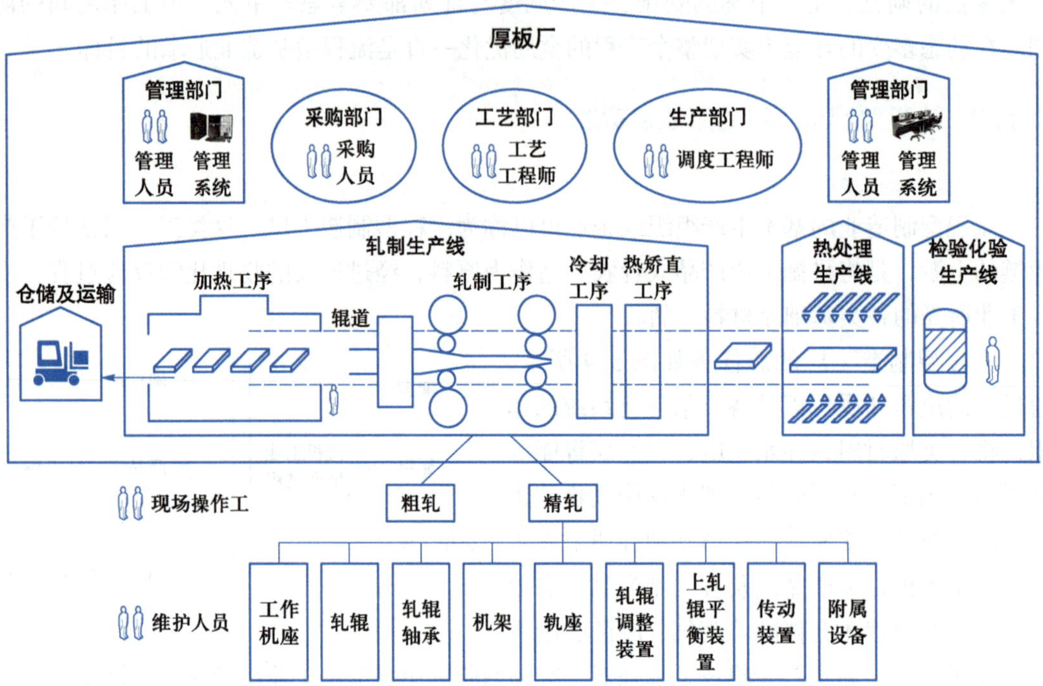

图 5-5 厚板生产单元—工序—生产线—工厂组成示意图

分述如下：

（1）单元。生产单元是由一台设备或多台设备串并联组成，比如厚板厂的生产单元包括加热炉、粗轧机、精轧机、水冷装置、空冷装置、热矫直机、剪切机等，而精轧机这一生产单元又主要由轧辊、机架、辊座、传动装置和附属设备组成。

（2）工序。工序由多个生产单元组成，是完成物料的物理化学反应的载体，也是生产管理组织中的基本环节。

（3）生产线。一条完整的厚板生产线从加热工序、轧制工序、冷却工序、热矫直工序、剪切工序到成品标记和收集，是不能“拆分”的。由于不同客户订单对于钢板的数量、厚度、宽度、钢种、性能等要求不同，需要决策出钢坯加工数量、顺序和生产节奏（加热时间等），根据工艺给出各个工序的工艺要求（钢坯温度、轧制力、冷却时间等），并控制各个变量来达到上述工艺要求。生产线层面要考虑各个工序之间的协同与配合。比如，加热炉抽钢时间和温度要考虑轧机的工作状态，钢坯要在轧机即将空闲且温度满足要求的前提下，送达轧机。

（4）工厂。厚板厂由轧制生产线、热处理生产线、检验化验生产线组成，将合格的产品交付给客户。该层级需要进行工艺优化管理、物料管理、设备管理、成本控制等一系列生产操作。

工厂的运行与管理包括三个层次的功能，从下向上分别为工业过程的控制、生产全流程的运行管理、企业资源计划管理与决策，均需通过人参与的信息物理系统来实现。信息物理系统由物理系统和信息系统组成。由信息系统感知物理对象的行为，通过分析与决策将控制行为作用于物理系统，从而由物理系统完成复杂的任务。人参与的信息物理系统是指某些感知、分析、控制行为由人工实现、监控或干预。

（1）工业过程的控制是由操作工和岗位工、控制系统、装备组成的人参与的信息物理系统。

（2）生产全流程的运行管理是由工艺人员和调度人员、制造执行系统、生产全流程组成的人参与的信息物理系统。

（3）企业资源计划管理与决策是由管理人员、企业资源计划系统、制造工厂组成的人参与的信息物理系统。

5.1.3 流程型制造工厂的发展历程

1. 传统工厂（HPS）

传统工厂为人参与的物理系统（HPS）。其中，物理系统是物料输送和物理化学反应过程，人（human，H）通过手工操作或人操作机械来实现物理系统的功能。传统工厂经历了从人手工操作到人操作机械的阶段。制造业起始于手工制造，由众多的劳动者完全靠手工进行。流程型制造过程中的原料输送、物质化学反应过程等均要人力完成，通常是作坊式，难以大规模生产，需要众多小作坊。该种生产方式人工劳动强度大，产品稳定性差、质量难以保证。

案例 5-3

轧钢工厂（三）——传统的铁匠铺打铁

早期的钢铁生产（我国俗称打铁）可以追溯到春秋时期，传统的炼铁制造工厂就是小规模的铁匠铺，铁匠铺也称“铁匠炉”。炼铁是在较低的冶炼温度下将铁矿石由固态还原获得海绵铁，并不断地手工折叠锻打成铁块，直至将一块方铁打成圆铁棒或将粗铁棍打成细长铁棍。打铁主要是依靠人工，我国有句俗语：“打铁还需自身硬。”烘炉生火、拉风箱、抡铁锤，均需要人的力量。淬火和回火技术，全凭实践经验，一般很难掌握。传统人工锻造得到的成品钢中杂质多，生产率较低。

随着第一次工业革命的发展，工业装备技术也随之不断进步，人工操作逐渐被机械设备（如电动机、风机、加热炉）替代。就钢铁生产而言，逐渐使用如空气锤等机械代替人工锻打，工厂通常配备多个空气锤，人工操作空气锤实现中等规模的生产。

案例 5-4

轧钢工厂（四）——基于空气锤的轧制

人眼作为“传感器”观测铁器温度及形态，人脑作为“控制器”给出轧制力的目标值，以空气锤作为执行机构。机械的应用提升了轧制的稳定性，在成材率和轧制质量方面较人工有显著提升。但这种方式缺少对相关工艺参数（如温度、强度、厚度）的实时测量，仍主要靠人眼观测，并手工调整轧制力，属于开环控制，人为因素影响大，难以保证产品质量和成材率。

传统的流程制造过程为人工操作的系统，是一种人－物理系统（HPS），如图 5-6 所示。例如，轧制任务通过烘炉、风箱、空气锤完成，击打位置、击打次数、击打力量等决策均由具有一定技艺的操作者凭经验完成，并通过经验积累传承轧制知识。

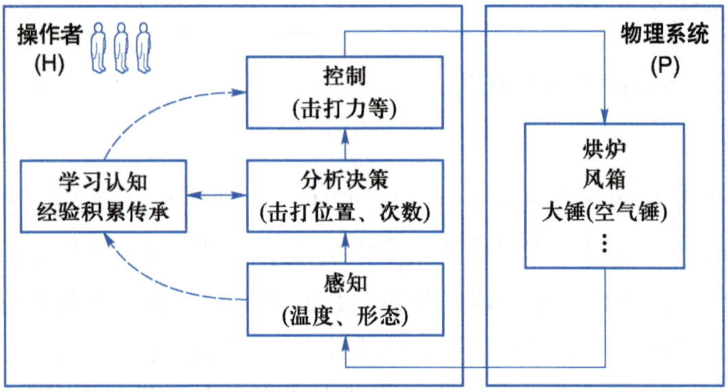

图 5-6 基于 HPS 的流程型制造

2. 工业过程自动化工厂（HCPS1.0）

流程型制造业大规模生产的工艺需求、计算机和通信技术的发展催生了一种专门的控制系统——可编程逻辑控制器（PLC）。1969 年，美国 Modicon 公司推出了 084PLC，并逐渐发展为现代的 PLC 控制系统。该控制系统可以将多个回路的传感器和执行机构通过设备网与控制系统连接起来，可以方便地进行多个回路的控制、设备的顺序控制和监控。控制系统的广泛应用，使得传统工厂开始迈入工业过程自动化。

与传统制造相比，工业过程自动化工厂在人和物理系统之间增加了一个信息系统，用于替代人重复性的操作行为，减少人力和劳动强度、提高生产效率，从“人－物理”二元系统发展成为“人－信息－物理”系统，如图 5-7 所示。信息系统包括生产工业过程控制

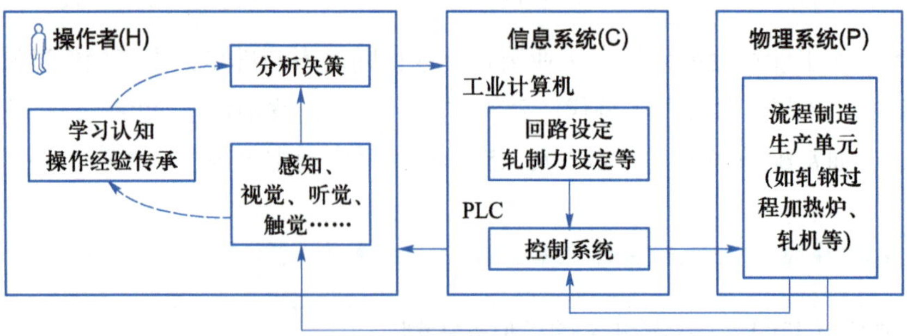

图 5-7 基于人－信息－物理系统（HCPS1.0）的流程型制造工业过程自动化工厂

与运行控制系统，是由软件和硬件组成的系统。该系统通过数字仪表对过程变量和工艺参数进行检测，对从生产过程采集的信息进行计算、分析、闭环控制和管理。工业过程自动化工厂由操作者通过工业过程控制与运行控制系统来操控物理系统完成工作任务。

案例 5-5

轧钢工厂（五）——基于轧机自动化系统的轧制

如图 5-7 所示，轧机自动化系统在人和轧机之间增加了信息系统。操作员只需根据轧制要求，将轧制过程中需要的温度、轧制力等工艺参数的设定值（也就是目标值）输入自动化系统中，通过计算机自动控制就可自动完成相应的轧制工作。

在 HCPS1.0 中，物理系统仍然是主体，信息系统是主导，信息系统很大程度上取代了人的分析计算工作；与 HPS 相比，HCPS1.0 通过集成人、信息系统和物理系统的各自优势，其计算分析、精确控制以及感知能力等都得到提高。

3. 自动化与信息化工厂（HCPS1.5）

流程型制造的工业过程往往是由多个回路组成的复杂被控对象，难以用精确数学模型描述。大规模工业生产的需求、计算机和通信技术的发展并与工业自动化技术相结合，推动了流程型制造向自动化与信息化工厂发展。

流程型制造自动化和信息化工厂，是在工业过程自动化的基础上，由人利用信息系统进行决策，并将生产指令下达给工业过程自动化系统执行。流程型制造自动化和信息化工厂主要包括计算机管理与控制、基于工业云平台的管控一体化这两个发展阶段。

1）计算机管理与控制

在流程型制造工厂的发展中，随着计算机网络、现场总线技术、分布式控制系统（DCS）、可编程逻辑控制器（PLC）的发展，由原来仅能实现单变量控制的自动控制系统，演变成了由设备网、控制网和管理网三层结构组成的自动化系统网络。典型的代表是 1975 年美国霍尼韦尔（Honeywell）和日本横河（Yokogawa）公司分别研制了用于大型工业过程的 DCS，随着网络通信技术的发展，从初期不开放的独立网络，逐渐发展为通过工业以太网形成局域网连接各个生产单元，为网络化的早期阶段。以组态软件为基础的控制软件、过程监控软件的广泛应用，使得生产线的自动化程度越来越高。

随着流程型制造业逐步向综合自动化系统的发展，变成了由过程控制系统（process control systems，PCS）、制造执行系统（MES）和企业资源计划（ERP）三层结构组成的信息系统。近年来，流程型制造业的综合自动化系统得到了长足的发展，积累了大量工业数据，为流程型制造业向智能化发展奠定了坚实的基础。

大多数先进的流程型制造企业正在走向自动化与信息化（HCPS1.5），如图 5-8 所示，实现了部分操作工作的自动化、部分管理与决策工作的信息化。自动化与信息化工厂（HCPS1.5）仍是人参与的信息－物理系统。相较工业过程自动化工厂（HCPS1.0）而

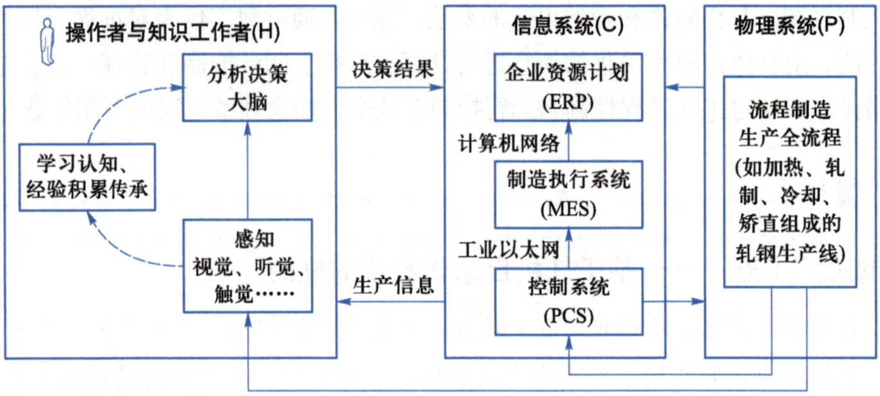

图 5-8 基于人 - 信息 - 物理系统（HCPS1.5）的流程型制造自动化与信息化工厂

言，自动化与信息化工厂（HCPS1.5）是在工业过程自动化的基础上，通过企业内的局域网实现多单元的协同生产，通过企业内的局域网和企业网的互联实现生产管理的信息化。

（1）在生产过程自动化方面，在多个生产单元的执行机构指令和传感器信号数字化的基础上，随着 DCS、PLC 的出现，通过工业以太网实现生产线全流程的分布式控制，实现了多个生产单元之间的逻辑控制和多单元的协同优化，流程工业走向自动化和信息化，显著提高了流程型制造的效率和产品质量。

（2）在资源计划系统和制造执行系统方面，将通过信息系统获得的生产信息、市场信息及需求信息，提供给根据利润和环保的企业目标进行经营决策的人，再将决策结果通过信息系统执行。

2）基于工业云平台的管控一体化

随着 5G 为代表的移动互联网、边缘计算与云计算等新一代通信技术的发展，催生了基于工业互联网和工业云平台的管控一体化系统，这是自动化与信息化工厂的第二个阶段，也是我国先进流程型制造企业当前阶段与近期的发展方向，具体包括 MES 的组件化与云端化、ERP 软件系统的集成和云端化。其核心思想是企业制造物理空间的全服务集成，即服务贯穿于企业运行的各个环节，从传统的应用层面——完成企业级管理的 ERP 系统即顶层，逐渐向下层应用。在工业云平台和工业互联网支撑下，一方面，ERP 和 MES 系统的功能上云平台，企业可以从平台服务商租用部署 ERP 和 MES 所需要的硬件和网络资源，利用云平台的智能化工业软件功能，减少企业的投资费用；另一方面，信息系统中各模块可以不受物理关系的约束，以扁平化的服务组合和交互操作方式运行。在扁平化的运行模式下，管理和控制更紧密地集成，管理系统的决策可以更快速准确地在控制系统执行，工业系统的运行效率得到显著提升。

流程型制造工厂的目标是最终产品质量和运行性能的优化，不仅要求回路控制层的输出很好地跟踪控制回路设定值，更应使反映该加工过程的运行指标在目标值范围内，使产品质量和生产效率尽可能高，使资源消耗和加工成本尽可能低，而且要使生产全流程的各工序实现协同优化，从而实现全流程的优化控制。尽管流程工业生产单元可以实现自动控制，但是回路设定值多数企业仍通过人工决策，且各个工序间尚未实现协同生产。因此，在人工智能、大数据和 5G 等新兴技术发展驱动下，实现以流程型制造生产全流程优化为主要特征的综合自动化与智能化，成为流程型制造业转型升级的主攻方向。

4. 综合自动化与智能化工厂（HCPS2.0）

从几次工业革命发展历程可以看出，综合自动化与智能化（HCPS2.0）是流程型制造工厂的未来发展之路，是新一轮工业革命的重要突破点。

通过工业互联网、大数据和工业人工智能技术融合，部分人工完成的操作和决策功能在未来将通过智能系统实现，如图 5-9 所示。

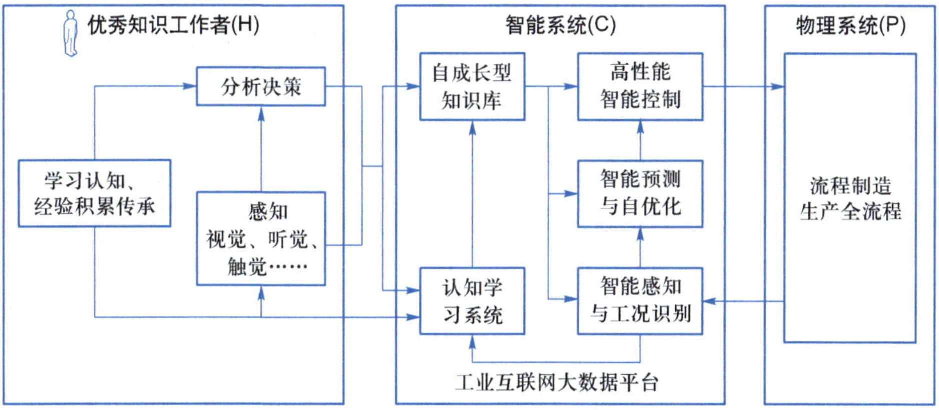

图 5-9 流程型智能制造的人 - 信息 - 物理系统（HCPS2.0）

智能系统将使生产流程运行决策与控制模式发生颠覆性改变，将传统人工感知和开环决策、事后校正转变为实时智能感知，以及在此基础上的智能分析、优化决策与控制。这是流程型制造迈向智能制造和工业 4.0 的重要途径。

5.1.4 流程制造工厂发展方向

流程型制造业各行业发展不平衡、能耗相对较高、安全环保压力大。采用大数据、人工智能技术的最新成果发展智能工厂，是提升我国流程型制造业整体竞争力，推动制造强国建设的重要手段。

我国流程型制造将长期面临 HCPS1.0、HCPS1.5、HCPS2.0 三个阶段共存的局面，三个不同发展阶段的流程型制造工厂都需要不断发展数字化、网络化和智能化，并且是并行推进，协同发展。数字化网络化智能化是下一阶段流程型制造业转型升级的主战场，重点是生产过程的自动化和生产管理的信息化。

1. 我国流程型制造业的发展现状与挑战

我国流程型制造业历经 20 世纪 70 年代技术与装备引进、80 年代初消化吸收、90 年代自主创新几个阶段，实现了与国际先进流程型制造业并跑。我国生产工艺、装备和生产过程自动化水平都得到了大幅度提升，已成为世界上门类最齐全、规模最庞大的流程制造业大国。钢铁、有色金属、水泥等行业的产能均居世界第一；我国10种有色金属总产量连续20多年世界第一；石油加工能力、乙烯产量位居世界第二。但横向来看，技术、装备、装置运行水平及高端产品开发与发达国家的先进水平仍有差距；合金钢、特种钢等高端产品对外依存度仍居高不下。随着市场对产品质量、品种和功能要求的提高，产品高端化将成为趋势。与发达国家相比，我国流程行业资源综合利用率低、流程长、生产成本高、能耗大、环境污染重、能源利用效率比发达国家低10%，严重制约我国流程工业的绿色高质量发展。

为应对资源、能源与环保的问题，高端化、智能化和绿色化是我国流程工业发展的必然方向。在市场和原料变化的情况下，实现产品质量、产量、成本和消耗等生产指标的优化控制，实现全流程的安全生产和可靠运行，使产品具有高性能、高附加值的特点，实现能源与资源高效利用，污染物近零排放和环境绿色化。为实现上述发展目标，流程型制造企业面临的生产与管理方面的主要问题如下：

（1）信息系统众多，但数据散断。缺乏集生产、质量、设备、物流、研发、营销、采购等相关信息于一体的数字化基础，数据缺乏横向与纵向整合贯通。

（2）运行工况和产品质量感知能力不足，产品质量一致性有待提高。现有技术难以在线连续测量关键质量指标（如钢水成分、铸坯缺陷、钢材机械性能等），对于众多工艺参数与质量指标及工况之间的关联关系难以进行精确描述和估计。

（3）管理决策智能化水平不高、效率低。采购、制造和销售等环节的决策主要还是依靠工程师和管理人员的经验。特别是，计划、调度、操作一体化协同依靠人工知识衔接。

2. 智能制造是我国流程型制造业转型升级的必由之路

随着流程型制造业不断追求提升运行水平和提高产品质量，降低总体物耗、能耗和排放等，智能制造已成为公认的提升制造业整体竞争力的核心技术。发达国家正加快制造工业智能化的进程。例如，美国宣布实施“先进制造业伙伴（advanced manufacturing partnership，AMP）计划”和“智能过程制造（smart process manufacturing，SPM）计划”，拟通过融合知识的生产过程优化实现工业的升级转型，即集成知识和大量模型，采用主动响应和预防策略进行优化决策和生产制造；德国提出了“工业4.0”战略，将信息和通信技术（information and communication technology，ICT）通过信息物理系统（CPS）与生产制造技术深度融合等。

流程工业的物理系统是由重大装备组成的生产过程，该运行过程耦合性强、难以建模，系统全局最优不能以各单元或工序的最优简单加和。为了实现流程工业高端、高效和绿色化生产目标，必须自主创新适合我国流程工业的智能制造模式。

流程型制造工厂的发展趋势为数字化、网络化、智能化。为了实现我国流程型制造业的高质量发展，应当采用智能优化制造新模式，也就是以企业全局及生产经营全过程的高端、高效和绿色化为目标，建立以生产工艺智能优化和生产全流程整体智能优化为特征的制造模式。主要技术途径是工业装置物质转化过程的数字化、网络化、智能化，对全生命周期的资源利用、生产运行、能源管理、产品创新、安全环保等方面进行控制、管理和优化。

信息领域的技术变革出现了以工业大数据、工业云、工业互联网、工业人工智能等为代表的新兴技术，部分技术已逐步成熟，有望通过上述技术赋能推动流程型制造业自动化和智能化发展。

智能生产是流程型制造企业智能制造发展的根基和主要组成部分，是今后相当长一段时间内推进流程型制造业转型升级的主战场。

5.2 流程型制造工厂的自动化和信息化

流程型制造工厂生产的自动化和信息化的主要任务，是实现生产过程的自动化和生产管理的信息化。流程型制造工厂的自动化和信息化具体表现在：计算机控制技术和 DCS 广泛应用，实现多工序的自动化生产；利用大量生产过程数据，与机理分析相结合，建立反映生产过程主要特征的动态数学模型，进行过程控制与优化；采用企业资源计划（ERP）、制造执行系统（MES）、过程控制系统（PCS）的生产管理与控制软件，实现企业管理与控制的集成。

流程型制造自动化与信息化工厂由物理系统和信息系统构成。其中，物理系统部署集成化的流程制造生产线、机械手、检测装置、执行机构等，以及必要的原材料和能源，为制造流程提供硬件基础设施与资源；信息系统则是在这些制造资源基础之上，通过通信网关、传感器、I/O 转换器、局域网和工业以太网等数字化、网络化手段将执行机构、传感器、生产设备以及各类信息化系统有机集成，横向打通各个生产单元和生产线，纵向打通管理与控制各个层次，通过所建立的各类信息系统，获取客户需求、供应商信息以及生产过程信息，并下达和执行各类生产指令。流程型制造自动化与信息化工厂（HCPS1.5）结构与组成简图如图 5-10 所示。

流程型制造自动化和信息化工厂主要由制造流程（物理系统）以及生产管理与控制系统（信息系统）组成。其中，信息系统包括生产过程自动化系统、生产运行和企业管理信息化系统。流程型制造自动化与信息化工厂具体的组成及功能如图 5-11 所示。

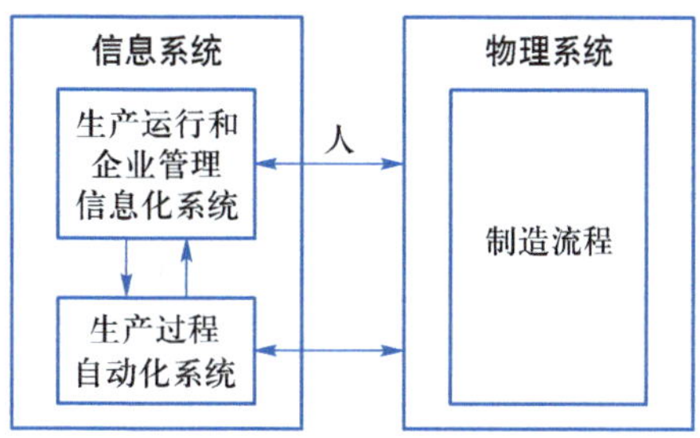

图 5-10 流程型制造自动化与信息化工厂的结构与组成简图

（1）物理系统——制造流程。流程型制造工厂的加工过程通常在物理系统中由生产装备完成物质转化（详见 5.2.1 节）。

（2）信息系统——生产过程自动化系统即过程控制系统与运行控制系统。生产过程自动化系统实现单元 - 工序 - 生产线的回路控制和多单元协同（详见 5.2.2 节）。

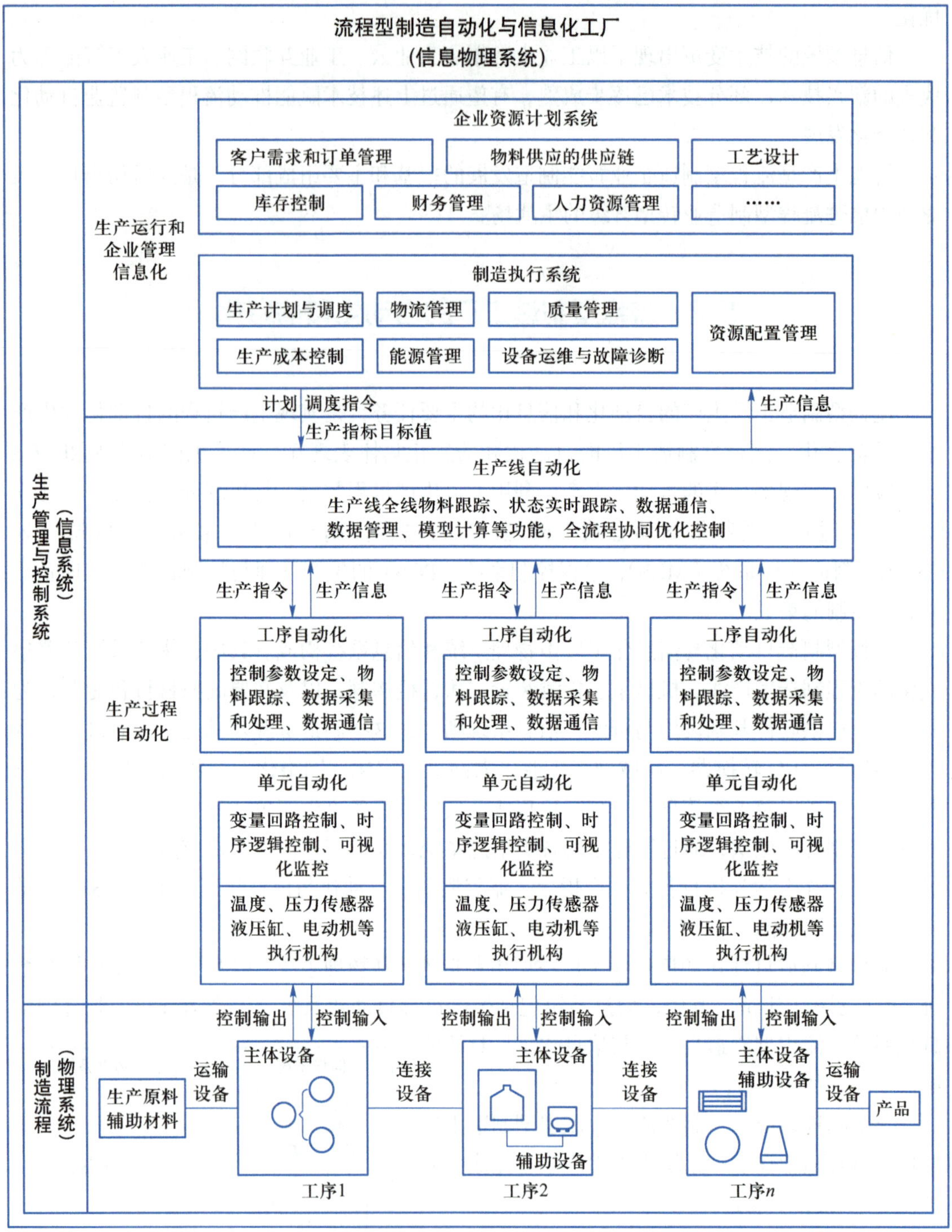

图 5-11 流程型制造自动化与信息化工厂的组成及功能

（3）信息系统——生产运行和企业管理信息化系统。生产运行和企业管理信息化系统主要包括制造执行系统（MES）和企业资源计划（ERP）(详见 5.2.3 节)。

5.2.1 流程型制造工厂的物理系统

流程型制造通常由从原料到产品的生产线构成。下面以钢铁厚板厂为例进行说明。

1. 生产单元

生产单元是工厂的基本组成单元，由一台设备或多台设备组成。生产设备包括主体设备、辅助设备和物料运输、工序连接装置等。下面以钢铁生产的轧制单元为例进行说明。

案例 5-6

轧钢工厂（六）——轧机的物理系统

轧制单元的主体设备为轧机，辅助设备包括上料台、提升装置、推钢机。

（1）主体设备。厚板轧机包括粗轧机和精轧机，用于对高温板坯挤压变形，得到要求厚度和宽度的厚板。厚板轧机主要是四辊轧机（图 5-12），它由支承辊平衡装置、机械压下装置、电动压下装置、弯辊装置、窜辊装置、上辊平衡装置、下辊平衡装置、工作辊平衡装置、机上配管、辊系、除尘装置、传动系统等组成。四辊轧机的设备结构形式及组成见表 5-1。

图 5-12 四辊轧机

表 5-1 四辊轧机的设备结构形式及组成

部件	结构形式及组成
支承辊平衡装置	轧机牌坊上横梁设有液压缸连接到扁担梁实现上支承辊的平衡
机械压下装置	由两台交流变频调速电动机带动蜗轮蜗杆传动压下螺丝。两侧的压下装置采用电气同步，并配有回松装置
液压压下装置	配合控制系统可进行精确的位置设定
工作辊弯辊装置	上、下工作辊弯辊缸设置在轧机牌坊的凸台上
工作辊窜动装置	设置在操作侧轧机牌坊上，上、下工作辊各一套
除尘装置	在入、出口导板内和机架辊下方布置有水幕除尘喷嘴，用于抑制高速轧制时产生的氧化物烟尘
机上除鳞装置	在精轧机的入口和出口侧配有机上高压水除鳞集管，用于去除轧制过程中产生的二次氧化铁皮
梯形垫板	在下支承辊与液压 AGC 油缸之间设有由液压缸驱动的梯形垫板

续表

部件	结构形式及组成
机架辊	轧机入、出口均设有机架辊，机架辊为实心辊，辊子间距为 700 mm
机上配管	机上配管由液压配管、稀油润滑配管、甘油润滑配管、除鳞高压水配管、油膜轴承润滑配管、气动配管和机上电缆配管等组成
机上平台	机上平台位于轧机上部
主传动联轴器	联轴器为十字式联轴器，上、下工作辊由联轴器连接至主传动电动机

（2）辅助设备。为保证轧制过程连续生产以及轧制温度，在轧机的上、下游配备若干辅助设备，包括上料台、提升装置、推钢机、加热炉、除鳞设备等，如图 5-13 所示。厚板厂轧钢生产线重要辅助设备的组成及作用见表 5-2。

(a) 上料台及提升装置

(b) 加热炉

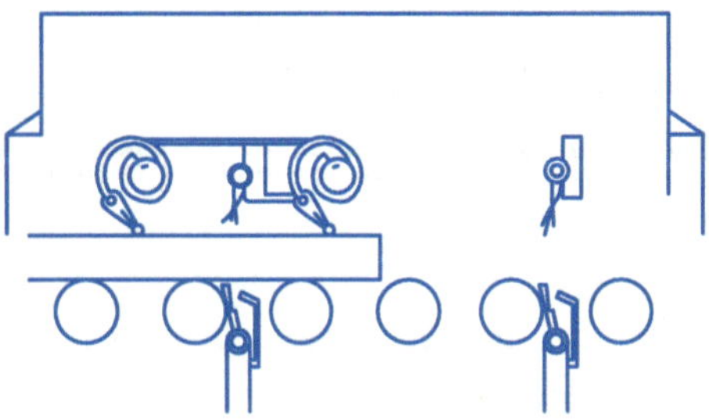

(c) 除鳞设备

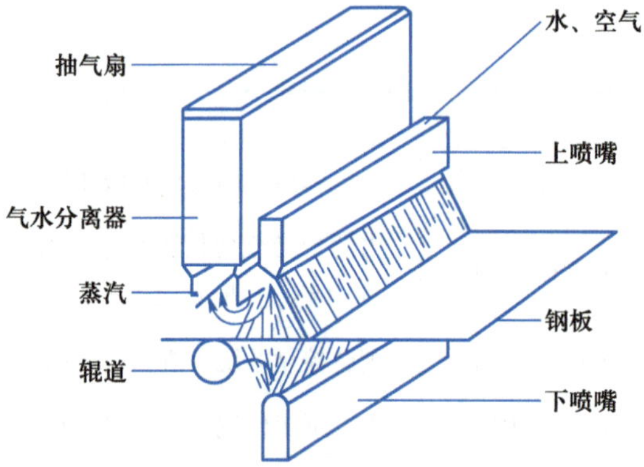

(d) 中间冷却装置

图 5-13 轧钢生产线的辅助设备

表 5-2 厚板厂轧钢生产线重要辅助设备的组成及作用

装备	组成及作用
上料台	用于将钢坯料码放整齐，由推钢机推进加热炉
提升装置	用于将原料抬升

续表

装备	组成及作用
推钢机	用于将钢坯推进加热炉，往前推进时把摆放在上料台架的钢坯料推进加热炉，然后返回等待下一次推进
加热炉	用于将钢坯由常温加热到设定的待轧制的温度，目的是提高钢的塑性，降低变形抗力，有利于轧制
除鳞设备	用于去除一次氧化铁皮
层流水冷却机	用于轧后钢板利用冷却水快速降温，改变钢板内部的分子结构，进而提高钢材的强度，尤其是抗拉强度等性能
热矫直机	用于轧后及快速冷却后钢板的矫直，消除钢板的瓢曲
剪切机	用于钢板的切边，使之达到成品所要求的几何形状，常用的切头剪有斜刃式剪切机（即铡刀剪）和滚切式剪切机（即滚切剪）两种形式
轧辊冷却装置	用于冷却轧辊，从而减少轧辊磨损，提高轧辊的使用寿命
旋转辊道	用于轧机前、后的辊道与轧机协调一致地转动，在展宽轧制时还可以起到使板坯转向的作用
侧导板	用于将轧件准确地导向至轧机中心线上，设置在轧机前、后。通常采用齿轮齿条装置，使左、右侧导板对称同步动作，在旋转钢坯时也起到辅助性作用

2. 工序

工序由多个生产单元组成，是不同工艺环节完成物料的物理化学反应的载体，也是生产管理组织中的基本环节。

案例 5-7

轧钢工厂（七）——厚板轧制工序

厚板轧钢生产包括加热工序、轧制工序、冷却工序、热矫直工序、剪切工序等。轧制工序是由粗轧机—精轧机—输送轨道等生产过程组成的，两个轧机协同工作将加热后的板坯经成形轧制、展宽轧制、精轧轧制三个阶段轧制成钢板。通过板形控制、厚度控制、性能控制及表面质量控制等手段生产出合格钢板。

3. 生产线

流程型制造工厂的各个生产单元、工序和生产线密不可分，生产单元和工序是原料加工过程中的物理化学反应环节，并不直接生产得到中间产品，而是通过多个工序密切合作组成的生产线得到目标产品。

案例 5-8

轧钢工厂（八）——厚板轧钢生产线

厚板轧钢生产线组成见表 5-3。加热炉将待生产厚板加热至预设定的待轧制温度；轧钢用于去除高温下表面的氧化铁皮，将板坯压至预设定厚度范围，提高钢板的性能、强度等，消除钢板的瓢曲；剪切用于钢板的切边，使之达到成品所要求的几何形状。

表 5-3 轧钢生产线组成

工序及辅助	设备及生产目标	生产管理任务
加热工序	加热炉，用于接受和存储即将生产和待生产板坯等，将待生产厚板加热至预设定的待轧制温度	板坯加热排产计划编制
轧钢工序	轧机，用于将板坯压至预设定厚度范围，得到满足性能和尺寸要求的钢板	轧制计划编制
剪切工序	剪切机	剪切计划编制，半成品和废料的管理

各工序之间采用工序连接装置连接，包括出炉辊道，轧前辊道，轧后辊道，炉内辊道，上、下料辊道等。通过各类辊道和连接单元将主体设备和辅助设备有序连接成轧钢生产线。比如，加热炉入炉、出炉由装、出炉辊道及相关设备，炉底步进机械等工序连接装置及相关辅助设备如装钢机等实现。

轧钢生产线如图 5-14 所示，包括钢坯→上料台→送料辊道→提升装置→加热炉→出炉辊道→除鳞设备→粗轧→精轧→轧后辊道→冷却→热矫直等。具体工艺流程是先将轧材放入上料辊道处，经送料辊道将原料推进加热炉，加热后由提升装置运到生产线，经过辊道装置送入粗轧机和精轧机轧制，之后经过轧后冷却，进行热矫直并切边。

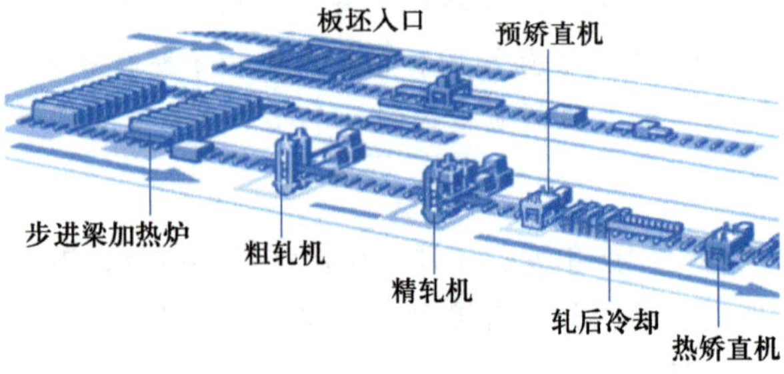

图 5-14 轧钢生产线示意图

4. 工厂

案例 5-9

轧钢工厂（九）——厚板厂

厚板厂由板坯库、轧钢生产线、精整生产线以及其他必要的工序连接组成，见表 5-4。其中，精整生产线用于将厚板自然冷却，并进行产品质量检查、性能试验、打捆、贴标签；仓储包括板坯库、成品库以及中间制品和其他必要物品的存放处；各类辅助设备和辊道，用于产品质量检测、包装与物流运输调度等。

表 5-4 厚板厂组成

生产线	设备及生产目标	生产管理任务
轧钢生产线	加热炉、轧机、层流水冷却机、热矫直机等，用于将板坯压至预设定厚度范围，得到满足性能和尺寸要求的钢板	轧制计划编制
精整生产线	冷床、热处理工序、冷矫直机，用于厚板自然冷却、产品质量检查、性能试验、打捆、贴标签	质量检查、冷矫直、热处理与涂漆的计划编制
工序连接	用于运输材料、备件备品、设备检修及仓库场地的通路等	工序内道路使用安排，以及安全维护措施安排
仓储	用于原料库、成品库以及中间再制料的存放场地，还有其他必要物品的存放处	原料及产品的库存管理
辅助设备	各种运输辊道、钢板检查修磨台、自动超声波探伤装置（UST）、钢板喷印机、特厚板火焰切割机、热处理前抛丸机等	辅助进行产品质量检测、包装与物流运输管理等

板坯库是厚板轧机的原料仓储中心，上承连铸出坯跨，下接厚板加热炉，如图 5-15 所示。

图 5-15 厚板厂板坯库

为了协同完成工厂各生产线的生产任务，需要将轧钢生产线、精整生产线及板坯库进行合理布置，提高其生产管理的执行效率。工厂布置主要是指设备和设施按选定的生产工艺流程确定平面位置，平面布置是否合理直接影响设备的生产能力的发挥、工人操作安全、生产周期的长短及生产率的高低，在平面布置时应当从综合生产效率以及调度成本等实际出发求得最合理的布置。在有效布置的基础上，通过起重运输设备吊车、冷床、运输车、辊道和移送机等物料运输工具实现各工序有效连接。

如图 5-16 所示，某厚板厂根据厚板工艺和运输路径较短原则布置，生产线采用“直线型”布置，厂房总长度接近 1 100 m。板坯库和主生产线厂房采用跨结构，成品库为丁字跨结构。板坯库毗邻上游连铸车间，坯料通过辊道送入厚板工厂板坯库，成品全部采用汽车运输。从火焰切割机到最终的成品库，主要为一台 5 000 mm 粗轧机、一台 5 000 mm 精轧机和前后配套的加热、矫直、冷却、剪切、精整、冷床和热处理生产线，上述主要工序与工厂内的通路、板坯库，以及磨辊间、主电室和其他辅助设备共同组成厚板厂。

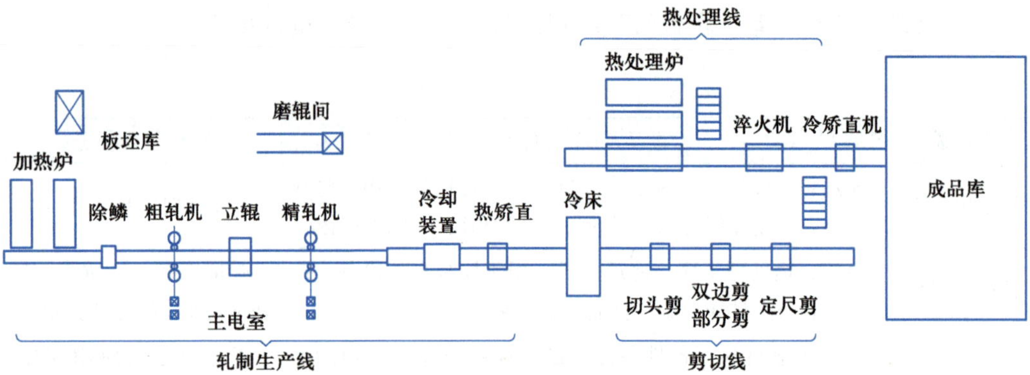

图 5-16 某厚板厂平面示意图

5.2.2 流程型制造工厂的生产过程自动化系统

1. 生产过程自动化系统概况

生产过程自动化系统主要完成过程控制与运行控制的功能。流程型制造业生产过程自动化系统应用计算机参与控制，根据上层生产管理下达的生产任务进行各工序的控制，按照一定的控制策略计算各设备所需执行的动作和工艺参数，并送到现场的执行机构来执行，从而使得全流程生产线按照期望运行。

流程工业生产过程自动化系统通常采用三级设计，其中第一级为面向设备的生产单元自动化系统，第二级为面向工艺的工序自动化系统，第三级为面向全流程协同的生产线自动化系统。生产单元自动化系统通过传感器采集生产过程状态信息，并将生产指令和控制量送给执行机构；工序自动化系统采集单元自动化执行结果信息，输出逻辑控制指令和回路设定值来实现工序内各单元的协同；生产线自动化系统采集生产全流程各工序和单元的生产信息，下达整条生产线的逻辑控制指令和各个工序的工艺指标（运行指标）来实现各工序的协同。

生产过程自动化系统主要包括检测仪表、执行机构和计算机控制系统（通常为 DCS 或者 PLC）。计算机控制系统由硬件和软件两大部分组成。其中硬件部分主要由控制器、输入输出设备、人机交互设备和通信设备等组成，而软件部分由系统软件和应用软件两大类组成。生产过程自动化系统普遍采用工业控制网络实现各单元间和各层级间的通信。工业控制网络是指安装在工业生产环境中的一种全数字化、双向、多站的通信系统，由核心交换机、路由器、各种 I/O 设备和网络通信设备组成。主要的数据通信有基础自动化之间的通信、人机交互界面（HMI）间的通信、人机交互界面与基础自动化之间的通信、人机界面与过程控制系统的通信以及基础自动化与过程控制系统的通信。生产过程自动化系统的硬件结构如图 5-17 所示，采用工业控制网络将设备、执行机构、传感器、现场控制站以及监控计算机等有机连接组成系统。除了实现 DCS/PLC 系统的常规回路控制、设备启停、紧急停车、过程监控等常规功能，有时还包括先进控制系统。

生产过程自动化系统的软件，如图 5-18 所示，分成平台软件和应用软件两大类。其

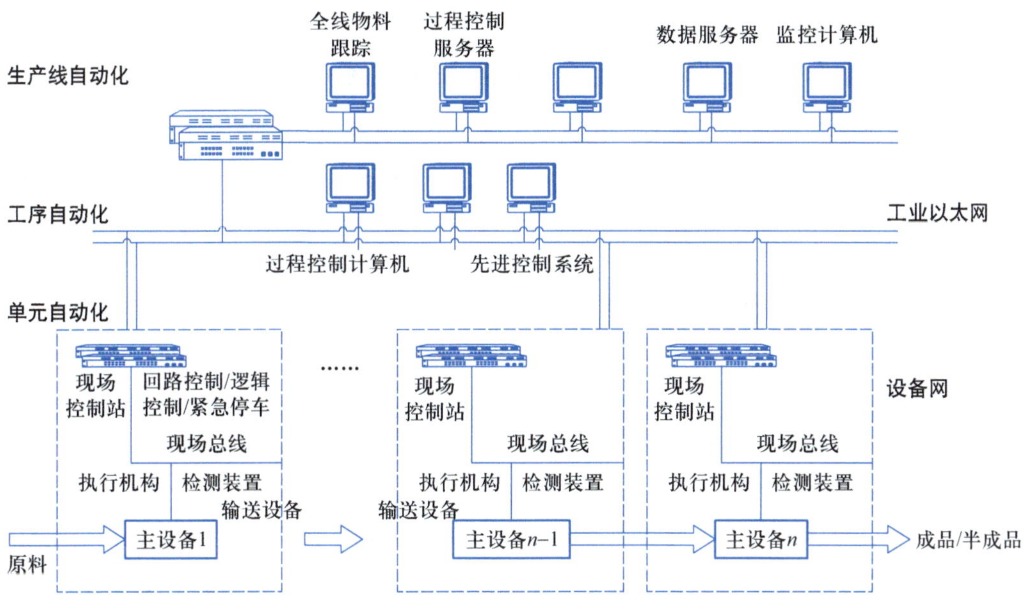

图 5-17 流程制造生产过程自动化系统的硬件结构

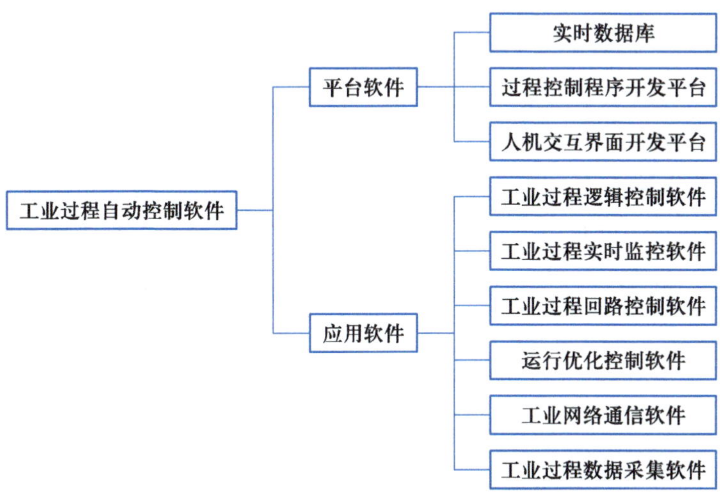

图 5-18 生产过程自动化系统的软件分类

中，平台软件为应用软件提供组态开发环境；应用软件是实现特定功能的应用程序，分为逻辑控制软件、实时监控软件、回路控制软件、网络通信软件、运行优化控制软件、数据采集软件等。各软件可完成其特定的功能，如逻辑控制软件可实现过程控制系统所涉及设备的逻辑启停操作、连锁保护、顺序控制等特定的功能；运行优化控制软件可实现根据工艺过程的实时运行控制，通过工艺计算，给出控制参数的实时设定值；实时监控画面则可实现对全流程工艺过程的实时监视和操作，并具有历史数据记录、报警信息记录、操作记录等功能。

案例 5-10

轧钢工厂（十）——厚板厂生产过程自动化系统

以某厚板厂的生产过程自动化系统为例，其结构及功能如图 5-19 所示。

该系统采用层次结构，包括四个层级，即 L0 设备级、L1 基础自动化级、L2 过程控制级和 L3 生产控制级。L0 设备级是第一级，包括各类温度、压力传感器和液压缸、电动机等执行机构，用于底层回路控制以及过程状态监测。L1 基础自动化系统是第二级，用于实现生产单元自动化，主要通过 PLC 来完成对生产过程的时序逻辑控制和底层回路控制，并直接对加热炉、轧机等生产设备进行监控操作。L2 过程控制系统是第三级，用于实现工序自动化，主要负责从板坯进加热炉直到成品入库全过程中不同工艺阶段的控制参数设定、物料跟踪、数据采集和处理、数据通信、人机对话及打印生产报表等。L3 生产控制系统是第四级，用于实现生产线自动化，主要负责全线物料跟踪及生产过程的状态实时跟踪，用于全流程协同优化的控制参数设置。根据生产流程的主要工序设置服务器，如板加区服务器、轧机服务器、快速冷却和热矫直设定服务器、剪切线服务器、数据库服务器及备用服务器。

L0 和 L1 共同完成单元自动化，L2 完成工序自动化，L3 完成生产线自动化。L2 和 L3 由多台 PC 服务器及终端构成；L1 由若干台 PLC、工艺和驱动自动化系统（technology and drive control，TDC）组成，系统采用服务器 - 客户机结构，由多台 PC 服务器及终端构成。过程控制计算机服务器、过程控制计算机和 PLC 之间通过高速以太网连接。PLC 与传动控制器、传感器及操作台之间通过 Profibus-DP 现场总线（或硬线）连接。

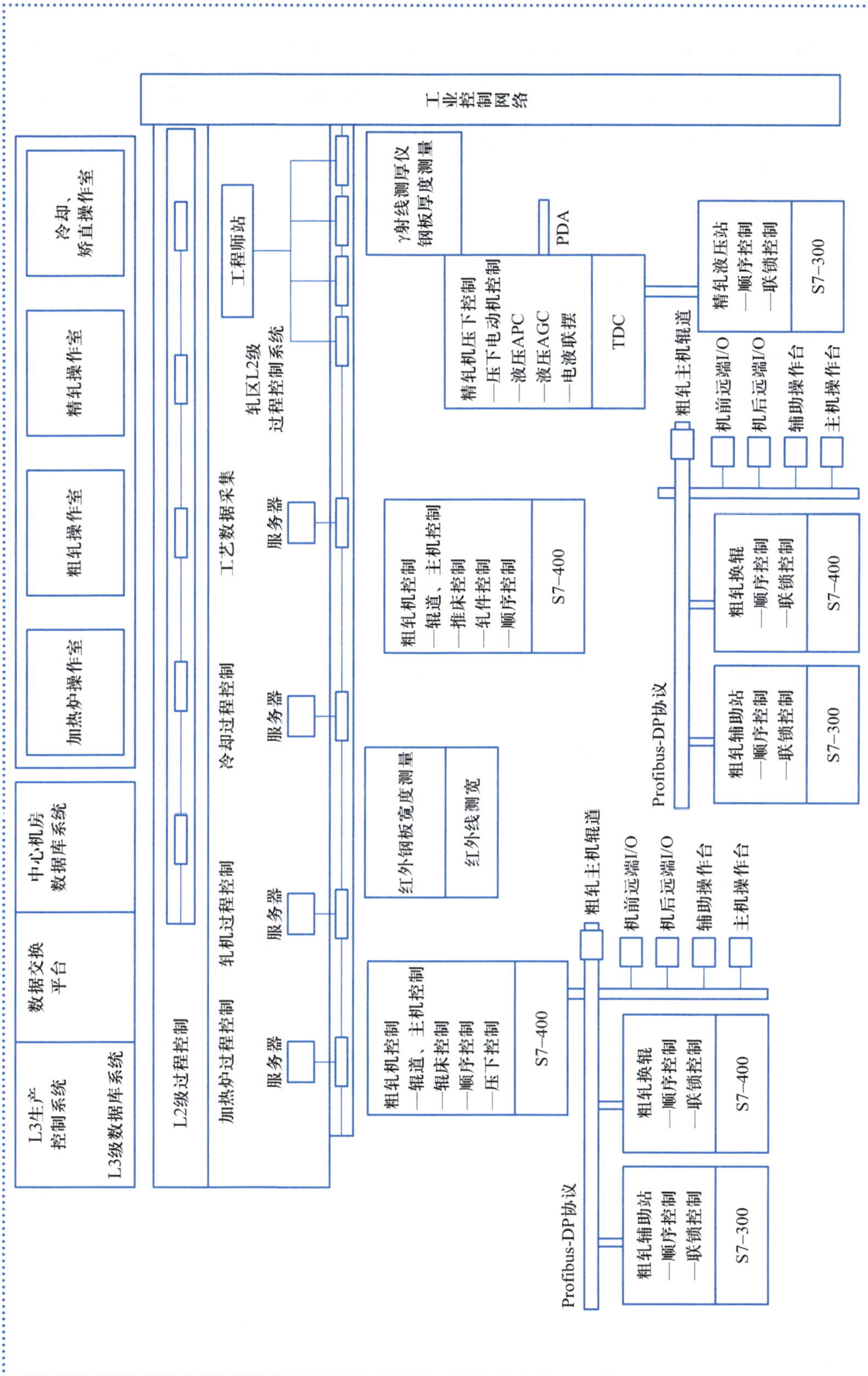

图 5-19 某厚板厂的生产过程自动化系统结构及功能

2. 生产单元自动化

生产单元自动化由生产过程、传感器、执行机构、控制器以及I/O设备组成。主要完成压力、温度等参数的回路控制、时序逻辑控制以及可视化监控。将由传感器采集生产过程的温度、压力、流量等作为输入，由控制器实现控制算法，将操作指令作为输出送给执行机构，直接作用于生产过程，实现生产单元自动化的功能。

（1）传感器。包括检测温度、压力、流量的检测仪表等，用于感知和监控物质反应过程中原料、设备或产品的状态。

（2）执行机构。包括各类阀门、电动机、液压装置等，用于执行控制器输出的操作指令，以调整温度、压力、流量。

（3）控制器。现场控制站根据实时反馈信号和设定值，利用控制模型计算出控制量和控制逻辑等操作指令，传送到执行机构执行。用于实现生产单元的各类控制策略，完成回路控制、时序逻辑控制功能。

生产单元自动化系统接收人机界面、操作台、操作箱、过程计算机等系统的设定指令，控制设备按设定要求稳定运行，在运行过程中不断采集现场传感器信号，自动判断设备运行状态来对设备进行保护，对系统故障和报警做出声光指示或人机界面显示，与其他相关基础自动化系统、人机界面及过程计算机通信等。

系统基本功能包括：① 设备基本控制功能；② 设备保护功能；③ 传感器检测信号处理及设备状态判断；④ 生产过程的参数控制、连锁和顺序控制；⑤ 生产过程的物料跟踪；⑥ 图形显示与操作；⑦ 各设备运行状态监视；⑧ 数据采集和传送；⑨ 自动记录故障诊断和报警信息；⑩ 实现编程和文件打印等功能。

案例 5-11

轧钢工厂（十一）——厚板精轧单元自动化系统

某精轧生产单元自动化系统的通信网络采用工业以太网和Profibus-DP现场总线，液压AGC基础自动化控制计算机采用Simatic TDC系统，轧区主令基础自动化控制计算机采用PLC。精轧生产单元自动化系统结构如图5-20所示。

1）液压式厚度自动控制（automatic gauge control，AGC）系统

AGC基础自动化系统主要实现液压缸位置闭环控制和厚度自动控制（AGC）以及电动压下逻辑控制功能。以数字式厚度自动控制系统为例进行说明，该系统由压力传感器、位置传感器、数模转换器（digital to analog converter，D/A）、可控硅整流器（silicon controlled rectifier，SCR）、测速电动机及光电编码器组成，如图5-21所示。

压力传感器检测压力信号，并能按照一定规律将压力信号转换成可用的输出电信号。位置传感器用于测量辊缝位置。数模转换器将数字量转换成模拟量。可控硅整流器用于驱动压下电动机。测速电动机又称速度传感器，是输出电动势与转速成

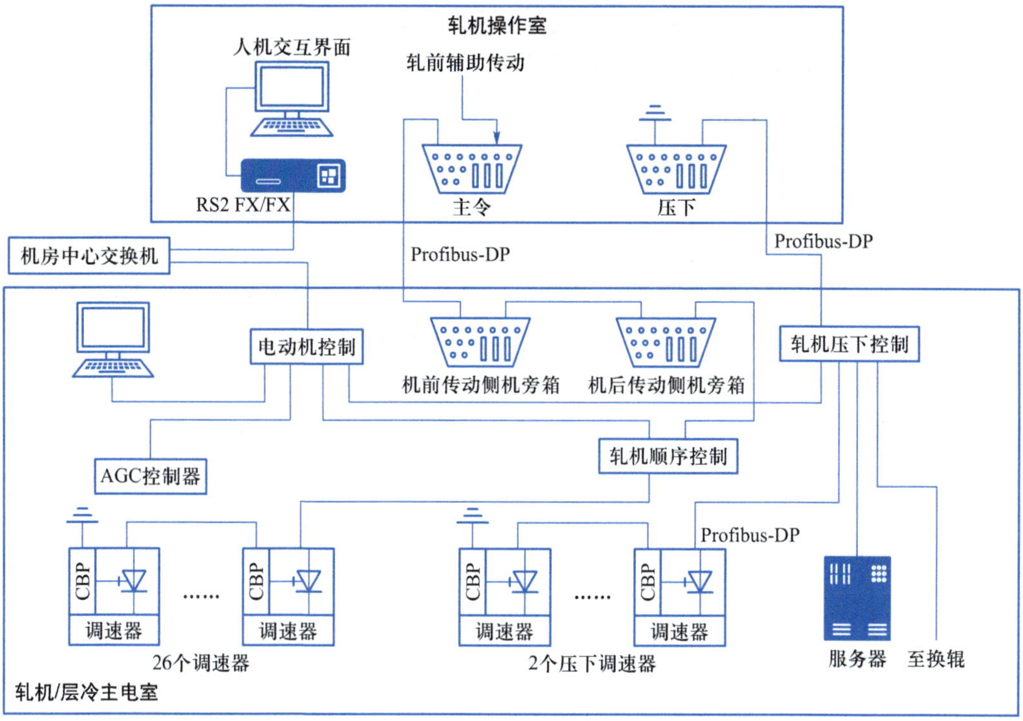

图 5-20　精轧生产单元自动化系统结构示意图

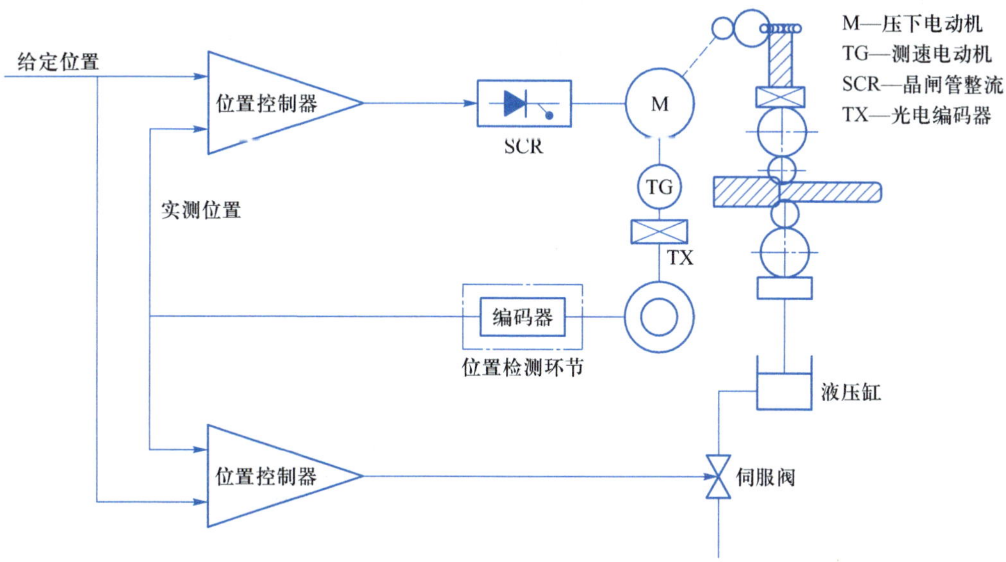

图 5-21　厚度自动控制轧制

正比的专用微型特种电动机。光电编码器通过光电转换将输出轴上的机械几何位移量转换成脉冲或数字量。

工作流程为：由辊缝仪检测实际的辊缝值，经自整角机将信号传送到编码器，由编码器将模拟量转换为数字量，通过计算机计算辊缝差和轧制力设定值。实际的轧制压力由压头检测，经计算机进行控制运算并将控制器输出作用于调速系统和液压系统，从而调节辊缝以消除厚度偏差，实现钢板轧制过程的厚度自动控制。

2）轧区主令控制

轧区主令控制系统与轧机AGC控制系统、HMI系统和其他设备通过工业以太网进行数据交换。西门子的S7S7-400PLC系统共有两条Profibus-DP现场总线：第一条现场总线连接精轧区内若干台变频调速传动设备，用于这些设备的运行控制；第二条现场总线连接轧线机前辅传操作台（MP6）远程I/O设备、机后辅传操作台（MP4）远程I/O设备、主令操作台（MP3）远程I/O设备、机前传动侧机旁箱远程I/O设备和机后传动侧机旁箱远程I/O设备。精轧单元自动化系统实现的主要功能包括：高压水除鳞机喷嘴控制、除鳞辊道控制、轧机前后辊道控制、轧机主令速度控制、旋转辊道控制、控制轧制、辊道摆动控制、轧辊冷却水控制、轧机机上除鳞控制、轧件跟踪、轧机压下控制、轧辊辊缝控制（automation position control，APC）、厚度自动控制（AGC）、轧辊开口度控制，以及其他功能。

3. 工序自动化

工序自动化由单元自动化系统、过程控制计算机和工业以太网等组成。基于工业以太网与PLC进行数据通信，根据单元自动化系统采集的数据完成控制参数设定、物料跟踪及数据存储等任务，同时将过程控制计算机的模型计算结果传送给单元自动化系统。主要任务是物料跟踪，并根据生产工艺和相关数学模型对工序设备进行优化设定，以使设备处于良好的工作状态，进而获得质量合格的产品。

案例 5-12

轧钢工厂（十二）——厚板轧制工序自动化系统

厚板生产一般在加热炉、轧机、控冷、矫直机等位置设有过程控制计算机来实现工序自动化。其主要功能包括轧件跟踪、加热炉燃烧控制、轧制节奏控制、粗轧设定计算、精轧设定计算、轧制策略计算、精轧温度控制、冷却温度控制、板形控制、矫直机设定计算、冷床优化、剪切优化和组织性能控制等。

下面以厚板轧制工序自动化系统为例进行说明。该系统由粗轧单元和精轧单元的自动化系统、通信网络以及上层计算机组成。工序自动化系统通过过程控制计算机的模型计算，将控制参数送达单元自动化系统，实现道次规划、厚度控制、板形控制、轧件跟踪与轧制节奏控制，以及轧机过程控制的数据通信。

（1）道次规划是在轧制开始前，以轧制力模型、轧机弹跳模型、轧制力矩模型等为依据，通过时间计算、温度计算、力计算、弹跳计算、板形计算，对粗轧机和精轧机载荷进行分配，根据工艺要求和轧线实际情况决定轧件的轧制道次、各道次压下量等数据；并在生产过程中，实时监测轧制过程中的厚度和平直度是否偏离道次规划模型的计算值，根据偏差对下一个道次进行重新规划。

（2）厚度控制是根据上一个道次得到的钢板厚度、温度等信息，并考虑轧辊与板坯表面接触时所带来的弹性形变，计算钢板在该道次处所需要的轧制力、辊缝距离等控制量的大小。在控制过程中，主要用到五种控制：变刚度压力厚度自动控制（BISRA AGC）、绝对值厚度自动控制（ABS AGC）、监控厚度自动控制（Monitor AGC）、前馈厚度自动控制（FF AGC）和快速厚度自动控制（Fast AGC）。

（3）板形控制是根据上一个道次得到的板凸度与平直度信息，考虑轧辊接触到热钢板后产生的形变、轧辊的磨损程度，以及轧辊受力后产生的弹性形变，通过调节施加在轧辊上的弯辊力来改变轧辊形状；同时改变工作辊与支撑辊之间的错位距离，使得轧辊施加在钢板上的受力点发生改变，进而消除钢板表面的不平整程度，并将该道次后输出钢板的凸度与平直度信息传递给下一个道次，经过反复轧制实现板形控制。

（4）轧机区轧件跟踪与轧制节奏控制包括对轧件的位置及各种参数的跟踪，为操作工提供正确的轧件位置及数据显示，并能够为顺序控制、道次设定计算等功能准备数据，保证自动化轧制过程顺利进行。轧制节奏控制针对粗轧机和精轧机之间用一段空冷待温阶段来保证第二阶段轧制的开轧温度的设置，采用多块轧件交叉轧制以减少待温阶段造成的产量损失。通过考虑几块轧件轧制时间和待温时间的匹配关系，以及对轧件长度的限制来进行轧制节奏的控制。通过设定轧制速度和道次来控制每块板坯的生产时间，并与上游加热炉的出钢时间进行协同，以保证轧制温度适宜。

（5）轧机过程控制的数据通信包括与轧机单元自动化系统、与加热炉过程机、与控制冷却及热矫直过程机、与剪切精整线过程机、与数据中心计算机系统之间的通信。

通过上述设定计算，以及根据产品规格进行的调整，即可得到合理轧制规程，改善产品质量和轧制节奏，提高轧机控制的自动化水平和产品质量。

4. 生产线自动化

生产线自动化由工序自动化系统、操作员站、工程师站、过程计算机服务器和数据服务器组成，可完成生产线全线物料跟踪、状态实时监控、数据通信、数据管理以及全流程协同优化控制等功能。其中，操作员站主要用于实现对生产过程运行情况的实时监视，根据每个过程变量的数值和状态判断生产过程的运行情况，以此来改变现场设备的运行状态，实现对生产过程的干预；工程师站主要用于帮助控制工程师对生产线自动化系统进行配置、组态、调试和维护；过程计算机服务器和数据服务器负责全流程协同优化控制、生产线运行监控和生产过程数据的实时记录。

案例 5-13

轧钢工厂（十三）——厚板轧钢生产线自动化系统

生产线自动化系统使整个厚板生产全流程的控制及操作都纳入计算机管理和控制，实现加热、轧制、冷却等多工序的协同；主要负责从板坯进加热炉到成品入库过程中生产线全线的物料跟踪、状态实时跟踪、生产节奏控制，全流程协同优化控制的模型计算，以及数据通信与管理、人机对话、打印生产报表等。

尽管工序自动化包含控制参数设定功能，但由于模型本身误差、测量误差以及现场生产条件复杂等原因，设定的计算值与实测值不可避免地存在误差。为此，需要根据各工序的实测数据，对数学模型进行自学习，以修正模型参数，减小计算值与实际值之间的偏差，保证控制参数的精度。

数据通信需要保证基础自动化和过程控制系统的网络安全，现场工业以太网采用物理隔离的连接方式来避免与外界网络的连接。通过工业以太网可实现与生产管理计算机之间的通信。生产管理级向各个生产单元传递所有原料数据、生产计划数据、生产要求数据，并将产品生产实际数据、生产进度完成数据等反馈给生产管理级。数据管理模块对生产原料数据、生产过程数据以及生产规程数据等一系列数据进行管理。数据管理模块与数据通信模块之间进行数据交换，对生产现场传回的数据以及人机界面系统中的信号进行过滤和处理，获取上级管理信息系统下达的指令，以驱动各模块协同工作。

5.2.3 流程型制造工厂的生产运行和企业管理信息化系统

1. 生产运行和企业管理信息化系统概况

流程型制造工厂生产管理的数字化网络化也就是生产管理的信息化。大规模的流程型制造业生产需要生产管理高效化，要借助信息系统来实现。

流程型制造业生产管理是根据市场需求、原料供给、生产加工能力和生产环境的状态，来确定企业的生产经营目标，制定企业的生产计划，实现企业内各部协调的生产过程。通过生产管理，提高设备利用率，减少废气、废水等对环境有害的废物的产生和排放；保证产品的性能、规格等质量要求得以满足，快速响应客户需求；保持并不断提高产品的生产速率；同时要减少生产过程中的质量损失及原料和公用工程的消耗；节省人力资源，减少原料和产品的库存量等。例如，厚板厂生产管理的核心是轧制计划的编制和执行，即根据生产条件、订单需求、轧制规程及工具的使用情况，合理地对钢坯进行组批与排序；在计划实施过程中，再根据工厂内、外部的反馈信息不断地对轧制计划进行调整。

生产运行和企业管理信息化系统面向的使用者是厂长、经理、总工程师等行政管理人员或者运行管理人员，其主要任务是完成生产计划的制定、调整和发布，收集和处理生产数据，对原料库和成品库等进行管理以及对产品进行质量控制等。生产管理只有在生产过程自动化系统正常投入后才能实现，生产过程自动化系统的工业控制网络设计要考虑预留生产管理的网络接口。

流程型制造业过程的生产管理大多包括企业资源计划（ERP）和制造执行系统（MES）。

（1）企业资源计划。负责生产计划制定、库存控制和财务管理，侧重于企业生产组织、生产管理、经营决策等方面的管理与优化。

（2）制造执行系统。介于计划层和控制层之间的执行层，主要负责生产管理和调度执行。通过协调物料、设备、人员、流程指令和设施在内的工厂资源来提高竞争力，系统地集成质量控制、生产调度等功能，具体在5.2.4节中介绍。

位于中间层的制造执行系统着眼于整个生产过程管理，考虑生产过程的整体平衡，注重生产过程的运行管理，注重产品和批次，以分钟、小时为单位跟踪产品的制造过程。最上层的经营计划系统以产品的生产和销售为处理对象，聚焦于订货、交货期、成本与顾客的关系等，以月、周、日为单位。

流程型制造业生产运行和企业管理信息化系统的硬件结构，如图5-22所示。由于流程型制造业对于计划调度执行存在实时性的要求，其组成一般包括实时数据库服务器、关系数据库服务器、应用服务器以及数据采集的相关设备或者系统，以此来建立可实现ERP与MES功能的系统。

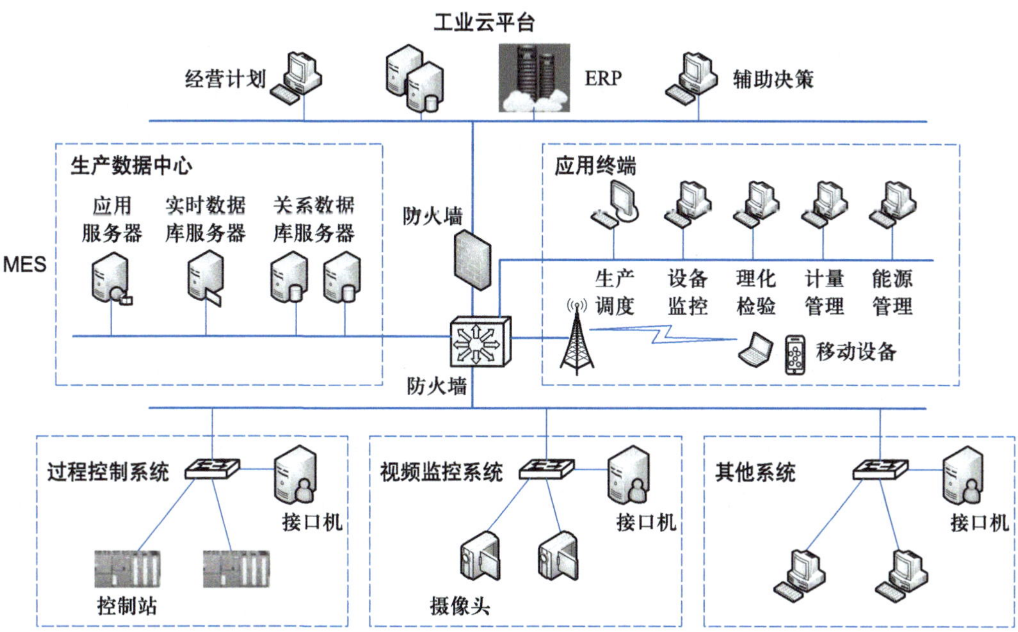

图5-22 流程型制造业生产运行和企业管理信息化系统的硬件结构

生产运行和企业管理信息化系统多采用B/S架构，主要包括数据采集及数据库层、核心业务层、数据展现层，可实现数据统一管理。以厚板厂为例，生产运行和企业管理信息化系统的功能包括板坯库的管理、冷热装炉管理、二次板坯切割计划管理、轧制计划管理、轧制作业管理、磨辊管理、精整计划管理、精整作业管理、发货计划管理、发货作业管理、中间库管理、成品库管理、质量管理、通信管理和吊车管理。

2. 制造执行系统

制造执行系统（MES）主要在车间级执行。MES 是全面整合制造资源，全方位管理生产进度、质量、设备和人员绩效的生产管理工具。通过信息化管理监控生产流程，当工厂发生实时事件时，MES 会立刻做出反应并进行报告，同时利用所采集的数据进行指导和处理，可优化企业运行，提高效率和回报率。MES 的作用是将从生产过程控制中产生的信息、从生产过程管理中产生的信息和从经营管理活动中产生的信息进行转换、加工、传递，是生产过程控制与生产管理信息集成的桥梁和纽带。

流程型制造业 MES 区别于离散型制造业 MES 的特点，主要体现在以下六个方面：

（1）动态响应要求高。流程型制造是连续过程，不能中断。各种原材料和中间产品往往伴随着十分苛刻的生产环境或条件，生产过程包含复杂的物理、化学过程及各种突变和不确定因素。流程型制造业 MES 对应急处理和例外处理的动态响应要求苛刻。

（2）决策目标应综合考虑效率、成本和能源消耗。流程型制造过程生产能耗物耗高，不仅具有信息流和物料流，还包括能源供应流。因此，流程型制造业 MES 的调度决策功能需要能够对物料和能源提供最佳控制策略，其决策不仅以提高生产效率和降低生产成本为目标，还应将节省能源、减少污染等目标考虑在内。

（3）决策变量混杂。流程型制造业 MES 的决策变量具有混杂性，不仅包括连续过程变量，还包括离散变量。为了对生产过程及产品质量进行控制，必须建立能够反映连续过程中主要物理、化学变化过程的过程模拟模型，并将过程模型与优化模型结合起来。

（4）产品属性动态配置。原料在制品、产品之间的标识不具有一一对应关系，在生产过程中其化学性能和物理性能会发生变化，因此要求具备能够对产品属性进行动态配置的功能。

（5）生产波动大。生产单元少，但生产单元本身可变因素多，如原料种类、成分、温度的波动会导致制造流程中各生产单元的输出出现随机变化。

（6）生产工艺路径约束强。一般没有替换路径，而且由于生产过程的中间产品或在制品呈高温状态，前后的生产工序会相互影响。

典型的 MES 硬件通常包括工业控制网络和企业内局域网、实时数据库服务器和历史数据库服务器、各类应用服务器、客户端 PC 和各类手持终端。通过工业以太网和企业内局域网实现 MES 级与生产过程和 ERP 的通信，包括生产过程数据上传以及 ERP 级指令的下达；各类基础平台和应用平台由多个计算机系统实现。MES 硬件结构应满足系统在可用性和扩展性两个方面的要求，具体包括可靠性、可恢复性、错误检测能力、持续工作能力，以及数据存储能力和计算能力。

就流程型制造业 MES 的主要功能而言，不同特点的流程制造过程，不同的商业运作模式，其所需的 MES 功能和侧重点也不同。形成了化学工业、冶金工业、电力工业等不同行业和领域的流程型制造业 MES。下面以厚板厂为例，说明流程型制造业 MES 一般应具备的功能模块，包括生产计划与调度、物流管理、质量管理、生产成本控制、能源管理、设备健康管理、资源配置管理等功能。

（1）生产计划与调度。生产计划与调度是对生产过程的规划和控制。通常，计划排产是基于对产品成本和需求的预测，在较长时期的生产任务安排；生产调度则主要考虑较短时间内的生产执行路线、任务执行的起止时间及对各种资源的调配等。

生产计划与调度模块将生产计划分解为多个作业任务，分配给每个工作中心，并可生成各生产计划的调度报表。系统可以对全流程运行状态进行监视，分析生产瓶颈，解决生产过程中的瓶颈环节，尤其在若干环节出现故障的情况下，具有进行重组调度的能力。具体功能可细分为：① 生产计划制定。根据 ERP 给出的生产计划有效地编制、管理、分发工序作业计划；根据现场要求和专家知识，快速调整作业计划；根据各工序参数、生产顺序计划及各工序的生产时间和等待时间，进行作业计划的优化。② 生产任务调度。根据相应作业计划进行各工序的生产组织调度；先进的多准则调度，在存在多种工艺路线的情况下，通过人机交互，可动态地完成生产调度；在某个生产环节发生故障的情况下，可提供作业计划的重组。③ 生产状况跟踪。对作业计划的完成情况进行跟踪，管理者可以随时察看处于各种状态的作业计划。

对于轧机生产线，根据不同轧制产品的优先权、客户需求的品质和特征，从成本和满足客户需求的角度，结合库存进行生产计划的执行和调度。针对各钢坯按照生产计划依次通过加热炉和轧机的实际时间和设定时间之间的差异，需要根据各工序所需的实际生产时间，从成本、客户需求角度，结合库存安排生产计划和调度。

（2）物流控制。包括料场管理、物流跟踪。提供基于窗口的、可扩展和即时的方式来监视、管理、跟踪和改善生产运营，允许企业管理者建模及跟踪工厂的关键资源，包括原材料、中间产品、产品规格、设备和过程的数据，管理成品库以及中间产品库。具体功能可细分为：① 物料信息配置。配置车间所需物料类型；可根据用户需求配置物料的自定义属性。② 物料跟踪。实时跟踪物料信息，如位置、消耗状况，是否转化为新的物料及分组情况。③ 物料状况查询。实时查询物料信息（位置、数量、状态等），查询物料去向（查询某一最终产品消耗了哪些原料和中间产品以及这些产品的数量，或者反向查询）。

对于轧制生产线，实现在加热、轧制、冷却、剪切、热处理的整个物流过程进行监控，实现对物流过程的管理与控制。

（3）质量管理。包括生产数据自动采集、产品质量标准管理、工艺规范管理、质量分析、质量预报等。使得产品工程师能够根据用户需求，在整个生产工序中对产品的质量进行统一管理、分析和控制。具体功能可细分为：① 质量标准管理。自动生成产品所执行质量标准的各种检验表格；产品质量数据实时采集，并与标准定义值进行比较，对不合格项产生报警；根据产品类型、规格自动生成各工序所需的工艺。② 质量数据统计分析。包括检验数据统计、工艺操作情况统计、质量统计报表生成、影响产品质量因素的相关分析、出现不合格品原因的统计分析、工艺参数和过程控制参数的优化。③ 产品质量控制。提供多种统计过程控制方法，对生产过程实施统计控制，用事先控制代替事后检验，保证生产过程的稳定。④ 产品质量预报。应用数据挖掘方法建立工艺参数和过程控制参数与产品各质量指标之间关系的质量模型，通过质量模型预报在特定生产条件下的产品质量指标。⑤ 产品质量判断。利用专家知识和经验，建立专家系统，对各个质量指标进行分析以判断产品是否合格；当工艺流程或其他生产环境变化时，自定义触发条件，完成系统的升级。

对于轧制生产线，实现对板形和性能等产品质量信息的实时分析，确保对板坯的板形和厚度等产品质量进行有效监控和正确控制，跟踪在制板坯及对产品进行质量检测分析。

（4）生产成本控制。对生产全过程进行成本统计、预报、分析，对动态生产成本进行核算与跟踪，以降低生产成本为目的对生产资料和能源消耗进行优化配置，从而保证价值流的优化。具体功能可细分为：① 生产资料消耗统计。跟踪生产资料的消耗情况并进行统计，建立工作中心生产资料消耗模型。② 生产成本控制。采用各种成本控制方法，控制生产成本。③ 生产成本优化。根据能源消耗模型和生产资料消耗模型对生产物资和能源分配进行优化配置。

对于轧制生产线，实现对加热炉能耗、冷却水物耗的成本等进行预报和分析，从而实现节能减排。

（5）能源管理。主要用于对电、水和煤等能源介质的监控、计划调度与分析优化。一方面为生产提供安全可靠的能源保障，另一方面具有支持节能、环保的社会效益。

（6）设备管理。以企业为中心的实时资产管理，用以优化资产配置和提高制造生产能力。设备管理模块提供了多种设备管理方式，可以使维护人员或操作人员有效地管理维护活动，提高人力资源的利用率，同时延长设备的使用寿命。该功能都是预先定制，从而提供很好的维护方法。此外，它与企业实时信息的无缝集成，使得设备维护人员可以对设备使用情况进行实时跟踪。具体功能可细分为：① 设备基础数据管理。包括设备技术参数、使用时间、所处位置以及供应商等信息的记录和查询，设备领用记录，设备运行历史数据库。② 设备检修管理。生成设备点检、年检项目计划；设备运行情况跟踪、分析，并根据结果生成检修计划。③ 设备故障管理。统计设备故障时间和原因、零件更换情况、维修记录、费用；根据设备故障的历史数据和经验知识，完成设备故障诊断。④ 固定资产管理。生成固定资产统计报表。⑤ 备件管理。包括备件领用单记录、备件消耗记录、备件盘点记录、备件质量记录。

（7）资源配置管理。实现计划和分配下列资源符合生产调度的目标，所涵盖的资源包括生产设备、工具、原材料、其他辅助设备和相关文件资料，例如生产时需要的文件等。资源配置管理子系统提供详细的资源情况，保证设备运行前的良好状况，提供实时运行情况。

对轧机生产线而言，实现轧制计划所需的各类资源，包括轧机等机器设备、板坯原材料、天车等辅助设备。资源配置管理系统可提供加热、轧机和板坯原料情况，并保证轧机生产运行前和运行时状况良好。

3. 企业资源计划

企业资源计划（ERP）由物料需求计划（MRP）和制造资源计划（MRP II）等系统发展

而来，主要在工厂级执行，是一个集采购、库存、生产、销售、财务、工程技术等为一体的系统，为员工及决策层提供生产管理与决策的信息化平台。企业资源计划从客户需求和物料供应的角度优化企业的资源，负责客户需求和订单管理、物料供应链管理、生产计划制定、库存控制、财务管理、人力资源管理等，侧重于企业生产组织、生产管理、经营决策等方面的优化，实现企业合理调配资源。

生产计划是关于企业生产系统的总体计划，所反映的并非是某几个生产岗位或某条生产线的生产活动，也并非产品生产的细节问题，或一些具体机器设备、人力和其他生产资源的使用安排问题，而是企业在计划期应达到的产品品种、质量、产量和产值等生产方面的指标、生产进度及相应的布置，它是指导企业计划期生产活动的纲领性方案。

生产计划工作是指生产计划的具体编制工作，通过一系列综合平衡工作，完成生产计划的确定、设计生产计划系统，即通过不断提高生产计划工作水平，为企业生产系统的运行提供优化的生产计划。优化的生产计划应该具备以下几个特征：有利于充分利用销售机会，满足市场需求；有利于充分利用盈利机会，尽可能降低生产成本；有利于充分利用生产资源，最大限度地减少生产资源的浪费和限制。生产计划的组成以及各种计划之间的关系如图 5-23 所示。

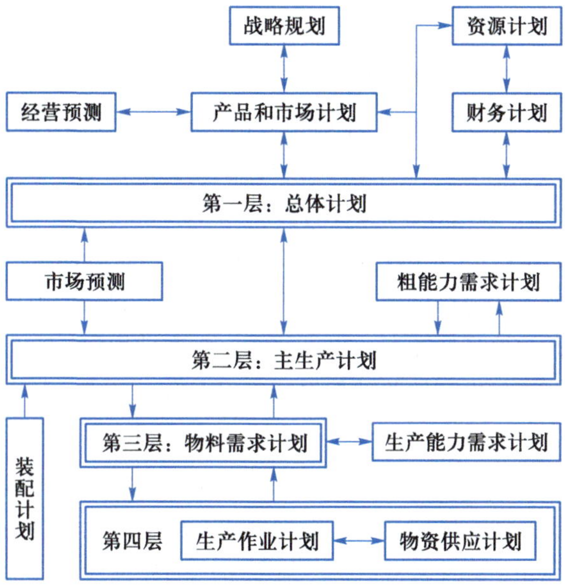

图 5-23 生产计划结构图

生产计划工作的主要内容包括调查和预测市场对产品的需求，核定企业的生产能力，确定目标，制定策略，选择计划方法，正确制定生产计划、库存计划、生产进度计划和计划工作程序，以及计划的实施与控制工作。制定生产计划指标是企业生产计划的重要内容之一。企业生产计划的主要指标有产品品种指标、产品产量指标、产品质量指标和生产产值指标，从不同的侧面反映了企业生产产品的要求。

企业资源计划是用于辅助完成生产计划工作的信息化系统，如图 5-24 所示。硬件组成上，ERP 主要由计算机系统和企业内的局域网组成，由 MES 和其他信息系统获得生产的全面信息。软件功能组成上，除客户需求和订单管理、物料需求计划管理、生产计划、库存管理、财务管理、人力资源管理等通用功能模块外，流程型制造企业 ERP 系统还增加了体现流程工业特点的配方管理、计量单位的转换、关联产品、副产品流程作业管理和维护管理等功能。

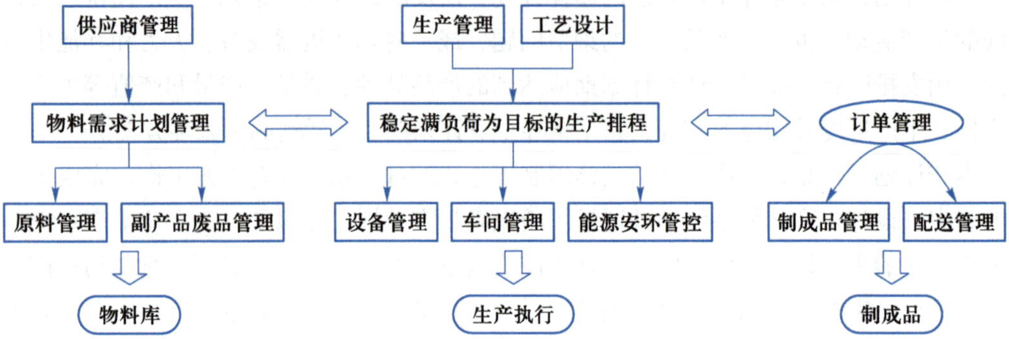

图 5-24 ERP 功能模块

流程型制造包括重复生产和连续生产两种类型。重复生产又称为大批量生产，与连续生产有很多相同之处，区别仅在于生产的产品是否可分离。重复生产的产品通常可一个个分开；连续生产的产品是连续不断地经过加工设备，一批产品通常不可分开。流程型制造的生产计划常以日产量的方式下达，计划相对稳定，生产设备的能力固定。流程型制造 ERP 的功能主要体现在以稳定满负荷生产为目标制定生产计划、要求 ERP 与 MES 实时紧密衔接、副产品和废品的管理、能源安环管控。

下面结合厚板厂的生产运行和企业管理信息化系统进行具体阐述。

（1）以稳定满负荷生产为目标制定生产计划。生产控制管理模块将企业的整个生产过程有机结合，使企业有效地降低库存，提高效率。生产计划包括主生产计划、物料需求计划、能力需求计划等。流程生产的关键是保证流程安全、稳定、长期、满负荷、优质地生产，主生产计划的制定应以此为目标，进行有限能力计划。以厚板厂为例，生产计划的制定针对客户质量和到货期需求，以生产节奏高效、生产稳定、换辊周期短为目标安排厚板轧制计划，为配合轧制计划安排加热炉出钢计划和安排矫直工序有关的生产计划调度。

（2）要求 ERP 与 MES 实时紧密衔接。流程生产的连续性特点决定了它对包括主生产计划等在内的 ERP 系统功能的实时性有更高的要求。ERP 需要与 MES 紧密衔接，在企业资源计划和过程控制之间提供信息转换。以厚板厂为例，ERP 应能根据实际轧制效果及设备运转能力和状态来动态调整生产计划。

（3）副产品和废品的管理。流程型生产需要进行主产品、副产品、废品、回流物管理，而离散型工业中没有主产品、副产品和回流物，但在实施成本管理、物料需求计划时要予以考虑。以厚板厂为例，ERP 应能够将不合格产品降级生产与销售，并且对剪切后的废钢进行有效管理，送入炼钢工序。

（4）能源安环管控。流程生产往往伴随着大量的能源和物资消耗，通常需要单独的能源管理系统对能源进行管控。监测各部门及生产单元的能源消耗，做出能耗分析与预测，根据不同类型产品的能耗分析结果及不同时段的能源价格指导生产计划。以厚板厂为例，应对加热炉的煤气消耗、冷却机的水消耗、整条生产线的电力消耗进行有效的监控和管理。

从企业生产管理功能完整性角度来看，流程型制造工厂 ERP 还具备如下几方面功能。

（1）订单管理。订单管理可确定订货量、甄别供应商和质量；提供订购、验收信息，跟踪、催促外购或委外加工物料进度；建立供应商档案，通过成本信息调整库存管理成本。例如，厚板厂根据客户需求和到货时间，安排厚板生产，保障原料按时到货、产品按时发货。

（2）库存管理。流程工业生产的库存管理以保障生产连续为前提，实现对库存成本的把握，包括出入库管理和库存信息查询功能。出入库管理：产品出库、入库时间，种类、型号记录，产品存放位置优化。库存信息查询：库存产品型号、时间、数量查询。例如，厚板厂根据生产计划动态调整原料板坯量和发货厚板量，保障生产运行，降低库存。

主要流程工业企业的 ERP 和 MES 仍然只是信息化平台，经营计划、生产计划与调度、控制系统的指令还是靠知识工作者凭经验来决策，未实现自动优化与决策。ERP、MES 和 PCS 无法实现无缝集成，各类信息化系统相对独立、集成性不强。现有信息化系统无法动态响应原料、市场、库存及工况的变化，已经难以满足流程型制造工厂生产管理的发展需求，亟待转型升级，未来的发展方向是数字化网络化智能化。

5.3 流程型制造工厂的综合自动化与智能化

5.3.1 工业互联网与工业人工智能驱动流程型制造智能化转型

流程型制造工厂综合自动化与智能化的本质是智能优化制造，是以生产经营全过程的高效化与绿色化为目标，以生产工艺智能优化和生产全流程整体智能优化为特征的制造模式。在已有的流程型制造业数字化网络化制造系统的基础上，融合工业人工智能、大数据等赋能技术，实现企业“产、供、销、管、控”的智能决策和集成优化，达到管理决策和生产制造的高效化和绿色化。高效化体现在紧凑和柔性的工艺流程结构，高性能、高附加值产品的生产能力，原料消耗低；绿色化体现在工艺流程和生产过程的安全、低故障，多介质能源结构合理，资源能源循环利用，能耗低，污染物近零排放。

流程型制造智能化的目标是实现全流程系统级的优化，将产品质量从中低端提升到中高端。与自动化与信息化工厂相比，流程型智能制造工厂与工业互联网和工业人工智能技术融合，将部分人工完成的感知、操作和决策通过智能系统实现，也就是流程型智能制造的 HCPS2.0。

工业互联网的内涵是通过开放的、全球化的工业级网络平台把设备、生产线、工厂、供应商、产品和客户紧密地连接和融合，高效共享工业经济中的各种要素资源，从而通过自动化、智能化的生产方式降低成本、提高效率。工业互联网是数字化网络化的深化与发展，利用工业互联网最新的信息技术和通信技术（包括智能手机、无线通信、无所不在的传感网络、射频识别、智能图像处理、全球定位系统、地理信息系统、机器对机器通信），将ERP、MES、PCS信息无缝集成，将分散式生产要素信息（包括设备、产品质量、生产指标、安全、能耗）进行汇聚，并将制造环节的操作人员、产品和生产设备通过工业互联网连接，实现人、机、物的全面泛在互联，打通产品生命周期、资产运营、业务履约三条价值链，实现全要素、全产业链、全价值链的全面连接，包含网络、平台、安全三个部分。其中，网络是基础，平台是核心，安全是保障。

工业人工智能的界定并不明确且随时间的推移不断变化，目前工业人工智能的核心目标是：在生产过程控制与管理等工业生产活动中，实现仍然依靠人的感知、认知、分析与决策能力和经验知识来完成的知识工作自动化与智能化，以显著提高经济社会效益。工业人工智能将工业机理与人工智能技术深度融合，使生产过程控制与管理发生颠覆性改变，由以人为主的开环决策和事后校正转变为大数据驱动的闭环反馈决策、实时预测自优化校正，控制模式由开环设定、反馈控制转变为自适应闭环优化、全流程协同优化控制、底层单元自主高性能控制，形成流程型数字化网络化智能化制造工厂。

5.3.2 智能化应用的重点方向

流程型制造工厂的智能化，仍处于探索和发展阶段，智能化应用的重点方向是现阶段的基于工业云平台的管控一体化，未来的智能自主控制和人机合作的管理与决策智能化两层结构、制造流程全局优化、生产要素管理与决策一体化以及工艺设计智能优化，这几个方面并行推进，共同发展。

1. 基于工业云平台的管控一体化

（1）计划调度优化。流程型智能制造是以“以产定销”为主，综合考虑市场、政策、原料等因素，以安全、稳定、优质为条件，以实现高负荷、高效益生产为目的。流程型制造的计划调度优化是综合考虑市场需求并预测原材料与能源供给、生产加工能力与生产环境的状态，根据生产过程全局优化来确定企业的生产目标，制订生产计划，并通过快速响应设备状态来协调各局部过程，达到整体最优的目标。计划调度优化的核心是依托工业云平台，根据实时生产状态的监测、预测与反馈，通过动态评估，及时修正生产计划，形成该层面完整的闭环控制。采用机器学习等技术进行关联分析，并通过智能模拟基础上的计划调度来优化架构，重点是结合优化目标和来自生产操作层面的大数据关联分析来进行调度协调优化。

（2）设备健康管理。流程型制造连续生产的特点对设备健康管理提出了更高的要求。设备健康管理智能化的目标是保障设备安全、预测性维护和视情维护，减少非计划停机。重点任务包括建立异常即时应对体系、远程移动可视化监控、备件管理优化。

（3）敏捷供应链管理。敏捷供应链是利用工业云平台，通过对资金流、物流、信息流的感知和调控，将供应商、生产过程、下游工序、用户整合到统一的、快速响应的物流网络中。敏捷响应客户需求，综合利用供应商提供的原材料品质价格，以及多个生产过程的执行状态信息，进行产品采购、销售和生产指标的优化决策。建立以数字化为核心的供应链管理，对原材料和产品进行全流程监控和物流优化。

（4）能源安环精准管控。针对流程型制造能源消耗大、能源管理存在滞后等特点，对生产线、工艺段、设备、单品的能源耗用进行精准监控、预测和协同调控。能源精准管控的重点方向是复杂动态环境下的能源流、物质流的动态感知，能耗精准监控，单吨能耗动态模式识别，煤气、电力、天然气多种能源介质的协同优化，能耗指标决策。流程型行业每天都在生产、加工、存储和输送大量的危险化学品，处理与排放废料，需要根据风险降低要求建立安全保护智能系统，对人员和生产安全进行有效管控。安环精准管控的重点方向是利用智能手机和增强现实技术实现安全智能报警与危险点跟踪。采用增强现实技术进行工厂设施的危险点跟踪，实现危险接近及有毒有害气体外泄提醒功能，现场危险发生时立刻登记危险点并共享，实时进行安全监控。

2. 智能自主控制和人机互动与协作的管理与决策智能化两层结构

ERP/MES/PCS 三层结构向智能自主控制和人机合作的管理与决策智能化系统两层结构发展，将使过程控制系统发展成为智能自主控制系统，将使制造执行系统和企业资源计划系统扁平化为人机互动与协作的管理与决策智能化系统。智能自主控制系统感知生产条件的变化，相互协同，以管理与决策智能化系统的优化决策为目标，实现制造与生产全流程全局优化。人机合作的管理与决策智能化系统实时感知市场信息、生产条件和制造流程生产状况；以企业高效化和绿色化为目标，实现企业生产指标（包括产品质量、产量、成本和消耗等）、生产指令与控制指令的集成优化决策。

3. 制造流程全局优化

流程型制造生产过程的运行目标不是生产单元的局部优化，而是多个工业过程组成的生产全流程的全局优化。产品质量和运行工况人工化验、观测与识别，控制系统动态性能不高，局限于生产单元的自动化，人工监控仅限本地监控，人工操作的稳定性不强、智能化水平不高，难以实现制造流程的全局优化。未来将通过智能感知与工况识别、高性能智能自主控制、全流程多工序协同优化控制、远程移动可视化监控和增强操作人员能力的 AI 系统，实现制造流程全局优化新模式，包括：

（1）产品质量和工况的人工化验、观测与识别向智能感知与智能识别发展；

（2）常规的回路控制系统向高性能智能自主控制系统发展；

（3）生产单元的局部自动化向全流程多工序协同优化发展；

（4）本地监控向远程移动可视化监控发展；

（5）人工操作向增强操作人员能力的系统发展。

流程工业生产过程运行优化要使反映产量、质量等的运行指标尽可能高，反映成本、消耗等的运行指标尽可能低。全流程指标决策是一个多目标动态优化问题。指标优化模型通常基于数据建立，或者需要依赖于数据补偿使模型精度满足使用需求，加之需要优化的运行指标通常不止一个，所以流程型制造生产过程的指标优化问题大多采用智能优化方法。比如，多目标混合进化算法、基于异构集成模型的多目标优化算法、基于多任务迁移学习的多目标优化方法、基于专家规则的预设定模型、动态优化智能算法等。

4. 生产要素管理与决策一体化

ERP 与 MES 向分散式的生产要素（包括设备、产品质量、能耗与物耗、碳排放）智能化决策系统发展，包括设备管控智能化、产品质量管控智能化、能耗物耗管控智能化、碳排放管控智能化。

（1）设备管控智能化实现设备使用者对设备工况远程移动监控、可视化分析与运维决策一体化和设备生产厂商对售后设备远程运维服务；

（2）产品质量管控智能化实现产品质量数据采集、数字孪生、可视化监控与分析、预测与回溯和决策一体化；

（3）能耗物耗管控智能化实现能耗物耗实时动态监控、预测和异常回溯，并与生产协同优化决策；

（4）碳排放管控智能化实现由年度碳排放报告填报方式转变为工业互联网驱动的碳排放实时监控、分析、预测、回溯与协同优化决策。

5. 工艺设计智能优化

流程型智能制造在虚拟仿真和数字孪生的基础上，对制造过程工艺设计进行评估和优化。通过工艺建模、流程仿真、数字化交付，实现以最低成本获取最优质量和最高产能的目标，优化工艺流程及其参数；建立工艺设计模型，通过质检和售后反馈大数据智能分析，分析工艺缺陷单元和原因，提供工艺流程和工艺参数优化的策略。

工艺设计智能优化包括三方面：① 研究尺度为分子、原子的机理研究，采用三维仿真设计分析计算技术，仿真研究物质化学反应工艺过程、温度场和流场等，通过准确的物理化学反应过程虚拟仿真，进行生产工艺流程和工艺参数的优化；② 研究尺度为工序或装置尺寸的技术可行性，采用机械三维仿真设计技术，仿真研究设备的优化；③ 研究尺度为制造流程或车间尺寸的工程科学，研究工程项目的整体性、系统性、协同性优化，采用数字化三维仿真工厂设计技术，仿真研究制造全流程的优化，实现设计、施工、运维的一体化。

以轧制过程的工艺设计与优化为例，包括：① 轧制新产品研发与设计。通过虚拟仿真和数字孪生实现新产品轧制流程仿真与工艺流程优化。② 轧制全流程工艺参数优化。利用相似规格产品质量数据和过程数据之间关系的深度学习，实现轧制力、轧制速度等工艺参数的优化。

5.3.3 智能工厂的结构及愿景功能

随着 5G 为代表的移动互联网、边缘计算与云计算的发展，催生了工业互联网。工业互联网为获取工业大数据和执行大数据驱动的工业智能算法创造了条件。工业大数据与人工智能技术为发展工业人工智能创造了条件。工业人工智能、工业互联网和工业元宇宙等新一代信息技术的发展使自动化与信息化工厂向智能工厂发展成为可能。智能工厂是企业信息物理融合系统（CPS）。智能工厂的物理系统仍然是自动化与信息化工厂的物理系统。智能工厂的信息系统将ERP/MES/PCS变革为智能系统，即综合自动化与智能化系统，智能系统将复杂生产条件与运行工况的感知与识别、过程控制系统设定值、运行指标与生产指标的决策的知识工作者的智能行为实现自动化或人机合作智能化，实现感知、识别、决策与控制一体化，从而取代自动化与信息化工厂的大量从事企业运营与生产管理和生产操作的人员。使用智能系统的将是规划者、管理者、决策者。

针对目前国内外流程型制造企业采用的ERP/MES/PCS三层信息化架构无法实现企业全局优化的难题，将企业信息化三层架构变革为智能优化决策与控制一体化的两层智能化架构，如图5-25所示。将人参与的生产过程控制系统变革为生产过程感知、识别、决策与控制一体化的智能自主控制系统，将人参与的生产运行和企业管理信息系统变革为人机互动与协作的管理与决策智能化系统，从而将由过程控制系统、制造执行系统、企业资源计划系统组成的企业信息化三层架构变革为由智能自主控制系统和人机互动与协作的管理与决策智能化系统组成的企业智能化两层架构。

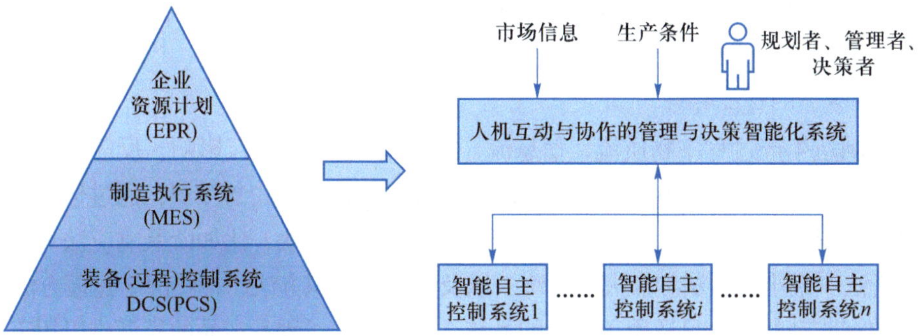

图5-25 企业信息化三层架构变革为智能化两层架构

5.3.4 智能建模与数字孪生

5.3.3节中提到的智能化重点方向的实现所面临的挑战，说到底是物质转化过程的建模与优化。解决上述难题的主要途径就是利用工业互联网、大数据和工业人工智能技术，实现大数据驱动的智能建模、数字孪生。

1. 智能建模

流程型制造生产过程通常为气-液-固多相、分子-微团-设备多尺度、速度-温度-浓度多场相互耦合的复杂物理、化学过程，通常机理复杂。只有通过物质转化过程建模全面掌握机理，才能实现对生产的高精度控制与优化。流程型制造过程的建模包括机理建模、数据驱动的智能建模、数据与机理混合建模三种方法。

1）机理建模

机理建模是利用物理、化学机理（包括物料、能量平衡，热量、质量、动量传递，热力学、化学动力学，物理性质关系等）建立过程模型，也称为第一原理模型。其优点是可提供对过程机理的解释与理解；对于过程的大范围运行工况均适用；过程变化后，该模型可做修改再使用。然而机理模型通常存在一定的简化和近似，模型的参数通常难以精确获得。

比如厚板轧制过程，假设精轧宽展量忽略不计，近似于平面变形轧制，所得简化的轧制力模型可表示为

$$F = 1.15W\sqrt{R'\Delta h}Q_{\mathrm{p}}\sigma$$

式中：F——轧制力；

W——轧件宽度；

R'——考虑弹性压扁的轧辊半径；

Δh——压下量；

Q_{p}——应力状态影响函数；

σ——平均变形抗力。

上述公式中，轧辊压扁半径 R' 与轧辊初始半径、轧件泊松比、轧辊弹性模量有关；应力状态影响函数 Q_{p} 与接触弧长和轧件入口厚度与出口厚度平均值有关；平均变形抗力 σ 与轧件温度、钢种相关的变形速率、变形率等模型系数有关。然而，上面提到的函数关系是简化的模型，且模型参数通常难以直接获得。

2）数据驱动的智能建模

流程型制造生产过程中物质流、信息流、能量流（三流）相互影响，反应机理不清。数据驱动的方法是利用数据来挖掘描述对象的运行规律和相关模式的知识，通过估计系统参数和结构等来实现。以黑箱建模为主，包括经典的系统辨识方法，比如阶跃响应法、相关分析法、谱分析法、最小二乘法和极大似然法，以及子空间辨识方法、神经网络建模方法等。

上述数据驱动的建模只适用于特定的系统，某一特定过程和产品的模型难以用于其他生产过程和产品。流程工业大数据为向历史数据学习来优化当前运行、向类似生产单元学习来优化当前单元运行创造了条件，从而将所建立的模型用于建模和优化类似过程和类似产品。尽管人在感知和认知方面具有一定的学习能力，但难以应对多源异构的海量数据。大数据和人工智能技术的进步推动了建模技术的发展，主要是深度学习、迁移学习、强化学习大数据建模方法，如有学者提出基于时序图像深度学习的电熔镁炉异常工况识别方法等。

3）数据与机理混合建模

为弥补基于数据建模解释性和泛化性方面的不足，可以将机理模型和数据模型相结合进行数据与机理混合建模。在利用过程已知机理的基础上，建立数据模型对过程未知的机理知识进行补偿。数据与机理混合建模有串联型和并联型两种结构方式。

串联型结构方式是首先建立机理模型结构，在此基础上由过程数据采用系统辨识一类方法来估计机理模型中的未知模型参数，如图 5-26 所示。例如，对于轧制过程，尽管可以利用人工经验设定轧制模型中的参数，如轧辊压扁半径与轧辊初始半径、轧件泊松比、轧辊弹性模量之间关系模型的参数，但经验参数不准。为此，可以在机理模型基础上，通过实测值与估计值的偏差和过程输入与边界条件的历史数据来估计上述模型参数。

并联型结构方式是将机理模型和基于数据的误差补偿方法相结合来构造预测模型。该

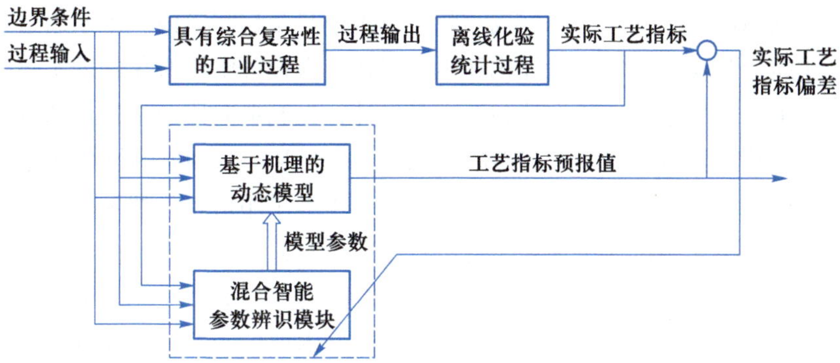

图 5-26 数据与机理相结合的混合建模

类方法适用于反应机理相对明确的过程，以基于动力学、热力学以及物料平衡、能量平衡建立机理主模型，利用生产数据建立误差补偿模型，补偿主体模型输出与实际输出的差值，以提高模型精度。比如，针对铁矿法沉铁过程出口亚铁离子浓度预测，提出沉铁过程机理模型和基于最小二乘支持向量机的输出误差补偿模型相结合的方法。针对工业过程通常在工作点附近工作的特点，过程的动态模型可以描述成由线性模型与高阶非线性项，即未建模动态组成，对线性模型以及未建模动态提出了一种由改进的投影算法与未建模动态估计算法组成的交替辨识算法。

当然，无论是并联型还是串联型结构方式，为了增强模型的解释性和提高预报精度，还需要对数据进行深度、全面的挖掘，特别是隐含在数据内部的深层次特征的挖掘。未来有必要将人工智能技术和机理建模相结合，实现机理与数据的混合建模。

2. 数字孪生

数字孪生的本质就是建模，基本特征是虚实映射，通过对物理实体构建数字孪生模型，实现物理实体和数字孪生模型的双向映射，其核心要素包括物理实体、虚拟模型、数据、连接和服务。数字孪生充分利用物理模型、传感器更新、运行历史等数据，集成多学科、多物理量、多尺度、多概率的仿真过程，在虚拟空间中完成映射，通过物理系统与信息系统的互动改善对应物理实体的性能和运行绩效。

流程型制造生产过程的物理化学反应复杂、机理不清、不可测信息和干扰多，对传统基于模型的控制理论方法和技术带来挑战。流程工业的数字孪生包括设计阶段的数字孪生和运行阶段的数字孪生。设计阶段的数字孪生，通过数字化工厂仿真技术来构建工厂的数字模型，并对自动化控制系统和产线进行虚拟调试，实现工艺设计优化，避免不必要的安全风险和物质能量损耗；运行阶段的数字孪生，通过对实体工厂的生产设备、物流设备、检测与试验设备、产线和仪表的运行状态与绩效，以及生产质量、产量、能耗、工业安全等关键数据的迭代优化实现智能优化决策。

流程型制造生产过程的数字孪生，即采用可视化技术呈现全时空的定量信息虚拟生产，通过物理空间和虚拟空间不断交换数据的方式，探明流程制造工业典型过程机理和实现运行工况感知，奠定实现流程制造工业智能优化制造的基础。由于流程行业物理化学反应机理复杂等难题对数字孪生带来挑战，数字孪生还只是起步阶段。未来通过数字孪生的研究，可实现虚实互动，实现设计优化和运行优化。在设计阶段避免物理实验可能发生的风险，实现基于数字孪生的工艺设计和新产品设计；在制造阶段通过迭代的方式学习反应过程机理，在此基础上通过调整工艺参数实现产品质量和运行性能的持续优化。

以轧制过程数字孪生为例，轧制过程的数字孪生即采用可视化技术呈现全时空的轧制过程虚拟生产，探明轧制过程机理和实现运行工况感知，需要研究的内容包括轧制过程中的速度-温度-压力多场耦合，物质转换与能源传递机理，多尺度、多场数据的可视化理论与方法以及可视化的实现和分析技术，轧制全流程虚拟生产系统的构建和实现。

5.4 流程型制造工厂走向智能工厂的典型案例

我国流程行业多个领域在数字化网络化智能化方面均取得了发展。本节选择石化、冶金、建材、电力作为重点领域，每个领域挑选了一个工厂作为示范案例，以示例形式说明流程型制造工厂数字化网络化智能化的发展现状并展望未来的发展方向。

5.4.1 石化领域示范工厂

我国石化行业已广泛开展数字化网络化智能化的应用，主要围绕经营管理精细化、生产执行精益化、操作控制集中化、设备管理数字化、巡检安防实时化、供应链协同化等方面。大型国有石化企业如中石化等普遍通过自上而下的方式，分期开展数字化示范项目，统筹推进数字化建设。

在生产全流程的运行管理和企业资源计划管理与决策方面，通过对生产加工全流程的优化以及生产过程的先进控制，实现生产效益最大化。具体包括：① 计划调度协同优化。综合利用机理建模技术与优化算法，通过计划、调度和操作的协同优化，实现生产全过程效益最大化。② 日效益分析优化。采用深度学习算法实现生产的智能排产和动态优化，企业由月效益分析转变为日效益分析。③ 生产操作协同联动。炼化企业建成工业 5G 无线网，实现智能巡检和内、外操作协同，提高现场处置效率、操作平稳率和合格率。④ 能源全过程管理。实现能源的供、产、转、输、耗全流程管理，支撑了能源管理中心建设。⑤ 应急指挥协同一体化。实现了报警、接警和处警的应急联动和快速响应，指导现场救援。

在工业过程的控制方面，通过对生产操作的动态跟踪、实时监控，生产指挥的集群管理，生产过程三维数字化，管线的自动化管理，实现工业过程控制的动态化、集中化、可视化、智能化。具体包括：① 基于大数据的报警和预警。利用装置的历史数据分析和挖掘装置的报警规律，实现关键报警提前预警。② 数字化物资仓库。试点企业应用物联网技术实现库存物资实时盘点和智能配送，提高物资管理效率，减少库存占用资金。③ 全自动立体仓库。建成超大型、全自动且无人操作的聚丙烯立体仓库，实现固体产品包装和仓库作业的自动化管理以及无人装车发货。④ 三维数字化工厂。基于工程设计数字化交付成果建成三维数字化工厂，实现人员培训、设备吊装模拟、工程量估算、设备故障定位和应急演练等应用。

石化行业智能化趋势可归纳总结为集成化、智能化、自动化、主动化及绿色安全化五大特征。① 集成化，实现信息的集成并有效采集企业内部所有流程数据，实现石化工厂从物理向数字化的转变。② 智能化，实现人机交互模式的变革。智能制造中的“机器”可以与人相互协作、各取所长组成共同决策主体，从而使人机交互与融合。③ 自动化，全面实现自动感知、主动响应、主动控制的自动化管控。④ 主动化，对市场波动迅速反应，主动动态调配资源，实现柔性制造。⑤ 绿色安全化，实现环境足迹监控及能源管理优化，并实现本质安全、生产安全、信息安全的安全设防。

案例 5-14

九江石化智能制造示范工厂

九江石化示范工厂

中国石油化工股份有限公司九江分公司（简称九江石化）是一家拥有 40 余年生产历史的炼油厂，各个时期和阶段的设备并存的情况，为整个公司的智能化建设带来挑战。从 2012 年开始建设智能工厂，2015 年 6 月入选国家首批智能制造试点示范企业，2019 年 12 月荣膺国家智能制造标杆企业，为国内智能工厂建设的样板企业。九江石化智能工厂建设通过提升“全面感知、预测预警、优化协同、科学决策”四种能力，在“计划调度、安全环保、能源管理、装置操作、OIC 管控”五个领域，实现具有“自动化、数字化、可视化、模型化、集成化”“五化”特征的智能化应用。

如图 5-27 和图 5-28 所示，过去炼化工厂的装置设备、管线、阀门等会出现“跑、冒、滴、漏”等情况，设备监控与维护操作人员对讲模式无法联动，而且效率低下，对现场事故的处理不及时。对设备巡检人员缺乏监控，存在漏检、脱岗、不按规定路线巡检等安全风险。另外，炼化厂储罐溢流或储备情况、泄漏和火灾、流量和能耗计量数据等需要实时监测。

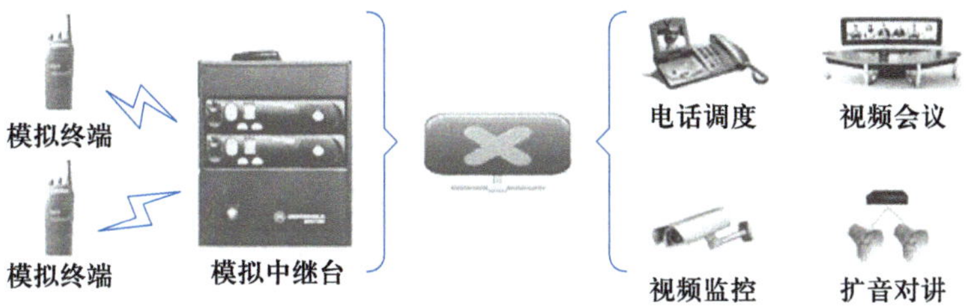

图 5-27 现有模拟系统和各有线系统（相互独立，无法联动）

九江石化积极推进基于工业云平台的管控一体化建设，实现全厂区的无线信号

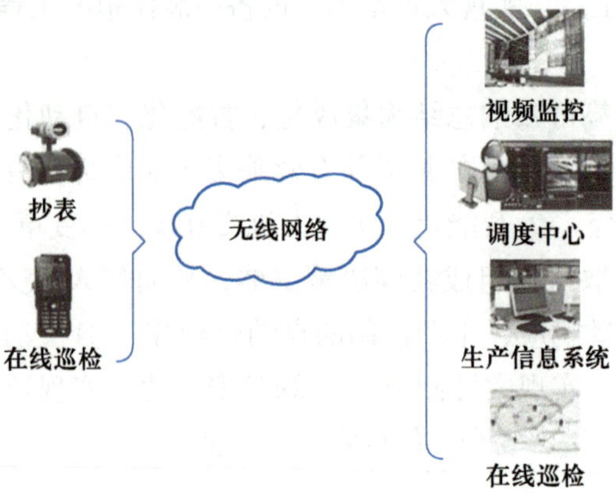

图 5-28 有线传输难以保障运行和安全的监测

覆盖，同时承载储罐储备情况、火灾、流量和能耗计量等数据的回传。随着智能工厂神经中枢——生产管控中心投入使用，实现了生产状态可视化和远程移动巡检，以往巡检过程中外操人员需要携带巡检棒、手电筒、照相机、巡检终端（包含测温、测震等功能）、纸、笔等工具，智能巡检利用现有可视化系统，巡检人员只需要携带一部终端就可以轻松完成巡检业务。通过五元组（人、时间、位置、数据、拍照）信息确认，详细记录巡检路线、仪表数据、现场照片，从根本上杜绝了假巡检、脱岗和漏检等行为，从而实现操作管理、巡检管理的数字化、可视化、流程化，智能巡检准点率、巡检质量大幅提升。

炼油过程装置多，工艺复杂，工业生产过程难以准确刻画。传统的生产决策与操作运行普遍依赖人工经验，难以定量、准确地刻画装置实际运行特性，造成决策与操作方案偏离实际，甚至反向。针对上述难题，九江石化积极推进面向炼油生产决策与优化运行的智能化技术研发，建成并投用了炼油过程虚拟制造系统，该系统具有炼油装置在线仿真、装置运行性能评估、生产装置操作优化和生产计划优化决策等核心功能，实现了以过程机理模型为核心的长期计划自主决策、短期调度优化以及装置操作在线优化，替代传统经验式、手工式方案编制模式，降低了数据搜集、物料平衡、性质估算等人工干预操作引起的模型偏差，确保决策方案与运行方案准确、可行，提高了方案编制效率和炼油装置整体运行水平。

通过智能工厂建设的迭代实践，工厂智能化水平不断提升，建设效果显著：

（1）助力降本增效，提高数据质量。设备自动化率达到 95%，生产数据自动采集率达到 95%，运行成本降低 22.5%，能耗降低 2%。

（2）优化管控模式，提升管理效率。在炼油产能翻番的情况下，员工总数、班组、外操室数量分别减少 22%、13%、35%。

（3）支撑安全环保，提升本质安全。污染物产生、处理、排放全过程闭环管理，外排废水化学需氧量控制在 40 mg/L 以下。

5.4.2 冶金领域示范工厂

冶金行业在利用新兴信息技术改造传统产业方面起步较早。20 世纪 80 年代初，我国一大批大型钢铁企业已经实现了炼钢、烧结等工业过程的控制，并建成了生产管理信息系统，通过新技术持续的引进和优化，提高了钢铁行业的信息化水平。传统的电控、仪控和通信系统正被先进的一体化系统所取代，仿真技术和人工智能技术在钢铁工艺各个环节的应用中取得突破；能源管控系统和可视化监控系统在企业生产、经营活动中发挥高效作用；过程控制系统、制造执行系统、企业资源计划系统和能源管理系统等得到广泛应用。

随着互联网技术、云计算、大数据等新兴技术的发展和广泛应用，在钢铁企业的产品设计、生产制造、经营管理等多个生产与管理环节的全局协调优化问题，以及生产与节能减排的动态协调与管理控制等方面，有了新的解决方案和技术路线，即通过钢铁生产数字化网络化智能化建设，有效改进钢铁行业特有的生产流程及其管理优化的水平，提升生产效率，节能降耗，减少不合格品率，降低资金占用等。

钢铁工业的智能制造主要有以下几方面：① 大数据驱动的工况识别、产品质量预报和异常追溯。包括基于多源信息融合的设备在线故障诊断与预测维护，铁－钢－轧横向数据集成和管理－控制纵向信息集成，基于质量分析仪表和过程控制系统多尺度数据的过程异常和产品质量异常预报与追溯。② 多尺度建模和仿真。包括机理和数据工艺混合模型，物质流、能量流网络化模型和全局供应链集成模型，基于模型的仿真计算技术，如产品开发多尺度模型、可循环流程动态仿真等。③ 多目标协同优化。包括工艺设定点实时优化，物质流、能量流协同优化，多场景、多目标优化，实现采购、生产、销售全局供应链优化和制造工厂多目标全局优化等。

案例 5-15

宝武集团智能制造示范工厂

中国宝武钢铁集团有限公司（简称宝武集团）是中国最大、全球第一大钢铁制造企业，产品结构以板管材为主，棒线材为辅。汽车板、造船板、家电板、管线钢、油管等高档产品在国内市场占有率位于前列，同时也是优质工模具钢、高性能轴承钢、弹簧钢、钢帘线用钢以及航空航天用钢的主要供应商。

宝武集团示范工厂

宝武集团以智能化管理与决策为特色，通过互联网、云计算、大数据等新技术与全供应链的深度融合，面向钢铁产品全生命周期，采用智能化的感知、人机交互、决策和执行技术，实现制造装备、全供应链管控及分析决策过程的智能化。实施生产过程的数字化和智能化改造，实现工艺、装备、操作等与产品要求匹配，提高产品质量；建立柔性化的生产组织，快速响应用户动态需求，实现智能化生产管理、决策和柔性化制造。

（1）在智能感知的基础上，运行工况识别、产品质量在线检测与生产全流程协同控制，减少了人工参与的影响，实现钢铁生产的高效运行。

（2）在基于工业云平台的管控一体化方面，首先依据客户驱动，优化、整合工厂内部组织、业务、流程、信息等资源，构建开放式互联网慧创平台；在原料采购方面，建立市场、制造、采购一体化生产管控平台，加强钢铁联动，结合市场矿煤价格，优化矿煤配比模型；敏捷响应市场需求变化，实现MES/ERP的无缝集成以及多单元间的协同生产，精细化成本管理，构建一个面向市场的成本管控体系，多基地、全流程的协同经营决策支持系统；在资材备件采购方面，建立内部用户与外部客户共享的采购电子交易平台，建立面向钢铁行业价值链信息互联互通的产品生命周期管理平台；以用户为中心信息无缝集成，支持个性化的钢铁制造模式；物流自动化及精细化管控，建立一体化协同物流调度模式，实现物流运输资源的合理调配和运输指令的智能生成。

（3）在生产要素管理与决策一体化方面，开展关键设备状态监测及预测式维修，以及能源精准管控和协同优化，具体包括综合采用高能效设备、产线工艺节能、产线生产与能源消耗协同节能、公司能源生产与利用协同优化等。

宝武集团通过数字化网络化智能化改造升级，建立了两个工信部的智能制造示范试点。例如，热轧1580智能车间示范试点实现全流程质量监控和智能点检等功能，技术经济指标提升明显，工序能耗下降6.5%，内部质量损失下降30.6%，废品率下降10%。

5.4.3 建材领域示范工厂

我国水泥工业经过几十年的发展，取得了长足的进步，我国已成为全球最大的水泥生产国。为实现水泥工业的高质量发展，需要加快解决制约发展的生产过程瓶颈问题。主要问题有：原料来源多而杂，成分波动大且规律性不强；矿石质量检测的及时性和准确性不足，需要将取样分析检测和在线监测有机结合；现有的控制策略在很大程度上仍然依赖人工技能和经验，难以实现炉窑优化操作运行，带来生产运行不稳定、能耗高、热效率低、产品质量和产量波动大等问题。水泥工业智能化主要包括工艺设计智能优化、可视化监控、产品质量管控智能化等，涵盖水泥的全部生产环节，如矿山数字化管理系统、自动化验系统、在线质量控制系统、生料粉磨智能控制系统、水泥窑炉智能控制系统和水泥粉磨智能控制系统等。

未来水泥工业的发展方向，必然由投资和依赖资源的模式转向创新驱动的发展模式，即发展环境更友好、过程更低碳、行业更智慧、产业更循环的水泥工业。水泥工业智能优化制造需要攻克原料成分在线优化调配、窑炉煅烧过程动态特性智能识别、关键产品质量参数智能预测、生产过程协同优化控制、生产计划智能决策等关键技术，构建水泥生产过程的智能化控制系统、基于工业云平台的管控一体化，实现水泥生产全流程的高端化、高效化与绿色化。

案例 5-16

海螺集团智能制造示范工厂

安徽海螺集团有限责任公司（简称海螺集团）是我国最大的建材企业之一，也是我国新型干法水泥工业的摇篮。集团率先建设了水泥生产智能示范工厂，实现了工厂运行自动化、故障预控化、管理可视化、全要素协同化、决策智能化，进一步提升了运行质量、经济效益和安全环保水平。

海螺集团示范工厂

智能工厂采用全流程智能生产与智能质量控制，即从石灰石开采、原燃材料进场到水泥产品发运出厂，全部采取流程化和自动化闭环作业，基本实现了生产过程的无人化，以及资源利用、质量控制和生产控制的智能化。通过智能化运行维护系统，保障了设备平稳运行和物畅其流，实现了能源监控、安全管理和环保清洁生产；通过建立各系统真实有效数据的互联互通，实现了工厂生产调度、物资、能源、设备、质量、安全环保、营销、统计等环节管理智能化。打造以智能生产为核心、以运行维护做保障和以智慧管理促经营的三大平台，实现工厂运行自动化、管理可视化、故障预控化、全要素协同化和决策智慧化。

智能工厂的核心平台“智能生产平台”包含数字化矿山管理系统、专家优化控制系统、智能质量控制系统和清洁包装发运系统四大系统。该平台在行业率先实现“一键输入、全程智控”的生产模式，即只需在自动化验配料系统中输入熟料或水泥的品质预控目标，系统则自动根据原燃材料信息完成生产配料，据此向数字化矿山智能管理系统下达开采和配矿指令；专家优化控制系统则按照配料参数和品质要求在节能稳产模式下自动引导生产。进入智能生产闭环后，根据开采的矿石品位和终端产品的质量数据不断优化生产方案，实现降低人员劳动强度、提高产品生产品质和降低资源能源消耗的运营目标。其中，在智能质量控制系统中，建立了自动采样、样品传输、在线检验、自动化验和智能配料的一体化管理平台，实现对原材料、熟料和水泥各类物料的全程自动取样、化验和生产最佳配料。

海螺集团水泥生产的智能化水平取得了显著建设效果：采用工艺参数优化专家系统，部分地摆脱了人为操作，以最佳参数自动完成熟料、水泥的连续稳定生产，中控操作员劳动强度降低 90%，系统能耗下降 1%；采用智能质量控制系统，进一步提高了产品的质量和稳定性，化验室人员劳动强度下降 24%。

5.4.4 电力领域示范工厂

近年来，我国电力行业数字化网络化智能化方面进步显著。在发电自动化方面，发电厂自动化设备逐渐向数字化、网络化和智能化方向发展，基于数字化技术的现场仪表与执行设备为电厂的全面数字化打下坚实的基础。网络化加强了各发电单元的无缝连接和负荷平衡。智能化主要体现在优化控制系统方面，设计、安装、调试、运行单位依托于智能化手段不断改进机组和相关系统、设备的运行方式和性能，促进节能减排。在电网自动化方面，电力系统向稳定化、简单化、集中化发展，电网自动化产品向小型化发展。日常运行过程中的稳定性是电力系统的关键，电网自动化操作基本上都是利用远程终端控制系统来进行控制，利用工业控制计算机来实现。数字化网络化发展将使网络中操作终端数量逐渐减少，使电力控制系统向集中化发展。

电力领域数字化网络化智能化制造的发展方向主要包括以下两个方面：（1）协同智能控制。以火力发电为例，火力发电生产流程是由汽轮机、锅炉、热力系统、发电机等几部分和辅助设备组成的庞大的设备群，由于其工艺流程复杂、设备众多、管道纵横交错，有数千个参数需要监视、操作或控制，所以以海量数据挖掘、数据驱动建模、机器学习诊断为代表的大型机组协同智能控制尤为重要，其应用有效地推动了电能生产的安全可靠、经济和低排放运行。（2）基于大数据的设备状态监控。工业互联网等新兴技术将发电厂生产设备的各类传感器产生的数据进行有效采集和汇聚，通过建立的设备及系统的机理模型，以及数据驱动模型，采用神经元、人工智能算法，提炼出发电设备特征等，从而指导电厂设备状态的智能诊断和经济运行。

案例 5-17

大渡河水电智能制造示范工厂

大渡河水电示范工厂

国家能源集团大渡河流域水电开发有限公司（简称大渡河水电）是集水电开发建设与运营管理于一体的大型流域水电开发公司，负责大渡河干流 17 个梯级电站的开发，涉及四川省三州两市 14 个县，总装机约 1 800 万 kW，资产总额近 1 000 亿元。从开发方式、机组类型到坝工结构几乎涵盖了国内常见水电发电技术，为国内数字化网络化智能化电厂建设提供了实践经验。

大渡河水电智慧电厂建设应用架构图如图 5-29 所示。主要开展了基于工业云平台的管控一体化方面的研发，建成并实现了远程智能巡检平台、远程智能运行中心、SAM2000 在线监测平台、多系统智能联动平台、流域决策平台、设备数据管控中心、安环风险管控平台、智慧调度平台、智慧检修平台、智能安全帽、屏柜智能钥匙、虚拟成像等，智慧电厂运行模型如图 5-30 所示。其特色是电厂智能运行管理、大坝与库岸安全管控两方面。

（1）电厂智能运行管理。针对水电流域运行管理多层级、多条块、行政化决策的运行现状，提出了“数据驱动、融合协同”的运行方法。利用知识冲突机制和人机任务自动结合的最优分配技术，创立了包含人、机、物在内的数字单元脑、数字专业脑、数字决策脑的“三脑”协同数字流域运行思路，构建了“智能协同”的数字脑运行体系，开发了基于协同感知、实时分析、趋势预判、安全预警、智能可视

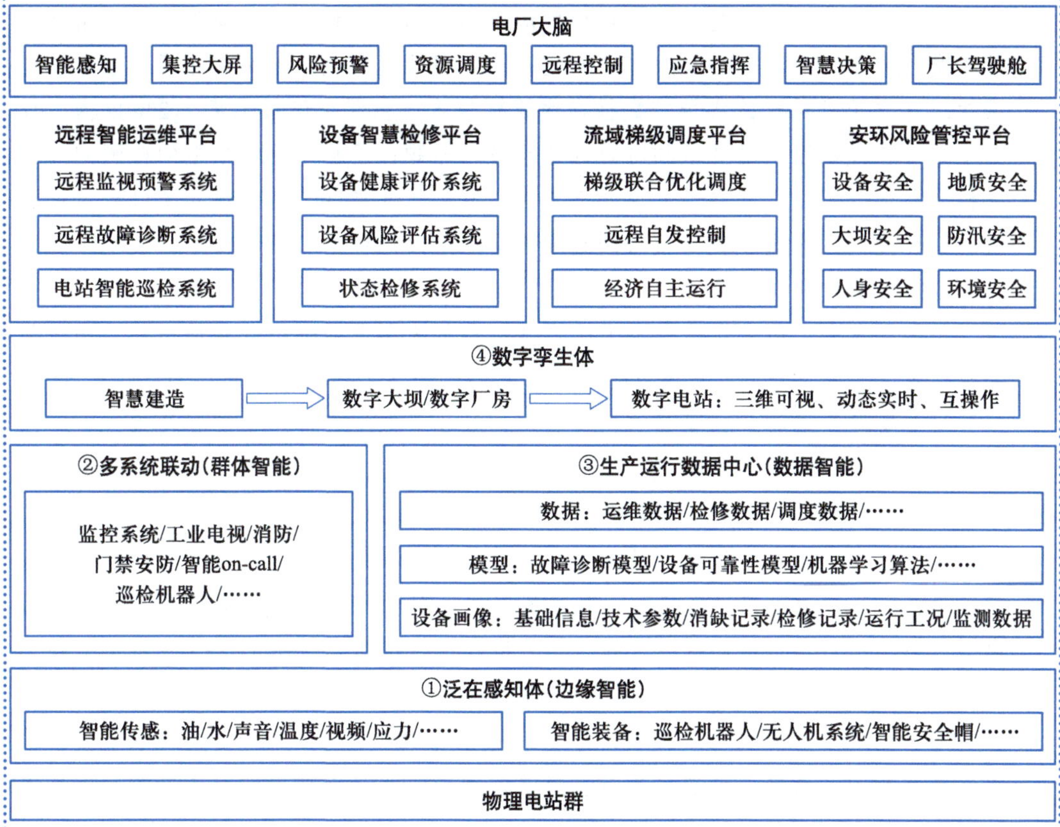

图 5-29 大渡河水电智慧电厂建设应用架构

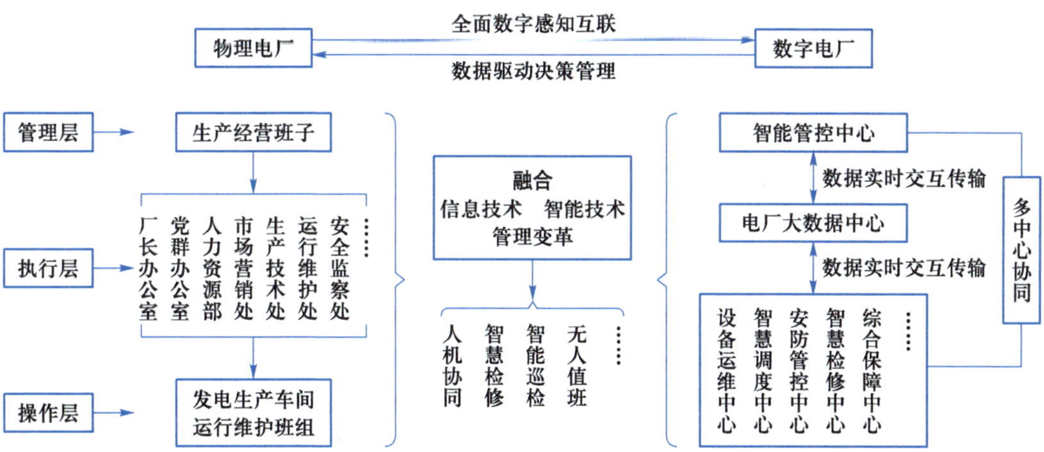

图 5-30 大渡河水电智慧电厂运行模型

化等智能组件，实现了多层级物理流域与无层级数字流域的数据映射关联和智能融合运行。

（2）大坝与库岸安全管控。提出了基线自校准与气象协同算法，研发了集变频采集、寻优触发、应急识别、模型匹配及设备防护自适应于一体的远程智能监测技术，破解了大范围、高精度和全自动变形监测数据智能获取的行业难题，三角高程精度提升约2.7倍，采集效率提高10倍以上。基于空、天、地一体化多源信息智能感知，建立了三段进阶式异常数据在线识别技术，将漏报误报率降至2%以内，攻克了异常在线识别精准度低和时效性差等技术瓶颈；解析了不同坝型的监测响应特征和动态演变规律，建立了大坝安全形态与监测信息耦联机制，建立了以大数据群组决策和关联式数据赋权为核心的大坝安全风险动态评估与预警模型，实现了大坝安全运行风险的智能管控。

大渡河水电已建成了覆盖电力生产全过程的大型流域梯级电站预报调控一体化平台，应用多项智能调度决策支持技术，取得了如下显著建设成效。

（1）研发了瀑布沟、深溪沟、枕头坝一级梯级电站经济调度控制技术，由以往省网调度对单一电站、单一机组下达负荷指标的模式，转变为向多个电站群下达负荷总指标的模式，一年减少负荷调节工作量约3万次。

（2）建立了设备在线状态监测平台。检修管理模式由计划性检修、事后检修逐步向状态检修、改进型检修转变。以深溪沟电站4F机组作为状态检修试点，通过对比平台投运前后年份检修数据可知，相关检修项目得到大幅简化，13号机组检修工期由20天缩短为5天，节约检修费用1 725万元。

（3）运用了智能水电站技术，每年节约费用400万元。通过定量降水预报、洪水资源化利用、智能调度决策支持、经济调度控制等先进技术研究成果的应用，累计增发电量35亿kW·h，产生经济效益7亿元，相当于减少电煤消耗110余万吨、减排二氧化碳290万吨。

（4）通过整合全系统网络信息资源，计算机资源利用效率从25%提高到65%以上，而相关硬件数量由600台减少为200台，运维人员由50余人减少为10余人，机房占地面积由1 500 m^2减少为500 m^2，节约设备投入、机房建设成本、电费成本以及运维费用超过1亿元。

第六章

智能服务与制造业新模式新业态

6.1 概　　述

6.1.1 服务与制造

制造业产品全生命周期包括产品设计、产品生产和产品服务三个阶段（图 6-1）。服务是制造业产品全生命周期的重要组成部分。随着市场需求的强力牵引和智能制造技术的巨力驱动，服务在制造业产品全生命周期中的作用越来越重要，并逐步发展出以智能服务为核心的制造业新模式和新业态，这是智能制造的重要组成部分及未来发展方向之一。

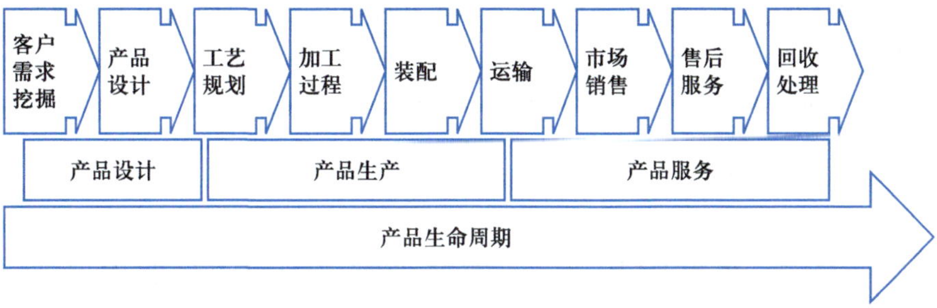

图 6-1　制造业产品全生命周期

长期以来，产品的设计和生产是企业的核心竞争力。产品销售标志着产品的所有权和产品责任转移给客户。在销售以后，产品基本上与制造企业脱离了关系；只有在出现故障需要质保的时候，客户才重新与制造企业搭建未必愉快的连接。

产销信息不对称会造成产品与客户需求产生偏差，从而导致产品供不应求或者生产过剩库存积压。随着产品市场逐渐饱和，客户逐渐成为供需关系中的主动方，卖方市场转向买方市场。制造企业为了获取更高的附加价值，除产品设计和生产之外，开始将产品服务提升至更加关键和重要的地位。

数字化、网络化、智能化技术飞速发展，制造企业以产品为媒介，在产品全生命周期内与客户进行互动，能够提供更好的服务。建立在优异的产品服务体验上，制造企业和客户的关系黏性增强，形成新型共赢的供需关系。这些产品服务体验是由数字化网络化智能化技术推动的，称之为智能服务，它是智能制造的重要组成部分和重要发展方向。

6.1.2 制造业产业模式和企业形态的根本性变革

客户对于制造业高质量发展的强烈需求，以及智能制造技术的重大突破、广泛应用，引起了智能服务翻天覆地的变化，推动着制造业产业模式形态的根本性变革。

（1）智能制造技术支撑制造企业和客户间的快速链接和信息协调。制造企业通过数字化技术获取用户需求，通用网络化技术紧密连接用户端和制造企业，采用智能化技术分析用户需求并决策。技术发展消弭了产销信息不对称，进而解决制造企业库存积压、行业资源浪费等问题。客户需求的准确获取是实现智能服务的基础条件。

（2）智能制造技术支撑制造企业快速设计满足用户需求的智能产品。企业采用 CAD、PLM、数字孪生等技术实现产品的快速优化设计；通过平台与信息技术实现设计资源的全社会优化配置，实现协同设计。这有助于企业缩短产品设计周期，实现适应快速变化的市场需求的产品的生产。智能设计和智能产品是实现智能服务的必要过程。

（3）智能制造技术支撑制造企业快速实现多品种小批量的智能生产。智能装备 - 智能产线 - 智能车间 - 智能工厂，通过生产过程自动化和生产管理信息化，形成了快速响应市场需求的强大柔性制造系统，能够高质量、高效率、低成本地及时响应多元化、个性化客户需求。智能生产是实现智能服务的重要支撑。

智能制造技术的发展，推动了产业技术变革和优化升级，进而加速了制造业产业模式形态革命性转型升级，制造业正在从以产品为中心向以客户为中心转变，产生了制造业的两种新模式和一种新业态：新的生产模式——走向规模定制化生产；新的组织模式——发展为竞争与协同共享；新的产业形态——迅速迈向生产服务型制造和服务型制造。

6.2 智能服务——服务的数字化网络化智能化

从制造系统的产品全生命周期来看，智能服务可以分为智能售前用户服务、智能售后用户服务、智能产品效能增值服务。

6.2.1 智能售前用户服务

数字化网络化智能化技术赋能的售前用户服务使得企业能够快速响应用户的需求，提高客户体验度，进而满足客户多样化的需求；同时，制造企业的成本降低，产品竞争力增强，市场占有率提升，能够拥有更高的经济效益。

1. 电子商务服务

电子商务（electronic commerce，EC）是实现智能售前用户服务的关键，对其发展具有意义深远的影响。所谓电子商务，就是通过互联网进行的各种商业活动，包括商品交换、客户服务、与商业伙伴的协调与合作、开展学习活动，以及组织内部的电子信息交换等。客户在制造企业的网站上购买产品、企业向消费者提供在线客户关系管理服务（e-CRM）等是电子商务的企业对消费者（B2C）模式；而制造企业在网络上从供货商那里采购零配件、与生意伙伴合作等，则是电子商务的企业对企业（B2B）模式。

案例 6-1

戴尔电子商务发展

1996 年，美国戴尔公司（Dell）在网站（dell.com）上推出电子商务功能，通过网络接受客户的计算机安装要求、订货，然后迅速向客户直接发货（图 6-2）。戴尔为每台销售的服务器、台式机、笔记本贴上独一无二的标签编号。当客户需要技术服务时，通过网站报上标签编号，技术人员就能快速提取产品资料，提供服务。

戴尔公司通过电子商务取得了巨大成功，成为台式计算机和服务器的“世界冠军企业”。

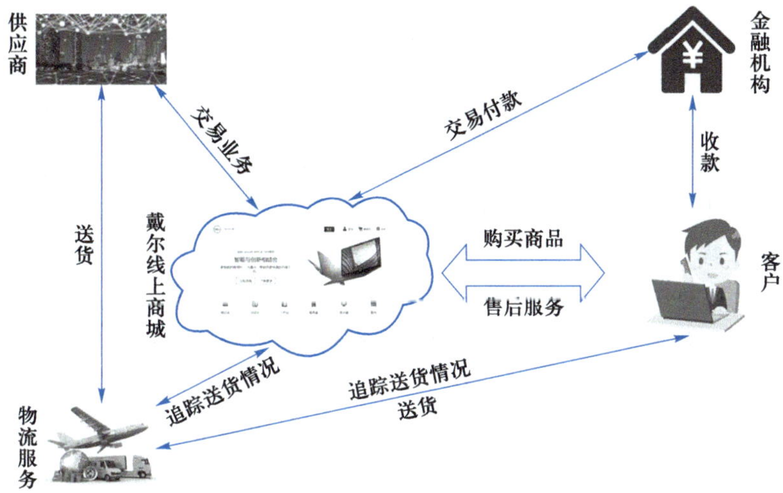

图 6-2 戴尔公司电子商务构建逻辑

戴尔公司的成功很好地证实了数字化、网络化技术创新可以为企业带来竞争优势。一是，电子商务服务深刻改变了制造企业和客户的关系。电子商务改变了原有的交易方式，打破了客户与生产厂商间的信息隔阂，使客户能及时反馈对产品及服务的需求，为客户提供更好的产品服务，提高客户满意度。制造企业开始向“以客户为中心”转变。二是，由电子商务替代企业基本活动中的传统商务环节，省去了交易服务的巨额中介费用，节省了时间成本、经营成本和运输仓储成本，产生收益递增利润。三是，电子商务能够使制造企业更准确及时地对市场做出反应，有效实现“以销定产”，解决产品积压问题，大大提高产品的市场竞争优势，提升市场占有率和企业的经济效益。

案例 6-2

希音（SHEIN）打造快时尚电子商务品牌

希音电子商务有限公司（简称希音，SHEIN）是成功运用电子商务的典范：希音借助 B2C 电子商务产生的大数据预测服装流行趋势，进而借助 AI 工具组织协同设计，快速设计出市场需要的成衣样稿；基于 B2B 电子商务模式，产品订单全部由具有“小单快反”生产能力的供应商完成；构建云工厂供应链平台，利用平台抢单模式进行智能化协同销售。这极大地满足了市场的需求，取得了巨大的市场销售成就。

希音

希音销售额连续 12 年增长率超过 100%，成长为全球领先的快时尚跨境电商品牌。

依托电子商务的发展，售前用户服务借助大数据智能、网络通信技术及现代高度分散物流等手段保障与客户的长期个性化沟通，使市场定位和产品研发计划达到可度量、可调控等精准要求，能够摆脱传统广告沟通的高成本束缚，使企业实现低成本快速增长。精准营销的系统手段不断满足客户的个性化需求，建立稳定的企业忠实顾客群，实现客户链式反应增值，达到企业的长期稳定高速发展的需求。例如，休闲零食品牌良品铺子致力于提升用户体验，通过电子商务平台与工具赋能门店相结合的方式，依托数据分析对其超过 7 000 万的会员贴上各种标签，为会员进行精准推送，推送产品的转化率非常高。

2. 新零售服务——“线上电商 + 线下体验”一体化

电子商务优点突出，但也存在着一定缺陷——线上交易难以满足客户的产品体验需求。随着消费水平的提高，人民群众更加追求舒适的客户交付体验。为此，先进制造企业通过运用人工智能等先进技术对商品的生产、流通与销售过程进行升级改造，建立从供应商到消费者的完善服务链，融合线上服务、线下体验，出现了“线上电商 + 线下体验”一体化的全新形态。

案例 6-3

安踏销售模式转型

安踏体育用品有限公司（简称安踏）在 2012 年开始逐步布局新零售战略，以消费者体验为导向，以线上线下紧密结合作为公司运营方略，开展变革。

在原有电子商务的基础上，安踏将原有的销售网点建设成为“智慧门店”。在门店内，当客户拿起一双鞋时，拿鞋和试穿的动作都会被感知和记录。通过这些记录形成的试穿率，判断产品对顾客的吸引力。购买时，工作人员用一体化设备刷一下商品条码，购买和支付就可以完成；若店里没货，可以在安踏云货架搜索并下单，之后这双鞋就能送到客户指定地点。结算之后，客户此次消费记录到后台客户关系管理系统，这里存放着客户线上线下所有渠道的消费记录；随着数据积累，客户消费特征逐渐清晰，成为安踏精准营销的基础。

安踏以消费者体验为中心，重构“人、货、场”，推动线上线下深度融合，探索集团旗下各品牌的全渠道融合覆盖，整合打通各平台货品，推进直面消费者的商业模式转型。2020 年上半年，安踏实现了收益近 147 亿元，毛利率达 56.8%，领先主要竞争对手，行业市场占有率位居国内前列。

3. 定制化服务

传统的大规模制造的生产方式是“一对多”的关系，即企业开发一种产品，然后组织规模化的大批量生产，用一种标准产品满足不同消费者的需求。其市场法则是“守着产品找顾客”。福特公司的创办人亨利·福特曾经说过：“不管顾客的需求是什么，我们的汽车就是黑色的”。在智能服务时代，企业能够根据客户需求定制产品，提供定制化服务。市场法则转变为“围着顾客定产品”。

制造企业通过电子商务、客户关系管理及精准营销的有效整合，制造商与客户、制造商与合作伙伴的沟通成本大幅下降、沟通速度大幅提高。制造企业可以理解和引导客户个性化需求、与客户及合作伙伴一起开展产品设计，从而进一步指导产品的柔性生产，为客户提供满意的定制化产品。

案例 6-4

维尚家具的定制化服务模式

佛山维尚家具制造有限公司通过信息化技术手段，采用 C+B 和 O2O 的商业模式，实现了从传统的家具制造企业转型升级为以规模定制化为主的整体家居服务提供商。打造智能生产 + 网络商城 + 线下实体店整体“C2B+O2O”供应链系统，基于协同设计、协同制造和精准供应链，实现了个性化定制的生产方式。

维尚家具

基于网络的协同设计平台，设计师与客户一起进行空间及产品的预设计；进而，产品及解决方案设计中心设计出个性化的家具产品和空间解决方案；之后，客户认可设计方案；方案直接分解成制造信息下发工厂，工厂主要实现对多个客户个性化产品订单进行智能拆分、分批分部件量化生产、按生产区域进行协同物流配送，并对生产计划和配送方式进行优化；最后交付用户满意的家具产品和空间解决方案。

4. 用户服务生态圈

诸多制造企业通过对客户的消费行为进行研究，从客户进店、逛、选、试到结账，利用大数据来指导产品设计和零售终端规划，提升客户体验度。在“线上电商+线下体验”的新零售模式下，客户体验成为中心，企业通过提供更多高效的辅助服务，增强客户的黏性及满意度，进而创造出新的客户需求，最后形成用户服务生态圈。用户服务生态圈是制造企业和客户围绕产品构建的大家庭，使得产品供给方和需求方深度融合、协同共赢。

案例 6-5

小米之家——市场营销生态圈的构建

小米科技有限责任公司（简称小米）在为用户提供电商服务的同时，深感电商瓶颈显现，用户线下购买、服务、体验需求强劲增加。2015 年底小米正式宣布推出“小米之家”，小米之家提供展示、体验、购买等服务，如图 6-3 所示。

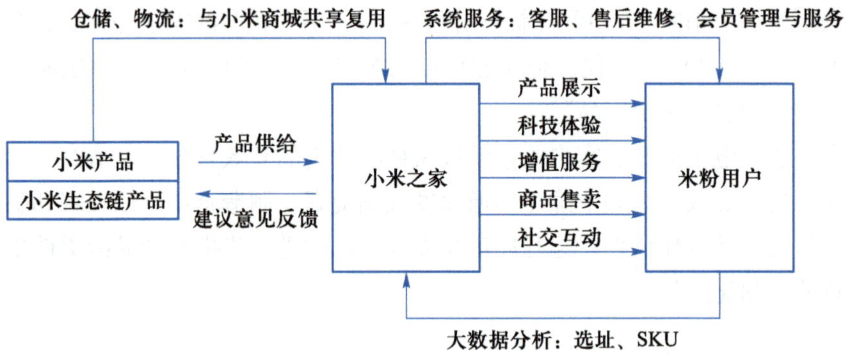

图 6-3 小米之家的市场营销生态圈运行逻辑

小米之家门店负责销售及客户体验，顾客在店面下单后，由数据中心统一安排送货上门及后续安装，将电商效率与实体店零售的体验服务相融合，大大节约了流通成本，为小米生态链提供了更多流量。小米之家还扩展了增值服务、社交互动等功能，为消费者创造浸入式的、无打扰的科技体验。

小米之家以客户完成完整购物行为的全流程感受为基础，提高了用户对小米智能产品的黏性和忠诚度，真正形成了小米客户的紧密而充满活力的生态圈——小米之家。

买方市场下，电子商务、新零售、定制化服务和用户服务生态圈等新智能服务有助于企业更好地服务客户，逐步实现“以客户为中心”的转变。

6.2.2 智能售后用户服务

售后服务是产品制造企业对客户负责的一项重要措施，能够有效增强其竞争力。传统的售后服务主要围绕产品功能展开，包括产品的运行维护、回收再制造等。而智能售后用户服务，借助数字化、网络化、智能化技术为产品售后服务赋予了新内涵。

1. 全生命周期健康保障服务

产品远程维护是售后服务的重要内容，能够最大限度地提升产品的安全性和可靠性，降低产品全生命周期的运行和维护成本。随着数字化、网络化、智能化技术在远程维护服务中的应用，其逐渐发展为覆盖状态实时感知、健康评估检测、健康预测性维护、全生命周期综合管理等方面的产品全生命周期健康保障服务。

随着智能感知、分析与决策技术的深度应用，健康监测、故障诊断与预测系统已大量应用在航天、航空等产品与装备上，并不断向全生命周期健康保障方向迈进，例如罗·罗和 GE 在航空发动机上安装传感器，利用远程通信和大数据技术监测并维护发动机全生命周期的健康。

案例 6-6

罗·罗的远程运维服务

英国罗尔斯–罗伊斯公司（Rolls-Royce Plc，简称“罗·罗”）于 1997 年启用了“全程式服务”（TotalCare)，击败竞争对手，获得了日本全日空的全部发动机订单。它在发动机报价的同时，向客户承诺提供几年免费保养，并提供全程健康保障服务。它颠覆了制造与服务之间的关系。

2019 年，罗·罗民航飞机可用性中心已经为全球宽体机客户提供了 15 年全天候支持。其采用先进的数据分析工具规划发动机的运行和维护，在亚健康状态下对设备故障出现进行预测并做出反应，为客户提升运营效率；与此同时，该中心可在客户需要援助时随时提供一站式支持服务。

为了保障生产的持续性，杜绝非计划性的停机、重大故障等事件的发生，预测性维护是十分必要的。其预测基础是设备运行历史数据和运行时的设备状态参数，其预测目的是预知设备未来的健康和运行状态，以便于维保人员有准备性地进行设备维护。智能化技术发展对于预测性维护的突破具有决定性的作用。

2. 产品运行优化服务

传统的产品运行优化是由客户企业通过大量试验，累积经验数据，实现产品质量和工艺的不断改进。随着智能制造技术的发展，制造企业在产品交易之后，仍然能够与客户维持紧密联系，为客户提供运行优化服务，帮助用户学习和规划如何更好地使用产品。运行优化服务的手段包括人才培训、解决方案、配套软件包等。

案例 6-7

施耐德电气的数字服务工厂

法国施耐德电气有限公司（简称施耐德电气）打造了数字服务工厂，为客户提供设备运行优化服务，解决智能互联产品生产的阻碍，包括产品开发周期过长、流程方法欠缺、工作内容重复等问题。

2018年底，施耐德电气成立了服务业务部，旨在成为客户存量业务可以信赖的顾问，帮助客户发现问题，共同提升客户运营效率，让客户心无旁骛地专注于核心业务。该公司为客户企业部署订单管理、执行与追溯管理、及时化管理、及时化响应等服务组件，降低了产线人为差错率，实现了生产过程的全程追溯，大大提高了产线产能、效率和效益。

制造企业为客户提供优异的产品运行优化服务，有助于提高客户应用产品的水平和效率，体现以客户为中心的宗旨；同时，有助于制造企业自身产品的迭代优化；更重要的是，切实提高客户对于制造企业的满意度，提升了制造企业的市场竞争优势。

3. 绿色循环利用服务

为了实现“绿色”新理念，以产品回收与再制造为核心的循环经济发展需求越来越迫切。在智能制造体系下，制造企业开展绿色循环利用服务有利于环境保护和循环经济发展，也有助于制造企业自身成本降低和经济效益增长。例如，在日本，电池制造企业作为电池回收先锋积极参与并牵头建立起锂电池回收和再制造体系，进而对动力电池进行高效的梯次利用。

案例 6-8

卡特彼勒的绿色循环利用服务

美国卡特彼勒公司（Caterpilar，CAT）发展绿色循环利用服务业务40多年来，在7个国家（中国、法国、墨西哥、波兰、新加坡、英国和美国）建立了17座再制造工厂。通过再制造，公司每年回收处理200万件旧件，同时回收处理8万吨材料。

卡特彼勒的再制造商业模式集中体现在以“全生命周期”的视角开发产品。再制造业务成为卡特彼勒“为客户带来最佳的投资回报”这个价值理念的进一步延续。当一部工程机械传统产品的生命周期结束时，仍然能够通过再制造为客户带来额外价值，这种超出客户预期的服务是产品溢价的最好支撑。再制造改变了传统制造由设计到销售的线性系统，进化为设计—制造—回收—再制造的闭环系统。通过完成产品的正向交付使用和逆向回收再制造，实现了对产品“全生命周期”的有效管理，为产业链各方创造共赢价值。

6.2.3 智能产品效能增值服务

产品很多时候只是一种交付的实物，能为客户带来的成果才是产品真正的卖点。为客户带来的成果即产品效能。对于商业用户来说，购买物理产品的成果体验和服务范围应该包括帮助其提高运营效率、推动业务增长。对于个人消费者而言，购买物理产品的成果体验和服务范围应该包括帮助其提高生活品质和丰富精神世界。

在数字化、网络化、智能化技术推动下，物理产品将变成一定功能的载体，产品为客户带来的效能成为价值创造的本源，智能产品效能增值服务成为产品服务的重要组成。

1. 智能产品持续升级服务

智能产品可以在售出后通过嵌入式系统的升级大幅改变产品功能，提升产品效能，改善用户体验。系统软件更新是产品升级服务的主要形式。

案例 6-9

特斯拉汽车通过升级持续提升客户体验

美国特斯拉公司（Tesla）正在颠覆传统汽车行业，通过硬件创新和软件驱动不断重塑特斯拉汽车的主要特征。特斯拉汽车的硬件架构大量运用了高端的物理工程，而所有的硬件组件主要通过软件控制连接。

特斯拉汽车作为一款智能互联产品，可以反馈现实体验，激发工程师开发相关功能，以满足操作者期望，并最终改善用户体验。例如，Model S 的第一版提速模式，从 0 提速到 96 km/h（60 迈）需要 3.2 s，而通过简单的远程软件更新，能将这个时间缩短至 3.1 s。持续改善、与时俱进，极大提升了汽车用户体验，这成为特斯拉汽车的竞争优势。

2. 智能产品内容增值服务

相较于传统产品的特性功能，智能产品使客户可以拥有量身定制的个性化体验，即智能产品内容增值服务。它既可以依托于一个产品，也可以是一个平台，甚至是一个生态系统，通过及时响应并不断与客户互动学习，满足客户的需求。以电视行业为例，电视产品的竞争已经从早期的以硬件为主的竞争向应用服务竞争转变；供求关系也不再仅仅是以往的产品端输出，而是围绕客户需求进行价值延展；其提供的内容增值服务是企业产品销售的亮点。

案例 6-10

小米电视的内容增值服务

小米公司在电视机中预装了基于 Android 系统深度定制的 MIUI 操作系统，加入了定制化文化内容。通过人工智能驱动 + 内容优先的信息流 UI 设计，最终导向是深度内容理解和人工智能精准推送，为客户提供围绕数据、应用、出行、娱乐等全景、高品质的数字生活体验。目前，小米电视以应用商店和游戏中心为主要利润来源，付费可获得更多内容或者更多网络存储空间及更高级功能；同时，能够基于硬件平台收集大量数据，不断更新算法，将互联网内容与服务进行精准推送，实现用户流量变现。

据统计，小米智能电视的客户日均使用时长达 4～5 小时，日活率在 50% 以上。小米电视通过内容增值服务，提高了客户黏性，奠定了其行业领先地位。

3. 智能产品系统运营增值服务

智能产品的系统运营服务平台一方面与庞大的市场需求互联，另一方面与遍布全球的供应市场互联，并依托其建立的基于客户需求知识库和市场供给知识库的智能化决策系统，促进供需双方建立直接连接和互动关系，为供方提供需求，为需方提供服务。这使得客户能够在透明化的环境中，享受到供应商所提供的“看不见、摸不着”的、可对产品实施有效管理和控制的“效能服务”。

案例 6-11

约翰迪尔的全方位农业管理体系

从事农业机械装备制造的美国约翰迪尔公司（John Deere）在智能互联产品的基础上构建以农业机械系统为核心的全方位农业管理系统（图 6-4）。系统不仅将农业机械设备互联，更连接了灌溉、土壤和施肥系统，还随时提供气候、作物价格和期货价格的相关信息，从而帮助农民优化农业生产的整体效益，为农民客户提供了全方位的农业系统运营增值服务。

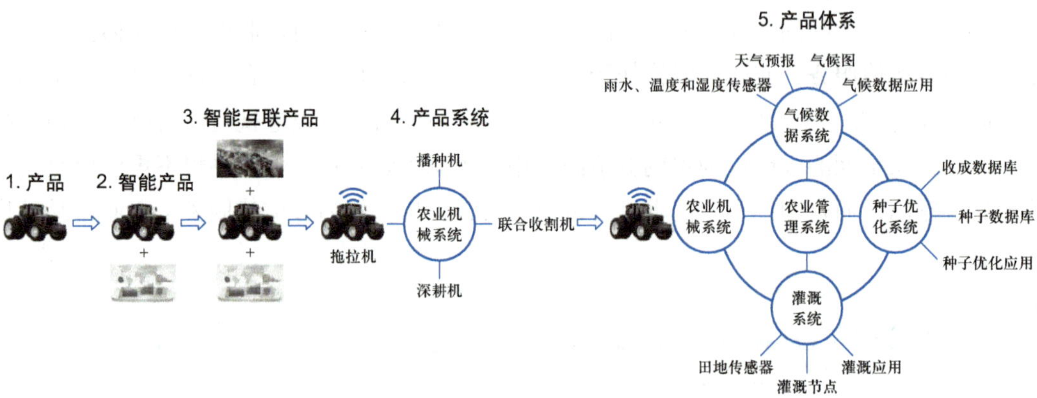

图 6-4　全方位农业管理系统构建示意图

4. 智能产品系统解决方案服务

当前，信息系统和服务变得越来越复杂，客户面临着拥有更多设备、管理更多的多供应商环境。将设备、生命周期服务和增值专家级服务集成为一个系统解决方案，客户能够高效率、高性价比地管理多供应商产品环境，并可以按量按需支付，这是一种新的服务类型。

案例 6-12

惠普的“设备即服务”

美国惠普公司（简称惠普，HP）通过创新的方式将设备纳入代管服务的范畴——惠普将其称为设备即服务（DaaS）。其精髓是为客户提供托管打印服务，这项业务在成熟市场中具有决定性的竞争优势。惠普还将此模式扩展到消费者打印和个人计算机领域，推广 Instant Ink 及时更换墨盒和订购服务等。设备即服务只有通过智能连接才能有效实现。以个人计算机为例，其设备均内置传感器，能像物联网软件一样反馈数据，包括设备使用状况、安全性能和使用表现等。

惠普的产品生命周期服务包括设备的设计、配置、部署、优化、维护、处理和更新。在这种结合了硬件和服务的工作环境中，客户只需按量按月进行支付，就可以有效降低设备使用成本。

在这种服务体系下，客户不需要购买产品的所有权，并且不需要考虑设备的健康保障等问题，只需要使用产品功能实现自己的目的，并按照使用情况支付相应费用。这种系统解决方案涵盖生命周期的每个阶段，且可以针对客户的具体需求量身定做。

案例 6-13

围绕核心产品打造系统解决方案——陕西鼓风机集团

陕西鼓风机（集团）有限公司（简称陕鼓）创新产业模式，向客户提供专业水平的系统解决方案和个性化服务，从传统生产制造企业转型为现代服务型制造企业。

初期，陕鼓是一家单一产品制造商，其主打产品是轴流压缩机、能量回收透平装置和空分压缩机。21 世纪初，陕鼓开始从单一产品制造商向能量转换领域系统解决方案商和系统服务商转变。陕鼓从卖设备延伸到卖服务、搞运营，做系统解决方案。其获取订单的能力大幅度增强，此阶段的合同额增加了 4.5 倍，利润增加了 3.7 倍。2016 年以来，陕鼓进一步关注客户的潜在需求和未来需求，帮助客户实现其价值，提供分布式能源系统解决方案。

陕鼓通过聚焦细分市场的客户需求变化，强化高附加值环节供给能力，走差异化战略的道路。这不代表陕鼓放弃了制造。作为陕鼓的核心业务，制造为服务提供了强大的平台基础和技术保障；服务则使制造增值，提升了制造的品牌效益。制造与服务相互渗透，最终实现一体化发展，为客户量身打造个性化的系统解决方案。

在智能制造技术推动下，制造企业越来越关注客户对于产品的需求，并竭尽全力帮助客户实现目标，即为客户提供效能增值服务，这是智能服务发展的关键。

6.3 规模定制化生产——以智能服务为核心的新生产模式

生产模式是基于制造系统运行机理而建立的企业体制、经营、管理、生产组织和技术系统的形态和运作方式。

纵观世界制造业的发展历程，制造业生产模式大致经历了手工生产、机器生产、大规模流水线生产、精益生产与敏捷制造四个阶段，并正在向规模定制化生产阶段转变。

6.3.1 制造业生产模式的革命性创新

1. 制造业生产模式变革

案例 6-14

从“量体裁衣”到“个性化定制”——成衣制造生产模式变迁

成衣制造的生产模式伴随服装成衣工艺和技术的发展，经历了从手工生产阶段向规模定制化生产阶段发展的进化过程。

（1）直到18世纪末，成衣制造的工艺方式一直是手工操作，裁缝量体裁衣，这是一种单件式个性化定制生产（图6–5a）。此阶段，成衣制作的生产效率很低，且根据裁缝的手艺不同，质量稳定性差；优点是成衣合体，符合客户的要求。

（2）19世纪中叶，机械缝纫机将缝纫速度提高到600针/分，成衣制造由纯粹的手工操作发展到使用人力的机械操作，即机器生产模式（图6–5b）。1890年开始出现电动机驱动的缝纫机，服装企业开始用机械进行高速化、自动化及专门化的大规模流水线成衣生产（图6–5c），按照一定的工艺标准、通过规定的工序流程将成批的面料由专用的机械设备生产为消费者购买之后即可穿用的服装成品。这一阶段成衣制造成本大大降低，效率大大提高；缺点是难以满足客户的个性化需求。

（3）随着数字化技术等新的赋能技术出现，服装企业的生产力大幅提高；同时，客户不再满足于大规模无个性的服装。服装企业在生产同类款式时，批量开始逐渐减小，精益生产与敏捷制造出现，显著提高了服装产品的迭代速度，积极适应市场需求的多品种小批量生产逐渐成为主流。

（4）在柔性制造、数据驱动和网络化技术的支持下，服装企业对客户个性化需求的收集和响应能力极大提升，出现了规模定制化生产的成衣生产模式（图6–5d），提供更多品种、更小批量、更加贴近客户个性化需求的服装，满足其对美好生活的向往，以客户为中心成为新的趋势。

(a) 裁缝量体裁衣　(b) 缝纫机生产

(c) 大规模生产　(d) 规模定制化生产

图 6-5　成衣制造生产模式变迁

成衣制造生产模式变迁

成衣制造业的生产模式从最初的低效率的定制化（量体裁衣）到当前的高效率的定制化（数字化网络化的量体裁衣——规模化定制），走出了一条螺旋式上升的生产模式变革之路。

报喜鸟集团是服装规模定制化生产转型的典型案例（图 6-6）。报喜鸟集团通过定制云平台、透明云工厂和数据云中心实现服装个性化定制。在报喜鸟集团销售终端，客户可在定制云平台系统中，根据着装场合及个人喜好选择产品款式、版型、材料、颜色、工艺及深度进行自主设计，之后通过客户端预约量体或在电商网站上以填写的方式提供量体信息；填写量体数据下单后，系统会自动把订单传输到产品设计中心；智能 CAD 系统根据体型数据及个性化选项，自动生成个性化样板，输出客户的尺码、规格号、排料图、生产工艺指导书以及订单 BOM 等标准化信息。通过客户端页面的 3D 模型，客户可以直接地观察到产品信息和实穿效果，感觉满意后，才完成下单。样板经过自动排版后，数据自动流转至数控裁床进行智能裁剪，裁片通过智能吊挂系统传输至相应的流水线及工序，通过近 400 道工序的生产，一件个性化定制的西服就诞生了。下单 7 天之后客户就能拿到自己定制的产品。

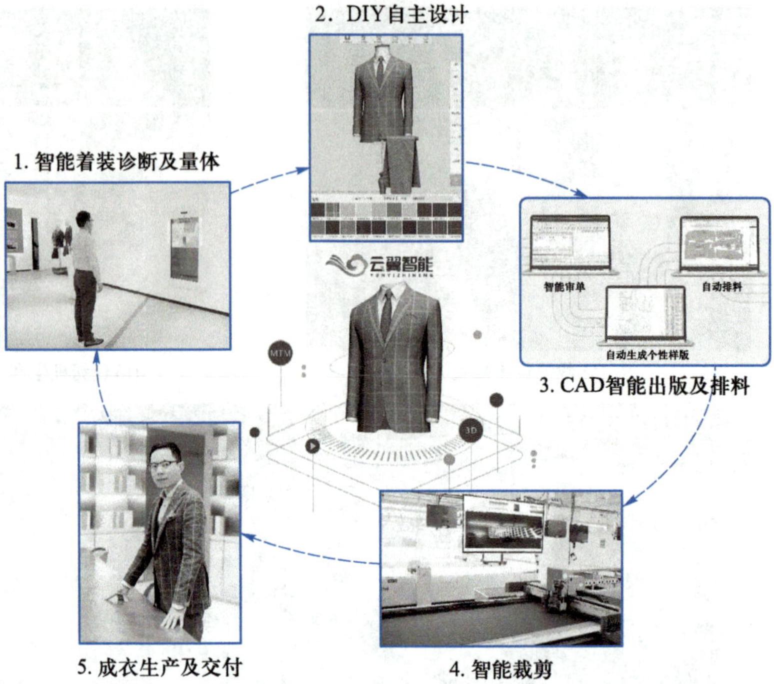

成衣个性化定制

图 6-6 成衣个性化定制

成衣制造生产模式演化的历史充分说明，在制造业持续发展过程阶段，由于市场需求牵引和技术进步驱动水平的不同，生产模式优化目标的重点各有不同。如果从更加广阔的视角观察人类经济社会的发展，过去 250 年的经济增长主要是三次工业革命作用的结果。伴随着技术的巨大跃升和市场竞争重点的迁移，每一次工业革命都带来了生产模式的进步。每一次生产模式的进步，都是制造业多目标优化的结果，是围绕提供产品的交付质量（quality，Q）、成本（cost，C）、时间（time，T）和服务（service，S）的竞争力要素 QCTS 的优化，是在新的赋能技术带来制造效率和质量显著提升的基础上实现的多目标优化；都是基于当时生产力和社会需求条件的、市场牵引和技术驱动共同作用的结果。技术创新是生产力发展的第一驱动力，市场需求是生产力发展的第一牵引力。

对于消费者，人们对于产品的需求始终是质量 Q、成本 C、时间 T 和服务 S 的“多、快、好、省”，制造业发展的历史进程始终是多个目标 QCTS 综合优化的进程。然而，制造业多目标优化中的各个目标 QCTS 是矛盾的组合体；在不同时期，制造业的主要矛盾不同，多目标优化中 QCTS 权重也有所变化。其决定性因素是市场需求和技术进步（表 6-1）。

表 6-1 技术进步与生产模式创新

工业时代	第一次工业革命	第二次工业革命	第三次工业革命	第四次工业革命
生产模式	机器生产	大规模流水线生产	精益生产与敏捷制造	规模定制化生产

第一次工业革命之前，“量体裁衣”是典型的个性化定制，效率低、成本高、服装质量与裁缝手艺直接相关；这个阶段市场对 QCTS 的需求始终存在，然而由于生产力水平低，手工生产的第一追求只是满足客户需求、提供高质量的产品。第一次工业革命带来了生产质量 Q 的显著提高和生产成本 C 的显著降低，生产模式从手工生产发展为机器生产。

第二次工业革命发生前，客户需求更加旺盛而产品生产能力相对不足，产品产量无法满足市场需求。这时，提高生产效率与降低产品成本 C 成为此阶段 QCTS 优化的首要目标。第二次工业革命中，大规模流水线生产模式得到发展，生产效率极大提高。

随着生产效率的极大提高，市场供需关系发生了根本性变化，从卖方市场转变为买方市场。买方市场下，为适应客户和市场的需求，更快的上市时间 T 成为主要矛盾。在保证质量的前提下，缩短上市时间 T 成为此阶段 QCTS 优化的首要目标。顺应这一趋势，柔性制造技术应运而生。第三次工业革命中，生产模式从大规模流水线生产向精益生产与敏捷制造转变。

新的历史时期，买方市场特点更加凸显。为了满足客户对产品越来越高的个性化需求，在保证产品质量 Q、产品成本 C 和上市时间 T 的前提下，提升产品服务 S 成为这个阶段 QCTS 优化的首要目标。以客户为中心、为客户提供个性化优质服务成为企业间竞争的关键点。新一代人工智能技术的突破和应用，进一步提升了智能制造的水平，为实现本阶段的优化目标提供了条件。以客户为中心成为必然的发展趋势，生产模式将走向规模定制化生产。

2. 工业革命与生产模式变革

1）第一次工业革命与机器生产

第一次工业革命之前，生产模式主要为手工生产。第一次工业革命使生产模式从手工生产转向基于机器的标准化生产，产生了可互换零件等标准化技术。例如，英国皇家海军所用船帆滑轮的生产，19 世纪初从手工制作发展为以标准方式安装的机器生产，45 台机器每年能够生产 13 万个滑轮组。与传统手工生产相比，这个方法大大提高了质量和效率，所需技术工人从 110 人减少到 10 人，大幅降低了成本。

2）第二次工业革命与大规模流水线生产

第二次工业革命后，高效率低成本的大规模流水线生产出现。汽车成为第一个实现大规模生产的行业。不只是汽车行业，各行各业、各种各类的产品设计和生产在技术赋能下都发生了翻天覆地的变化。第二次工业革命极大地解放了生产力。

案例 6-15

福特的大规模流水线生产模式

汽车制造初期，由两三个工人一组手工制造汽车。随着需求的增长，用机器大批量生产价格低廉汽车产品的呼声越来越高。从 1908 年开始，美国福特公司着手在 T 型汽车上实行单一品种大批量生产，到 1915 年建成了第一条生产流水线，工厂使用了可互换零件系统，用于大规模制造标准产品。在福特，1913 年，一台 T 型车装配平均需要 12.5 小时，在应用流水线后缩减到 1.5 小时（图 6–7）。1915 年已经达到 1 分钟装配 1 辆汽车的水平，1920 年则提高到 10 秒钟装配 1 辆汽车的水平。与此同时，T 型车价格从 1909 年的 850 美元下降到 1922 年的 260 美元。流水线生产方式极大地提高了生产效率。

图 6–7 福特汽车的早期流水线生产

3）第三次工业革命与精益生产和敏捷制造

第三次工业革命之前，工业经济的主要特点是大规模生产。其生产方式是“一对多”，即企业开发一种产品，然后组织规模化的大批量生产，用一种标准产品满足不同消费者的需求，市场法则是“守着产品找客户”。代表产品是福特的 T 型车：不管客户的需求是什么，T 型车始终是黑色的。那个时代，福特通过采用大量流水线生产的形式，提高了生产效率并降低了生产成本，从而大大降低了汽车的售价，使福特汽车供不应求。清一色的黑色汽车畅销无阻，不必讲究市场需求特点和推销方法。整个市场的客户需求基本上是被动的，消费者没有多大选择余地。显然，这个阶段是卖方市场。

随着生产效率的极大提高，大规模制造的产品开始供过于求，市场供需关系发生重大变化，买方市场时代到来。从卖方市场走向买方市场，客户的需求从得到“产品”变为得到更好的“产品”，客户需求的多元化、个性化更加凸显。

在买方市场下，大规模流水线生产模式已经难以使企业持续获得利润增长；企业必须以市场为导向，快速适应市场的需求，根据客户需要生产产品。企业的生产方式从大规模制造转向多品种、小批量制造，转向精益生产和敏捷制造。

精益生产通过系统结构、人员组织、运行方式等方面的变革，精简生产过程中的冗余环节，大大提高制造质量和效率。敏捷制造将柔性生产技术、有技术有知识的劳动力与能够促进企业内部和企业之间合作的灵活管理集中在一起，通过所建立的共同基础结构，对迅速改变的市场需求和市场进度做出快速响应，具有更灵敏、更快捷的市场响应能力。与传统的大规模流水线生产不同，其特色是“多品种”“小批量”。

案例 6-16

丰田的精益生产与敏捷制造生产模式

与大规模流水线生产一样，新的生产模式首先应用于汽车制造。日本丰田公司（简称丰田）实施精益生产与敏捷制造模式，不仅能使企业不断提高生产效率、增加效益，更重要的是适应了多品种小批量的快速交货要求。

丰田为应对客户多样化的车辆需求和复杂的汽车生产，提升了生产线的柔性（图 6-8）。同时，在装配生产线的各工序，只在必要的时候提供必要数量的必要零件。生产和输送在整条生产线上同时协调进行，在每一工序中和不同工序间都是如此，这样奠定了精益生产的基础。即时生产（just in time）的生产方式在丰田成为现实，成为精益生产这一理念的具体体现。

丰田生产模式

图 6-8 丰田汽车生产线

4）第四次工业革命与规模定制化生产

随着市场竞争的加剧，企业之间的竞争逐渐转向基于产品服务 S 的竞争。由此，为客户提供定制化的产品，以全面提高客户满意度，成为企业追求新的竞争优势的必然选择，促使社会的经济模式从规模经济走向范围经济，更多品种、更小批量的需求层出不穷，规模定制化生产这一新的生产模式由此展开，成为制造业发展的新趋势。

规模定制化生产的基本思路是通过产品结构和制造流程的重构，在现代生产、管理、组织、信息、营销等技术平台的支持下，满足客户个性化需求。它的实现离不开数字化网络化智能化技术的赋能。规模定制化生产运用柔性制造等先进技术，以大规模生产的成本和速度，供应单个客户或小批量多品种市场，更能体现以客户为中心的宗旨。

德国汽车行业是一个很好的例证。二三十年前，德国主要汽车制造商生产的车型种类屈指可数。近年来，为了满足用户的个性化需求，制造商大规模增加了车系和车型的品种。不仅如此，在每种车系和车型基本确定的前提下，与之相关的可个性化定制的配置显著增加，满足了用户的个性化需求，这种规模定制化生产的趋势还在快速发展。

案例 6-17

宝马的规模定制化生产模式

宝马公司（简称宝马）的车系车型非常丰富，在售车型已超过 30 款，每款都在不断升级换代，以满足消费者对于不同层级汽车的需求。

宝马引入个性化定制服务：由专业设计师帮助客户参与自己座驾的设计过程，提供多种专属金属漆、内部的真皮颜色搭配、高级木纹内饰的定制；由宝马个性化定制部门设计推出应某一市场的特别要求的定制车型；更有为个性化需求的用户提供的完全的宝马定制服务，实现真正意义上的独一无二（图 6-9）。

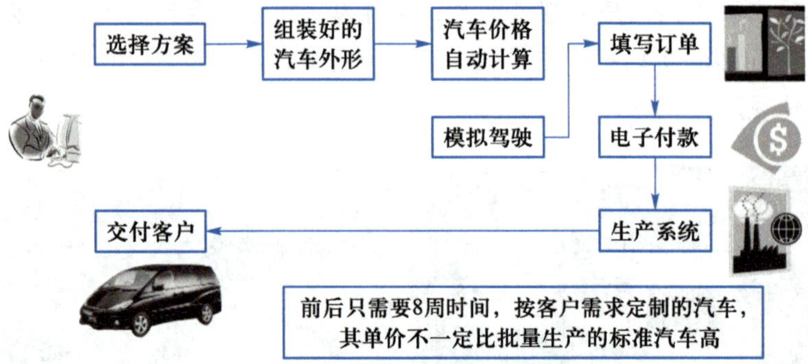

图 6-9 宝马汽车定制流程

未来已来，人工智能赋能先进制造。未来的规模定制化生产，产品批量会越来越小，新的产品不断涌现，小批量、多品种、定制化的生产将成为制造的主线。

6.3.2 规模定制化生产模式（Ⅰ）——用户需求挖掘与市场创造

面向用户的需求挖掘和市场创造的规模定制化生产，体现在制造商通过对用户需求的深度挖掘、主动适应和快速响应，完成规模定制化生产。

案例 6-18

ZARA 的客户需求挖掘

西班牙 ZARA 公司推进为顾客提供“买得起的快速时装”的战略，获得了巨大成功。其成功的重要因素是公司的快速市场响应和客户需求挖掘。

客户的需求成为 ZARA 设计的起点。ZARA 的服装产品周期从设计、生产、成衣到上架销售只需要 15 天，每年推出的时装款式是同行业企业的数倍。在新产品设计过程中，ZARA 密切关注潮流和消费者的购买行为，收集顾客对产品的设计、颜色、款式、价格等各个方面的需求信息，为设计师设计新款式提供依据。这些信息使设计师和决策者能够快速准确地从消费者的角度出发，将消费者的想法和需求转化为他们所期望的服装。ZARA 通过快速满足客户的需求，提高了产品的市场占有率，创造了巨大的经济效益。

为实现规模定制化生产，准确地获取用户需求信息成为前提条件。通过电子商务、客户关系管理系统及实施一对一营销的有效整合，制造企业可以提升准确获取用户数据的能力；通过对用户数据的分析和推演，制造企业能够挖掘用户个性化的需求，进而安排设计、生产，为客户提供满意的定制产品。

在此基础上，规模定制化企业还能够基于对客户需求的分析对其进行精确的信息推送，主动满足客户需求，进而为开辟新的更大的市场建立基础。

案例 6-19

海尔集团基于社群生态的客户需求挖掘和市场创造

海尔集团应用信息技术和快速响应技术创造市场，借助卡奥斯（COSMOPlat）构建起一个巨大的互联网社群生态，开展客户需求挖掘，实现了生产模式与管理模式的颠覆，生产模式由大规模制造转变为规模定制化生产。

卡奥斯是以客户为中心、实现客户价值的规模定制化解决方案平台，采用开放式的创新体系，将社群生态和工业新生态相连接，将企业与资源联通，形成独有的众创空间，为产品的定制化需求提供引导和依据（图 6-10）。海尔卡奥斯应用大数据技术实现了家电产品的研发过程、制造流程和营销方式的颠覆式创新。

海尔规模定制化生产

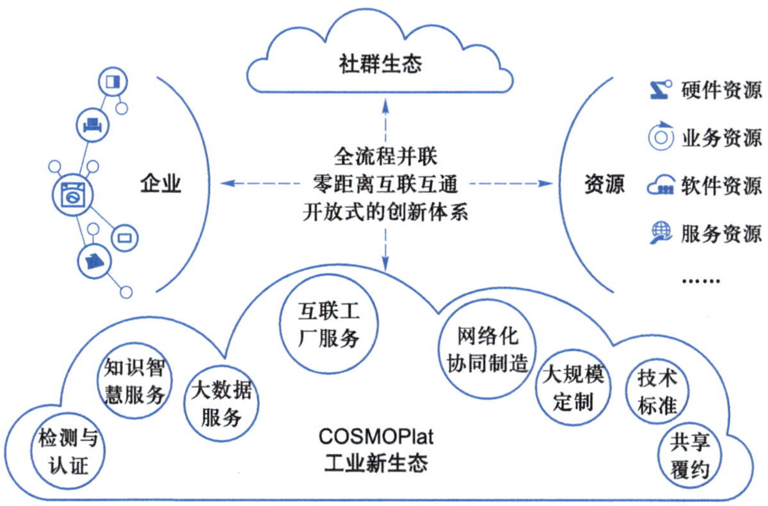

图 6-10 卡奥斯平台理念

（1）海尔的客户需求挖掘。利用大数据，海尔搭建的社交化客户关系管理系统，为客户贴上标签，并根据标签形成最基本的客户模型，勾勒出清晰的客户画像，努力设计和生产更小批量、更多品种、适销对路的产品。

（2）海尔的精准推送。在用户画像的基础上，通过量化分值定义客户潜在需求，精准满足其差异化、个性化的需求。

（3）海尔的市场创造。在充分捕捉和了解用户生活习惯的基础上，通过数据的全面洞察，海尔实现了用户和服务的连接、设备和服务的连接，满足用户定制服务的需要。数字化网络化智能化技术为海尔拓展了新的更大的市场，推动海尔从白色家电市场拓展到智慧家居市场。

近年来，海尔集团对客户需求挖掘不断深化，建立了“卡萨帝”这一高端智慧家居品牌，提供围绕用户衣、食、住、行的全方位生态服务。卡萨帝以用户为中心进行全链路产品创新，为用户提供多元化场景、个性化定制、终身化迭代的一体化一站式高端家电定制方案。

6.3.3 规模定制化生产模式（Ⅱ）——用户参与选配的规模定制化生产

用户参与选配的规模定制化生产，改变了传统的以产定销的模式。在这一模式下，用户可以深度参与产品的设计与生产过程，在设计阶段向制造商提出多元化、个性化的定制需求，在产品生产过程中以多种形式参与产品制造的不同环节。

案例 6-20

广汽埃安用户参与选配的汽车规模定制化生产

广汽埃安在全球首次实现钢铝混合车身柔性混线生产，通过工艺云平台实现数字化自主决策，在汽车行业内首次实现了规模定制化生产。通过信息化技术、通信互联技术、运营自动化技术，以及先进的广汽生产方式高度融合，广汽埃安的产品研发、生产制造、供应链、销售等业务高度协同，实现了汽车的大规模个性化定制与智能制造。以“电动化、网联化、智能化和共享化”的整车发展目标为指引，以“模块化设计、智能化生产、协同化运作”为特征的汽车规模个性化定制的智能制造新模式，颠覆了“从工厂到用户”的传统生产思维，转为“以用户需求为驱动”的个性化生产，通过产品模块化设计和个性化组合，满足用户的个性化需求。

广汽埃安构建了线上线下结合的“客－厂－店”的金三角营销服务模式。①促销量。私域流量的引流将车主引到APP上选配下单。②车服务。向车主提供直接的多对一的群组服务，用户通过APP一键便可享受13项尊享服务，例如代客维保、充电、一键救援等。通过车联网大数据的运用实现更多的主动服务，例如可以实现车辆故障的预警、远程诊断，根据驾驶行为的分析推荐不同的维保方案等。③人连接。通过 APP 打造埃安车主俱乐部，打造车主社交平台，不断深化用户关系。

企业通过对全流程生产环节的规划，为用户增加场景体验，并且这种体验价值可以根据用户反馈和企业技术进步持续迭代，从而不断提高用户的知识及能力，进一步明确用户需求。用户的选择范围实际是企业设计好的模块。一方面，这种模式提高了对企业供应链的要求；另一方面，因为大量的选配模块是标准品，企业的成本并没有过多地提高。

6.3.4 规模定制化生产模式（III）——有组织的个性化定制

得益于数字化网络化智能化技术对设计、生产和服务的全面赋能，同时伴随着客户的个性化需求越来越强烈，规模定制化生产的单批规模越来越小，最终可形成“单件流”制造，实现有组织的个性化定制。通过新型设计和生产技术的应用，单件产品定制的设计和制造成本可大幅度降低。目前，这种模式已广泛应用于高端消费品、医疗器械、高端汽车和家居定制等领域。

案例 6-21

义齿 3D 打印个性化生产

北京大学口腔医学院通过结合先进的智能技术和数字设备，为患者提供高个性化口腔医疗服务，极大改善了治疗体验和效果。医院将患者的 CT 扫描结果转化为数字化三维模型，包括牙齿、牙龈和颌骨等口腔结构；基于患者的口腔情况和治疗需求，医生和数字化研究团队协同设计个性化的治疗方案；利用先进的 3D 打印设备，将设计好的牙齿模型进行定制化打印。这些 3D 打印模型可以精准还原患者口腔的形态，确保治疗方案的精确性和个性化。

义齿 3D 打印个性化生产

案例 6-22

欧派家居的“一站式家居空间解决方案”

欧派家居集团股份有限公司（简称欧派）应用智能制造技术打通销售、研发、生产、服务等全套环节，实现“所见即所得，所感即所要、设计即制造、制造即服务”的生产模式，为用户提供“一站式家居空间解决方案”。

欧派家居

客户与设计师一起进行方案设计，根据房屋尺寸，以及客户对风格、品质、颜色、材质等方面的要求，利用智能家装设计平台进行初步设计；进而，设计师与客户一起进行多次迭代，确定设计方案。确定后的方案将汇总至欧派数智指挥中心进行汇总和分析，并被智能化拆解和生产排期，以在 24 小时安排各生产基地进行生产。客户可以对订单进度进行实时跟踪。基于欧派后端智造系统，产品最快可实现 7 天交付，并由专业团队完成安装和调试。在后续使用过程中，欧派还为客户提供了“金保姆”服务保障体系，包括定期检修、5 年质保、终身维护等一站式服务。

6.4 协同创新与共享制造——以智能服务为核心的新组织模式

6.4.1 制造业组织模式的革命性创新

制造业组织模式包含两个方面：企业组织——企业内部组织（intra-firm）和产业组织——产业内、企业间关系（inter-firm）。

在企业内部组织层面，为了满足市场变化的需求，为了提高竞争力，企业的内部组织模式逐渐从金字塔形结构向扁平化的方向发展（图 6-11）。

更重要的变化在于产业内、企业间关系。在创新、协调、绿色、开放、共享的新发展理念指引下，各企业在市场中需要保持协调和合作，构成相互联系、相互协同的系统，形成复杂而深刻的互补关系，共享、共生、共赢的产业生态日趋成熟。由智能制造技术驱动，制造业企业间的组织模式将走向竞合——竞争与协同共享。

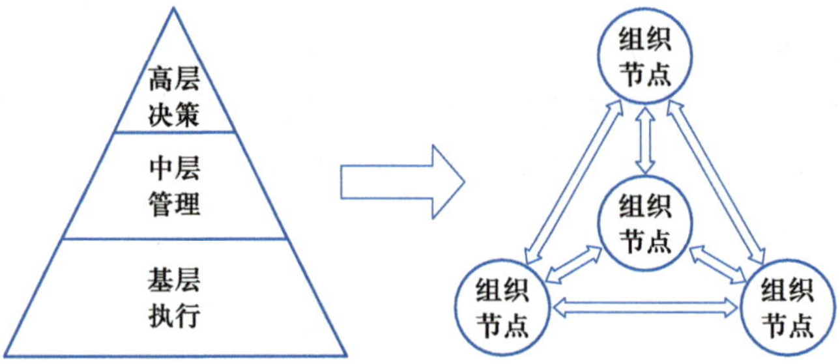

图 6-11 企业内部组织模式从金字塔形结构向扁平化转变

随着工业时代的变迁，组织模式也始终在不断变革（表 6-2）。第二次工业革命之前，制造业的组织模式是分散的，这符合手工生产和初级机器生产模式下的资源利用方式。第二次工业革命之后，随着大规模流水线生产、规模经济出现，产业寡头出现，产业发展的主导权逐渐掌握在少数的组织手中，竞争与垄断成为主流。第三次工业革命之后，全球一体化进程加快，全球性的企业集团对控制不同区域间的市场关系具有更大优势；同时，柔性生产对供应链协同提出更高要求，企业间协同加强，竞争与垄断开始走向竞争与合作。第四次工业革命来临，竞争仍是企业之间的主题，但为了更加有效地利用资源和提高效率，组织模式将从竞争与垄断走向竞争与协同共享。协同共享在企业组织或市场关系中起着越来越重要的作用，成为企业之间的另一个主题。

表 6-2 技术进步与组织模式优化

工业时代	技术进步	经济模式	组织模式
第一次工业革命	蒸汽机的发明和应用	自由经济　卖方市场	分散型
第二次工业革命	电气技术的发明和应用	规模经济　卖方市场	竞争与垄断
第三次工业革命	数字技术的发明和应用	规模经济　买方市场	竞争与垄断转向竞争与合作
第四次工业革命	智能技术的发明和应用	范围经济　买方市场	竞合——竞争与协同共享

在规模经济时代，大规模生产表现着规模经济性，能使企业的单位成本不断下降，生产效率不断提高；但是，企业市场占有率提高的结果是市场结构中的垄断因素不断增强，过于强大的垄断阻碍了竞争机制在资源合理配置中继续发挥作用，使经济丧失活力。

20 世纪 80 年代初，范围经济的出现在一定程度上缓解了规模经济时代垄断因素的制约。范围经济是经济模式发展的一个新阶段，强调生产不同种类产品（包括品种与规格）获得的经济性，它的突出特点是企业多项活动共享一种核心专长、多个企业联合生产的产出之和超过单一企业的产出。合作——协同创新与共享制造成为企业之间新的组织模式。

协同创新将创新资源和要素进行有效汇聚，突破了创新主体间的壁垒，通过主体发挥各自的优势，整合资源，实现深度合作，实现各方的优势互补、合作共赢。

共享制造是未来重要的新组织模式，其围绕生产制造各环节，将分散的生产资源集聚起来，弹性匹配、动态共享给需求方，这是运用共享理念、优化配置资源、培育壮大新动能的必然要求。

从产品的全生命周期来看，制造业的协同创新与共享制造的组织模式，主要包括生产制造的协同与共享、创新设计的协同与共享以及制造服务的协同与共享。

6.4.2 生产制造的新组织模式——共享制造

1. 产业链、产品链的协同与共享

产业链是指某一产业从原材料一直到终端产品制造的上、中、下游各种产品的完整链条，主要面向具体生产制造环节。产品链则指围绕某一产品的上、中、下游产品组成的链条，产品既可以是 To C 的终端产品，也可以是某一个零部件、元器件等中间产品。产业链、产品链的智能制造——产业链、产品链的数字化网络化智能化发展为协同与共享提供了条件，在产业链、产品链中，各个环节之间通过信息共享、资源共享、技术共享等方式，实现协同发展、价值共创、利益共享，降低生产成本，提升绩效，提高整个产业链和供应链的效率和竞争力。在传统的产业链体系中，商业价值来源于产品，企业更加关注产品质量和制造效率的提升。在智能制造推进过程中，要求企业进一步满足客户多样化、个性化的需求，并从客户角度重新思考产品的运营过程，整个组织模式向共享制造转化。在

产品分工日益细化的市场环境下，产品的复杂度、业务的广度和深度也大幅提升，越来越难以依靠单个企业或部门完成行业所有的业务创新和生产活动，需要由不同的企业，甚至是不同的供应链协同合作，创造产品价值。

从组织模式上上看，产业链、产品链上的企业主要由链主企业和链员企业组成。其中链主企业主要是终端产品制造企业，或在产业链中占有主导地位的企业；链员企业则主要支撑服务链主企业，包括专精特新制造企业、“代工”企业和生产制造的共享制造平台等类型的企业。

案例 6-23

“大飞机”——C919 产品链的协同与共享

C919 产品链的协同与共享

在 C919 的研制过程中，其产品链以链主企业中国商飞为龙头，组织了 200 多家链员企业，近 30 万人深度参与了这一重大工程。中国商飞作为链主企业，承担 C919 产品链的核心技术国产化和飞机整体产业链搭建的重任。中国商飞通过以项目带动政产学研各方参与产品链建设，搭建产业集聚平台，开展供应商穿透管理，开放研发场景和资源等举措，充分发挥“以大带小”的作用，带动大飞机产业链、供应链、创新链发展壮大。中国商飞应用数字化技术，利用基于模型的定义（model based definition，MBD）技术，建立设计制造唯一数据源，实现龙头牵引的产品链协同与共享。中国商飞发挥主制造商优势，大力支持产品链上企业承担大飞机产品链相关模块的科技创新工作，积极为参与并承接中国商飞零部件配套项目的企业提供业务、资源对接支持，指导企业建立设计保证体系、质量管理体系、适航验证体系，提供航空领域相关标准、规范、程序等技术支持和培育，帮助相关企业找准产业切入点，加快进入航空产业链。

2. 链主企业（终端产品制造企业）的产业分工的重大变革

在范围经济条件下，链主企业，特别是终端产品制造企业，其产业分工发生重大变化，生产制造组织模式发生重大变化。对许多链主企业，过去那种以生产为主、以设计和服务为辅的“两头小、中间大”的橄榄型企业，逐渐向微笑曲线两端延伸，最后形成以设计和服务为主、以生产为辅的“两头大、中间小”的哑铃型企业，这是一种企业组织模式的创新（图 6-12）。进而，在电子、电气、消费品等领域，很多终端产品制造企业，进一步采用了“设计、营销在内，生产在外——两头在内、中间在外”的经营组织模式，例如，世界知名电子企业苹果、惠普等，世界知名制鞋企业耐克、阿迪达斯等。这种产业分工的变化是生产制造协同与共享的前提。

这些链主企业转向主要开展制造产品的设计、营销环节，那么产品的零部件生产和装配去了哪里？它们将这部分生产精度高而利润低的制造环节，交给了链员企业，交给了生产能力强大的橄榄型企业——专精特新企业、代工企业和协同制造平台。

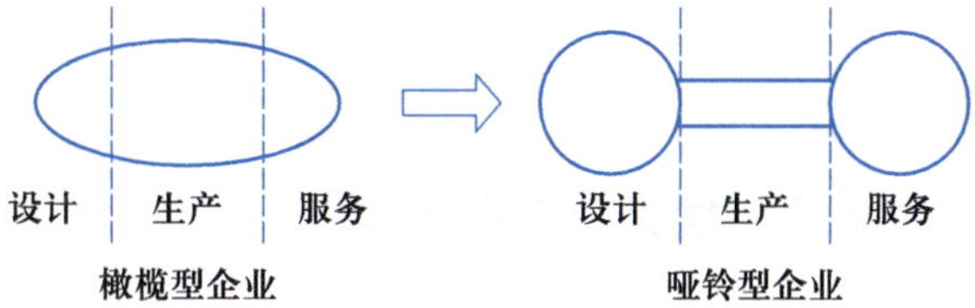

图 6-12 链主企业由橄榄型企业到哑铃型企业的模式创新

这是一种更精细化的分工，制造企业正在从“大而全”向“专而精”转变，各个制造企业专注做自己最擅长的事情，多个企业实现协同、合作、共赢。如今，制造企业已经突破传统的车间—企业—社会—国家的界限，逐渐融入全球的产业链条中，参与制造行业的分工与协作，充分利用自身的技术优势，强化升级核心业务，做大做好核心业务。

案例 6-24

“大飞机”——C919 生产的协同与共享

大型飞机研制属于“协作型产业”，必须在应用信息技术的基础上，颠覆以往的飞机设计制造体系，建立集研发、设计、生产、试验、营销、服务于一体的新研制模式。数字化协同制造技术的研究和推广是 C919 大型客机项目成功的关键。C919 飞机生产制造在生产手段上从物理样机制造发展成数字化样机模拟，在管理上从设计制造串行工作发展成基于数字化环境的并行工程，旧的飞机研制体系被重构，通过建立数字化协同制造平台，向上承接设计数据，进行工艺准备，再将工艺结果交给生产系统。数字化协同制造平台是型号工艺管理的核心环境，同时也是 C919 飞机制造数据的唯一源。中国商飞作为链主企业主要开展总体设计、总装、数字化协同设计平台构建和对外销售等，而相应的零部件、元器件制造则交给产品链上的 200 多家专精特新企业来完成。

C919 生产的协同与共享

3. 专精特新制造企业和制造业“隐形冠军”

中小企业普遍存在规模小、实力弱、抗风险能力不强等特点，走专精特新发展道路是提高中小企业整体素质的内在需要。结合国内外中小企业发展经验和我国实际，“专业化、精品化、特色化、新颖化”是制造业中小企业发展的方向；中小企业在市场保持竞争优势的关键在于，以追求卓越的工匠精神，专注从事某一细分领域，达到领先地位，逐渐成长为该领域的“小巨人”企业，进一步成长为该领域的“隐形冠军”企业（图 6-13）。

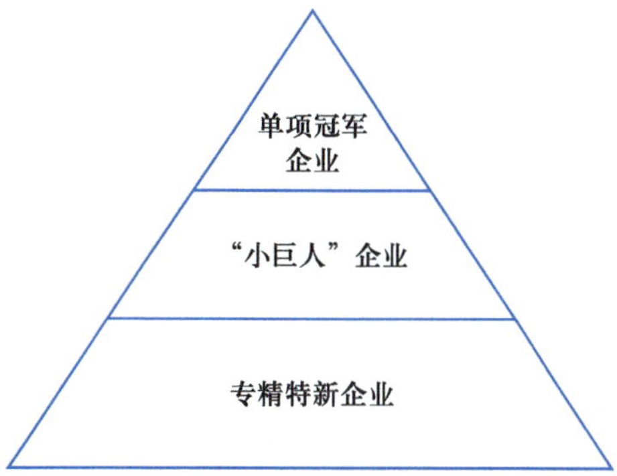

图 6-13 专精特新企业发展路径

案例 6-25

伍尔特——紧固件制造的世界“隐形冠军”

德国伍尔特集团是一家专门生产紧固件的企业，其前身是1945年由阿道夫·伍尔特创办的一家供应螺纹紧固件的批发公司，几十年来公司始终聚焦紧固件行业。根据伍尔特集团官方公布的数据，其旗下的紧固件及相关产品达到了12.5万种，覆盖了汽车、航空、建筑、机械、电子电气等各个行业。2022年，公司全年实现营收199.5亿欧元，在全球拥有8.5万名员工，拥有超过300万的核心客户。不管是收入规模，还是市场覆盖率，伍尔特集团都做到了全球紧固件行业第一，成为世界级的“隐形冠军”。

“德国制造”以其质量高而闻名，品牌效应突出。这不仅归功于大众、西门子这些大公司，更归功于4万多家中小企业，特别是其中的1 300多家各自领域的世界“隐形冠军”。中国的专精特新“小巨人”企业在成长过程中，也形成了生产制造协同的独特发展模式。

案例 6-26

恒立液压——以高质量产品赢得信任，协同切入市场模式

江苏恒立液压股份有限公司（简称恒立液压）是我国液压零部件的专精特新“小巨人”企业，产品实现了从单一油缸向液压元件和系统集成全品类工程机械和全品类液压件的跨越。

恒立液压以非主流产品切入市场，以高质量赢得用户信赖，逐步向高端主流产品拓展，解决我国挖掘机领域液压件的“卡脖子”问题。公司选择的第一个突破点是为非主导产品6吨级“小挖”配套的280 kg压力多路阀。经市场认可后，又突破了350 kg压力多路阀的关键技术，打开了向业内公认的20吨级中型挖掘机升级的大门，生产出具有世界先进水平的高端液压元件及系统，不仅成为国内液压件龙头企业，也成功打入卡特彼勒、日立建机等欧、美、日系企业的全球供应链体系。目前年供应卡特彼勒的产品超过8亿元，成为高端液压元件和系统的“隐形冠军”。

4. “代工”制造企业

大量新产品的快速迭代，催生了在特定领域专业从事生产的企业，并快速发展，这就是“代工”。“代工”（original equipment manufacture，OEM）的基本含义是定牌生产合作，乙方委 托甲方按照乙方确定的设计方案生产产品，由乙方收购，标上乙方的商标并在市场中销售。这样，甲方工厂只做生产，不做产品品牌，成为“代工”制造企业。

案例 6-27

富士康的“代工”生产模式

富士康科技集团（简称富士康）从建立之初就制定了只做代工、不做品牌的战略，不做自己客户的竞争对手。富士康以“自制零件、零件模块化、高质量生产、快速物流”为主体，再加上信息流链接全球客户，从而达到“交期准、品质好、成本低”的目标。富士康的持续竞争优势主要建立在超大规模定制生产、技术创新、供应链管理、企业文化的基础上，具有强大的生产能力与品质控制能力。通过整合上下游的技术，形成了高质量的生产运作系统。富士康已经成为世界领先的电子产品“代工”制造企业。

与富士康主要为3C品牌商提供终端产品生产的“代工”不同，申洲国际主要为客户提供服装的“代工”生产。

案例 6-28

申洲国际——服装制造的协同共享

申洲国际集团控股有限公司（简称申洲国际）已成为世界最大的纵向一体化针织服装代工企业，集织布、染整、印绣花、裁剪与缝制四个完整的工序于一身，产品涵盖了所有的针织服装。申洲国际为优衣库、耐克、阿迪达斯、彪马等服装品牌代工，自2018年以来全年营收规模均超过200亿元，并且连续多年净利润率达到20%。

传统服装行业的产业链中间环节众多，闲置产能与市场需求无法高效匹配。申洲国际的一体化生产模式能够形成产业链协同网络，使各个环节得以实时互动和协同办公，并基于全产业链视角进行资源调度和流程优化，协同管理生产全流程，灵活地安排生产，从而实现效率攀升、成本降低，规模壁垒随之显现，最终实现有效率、可规模化、可持续性地创造价值。

申洲国际对于合作的大品牌耐克、阿迪达斯、优衣库和彪马等，还分别建立了专用工厂，能一站式完成面料研发、设计、打样及生产等所有环节，保证品牌之间生产的独立性和保密性。这种“拎包入住”式的代工方式在国内领先，国际品牌甚至直接将它们的设计中心搬到了申洲国际的厂区，让设计环节与制作环节更加紧密结合。

5. 生产制造的共享制造平台

为实现生产制造的协同共享，协同制造平台或众包众创平台应运而生。这些生产制造的协同创新平台将制造企业凝聚起来，汇聚生产设备、专用工具、生产线等制造能力，为企业提供多工厂协同的共享制造服务；发展集聚中小企业共性制造需求的共享工厂，开展以租代售、按需使用的设备共享服务。

案例 6-29

阿里巴巴的犀牛智造

犀牛智造是专门为中小企业服务的服装行业数字化网络化共享制造平台，把生产制造的协同与共享推向了一个新的阶段。在犀牛智造，每块面料都有自己的“身份 ID”，进厂、裁剪、缝制、出厂可全链路跟踪；产前排位、生产排期、吊挂路线，都由 AI 机器来做决策，实现了高度的柔性化。

犀牛智造从客户（主要是 To B——中小商家）获得订单，根据市场的需求由客户和设计师共同设计产品，可实现 100 件起订，为不同品牌的中小商家服务，提供高质量的“代工”服装。犀牛智造的运转效率达到行业平均水平的 4 倍，7 天交货，比快时尚鼻祖 ZARA 快 7 天，实现了多品种、小批量的定制化生产。

生产制造的协同创新平台提供的共享制造是智能服务为制造业带来的一种新的生产模式。在生产制造环节，中小企业不再需要大规模投资建设生产线，可以共用行业中生产效率更高、愿意共享产能的企业的生产能力，让更专业的人做更专业的事。这和代工很像，但又有所不同。

案例 6-30

南康家具共享备料中心

南康家具共享备料中心是亚洲单体最大、工艺齐全的智能共享备料中心，整个工厂分为色选、码垛、齿接、养生、拼板、冷压等工序，通过实时连接，将工厂的物流、能源流和信息流实时传送到云 MES，设计产能为 400 方 / 天，其中齿接板白坯料 200 方 / 天，直条料白坯料 200 方 / 天，可满足附近 60~100 家家具企业的日常生产用料需求。输出产品为橡胶木木材的各类家具直条白坯、直拼板白坯、齿接板，实现全程信息化调度管控，智能制造系统可对木材进行颜色分选、指接、养生、拼板和开料，可根据客户需求生产直接用于家具组装生产的产品。

中小企业创新发展的痛点主要在于人力、环保和资金三方面。专业的人做专业的事，有助于解决痛点问题。“生意帮”云制造平台、犀牛智造、南康家具共享备料中心等一批共享平台发挥平台优势，狠抓技术痛点，全方位推进中小企业共享制造业务的发展，打造共享制造新模式，推动共享工厂、共享资本、共享人才和智能制造产业资源的融合发展。

这是一种新的组织模式探索。

6.4.3 创新设计的新组织模式——协同创新

创新设计的新组织模式——协同创新是指由多个设计主体为实现统一的设计目标，通过信息交互与特定的协同机制完成产品设计。在市场竞争日益激烈的环境下，单一主体完成的产品设计很难达到市场需求。在产品全生命周期的过程中，不同主体参与概念设计、详细设计、产品制造、工艺规划、产品服务等过程，并采取不同的模式共享设计成果，能够更好地满足市场需求。

1. 软件协同创新开发平台

软件创新开发平台促进了软件创新资源的高度集聚。当今，软件的创新很难仅由一个企业或一个团队独自完成，而是群智开发的典型实践。平台为各方提供了统一的、平等的参与环境，充分实现了各类创新资源的集中。同时，成千上万软件人才和开发经验知识的聚集，让平台可以总结并掌握软件技术创新的前沿方向，洞察产业的未来趋势。

案例 6-31

苹果公司 APP Store 的软件协同创新设计模式

APP Store 是为苹果公司的 iPhone、iPad、Mac OS 等主要产品发布的应用软件库，这个软件库是由数以万计的第三方应用软件开发人员协同创新开发出来的，成为苹果产品在世界领先的重要支撑力量。APP Store 广泛地聚集了开发者和产品创意，极大地激发了广大软件开发人员的创新积极性，形成了“万众创新”的生动局面，APP Store 与应用软件开发者共享客户行为数据，上线的应用程序由 APP Store 统一进行营销，获得的收益由苹果与开发者分成。

截至 2022 年，APP Store 有超过 3 700 万名注册开发者，超过 178 万款上线应用程序，每周拥有超过 6.56 亿用户访问量。2022 年，APP Store 向开发者支付约 600 亿美元，苹果收入约 250 亿美元。APP Store 应用程序数量和下载量的迅速发展离不开其协同创新设计的组织模式。

相比于苹果公司单一企业的平台模式，安卓（Android）系统是一个开源的、更加开放的软件协同平台。基于开源，各个公司可以在其平台上进行二次开发，形成自己的个性化平台和产品，以服务客户。

案例 6-32

安卓软件协同创新平台

美国谷歌公司与 84 家硬件制造商、软件开发商及电信运营商组建开放手机联盟，共同研发改良 Android 系统。完成开发后，谷歌以 Apache 开源许可证的授权方式，发布了 Android 的源代码。Android 平台具有显著的优势，其优势的基础就是“开源”。① 平台具有开放性，显著的开放性可以使其拥有更多的开发者，随着用户和应用的日益丰富，一个崭新的平台也将很快走向成熟。② 丰富的硬件。由于 Android 的开放性，众多的厂商会推出百花齐放、功能特色各异的多种产品。③ 方便开发。Android 平台提供给第三方开发商一个十分宽泛、自由的环境，开发商不会受到各种条条框框的阻挠。可想而知，会有很多新颖别致的软件诞生。

2. 众包、众创的协同创新平台

众包、众创是共享经济的体现，其初衷就是对社会资源的有效利用。“众包”是指将传统由特定企业和机构完成的任务，向自愿参与的所有企业和个人进行分工的经济活动。“众创”则指通过创业创新服务平台，聚集各类创新资源来创业。

案例 6-33

GE 发动机零件设计挑战赛

发动机零件设计挑战赛

2013 年，美国通用电气公司（GE）向全球征求 3D 打印的飞机发动机支架设计方案。此次比赛共有 700 多位参赛者，最终入围的选手来自 9 个不同的国家，来自印度尼西亚的一个团队赢得了冠军。GE 综合了各种设计方案，并加以工程化。这个设计在满足零件的功能要求的同时，将引擎支架的质量减少了 70%（图 6-14）。

这是群智众创成功的实践，但还只是智能设计的初级阶段。未来，随着新一代人工智能的应用，群智众创将从根本上改变产品设计的面貌。

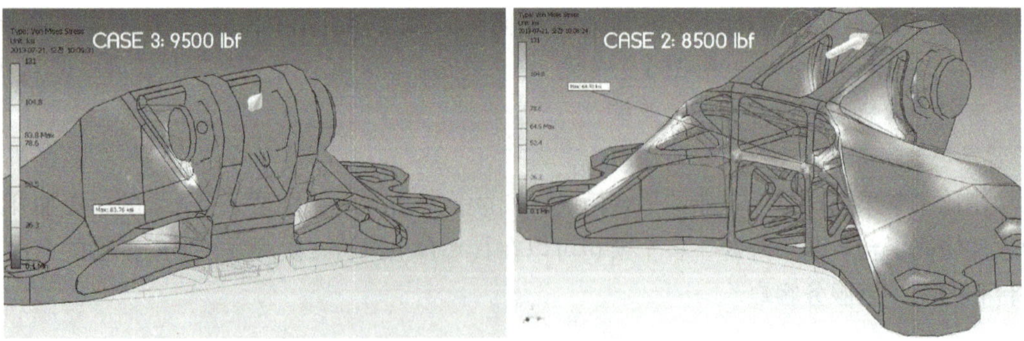

图 6-14 飞机零件数字化结构示意图

创新设计的协同与共享模式的基础有两个：存在大量的智力资源和其他资源；先进的通信互联工具和平台能把众人的富余“能量”聚集起来（互联网众创众设平台）。当有需要解决的任务通过众创众设平台发布后，平台的激励机制吸引解决问题能手来解决问题，实现各种社会资源的共享（图 6-15）。

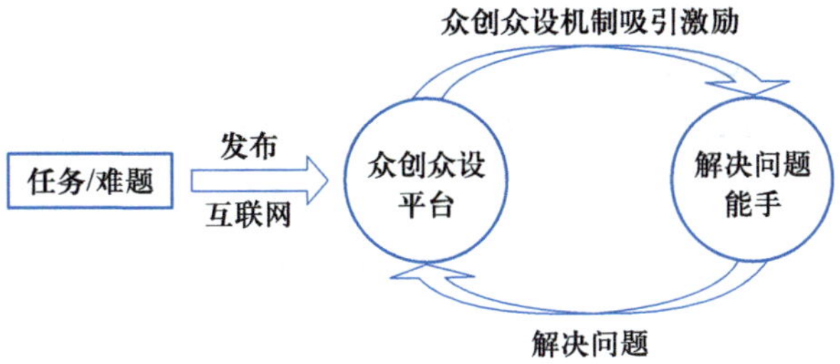

图 6-15 研发设计的协同与共享模式示意图

案例 6-34

海尔模具的“众包”“众创”设计

海尔模具采用了“众包”的方式实现协同设计。模具作为工业生产过程中不可缺少的承上启下的特殊工艺装备，是一个国家的工业产品保持国际竞争力的重要工具之一。海尔模具构建模具设计、制造的数字化平台，与工程师、加工设备等资源形成人和设备的生态圈。每副模具的设计都被拆解成多个独立的模组，每个模组的设计都作为一个设计订单明码标价；通过系统注册的设计小微企业在线承接设计订单。通过“众包”这种社会化协作模式，社会上和企业内各种技能人员均可以利用自己本职工作之外的时间和智力资源，承接与自身技能匹配的工作，获得相应的报酬，实现创新的价值。仅刀具品种一项，由原来的 1 300 种优化为现在的 150 种，生产效率提升 10%，刀具耗费降低 30%。

海尔贝享空调则采用了众创的方式实现了协同设计。在母婴社群，有很多妈妈抱怨目前市面上的空调噪声大等，针对用户的这些痛点，在海尔 COSMOPlat 上很快得到在线资源的响应，设计资源和模块商资源参与进来和用户进行在线交互。针对用户提出的产品功能需求，经过 5 次方案迭代，快速推出了满足用户静音功能需求的静 + 空调，实现行业最低噪声 17 分贝，首次预售便突破 1.1 万台。

对于企业来说，在不增加人员的情况下，通过互联网，将企业的人力资源迅速提升，构建起网状的社会化众包、众创协同创新平台是当前创新领域的一个新模式。

3. 协同创新的生态圈

在设计的协同创新中，还有一种模式就是协同创新的生态圈。生产者从独立创新转变为多元主体协同创新，体现了企业由竞争到合作的转变。创新协同生态圈中的协同效应突破了企业创新资源和能力的限制，促使创新主体之间通过信息、资金、人才、技术以及品牌等资源的共享来降低创新成本，分担创新风险。

案例 6-35

小米的“竹林”生态圈

小米的“竹林”生态圈

小米目前的产品模式为“智能产品 + 信息增值服务 + 生态链服务”的商业模式。

小米生态链的核心理念是用手机来撑出一个平台，将信息技术赋能给加盟到小米产品生态链中的中小企业。小米基于信息技术方面的优势，将设计能力、数字化网络化智能化技术、小米品牌、销售渠道、供应链资源、质量控制与生态链企业协同与共享；生态链企业则是产品开发和制造的主体，将小米提供的先进信息技术和产品的先进制造技术深度融合，创造出具有行业领先水平的“智能产品”。小米通过众智众创获得了手机周边生态的优秀产品布局，同时通过协同设计，确保了产品风格、产品定位和产品理念，使生态链产品融入小米的品牌。例如，上海纯米电子科技有限公司（简称纯米）于2016年发布了“米家压力 IH 电饭煲”。纯米在行业率先提出了电饭煲网联及温度曲线数据化的概念，主要专注于电饭煲本体的研发和生产，小米将丰富的网络化技术经验和纯米的电饭煲相结合，已有 3 000 多条温度曲线数据供用户精准匹配电饭煲内的大米；支持手机远程操控，通过联动智能 APP，一键同步云菜谱，实现智能化蒸煮。

小米生态圈已有数以百计的小米生态链企业，小米与这些企业共享技术、协同创新，形成共生共荣的“竹林”生态。基于这样的创新生态，小米集团迅速创造数以百计的高质量、高水平的数字化网络化产品，成为行业的领军企业。

6.4.4 制造服务的新组织模式——制造服务的协同与共享

围绕物流仓储、产品检测、设备维护、供应链管理、数据存储与分析等企业普遍存在的共性服务需求，整合海量社会服务资源，探索并发展集约化、智能化、个性化的服务能力共享，这就是制造服务的协同与共享模式。

制造服务的协同与共享模式有利于减少能源和资源等要素的投入，降低成本，提高制造企业的经济效益，提高产业链各环节的效率。并且有利于解决环境污染问题，推进“绿色制造”，建设“美丽中国”。

1. 绿色制造服务协同与共享

以政府为主导建立集中的产业园区，建设先进的集中处理公共中心，有助于对污染物进行高标准的集中处理，从而实现绿色制造服务的协同与共享。

案例 6-36

绿色生态示范园区——蓝印时尚小镇

坐落在绍兴市柯桥区滨海工业区的蓝印时尚小镇，打造了印染产业绿色生态示范园区。2011 年，柯桥区有印染企业 212 家，印染年产能在 200 亿米左右，约占全省总量的 50%、全国总量的 30%，行业地位在全国举足轻重。从 2010 年起，绍兴启动了全国最大规模的印染企业整治，企业分批整合搬迁到位于滨海工业区的蓝印时尚小镇。2018 年底，柯桥区承接实施市区印染产业跨域集聚提升工程，集聚前的 236 家印染企业，集聚工作完成时只剩下 108 家，印染企业整合成 5 大组团集聚落户蓝印时尚小镇。至 2022 年工程完成，蓝印小镇实现跨区域的产业集聚升级，印染产量占比上升至全国总量的 40%。柯桥区集中建设污水、污泥处理等配套工程，实现了印染产业的集中供热、集中供气、集中排污，每年可节约标煤近 2 万吨。

蓝印时尚小镇

2. 能源综合利用服务协同与共享

现阶段，我国在能源供给方面面临着高速增长的压力，实行能源综合利用对节能减排和企业降低生产成本意义重大。依据循环经济理论进行规划、设计和建设工业园区，通过园区各成员之间的产品、副产品和废弃物的交换，以及能量的梯级利用、基础设施的共建共享，有利于实现经济和环境效益的协调发展。园区能源综合利用服务以宽带网络、物联网为基础，以“云 + 端”为主要技术架构，根据业务需求，结合园区物料、能量和信息流动情况，设计和实现企业能源的综合管控。

案例 6-37

能源互联网示范园区——苏州工业园区

苏州工业园区拥有科技企业超 5 000 家，综合能源服务的需求巨大。2018 年，苏州工业园区打造开放式能源互联网共享服务平台，针对政府、企业用户、综合能源服务商以及社会公众等不同用户群体的需求，打通水、电、气、热数据壁垒，打造能源数字化孪生网络，实现数据全面采集与有效集成，试点用户数据以及第三方能源服务商生产运行数据接入开放式能源互联网共享服务平台，实现在线采集，覆盖“源网荷储”各个环节，同时明确数据标准、交互协议和共享机制，共计贯通、集成、整合了园区内 4 类 44 万用户的能源数据。平台，将能源系统中分散化的用户、差异化的能源种类、多元化的商业主体紧密联系，通过物联数据采集、AI 能效诊断实现综合能源服务项目的批量挖掘，形成“物联接入—数据挖掘—交易撮合—价值落地”良

苏州工业园区

性闭环，构建综合能源服务的“平台经济”，推动综合能源服务产业发展和生态环境建设。

3. 产品试验验证、检验检测服务能力协同与共享

在产业集群区域，行业领先企业依靠自身丰富的检验检测技术与经验，建设独立运营的试验中心，为地区范围内有需要的企业提供共享的工业软件、试验设备和试验技术，有助于缩短共性技术研发周期、降低研发成本，实现产品检测服务的协同与共享模式。

案例 6-38

国家先进印染技术创新中心

国家先进印染技术创新中心采用“公司 + 联盟”模式运行，围绕高品质印染产品设计开发、节能减排印染新技术、数字化智能化印染装备及制造系统等重点方向，建设公共研究开发平台、中试验证及技术孵化基地、检验检测基地等，打造新型创新载体，众多股东单位按照规则共享科技成果，提升技术水平和产品竞争力，支撑印染行业绿色创新发展。

4. 基于产业联盟的信息共享和合作共赢

基于产业联盟的信息共享和合作共赢模式是在保证产业链和供应链需求信息共享的基础上，构建包含该产业链和供应链中节点企业信息的共享和互信机制，使其形成分工协作、紧密配合的关系。该模式必须将信息技术和网络技术作为系统的构建基础，在整个供应链中实现信息、技术和创新成果的共享。供应链中的各节点企业应该形成“共赢”的意识和价值观，为实现整体供应链的利益最大化发挥自己应有的作用，并在这个过程中实现自身利益的最大化。

案例 6-39

众陶联打造陶瓷产业上下游协作共赢的生态系统

众陶联

佛山众陶联供应链服务有限公司（简称众陶联）是全球首家 B2B+O2O 陶瓷产业链集采平台，是一种类似商会模式的组织形式。众陶联以“产业 + 互联网 + 金融资本”为核心路径整合产业资源，其客户群体是陶瓷行业制造企业。通过洞察各企业对上游产业链产品的需求，采用线上平台模式，让陶瓷企业与原、材、物、料供应商直接对接，减少中间环节，进行阳光采购，提升产业效率与产业资源的集中度，同时参与各方还将分享平台所带来的供应链金融、大数据开发、资金池、资本市场回报等多重收益，

从而提升平台上集聚的陶瓷产业链整体盈利水平，增强产业发展活力。联合多方聚力，重拾市场主体的交易信心，实现上下游对话合作，最终构建陶瓷产业上下游协作共赢的生态系统。

5. 产业集群协同与共享

产业集群的协同与共享是一种新型合作模式。其主要是基于产业集群的特点，融入“协同创新”的重要思想，整合资源，而不是简单的企业集聚。该模式主要是通过平台，让企业分工协作，共享资源，共同创新。集群企业创新可极大提升创新效率，通过知识、技术与资源的共享，优化资源配置，对提高产业集群的市场竞争力、促进创新主体的发展、形成新经济具有重大意义。

案例 6-40

硅谷

硅谷是迄今为止全球最成功的高科技园区和最具创新能力的高新技术产业集群，引领着科技革命和技术创新潮流，其主导产业包括计算机和通信硬件、电子元件、软件、创意和创新服务业等。硅谷的计算机公司约有 1 500 家，占全美风险投资总额的 1/3。硅谷以高新技术的中小公司群为基础，同时拥有谷歌、Facebook、惠普、英特尔、苹果等大公司，融科学、技术、生产为一体。美国硅谷成功的最关键因素在于不怕失败的硅谷文化、发达的金融市场、有利于科技创新的整套金融机制，其汇集全球金融资源、人才资源和创新资源等为维持美国科技创新领先地位服务，这些共同催生汇聚了硅谷高新技术产业集群。

案例 6-41

光谷——武汉光电子产业集群的协同与共享

武汉东湖新技术开发区是国家光电子产业基地，被称为“武汉中国光谷”。武汉中国光谷的品牌已经产生了巨大的集聚效应，形成龙头企业牵头、核心企业为主体、中小企业广泛参与的武汉光电子信息产业集群企业梯队，一批世界著名企业落户光谷，包括华为、中兴、海信、天马等纷纷将其光产品基地布局武汉。武汉的光电产业实现“产、学、研、用”4 个环节的协同创新，规模迅速扩大，产品种类越来越丰富，产业链也越来越完善，打造出完全自主可控的、稳定的供应链体系，不断拓展光电子信息产业的应用场景。20 年时间，光谷的光电子产业集群从几亿产值发展到了 6 000 亿产值，是我国最成功的产业集群之一。

6.5 服务型制造——以智能服务为核心的制造业新业态

制造业新的产业形态，是指在工业技术推动下，通过优化和创新生产模式与组织模式、运营方式与业务形式，或者通过产品创新创造新服务、新市场，促进产业快速发展，实现制造业产品全生命周期的增值，提高企业效益和市场竞争力。

6.5.1 制造业产业形态的革命性变革

案例 6-42

IBM 的服务型制造转型

20 世纪中后期，美国国际商业机器公司（IBM）的产品线覆盖了计算机、服务器、硬盘，以及集成电路制造等领域，成为全球最大的电子信息产品制造企业。然而，在 1992 年 IBM 濒临破产，亏损高达 49.7 亿美元。之后，IBM 开始注重服务对用户的真正价值，开始了产业形态转型之路。

IBM 的业务活动向产业价值链上游和下游延伸，从提供硬件到硬件、软件、服务三位一体的解决方案，再到“渠道增值”生态系统等全面的服务构建，逐步实现了从“以产品为中心”向“以用户为中心”的转型，形成了“IBM 即服务”的理念。IBM 的转型扩大了企业的利润增长空间，其服务类业务收入占总收入的比例由 1992 年的 23% 上升到 2005 年的 52%，硬件制造比例下降到了 27%。IBM 实现了由生产计算机产品的生产型制造企业向客户服务方案提供商的服务型制造企业的转型升级。2022 年，IBM 营收为 605 亿美元，超过 70% 的营收来自软件与咨询服务。

案例 6-43

GE 航空的服务型制造转型之路

得益于美国通用电器公司（GE）在燃气轮机方面强劲的实力，GE 航空成为世界领先的商用和军用飞机喷气和涡桨发动机、部件及集成系统供应商。

随着技术的不断迭代与进步，GE 航空将大量传感器安装在飞机发动机上，构建了 GE 航空发动机健康保障系统，为用户提供保障航空发动机全生命周期的健康和安全的服务。基于 GE 航空发动机健康保障系统，GE 航空不再以销售发动机终端产品为主要模式，而转为以租赁发动机并销售全生命周期服务为主要模式，并且实行发动机租赁“按小时计费”方式。

GE 航空既卖产品，又卖服务，实现了由生产飞机发动机，延伸到提供发动机产品、运维管理、运营优化、能力保障等全套解决方案的业务转型，成为典型的服务型制造企业。2019 年 GE 航空服务实现营收 201.38 亿美元，占总营收 61.26%；2020 年后 GE 航空营收受疫情影响下降，2020 和 2021 年服务营收占比分别为 61.07% 和 64.66%。

这种通过实现“以加工生产为中心”为主向“价值链两端的研发及销售等服务环节”转变，增加产品附加值，提升企业竞争力的新产业形态，称为“服务型制造”。在服务型制造中，提供研发、服务的主体是制造企业，研发、服务以产品为载体。

1. 四次工业革命与产业形态变革

IBM 和 GE 航空两家企业的发展路径充分说明，企业在不同的发展阶段，其核心业务会随着技术的巨大跃升和市场竞争重点的迁移有所改变，进而形成新的增值模式、步入新的产业形态。

1）前两次工业革命与生产型制造

第一次工业革命是一次重大的生产技术变革，蒸汽机普遍用于各种主要生产设备，促进生产力的巨大飞跃，制造企业从手工生产转向了小规模基于机器的标准化生产。到 19 世纪中期，在第二次工业革命的推动下，大规模流水线生产模式得到发展，生产效率极大提高。但用户需求的旺盛导致产品产量无法满足市场需求，制造业企业只要围绕“生产”环节生产产品即可满足人们生活的基本需要，就可以实现快速发展。对于这种以生产本身所创造的价值作为发展动力的产业形态，我们称之为“生产型制造”。

2）第三次工业革命与生产服务型制造

第三次工业革命极大地推动了人类社会生产力的变革。终端产品的生产成本不断降低，终端产品制造企业获得的利润不断增加。此时，制造企业除了关注产品的硬件生产，也强调了终端产品的服务等方面的重要性，通过提升多个服务环节的附加值，增强产业发展动力，逐步形成了“生产服务型制造”。

3）第四次工业革命与服务型制造

第四次工业革命为进一步扩大市场规模、降低交易成本提供了技术基础，同时深度改变个人经济行为模式以及企业和消费者的关系。制造企业通过技术创新、功能创新、服务创新，提供“以用户为中心”的增值服务，实现制造业产品全生命周期的增值，在竞争激烈的市场中获得优势，走向了“服务型制造”。

新业态的形成是一个复杂而长期的过程，在不同阶段，不同企业将会选择不同的产业形态和发展途径（表 6-3）。

表 6-3 四次工业革命与产业形态变革

工业时代	技术进步	产业形态
第一次工业革命	蒸汽机的发明和应用	生产型制造
第二次工业革命	电气技术的发明和应用	生产型制造
第三次工业革命	数字技术的发明和应用	生产型制造与生产服务型制造
第四次工业革命	智能技术的发明和应用	生产服务型制造与服务型制造

2. 不同产业形态的核心竞争优势

产业形态创新的主要目的是为提升产业竞争力，实现产品价值的创造。价值链理论认为企业活动虽然是多种价值活动的集合体，但只有部分活动才能带来更大价值，这些活动是价值链价值创造的“核心环节”。本节将用“终端产品微笑曲线”来描述终端产品在其产品全生命周期的各环节的增值情况（表 6-4）。

表 6-4 终端制造业产品微笑曲线与主要增值环节

第一次工业革命	第二次工业革命
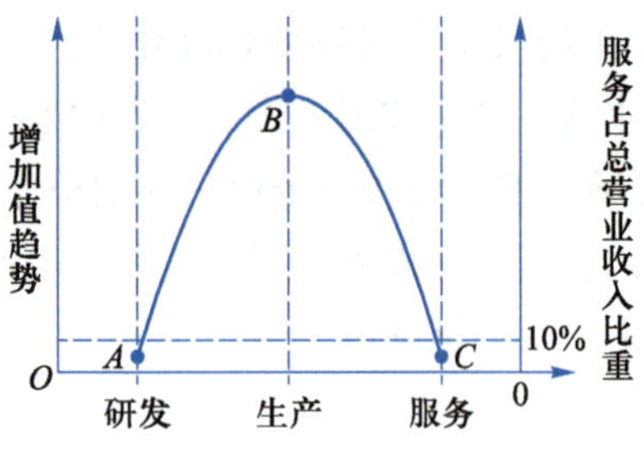	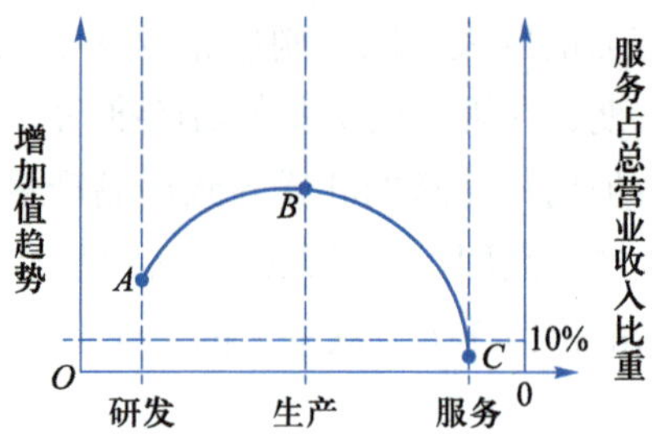
生产型制造	生产型制造
第三次工业革命	**第四次工业革命**
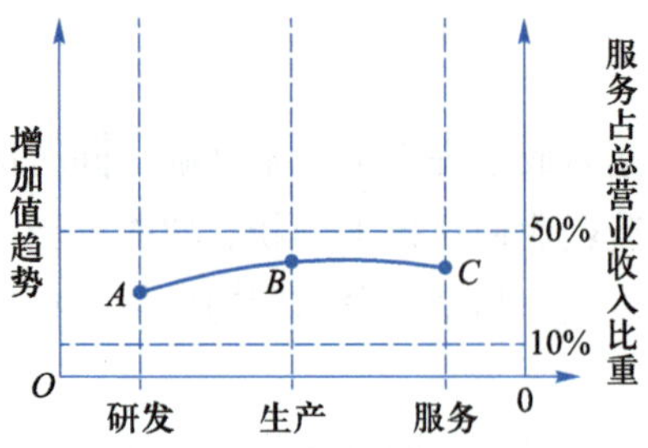	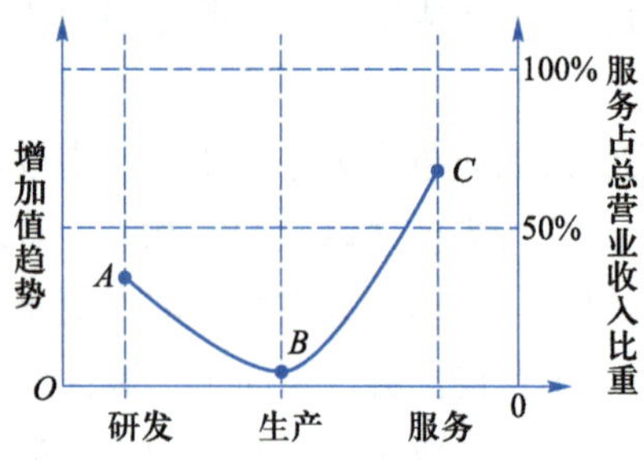
生产服务型制造	服务型制造

1）以“生产为主要增值”的生产型制造

案例 6-44

早期的 IBM 是典型的生产型制造企业

IBM 公司的前身计算制表计时公司（CTR）生产量具、计时设备和制表机。1956~1971 年间，IBM 承接了各种大型项目，积累了大量发明专利，产品从电子制表机、打字机、动态随机存储器（DRAM）、硬盘驱动器，到零售交易中随处可见的条形码和磁卡等，这些产品为 IBM 创造了巨额利润。

生产型制造最大的特点是在供小于求的卖方市场情况下，制造企业更注重产品本身，收入主要依靠物理产品本身获得。在这个阶段，终端产品的“生产”是企业的核心增值环节，各企业在终端产品的“研发”和“服务”环节获取的增加值较小，“生产”环节的增值远远超过“研发”和“服务”环节（图 6–16）。

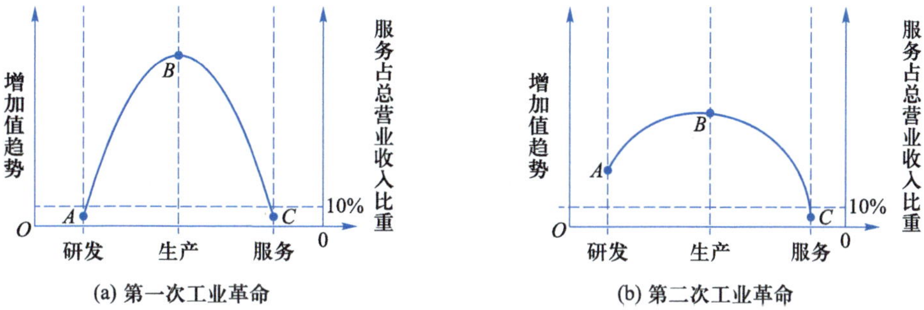

图 6–16 生产型制造的终端产品微笑曲线与主要增值环节

2）以“研发 + 生产增加值为主、服务增加值次之”的生产服务型制造

案例 6-45

中期的 IBM 进化成为生产服务型制造企业

从 1993 年开始，IBM 从生产大型计算机到开始关注提供以客户为中心、以市场为导向的服务。例如，IBM 可以为客户提供电脑的任何零部件，还帮客户送货上门、安装，并教客户怎么使用电脑。从 1993 年到 2001 年，IBM 销售的成长几乎全部来自服务。2001 年，IBM 全球服务收入为 350 亿美元，占其总收入的 40%。

在生产服务型制造中，终端产品的“微笑曲线”增加值开始由“生产”环节向“研发”与“服务”延伸和拓展，“微笑曲线”逐渐由“凸型”向“凹型”转变（图 6–17）。其中，“研发”和“服务”环节增加值所占的比重增加，超过了 10% 但不足 50%；“生产”

环节所带来的增加值逐渐减少；但整体而言，“研发 + 生产”环节仍然占据主导地位。制造企业可通过为用户提供“产品”和“服务”提高产品竞争力。

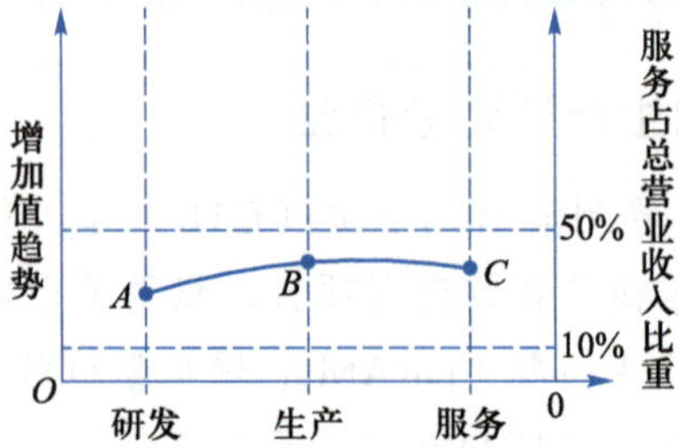

图 6-17 生产服务型制造的终端产品微笑曲线与主要增值环节

3）以“服务增加值为主、研发 + 生产增加值次之”的服务型制造

案例 6-46

当代的 IBM 已经成为服务型制造企业

IBM 认识到，用户表面上购买了计算机，实际上需要的是整个商业信息系统所带来的效用。于是 IBM 更进一步转型，打造软件基础设施平台，并且还发展了当时最大的咨询服务公司普华永道，能够更快、更好、更专业地为客户解决问题，面向世界推销 IBM 的软件、硬件以及咨询和服务产品。在经过一系列转变后，软件和服务营收占比分别由 2000 年的 14.8% 和 39% 上升至 22.7% 和 57%。

为寻找新的利润增长点，终端制造企业一方面可以围绕原产品将“服务”作为主要的增长着力点，另一方面通过技术创新，催生新的产品、新市场、新服务。其最终目的都是为了实现了从“以产品为中心”的生产型制造向“以用户为中心”的服务型制造转变。

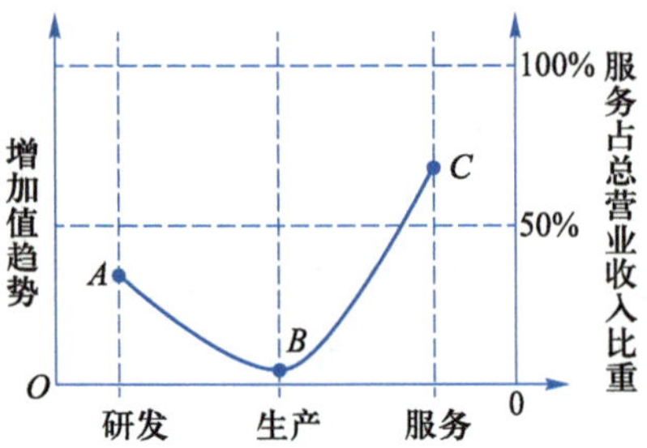

图 6-18 服务型制造的终端产品微笑曲线与主要增值环节

在服务型制造中，制造企业通过创新组织和优化生产方式，将有形物品和一系列无形的服务捆绑在一起，让各个环节都成为产品价值增值环节，从而使得依附于产品上的价值大大增加，单位产品价格提高。与生产服务型阶段相比，服务型制造阶段的终端产品“微笑曲线”变得更“凹”——产品的“服务”环节带来的增加值越来越高，收入超过了 50% 而成为主要收入来源；“生产”环节直接产生的增加值越来越少（图 6-18）。

3. 服务型制造下的三种产业形态

服务型制造是把智能服务融合到制造的研发、生产、服务各个环节当中，实现产品由中低端向中高端转变的产业形态。在培育新产业模式的过程中，服务型制造企业通过开展业务创新，为客户企业提供具有差异化的产品，以保持竞争优势，赢得客户和更大的市场份额。

制造业产业形态是制造业消费侧挑动的产业结构的深刻变革，是在市场竞争中不断催生、经过检验而逐步形成的。服务型制造企业结合实际不断探索、自主选择，形成了三种新产业形态：从供给“产品”到供给“产品＋服务”、从供给“产品”到供给“产品即服务”、从供给“产品”到供给“系统解决方案”。

6.5.2 从供给“产品”到供给“产品＋服务”

“产品＋服务”是依赖于产品而实现的，通过提供覆盖产品全生命周期的保障服务，实现产业的增值。制造企业通过沟通市场端和生产端，向客户供给产品及其之外的产品健康保障增值、产品运行与工艺优化增值、绿色循环利用增值等覆盖产品全生命周期的保障服务。

1. 产品健康保障增值范式

案例 6-47

三一重工的设备健康保障管理服务

三一重工通过安装于设备上的各类型传感器，将设备关键部件运行参数、设备运行轨迹远程回传给设备管理信息系统。在此基础上，三一重工通过与腾讯云的云计算能力相结合，把分布在全球的 30 万台设备接入平台，实时远程监测庞大设备群的运行状况，以实现对设备的常规维护。另外，通过对关键设备的参数进行监控，开展预测性维护，对设备健康状况实行有效的设备管理，并根据不同设备对应的特性进行定制化的维护，以改善决策的制定和运行。

产品健康保障增值是指制造企业通过为用户提供远程专家指导设备维修、保养、参数调整等在线的增值服务，降低产品维护成本，提高产品维护效率，从而实现制造企业的增值。故障诊断与处理、日常维护与预测性维护是其服务的两种主要方式。

案例 6-48

卧龙电气的故障诊断与处理

卧龙控股集团有限公司（简称卧龙电气）是全球主要的电机及驱动解决方案的制造商，基于大数据＋物联网＋边缘计算 +AI 技术，通过故障诊断模型分析，及时掌握电机运行状况，给出检修方案，减少停机造成的巨大损失。同时，提供由电机智慧运维逐步覆盖至大机电类设备的智能诊断服务。对行业用户来讲，故障诊断与处理能够降本增效，同时确保保障系统的正常高效运行。对企业自身来说，智能故障诊断和处理成为提升产品质量的利器，同时带来新的后市场业务，打开增值服务市场。

案例 6-49

徐工汉云的预测性维护服务

徐工汉云技术股份有限公司（简称徐工汉云）构建了中交车辆设备管控平台，打造了设备预测性维护整体解决方案，助力企业在设备管理上摆脱“事后救火”状态，实现“未雨绸缪”。通过数据采集终端以及风速、倾角、重力等传感器，实时采集设备运行状态，运用人工智能技术，提前提醒用户进行设备的预测性维护，保障装备的正常健康运行。

2. 产品运行与工艺优化增值范式

产品运行与工艺优化是指制造企业利用数字化网络化智能化技术，通过信息的实时交互、调整，再加上优化准则，建立动态最佳工艺参数模型，帮助用户企业对生产信息、设备运行、能源消耗、原料和产品品质变化等内容进行全面分析，为用户企业提供最优的工艺参数设定、最佳的调度计划，准确地指导用户企业的生产，从而提高用户企业整体工艺管理水平，增强用户企业核心竞争力。

案例 6-50

发那科提供工艺优化服务

日本发那科公司（简称发那科，FANUC）通过为用户提供工艺优化知识、软件包、人才培训等服务，指导用户更好地使用五轴联动数控机床，巩固了其在数控系统领域的世界领先地位。首先，发那科与主要的 CAM 厂家协作，为用户提供如工艺准备、生产作业计划、生产控制、质量控制等定制化服务。其次，发那科将五轴加工所需功能汇总在一起形成了工艺优化软件包，提供了强大的加工工艺优化功能。另外，发那科通过提供操作上的指导服务，使得用户能在实际生产中根据产品的需求编写程序，合理安全地操作数控机床。

3. 绿色循环利用增值范式

绿色循环利用增值范式倡导的是一种产品与资源和谐发展的模式，通过产品回收再制造和产品梯级利用，延伸产品价值链，节省能源与资源，推进绿色制造。

1）回收再造

回收再造将回收产品进行拆解，提取其可用的零部件进行修理和组装等再制造，将再制造之后检测合格的产品和零部件运至市场进行再销售。研究表明，再制造产品的成本比正常产品降低 50%，能耗和材料消耗分别减少 60% 和 70%。

案例 6-51

宁德时代锂电池回收再制造

宁德时代下属的广东邦普循环科技有限公司（简称邦普循环）是国内领先的废旧锂电池循环利用企业，打造了上、下游优势互补的电池全产业链循环体系，实现了动力电池绿色低碳循环利用；实现锂回收率≥90%，镍钴锰综合回收率≥99.3%，化学物耗降低 40%，氨氮回收率≥99.9%，每吨材料碳减排幅度达 49.25%。

2）梯级利用

梯级利用是指某一个已经使用过的产品已经达到原生设计寿命，再通过其他方法使其功能全部或部分恢复的继续使用过程。产品的梯级开发与应用也是绿色循环利用的重要方面，蕴含着巨大的增加值、绿色效益和经济效益。

案例 6-52

新能源汽车用动力电池的循环利用

电动车在使用过程中，电池容量会逐渐损耗衰减，当其容量衰减至额定容量的 80% 以下时，就不再适用于新能源汽车。梯级利用技术大大延长了动力电池的生命周期，榨干电池的剩余价值，实现物尽其用的目标。动力电池首先应用于新能源汽车；之后，采用梯级利用技术，将其用于低级别应用场景，如储能、电瓶车、环卫车等对电池的动力和其他性能要求不高的低速车领域；最后，将电池进行完全的拆解，分离出其中的稀有金属，投入电池生产线上实现再利用。

6.5.3 从供给“产品”到供给“产品即服务”

“即服务”是一种基于服务的业务模式，最早在软件产业得到推广。例如，软件即服务（SaaS）指平台供应商将应用软件统一部署在自己的服务器上，用户可以根据工作实际需求，通过互联网向厂商定购所需的应用软件服务；用户按定购的服务多少和时间长短向厂商支付费用。

制造业中的“即服务”是指以产品为基础，为用户提供使用权和支持服务的业务模式——“产品即服务”（PaaS）。在该范式下，用户无需购买产品，只需购买产品所带来的服务效用即可；制造企业通过为用户提供柔性支付、内容增值等多种形式，以量计价或以成果计价的方式获取收益。

1. 柔性支付增值范式

柔性支付增值范式是指制造企业深入产品生产内部，将支付服务与生产制造各环节相结合，一并向用户企业提供，从而提高用户企业资金使用率和收益率，同时促进制造企业自身产品市场规模的快速扩张。基于制造产品的柔性支付服务不断涌现，主要有以下两种。

1）分时租赁增值

用户通过租赁实物产品在一定时期内的使用权及相关支持服务从而实现其效用，在这一过程中实物产品的产权归制造企业。在这里，租赁的既可以是服务时间，也可以是服务次数。

案例 6-53

罗・罗航空发动机的“租用服务时间”模式

罗・罗公司采用“租用服务时间”的模式销售“时间动力”，承诺在发动机租用时间内承担所有的保养、维修和数据分析等服务，从而减轻了飞机制造商的压力，并确保航空公司的飞行可靠性和在役飞行时间。罗・罗通过这种服务合同绑定用户，在其销售的55%以上喷气发动机中都签订了服务协议。“租用服务时间”模式成为罗・罗的主要的收益来源，罗・罗成为服务型制造企业。

2）按揭支付增值

用户购买设备时支付部分金额后即可使用设备，在设备使用过程中分期付清贷款。这种模式最大的特点就是以制造企业为出发点，金融机构为用户企业提供资金支持。

案例 6-54

福田雷沃重工的“先租后买”“按揭支付”范式

福田雷沃国际重工股份有限公司（福田雷沃重工）的“先租后买”“按揭支付”范式是指购机用户在支付全车款的20%~30%后，可通过其融资租赁公司以远低于市场融资成本的利率对剩余车款进行筹款，将产品开回家使用，然后通过农机作业赚钱进行还款。此外，福田雷沃重工针对雷沃工程机械特殊用户需求推出了“一对一”解决方案，如休眠还租、售后回租等方式。

开展柔性支付的“即服务”业务，对资金实力欠缺的中小客户企业非常有利。例如，中联重科依靠工业互联网平台，为中小客户企业提供良好的柔性支付服务，推进了客户企业的发展，同时增强了中联重科产品的市场竞争力。

2. 内容增值范式

所谓的内容增值范式，是指制造企业以增加产品内容、提升用户体验等方式为用户供给增值服务，提高产品的价值，通过内容让用户产生付费行为，实现营收和变现的目的。例如，华为将智能电视行业从以往单纯的硬件竞争向内容服务竞争转变，大大提升了产品附加价值，强化用户对品牌的满意度和“忠诚度”。

案例 6-55

Nike+ 服务

运动鞋制造商 Nike 发现客户购买跑步鞋的目的为了通过跑步获得健康的身体。为此，Nike 在跑步鞋中安装了位置等传感器，并开发专用的 APP 提供 Nike 服务。首先，跑步者的跑步信息如速度、距离、线路等传递到 Nike 的后台数据库中。然后，系统经过专业的数据分析为跑步者制订下一步的锻炼计划，一定程度上替代了健身教练的支持。同时，Nike+ 服务提供跑步者之间的信息分享功能，跑步者可以在朋友圈中分享自己的锻炼成绩，并依托朋友圈和运动伙伴、教练进行交流、竞赛，形成了一个跑步爱好者的社交网络。

6.5.4 从供给“产品”到供给“系统、平台、生态圈”

20 世纪，美国营销界有一句名言：“用户不需要钻孔机，他只需要在墙上打个洞”。这句话揭示了商业演化的一个趋势，就是用户需要的是解决问题的整体方案而不仅仅是产品本身。这就告诉我们，制造企业的发展，需从挖掘用户需求出发，结合企业自身所具有的能力、资源和知识，向用户企业提供整体解决方案（total solution）。

1. 系统解决方案增值范式

系统解决方案增值范式是为满足用户业务需求而定制的产品和服务整合的组合服务，它使用户能够获得比购买单一的产品和服务组件的集合更好的结果。它没有脱离整体产品概念，其最终目的是为用户创造价值。

这种增值模式可以分为三个类型：产品解决方案、“一揽子”服务、系统解决方案。

1）产品解决方案

在这里，用户企业所购买的并不仅仅是装备产品，也不仅仅是产品的使用权，而是一系列装备和软件所构成的产品解决方案，从而实现系统的有效运转并产生良好的经济效益。

案例 6-56

飞利浦照明从卖“产品”到卖“产品解决方案”

荷兰飞利浦照明公司最初是一家纯粹的照明灯泡生产商；1999 年，公司围绕 LED 全产业链实施全球布局，转向 LED 照明业务及其后端的服务拓展；2018 年，公司相继开发出“秀”智能照明系统等智能照明系统，为用户提供一系列的解决方案。由此，飞利浦照明完成了从销售传统照明灯具到绿色 LED 照明灯具再到 LED 照明解决方案的战略性转变。

2）“一揽子”服务

“一揽子”服务是以用户的消费需求为中心，提供满足用户的更高要求的集成服务。在整个工业流程完整项目建设中，终端制造企业通过构建面向用户需求的“一揽子”解决方案，一方面把问题“一揽子”解决，为用户带来更便捷、更高效的服务；另一方面，为终端制造企业带来更好的用户满意度与忠诚度，建立了一种区隔性的竞争优势，增加了收益。

案例 6-57

飞利浦照明“一揽子”服务

飞利浦照明通过云端远程监测控制系统，实现了智能照明系统、能源管理和能耗计量等管理方案的智能互联服务，推出 EscoPro 合同能源管理一站式解决方案，将照明业务产业链延伸至合同能源管理领域，提供了从能耗评估到制定节能、资金方案，从项目施工到运行管理及维护的一整套服务。通过与用户签订节能服务合同，从用户节能改造后获得的节能效益中收回投资和取得利润。

3）产品解决方案 + “一揽子”服务 = 系统解决方案

系统解决方案是指用户可以参与到产品系统的构建过程之中，终端制造企业通过为用户制造企业提供产品运营服务、工厂建设服务等符合用户需求的、覆盖产品全生命周期的解决方案，从而实现企业价值和用户价值的双重提升，产品解决方案与“一揽子”服务的集合。

案例 6-58

金风——覆盖风力发电全生命周期的系统解决方案

金风公司是世界领先的风电装备制造企业和风电系统解决方案服务型制造企业，

为用户提供风力发电装备的开发与生产、风电场建设、风电场运营的覆盖风力发电全生命周期的系统解决方案（图 6-19）。

例如，金风全面应用数字化网络化智能化技术，创造性地研发生产了直驱永磁发电机组。凭借对风电场工程建设中所涉及的多变量复杂因素的熟知，金风为用户企业提供并承接风电场建设整体解决方案。在先进的风电装备产品和风电场系统的基础上，依托于金风研发的系列智能服务支撑平台，金风提供并承接全面的风电场运营整体解决方案，为用户企业提供风电场运营服务。

金风已为 10 多家发电企业、100 多个场站、16 000 多台发电设备提供风力发电整体解决方案服务，提升风电场运营效率达 10%～15%，提高风资源工作效率 50%～200%，最终提升收益率 1%～3%。

金风科技

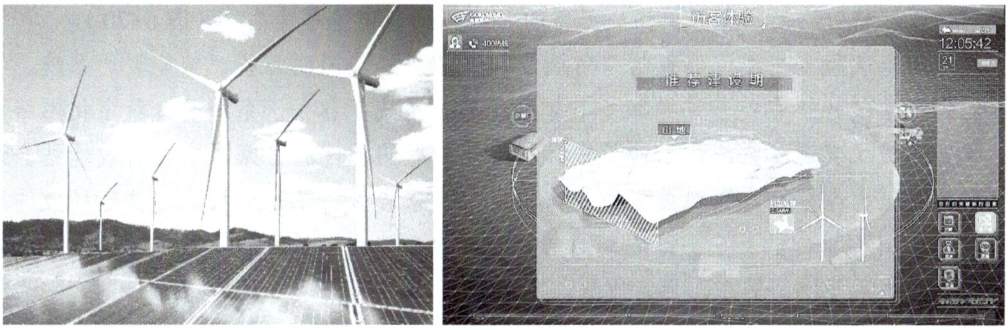

图 6-19 金风全生命周期的系统解决方案

2. 产品平台和生态圈增值范式

1）产品平台

终端制造企业基于自己的产品，通过智能化感知、通信和控制系统搭建网络化系统，构成了产品平台，为用户提供产品的管理和控制等“效能服务”。从传统产品到智能产品再到产品平台的转变，意味着制造业发生了结构性的变化。

案例 6-59

以手机为中心，苹果推动多硬件平台发展

苹果的硬件产品与软件产品相互支撑，构成强劲的产品力平台。在硬件方面，苹果掌控了整个产品链，从设计到制造，确保了硬件与软件的完美协同。在软件方面，苹果的 iOS 操作系统只能在苹果设备上运行，这使得苹果能够更好地控制应用程序的质量和安全性，并提供稳定的操作系统更新。相较于传统的单一产品、服务的模式，苹果平台具有较高的进入门槛，同行业的企业很难模仿并进入市场，用户也能保持对企业较高的依赖程度。

2）产品生态圈

终端产品制造企业遵循“以用户为中心”的原则，为用户提供更丰富、更高效的增值服务，形成一个覆盖范围更为广泛、内容融合更加深入的产品生态圈。其本质是终端产品制造企业为用户提供覆盖产品、系统、平台、服务的多类系统整体解决方案的组合，在帮助用户实现价值创造的同时，增强终端企业的用户黏性以及市场占有率。

案例 6-60

美的打造智能家居生态圈

美的公司基于智慧云构建了融合全品类家电、智能单品和智能套装产品的“一站式、全托管”智能物联网平台，并提供物接入、物解析、物管理、大数据等一系列物联网核心产品和服务，构成了美的 M-Smart 智能家居生态圈（图 6-20）。

智能家居生态圈主要包括了智能安防系统、智能照明系统、智能暖通系统、智能餐厨系统和智能娱乐系统等多个智能家居子系统。各个子系统通过数字化网络化智能化技术实现了系统的智能集成，将娱乐、照明、健康等家居服务有效地结合起来，打破生态壁垒，实现更好用户体验。智能家居保持了家庭设施与住宅环境的和谐与协调，创造出高效、舒适、安全、便捷的个性化家居生活，为用户提供了美好的家居生活环境，提高了生活质量。

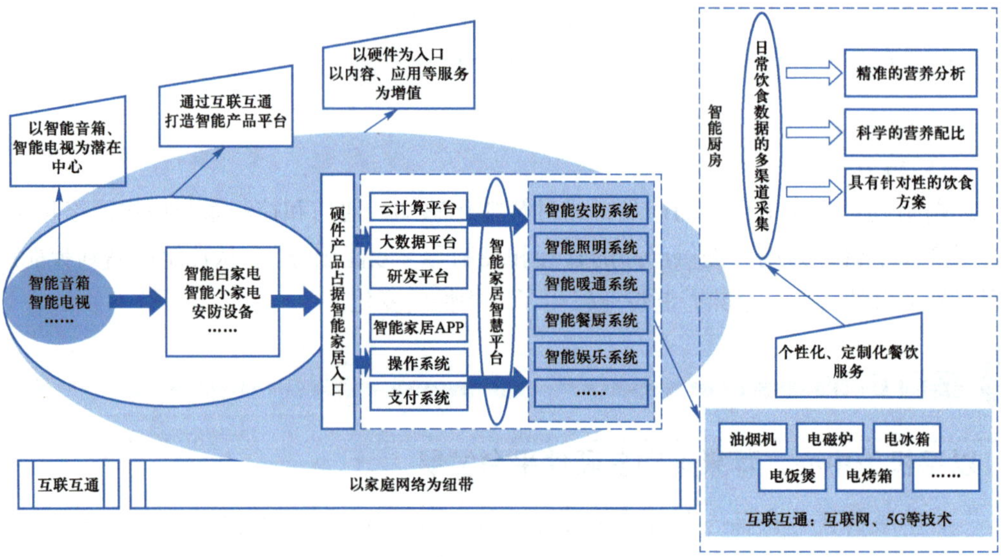

图 6-20 美的智能家居生态圈

3）以智能制造为主体的融合化产业生态

现代化产业体系是一个内部存在有机联系、功能互补的复杂生态体系。从产业结构看，表现为一二三次产业以及上中下游、大中小企业的高质量协同发展。

如果说，产品平台增值针对产品本身如何实现增值，产品生态圈增值针对产品在某个行业如何实现增值，那么以智能制造为主体的融合化产业生态增值则针对某个产品在以制造业为主导的跨行业中如何实现增值。

案例 6-61

“吃干榨净”壮大“小龙虾”虾稻产业链

小龙虾作为一种美味的水产食品，深受民众喜爱。2001 年起，潜江开创性地探索虾稻共作养殖模式，将水稻、水产两个农业产业有机结合，达到水稻、水产品同步增产，养殖与种植收入持续增加。怎么进一步增加价值，创造更多财富？智能制造——服务型制造。

潜江高度重视小龙虾产品加工的发展，实施三个层次的加工方式。首先是初级加工，主要产品是速冻制品，其中速冻虾仁产品畅销欧洲。其次是预制菜加工。第三是精深加工，开启了废弃虾壳“变废为宝”的创新之路。攻克甲壳素提取技术，让废弃虾壳摇身变为保健品和化妆品，将附加值提高到原来的数十倍。

进而，潜江开展品牌运营合作，实现“潜江龙虾”区域公用品牌共建共享共用。2023 年，“潜江龙虾”品牌价值为 350.8 亿元。通过农业、制造业、服务业的深度融合，不断延长产业链、提升价值链，实现由卖资源向卖产品、卖品牌的转变。

6.5.5 以品牌建设为重要支撑，助推服务型制造高质量发展

服务型制造企业都是具有核心知识产权的自主品牌，通过建立品牌优势，获得较高的国际影响力和较强的品牌溢价能力，从而实现经济效益的提升，实现价值链从低端向高端的转变。对于消费者而言，减少选择时间、减轻决策压力，获得更优质、更稳定的产品和服务；对于企业而言，有助于提高产品传播力，获得更加巩固的市场地位。

案例 6-62

比亚迪的品牌溢价能力显著增长

作为我国新能源汽车行业领军者，比亚迪 2022 年第一次入选世界 500 强榜单，成为国际知名中国汽车品牌。据乘联会销量口径测算，2010～2020 年，比亚迪汽车的单车均价从 5.90 万元增长至 13.52 万元，年均复合增速为 8.65%。从乘联会统计口径来看，比亚迪乘用车单车均价 13.52 万元的价位已经接近丰田卡罗拉顶配（15.98 万元，汽车之家数据）的价格，表明 10 年来比亚迪的品牌层次已经有了实质提升，为比亚迪带来了品牌溢价能力的持续增长。

需要注意的是，只有服务的升级才有新品牌的突破。苹果打败诺基亚，提供了一种综合性的智能的手机服务；佳能打败柯达，提供了一种比胶片更高效的数码摄影摄像服务；格力、海尔、美的称霸家电市场，主要是提供了一种数十年如一日的稳定的产品和服务，以及以智能服务为核心的产业新模式新业态。

6.5.6 以科技创新为根本动力，创新产品开辟新需求和新市场

供给满足需求，又创造需求。以创新驱动、高质量供给引领和创造新产品、升级新消费、开辟新市场，是催生新业态的重要途径。新技术不断催生新产品，通过“创造性破坏”形成新需求、新市场。伴随着新市场的出现，激发更多人的创新创业热情。例如，有了移动互联网、地图导航、移动支付等技术支持，才会出现网络约车、共享单车等新业态，而这些新业态的不断涌现，反过来又为产品创新提供了新的舞台，新业态因而不断自我更新。

案例 6-63

思科：从路由器起家，成为网络化世界的重要支柱

思科公司于 1984 年成立，1986 年正式推出了第一款多协议路由器，也是世界上第一台商用路由器——先进网关服务器（advanced gateway server，AGS）。

在路由器出现之前，连接网络需要手动配置和专用连接，这既麻烦又限制了可扩展性。路由器引入了分组交换和动态路由的概念，允许跨网络进行高效的数据传输。通过创建可以处理多种协议并无缝连接不同网络的路由器，思科满足了对互操作性的迫切需求，并成为网络行业的先驱。

创新是业态发展的原动力，是企业永葆生命力的根本途径。企业要强化创新意识，以创新为核心、以先进技术为支撑，积极采用新材料、新工艺，研发生产满足市场多层次需求的新产品、新服务，做到人无我有、人有我优。

案例 6-64

培育钻石：新一代消费观念转变，推动钻石需求增长

近年来，随着居民生活水平的提升，以及人们改善生活品质的意愿持续加强，钻石的悦己消费占比遥遥领先，占比达到 46%，超过传统的婚恋意义需求。天然钻石行业经过百来年的发展，目前已经处于成熟阶段，大众消费者对其的诉求侧重于奢侈消费和价值收藏。而培育钻石行业凭借产品的品质和价格优势，面向新一代的年轻消费者，能够满足其时尚消费和日常佩戴的消费诉求。

6.6 制造业新模式新业态是智能制造创新发展的主要方向之一

6.6.1 智能制造推进制造业产业模式和产业形态创新发展

随着第四次工业革命的到来，智能制造已成为推动产业技术变革和优化升级的主攻方向。以智能服务为核心的制造业新模式新业态是智能制造创新发展的主要方向之一。以数字化网络化智能化技术为主导，促进传统产业模式和业态的根本性转变，形成以智能服务为核心的制造业新模式新业态。新的产业模式和形态将促进我国产业迈向全球价值链的中高端，提升我国制造业在全球的竞争力和影响力，实现制造业高质量发展。

6.6.2 新一轮工业革命与制造业新模式新业态

纵观历史，从技术进步、经济模式、生产模式、组织模式、产业形态的视角，工业革命给制造业带来了革命性的变化（表 6–5）。

表 6–5 工业革命进程与模式业态创新

工业时代	技术进步	经济模式	产业模式与产业形态		
			生产模式	组织模式	产业形态
第一次工业革命	蒸汽机的发明和应用	自由经济 卖方市场	手工生产向机器生产	分散型	生产型制造
第二次工业革命	电气技术的发明和应用	规模经济 卖方市场	机器生产向大规模流水线生产	分散向竞争与垄断	生产型制造
第三次工业革命	信息技术的发明和应用	规模经济 买方市场	大规模流水线生产向精益生产与敏捷制造	竞争与垄断	生产型制造和生产服务型制造
第四次工业革命	智能技术的发明和应用	范围经济 买方市场	精益生产与敏捷制造向规模定制化生产	竞争与垄断向竞争与协同共享	生产服务型制造和服务型制造

第一次工业革命发生后，蒸汽机的发明和应用为当时的经济社会带来了新动力，制造业生产模式从手工生产走向了机器生产；企业间的关联较为简单，制造业的组织处于分散的模式；制造企业以产品生产为营业收入来源，制造业产业形态是生产型制造。

第二次工业革命为经济社会带来了新动力——电力，推动制造业生产模式由简单机器生产转变为大规模流水线生产；生产资源向少数企业聚拢，制造业的组织模式从分散走向竞争与垄断。这个阶段，制造业产业形态仍然是生产型制造。

第三次工业革命以信息技术的发明与应用为标志，制造业的生产模式在大规模流水线生产的基础上出现了精益生产模式和敏捷制造模式；制造业的组织模式是全球范围的竞争与垄断。由于竞争日益激烈，部分制造企业开始围绕产品发展面向客户的服务业务。制造业产业形态开始从生产型制造走向生产服务型制造。

第四次工业革命方兴未艾，人工智能赋能先进制造业。制造企业的生产模式开始由精益生产与敏捷制造走向规模定制化生产，组织模式逐渐转变为竞争与协同共享，制造业产业形态迅速迈向服务型制造，进而形成了以智能服务为核心的制造业新模式新业态。

6.6.3 制造业产业模式和产业形态创新的主要驱动力

以智能服务为核心的制造业新模式新业态创新以市场牵引和技术推动为双重驱动力（图 6-21）。在第四次工业革命浪潮中，人们日益增长的美好生活需要和智能制造技术同时驱动制造业从以产品为中心向以客户为中心转变。

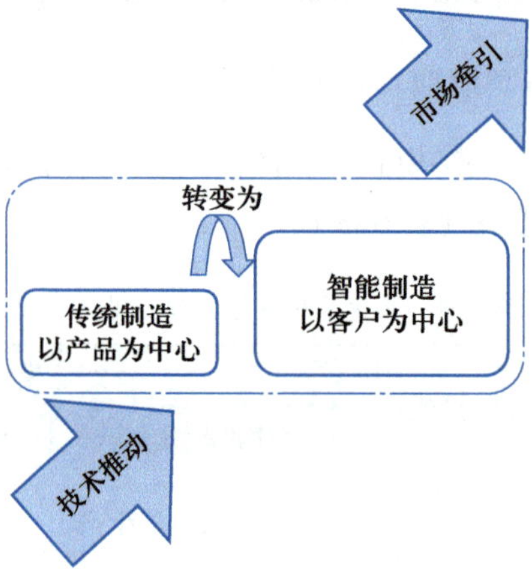

图 6-21 制造业模式与形态变革主要驱动力

6.6.4 先进制造业与现代服务业深度融合

两业融合——先进制造业和现代服务业深度融合是培育提升中国经济竞争优势、抢占新一轮全球产业竞争战略制高点的重要途径，是深化供给侧结构性改革、提升中国经济发展质量的必然选择。

两业融合将从服务型制造和生产性服务两个方面推进。生产性服务是指直接服务于制造业等生产活动的配套服务，从服务业内部发展并向制造业延伸，生产性服务业从服务业端推动着两业融合。另一方面，制造业的产业形态将从生产性制造转变为服务型制造，服务型制造是先进制造业与现代服务业深度融合的交汇点，既是先进制造业的重要组成部分，也是现代服务业的重要组成部分。从制造业内部发展并向服务业延伸，服务型制造从制造业端推动着两业融合。

先进制造业是现代服务业发展的基础，为现代服务业发展提供了重要的物质基础。基础不牢，地动山摇。皮之不存，毛将焉附。因而，必须把经济建设的着力点放在实体经济上，推进新型工业化，加快建设制造强国。

推进先进制造业与现代服务业深度融合，是构建现代产业体系的重要组成部分。两业深度融合，国民经济繁荣强盛，人民生活安康美好，是现代化建设必由之路。

第七章

智能集成制造系统

本章在概述系统、系统科学与系统工程等基本知识的基础上，围绕智能集成制造系统的“系统复杂、全面集成、全局优化、制造服务、自主智能”等特点，阐释了具有新特色的智能集成制造系统的总体技术、平台技术、智能集成制造分系统技术及其发展脉络。结合国内外智能化示范工厂、标杆工厂、灯塔工厂等案例，介绍了产业集群、集团 / 大企业、中小企业、全生命周期活动阶段等智能集成制造系统 IIMS1.5（数字化、网络化、局部智能化集成制造系统）的实施情况。以此为基础，对助力“推进新型工业化”的高质量智能集成制造系统 IIMS2.0 的体系架构、关键技术及内涵特点进行了阐述和分析，展望了智能集成制造系统在宏观发展、技术创新以及产业应用等方面的未来发展趋势。

7.1 概　　述

7.1.1 系统、系统科学与系统工程

1. 系统

系统科学的发展和成熟，对人类的思维观念和思想方法产生了根本性的影响，系统观念、系统科学的理论和方法已经广泛地渗透到自然科学和社会科学的各个领域。

国内外关于系统的概念和定义有多种理解，尚未形成统一规范的定论。我国著名科学家钱学森先生对系统的定义是：系统是由相互作用相互依赖的若干组成部分结合而成的，具有特定功能的有机整体，而且这个有机整体又是它从属的更大系统的组成部分。归纳学术界对系统认识的共识，本书对系统定义为：系统是通过元素的集成、相互作用，以一定层次组织结构构成的服务于统一目标的有机整体。

现实世界中由多要素构成的事物集合都可以被看作系统，如工业系统、农业系统、计算机系统、制造系统、武器系统、机械系统、运输系统、通信系统等。图 7-1 所示是典型的复杂航空系统——民用大型客机的系统结构，主要包括机身子系统（机头、前机身、中机身、中后机身、后机身等）、机翼子系统（包含中央翼、外翼、副翼等）、尾翼子系统（垂尾、平尾、活动面等）、起落架子系统（机轮、承力支柱、减振器、收放机构、前轮减

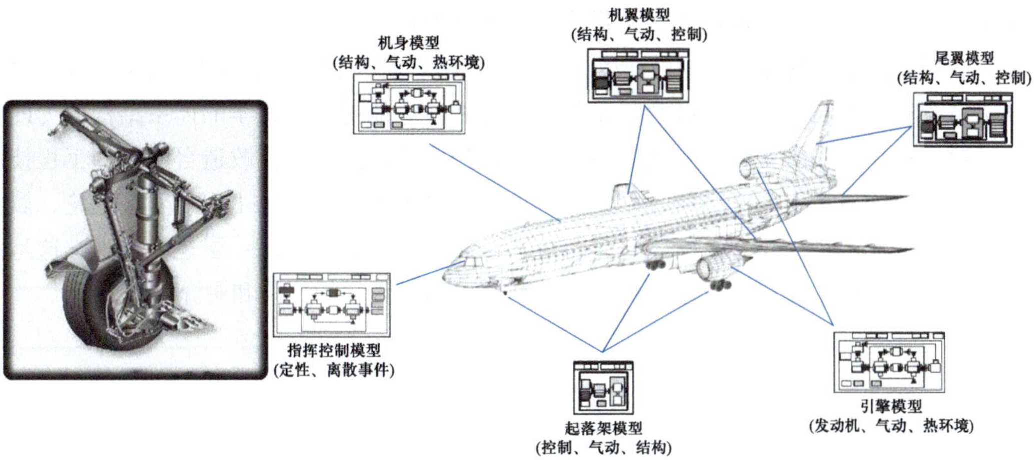

图 7-1 民用大型客机的系统结构图

摆器和转弯操纵机构等)、引擎子系统(风扇叶片、增压/高压压气机、短环燃烧室、高低压涡轮、收敛喷管等)以及指挥控制子系统(舵回路、内回路、外回路以及导引回路等)等。大飞机本身是典型的复杂大系统，但即使是其中的起落架子系统，剖析开来也能看到层次分明、结构清晰、集成协同的复杂系统结构。

任何系统都应该使用系统的思想来考察、描述和分析。系统通常具备如下特性：

(1)集合性。系统是由两个或两个以上可以相互区别的要素(或子系统)组成的一个总体。

(2)相关性。系统内的要素(子系统)相互联系、相互作用，这些要素(子系统)与环境也有相互联系、相互作用、相互制约的关系。

(3)目的性。这个特性主要是对人工系统和复合系统而言，具有整体性的明确目的。一个系统可能有多重目的性。

(4)层次性。一个复杂的系统由许多子系统组成，子系统可能又分成许多子系统，而这个系统本身又是一个更大系统的组成部分。系统至少应该具有 2 个层次。

(5)环境适应性。系统所具有的随外部环境变化相应进行自我调节，以适应新环境的能力，在环境变化时对自身做出相应调整，不至于引起本质的变化。

(6)动态性。动态性体现在：一方面系统的活动是动态的，系统目的是通过与环境进行物质、能量、信息的交流实现的；另一方面系统过程是动态的，系统的生命周期所体现出的系统本身也处在孕育、产生、发展、衰退、消灭的变化过程中。

其中，集合性、相关性、目的性、环境适应性这四个特性是最基本的。

2. 系统科学

系统科学是 20 世纪中叶以来发展最快的综合性科学，包括系统论、信息论、控制论、耗散结构论、协同学、突变论、运筹学、模糊数学、物元分析、泛系方法论、系统动力学、灰色系统论、系统工程学、计算机科学、人工智能学、知识工程学、传播学等一大批学科在内。20 世纪后期兴起的相似论、现代概率论、超熵论、奇异吸引学及混沌理论、紊乱学、模糊逻辑学等，也进入广义系统科学并成为其重要内容。

关于系统科学的内容和结构最详尽的框架是我国著名科学家钱学森提出来的（图 7–2）。他认为系统科学与自然科学和社会科学处于同等地位。他把系统科学的体系结构分为四个层次：第一层次是系统工程、自动化技术、通信技术等，这是直接改造自然界的工程技术层次；第二层次有运筹学、系统理论、控制论、信息论等，是系统工程的直接理论，属技术科学层次；第三层次是系统学，它是系统科学的基本理论；最高一层是系统观，这是系统的哲学和方法论的观点，是系统科学通向马克思主义哲学的桥梁和中介。

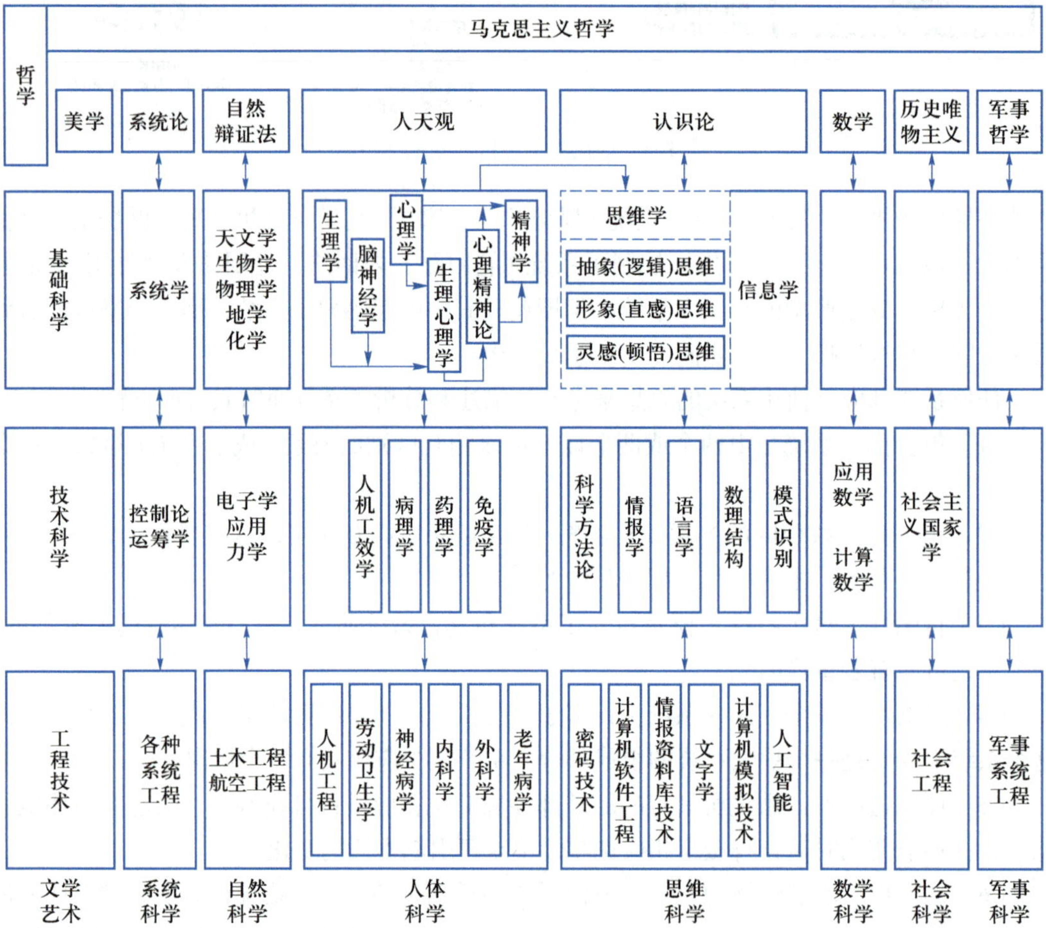

图 7–2 钱学森先生的系统科学框架

系统科学是系统工程的技术、系统工程的理论方法以及系统工程的理论基础经过综合、提炼达到最高概括的产物。系统科学可以划分为四个层次：系统哲学层、系统基础科学层、系统科学方法层、系统应用科学层。

（1）系统哲学层。系统哲学即系统科学的哲学思想和方法论。它涉及系统本体论、系统认识论以及人和世界的关系。系统本体论提出并主要研究世界是以系统的方式存在、系统的形成与演化等问题。系统认识论与系统本体论是不可分割的，但又有自己突出的理论特征，它主要以系统思维研究精神与物质的发生和本质，以及认识的本质和结果。系统哲学是认识与改造世界的新方法，同时模型方法成为分析问题和解决问题的重要方法。

（2）系统基础科学层。系统基础科学研究系统的功能、行为和动态特征。它涉及一般系统的概念、性质和系统演化的规律。研究系统的基础科学涉及数学物理科学基础如线性代数、概率论、力学、随机过程等，以及新兴的系统基础科学，如线性非线性系统、复杂网络系统、博弈论以及优化理论等。

（3）系统科学方法层。系统科学方法简称系统方法，是按事物本身的系统性把研究对象作为一个具有一定组织、结构和功能的整体来加以考察的方法。该方法是从系统与要素之间、要素与要素之间、系统与外部环境之间的相互联系、相互制约、相互作用的关系中综合地研究对象的一种方法，是系统科学基本原理和基本观念在认识和解决实际问题中的应用。在系统的科学方法层面，有著名的“老三论”和“新三论”，前者包括系统论、控制论和信息论，后者包括耗散结构论、协同论、突变论，这些理论成果在对不同时代的系统问题进行科学研究中产生重要影响并获得快速发展。

（4）系统应用科学层。系统的应用科学层，是以最优化方法求得系统整体的、最优的、综合化的组织、管理、技术和方法的总称，具体体现为系统工程学。系统工程活动主要集中在产品的概念和开发环节。在设计研发阶段就应考虑产品生产、运行和退役等生命周期各个阶段利益攸关者的需求。同时，系统工程活动保证产品能够满足全生命周期的成本和进度要求。

3. 系统工程

系统工程这一概念最早于1940年提出，系统工程的研究范围已经由传统的工程领域扩展到社会、经济和政治领域。钱学森先生在1978年就强调，系统工程是组织管理系统的规划、研究、设计、制造、试验和使用的科学方法，是一种对所有系统具有普遍意义的科学方法。

系统工程是为了最好地实现系统的目的，对系统的组成要素、组织结构、信息流、控制机构等进行分析研究的科学方法。它运用各种组织管理技术，使系统的整体与局部之间的关系协调和相互配合，实现总体的最优运行。系统工程是一门综合学科，日益向多学科领域渗透、交叉发展。它以系统为研究对象，从系统总体的角度出发，综合应用数学、管理科学、信息科学、计算科学、控制理论等思想、理论和方法，有效地组织和管理复杂系统的规划、设计、建造实施和使用的全过程。系统工程的主要任务是根据总体协调的需要，把自然科学和社会科学中的基础思想、理论、策略和方法等联系起来，应用现代基础科学方法和新型技术工具等，对系统的构成要素、组织结构、信息交换和自动控制等功能进行分析研究，以达到最优化设计、最优控制和最优管理的目标。

系统工程方法是人类在自然科学和社会科学领域的不断实践中而产生的一系列科学处理问题的方法，它包括整体观念、综合观念、科学观念、创新观念等。

（1）整体观念。用系统的方法研究系统的对象，立足整体，统筹全局，全面规划，协调处理，使系统的总体与部分之间、各部分之间、系统与环境之间达到辩证统一。系统之所以为系统，不是各个组成部分的简单的总和，而在于它具备总体的系统的功能。因此，系统工程要有全局观念、整体观念。

（2）综合观念。从系统的总目标出发，将各种有关的经验和知识予以有机结合，协调运用，从而开发出全新的系统概念，创造出全新的系统结合和功能。

（3）科学观念。按照科学规律办事，努力开发系统的潜在价值。处理系统工程问题，一方面要有严格的工作步骤和工作顺序，做到定性与定量相结合，另一方面要遵照科学规律办事，充分认识到整体与部分的统一、协同与矛盾的统一。

（4）创新观念。系统工程方法是现代科学技术与社会实践相结合的产物，它要求人们在运用现代科学技术的同时，充分发挥人的创新能力，大胆地进行系统的概念开发和结构开发，以实现系统的最优效果。

4. 系统工程分析方法

系统工程分析方法代表了对系统的功能配置、构成要素、组织结构、信息交互、反馈控制等进行系统分析的一类方法，涉及对智能集成制造系统的建模、仿真与优化，本节概要介绍系统工程分析中常用的两类建模与分析语言 SysML 和 IDEF。

1）SysML

系统工程建模语言（system modeling language，SysML）是一种用于系统工程的一般目的建模语言，用于支持系统工程应用的分析、设计和验证。它是统一建模语言（unified modeling language，UML）的扩展，但进行了一些修改和增强以满足系统工程的需求。SysML 的原理基于 UML 的基本原理，但专注于系统工程领域的建模需求，提供了一个可扩展的建模框架，使系统工程师能够以图形符号的形式描述系统的各个方面，包括系统的结构、行为、功能、要求、约束等。SysML 通过使用不同的图形，如需求图、行为图、结构图等，来支持系统的整体建模和详细设计。SysML 通常用于基于模型的系统工程（MBSE）。在 MBSE 中，SysML 模型是设计过程的中心，用于从概念到实现的所有阶段进行沟通、分析和设计。SysML 模型一般包括系统的所有重要方面，如需求、功能、结构和行为，并且可以进行模拟和验证，具体功能如下：

（1）需求建模。通过需求图和需求表达式，捕捉系统的功能需求和非功能需求。

（2）行为建模。使用活动图、状态机图和序列图等来描述系统的行为模型，包括系统的控制流程、状态转换和交互过程。

（3）结构建模。使用块定义图、内部结构图和部件图等来描述系统的组成结构和部件之间的关系。

（4）参数建模。使用参数图和参数表达式，描述系统中的参数、变量和计算关系。

（5）接口建模。使用接口定义图和端口图，描述系统内、外部的接口和通信关系。

SysML 广泛应用于各种复杂系统的工程，包括航空航天、汽车、电信、软件、医疗设备等。通过使用 SysML，工程师可以创建详细且精确的系统模型，帮助他们理解和管理复杂系统，进行系统分析和设计优化，提高系统的质量和可靠性。此外，SysML 模型还可以用作项目团队之间以及与客户和供应商之间沟通的工具，帮助确保对系统的共同理解。

2）IDEF

集成定义语言（integrated definition language，IDEF）是一系列用于建模和分析计算机软件开发过程的方法。IDEF 由美国空军在 20 世纪 70 年代开发，最初是为了支持数据系统设计，后来扩展到了各种不同的建模活动。IDEF 的原理基于系统工程和系统分析的基本原则，通过标准化的符号和语法，提供了一种形式化的方式来表示系统的各个方面，包括结构、行为、功能、数据流等。IDEF 具有如下原理：

（1）符号标记。IDEF 使用特定的符号和标记来表示系统的不同元素和关系，这些符号和标记是一致且规范化的，使得模型能够被准确地理解和解释。

（2）结构化表示。IDEF 提供了一种结构化的表示方式，通过定义和连接不同的模型元素，以描述系统的层次结构和组成部分。

（3）数据流分析。IDEF 强调对系统中的数据流进行建模和分析，它提供了一种方法来捕捉和表示系统中的数据流动，从而帮助人们理解系统的功能和交互过程。

IDEF 的主要目标是创建清晰、一致、完整的系统模型，强调从多个视角（如功能视角、数据视角和过程视角）来描述系统，以确保全面理解系统的各个方面。IDEF 也强调模型的层次结构，通过顶层模型（提供大致的系统概述）和底层模型（详细描述具体的功能、数据或过程）来管理模型的复杂性。

IDEF0：IDEF0 图用于描述系统的功能模型。它通过图形符号表示系统功能、输入、输出和控制流程，并以层次结构的方式组织模型。IDEF0 图支持系统工程师分析和优化系统的功能流程。

IDEF1：IDEF1 图用于描述系统的信息模型。它通过图形符号表示系统的数据流、数据存储和数据处理过程，并揭示了系统中的信息流动和转换。IDEF1 图帮助系统工程师分析和设计系统的信息处理过程。

IDEF3：IDEF3 图用于描述系统的过程模型。它通过图形符号表示系统中的时间触发事件、动作和条件，并展示系统中的过程流程和控制结构。IDEF3 图支持系统工程师分析和优化系统的过程流程。

IDEF4：IDEF4 图用于描述系统的组织模型。它通过图形符号表示系统的组织结构、角色、职责和关系，并展示系统中的组织架构和协作方式。IDEF4 图帮助系统工程师理解和设计系统的组织结构。

IDEF 广泛应用于各种系统和过程的建模和分析，包括软件开发、商业过程改进、制造工程、供应链管理等。通过使用 IDEF，分析师和设计师可以创建精确、易于理解的模型，帮助认识理解和改进系统（或过程）。IDEF 模型也可以用作沟通的工具，帮助项目团队、管理者和客户共享对系统或过程的理解。

7.1.2 智能集成制造系统的内涵

智能集成制造系统是基于新一代信息技术与先进制造技术以及制造应用领域专业技术深度融合，贯穿于设计、生产、销售、服务等产品全生命周期制造活动，具有自感知、自学习、自决策、自执行、自适应等智能功能，人、信息空间、物理空间全面集成优化的先进制造系统。它是一类具有“系统复杂、全面集成、全局优化、制造服务、自主智能”等显著特色的先进制造系统。

1. 智能集成制造系统是一个复杂系统

完整的智能集成制造系统是一个复杂系统，它具有系统组成与层次关系复杂、系统机理复杂、系统的子系统间以及系统与其环境之间交互关系复杂和能量交换复杂，系统整体呈现出定性定量混合、变结构、自适应、非线性、涌现、不确定、协同、博弈、混沌等特点，其实施过程是典型的复杂系统工程。

智能集成制造系统的构成框架如图 7–3 所示。智能集成制造系统基于工业互联网络和智能制造云平台，集成了智能产品、智能生产和智能服务等制造全要素、全过程的功能系统，实现了面向智能制造的六流、六要素的集成优化和人 – 信息 – 物理系统（HCPS）的发展，同时也进一步强调了人的中心地位。

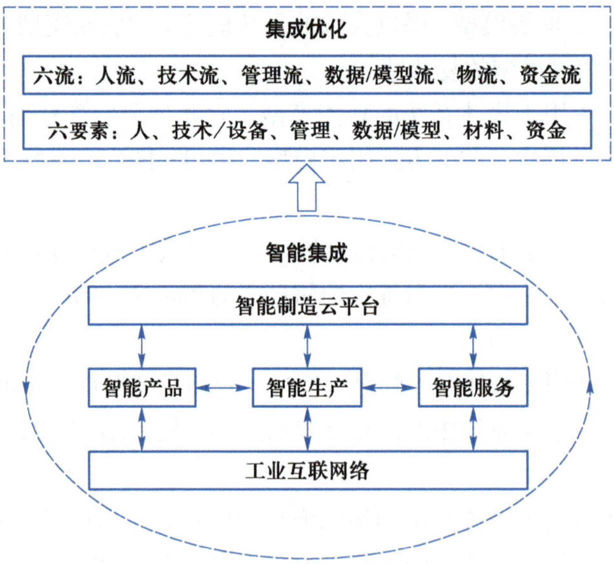

图 7–3 智能集成制造系统的构成框架

具体地讲，智能集成制造系统集成优化了产品全生命周期过程中涉及的人、技术 / 设备、管理、数据 / 模型、材料、资金等制造六要素，及人流、技术流、管理流、数据 / 模型流、物流、资金流等六流，同时融合了支撑智能集成制造系统发展的赋能技术，如新一代人工智能、工业互联网、云计算、大数据、边缘计算等新信息技术，以及新制造科学技术及其融合技术。

2. 全面集成是智能集成制造系统的本质特征

全面集成包括复杂系统集成，纵向、横向、端到端三类形式的集成以及跨学科技术集成。

（1）复杂系统集成。指各类子系统间的综合集成，包括智能制造系统中的智能产品、智能生产和智能服务各功能系统和工业互联网络、智能制造云平台等支撑系统的综合集成，基于工业互联网络和智能制造云平台，形成制造资源、能力、产品、服务的动态集成、优化配置和智能协同，实现制造系统中的人、信息系统及物理系统智联集成。它是智能制造系统最基本的特征和优势所在。

（2）三类形式的集成。指纵向、横向、端到端三类形式的集成，通过集成实现智能制造系统的产业链、价值链、虚实系统间的贯通。其中，纵向集成能使制造企业内外子系统联通，实现不同层级各子系统（如产品 / 设备、生产车间、工厂 / 企业、行业等）之间的产业链贯通，可以视为一种企业内部的组织集成；横向集成实现产品设计、生产、管理、销售、运营等制造全生命周期活动的协作贯通，可以视为一种企业之间的产业链协同过程集成；端到端集成是围绕特定产品制造及服务需求，通过企业间各种不同信息终端和数字化的物理终端联通，实现数字世界和现实世界在产品全生命周期及异构企业之间的全面集成，可以视为以产品为中心的制造信息专网集成。

（3）跨学科技术集成。制造系统中信息技术、制造技术以及应用领域专业技术间的多学科跨域技术集成，使制造系统向数字化、网络化、云化、智能化转型升级，实现制造企业高效、优质、低耗、绿色、柔性地制造产品和制造服务，提升制造业的市场竞争能力。

3. 全局优化是智能集成制造系统的关键目标

全局优化是指智能集成制造系统要实现人、信息空间、物理空间及其混合空间的全过程、全系统、时空链全局优化，通过纵向、横向、端到端链中资源、能力、产品间的时空优化配置与执行，进而实现智能集成制造系统能按照最优方式配置与执行，提升制造系统的市场竞争能力。

4. 制造服务是智能集成制造系统功能的重要拓展

传统制造系统的主要功能是高效生产优质产品。智能集成制造系统将制造系统从生产型系统拓展为生产服务型系统。这是现代产品制造，特别是复杂产品制造的需求，也是提高现代制造企业竞争能力的需要。制造服务主要表现在将企业在制造方面的设计、生产、管理等产品、能力与资源作为服务提供给产品制造与服务的内外协作制造系统，以提高产品制造全生命周期活动及企业的效益。

5. 自主智能是智能集成制造系统适应时代发展的全新能力

世界正步入智能信息时代，飞速发展的智能信息技术与制造业的融合催生了具有自主智能的先进制造系统。自主智能体现在制造系统中的设计、生产、销售、服务等产品全生命周期制造活动能具有自感知、自学习、自决策、自执行、自适应等智能特征的先进特色，极大地拓展和提高了制造系统的全生命周期活动及企业的效益。

7.1.3 智能集成制造系统的变革与发展

智能集成制造系统伴随着制造业需求的变化及信息通信技术、智能科学技术与制造技术深度融合而不断完善和演进，制造业企业始终围绕系统集成、全局优化和自主智能化的需求不断向前发展。在数字化技术驱动下，企业实现了基于信息的集成和生产制造系统局部的优化；在数字化网络化技术驱动下，企业在跨地域、跨企业的制造中实现了制造资源、能力的集成协同与供应链优化；在数字化网络化智能化技术的驱动下，企业逐步开始向制造全系统、全流程、全价值链的集成、全局优化和自主智能化的方向迈进。参照制造业使能技术的发展阶段，智能集成制造系统发展可划分为三个阶段：数字化集成制造系统（IIMS1.0），数字化网络化、局部智能化集成制造系统（IIMS1.5），数字化网络化智能化集成制造系统（IIMS2.0）。

本节将结合航天高端电子元器件智能集成制造案例，介绍智能集成制造系统发展演进历程的三个发展阶段、相关系统的体系架构、关键技术。

高端连接器、微特电动机、光电器件等典型高端电子元器件研制生产具有多品种、小批量，按单生产的特点。产品定制化需求高，涉及 100 000 型谱组合，装配工艺要求高，且航空航天应用场景要求产品高质量、高可靠。经过二十余年发展，航天高端电子元器件研制生产经历了企业数字化、信息化系统建设应用，网络化跨地域协同生产以及基于工业互联网平台的智能制造等不同发展阶段，已形成“多品种、小批量”电子元器件生产的跨单位柔性生产制造模式，并成为智能集成制造系统应用典型示范。

1. 数字化集成制造系统

数字化集成制造系统是一类将数字技术用于设计、生产、销售、服务等产品全生命周期制造活动的数字化先进制造系统。随着计算机技术的发展，制造业企业在信息化系统建设和应用方面也取得了长足的进步，同时也使得制造业信息、业务集成的深度和广度不断扩展。自 1969 年美国国家航空航天局开发并推出数字化有限元分析软件 Nastran 开始，CAE 产品（如 MSC、Ansys、Abaqus、HyperMesh 等）不断发展成熟，逐步在电子、造船、航空、航天、机械、建筑、汽车等各个领域中得到了广泛的应用，成为最具有生产潜力的产品设计工具软件。在制造和经营管理阶段，出现了如计算机辅助制造 CAM、计算机辅助工艺规划 CAPP、计算机辅助生产管理 CAPM、计算机辅助质量管理 CAQ 等制造过程业务软件系统。这些软件系统一般都是在企业生产过程中按部门需求逐个建立，在单一功能改进目标上取得了局部效益。但由于缺少整体规划，企业在大规模复杂产品的计算机辅助设计过程中，多个应用之间“数据孤岛”效应开始显现，“集成”逐步成为工业界所关注的重要需求。

在计算机辅助应用间的“集成”需求推动下，数字化集成制造系统应运而生。数字化集成制造系统中，企业设计、制造等不同阶段的工业软件及制造业务信息系统中产生的异构信息通过数据库、软件接口以及标准协议的方式进行集成，以保证各数字化业务系统之间数据信息的高效共享和交换，实现制造企业设计及制造流程的资源优化配置。

企业通过 CAD/CAE/CAM/CAPP 等系统的集成，可以实现产品制造信息结构化管理，仿真模型数据管理，设计、工艺、制造 BOM 的一体化协同管理等功能，同时结合企业 MES 中生产调度和资源管理等控制信息，可实现企业资源动态优化配置和高效业务流程管理。

数字化集成制造系统典型的系统有计算机集成制造系统和现代集成制造系统。

1973 年，哈林顿（Joseph Harrington）首次提出计算机集成制造（computer integrated manufacturing，CIM）的概念，它以自动化技术、信息技术以及制造技术为基础，利用计算机技术及信息通信技术，将企业全部生产活动所需的分散的软件系统集成起来，在系统层面实现了产品研发、制造过程的优化。这一新制造哲理的提出，推动了适合多品种、中小批量生产的柔性制造系统特别是计算机集成制造系统（CIMS）的建立和发展。

20 世纪 80 年代，世界各国都十分重视计算机集成制造系统的发展，美国国家标准局、欧洲共同体等都制定了基于计算机集成制造系统的发展战略。美国通用汽车（GM）、通用电气（GE）、波音公司，以及日本的富士通、德国的马霍公司、瑞典的博福斯公司等都先后开展了生产应用实践，在缩短新产品研制周期、提升制造资源利用率、降低生产成本、增强企业市场应变能力方面成果显著。

在 20 世纪 80 年代同一时期，在我国高技术研究发展计划（863 计划）的支持下，自动化领域 CIMS 专家组以计算机集成制造系统理念与技术为基础，结合我国国情，总结提出了新数字化集成制造系统——现代集成制造系统（contemporary integrated manufacturing system，新 CIMS）。现代集成制造系统的主要特征体现在：提出了 CIMS 数字化、虚拟化、网络化、智能化、绿色化的现代化特征；拓展了系统集成优化的内容，包括异构系统信息集成、串行到并行的制造过程集成、企业集成优化及新 CIMS 相关资源的集成优化；建立了新 CIMS 的技术体系，突出了信息技术的赋能作用，强调管理与技术的结合以及人在系统中的重要作用。863 计划实施后的 15 年间，现代集成制造系统主题攻克了 12 项达到或接近世界先进水平、对经济社会发展和国防建设有重要影响的关键技术，获得 2 个国际 SME 大学领先奖及 1 个工业领先奖、13 个国家科技进步奖、52 个省部级科技进步奖，开辟了自主独立的新 CIMS 产业。创建的研究开发基地已成为我国制造业信息化研究、开发、推广、应用体系的重要基地，所培养的一大批各层次人才已经成为业界的领军人才、学科带头人和技术骨干。创新研究和推广示范极大地扩展了 CIMS 应用范围，在航空航天、汽车制造、石油化工、工程机械等行业企业的探索实践中，积累了许多典型的行业应用案例，在提高我国工业制造水平、降低工业产品研制成本、缩短工业品开发周期、实现制造创新等方面发挥了重要作用。

总体来看，虽然数字化集成制造系统（IIMS1.0）演变到后期已经逐步在考虑以人为中心的集成优化，但其核心还是企业基础信息化在网络和数据库支持下的信息集成。

案例 7-1

航天高端电子元器件数字化集成制造系统发展阶段

航天高端电子元器件 IIMS1.0

需要解决的问题：元器件生产以按订单生产为主，新产品研发、变型产品设计工作量很大，同时面临工艺流程复杂、管理困难、查询不便、图纸管理和数据汇总效率低、容易出错等问题。

IIMS1.0 解决方案：在数字化研发工作中，以计算机技术和信息技术为基础，通过部署产品设计和制造业务相关的计算机辅助设计 CAD、计算机辅助工程 CAE 等信息系统，在数字化管理工作中，部署了产品数据管理 PDM、计算机辅助工艺规划 CAPP 和计算机辅助制造 CAM 等信息系统，不同系统软件之间通过接口进行集成。

以 CAD 与 CAM 集成为例，基于 IGES 和 STEP 等中间格式文件，实现应用软件之间的模型和数据的集成。通过这种点对点的集成方式，企业实现了不同类型接插件零部件及整件的二维 / 三维模型、设计 BOM/ 工艺 BOM/ 制造 BOM 数据管理和制造过程中自动化生产设备控制等不同环节的数据集成，形成业务系统与制造现场的产线产能、生产状态、物料使用等信息的准确、高效共享和交换的能力。基于产品数字化的设计和制造执行系统，将串行的生产过程向并行模式转变，扩大企业产能，优化企业生产过程，最终实现了产品方案设计、性能仿真、产品技术状态控制、加工工艺过程以及制造活动物流有关的全过程（加工、装配、检验、存储、输送）的数字化设计、实施、控制和管理。

应用效果：通过产品研发设计数字化集中管理和数字化制造过程并行化，企业缩短了研发周期，大大提高了管理运作效率；同时利用数字化方式进行产品功能、结构和外观的确认，从而减少了按部件设计投产后的返工现象，优化了生产过程，生产质量管理水平不断提高。

2. 数字化网络化、局部智能化集成制造系统

数字化网络化、局部智能化集成制造系统是一类将数字化网络化、部分智能技术用于设计、生产、销售、服务等产品全生命周期制造活动的先进制造系统。

数字化集成制造系统实现了企业内部设计、制造、售后、管理等环节的数字化集成，提升了企业管理效率和生产效率。但是从价值链和产业链角度来看，依然未能形成企业间制造能力的协同和各种社会资源的共享与集成途径和制造模式，因而一定程度上限制了集团型企业和社会中异构企业间的高质量协同。进入 21 世纪，云计算、大数据、物联网等技术的快速发展，推动了制造业的升级和发展，出现了以应用服务提供方（application service provider，ASP）、制造网格（MGrid）、敏捷制造、全球化制造等为代表的网络化制造模式。网络化制造通过与先进的网络技术、信息技术与制造技术相结合，构建面向企业特定需求的基于网络的制造系统，突破空间地域对企业生产经营范围和经营方式的约束，

开展覆盖产品全生命周期全部或部分环节的企业业务活动（如产品设计、制造、销售、采购、管理等），实现企业间制造能力的协同和各种社会资源的共享与集成，高效、高质量、低成本地为市场提供产品和服务。此阶段为数字化网络化、局部智能化集成制造系统的初级形态，即 IIMS1.5-1 阶段。在此阶段，网络化制造技术在资源服务化建模与封装、资源配置与调度、协同设计、工作流管理等领域取得了一定成果。但是由于缺少良好的运营模式，缺少实现动态智能的制造资源共享与优化配置及实现终端物理设备的智能接入技术，再加上在制造过程网络化过程中，缺乏有效的网络安全防护技术和手段等诸多问题，制约了 IIMS1.5-1 阶段的制造模式的规模化应用推广。

2010 年以来，随着全球发达国家制造业发展战略的相继出台，如德国工业 4.0、美国工业互联网等，制造业发展战略均将面向智能制造的平台系统作为制造业生产方式、商业模式乃至产业形态变革的重要抓手。制造业正式进入平台竞争时代，制造业产业链、价值链升级成为建设制造强国的关键。由此，数字化网络化、局部智能化集成制造系统发展到更高级阶段，即 IIMS1.5-2 阶段。在这一阶段相应地也涌现出一批智能制造云平台，如德国西门子的 MindSphere 平台、中国航天云网的 INDICS 平台等。

西门子 2016 年 4 月份发布了 MindSphere 的公共测试版本。设备制造商等厂商可以通过 MindSphere 平台监测其设备机群。此外，MindSphere 平台还提供数控机床以及驱动链的预防性维护、能源数据管理以及工厂资源优化服务，可显著缩短设备停工时间，为西门子的工厂数字化服务奠定坚实的基础，并据此开创了新的商业模式。

在我国，伴随着云计算的兴起，2009 年李伯虎院士团队系统地提出了云制造（cloud manufacturing，CM）的新型网络化制造模式。在我国 863 计划以及科技部创新发展工程等项目的支持下，团队进一步丰富、完善和拓展了云制造系统的体系架构和技术体系。2017 年，航天云网科技发展有限公司推出了 INDICS 工业互联网平台，通过高效整合和共享国内外高、中、低端产业要素与优质资源，基于资源、产品、能力虚拟化、服务化的云制造模式，打造“制造与服务相结合、创新与创业相结合”的云端生态，逐步牵引底端（设备、岗位、工厂）进行数字化、网络化、智能化建设，最终通过线上和线下相结合的方式，帮助企业实现智能制造的目标。截至 2023 年 10 月，INDICS 平台注册企业超过 36 万家，接入设备超过 190 万台，汇聚工业 APP 超 1.89 万款，用户遍布 31 个省级行政区，覆盖航空航天、电子、机械、汽车、石油化工、电力、热力及燃气、纺织、建材、医药、农业、食品和金属等多个行业，IIMS1.5-2 阶段的制造模式应用产生的经济效益和社会效益不断显现。

IIMS1.5 是一种“互联网（云）+ 大数据智能 +”智能制造资源、产品与能力的人、机、物、环境、信息融合的智能互联制造服务系统。该系统能够支持的智造系统集成已经从已有的数字化 / 数字化网络化集成制造系统的信息集成—过程集成—企业集成的方式，演进到能够支持基于智能制造要素链及价值链之间的纵向、横向、端到端的三类集成及多学科系统集成。

案例 7-2

航天高端电子元器件数字化网络化、局部智能化集成制造系统发展阶段（IIMS1.5）

航天高端电子元器件 IIMS1.5

需要解决的问题：在企业数字化网络化制造模式的实施过程中，集团化经营跨地域协同生产效率不高，产业链信息共享和资源整合能力薄弱，成为制约企业生产经营规模化发展的主要因素。

IIMS1.5 解决方案：在数字化、网络化的协同工作中，企业通过建设网络化协同制造平台，同步进行生产制造车间智能化改造。在纵向集成中，在工业现场利用工业智能网关将电气连接器装配车间生产线运行数据、状态数据、设备运行数据和企业经营数据等接入平台，在数字化网络化的基础上，航天高端电子元器件 IIMS1.5 利用大数据人工智能技术，实现智能化的产品质量分析、产线在线监控、市场分析、设备预测性维护和运营决策分析，打造精密电气连接器智能工厂。在横向集成中，通过集成 ERP、CRP、MES 业务系统，建立云端商务应用场景，形成云端接单、订单创建、正式订单生成等业务的线上一体化管理。在端到端的集成中，产品生产以线上订单数据为驱动，结合 SAP 中资源信息，整合企业内部和外部资源（工作中心、库存等）进行生产计划的优化排程，驱动制造执行业务，初步形成基于网络化协同制造平台 -ERP-CRP-MES-TIA- 智能产线集成的线上线下业务闭环管理。

应用效果：依托网络化协同制造平台，通过企业间信息系统的互通和集成，实现了生产制造过程的订单需求、制造资源、在线监控、物料物流等制造全流程信息共享，打造了生产制造过程的订单需求、制造资源、在线监控、物料物流等制造全流程信息共享和透明化生产管控模式，实现了纵向集成、横向集成和端到端集成。以连接器智能车间为例，样板间建设有接触件、基座、外壳、总装等生产线，可实现多种类多规格的产品生产，合格率显著提升。

3. 数字化网络化智能化集成制造系统 IIMS2.0

在全球制造业面临创新、绿色、开放、共享、个性的新需求背景下，由新一代人工智能技术引领的制造技术不断迈向智能制造的高级形态，数字化网络化集成制造系统 IIMS1.5 也将逐步进入数字化网络化智能化集成制造系统 IIMS2.0 阶段。数字化网络化智能化集成制造系统 IIMS2.0 是在创新、协调、绿色、开放、共享新发展理念指引下，在新一代人工智能技术赋能下，将先进制造技术与数字化网络化智能化技术等新一代信息技术深度融合，用于设计、生产、销售、服务等产品全生命周期制造活动，并仍在持续发展中的先进智能集成制造系统，包括云制造系统 3.0、智慧工业互联网以及工业 5.0 等。

数字化网络化智能化集成制造系统正在从制造过程局部智能向自主感知、互联、协同、学习、分析、认知、决策、控制与执行的全局智能阶段发展，实现制造全系统及全生命周期活动中的“六要素”（人、技术 / 设备、管理、数据 / 模型、材料、资金）及“六流”（人流、技术流、管理流、数据 / 模型流、物流、资金流）的智能集成与全局优化。随着大数据智能、跨媒体智能、人机混合增强智能以及群体智能等为代表的新一代人工智能技术与制造业的广泛深度融合，智能制造全流程、全系统的建模和优化工作也将迈入新的发展阶段。

案例 7-3

航天高端电子元器件数字化网络化智能化集成制造系统发展阶段

需要解决的问题：基于企业数字化已有的制造基础和能力，不能有效利用海量的设备数据和生产过程数据，跨地域资源协作困难，适应新制造业以用户为中心、定制化、柔性化和社会化的市场需求能力不足。

IIMS2.0 解决方案：以数字化、网络化协同制造平台为基础，通过进一步融合新一代人工智能技术、数字孪生、边缘计算等新技术，逐步向智能集成制造系统的 IIMS2.0 阶段深入发展。通过将人机混合智能不断融入制造过程，实现设计过程智能化、制造过程智能化、企业决策智能化、产品售后服务智能化，最终实现“状态感知 - 实时分析 - 自主决策 - 精准执行 - 学习提升”的智慧生产模式，帮助企业建立起以用户为中心，人、机、物、环境、信息相融合，互联化（协同化）、服务化、个性化（定制化）、柔性化、社会化、智能化的制造模式。

预期应用效果：通过以新一代人工智能为代表的制造业赋能技术在智能云平台的应用，推动企业实现人机柔性化自适应交互；通过新一代人工智能技术进行智能化建模，辅助企业优化生产经营决策，提升企业产品研发、生产、能源利用、整体运营管理的智能化与自主化决策水平。进一步挖掘企业在产业链中的潜在价值，构建上下游产业环境高效动态衔接，降低企业生产成本，提升产品设计制造和服务质量。最终实现企业整体和局部的全面优化，实现高效、优质、集约、绿色、柔性地制造产品和用户服务，提高企业的市场竞争能力和创新力。

7.1.4 从智能集成制造系统到智能社会

1. 智能集成制造系统支撑我国经济社会健康持续发展

我国经济已由高速增长转向高质量发展阶段，处于转变经济发展方式、优化经济结构、转换增长动力的关键发展期。智能集成制造系统借助信息通信技术、智能技术等数字技术与制造领域有关专业技术深度融合，实现产品研发设计、生产制造、经营管理、市场服务等全生命周期各个环节及相应系统的优化集成，推动行业企业、平台企业和数字技术服务企业跨界创新，催生创造新的产业形态、商业模式等，助力各领域及各行业新模式、新技术手段和新生态系统等变革，为经济社会数字化网络化智能化发展带来强劲动力。

智能集成制造系统将推动数字经济和实体经济融合发展，对经济发展产生“放大”“叠加”“倍增”作用，主要体现在“产业数字化”和“数字化产业”两个方面。在产业数字化方面，利用数字技术赋能与驱动企业生产方式、运营模式、管理体系、生产技术等全方位的“数字化转型和智能化升级”：强化数字技术与实体经济深度融合，推进产品创新、生产运营、用户服务、产业生态的数字化 / 网络化 / 云化 / 智能化，使企业能高效、优质、集约、绿色、柔性地制造产品和服务用户，提高企业（或集团）的市场竞争能力。例如，利用互联网新技术对传统产业进行全方位、全产业链的改造，使企业能够借助泛在互联网广泛的数字连接能力打破时空局限，将产品和服务提供给更广泛的用户和消费者，“放大”企业产出效率及企业生产规模。此外，大数据、人工智能等数字技术能够让企业有效进行智能精确度量、智能分析和优化等生产运营环节，实现产品协同创新与制造，降低生产经营成本，提高产品质量和服务质量，并创造新的产品和服务，实现经济全要素生产率的“叠加”提升。同时，通过运用大数据智能与工业自动化对生产效率进行优化，利用互联网平台实现原材料采购与配送效率的提升，依托跨媒体智能与 5G 直播，实现产品宣传与营销效率的快速提升等，增强产业链的效能，推动实体经济收益的“倍增”。

在发展数字化产业方面，通过提供数字技术、产品、服务、基础设施和解决方案等各类经济活动，形成一批新兴战略产业，它“放大”“叠加”“倍增”了全社会的整体经济体系。例如，由跨境电商构建的全球销售体系和快速通关体系，充分“放大”了中国制造的性价比优势；同城零售与本地配送的新产业是用数字化产业的力量对社会经济体系的“叠加”；在线办公和远程教育等数字化新兴产业，使办公效率、产业效益在数字化产业的加持下“倍增”。

总之，在新一代人工智能技术的引领和推动下，智能集成制造系统将会呈现出前所未有的系统外部和内部的大集成、整体和局部的全面优化，实现大系统高效、优质、集约、绿色、柔性的产品制造和服务，最终达到提高企业市场竞争能力和创新力的目标。

2. 智能集成制造系统助推新一轮产业革命

新一代人工智能技术推动集成制造系统进入数字化网络化和全面智能化的新阶段，未来的发展将会更加突出“系统复杂、全面集成、全局优化、制造服务、自主智能”的特征，将具备越来越强大的智能以及认知和学习能力，通过自动学习，形成知识，使领域知识向自动智能化方向发展，提升系统的自主智能地感知、互联、协同、学习、分析、决策、控制与执行的能力，并以“技术、应用、产业”协调发展模式全面推进。新技术的不断发展及深度融合提供了更多创新源泉，学科之间、科学和技术之间、技术之间、自然科学和人文社会科学之间日益呈现交叉融合趋势，其发展将引领和推动新一轮产业革命。

（1）智能制造集成系统将更加强化智能产品的智能感知互联。新一代人工智能技术将会从感知智能、分析智能、认知智能、群体智能等方面赋能智能集成系统的全域产品，通过应用场景实现数据的集成、融合、交互，推动产品从独立面向单一场景向相互配合与融合方向转型升级，强化全流程数据贯通，加快全价值链业务协同，形成数据驱动的智能决策能力。面向复杂场景，强化泛在感知、智能互联技术与智能产品的全面深度融合，推动形成具有更加完善的智能连接、智能感知的工业智联网以及智能计算、智能自建模、模型自优化、系统自决策的智能集成系统，全面系统地推动制造业务的数字化转型。

（2）智能制造集成系统加快培育制造新模式和新业态。信息通信、计算机、材料、机械、管理等技术与数字化网络化智能化技术相融合的新技术，渗透到智能集成制造系统的方方面面，增强关键技术创新能力，加强面向多元化应用场景的技术融合和产品创新，推动产业链、供应链升级，推进产业集群数字化转型，深化产学研用合作，提升制造业的创新能力和水平。不断推动制造企业数字化转型，加快平台化、定制化、轻量化服务模式创新，产生新的产业模式。在层出不穷的产业模式变革、发展与碰撞下，打造新兴数字产业新优势，营造繁荣有序的创新生态。

（3）智能制造集成系统促进数字基础设施的整体优化和智能升级。加速传统互联网向智慧物联网的全面转型，提高智慧物联网在工业制造领域的应用水平，增强固移融合、宽窄融合、云网融合等物联接入能力，满足物联网接入设备爆发式增长的需求。此外，推进云网协同、算网协同融合发展，通过打造智能算力、通用算法、开发平台一体化的新型智能基础设施，以及构建算力、算法、数据智能协同的一体化大数据中心体系，提升数据中心跨网络、跨区域交互能力，推进云网协同发展，为智能制造重点行业提供体系化、协同化、智能化的服务，提升支撑智能制造的行业赋能水平。

（4）智能制造集成系统催生更完善的技术创新支撑体系。随着新一代信息技术与智能集成制造系统理念 / 技术的深度融合，智能集成制造系统未来发展将走向更高层次的智能化，将不断促进智能制造系统总体技术、平台技术、智能设计、智能生产、智能管理、智能试验、智能保障等制造全生命周期活动智能化关键技术的发展，提升关键核心技术支撑能力，推动工业大数据创新发展，完善工业化、信息化深度融合安全 / 标准 / 评估体系，培育数字化自主工具集和平台、数字化系统及自主运用服务等产业，形成能够满足智能制造产业发展需求的技术创新支撑体系。

（5）智能制造集成系统加速制造行业全面智能化转型。将重点带动原材料、装备制造、消费品、电子信息、绿色制造、安全生产等行业的数字化网络化智能化转型，不断拓展数字化技术融合应用场景，积极推进新一代信息通信技术、工业互联网技术、人工智能技术、集成技术等数字化技术在垂直行业的融合应用，全面赋能传统行业的数字化转型和智能化升级。

3. 智能集成制造系统助力迈向智能社会

随着经济社会内在需求的增长，借助不断涌现的新技术和经济社会各领域的深度融合，加快各领域技术手段、模式和业态向数字化网络化智能化转型升级。智能化是信息化社会演进的高级阶段，智能社会是一个高度复杂的生态大系统，智能集成制造系统作为智能社会中的一个组成部分，其理念、技术等在筑建智能社会中发挥着越来越重要的作用。随着智能集成制造系统的技术成果不断融入生产生活，以及智能制造、智能交通、智能农业、智能城市、智能医疗、智能国防等领域的不断集成和融合，将推动人类社会向以万物智联为基础，以智能化生产生活为目标的智能化社会演进，从根本上改变人类行为方式、社交方式、社会组织方式和社会运行方式。例如，在农业领域，智能集成系统与农业领域集成应用后形成智能农业云，通过物联网、云计算、大数据等技术的集成应用，面向农业园区、涉农企业、各级农业主管部门等用户提供平台级的设备、数据和系统集成接入服务，区域产业系统的个性化定制发布服务，多角度的平台资源和公共资源展示服务，管家式的农场管理服务，全链条的交易和专家服务，以及面向第三方平台提供设备、数据和业务流程协同集成服务等。在城市交通领域，智能集成系统与城市交通领域集成应用后形成智能交通云，通过人工智能对城市交通的赋能和技术集成，着力解决目前社会中存在的基础设施资源利用率低、感知网络的状态实时获取和分析难、城市交通拥堵、社会保障不健全、公共安全隐患大等问题。通过推动大数据、互联网、人工智能、区块链等新技术与交通行业深度融合，融合大数据互操作技术与数字孪生技术，打破信息孤岛，可实现高度实时的大数据共享交换，共建城市交通治理生态，共同促进城市交通的最优治理。

7.2 智能集成制造系统的体系架构与关键技术

7.2.1 系统集成

系统集成一直是智能集成制造系统发展中的核心技术。智能集成制造系统通过系统集成技术，支持生产关键要素模型、制造资源、制造产品、制造能力、专业知识等进行集成，并实现数据分发管理、时间同步管理，形成跨部门、跨企业、跨地域的协同设计、管理与决策，促使制造系统中各类活动中的信息流、控制流和知识流集成优化运行，进而提供智慧研制与运行使能技术，改善效率，提升企业竞争力。

系统集成的目标是实现制造全系统、全生命周期活动（产业链）中的人、机、物、环境、信息进行自主智慧的感知、互联、协同、学习、分析、认知、决策、控制与执行，进而促使制造全系统及全生命周期活动中的人 / 组织、技术 / 设备、管理、数据 / 模型、材料、资金（六要素）及人流、技术流、管理流、数据 / 模型流、物流、资金流（六流）集成优化。智能集成制造系统的系统集成的主要类型可以概括为纵向集成、横向集成、端到端集成，如图 7-4 所示。

7.2.2 智能制造系统的纵向集成

纵向集成（组织集成）主要实现不同层级各系统之间的集成，使企业内部所有环节的人 - 信息 - 物理系统（HCPS）实现无缝对接，较多应用于企业内部，特别是解决企业内部信息孤岛问题，打造从原材料到产品销售的智能化产业链，提高企业生产的柔性和企业的生产效益。通过纵向集成将传感器等制造装备、各层次智能生产单元和产线、生产车间、研制及加工产品、人员和综合管理等有机地整合在一起，既包含企业不同层级信息化系统的集成，又包含企业内部不同层级的信息系统和物理系统之间的集成，实现模型、数据、信息、算法等信息在企业决策层、管理层、计划层、执行层、设备层等各层级之间的下达、执行、反馈等。此外，通过模块化的智能集成制造系统集成方法，可以在不同层级上根据需求对企业的生产要素和网络拓扑进行快速调整，更好地满足个性化产品生产的需求。从涉及的边界来看，可以将纵向集成分为如下四个层级（图 7-5）：

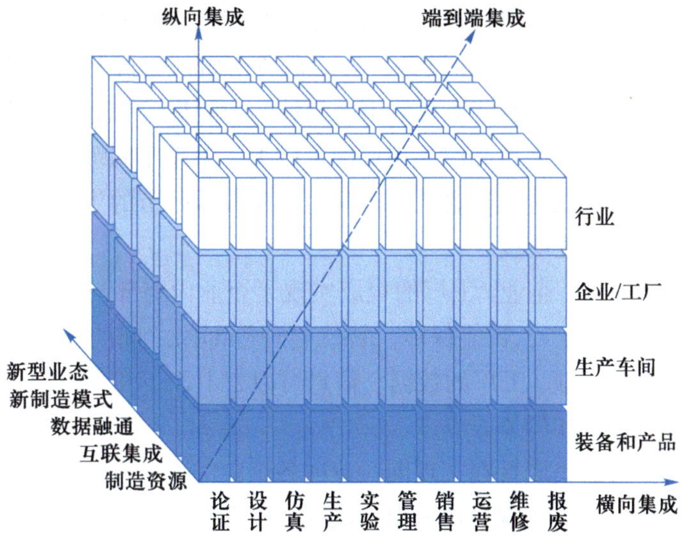

图 7-4 智能集成制造系统的系统集成示意图

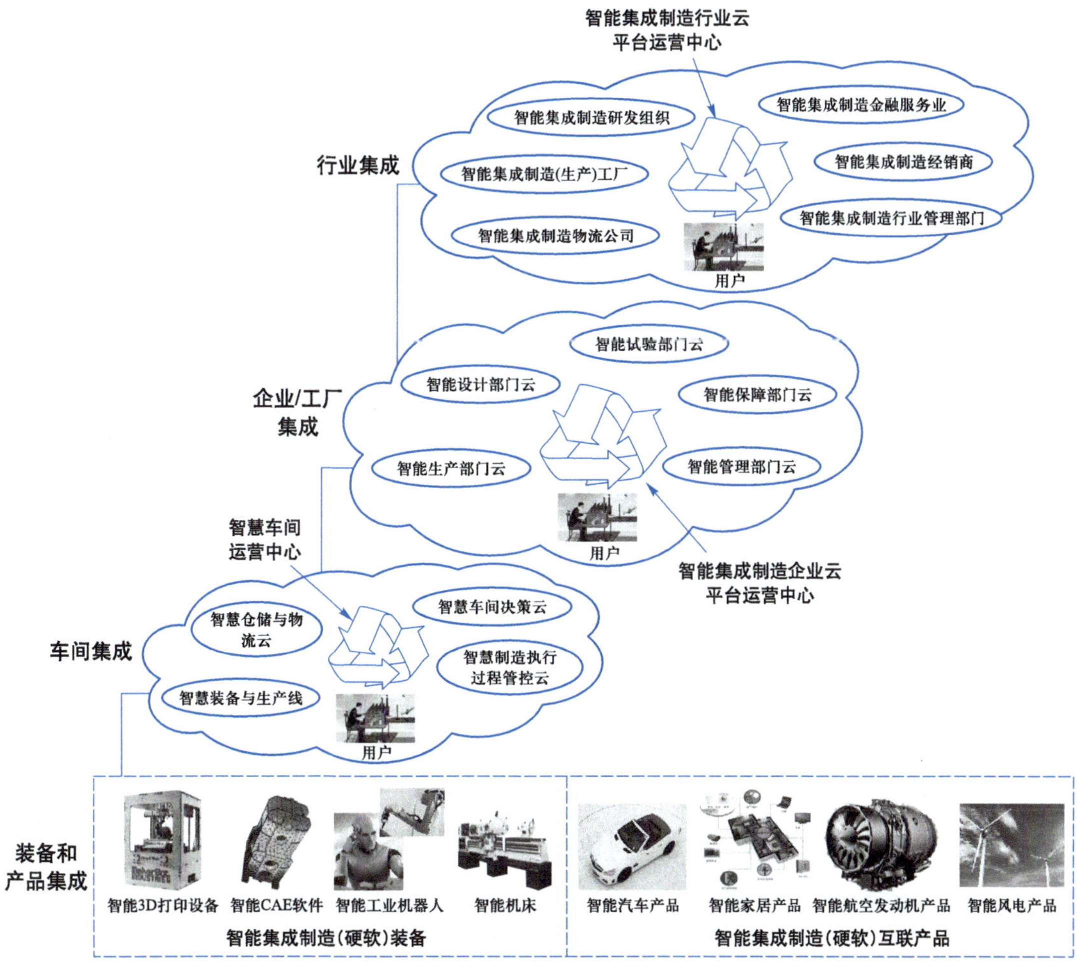

图 7-5 智能集成制造系统纵向集成示意图

（1）装备和产品集成。装备和产品层级的集成是智能集成制造系统的基础，能够实现如工业机器人、智能机床、3D 打印设备、CAE 软件等智能集成制造装备的互联、集成和管控，实现汽车、航空航天、智能家居等不同领域的智能集成制造软硬件产品的集成。

（2）车间集成。在生产装备和产品集成的基础上，基于车间级的运营中心，实现装备与生产线、仓储与物流、制造执行管理、车间生产决策等环节的集成和统一管理，提高生产车间的生产效率和管理透明度。

（3）企业 / 工厂集成。企业 / 工厂的集成实现了企业内跨部门之间的协作，实现智能设计、智能试验、智能生产、智能保障、智能管理等部门之间的数据、业务、流程等的集成、共享和协同，使企业 / 工厂的数据、信息可以自上而下和自下而上地流动和有效利用，提升企业的生产效益和价值。

（4）行业集成。行业集成旨在实现同行业内各企业的设计研发、生产制造、服务保障等资源的集成和优化配置，实现行业知识、数据、信息等在一定规模上的共享。智能制造行业集成实现了制造研发组织、生产工厂、物流公司、产品经销、金融服务、行业管理等部门之间的协作和行业内纵向一体化管理。

案例 7-4

航天高端电子元器件智能集成制造系统纵向集成

通过智能集成制造系统的纵向集成，打通了集团、企业、车间、设备等从上到下的全部层级，业务信息得以实现从上到下的高效传达和从下到上的及时反馈，如图 7-6 所示。

（1）设备级。为了提升设备的运行效率，降低企业能耗，建设了工业网关、SCADA 系统，通过串口、USB 口、IOT 网关等通信接口及协议转换等，实现主控 PLC 对现场设备的控制，并接收设备执行的反馈信息。同时将 PLC 与 MOM 系统进行业务集成和信息交互，通过 MOM、SCADA 等系统的综合监控功能，分别对工位、机器人操作、出入库管理、上下料等装配环节进行监控和管理，实现了对制造过程设备运行和现场数据的实时管理，提高了设备运行效率，降低设备能耗。

（2）车间级。为提升产品的生产效率和质量，建设了网络化的智能生产线，使用工业以太网环形网络拓扑结构，建设专用工控网络，通过工业互联网网关、OPC 服务和数据库服务等方式将 RFID、机械臂、视觉检测系统等异构设备进行集成互联和通信；在不同的网络之间启用虚拟路由器冗余协议（VRRP），实现生产设备与 MES、WMS 等系统的集成，从而实现车间的网络化生产；建设 MOM 系统并与各系统进行集成和数据调度，对车间的运行情况进行监控和透明化管理，生产效率和产品一次性合格率显著提升。

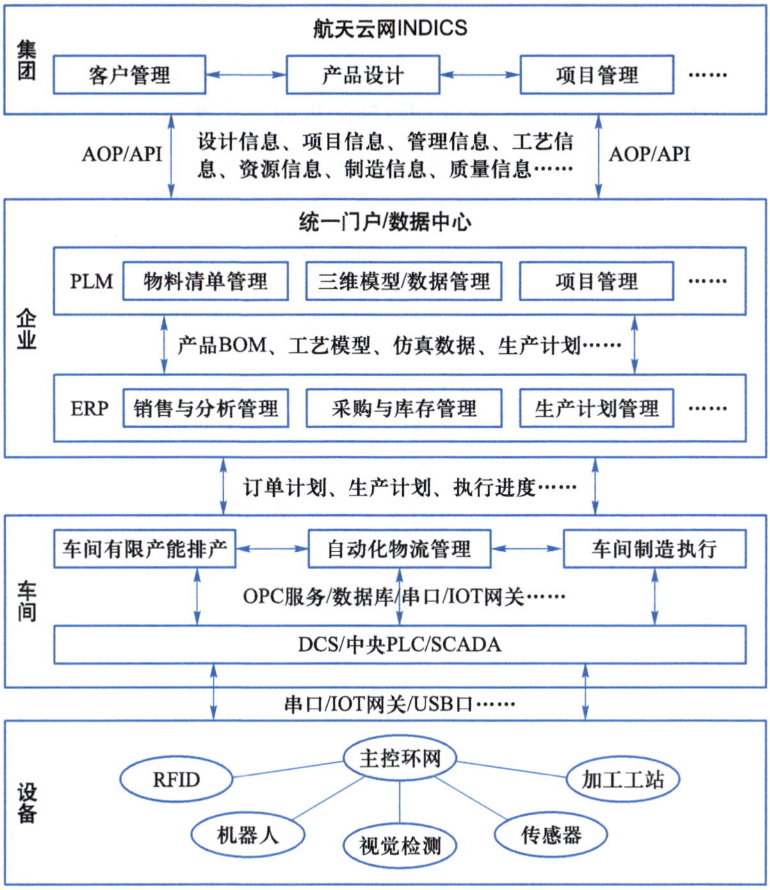

图 7-6 航天高端电子元器件智能集成制造系统纵向集成示意图

纵向集成

（3）企业级。为了满足多品种、小批量、按单生产的生产需求，基于 INDICS 平台的微服务架构将 PLM、ERP、CRP、PLC 等异构系统进行集成。同时，建设统一的应用门户，利用 Portal 集成框架、CA 框架、CAS 框架、安全认证框架、单点登录集成框架，实现企业内不同业务系统之间的一次登录，多系统协作应用，从而开展设计 / 生产一体化、有限产能排产、订单驱动混线生产等应用，有效地均衡企业库存、优化企业的资源利用率，使企业资源利用率和生产效率显著提高。

（4）集团级。为提升企业的管理效率，降低企业运营成本，向上与集团企业，向下和下属子公司和各事业部的信息系统进行了基于 INDICS 平台统一数据中心的集成，梳理产品研制过程中设计信息、项目信息、管理信息、工艺信息、资源信息、制造信息、质量信息等数据，形成标准的数据规范，实现统一数据存储和传输管理；以 PLM 为核心，构建全生命周期管理模式，实现数据驱动的集团与各下属企业之间的业务流程闭环，有效提升了运营管理效率，降低了运营成本。

7.2.3 智能制造系统的横向集成

智能制造系统横向集成（过程集成）是指企业之间在智能制造过程中，通过产业链及社会网络实现资源整合和产品全生命周期业务和数据的集成。实现横向集成以产业链为基础，以价值链为主线，强调产品制造的价值流集成，旨在解决企业之间不同制造环节中的信息共享、资源整合、流程协同和社会化协作等问题，消除产业链上各企业之间交互的冗余和非增值过程，提高产业链上下游企业之间，包括需求定义、产品设计、加工生产、训练使用、售后维护、报废等各环节的合作效率，进而构建不同企业之间的社会网络，实现企业与企业、企业与产品之间的生态化协作，在社会范围内实现人流、技术流、管理流、数据流、物流、资金流的共享集成和优化应用。

智能制造系统的横向集成为不同类型的供应商、生产制造企业间价值链的合作提供环境、技术、模式等基础，在产品全生命周期中的不同价值链之间实现数据的流通、集成、融合，在企业不同制造阶段和产品价值链之间构建一个互联的信息网络，实现企业间不同人 - 信息 - 物理系统（HCPS）的集成，在企业不同制造阶段和产业链系统中构建一个互联的信息网络，加强企业与供应商等之间的协作关联和数据集成。图 7-7 所示是智能制造系统横向集成的示意图。

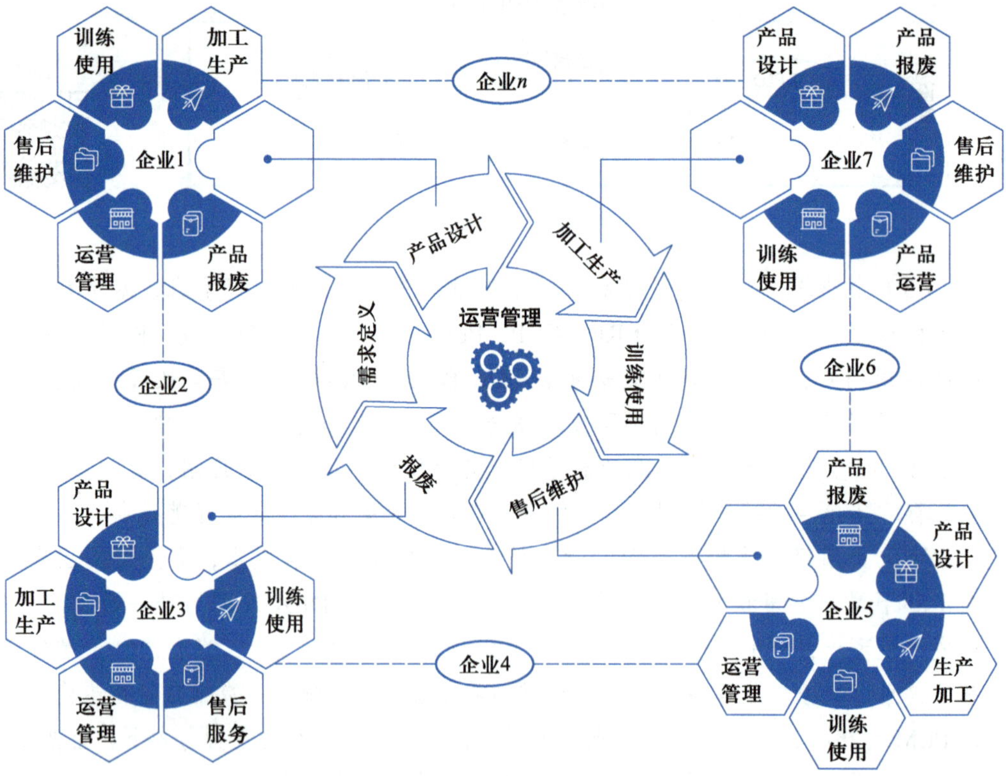

图 7-7 智能集成制造系统横向集成示意图

案例 7-5

航天云网专有云平台横向集成

为了更好地推动产业的发展，面向集团企业，建设了智慧企业平台和专有云平台，实现集团内和集团外资源共享与业务协同管理。专有云依托航天云网 INDICS 平台，通过微服务集成、AOP 集成等方式，提供 API 接口，将云设计、云 PDM、协同工艺以及设计模型库、知识库等工具和资源进行集成，通过基于人－流程－信息的业务过程集成方式将产品研制各环节业务和流程在集团各企业之间等进行横向集成。

（1）支持跨产业链协同。提供专有云的统一门户，基于 INDICS 平台，汇聚了产品研制和生产的上下游供应商、服务商，生成云端订单，并实现交易管理、合同管理等协作配套应用。同时，利用专有云平台的协同设计、协同试验、协同保障、排产计算等功能，进行云端订单的生产计划、产品工艺、生产排产等应用和管理；此外，基于专有云平台的大数据，对业务运营状态、过程进行监控和预警，建立决策模型，为集团管理者、项目总工程师等提供决策分析，合理调度任务。

通过与集团客户和配套外协供应商的集成，专有云将产品订单、论证、设计、生产、保障、管理等业务流程实现云化管理，打造需求订单—资源协同—协同研发—智能生产—智能保障全过程的业务链条，实现了跨地域、跨单位之间的产品协同设计和协同生产。

（2）支持跨企业的多学科产品协同设计仿真和制造。决策任务下达后，集团总部、院厂所管控部门将基于项目管理和产品数据管理系统，将计划任务下达到各个厂所单位，各厂所的总工程师 / 设计师利用专有云的三维标准件模型库、知识库以及云化、虚拟化的工具资源、软硬件资源等，开展基于 MBD 的数字化协同设计任务，并将设计任务下达到各分系统企业。各分系统企业设计师基于总体设计模型，参考模型库 / 知识库中的结构仿真、流体仿真、热仿真算法模型和控制模型进行强度校核、可靠性分析以及多学科耦合集成设计，并利用虚拟样机仿真工具和模型进行产品多学科虚拟样机仿真，满足了跨厂所 / 单位协同设计和多学科虚拟样机仿真需求。完成产品设计和仿真后，通过云平台将设计的三维模型下发至总装厂，进行产品的生产。

依托智慧企业平台和专有云平台，将大量业务协作从线下、单点转移至平台统一集成，有效解决了该集团所属单位跨企业、跨领域、跨专业业务协同困难、跨企业数据流转不畅通、信息化系统和专业能力统筹建设不够的问题。通过专有云平台的使用，使科研项目实施周期、资源共享和协同效率，以及资源流转率均得到明显改善，有效地提升了企业生产效率。

（3）支持跨企业生产运维保障一体化。在产品的生产设计阶段，总装厂接收产品设计的三维模型，基于产品BOM，建立结构化的三维工艺模型，进行工艺规划和工艺仿真，并进行配套物料需求的规划，生成设备生产、物料采购和库存等计划。通过专有云平台，总装厂将生产进度、产品质量、产品数据等信息反馈至总体部、分系统设计单位等，进行产品生产的跨企业协同管理。在生产及保障过程中，通过物联网技术，建立一套工业设备台账，将该设备的信息档案共享给设备的利益相关方，比如设备制造商、设备使用方等，使所有相关方共享设备手册、维修说明、维修档案、运行记录等信息。设备制造商还可以通过专有云开展设备运行健康状况预测、故障预警、预防性的维护服务，及时快速地处理设备的异常问题，降低宕机带来的高运维成本，提高客户服务满意度。

7.2.4 智能制造系统的端到端集成

智能制造系统的端到端集成（专网集成）是指围绕特定产品，从供给端到用户端，覆盖产品全生命周期各个环节乃至各个终端的系统集成。它体现在各种不同信息终端和数字化的物理终端联通，打破信息孤岛，实现制造资源、过程、产品、用户信息基于云平台的全面集成和互通。端到端集成将实现特定产品制造整个价值链的工程化信息集成，是以用户要求为中心，以主干企业为核心，集成各有关企业的力量，组成从供给端到用户端的完成制造全生命周期所有任务的所有终端和用户端的系统集成。端到端集成有别于纵向集成和横向集成，主要从智能制造集成系统组成要素信息交互的角度出发，考虑各类终端的信息对称与衔接，将用户需求、反馈与产品全生命周期融合，实现整个价值链端到端的数字化集成，支撑实现个性化、智能化的产品定制。

端到端的集成需要复杂的建模技术，跨学科、跨领域的体系方法，为覆盖从产品开发到生产制造、产品服务全过程的网络信息系统提供端到端支撑。建立数字主线是实现智能制造系统端到端集成的重要方法，通过标准集成制造数据，建立对数字终端的信任，使用数据在整个产品生命周期中进行决策，同时使整个产品生命周期中的信息能够重新利用，重复使用和追溯。

端到端的数据融通和价值链优化，可以让客户不再从预先制作的产品系列中挑选产品，而是通过个性化功能和组件的匹配重置来满足自己的特殊需求。端到端的集成实现以工业互联网为核心，通过将制造资源、能力和产品接入云平台，在平台上形成端到端服务能力，通过数据中台、制造中台、业务中台形成服务枢纽，提供可共享、复用的工业服务能力。制造企业能够直接获取定制化需求，构建研发设计、生产制造、运维监测以及经营管理的业务管理流程，快速聚合数据与业务，实现跨环境、跨应用系统之间的互通集成和管控。

基于云平台的端到端集成为企业解决产品全生命周期信息联通问题，降低创新成本，推动满足定制化和个性化的业务，适应企业产品快速创新的途径。从原料、生产装备、物流、产品到企业及供应链、用户之间的端到端互联集成，将促进全球化的资源最优配置和高效利用。通过云平台实现制造原料的灵活配置、制造过程的按需执行、制造工艺的合理优化和制造环境的快速适应，达到资源的高效利用，同时客户通过个性化功能和组件的组合或重置来满足自己的特殊需求，满足个性化定制需求，使企业获得更大的市场和更高的客户满意度，同时减少内部运营成本。

案例 7-6

C919 飞机制造过程的端到端集成

C919 飞机的自主研制过程是运用智能集成制造系统端到端集成进行协同设计制造的典型案例，如图 7-8 所示。航空制造业是知识和技术密集型产业，产业链长、关联产业门类众多，没有任何一个国家或国家共同体能够独立发展航空制造业，协同合作是大的趋势，也是提高效率、降低成本的最优选择。作为按照国际通行适航标准自行研制、具有自主知识产权的国产大型客机，C919 飞机是一款全面面向市场需求的民用大飞机，是全球化合作的产物，许多核心部件不仅由通用电气、CFM 国际等外国零部件制造承包商供应，中航沈飞股份有限公司、中航西安飞机工业集团股份有限公司等国内供应商也全程参与研制。正是基于全球化的合作，带给了 C919 飞机更优异的性能，让其以更契合国际通行的标准下线，更快融入民航客运市场。

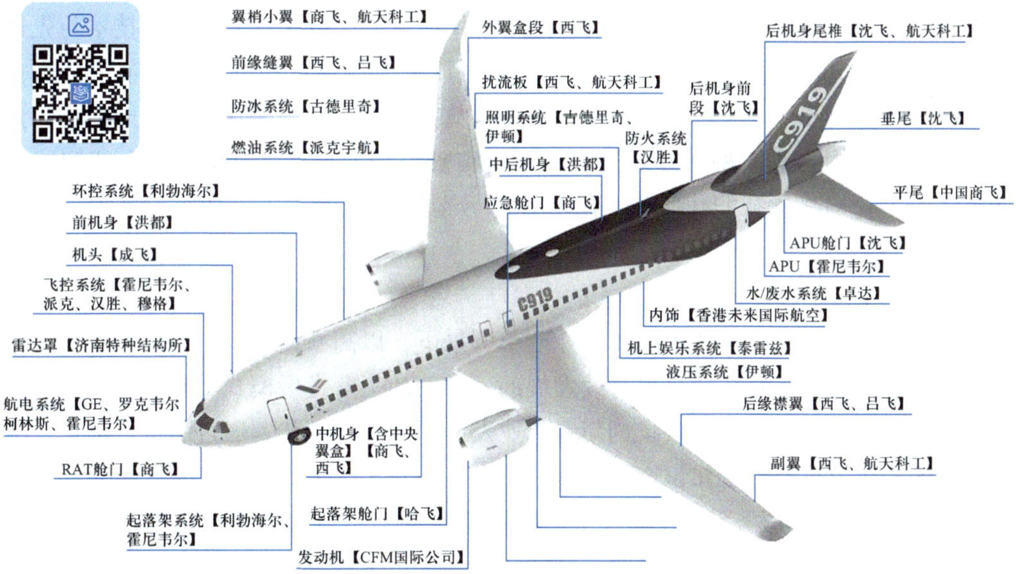

图 7-8 C919 飞机的协同设计制造

（1）产品协同设计与生产。一架 C919 大型客机的零部件总数多达 250 万个，有近 30 万人参与了 C919 飞机的研制。在上海临港，大飞机产业园已初具规模，形成了集设计、制造、试飞、配套于一体的民用航空产业布局。通过 C919 的研制，我国商用飞机产业的创新链、价值链、产业链得到了极大的拓展和延伸，带动了新材料、电子信息等领域技术的集群性突破，提升了国内商用飞机机体结构、机载系统、材料和标准件配套能级。

（2）数字化装配制造。C919大型客机在飞机数字化装配上的要求，促使公司与国际一流装备制造企业深度合作。C919大型客机开展C919数字化装配生产线建设，引进自动钻铆、机器人制孔、数字化定位调姿等自动化装配系统，实现了虚拟装配、数字化定位、人机工程仿真等方法的推广应用；突破了数字化工艺装备模块化、标准化、集成化设计制造等关键技术，建成国际一流的数字化部件装配生产线，构建了数字化装配工艺装备设计标准，实现了飞机部件装配由模拟量制造向数字化制造的跨越式发展，大幅度提高部件的装配精度，提高了飞机装配质量和效率。

（3）全生命周期数字化管理。通过对飞机制造全流程的各类数据进行异地协同管理和流程控制，C919项目异地协同平台统一了研制生产数据源，实现了数据在研制平台的重构、工艺设计及质量的管控，缩短了产品研制周期。基于民机协同研制平台的自动化工艺审查全流程管控技术研究，实现了工程数据的解析及自动分发，并进行工艺审查全流程实时管控，大幅提升产品数据管理（PDM）信息化管控能力。

7.2.5 智能集成制造系统（IIMS2.0）的内涵与体系架构

智能集成制造系统的内涵、体系架构、关键技术等都随着时代需求及技术的发展在不断地演进。智能集成制造系统IIMS2.0是新一代信息通信技术、人工智能技术与先进制造技术的深度融合，贯穿于设计、生产、管理、服务等制造活动的各个环节，具有自感知、自学习、自决策、自执行、自适应等功能的数字化网络化智能化新型生产模式、技术及其生态，是我国推进新型工业化进程的重要突破口和着力点。这里主要介绍智能集成制造系统数字化网络化智能化阶段（IIMS2.0）所涉及的内容，是前两个发展阶段的内容拓展。

1. 智能集成制造系统（IIMS2.0）的内涵与特点

新型工业化是在新的科技革命和产业变革背景下，以高新技术为引领，实现产业结构优化升级、资源环境友好和社会可持续发展的一种新的工业发展模式。它以提高工业生产效率和经济效益为目标，强调科技创新在产业发展中的主导地位，通过引进、消化、吸收和自主创新，形成具有自主知识产权的核心技术，同时实现工业全系统及全生命周期活动（设计、生产、管理、服务等）的数字化网络化智能化，提升整体劳动生产率；倡导产业链的横向和纵向延伸，实现不同产业之间的深度融合；重视环境保护和资源节约，推动绿色生产、绿色消费和循环经济的发展，实现可持续发展。

智能集成制造系统IIMS2.0是按照创新、协调、绿色、开放、共享新发展理念，借助各类新技术群跨界融合，特别是借助新网络技术、新信息通信技术、新智能科学技术和新工业领域专业技术等4类新技术群跨界深度融合，以数字化、网络化、云化、智能化技术为支撑，并贯穿于产品设计、生产、服务等制造全生命周期的各个环节及其相应系统的优化集成，具有对制造全系统及全生命周期活动中人、机、物、环境、信息自主感知、分析、认知、学习、决策、控制与执行等智能特征，能实现制造领域中的“人、虚拟空间与现实空间”的虚实映射和交互融合，工业全要素链、全产业链、全价值链（三链）智慧、协同、开放、服务、互联的复杂数字工业经济系统。它体现了智能制造的发展方向，是一种人、信息空间和物理空间深度融合和可持续发展的高质量新制造系统。

2. 智能集成制造系统（IIMS2.0）的体系架构

智能集成制造系统（IIMS2.0）是在新一代人工智能技术赋能下的“人、信息空间和物理空间”相融合的智能制造系统（云），它使制造系统更加突出“智能引领”的特点。智能集成制造系统（IIMS2.0）组成原理的体系架构（图 7–9）包括：新智能资源 / 能力 / 产品层、新智能感知 / 接入 / 通信层、新智能边缘处理平台层、新云端服务平台层、新云端服务应用层、新人 / 组织层等，各层具有适用于本层的新标准规范及新安全管理要求，并具有边缘 / 云 / 端协同新架构、智能引领的层内新内涵、以用户为中心的新资源 / 新产品 / 新能力共享服务、全系统的虚拟化和服务化等鲜明特色。

图中工业 IaaS 为工业基础设施即服务，工业 PaaS 为工业平台即服务，工业 SaaS 为工业软件即服务，工业 DaaS 为工业数据即服务，工业 PROaaS（PROduction as a service）为工业产品即服务，工业 CaaS（capability as a service）为工业能力即服务。以下对各层内容进行说明。

（1）新智能资源、能力、产品层。该层包括接入系统的各种新智能制造资源（新软制造资源，如制造过程中的各种新模型、数据、软件、引擎、信息、知识等；新硬制造资源和系统，如新智能机床、机器人、加工中心、计算设备、仿真试验设备，云端智能制造单元、新材料及能源等），新智能制造能力（制造过程中有关的论证、设计、生产、仿真、实验、管理、销售、产品运营、产品维修、集成等新专业能力，包括人力、知识、组织、资金、业绩、信誉、资源、流程和产品等）和新智能制造产品（数字化、网络化、云化、智能化的新型智能制造产品等）。

（2）新智能感知、接入、通信层。该层通过借助各种 RFID、传感器、摄像头线圈、GPS、遥感、雷达、二维码等新感知单元，以及新的感知技术、物联技术，将新智能制造资源、能力、产品接入创新网络（包括专网、物联网、传感网络、以太网、SDN 等），实现信息智能感知、接入、互联、融合等功能。

（3）新智能边缘处理平台层。该层主要通过对边缘侧新的制造资源、能力、产品、感知 / 接入 / 通信等进行虚拟化封装，形成新边缘智能制造资源、能力、产品、新边缘智能制造感知、接入、通信虚拟化云池，并借助边缘智能服务共性基础件（包括新边缘智能制造资源、能力、产品管理，以及边缘人工智能引擎服务、边缘大数据引擎服务、边缘嵌入式仿真引擎服务、边缘信息技术引擎服务等），实现新边缘层的制造支撑服务及适时处理能力。

（4）新智能制造系统云端服务平台层。该层主要包括新智能虚拟“资源、能力、产

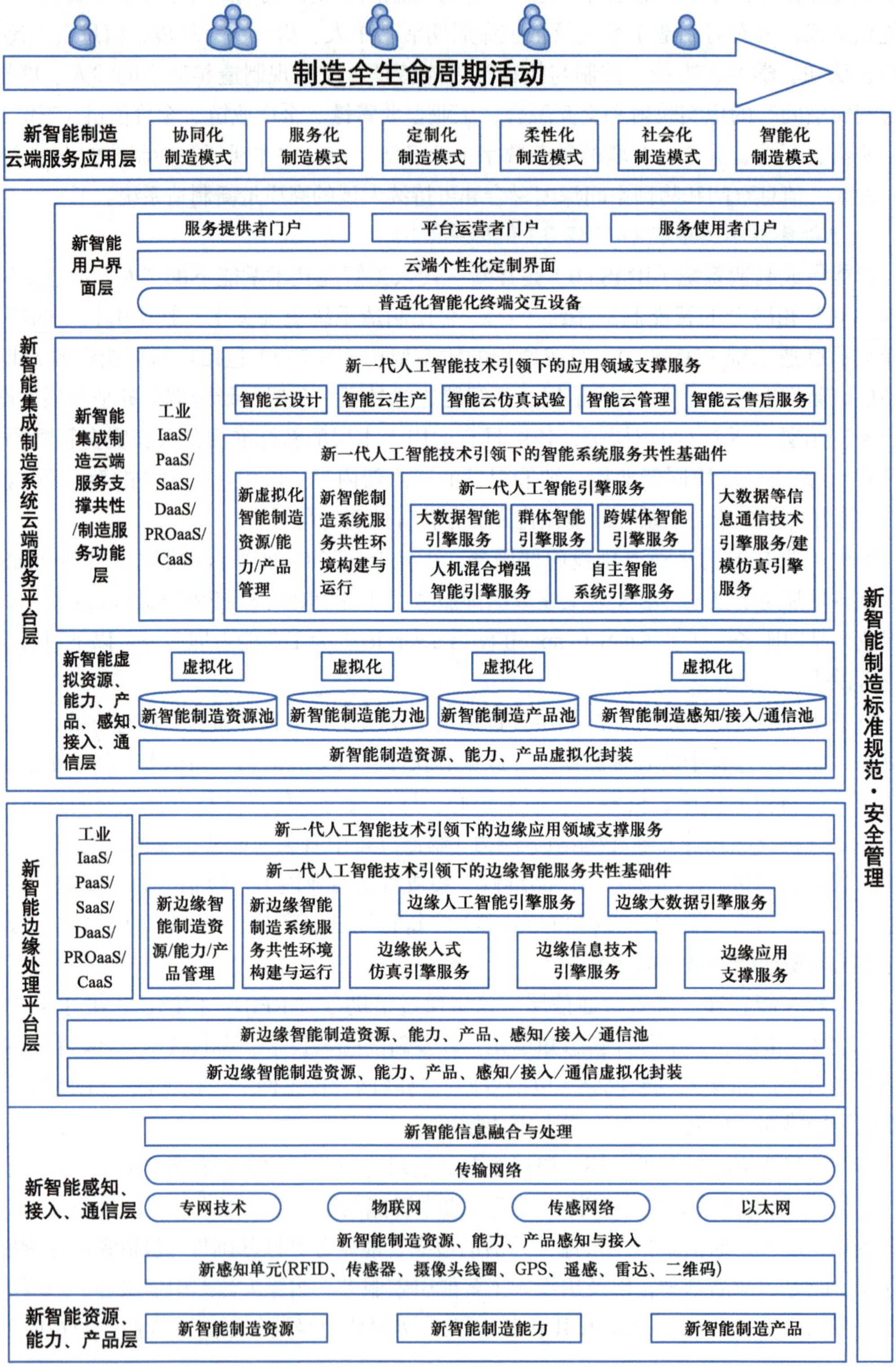

图 7-9 智能集成制造系统（IIMS2.0）组成原理的体系架构

品、感知 / 接入 / 通信层”云池、新智能制造服务支撑功能层和新智能制造系统用户界面层三层。其中，新智能虚拟资源、能力、产品、感知 / 接入 / 通信层实现新智能制造资源池、能力池、产品池，与感知、接入、通信虚拟化封装，形成虚拟化云池；新智能制造服务支撑功能层，提供新一代人工智能技术引领下的智能系统服务共性基础件，主要包括新一代人工智能引擎服务和大数据等信息通信技术引擎服务、建模仿真引擎服务等，并提供智能云设计、云生产、云仿真实验、云管理、云售后服务和个性化应用的制造应用支撑服务能力；新智能制造系统用户界面层，为服务提供者、平台运营者、服务使用者三类用户提供普适化智能化终端交互设备和云端个性化定制界面。

（5）新智能制造云服务应用层。该层主要包括新的协同化制造模式、服务化制造模式、定制化制造模式、柔性化制造模式、社会化制造模式、智能化制造模式六大新制造模式。

（6）新人、新组织层。该层主要是参与制造全系统及全生命周期活动的新人、新组织。

需要强调的是，图中各层的“新”是指融入了“智能赋能”下的新内涵与新内容，该体系架构的特色是边缘、云端协同新架构，各层具有智能引领的“新”内涵及内容，包括以用户为中心的新资源、新产品、新能力的共享服务等。智能集成制造系统（IIMS2.0）的体系架构，为实现智能制造系统的纵向集成、横向集成以及端到端集成，提供了关键支撑和实现架构。

在纵向集成方面，该体系架构适用于智能设备云、智能车间云、智能中小微 / 集团型企业云到智能制造行业云的不同层次的纵向集成。在横向集成方面，该体系架构适用于全产业链中协同企业之间的横向集成，借助支撑智能制造系统的社会化网络及平台，解决企业内外资源的共享、整合与流通、设计优化、流程协同、供应链协同、社会化协作等，进而实现智能制造设计、生产、试验、管理及服务等全生命周期的横向集成。在端到端集成方面，该体系架构也具有适用性，可围绕特定产品，从供给端到用户端，覆盖产品全生命周期各环节、各终端，通过各终端之间的互联互通，满足跨越不同学科的个性化定制产品的需求，以保障产品个性化定制模式的创新和重构，为实现以产品为核心的价值链的拓展和提升提供端对端支撑。

智能集成制造系统（IIMS2.0）结构组成如图 7-10 所示，表现为一种新技术、新模式、新业态：在云群（池）中各级用户按需共享资源、能力与产品，按需协同调度运行。

7.2.6 智能集成制造系统（IIMS2.0）的技术体系

为了支撑智能集成制造系统（IIMS2.0）的系统架构，对应的技术体系将相应发生变化。智能集成制造系统的技术体系包括智能制造系统技术子体系群及支撑（赋能）技术子体系群，如图 7-11 所示。

1. 智能集成制造系统技术子体系群

参照 IIMS 体系架构，智能集成制造系统的技术子体系群包括系统总体技术，智能产

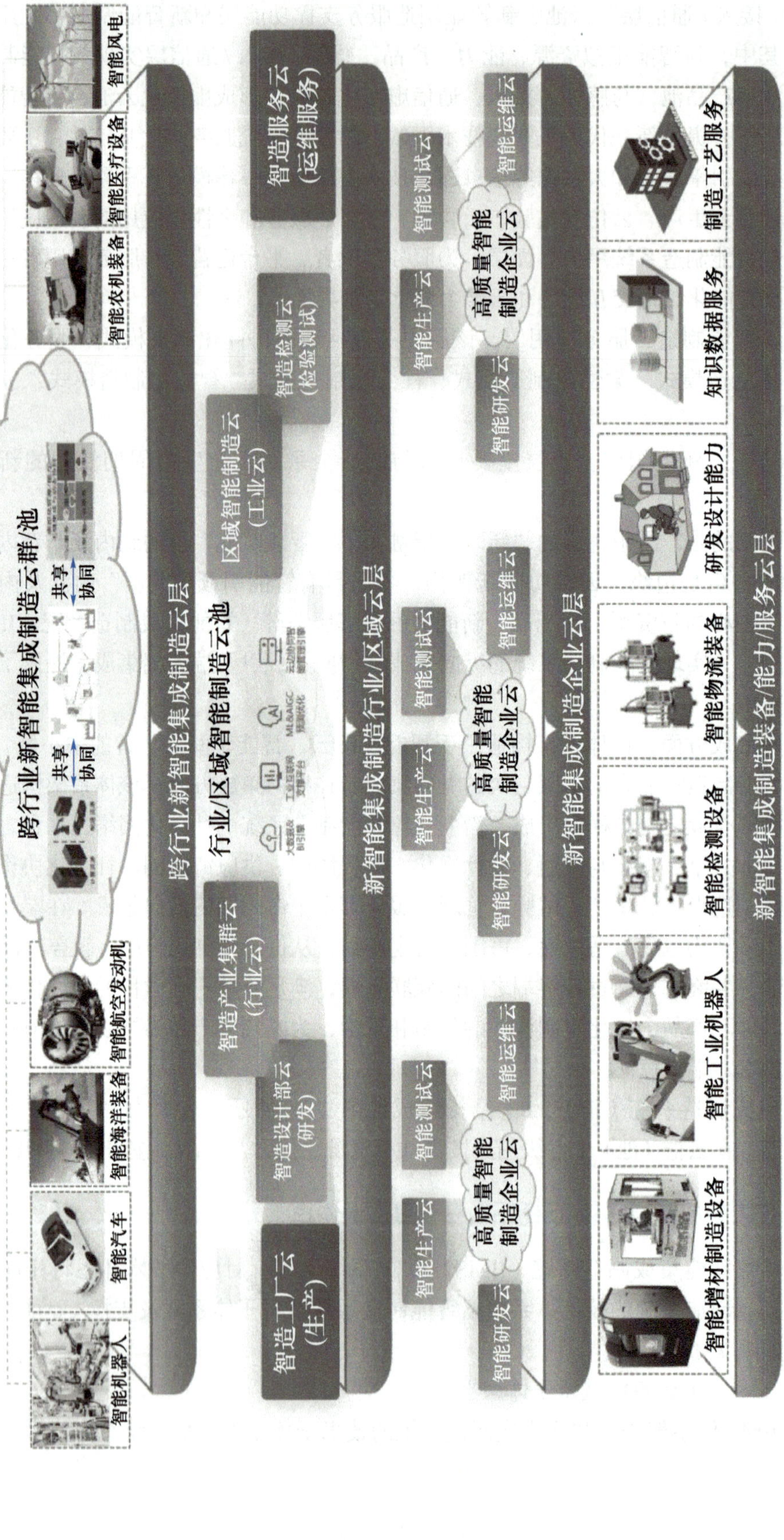

图 7-10 智能集成制造系统（IIMS2.0）结构组成

品、设备专业技术，智能感知、接入、通信层技术，智能边缘处理平台技术，智能云端服务平台技术，智能产品、设备设计技术，智能生产、装备技术，智能经营管理技术，智能仿真与试验技术，智能售前、售中、售后服务技术等技术。其技术体系与内涵如图 7-12 所示。

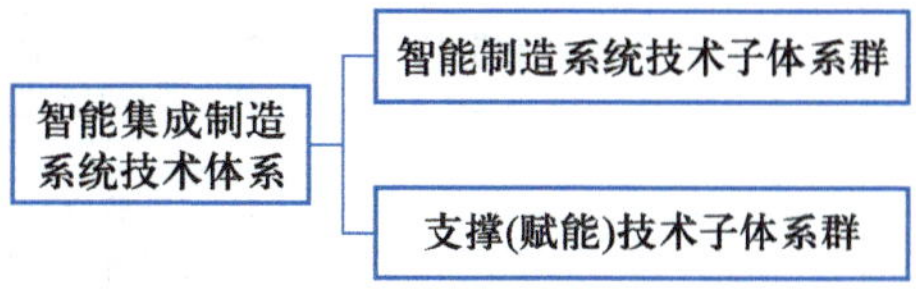

图 7-11 智能集成制造系统技术体系框架

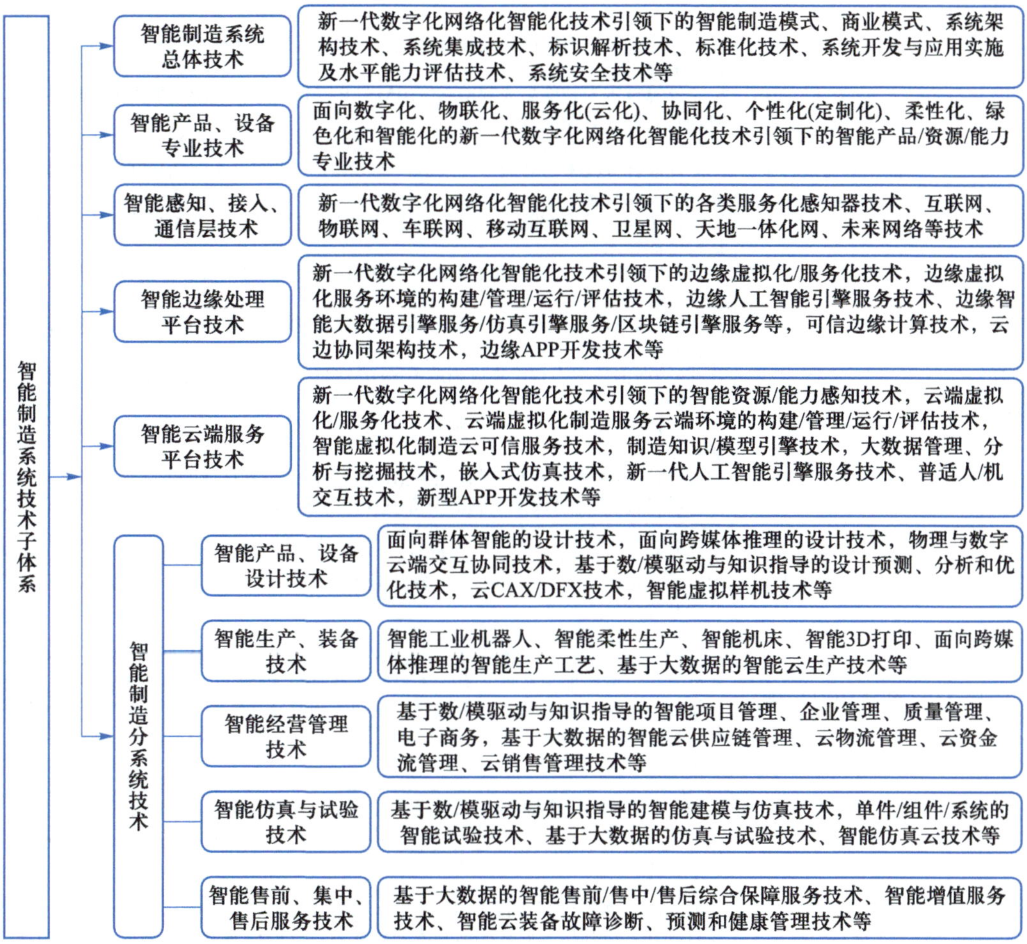

图 7-12 智能集成制造系统技术子体系群

随着智能集成制造系统进一步地发展，将会涌现出更多新技术与支撑技术，也将更加突出多学科、多领域跨界交叉融合发展的特点。

2. 支撑（赋能）技术子体系群

智能集成制造系统 IIMS 的支撑（赋能）技术子体系群包括新制造技术、新信息通信技术、新智能科学技术、新制造应用领域专业技术等，其支撑技术体系与内涵如图 7-13 所示。

需要说明的是，新智能科学技术包括脑科学、认知科学、新一代人工智能技术等，为

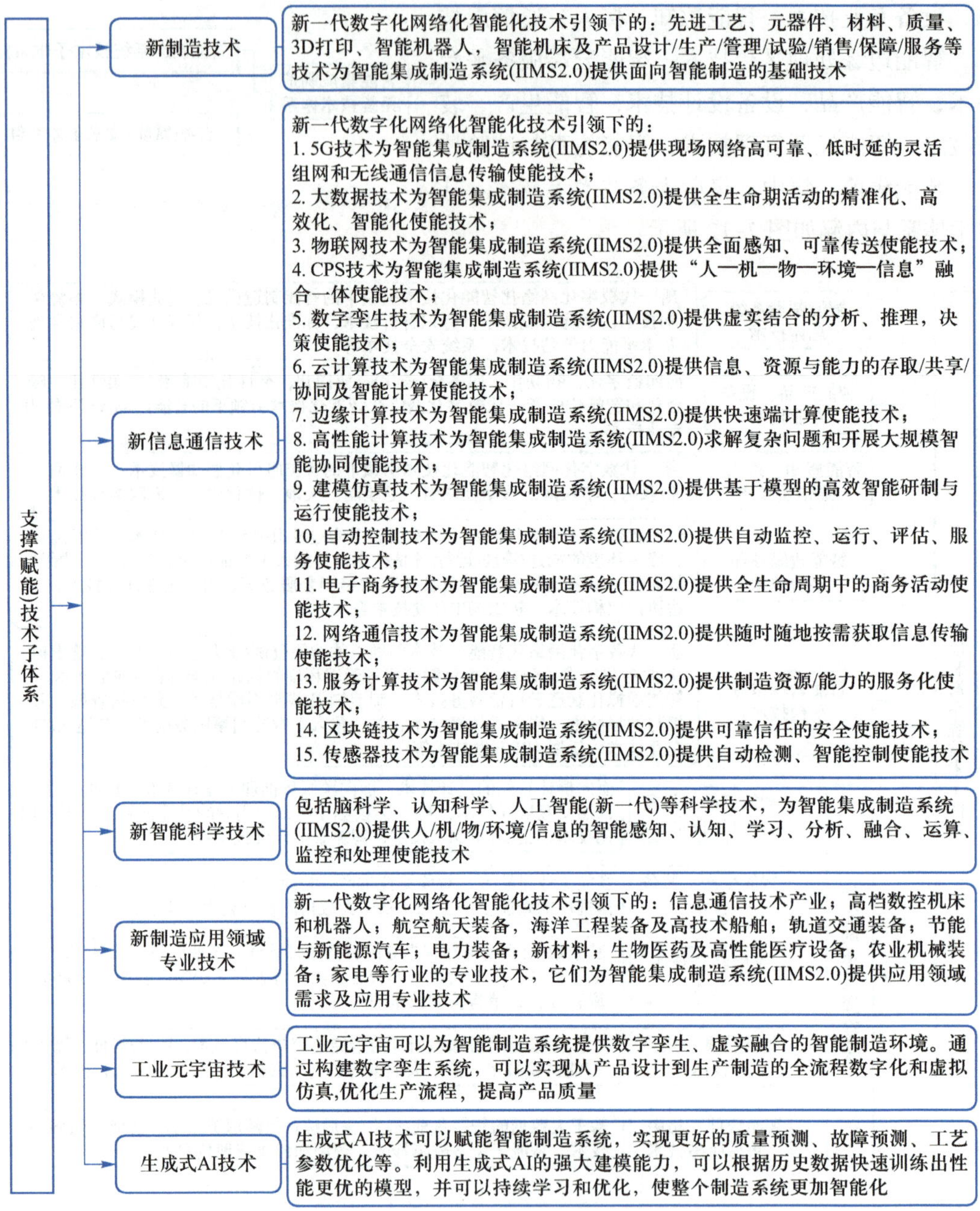

图 7-13 智能集成制造系统 IIMS 的支撑（赋能）技术子体系群

智能集成制造系统 IIMS 提供人、机、物、环境、信息的智能感知、认知、学习、分析、融合、运算、监控和处理使能技术等；而新制造应用领域专业技术包括新一代数字化网络化智能化技术引领下的信息通信技术、高端数控机床和机器人技术、航空航天装备、海洋工程装备及高技术船舶、轨道交通装备、节能与新能源汽车、电力装备、新材料、生物医药及高性能医疗设备、农业机械装备、家电等行业的专业技术等，它们为智能集成制造系统 IIMS 提供应用领域需求及应用专业技术。

7.3 智能集成制造系统的建模、仿真与优化

智能集成制造系统是一个大系统，是人 - 信息 - 物理融合的 HCPS，建模是对企业乃至跨企业的制造所涉及的单元、数据、资源等生产要素和整体过程的抽象描述，从而建立全面、多方位的模型及仿真运行，其目的是系统层次的分析、设计、优化和控制。

在智能集成制造系统中，建模、仿真和优化贯穿于产品全生命周期不同阶段及整体系统。在纵向、横向、端到端集成的基础上，通过机理分析、功能集成、信息互联、多学科融合、大数据分析、人工智能等技术进行建模、仿真，采用数字孪生手段进行现场数据实时映射和闭环迭代，支持大系统运行优化决策甚至自主智能决策。

总体来讲，智能集成制造系统的建模、仿真和优化的目标，是辅助企业改善资源配置、产品研制、管理与服务的效率、质量、成本和能耗。通过制造全系统及全生命周期活动中人、技术 / 设备、管理、数据 / 模型、材料、资金等“六要素”及人流、技术流、管理流、数据 / 模型流、物流、资金流等“六流”的优化，实现智能集成制造系统时间（T）、质量（Q）、成本（C）、服务（S）、环境（E）、知识（K）的最优运行，形成企业市场竞争优势。

7.3.1 智能集成制造系统的建模

智能集成制造系统在系统层面上解决的是一个综合性问题，先进的单元技术虽然有助于突破局部技术瓶颈，但不一定能解决系统问题。例如，实现企业或行业层面价值链优化、跨企业的社会生产资源最优分配、供应链的优化运营等。

在集成制造系统的发展过程中，按照系统工程方法论提出的多视图、多方位体系结构的观念，在一些特定方面已有一些公认比较成熟的建模方法，如 7.1.1 节中所介绍的 IDEF0 建立功能模型、IDEF1 建立信息模型、IDEF3 建立过程模型等。智能制造集成建模方法正是研究这些方法及模型之间的关系，以便在其间建立有效的连接和相互的映射。

从全局角度看，智能集成制造系统模型的建立是对整体系统理解的一种表达方式，如图 7-14 所示，它可以由几个子模型组成，包括但不限于功能模型、过程模型、数据模型、资源模型、组织模型等。

在“设计 - 生产 - 服务”的时间维度，各个阶段都有适应其需要和特点的模型，阶段之间进行连接和反馈，使得各个过程能够互通信息、交互作用，实现各个过程之间互相支持，围绕企业经营的战略目标优化运行。例如，上游工序考虑下游工作的需要，下游工序参与上游工作，不断反馈，缩短整个开发周期。在系统建模对象及其相互关系的空间维度，各类模型通过任务和功能构建关联和映射接口，形成复杂网络，通过优化消除过程中各种冗余和非增值的子过程（活动），以及由人为因素和资源问题等造成的影响过程效率的障碍，体现集成实现优化经营的战略目标，使企业过程总体达到最优。

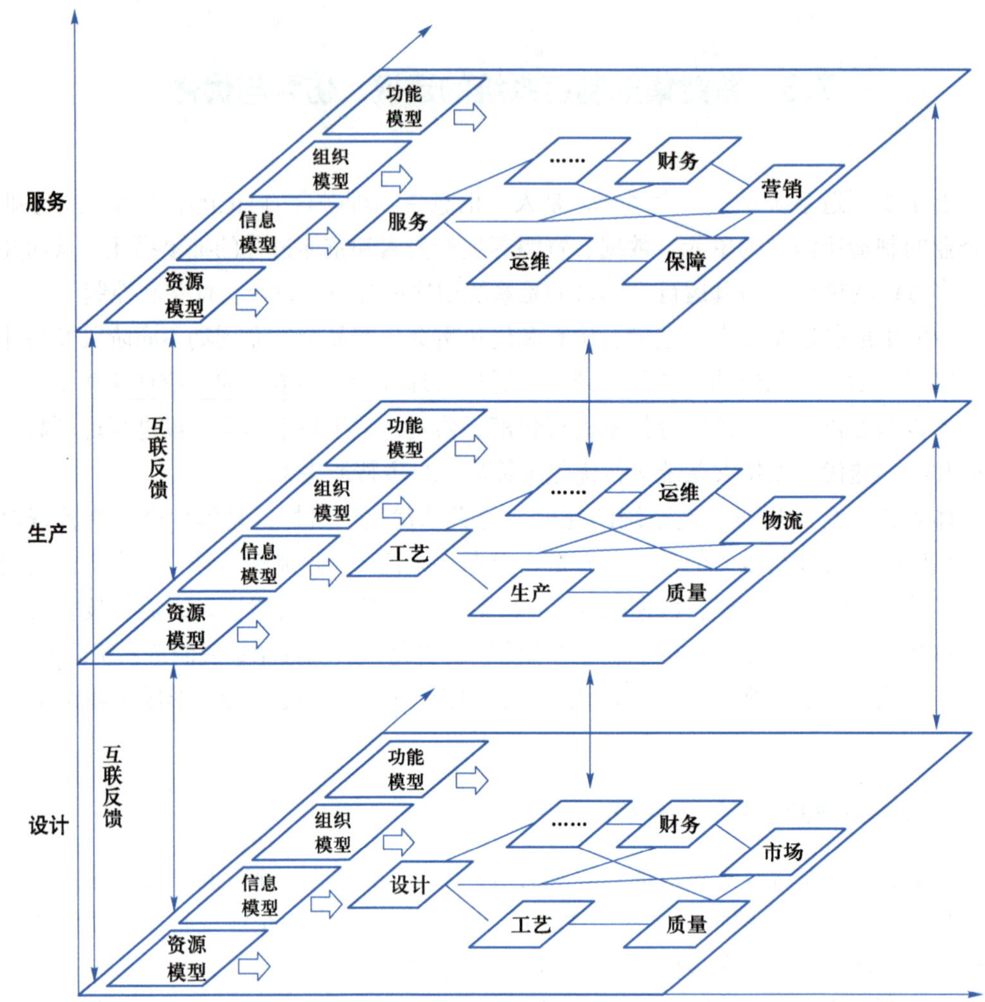

图 7-14　智能集成制造系统模型的建立

随着移动终端、新互联网、传感网络、感知设备等的迅速发展，针对智能集成制造系统中人、机、物、环境存在连续、离散、定性 / 定量决策、优化等复杂机理、复杂组成、复杂交互关系和复杂行为，智能集成制造系统在系统建模时也提出一些新的方法，特别是基于大数据、深度学习等方法进行系统认知和预测等建模理论与方法。

（1）定性定量混合系统建模方法。定性定量混合系统建模方法包括以下三种方式：定性定量统一建模方法，即研究包括系统顶层描述和面向子领域描述的建模理论和方法；定量定性交互接口建模，即研究将定量定性交互数据转化为定性模型与定量模型所要求的结构和格式；定量定性时间推进机制，即研究定量定性模型的时间协调推进机制。

（2）基于元模型框架的建模方法。基于元模型框架的建模方法即研究通过元模型的顶层抽象，将多学科、异构、涌现的复杂系统进行一体化仿真建模的方法。主要包括以下两种方式：基于元模型框架建模的多学科统一建模方法，即研究复杂系统中连续、离散、定性 / 定量等多学科模型的统一建模方法；基于元模型框架建模的复杂自适应系统建模方法，即研究复杂自适应系统中各种类型系统组分间感知、决策、交互的一体化仿真建模方法。

（3）变结构系统建模方法。变结构系统建模方法研究变结构仿真系统模型的内容组成、端口及连接可动态改变，支持系统结构动态变化的全面建模。

（4）基于大数据智能的建模方法。基于大数据智能的建模方法是利用海量监测与应用数据实现对不明确机理的智能系统进行有效建模，同时基于深度学习、模拟人脑进行学习进化的神经网络为面向新型人工智能系统的建模的发展与应用提供强有力的支撑。

（5）基于大数据和知识混合驱动的建模方法。基于解析方式进行机理知识建模，结合制造过程中产生的海量应用数据进行大数据建模，应用混合建模方法，将“关联关系”和“因果关系”深度融合，从根本上提高制造系统建模的能力，有效实现制造系统的优化。

（6）智能化高性能复杂系统仿真语言。智能化高性能复杂系统仿真语言是一种面向复杂系统建模仿真问题的高性能仿真软件系统。它的主要特点：在模型描述部分，由仿真语言的符号、语句、语法规则组成的模型描述形式与被研究系统模型的原始形式十分近似；在实验描述部分，由类似宏指令的实验操作语句和一些有序控制语句组成。它具有丰富的参数化、组件化的仿真运行算法库、函数库及模型库。它能使系统研究人员专注于复杂系统仿真问题本身，大大减少了建模仿真和高性能计算技术相关的软件编制和调试工作。基于该仿真语言能进一步开发面向各类专用领域（如军事体系对抗、多学科虚拟样机仿真等领域）的高级仿真语言。

7.3.2 智能集成制造系统的数字孪生

智能集成制造系统通过工业互联网络对设备广泛互联，海量工业数据汇集，初步实现了集成制造系统中设备、产品、人员和业务间的连接。在此基础上，可进一步采用数字化的方式创建物理实体在虚拟空间的映射，以多层次、多学科、动态演进的数字孪生为载体实现建模、仿真和优化。

数字孪生模型在设计和制造过程中建立，并在产品生命周期中持续演进增长，涵盖了物理产品设计—制造—交付—使用—报废回收等产品全生命周期的模型和数据信息，形成与实体产品和生产过程对应的实时数据映射、分析预测和优化的过程。

案例 7-7

西门子企业的数字孪生

西门子在市场上较早提出“数字孪生”模型概念，即基于模型的虚拟企业和基于自动化技术的现实企业，包括“产品数字孪生”“生产数字孪生”和“设备数字孪生”，三个层面又高度集成为一个统一的数据模型，并通过数字化助力企业整合纵向和横向价值链。

数字孪生将各专业技术集成为一个数据模型，并将产品生命周期管理（PLM）

软件、生产运营系统（MOM）和全集成自动化（TIA）集成在统一的数据平台下，也可以根据需要将供应商纳入平台，实现价值链数据的整合，业务领域包括“产品数字孪生”“生产数字孪生”和“设备数字孪生”。

（1）产品数字孪生。在产品的设计阶段，利用数字孪生可以提高设计的准确性，并验证产品在真实环境中的性能。这个阶段的数字孪生的关键能力包含数字模型设计、模拟和仿真，在设计阶段验证产品的适应性。

（2）生产数字孪生。在产品的制造阶段，所要设计、仿真和验证的对象主要是生产系统，包括制造工艺、制造设备、制造车间、管理控制系统等。利用数字孪生可以加快产品导入的时间，提高产品设计的质量，降低产品的生产成本和提高产品的交付速度。

（3）设备数字孪生。作为客户的设备资产，产品在运行过程中将设备运行信息实时传送到云端，以进行设备运行优化、可预测性维护与保养，并通过设备运行信息对产品设计、工艺和制造迭代优化。设备数字孪生能帮助用户比以前更快地驱动产品设计，以获得更好、成本更低且更可靠的产品。

在动态整合社会化制造资源和能力方面，通过生产任务、业务流程及企业资源能力等数字孪生集成建模，实现动态企业联盟间的资源协同共享及管理，达到资源空闲率最小、资源利用均衡度最大以及社会总成本最小等目标。

7.3.3 智能集成制造系统的优化

智能集成制造系统针对企业整体优化目标，进行系统级建模分析并进行决策和优化，通过模型库、算法库、知识库、数据库的集成建设，基于供应链、营销、财务、税务、生产、质量、服务等综合业务数据、知识和算法，实现复杂机理、组成、交互关系和行为的整体建模，以数字孪生为载体，实现企业层面的预测分析和优化求解。

智能集成制造系统支持大系统决策优化，以获得最佳决策方案。优化过程包括优化决策模型的建立、仿真和风险评估、优化策略下发和执行的过程，执行过程中的各类数据同时被采集，用于优化决策模型。智能集成制造系统的应用逻辑如图 7-15 所示。

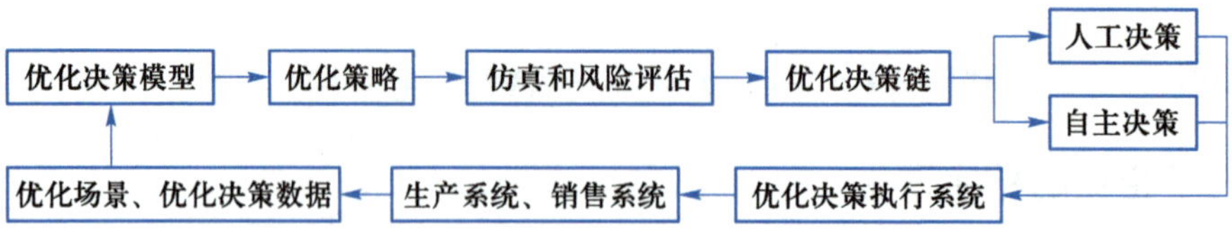

图 7-15 智能集成制造系统的应用逻辑

（1）优化场景和优化决策数据。优化场景根据工业企业的范围，覆盖研发、生产、供应链、销售、服务、人力、固定资产、法律法规等环节。优化决策数据来自上述各场景中的数据。优化决策系统根据优化场景和优化决策模型的要求，采集需要的优化决策数据，根据待优化决策事项的影响可以定义为不同的优化决策等级，等级越高，对优化决策模型风险评估的要求越高。

（2）优化决策模型。优化决策模型的功能是通过采集优化数据，经过计算和分析输出可执行的策略。优化决策模型基于数据库、算法库、知识库，并结合资源池建立，是进行优化决策的核心功能。其中，数据库中的数据来源于制造系统纵向、横向、端到端的集成过程中采集的各个维度的海量数据；知识库由人和信息系统自身的学习认知系统共同建立，它不仅包含人输入的各种知识，更重要的是包含系统自身学习得到的知识，尤其是人类难以精确描述与处理的知识，知识库可以在使用过程中通过不断学习、积累、完善和优化，实现优化决策的智能化和自演进。

（3）优化策略。智能集成制造系统可以执行的优化方案。

（4）仿真和风险评估。根据 CPS 技术，建立虚拟的企业模型，将优化决策模型输出的策略在虚拟企业上仿真，输出运行的结果和风险评估，为优化决策链是否执行该策略提供依据。

（5）优化决策链。对经过仿真和风险评估的优化策略进行判断，如果在企业自定义的规则允许范围内则自动下发，如果超出允许范围则需要导入人工决策。

（6）优化决策执行系统。将优化决策链允许的策略下发给企业执行。

由上可以看出，智能集成制造系统的优化过程是一个闭环且不断迭代的过程，通过新一代人工智能技术进行自主学习和演化，最终实现优化决策能力跨越式提升，并推动新知识持续产生，提高制造业全产业链的优化决策水平和价值创造能力。

前述航天高端电子元器件智能集成制造案例在产品设计、生产及企业运营等过程中，针对产品设计工艺、自动化产线、关键设备和企业 ERP 系统等对象产生的质量检测、生产制造、运营管理等多元数据，构建质量、生产、运营三个数据维度，表征智能工厂在运行过程中发生的各类事件，结合知识对多元数据进行融合分析，构建工艺优化、设备预防性维护、运营成本预测等模型，建立质量、设备、运营集成的基本模型库，并利用实时产生的数据流对各类预测模型、决策模型进行训练和迭代更新。最终应用上述模型，形成优化策略，进行评估后执行，实现基于质量、生产、运营大数据的工艺 / 设计优化、关键设备远程运维、企业运营决策支持和优化。

随着技术的不断更新，尤其是人工智能技术的发展和应用，智能集成制造系统后续的优化方向出现如下趋势。

（1）多种智能技术在智能集成制造系统中的应用。随着制造领域协同多源、互联知识数据急剧增长，集成的广度和深度不断加强，链接和相互的映射关系更加复杂，需充分集成大数据智能、群体智能、人机混合智能、跨媒体推理、自主智能等新一代人工智能技术到智能集成制造大系统中，实现企业制造优化过程的自主演化和智能决策。

（2）数字空间和物理空间的数据实时动态交互。在产品设计、产品研发、生产过程、制造服务等产品全生命周期中，通过互联技术使产品和生产系统的数字空间模型和物理空间模型中的数据处于实时交互、反馈和闭环优化中，让制造的各个局部环节都随时参与整体优化，实现动态、实时、智能的系统优化目标。

（3）实现多主体精准协同和产业链资源优化配置。从企业上升到行业甚至社会，需解决具有高频实时、深度定制化、全周期沉浸式交互、跨组织数据整合、多主体决策特性的精准协同等问题，实现产业链上下游的组合优化与决策，提升全产业链的管理水平，促进社会资源的实时优化配置。

7.4 智能集成制造系统的企业应用

7.4.1 智能化示范工厂

案例 7-8

小卫星智能生产线

小卫星的生产是一项复杂系统工程，设计—仿真验证—制造—测试—交付等制造环节多，缺乏基于统一数字模型的系统级多专业设计及验证的手段，无法支撑模块化快速设计及批量化生产；由于产品规格多、生产作业精度高、装配过程复杂、装配环境要求高、生产测试过程数据量大等特点，给小卫星的柔性智能生产带来了很大的挑战。同时，小卫星系统工程配套复杂，造成了各配套层级"卡脖子"环节识别、供应链建模及预测、产业链间资源及供给协作数字化管控手段的不足。小卫星智能生产线的设计亟待探索数字化、自动化、柔性化、智能化的新型制造模式，即依托工业互联网，通过"信息软件柔性＋设备硬件柔性"，实现不同产品的柔性共线生产；打通系统设计制造一体化流程，实现由物理现实中试错生产向虚拟空间优化迭代的研制生产模式转变；采用国际领先的云制造模式，强化资源的共享和协同，实现产业链上下游企业数字化集成（图 7-16）。

在横向集成方面，小卫星智能生产线基于数字孪生的订单需求、产品设计、工艺规划、生产制造、测试试验的产品全生命周期管理，实现"云平台 - 智能制造运营管理 - 数据采集与监控 - 可编程逻辑控制 - 智能设备"的一体化集成；实现产业链上下游企业卫星研发、生产的云端协同，建立卫星产业全价值链上相关企业之间集成和社会化协作云制造模式，实现制造资源与服务的开放共享，构建"智慧企业＋智能供应链"，形成卫星产业生态圈集群。

在端到端集成方面，小卫星智能生产线通过"信息软件柔性＋设备硬件柔性"，实现不同卫星等飞行器产品的柔性共线生产。通过以智能生产运营管理为中心的信息系统，实现数据驱动的定制化生产，设备控制程序可编程，结合柔性末端执行技术，驱动装配工位尺寸动态调整、卫星仓储库位尺寸自适应调整。软硬件实现智能

图 7-16 小卫星智能产线

测试、试验数据自动采集、工艺质量智能评估与控制、装配精度智能补偿。总体实现总装、测试、试验全过程基于关联数据模型的自适应、自决策的网络化智能生产。

小卫星智能生产线建设完成后，提高了小卫星企业的智能制造技术优势和生产能力，促进数字化制造技术在小卫星产品研制各环节中的推广应用，带动产品设计和制造方法与工具的创新、型号管理模式的创新、单位间协作模式的创新，实现传统研制模式向先进的数字化研制模式的转变，为全面实现产品设计制造和管理的信息化、生产过程控制的智能化、协作的网络化奠定基础，有效提升了我国参与国际商用小卫星市场竞争的能力。

7.4.2 智能化标杆工厂

案例 7-9

服装行业“淘工厂”

服装行业是典型的劳动密集型贸易产业，普遍存在着自动化程度不高、订单确定性不高、生产数据完备度不高等诸多问题，服装企业多数面临如下痛点：淡旺季明显，需求不稳定；产能不确定，交期拍脑袋；强市场响应，小单快返难。虽然青岛红领服饰发展有限公司、犀牛智造等企业在客户需求智能采集、高端工厂智造等方面做了大量有益尝试，但本质上并没有改变服装纺织行业强依赖手工的现状。

2018 年开始，阿里巴巴淘工厂联手阿里云 IoT 团队走进车间，通过部署 IoT 设备数字化改造服装厂，利用智能集成制造系统的理念和技术，在服装行业提高生产效率、降低成本、提升质量，使企业更具竞争力。阿里淘工厂改造方案（图 7-17）

主要包括：

（1）在需求预测和生产调度方面，使用智能集成制造系统的物联网设备和数据分析技术，收集并分析市场、客户的需求数据，预测不同服装款式和尺寸的需求趋势。通过智能生产调度系统，将预测的需求与工厂生产能力相匹配，实现生产计划的优化。

（2）在数字化生产流程方面，将服装生产的各个工序数字化，实时监控每个环节的生产进度和质量情况。利用智能传感器、RFID等技术，追踪原材料和半成品的流向，确保生产过程的透明性和准确性。

（3）在个性化生产能力方面，基于智能集成制造系统的数据分析和智能算法，将工厂的生产能力进行商品化，实现不同产品、不同规格的个性化生产。可根据客户定制的需求，自动调整生产流程，提高生产灵活性。

（4）在订单追踪和交付可靠性方面，商家和客户可实时追踪订单的生产进度，确保订单按时交付。通过智能传感器和物联网设备，监测产品在生产、运输过程中的状态，有效保障产品质量。

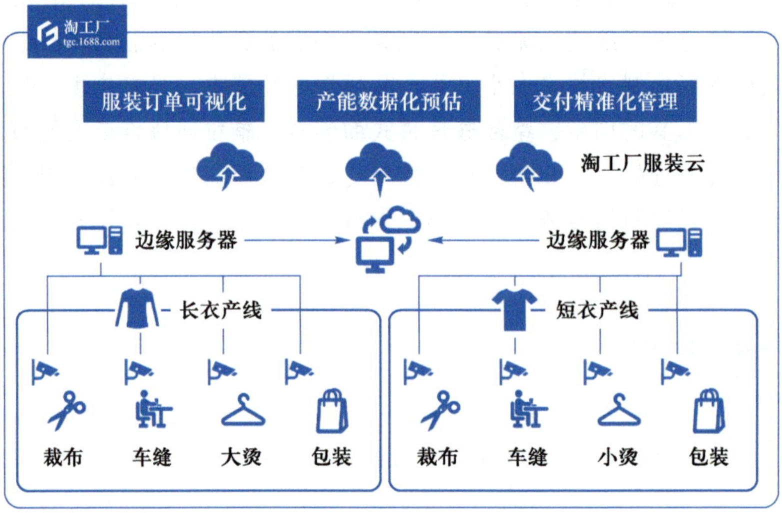

图 7-17　阿里淘工厂改造方案

对于淘宝平台内的卖家而言，使用淘工厂，卖家可以尝试小批量试单，并快速翻单。在产品的设计上，阿里方面要求工厂将产能商品化，开放最近30天空闲档期。这意味着卖家可以根据自己的生产需求选择合适的工厂。改造后的每家工厂，将每天超过1亿次扫描变成可量化数据上云，在线上复制工厂。在生产过程中，系统自动将工厂和买家匹配成组，由订单协同虚拟机器人在线进行生产计划管理自动跟踪生产计划，发放任务，每日出货量自动更新，订单状态异常预警以及产线视频点播，生产流程更加优化，排产效率提升6%，交付周期缩短10%。特别是经过数据化升级（把工厂真实能力和历史状态进行数字量化）的工厂车间，开始具有了个性化生产的能力，可以随机地把新增品类的订单需求准确、快速地下单到合适的工厂，而且不仅仅是一个工厂，加工、绣花、水洗等不同的关键环节等都可以实现网络协同生产。目前，已经实现了市场整体交期准确率大于80%，VIP订单交期准确率达到90%。

7.4.3　智能化灯塔工厂

"灯塔工厂"是由世界经济论坛（world economic forum，WEF）提出的概念，被誉为"世界上最先进的工厂"，是引领"数字化制造"和"全球化4.0"的示范者，在一定程度上代表当今全球智能制造和数字化最高水平。

案例 7-10

美的灯塔工厂

美的以"数智驱动"为建设核心，充分开展"数字化、网络化、局部智能化、云化"建设，打造"灯塔工厂"网络，"灯塔"案例被推广到集团30多个工厂。在实践中，美的概括出用户需求、企业需求和社会需求三大需求，构建了以三大需求为主体，全价值链"数智驱动"国内、国际双循环相互促进的创新格局。通过将各个工厂的智能制造体系、工业互联网平台、基础软件架构等全面集成，提供满足多层次、多样化需求的产品生产能力，为美的集团的高质量发展提供了创新业务管理的示范标杆（图7-18）。

美的灯塔工厂

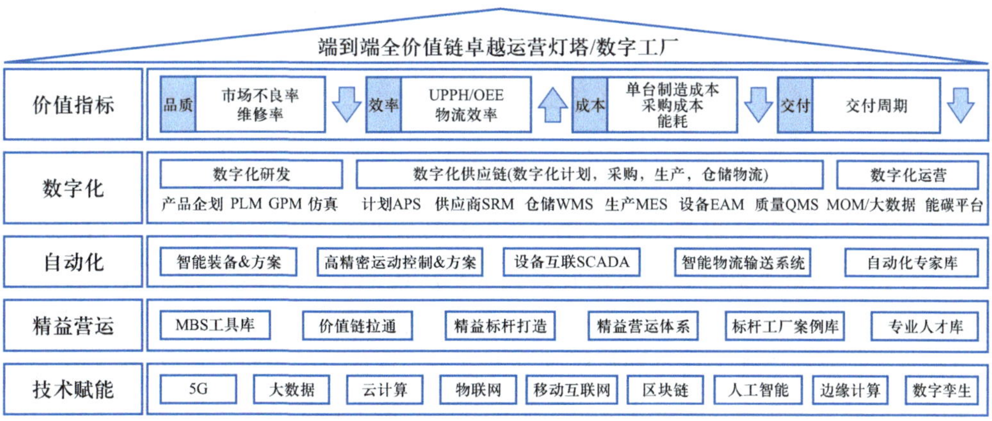

图7-18　美的灯塔工厂智能集成制造方案

以美的洗衣机生产为例，通过深入推动洗衣机产业供应链、产品、服务等环节的价值再造，将传统家电生产企业变成了可以上连供应商、下达客户的生态岛。美的洗衣机合肥工厂依托工业互联网平台 M.IoT，实施覆盖“研发、生产设备、供应链、业务、物流和用户”的端到端系统集成，对超过 1 100 款型号的产品进行数据互联、信息互通的“100% 全流程追踪管理”，实现了内外销全流程的可视化透明管理，包括客户订单需求预测、智能排产、生产制造、下线直发、物流运输等全流程，大幅提升了制造效率，降低了单台成本。

7.4.4 智能化黑灯工厂 IIMS2.0

案例 7-11

航天高端液压产品黑灯工厂 IIMS2.0 实践探索

黑灯工厂 IIMS2.0

工业互联网平台开发者中心

航天高端特种泵阀、管路及连接件等工业基础零部件，涉及的产品种类及规格多，属于高端精密产品，产品定制化程度高，产品质量和可靠性要求高，具有高可靠、高精度、高价值的特点。航天高端液压产品黑灯工厂在企业的数字化、网络化制造模式实施过程中，按照智能集成制造系统总体架构，在研发和生产管理阶段，全面应用三维 CAD 设计、CAM 制造仿真验证工具，完成 SAP/ERP、PDM、MES 等核心信息系统的建设，为集成制造系统发展奠定了基础。但是，也存在着系统架构重、建设实施周期长、信息录入形式单一、变化响应能力弱、数据价值不足、系统间融合不充分等问题。

在智能集成制造系统的建设中，黑灯工厂以基于工业大数据的数字大脑为中心，在 INDICS 平台上构建的边缘云可在车间、产线、设备三个维度上实现多源异构数据的采集、存储、应用，采用 5G+ 工业互联网 + 智能制造技术，融合数字孪生、边缘云、物联网、大数据分析、5G 网络多维度应用，并通过开发者中心提供的工具和组件进行高效开发。结合车间级 MES、5G 网络等车间基础软硬件设施为企业提供数字大脑、数字孪生系统，实现产线管控、设备运维、主轴防碰撞等功能。打通企业内部信息流，实现工业生产中 IT/OT 的交互融合，实现企业不同层级的纵向集成（图 7-19）；以数据驱动生产流程再造，实现数字化设计、智能化生产、绿色化制造、数字化管理、安全化管控，实现系统的横向集成，加快企业价值链和核心竞争力提升；借助工业大数据、5G 技术及人工智能等技术的集成应用，进一步促进了制造过程的优化和管理过程的升级。

航天高端液压产品黑灯工厂在实施智能集成制造系统 IIMS2.0 的探索实践中，借助工业大数据、5G、人工智能技术应用，推动工业互联网和智能集成制造的升级创新，有效提高了工业数据要素的价值转化效率，充分激发了生产力乘数效应，加速了流程再造进程，提高了产品质量，降低了运营成本，有力促进了企业的高质量发展。

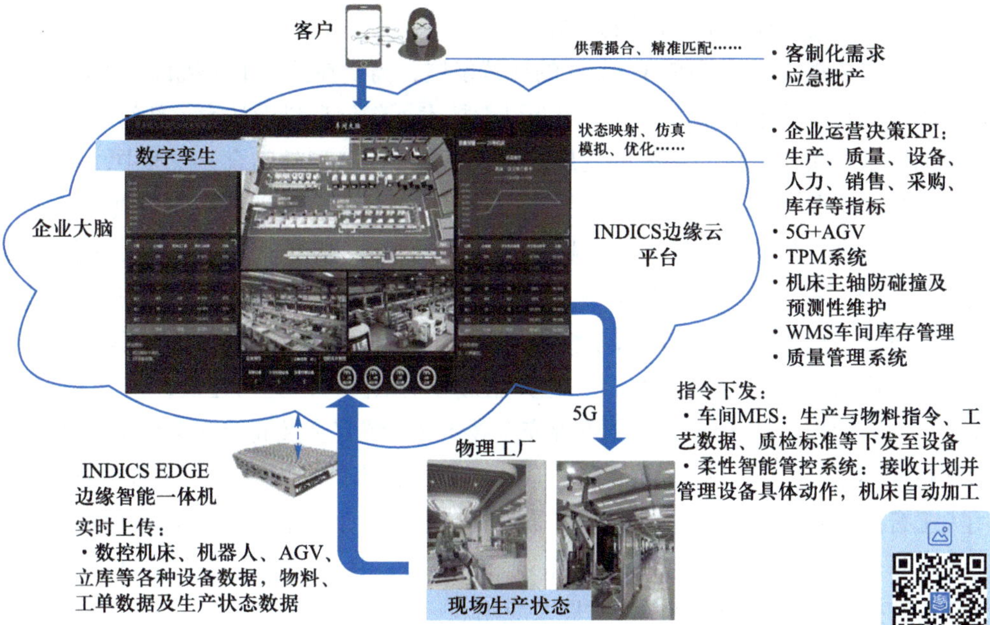

图 7-19　航天高端液压产品黑灯工厂 IIMS2.0 业务架构

7.5　智能集成制造系统的发展趋势

7.5.1　智能集成制造系统的宏观发展态势

通过产学研用协同创新、行业企业示范应用、央地联合统筹推进等多种举措，我国智能集成制造系统的发展已取得长足进步，但从实现智能集成制造系统 IIMS2.0 的目标和内容来看，发展尚处于初级阶段。随着时代需求和技术的发展，智能集成制造系统正在不断的持续演进，智能集成制造系统 IIMS2.0 的实施，需要在“政府引导、市场主导”“创新驱动、攻克短板”“问题导向、技术推动”“系统规划、分步实施”等原则下，在国家、地方的战略规划和计划支持下，在宏观方面需要关注以下方面：① 注重企业为中心的“政、产、学、研、金、用”结合的各级技术创新体系的建立；② 注重产业链上下游的布局完善；③ 注重各类人才培养，特别是高层次创新人才和复合型人才的培养；④ 注重国家 / 地方基础设施、平台、网络和能力的建设；⑤ 注重国家 / 地方政策支持，特别是对中小企业的财政政策支持；⑥ 注重数字化、网络化、云化、智能化“技术、应用、产业”的协调发展。

7.5.2　智能集成制造系统的技术发展动向

未来全球智能制造发展包括了数据驱动、智能决策、人机共融、虚实结合、模式创新五大趋势。面向 2035 年，智能集成制造系统需求主要来自通过虚拟化、服务化、容器技术、云计算、大数据分析与挖掘技术等技术，将海量多源异构数据集成到云平台，并基于云平台所提供的大数据引擎服务、人工智能引擎服务、仿真引擎服务等实现基于大数据的建模与优化，进而支撑云端应用服务功能。

为推动智能集成制造系统 IIMS2.0 的持续发展，需要在技术上重视以下方面：① 重视在新一代人工智能技术引领下，将新制造科学技术、新信息科学技术、新智能科学技术及制造应用领域技术深度融合系统的发展，特别是在平台（硬软结合）技术中，要在新一代人工智能技术引领下融合新信息通信技术（如大数据技术、高性能嵌入仿真 / 边缘计算技术、区块链技术、数字孪生技术、工业元宇宙等）研究；② 重视加强智能集成制造系统中的设计、生产、管理、试验、保障服务等智能制造的新模式、新流程、新技术（硬 / 软）、新业态的研究，这是智能集成制造系统的基础；③ 重视数据库、算法库、模型库（包括一次模型、二次模型等）、大数据平台、计算能力等基础能力研究与建设；④ 重视符合“分享经济”的商业模式技术研究；⑤ 重视安全技术（系统安全及商业安全技术）及相关标准和评估指标体系技术研究；⑥ 重视新一代人工智能技术的新发展，它正向“强人工智能、通用人工智能及超人工智能”发展；⑦ 重视打造我国自主行业 / 通用标准体系，并参与国际标准体系构建；⑧ 重视智能制造的未来形态发展，特别是要重视正在快速发展中的工业元宇宙和生成式人工智能技术的发展及应用。

7.5.3 智能集成制造系统的产业应用趋势

围绕发展各类产业的数字化、网络化、云化、智能化的产业应用，在应用场景方面呈现出以下趋势：① 突出行业、企业特点；② 突出以问题为导向的智造模式、技术手段和业态的变革；③ 突出系统的六要素、六流的综合集成化、优化和智慧化；④ 突出系统工程的实施原则，即“一把手挂帅”，“创新驱动，总体规划，突出重点，分步实施”的指导思想，制定好发展规划与阶段性实施方案等。

因此，在产业应用发展方面，需要不断加大智能集成制造工具集（硬件 / 软件）和平台产业、智能集成制造智能产品的产业、智能集成制造（行业、企业、车间及制造产业链上各阶段的智能集成制造服务系统）的构建与运行产业、智能集成制造运营中心的运营服务产业、与工业元宇宙等新技术有关的产业的建设力度。

7.5.4 工业元宇宙和生成式人工智能助力新创造

工业元宇宙以推动人、虚拟空间和现实空间融合联动为主要手段，更强调在虚拟空间中映射、拓宽实体工业能够实现的操作，工业元宇宙强化了一类基于数字模型与实时数据建立的人、机、物有效融合的仿真空间，即强化了人在回路和工业过程的智能集成制造系统的数字孪生。工业元宇宙将在现有智能制造技术的基础上，进一步强化对人机自然交互、工业过程交互仿真和工业价值交易的支持，通过在虚拟空间的协同模拟运行进而指导实体工业高效运转，赋能工业各环节、场景，使能全面实现人、机、物协同，促进企业内部和企业之间高效协同，使能工业企业在产品制造及服务活动中降低成本、提高效率、绿色、柔性，助力工业高质量发展，实现智能制造系统的进一步转型升级。

工业互联网是助力制造业高质量发展的重要抓手，也是应对工业发展挑战，推动其转型升级的重要战略的关键引擎。工业领域很多场景的工业机理复杂、数据分析能力要求极高，以 ChatGPT 为代表的生成式 AI 技术，可以从根本上提高系统建模和处理复杂性、不确定性、常识性问题的能力，显著提升工业大数据分析的准确性和效率，进一步扩大工业互联网和智能制造领域可解工业问题边界的深度和广度，对智能制造过程进行重新定义。

创造是生成式 AI 的核心，本质是对生产力的大幅度提升和变革。在智能集成制造过程中，生成式 AI 能够更好地管理制造过程、制造设备、制造资源、制造流程，以及提高智能化的支持。随着生成式 AI 的崛起，科技研发、工业设计、生产制造、消费服务等领域都将产生更加深刻的变化，可在广大垂直领域的应用中满足用户不断提升的创造需求，创造各种新的智能产品、智能制造新模式和智能服务新业态，满足人类社会的生产和生活需求，促进社会生产力的高质量持续发展。

参考文献

[1] KAGERMANN H, WAHLSTER W, HELBIG J. Securing the future of German manufacturing industry: recommendations for implementing the strategic initiative INDUSTRIE 4.0. Final report of the industrie 4.0 working group[R]. Munich: National Academy of Science and Engineering (acatech), 2013.

[2] 国家制造强国建设战略咨询委员会，中国工程院战略咨询中心. 智能制造[M]. 北京：电子工业出版社，2016.

[3]“新一代人工智能引领下的智能制造研究”课题组. 中国智能制造发展战略研究[J]. 中国工程科学，2018，20(4)：1-8.

[4] ZHOU JI, LI PEIGEN, ZHOU YANHONG, et al. Toward new-generation intelligent manufacturing [J]. Engineering, 2018, 4(1): 11-20.

[5] ZHOU JI, ZHOU YANHONG, WANG BAICUN, et al. Human-cyber-physical systems (HCPS) in the context of new-generation intelligent manufacturing[J]. Engineering, 2019, 5(4): 624- 636.

[6] 钟志华，臧冀原，延建林，等. 智能制造推动我国制造业全面创新升级[J]. 中国工程科学，2020，22(6)：136-142.

[7] KUSIAK A. Intelligent manufacturing systems[M]. New Jersey: Prentice Hall Inc., 1990: 443.

[8] 李培根，高亮. 智能制造概论[M]. 北京：清华大学出版社，2021.

[9] KUSIAK A. Smart manufacturing must embrace big data[J]. Nature, 2017, 544(7648): 23-25.

[10] 胡虎，赵敏，宁振波，等. 三体智能革命[M]. 北京：机械工业出版社，2016.

[11] 布莱恩约弗森，麦卡菲. 第二次机器革命[M]. 蒋永军，译. 北京：中信出版社，2014.

[12] 吴军. 智能时代：大数据与智能革命重新定义未来[M]. 北京：中信出版社，2016.

[13] 罗素，诺维格. 人工智能：现代方法[M]. 张博雅，陈坤，田超，等译. 北京：人民邮电出版社，2022.

[14] 吴澄. 现代集成制造系统导论：概念、方法、技术和应用[M]. 北京：清华大学出版社，2002.

[15] 钱学森. 论系统工程[M]. 长沙：湖南科技出版社，1982.

[16] 钱学森，于景元，戴汝为. 一个科学新领域：开放的复杂巨系统及其方法论[J]. 自然杂志，1990，1：3-10

[17] INCOSE. INCOSE SE Vision 2020[R]. [S. l.]: [s. n.], 2007.

[18] PAN YUNHE. Heading toward artificial intelligence 2.0[J]. Engineering. 2016, 2(4): 1-6, 409-413.

[19] ZHOU YUAN, ZANG JIYUAN, MIAO ZHONGZHENG, et al. Upgrading pathways of intelligent manufacturing in China: transitioning across technological paradigms[J]. Engineering, 2019, 5(4): 691-701.

[20] CHEN JIHONG, HU PENGCHENG, ZHOU HUICHENG, et al. Toward intelligent machine tool[J]. Engineering, 2019, 5(4): 679-690.

[21] 陈立平，周凡例，丁建完. 工程物理系统建模理论与方法[M]. 北京：清华大学出版社，2022.

[22] 方志刚. 复杂装备系统数字孪生：赋能基于模型的正向研发和协同创新[M]. 北京：机械工业出版社，2021.

[23] 教育部高等学校机械类专业教学指导委员会. 智能制造工程教程[M]. 北京：高等教育出版社，2022.

[24] 温德通. 集成电路制造工艺与工程应用[M]. 北京：机械工业出版社，2018.

[25] 黎明，黄如. 后摩尔时代大规模集成电路器件与集成技术[J]. 中国科学：信息科学，2018，48(08)：963-977.

[26] 王珊，萨师煊. 数据库系统概论[M]. 5版. 北京：高等教育出版社，2014.

[27] 李俊粉. 计算机在工业电器自动化控制系统中的实现[J]. 电子世界，2020(13)：144-145.

[28] TANENBAUM, WETHERALL. 计算机网络[M]. 5版. 严伟，潘爱民，译. 北京：清华大学出版社，2012.

[29] 莱因哈特. 工业4.0手册[M]. 闵俊英，张为民，等译. 北京：机械工业出版社，2021.

[30] 中国信息通信研究院. 云计算白皮书(2021年)[R]. 北京：中国通信标准化协会，2021.

[31] 王良明. 云计算的通俗讲义[M]. 3版. 北京：电子工业出版社，2019.

[32] 王培麟，姚幼敏，梁同乐，等. 云计算虚拟化技术与应用[M]. 北京：人民邮电出版社，2017.

[33] 柴天佑. 工业人工智能发展方向[J]. 自动化学报，2020，46(10)：2005-2012.

[34] 杨朋波，桑基韬，张彪，等. 面向图像分类的深度模型可解释性研究综述[J/OL]. 软件学报，2023，34(01)：230-254[2023-12-22].

[35] 赵朝阳，朱贵波，王金桥. ChatGPT给语言大模型带来的启示和多模态大模型新的发展思路[J/OL]. 数据分析与知识发现，2023，7(03)：26-35[2023-04-21]. 中国知网.

[36] 陶飞，刘蔚然，刘检华，等. 数字孪生及其应用探索[J]. 计算机集成制造系统，

2018，24（1）：1–18.

［37］陈吉红，杨建中，周会成. 新一代智能化数控系统［M］. 北京：清华大学出版社，2021.

［38］陈立平，周凡利，丁建完，等. 多领域物理统一建模语言 MODELICA 与 MWORKS 系统建模［M］. 武汉：华中科技大学出版社，2019.

［39］克瑞斯迪斯，琼金斯. 动态系统最优估计［M］. 左斌，吴亮，李静，译. 北京：国防工业出版社，2016.

［40］李杰. 工业人工智能［M］. 刘宗长，高虹安，贾晓东，译. 上海：上海交通大学出版社，2019.

［41］陆建峰，王琼，张志安，等. 人工智能：智能机器人［M］. 北京：电子工业出版社，2020.

［42］罗天洪. 计算机辅助设计技术与应用［M］. 重庆：重庆大学出版社，2009.

［43］钱学森，宋健. 工程控制论：上册［M］. 3 版. 北京：科学出版社，2011.

［44］钱学森，宋健. 工程控制论：下册［M］. 3 版. 北京：科学出版社，2011.

［45］孙宇，王志文，孔凡莉，等. 交流伺服系统设计指南［M］. 北京：机械工业出版社，2013.

［46］西西里安诺，夏维科，维拉尼，等. 机器人学：建模、规划与控制［M］. 张国良，曾静，陈励华，译. 西安：西安交通大学出版社，2015.

［47］薛山. 计算机辅助设计基础及应用［M］. 北京：清华大学出版社，2018.

［48］伊泽曼，明奇霍夫. 动态系统辨识：导论与应用［M］. 杨帆，耿立辉，倪博溢，译. 北京：机械工业出版社，2016.

［49］于涛，武洪恩，杨俊茹，等. 数控技术与数控机床［M］. 北京：清华大学出版社，2019.

［50］郁有文，常健，程继红. 传感器原理及工程应用［M］. 5 版. 西安：西安电子科技大学出版社，2021.

［51］张新钰，刘华平，周沫，等. 人工智能：智能驾驶［M］. 北京：电子工业出版社，2020.

［52］赵敏，宁振波. 铸魂：软件定义制造［M］. 北京：机械工业出版社，2020.

［53］赵伟，刘晓冰，许登峰. 制造生产模式的演变与敏捷制造［J］. 工业工程，1999，2（03）：13–17.

［54］柴天佑，郑秉霖，胡毅，等. 制造执行系统的研究现状和发展趋势［J］. 控制工程，2005（06）：4–9.

［55］王晨. 面向离散型制造业的企业资源规划（ERP）系统的开发与实施［D］. 北京：清华大学，2002.

[56] 臧冀原，王柏村，孟柳，等. 智能制造的三个基本范式：从数字化制造、“互联网+”制造到新一代智能制造[J]. 中国工程科学，2018，20（04）：21-26.

[57] 陶飞，张萌，程江峰，等. 数字孪生车间：一种未来车间运行新模式[J]. 计算机集成制造系统，2017，23（01）：1-9.

[58] TAO F, ZUO Y, XU L D, et al. IoT-based intelligent perception and access of manufacturing resource toward cloud manufacturing[J]. IEEE Transactions on Industrial Informatics, 2014, 10(2): 1547-1557.

[59] 王耀南，陈铁健，贺振东，等. 智能制造装备视觉检测控制方法综述[J]. 控制理论与应用，2015，32（3）：273-286.

[60] 李伯虎，张霖，王时龙，等. 云制造：面向服务的网络化制造新模式[J]. 计算机集成制造系统，2010（01）：3-9，18.

[61] BÜSCHER C, HOFFMANN M, REINHARD R, et al. Performance indicators for factory planning on the basis of the virtual production intelligence approach[C]// 22nd International Conference on Production Research (ICPR 22). Berlin: Springer, 2013.

[62] CHEN JIHONG, HU PENGCHENG, ZHOU HUICHENG, et al. Toward intelligent machine tool[J]. Engineering, 2019, 5(4): 679-690.

[63] 刘娟，庄存波，刘检华，等. 基于数字孪生的生产车间运行状态在线预测[J]. 计算机集成制造系统，2021，27（2）：467-477.

[64] BAI LELE, LIU HONGGUANG, ZHANG JUN, et al. Real-time tool breakage monitoring based on dimensionless indicators under time-varying cutting conditions[J]. Robotics and Computer-Integrated Manufacturing, 2023(81): 102502-102514.

[65] 柴天佑. 工业过程控制系统研究现状与发展方向[J]. 中国科学：信息科学，2016，46（8）：1003-1015.

[66] 柴天佑，丁进良. 流程工业智能优化制造[J]. 中国工程科学，2018，20（4）：51-58.

[67] 钱锋，杜文莉，钟伟民，等. 石油和化工行业智能优化制造若干问题及挑战[J]. 自动化学报，2017，43（6）：893-901.

[68] 中国电子技术标准化研究院，等. 流程型智能制造白皮书[R/OL].（2019-07）[2020-08]. 先导研报网站.

[69] 柴天佑，等. 大数据与制造流程知识自动化发展战略研究[M]. 北京：科学出版社，2019.

[70] 中国金属学会轧钢分会中厚板学术委员会，等. 中国中厚板轧制技术与装备[M]. 北京：冶金工业出版社，2009.

[71] 孙彦广，陈靖屏. 流程工业制造执行系统[M]. 北京：化学工业出版社，2006.

[72] CHAI TIANYOU, DING JINLIANG, WU FENGHUA. Hybrid intelligent control for optimal

operation of shaft furnace roasting process[J]. Control Engineering Practice, 2010, 19(3): 264–275.

［73］VEGA P, REVOLLAR S, RRANCISCO M, et al. Integration of set point optimization techniques into nonlinear MPC for improving the operation of WWTPs[J]. Computers and Chemical Engineering, 2014, 68: 78–95.

［74］QIN S J. Process data analytics in the era of big data[J]. AIChE Journal, 2014, 60(9): 3092–3100.

［75］MACGREGOR J F, JAECKLE C, KIPARISSIDES C, et al. Process monitoring and diagnosis by multiblock PLS methods[J]. AIChE Journal, 1994, 40(5): 826–838.

［76］刘强，秦泗钊．过程工业大数据建模研究展望［J］．自动化学报，2016，42（2）：161–171.

［77］柴天佑，刘强，丁进良，等．工业互联网驱动的流程工业智能优化制造新模式研究展望［J］．中国科学：技术科学，2022，52（1）：14–25.

［78］柴天佑．工业人工智能与工业互联网协同实现生产过程智能化及其未来展望［J］．控制工程，2023，30（8）：1378–1388.

［79］GILL Y, GREAVES M, HENDLR J, et al. Amplify scientific discovery with artificial intelligence[J]. Science, 2014, 346(6206): 171–172.

［80］HINTON G E, SALAKHUTDINOV R R, Reducing the dimension ality of data with neural networks [J]. Science, 2006, 313 (5786): 504–507.

［81］吴高昌，刘强，柴天佑，等．基于时序图像深度学习的电熔镁炉异常工况诊断［J］．自动化学报，2019，45（8）：1475–1485.

［82］PIVOTO D, FERNANDES L F, RIGHI R D, et al. Cyber–physical systems architectures for industrial internet of things applications in Industry 4.0: a literature review[J]. Journal of Manufacturing Systems, 2021, 58: 176–192.

［83］LU B J, CHEN Z J. Live streaming commerce and consumers' purchase intention: an uncertainty reduction perspective[J]. Information & Management, 2021, 58(7): 1–15.

［84］TAO F, QI Q L. New IT driven service–oriented smart manufacturing: framework and characteristics[J]. IEEE Transactions on Systems Man Cybernetics–Systems, 2019, 49(1): 81–91.

［85］ARDOLINO M, RAPACCINI M, SACCANI N, et al. The role of digital technologies for the service transformation of industrial companies[J]. International Journal of Production Research, 2018, 56(6): 2116–2132.

［86］XIA T B, DONG Y F, XIAO L, et al. Recent advances in prognostics and health management for advanced manufacturing paradigms[J]. Reliability Engineering & System Safety, 2018, 178: 255–268.

［87］李刚，汪应洛．服务型制造［M］．北京：清华大学出版社，2017.

［88］帕克，埃尔斯泰恩，邱达利．平台革命［M］．志鹏，译．北京：机械工业出版社，

2017.

［89］马什．新工业革命［M］．赛迪研究院专家组，译．北京：中信出版社，2013.

［90］考夫曼．工业4.0商业模式创新：重塑德国制造的领先优势［M］．吴君，译．北京：机械工业出版社，2017.

［91］江志斌，李娜，王丽亚，等．服务型制造运作管理［M］．北京：科学出版社，2016.

［92］布劳克曼．智能制造：未来工业模式和业态的颠覆与重构［M］．张潇、郁汲，译．北京：机械工业出版社，2015.

［93］蔡余杰，黄禄金．共享经济［M］．北京：企业管理出版社，2015.

［94］特伯恩，金，兰，等．电子商务导论［M］．2版．王建，译．北京：中国人民大学出版社，2011.

［95］王海军．大规模定制下的模块化产品管理及实务［M］．武汉：武汉大学出版社，2018.

［96］安德森，派恩．21世纪企业竞争前沿：大规模定制模式下的敏捷产品开发［M］．北京：机械工业出版社，1999.

［97］里弗拉．用户画像：大数据时代的买家思维营销［M］．高宏，译．北京：机械工业出版社，2018.

［98］李伯虎，柴旭东，侯宝存，等．云制造系统3.0：一种“智能+”时代的新智能制造系统［J］．计算机集成制造系统，2019，25（12）：2997-3012.

［99］李伯虎，柴旭东，张霖，等．新一代人工智能技术引领下加快发展智能制造技术、产业与应用［J］．中国工程科学，2018，20（4）：73-78.

［100］李伯虎，柴旭东，刘阳，等．智慧物联网系统发展战略研究［J］．中国工程科学，2022，24（4）：1-11.

［101］李伯虎，柴旭东，张霖等．面向新型人工智能系统的建模与仿真技术初步研究［J］．系统仿真学报，2018，30（2）：349-362.

［102］李伯虎，柴旭东，刘阳，等．工业环境下信息通信类技术赋能智能制造研究［J］．中国工程科学，2022，24（2）：75-85.

［103］FAN SHUAI, et al. Research on complex system quantitative and qualitative synthetic M&S platform[C]. [S. l.]: Summer Computer Simulation Conference, 2009.

［104］李潭，李伯虎，柴旭东，等．复杂产品多学科虚拟样机元建模框架［J］．计算机集成制造系统，2011，17（6）：9.

［105］LI TAN, CHAI XUDONG, LIN TINGYU, et al. Research and application on meta modeling framework of complex product multidiscipline virtual prototyping[C]. Cairo: International Conference on Modeling, Simulation and Control, 2010.

［106］YANG CHEN, et al. An efficient dynamic load balancing method for simulation of variable structure systems[C]. Cardiff: Modelling and Simulation IEEE, 2013.

［107］李伯虎，林廷宇，贾政轩，等. 智能工业系统智慧云设计技术［J］. 计算机集成制造系统，2019，25（12）：3090-3102.

［108］林廷宇，贾政轩，曾贲，等. 一种基于人机混合增强的复杂产品自主构建方法和模块［P］. 中国专利：CN202010841483.3，2020-12-11.

［109］宋晓，李伯虎，迟鹏，等. 复杂系统建模与仿真语言［M］. 北京：清华大学出版社，2020.

［110］ZHENG ZHIMING, LI TAN, LI BOHU, et al. Industrial metaverse: connotation, features, technologies, applications and challenges[J]. Communications in Computer and Information Science, 2022, 1712: 239.

郑重声明